世界林业研究系列丛书

CONTEMPORARY WORLD FORESTRY STUDY:
THEMATIC REPORT

当代世界林业
——专题篇 上

陈绍志　王登举　徐　斌　陈　洁 ◆ 主编

中国林业出版社
China Forestry Publishing House

图书在版编目（CIP）数据

当代世界林业. 专题篇. 上／陈绍志等主编. —北京：中国林业出版社，2020.12

ISBN 978-7-5219-0535-9

Ⅰ. ①当⋯　Ⅱ. ①陈⋯　Ⅲ. ①林业-研究-世界　Ⅳ. ①F316.2

中国版本图书馆 CIP 数据核字（2020）第 066052 号

当代世界林业
——**专题篇** 上

策划、责任编辑：于界芬

出版	中国林业出版社（100009　北京西城区刘海胡同 7 号）
网址	http://www.forestry.gov.cn/lycb.html　电话　83143542
发行	中国林业出版社
印刷	北京雅昌艺术印刷有限公司
版次	2021 年 12 月第 1 版
印次	2021 年 12 月第 1 次
开本	787mm×1092mm　1/16
印张	25
字数	606 千字
定价	136.00 元

当代世界林业——专题篇（上）
编辑委员会

主　任　　彭有冬　李春良

副主任　　封加平　苏春雨　闫　振　吴志民　孟宪林　郝育军
　　　　　　王维胜

成　员　（按姓氏笔画排序）

　　　　　　王　骅　　王忠明　　王前进　　王　彪　　王焕良　　王登举
　　　　　　文　哲　　孔　卓　　叶　兵　　叶　智　　田　禾　　付建全
　　　　　　朱介石　　伍祖一　　刘　昕　　刘克勇　　刘金富　　许强兴
　　　　　　李岩泉　　李金华　　李　勇　　肖文发　　余　跃　　沈和定
　　　　　　张忠田　　张艳红　　张　媛　　陈幸良　　陈绍志　　陈嘉文
　　　　　　荆　涛　　胡元辉　　段亮红　　袁卫国　　夏　军　　徐旺明
　　　　　　徐　斌　　郭喻富　　黄祥云　　章红艳　　韩学文　　曾德梁
　　　　　　戴广翠

当代世界林业——专题篇 上
编写组

主　　编	陈绍志　王登举　徐　斌　陈　洁
副 主 编	胡延杰　宿海颖　何友均　李玉敏　赵　荣
	李忠魁　马文君　李　勇
编 著 者	（按姓氏笔画排序）

马文君　王　璐　王雅菲　王登举　邓　华　刘　丹　李　茗
李　勇　李　静　李　慧　李玉敏　李忠魁　何　璆　何友均
宋　超　陈　洁　陈绍志　尚玮姣　赵　荣　胡延杰　钱　腾
徐　斌　宿海颖　廖　望

项目秘书　廖　望　李　慧

FOREWORD

序

　　森林是陆地生态系统的主体,是人类赖以生存发展的基础,在维护生态平衡、改善人类居住环境、满足人民生活需要等方面发挥着不可替代的作用。近年来,随着生态问题的日益突出,国际社会对保护森林、改善生态更加关注,重视森林、保护生态、发展林业已成为应对气候变化和治理全球生态的有效举措。

　　为应对森林资源锐减、湿地和草原不断退化等带来的系列生态问题,联合国相继发布了《关于森林问题的原则声明》《国际森林文书》《关于特别是作为水禽栖息地的国际重要湿地公约》《防治荒漠化公约》《濒危野生动植物种国际贸易公约》《气候变化框架公约》等具有约束力的声明和公约,并将林业纳入了2030年可持续发展目标。在这些措施的带动下,世界各国不断加大生态保护修复力度,推动全球林业发展取得了明显成效。联合国粮农组织评估报告指出,全球森林面积达39.99亿hm^2,全球生态系统提供的产品和服务总价值达33万亿美元。全球木质能源消费相当于7.72亿t石油当量,占全球一次能源总供应量的6%。全球有约7.5亿人口生活在密林中,5亿人口生活在疏林里,大部分人依靠森林维持生计。森林不仅提供了人类赖以生存的食物、水、能源和居住环境,也为推动绿色发展、维护生态安全作出了重要贡献。

　　中国政府高度重视林业工作,大力推进林业国际交流合作,认真履行涉林国际公约,积极推动全球生态治理,深度参与国际森林问题谈判,林业国际影响力明显提升。中国的防沙治沙、人工林建设、湿地保护已成为全球生态治理的典范,既为国内经济社会发展作出了积极贡献,也为推进全球生态治理贡献了中国智慧和中国方案。同时,中国林业还存在森林质量不高、林地生产力低下、治理体系和治理能力不完善等问题。在林业问题日益全球化、国际化的新形势下，加快中国林业发展，需要用世界眼光和全球视野来谋划与推动，不断提升林业现代化水平，缩小与林业发达国家的差距。

为全面了解和学习借鉴国外林业发展的先进经验，中国林业科学研究院林业科技信息研究所组织中青年专家，历时5年，研究编写了"世界林业研究"系列丛书中的《当代世界林业——国别篇（上、下）》《当代世界林业——专题篇》。这套大型研究书籍集学术性和实用性为一体，是覆盖范围广、内容编排新的工具书，为研究世界林业问题提供了翔实资料和具体案例。其中，国别篇收集整理了125个国家的林业总体情况，总结了这些国家的林业问题及对策措施；专题篇归纳形成了世界森林资源现状及发展趋势、世界湿地资源与管理、全球草原资源及保护利用管理、世界荒漠化及其防治、世界林业发展战略、世界林业机构、世界林业发展新理念等20多个专题研究成果，对于解决当前林业发展中的关键性问题有较强的针对性。我们相信，这套书的出版将为政府部门、企事业单位、科研教育机构、社会团体了解国外林业情况提供有益借鉴，也将为有关部门开展对外谈判、拟定法规、编制规划、指导工作等发挥积极的作用。希望大家学好用好这套工具书，也希望编者及时修正更新有关内容，不断提高工具书的科学性和实用性。

2019年1月

前　言

　　世界林业的发展史是一部人类文明的发展史。从远古时期至今，人们一直依赖森林取得原材料、食物、能源甚至作为生活居所。传统林业哺养了近代工业文明，而伴随着工业文明的扩展，对森林的破坏也达到了顶峰。如何保护森林，发挥其在促进经济发展、生物多样性保护、减缓气候变化等方面的多重效益，已引起各国政府、国际组织及社会公众的广泛关注。在全球经济一体化的背景下，世界林业越来越开放，林业问题也呈现全球化、国际化和政治化的趋势。从各国政府之间、政府与国际组织之间合作，到民间的交流、企业之间的合作，领域和范围逐步拓展，形式逐步多样化。

　　学习借鉴国外林业发展的做法和经验，是我国开展林业国际交流、提升林业能力和水平的有效途径。有鉴于此，中国林业科学研究院林业科技信息研究所（以下简称科信所）从20世纪70年代就开始了国外林业跟踪研究，截至20世纪初，已在森林资源、林业机构、林业法律法规、林产品加工与贸易等方面建立了成果体系，范围涉及105个国家和地区。除了为国家相关部门提供材料，还汇编成多本专著。也正是通过这项工作，近自然林业、可持续林业、生物安全等许多重要概念被介绍到中国，并深刻地影响着中国林业的发展，为此多次获得科技进步奖等荣誉。但是随着国际交流日益增多，加上互联网信息的便捷，人们似乎感到足不出户便可以得到需要的任何信息，导致这项工作在政策支持、队伍建设等方面严重滞后。而实际的情况是，世界各国由于官方语言多种多样，很多信息无法清晰获得，每个领域的研究都有其固有局限性。世界林业发展瞬息万变，新理念、新战略、新业态、新模式不断涌现，随着开放交流日益深入，对国外林业连续的、系统的、长期的基础性跟踪，包括对战略、规划、法规、政策、管理等的研究分析越发重要。

改革开放40年来，中国从少林国家发展到全球森林资源增长最快、人工林面积最大的国家，林业的国际影响力不断提升。虽然我国林业发展已经取得了许多可喜的成绩，但与世界林业发达国家相比，还存在着许多不足。例如，我国林业存在着森林质量不佳、产量不高、森林经营水平有待提高等问题，而且木材生产不能满足市场对原材料的需求，林产品加工企业的原料对外依存度居高不下。另外，随着中国林业企业加快走出去步伐，强烈需要掌握其他国家对外资源开发的政策方针和审批监管措施，而国家相关部门也需要根据不同国家、不同区域森林资源的分布特点和政治经济情况，制定我国森林资源全球战略的分区计划，并因地制宜完善配套政策，有序推进战略实施，使我国森林资源的海外开发和林产品国际贸易更加符合国际社会的游戏规则，为森林资源全球战略的实施创造良好国际政策环境。为了更好地借鉴其他国家促进林业发展的先进理念、政策和管理经验，推动我国林业更快更好地发展，加强对世界林业发展动态跟踪与政策的调研，为我国林业决策提供参考，确保我国在世界林业这个大舞台上更好地发挥发展中大国的作用，在国际谈判中更好地保护发展中国家和本国的利益，提高我国在世界林业中的重要地位，同时也为了给林业企业走出去提供投资国的林业资源、管理制度、法律法规等相关情况，帮助他们了解所在国的林业投资机会和潜在挑战，提高对外林业投资的风险意识与能力，开展世界林业跟踪与发展研究成为一项迫在眉睫的任务。

为此，从2012年开始，在国家林业局发展规划与资金管理司（现为国家林业和草原局规划财务司）"林业重大问题研究及政策制定——世界林业发展动态跟踪与政策研究"以及国家林业局国际合作司（现为国家林业和草原局国际合作司）"林业重大问题研究及政策制定——世界林业国别研究"等项目的支持下，科信所继续开展世界林业跟踪研究，其中包括世界林业动态信息即时收集与发布、世界林业发展热点问题跟踪研究及年度报告出版、世界林业发展专题及国别研究，以及世界林业数据库及数据平台建设等项目活动，旨在对世界林业发展及政策进行专业化、系统化地跟踪与研究，为各级政府部门领导、林业科研教育机构学者以及广大林业工作者了解世界林业前沿动态和热点问题提供多时效（实时、年度）、多层次（动态、热点问题、专题和国别）、多渠道（消息报道、刊物、年报、专著及网络）的信息窗口和平台，做好国家林业决策的信息服务和咨询工作，并建立世界林业研究的专业稳定团队。

《当代世界林业——专题篇(上、下册)》是科信所编辑出版的系列"世界林业研究"专著丛书之一。在 2019 年出版《当代世界林业——国别篇(上、下册)》基础上,科信所再次组织所内各领域核心专家,针对四大生态系统和世界林业发展的趋势和热点,组织开展了系统性的专题研究,并汇编形成《当代世界林业——专题篇(上、下册)》。本书系统阐述了森林、草原、湿地和荒漠四大自然生态系统的现状、趋势和问题,对世界林业管理机制和制度、科学教育支撑、林业文献收集与利用、全球林产品发展动向等进行了具体的分析与总结,同时对世界林业发展的战略和新理念进行了梳理和概括,旨在对我国林业发展的薄弱或重要领域提出有针对性的政策建议与参考。全书由陈绍志、徐斌策划协调,并多次组织阶段性研讨、审稿,共分为 12 个专题,供读者查询参考。各部分作者如下:专题一,何璆、陈绍志、徐斌、刘丹;专题二,李玉敏;专题三,陈洁、廖望、何璆、李茗、王雅菲、宋超、钱腾;专题四,李忠魁;专题五,何友均、陈绍志、王雅菲;专题六,赵荣、陈绍志、钱腾;专题七,李静、徐斌、王登举、李慧;专题八,李勇、陈绍志;专题九,马文君、尚玮姣;专题十,宿海颖、王璐;专题十一,胡延杰、邓华;专题十二,陈洁、廖望。最后,由陈绍志、王登举、徐斌、陈洁、廖望和刘丹进行统稿和审稿。

值得指出的是,需要研究的世界林业专题还有很多。项目组将继续组织业内专家,针对我国林业的发展需求,有选择地开展专题跟踪研究及分析总结,每年汇集出版林业专题方面的研究成果。

相信此书的出版,将会为政府部门、企业、科研教育、相关团体等的领导、专家、学生以及各界人士了解掌握相关知识提供一个重要窗口。因受知识更新、编者自身阅历以及学科复杂性等限制,书稿中存有不妥之处,敬请各位读者批评指正。

编 者

2021 年 8 月

C O N T E N T S

目 录

专题一　世界森林资源现状及发展趋势 ·· 1
　　一、全球森林资源现状及变化趋势 ·· 1
　　二、森林资源分布 ·· 10
　　三、森林资源面临的主要威胁 ·· 17
　　四、世界森林资源发展趋势 ·· 19

专题二　世界湿地资源与管理 ·· 22
　　一、湿地资源概述 ·· 22
　　二、湿地保护立法与政策 ··· 25
　　三、湿地管理体制 ·· 29
　　四、湿地保护与恢复机制 ··· 33
　　五、湿地科研进展 ·· 36
　　六、中国湿地保护面临的挑战与政策建议 ····································· 42

专题三　世界草原资源及保护利用管理 ··· 48
　　一、草原的定义和资源概况 ·· 48
　　二、主要国家草原资源及保护利用政策机制 ································· 52
　　三、全球草原资源保护利用管理发展趋势与面临的问题 ················ 71

专题四　世界荒漠化及其防治 ·· 79
　　一、世界荒漠化及其治理概况 ·· 79
　　二、荒漠化防治的国际行动 ·· 84
　　三、典型国家的荒漠化防治 ·· 90

四、中国的荒漠化及其治理 ································· 106
　　五、全球荒漠化防治展望 ··································· 109

专题五　世界林业发展战略 ································· 114
　　一、全球性林业发展战略 ··································· 115
　　二、区域性林业发展战略 ··································· 132
　　三、主要涉林国际组织的林业发展战略 ······················· 142
　　四、世界林业发展趋势展望与对策建议 ······················· 153

专题六　世界林业机构设置和运行机制 ······················· 159
　　一、世界林业机构设置概况 ································· 159
　　二、典型国家林业机构行政隶属关系及管理体制 ··············· 159
　　三、典型国家林业事权和支出责任情况 ······················· 165
　　四、典型国家林业机构职能情况和管辖范围 ··················· 167
　　五、典型国家林业管理体制和运行机制变动趋势 ··············· 172
　　六、中国林业机构设置探讨与建议 ··························· 173

专题七　世界林业科技发展现状与趋势 ······················· 176
　　一、世界林业科技发展的背景与需求 ························· 176
　　二、世界林业科学研究与技术开发机构 ······················· 177
　　三、世界林业科学研究与技术发展策略 ······················· 179
　　四、世界林业科技发展现状 ································· 181
　　五、世界林业科技发展趋势 ································· 190
　　六、对我国林业科技发展的思考与建议 ······················· 193

专题八　世界林业教育发展现状与趋势 ······················· 196
　　一、世界林业教育历史概况 ································· 196
　　二、世界林业教育发展现状 ································· 199
　　三、世界林业教育改革与发展趋势 ··························· 239
　　四、对中国林业教育改革的启示与借鉴 ······················· 245

专题九　世界林业信息资源及检索 ··························· 252
　　一、林业科技文献资源 ····································· 252
　　二、林业科学数据 ··· 259

三、林业网络信息资源 ……………………………………………… 274
　　四、挑战与展望 …………………………………………………… 277

专题十　世界木质林产品生产与贸易 …………………………………… 283
　　一、世界木质林产品生产与消费 …………………………………… 284
　　二、世界木质林产品贸易 …………………………………………… 297
　　三、世界木质林产品生产与贸易特点和未来发展趋势 …………… 311

专题十一　世界林业发展新理念 ………………………………………… 317
　　一、世界林业发展脉络回顾 ………………………………………… 317
　　二、对森林和林业认识的变迁 ……………………………………… 324
　　三、世界林业发展新理念 …………………………………………… 326
　　四、对中国林业发展的启示和建议 ………………………………… 333

专题十二　国际林业组织 ………………………………………………… 336
　　一、政府间国际林业组织 …………………………………………… 336
　　二、国际林业信贷机构 ……………………………………………… 355
　　三、国际非政府组织 ………………………………………………… 359
　　四、国际林业研究机构 ……………………………………………… 372

专题一　世界森林资源现状及发展趋势[①]

长期以来森林等自然资源为人类生存提供了源源不绝的物质源泉，似乎取之不尽、用之不竭，在人类社会发展中发挥着重要作用。然而，人类文明在"大量生产—大量消费—大量废弃"的发展模式下日新月异，直至这种模式随着工业文明的崛起与没落演化为对人类社会可持续发展的明显制约。2012年6月，联合国环境规划署在里约发布的《全球环境展望》报告指出："目前地球的自然资本已经从盈余变成了亏损，人类可持续发展的形势更加严峻（UNEP，2012）。"300年的工业文明以人类征服自然为主要特征，而一系列全球性生态危机的显现，使人类意识到开创生态文明的紧迫性。

森林是陆地上面积最大、结构最复杂、生物量最大、初级生产力最高的生态系统，是陆地生态系统的主体和世界上最大的自然资源宝库，为各类生物物种提供繁衍生息的场所，为生物及生物多样性的产生与维系提供了条件。森林资源在生态方面的特殊功能决定了其在维持物种安全、保护环境、维护人类生存发展利益的重要地位，为经济效益、社会效益提供了必要的基础。

一、全球森林资源现状及变化趋势

森林资源内涵丰富，除木质林产品外，还包括林下植物、野生动物、土壤微生物等生物资源，具有十分丰富的生物多样性，能给动物提供丰富的食物、优越的庇护所和良好的小气候，有利于陆栖动物的繁衍生息，成为陆地动物最理想的生存环境，世界上90%的陆地生物在各类森林中栖息繁衍。

然而，随着全球发展步伐的加快，为追求经济增长导致的毁林问题依然广泛存在，尤其在贫困地区，无节制的砍伐和自然灾害，导致已损失的森林资源无法自然再生。因此，摸清森林资源的发展现状，对于我们进一步了解森林价值、保护生态和改善生计具有长远意义。

（一）森林面积及其变化趋势

长久以来，全球气候、温度的持续变化和人类活动给森林状况带来了巨大影响。由于人口的持续增长、粮食和土地需求量的增加以及工业化发展的推进，对资源有着迫切需求，使得森林面积整体呈现下降的趋势。

---

① 本专题主要引用的是联合国粮食及农业组织（FAO）《2014世界森林状况》和《2015年全球森林资源评估报告》的数据。如无特别标注，数据来源以及表述涉及的时间跨度均来自上述文件。

1990—2015 年，森林面积由 41.28 亿 hm² 减少至 39.99 亿 hm²，净减少 1.29 亿 hm²，森林覆盖率下降了 1%，森林面积年均减少 0.13%，相当于南非的土地总面积。但目前森林面积下降的趋势减缓，年均森林损失率从 20 世纪 90 年代的 0.18% 下降至近 5 年的 0.08%。森林年净减少量从 2000 年的 726.7 万 hm² 下降到 2015 年的 330.8 万 hm²（表 1-1）。联合国粮食及农业组织（FAO，简称联合国粮农组织）发布的《2015 全球森林资源评估报告》显示，2015 年世界森林总面积为 39.99 亿 hm²，其他林地面积为 12.04 亿 hm²，森林覆盖率为 30.6%，人均森林面积为 0.6hm²，森林蓄积量为 4 310 亿 m³，生物量碳储量约为 2 500 亿 t（含地上、地下生物量）。

表 1-1 1990—2015 年全球森林面积变化

年份	森林面积/万 hm²	年度变化/万 hm²	年度变化百分比*/%
1990	412 826.9	—	—
2000	405 560.2	−726.7	−0.18
2005	403 274.3	−457.2	−0.11
2010	401 567.3	−341.4	−0.08
2015	399 913.4	−330.8	−0.08

注：*按复合年增长率计。

根据所处气候带的不同，森林面积减少程度也有所不同。1990—2015 年每年约有 1 300 万 hm² 的森林被转为其他用途。热带地区是森林面积减少最多的区域，特别是在南美和非洲地区，森林资源破坏最严重，在过去 25 年里，热带地区人均森林面积几乎减少了一半（图 1-1）。北美洲和大洋洲森林损失较少，而亚洲和欧洲则出现逐年增长趋势。大部分森林面积的增加出现在温带和寒温带地区及一些新兴经济体，中国、越南、菲律宾和印度森林面积的增加弥补了非洲和拉丁美洲森林面积的减少。

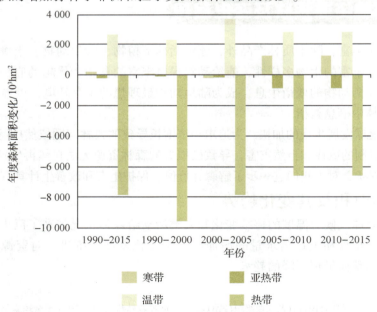

图 1-1 按气候带划分的年度森林面积变化

如按照各国收入等级来划分森林分布，相比于中等或低收入国家，高收入国家的各类森林面积所占比重较大（图1-2）。1990—2015年，低收入国家的年森林损失率在过去的25年始终徘徊在0.57%~0.64%，一直维持在较高水平；而中等偏下收入国家的森林变化已经从年均0.60%减小至0.35%；中等偏上收入国家已由过去的面积削减态势扭转为正增长态势；高收入国家每年森林面积呈持续增长趋势（图1-3）。

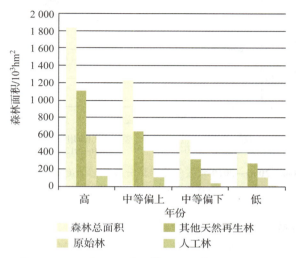

图1-2　2015年不同收入等级国家森林面积分布

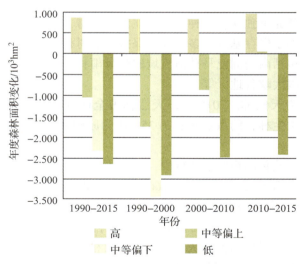

图1-3　不同收入等级国家年度森林面积变化

（二）森林质量

森林退化以及由此导致的森林质量下降是全球森林面临的另一个问题。2000—2012年的12年间，全球郁闭度减少的森林面积约1.85亿hm²。其中，热带地区最多，超过了1.56亿hm²，所减少面积约占热带森林面积的9%；寒带和亚热带减少幅度分别为1.8%和2.1%（图1-4）。除林木的天然更替外，择伐、低立木密度的维护及放牧等森林经营行为，以及火灾、病虫害等自然灾害都导致森林郁闭度降低，造成森林质量下降。

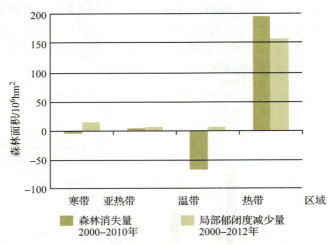

图 1-4　2000—2010 年按气候带划分森林郁闭度减少的森林面积
（图中负值表示林地净增长）

（三）森林起源

从森林的起源来看，全球森林以天然林为主，其中大部分是天然次生林，但人工林的面积一直在增长之中，并且在木材供应中发挥着越来越重要的作用。

1. 天然林

天然林的生物链条完整独立，物种的分布立体而丰富，有较强的自我恢复能力，生物多样化程度极高，有助于保存基因的多样性，保持天然树种的组成、结构和生态活力。现存较为著名的天然林包括南美洲亚马孙河流域的热带雨林、非洲中部热带雨林、俄罗斯北部的寒带针叶林和美国大峡谷地区等。

全球大部分森林为天然林。2015 年，天然林占全球森林面积的 93%，约 37 亿 hm^2。其中，大部分为天然次生林，约占 65%；另 35% 则为原始林。世界上有一半的原始林位于热带地区。

在全球范围内，天然林面积在逐渐减少，但年均净减少量已由 20 世纪 90 年代的每年 850 万 hm^2 减少到 2010 年至 2015 年间每年 660 万 hm^2 的减少量（毁林面积 880 万 hm^2 减去新增面积 220 万 hm^2）。全球最大面积的天然林位于欧洲，占地面积约 9 亿 hm^2，其中约 88% 在俄罗斯联邦。东亚地区天然林面积增长较快，自 1990 年开始每年增长约 45 万 hm^2，其中平均 43% 来自于天然林的自然扩大，其余则来自植树造林。而天然林减少最多的地区位于南美，1990—2000 年天然林面积每年约减少 350 万 hm^2，2010 年后下降至平均每年减少 210 万 hm^2。

2. 人工林

人工林营建可扩大森林资源、保持流域水土、控制土壤侵蚀和防治荒漠化以及保持生物多样性。人工林有混合树种或单一树种等多种造林形式，为人类社会提供木材（包括薪柴）、非木质林业产品和环境服务，有着广泛的生产性、防护性和多用途性。随着人工林数量的不断增加，它对全球木材生产的贡献率已接近总量的 50%。管理良好的人工林可以用来提供各种林业产品和服务，有助于减轻对天然林的压力(联合国粮农组织，2015)。

近25年间，人工林(含橡胶林)面积从1.68亿 hm² 增加到2.78亿 hm²，占全球森林总面积的7%。1990—2000年，年均增长360万 hm²。2000—2010年达到增长顶峰，年均520万 hm²。2010—2015年，东亚、欧洲、北美、南亚和东南亚造林速度有所放缓，人工林增长减缓至每年310万 hm²。从各气候区域来看，人工林面积增长最显著的在寒带，增长了近一倍，在热带和温带分别增加了69%和57%(图1-5)。

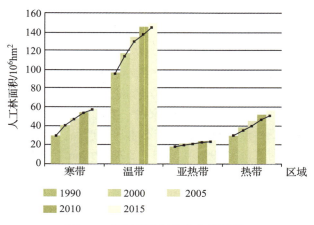

图1-5 按气候带划分的森林面积

虽然全球森林面积在减少，由于对林业产品和环境服务的需求不断增长，人工林的面积很有可能在未来几年继续增加。为应对日益增长的木材消费需求，许多国家制定了长期的造林计划，这对提升全球森林覆盖面积起到了至关重要的作用。增长较迅速的国家包括阿根廷、巴西、中国、智利、越南、印度、印度尼西亚、摩洛哥、泰国和乌拉圭等发展中国家。从区域角度看，亚洲的人工林面积居世界之首，其次是欧洲。

(四)森林权属

按照林地所有权属，森林一般可划分为公有林和私有林。世界上大多数森林是公有林，近年来社区林和私有林地比重有所增加。

1990—2010年，全球森林面积中公有林比重从64%增加到74%，私有林比例从13%增加到19%，而产权不清或未报告的森林比例从24%下降至7%，森林权属有逐渐明晰的趋势。从地域角度分析，西非和中非是公有林面积比例最高的地区(99%)，其次是西亚和中亚(98%)以及南亚和东南亚(90%)。私有林面积占比最高的是东亚和大洋洲(42%)，其次是北美(33%)。公有林比重最高的国家为东帝汶、圣彼埃尔和密克隆岛，所有森林均为公有林。

公有林的主要管理者包括公共管理部门和私营机构，2010年所占比例分别为82%和15%，其余由社区、个体等经营管理。与1990年相比，私营公司持有公有林经营权的比例增加了12%，而公共管理机构经营的林分则下降了13%。目前巴西和哥伦比亚拥有由社区管理的最大面积公有林地，分别为1.52亿 hm² 和3 000万 hm²。

私有林的所有者包括个人、私营企业和社区，2010年所占比例分别为56%、29%和

15%。与1990年相比，私人所有林比重增加了14%，大部分发生在中高等收入国家。私营实体企业、机构所有的私有林减少了10%，地方、部落和土著社区拥有的私有林则减少了4%，但社区林的面积从6 000万hm²增加到6 400万hm²。

（五）森林用途

森林在支持和维护生态系统和生态循环中扮演着重要角色，根据用途划定，2015年全球生产性森林面积为11.87亿hm²，多用途林为10.49亿hm²，主要用于水土保持和环境服务等防护功能的森林为10.15亿hm²，生物多样性保护及自然保护区的森林为11.63亿hm²①。

1. 生产性森林和多用途森林

自1990年以来，对木材的需求及主要生产木材的林地面积有所增加。全球的木材需求量从1990年的27.5亿m³上升至2011年的30亿m³。2015年生产性森林近12亿hm²，比1990年增加了4 700万hm²。其中，高收入国家占一半以上，低收入国家仅占8%，其余为中等收入国家。多用途森林既生产木材，也生产非木质林产品，2015年面积约10亿hm²，其中约有2/3分布在高收入国家，比1990年增加了8 200万hm²。

2011年全球木材采伐量约为30亿m³，相当于立木蓄积量的0.65%，比1990年增加了2.5亿m³。采伐量最多的国家分别是印度、美国、巴西、俄罗斯、加拿大和埃塞俄比亚，这些国家2011年的采伐量均超过了1亿m³。全球约有一半的木材采伐用作薪材，低收入国家采伐木材用作薪材的比例高达94%，而中等偏下收入国家的采伐量中也有86%用作薪材。

2. 生物多样性保护及保护区森林

2015年全球依法设立的森林保护区面积为6.51亿hm²，占全球森林面积的17%，比1990年增长了2.1亿hm²，但在2010年至2015年间增长减缓。南美保护区林地面积最高，占比34%，而巴西有42%的林地都位于保护区内（表1-2）。保护区森林面积增长最快的地区位于热带（图1-6）。

表1-2　2015年指定主要用于保护生物多样性森林面积排名前10国家

序号	国家	位于保护区内的森林面积/万hm²	占该国森林面积百分比/%
1	巴西	20 622.7	42
2	美国	3 286.3	11
3	印度尼西亚	3 221.1	35
4	中国	2 809.7	13
5	刚果民主共和国	2 429.7	16
6	委内瑞拉	2 404.6	52
7	加拿大	2 392.4	7

---

① 部分森林面积计算有重复。

(续)

序号	国家	位于保护区内的森林面积/万 hm²	占该国森林面积百分比/%
8	澳大利亚	2 142.2	17
9	秘鲁	1 884.4	25
10	俄罗斯	1 766.7	2
	合计	42 959.8	

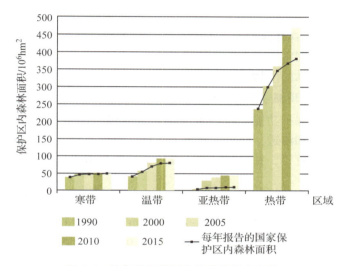

图 1-6 按气候区带划分的保护区内森林

2015 年，除森林保护区以外，被指定用于开展生物多样性保护的森林面积为 5.24 亿 hm²，占世界森林的 13%，相比 1990 年增加了 1.5 亿 hm²，其中非洲增长速度较快。目前世界上面积最大的用于生物多样性保护的森林位于巴西和美国（表 1-3）。

表 1-3　2015 年主要用于生物多样性保护的森林面积排名前 10 国家

序号	国家	用于生物多样性保护的森林面积/万 hm²	占该国森林面积百分比/%
1	美国	6 476.3	21
2	巴西	4 696.9	10
3	墨西哥	2 804.9	42
4	俄罗斯	2 651.1	3
5	澳大利亚	2 639.7	21
6	刚果民主共和国	2 631.4	17
7	委内瑞拉	2 431.3	52

(续)

序号	国家	用于生物多样性保护的森林面积/万 hm²	占该国森林面积百分比/%
8	加拿大	2 392.4	7
9	印度尼西亚	2 123.3	23
10	秘鲁	1 967.4	27
合计		30 814.7	—

保护生物多样性，可使森林的物种得以生存、发展并动态地适应不断变化的环境条件，增强动植物基因库，可为林木育种提供基因，对于森林长期可持续的生产力发展至关重要。

在过去的25年中，森林保护工作不断增强，但生物多样性损失的威胁依然存在，原始林依然面临着由自然灾害、人为盗伐等因素造成的森林退化、土壤污染和气候变化等问题。这些问题同时对森林的生物多样性也产生了负面影响。

3. 水土保持林及环境服务功能为主的防护林

森林具有自然资源保护功能，包括水土保持及其他环境服务功能。森林减缓水土流失，有利于雨水的浸润和渗透，使土壤和地下水储存得到补充，对于清洁饮用水、农业和其他用途的水供应至关重要，并起到保护土壤免受风蚀和雨水侵蚀作用，避免山体滑坡等灾害的发生。

1990—2015年，全球水土保持森林面积增加了1.85亿 hm²，达到10.15亿 hm²；能有效提升环境服务功能的防护林面积增加了2.1亿 hm²，达到11.63亿 hm²。水土保持功能在过去的25年中增强了5%，环境服务功能增强了6%以上，具有长期保护功能的森林面积总体保持稳定（图1-7）。

图1-7 不同气候带用于水土保持及环境服务森林面积

（六）森林可持续经营

随着国际社会逐步加深对森林可持续经营的共识，各国通过完善法制、获得更多利益相关方的参与，使得森林经营水平取得了实质性的提高。

1. 森林资源调查与监测

2015年全球共有112个国家开展了森林资源调查，调查面积达32.42亿 hm^2，约占世界森林面积的82%（图1-8）。

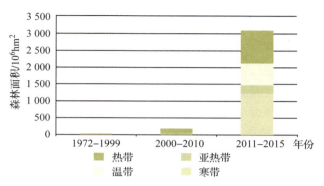

图1-8　1972—2015年累计开展森林资源调查的森林面积

热带地区只有61%的森林面积开展了森林资源调查或监测，而其他气候带这一比重相对较高，寒带为100%，亚热带98%，温带95%。开展森林资源调查或监测的程度与国家的富裕程度关系较大，高收入国家具备开展森林资源调查的良好条件，其比重高达98%。

2. 森林经营规划

森林经营规划对于保证林产品和森林服务的长期可持续性非常重要。2007年以来，修订了国家森林计划或森林政策的国家都将"森林可持续经营"作为政策目标，森林经营规划的作用也发生了显著变化。2010年制定有森林经营规划的森林总面积为21亿 hm^2，占世界总森林面积的52%，其中生产性森林和保护林各占一半。各大洲差异明显，其中中美洲、欧洲和南亚所占比例非常高（超过80%），而非洲、大洋洲和南美地区比例较低（低于30%）（图1-9）。

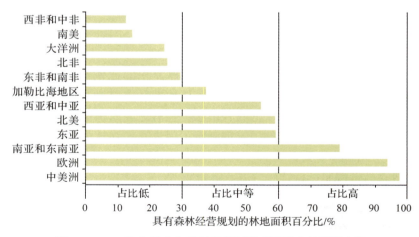

图1-9　2010年各洲在森林经营规划管理下的森林面积占比

在某些情况下，由于缺乏强制或监管措施，森林经营规划得不到落实执行。热带地区国家对森林经营规划监管的频率最高，每年超过35%。从理论上讲，各个国家每3年应该对所有的经营规划进行一次监管。

在全球范围内，大部分森林经营规划包含了有关森林保护和社区参与的要求，具有高保护价值或社会参与等内容的森林经营规划涵盖面积超过了全球森林面积的80%，具有水土保护内容的森林经营规划约占60%。这说明环境保护在森林经营管理中的重要性得到确认。

3. 森林认证

森林认证为持续开展森林可持续经营提供了第三方监督，确保森林经营者遵守国家的法律法规，应用最佳森林经营管理实践，包括生物多样性保护、可持续林产品生产、森林环境服务、保护社区居民和劳动者权利，实现社会、经济和环境效益。世界森林认证面积从2000年的1 800万hm^2增到了2014年的4.38亿hm^2，约占全球森林面积的10.8%，增幅超过20倍，其中增加最多的是寒温带或温带区域国家（图1-10）。

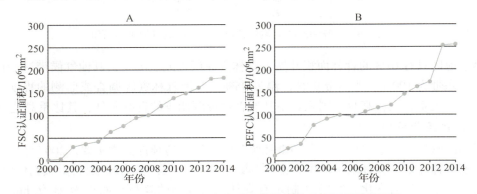

图1-10　2000—2014年两大全球森林认证体系认证的森林面积
A. 森林管理委员会（FSC）；B. 森林认证认可计划体系（PEFC）

4. 永久性森林划定

森林转化为农业或其他用途是森林退化的主要驱动因素之一，因此永久性森林的划定对于森林保护具有重要意义。由于法律的限制，政府只能将国家所有的森林划定为永久性森林，部分私有林在达成意向后也能划定为永久性森林。

1990—2010年，被划为永久森林的面积占森林面积的比例小幅调高，从1990年的34%增加到2010年的37%，如加上作为永久性林地的私人林地面积，该比例达到54%。其中，高收入和中高收入国家相较于低收入国家，拥有更大面积永久性森林。

目前几乎所有拥有永久性森林的国家都制定了促进开展森林可持续经营的法律法规与政策，覆盖全球约98%的永久性森林，其面积约22亿hm^2，占2015年全球森林面积的54%。未来这些森林将按照可持续经营方式进行管理。

二、森林资源分布

森林的分布及其变化关系到全球林产品和环境服务能力的变化，涵盖就业、林产品、非木质林产品和服务等多个社会经济层面。

(一)国家分布

全球森林资源分布不均,在纳入《2015年全球森林资源评估》的229个报告国或地区中,森林面积超过国土总面积50%的有43个。5个森林资源最为丰富的国家,包括俄罗斯、巴西、加拿大、美国和中国,占全球森林总面积的一半以上(表1-4),而森林面积低于其国土总面积10%的却有64个,还有10个国家和地区已完全没有森林。

表1-4 2015年森林面积排名前10的国家

国家	森林面积/万 hm²	森林覆盖率/%	占全球森林面积百分比/%
俄罗斯	81 493.1	48	20
巴西	49 353.8	58	12
加拿大	34 706.9	35	9
美国	31 009.5	32	8
中国	20 832.1	22	5
刚果民主共和国	15 257.8	65	4
澳大利亚	12 475.1	16	3
印度尼西亚	9 101.0	50	2
秘鲁	7 397.3	58	2
印度	7 068.2	22	2
合计	268 694.8		67

2010—2015年森林面积减少最多的10个国家分别是巴西、印度尼西亚、缅甸、坦桑尼亚、尼日利亚、巴拉圭、津巴布韦、刚果民主共和国和阿根廷(表1-5),而增长最多的10个国家分别是中国、澳大利亚、智利、美国、菲律宾、加蓬、老挝、印度、越南和法国(表1-6)。

在过去的25年间,高收入国家森林面积变化为积极态势,平均年增长率超过0.05%;中等收入国家森林年损失率1990—2000年为0.14%,到2000年以后面积基本稳定;中下等收入国家的森林损失率已从年均0.60%降为0.35%,但仍然在下降之中;低收入国家的年森林损失率徘徊在0.57%到0.64%之间。

表1-5 2010—2015年森林面积减少最多的10个国家

国家	年度森林损失	
	森林面积/万 hm²	占2010年林地面积百分比/%
巴西	98.4	0.2
印度尼西亚	68.4	0.7
缅甸	54.6	1.7
尼日利亚	41.0	4.5
坦桑尼亚	7.2	0.8
巴拉圭	32.5	1.9
津巴布韦	31.2	2.0

(续)

国家	年度森林损失	
	森林面积/万 hm²	占2010年林地面积百分比/%
刚果民主共和国	31.1	0.2
阿根廷	29.7	1.0
委内瑞拉	28.9	0.5

表1-6 2010—2015年森林面积增加最多的10个国家

国家	年度森林增长	
	森林面积/万 hm²	占2010年林地面积百分比/%
中国	154.2	0.8
澳大利亚	30.8	0.2
智利	30.2	1.9
美国	27.5	0.1
菲律宾	24.0	3.5
加蓬	20.0	0.9
老挝	18.9	1.1
印度	17.8	0.3
越南	12.9	0.9
法国	11.3	0.7

(二)区域分布

2015年世界森林面积为40.84亿 hm²。受地质与气候条件的影响，森林资源在各个大洲的分布各有不同。非洲森林面积6.56亿 hm²，亚洲森林面积6.16亿 hm²，欧洲森林面积10.16亿 hm²，中北美洲森林面积7.54亿 hm²，南美洲森林面积8.57亿 hm²，大洋洲森林面积1.84亿 hm²。欧洲森林面积最大，其次是南美洲，大洋洲面积最小。森林覆盖率最高的地区是南美洲和欧洲，超过45%；其次是北美洲、非洲、大洋洲；亚洲的森林覆盖率最低。各洲森林资源数据见表1-7。

表1-7 按区域划分的全球森林资源数据

类别	年份	全球	非洲	亚洲	欧洲	中北美洲	南美洲	大洋洲
森林面积及变化								
森林面积/亿 hm²	2015	40.84	6.56	6.16	10.16	7.54	8.57	1.84
天然林面积/亿 hm²	2015	37.92	6.45	4.87	9.31	7.11	8.38	1.79
其中:原始林面积/亿 hm²	2015	11.58	1.54	0.87	2.68	3.14	3.00	0.36
其中:其他天然次生林面积/亿 hm²	2015	26.34	4.92	4.00	6.63	3.97	5.38	1.43
人工林面积/亿 hm²	2015	2.90	0.11	1.29	0.83	0.44	0.18	0.05

(续)

类别	年份	全球	非洲	亚洲	欧洲	中北美洲	南美洲	大洋洲
净林地变化量/万 hm²	2010—2015	-1 700	-1 420	400	190	40	-1 010	150
净天然林变化量/万 hm²	2010—2015	-3 300	-1 560	-510	20	-220	-1 190	140
净人工林变化量/万 hm²	2010—2015	1 500	100	910	90	250	180	10
森林蓄积量及产出								
森林蓄积量/亿 m³	2015	4 310	780	510	1 140	490	1 290	100
地上地下碳生物量/10 亿 t	2015	250	59	34	45	22	82	8
生产性森林/亿 hm²	2015	11.87	1.65	2.47	5.11	1.24	1.27	0.13
多用途林/亿 hm²	2015	10.49	1.33	1.29	2.38	3.91	1.04	0.54
林木采伐量合计/亿 m³	2015	29.97	6.14	7.80	6.81	5.13	3.46	0.63
森林防护功能及环境服务、文化价值								
水土保持/亿 hm²	2015	10.15	0.50	195	123	534	76	37
环境服务,文化精神价值森林/亿 hm²	2015	11.63	0.67	43	122	642	166	123
生物多样性与林地保护								
生物多样性保护/亿 hm²	2015	5.24	0.92	86	53	127	130	36
保护区内林地面积/亿 hm²	2015	1.01	1.01	115	46	75	287	27
森林持续经营(SFM)进展								
具有森林经营规划的林地面积/亿 hm²	2010	21.00	1.40	4.10	9.49	4.30	1.25	0.46
森林认证面积/亿 hm²	2014	4.38	0.06	0.14	1.67	2.22	0.15	0.13
产权								
公有/亿 hm²	2010	29.69	50.35	4.53	8.97	4.58	5.28	0.97
私有/亿 hm²	2010	7.74	0.71	1.34	1.08	2.44	1.45	0.72
不详/亿 hm²	2010	1.41	0.20	0.01	0.08	0.34	0.95	0.01
社会经济效益								
林业雇员人数/万人	2011	1 323.30	64.60	683.20	323.80	123.90	116.80	12.00
林业总增加值/亿美元	2011	6 059.53	165.65	2 492.22	1 641.47	1 244.79	404.00	111.40

由于各个区域发展速度不同,各洲森林面积变化趋势有所不同,其中南美和非洲的森林面积下降较快,而欧洲、大洋洲、亚洲的森林面积未发生大的变化,甚至略有增长(图1-11)。从森林质量的变化来看,2000—2010年,南亚和东南亚的森林郁闭度减少程度最大,森林质量下降最快,面积超过5 000万 hm²;其次为南美,超过4 500万 hm²;西非和中非约为3 500万 hm²。

1. 非洲

非洲大陆以热带气候为主,森林富有多样化,拥有多样的生态系统。在非洲北部萨赫

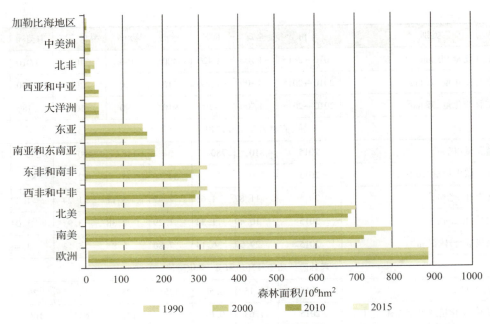

图 1-11　1990—2015 年各洲森林面积

勒地区、非洲东部以及南部的部分地区，稀树草原疏林较为常见，而在西部和中部降雨十分充沛的地区，森林茂盛，生物资源种类丰富，尤其以拥有世界上第 2 大连片热带雨林的刚果盆地地区为代表。

非洲大陆广大地区在 19 世纪期间森林面积迅猛减少，尤其在撒哈拉以南的非洲地区，林木采伐量伴随着人口的增加而增长，当地居民以木材为主要燃料，而耕地开垦对森林不断的侵蚀导致林地损失严重。1990—2010 年，非洲森林面积虽然继续减少，但总体上森林净损失速度有所放缓。近几个世纪以来，非洲人口因疾病而周期性减少，此外跨大西洋奴隶贸易可能导致了农业用地被抛弃，森林在受影响区域得到了恢复（Malhi 等，2013）。

非洲大陆森林面积约 6.56 亿 hm^2，其中天然林 6.45 亿 hm^2，人工林 1 100 万 hm^2，森林蓄积量为 780 亿 m^3，森林覆盖率约 20.9%。非洲北部地区受地中海气候、撒哈拉气候影响较重，林木生长环境较差，森林覆盖率仅为 8%；而非洲东南部地区覆盖率约 27%；中部与西部地区覆盖率相对较高，约 32%。非洲天然林面积约 6.45 亿 hm^2，占非洲森林总面积的 98.3%，占世界天然林面积的 10.5%；人工林约 1 100 万 hm^2，占非洲森林总面积的 1.6%，占全球人工林总面积的 3.8%。

在非洲，林业生产总附加值为 170 亿美元，约占非洲国内生产总值的 0.9%，创造就业岗位约 110 万个。北非地区受环境限制，林业对当地人民的收入贡献非常低；西非及中非地区的林业对当地收入增长起到了重要作用，林木生产是主要的生产活动，锯材和木质人造板生产所占比重为 0.3%。非洲的森林所有者是世界上数量最多的，约有 820 万人。公有林地约 5.25 亿 hm^2，私有林地约 0.7 亿 hm^2。

2. 亚洲

亚洲是世界上最大的陆地，拥有多种多样的森林生态系统，森林资源较为丰富。在亚洲大陆的地理边缘区，生态系统包括东北地区针叶林、东南亚潮湿的热带森林以及南亚群山的亚热带森林；西亚、中亚大约75%的土地干旱，生物生产力低，植被种类以阿拉伯半岛的沙漠灌丛、杜松林，以及波斯湾沿岸小片的红树林为主，中亚地区以高山草甸为主要植被。印度尼西亚、老挝和缅甸等东南亚国家是亚洲森林资源最为丰富的国家，其中印度尼西亚热带森林面积世界排名第3，是全球三大热带木材出口国之一。东亚天然林面积增长较大，自1990年开始，每年森林面积增长约45万hm^2，其中新增面积的43%为天然更新林，其余则来自植树造林。西亚、中亚等近东地区森林面积约占世界森林面积的3%（FAO，2011），1990—2010年，平均每年森林面积减少约10万hm^2，但生物多样性保护林有所增加。

亚洲森林面积约6.16亿hm^2，其中天然林面积约4.87亿hm^2，占亚洲森林总面积的79%，占世界天然林面积的12.8%；人工林约1.29亿hm^2，占亚洲森林总面积的20.9%，占全球人工林总面积的44%，为世界之首。亚洲公有林占比77%，私有林约22%。全球林业全日制员工中有近1 000万（约全球的79%）集中在亚洲，以印度、孟加拉国和中国等发展中国家为主。

3. 欧洲

欧洲以温带海洋性气候、温带大陆性气候以及地中海气候为主，森林资源较为丰富的国家以俄罗斯、挪威、芬兰等北欧国家为代表。北欧地区以针叶林为主要森林类型，主要分布在俄罗斯西伯利亚和远东地区，落叶松是主要的优势树种；瑞典、芬兰和挪威的北方针叶树种以云杉和松树为主。硬阔叶林以栎树为优势树种，主要分布于俄罗斯西部地区，北温带至寒带分布有软阔叶林，以桦树为代表。

2015年，欧洲森林面积（包括俄罗斯）约为10.2亿hm^2，约占世界森林面积的1/4，森林覆盖率为34%，森林蓄积量1 140亿m^3，生物质量碳储量450亿t，是全球碳储量最多的区域。欧洲共有生产性森林5.1亿hm^2、多用途林地2.3亿hm^2、水土保持林地1.2亿hm^2，大部分森林分布在人口较为稀少的北欧国家。

欧洲在世界上天然林面积最大，约9亿hm^2，其中约有88%分布在俄罗斯，富有耐寒树种资源。森林保护区面积约为4 600万hm^2。公有林占比89%，私有林占11%。林业从业人员约67.1万人。

欧洲率先推行可持续经营理念，实施森林经营规划，森林资源管理相对良好，林产品和服务供应具有持续性。近9.5亿hm^{2}的林地（约占林地总面积90%）制定了森林经营方案。欧洲也是最早开展森林认证的大洲，2014年经过森林认证的林区面积约为1.7亿hm^2。

4. 美洲

（1）中北美洲。北美地区包括美国、加拿大和墨西哥等国家，纬度跨越较大，该地区的森林资源因气候带的不同而丰富多样。极北部地区位处寒带，北部地区由沿海至内陆处于温带大陆性气候与海洋性气候，西北部地区有小范围受地中海气候影响，墨西哥湾北部沿岸地区又处于亚热带湿润气候。按照纬度大致可划分为北纬37°~45°的寒温林带，45°~55°北美东岸的亚寒林带，以及北纬37°以南的暖林带，北回归线以南基本属于热带林带。

北美西部的落基山脉和太平洋沿岸以针叶林为主，东北部为次生阔叶林，阔叶材主要产自密西西比河东部地区。

中美洲地区位于墨西哥以南、哥伦比亚以北，地处南美洲和北美洲大陆的连接地带。森林资源较为丰富的国家主要包括伯利兹、洪都拉斯和哥斯达黎加等。中美地峡两侧的气候迥然不同。加勒比海沿岸迎东北信风，属热带雨林气候；太平洋沿岸位于背风侧，属热带草原气候。低地终年炎热，山间盆地气候温和。主要森林资源包括热带阔叶林、红树林和热带针叶林等类型。中美地区国家地形普遍较为复杂，20世纪50—70年代随着经济和农村的发展毁林现象曾十分严重；到90年代后，毁林率逐渐下降，各国鼓励造林，注重森林动植物资源的保护。该地区各国林业产业在经济发展中所占比重较小。

2015 年，中北美洲森林面积约为 7.5 亿 hm^2，森林覆盖率在 34%，占全球森林面积的 18.4%，森林蓄积量为 490 亿 m^3，碳储生物质量 220 亿 t，生产性林地 1.2 亿 hm^2，多用途林地 3.9 亿 hm^2，水土保持林地 5.3 亿 hm^2，森林保护区面积约为 7 500 万 hm^2。公有林占比 65%，私有林占 34%，另有 1% 权属不清晰。林业从业人员约 18.6 万人。

（2）南美洲。南美洲拥有世界上最大面积的成片热带雨林——亚马孙盆地热带雨林。安第斯山脉东坡是世界上生物多样性最丰富的地区，经过认定的濒危或易危树种数量为世界之最。同时，也是世界上天然林减少最多的地区。过去 20 年来，中美洲和南美洲的森林面积下降较多，主要原因是林地改为农业用地。1990—2000 年，天然林面积每年减少约 350 万 hm^2，2010—2015 年每年减少面积降至 210 万 hm^2。

2015 年，南美洲森林面积约 8.57 亿 hm^2，约占世界森林面积的 21%。其中天然林约 8.38 亿 hm^2，占该区域森林总面积 97.8%，世界天然林总面积的 22.1%。2000 年以来，南美洲指定用于生物多样性保护的森林面积每年增加近 300 万 hm^2，受到生物多样性保护的林地约 1.3 亿 hm^2。南美洲森林权属以公有制为主，公有林占比 78%，私有林占比约为 21%。

虽然南美洲总体上人工林面积相对较小，但过去 10 年间以每年 3.2% 的速度增加。该地区的人工林生产力高，居全球前列。阿根廷、巴西、智利和乌拉圭的人工林约占该区域人工林总面积的 78%。

5. 大洋洲

大洋洲包括澳大利亚、新西兰和新几内亚岛，共 1 万多个岛屿，是世界上面积最小的一个洲。大洋洲大部分处在南、北回归线之间，绝大部分地区属热带和亚热带，多火山地震带，除澳大利亚的内陆地区属大陆性气候外，其余地区属海洋性气候。大洋洲森林类型以阔叶林为主，针叶林为辅。森林资源较为丰富的国家有新西兰和巴布亚新几内亚。巴布亚新几内亚是大洋洲森林资源最丰富的国家，森林覆盖率达 60% 以上，其中 90% 为天然林，也是大洋洲原生林面积最大的国家。天然林中，以桉树、山毛榉和栎木为主要的优势树种；人造林中，超过一半是引进的外来针叶树种，以辐射松为主，其次是各国当地树种。

近年来，气候变暖所导致的海平面上升以及植被破坏等问题是大洋洲所面临的环境问题。2005—2010 年 5 年间森林面积大幅减少，减少面积约 107 万 hm^2。2015 年，大洋洲森林面积为 1.84 亿 hm^2，其中天然林 1.79 亿 hm^2，人工林 500 万 hm^2，森林蓄积量为 100 亿 m^3。在森林权属方面，公有林占 57%，私有林占 42%，是世界上私有林面积占比最高的地区。制定森林经营方案的林地比例也较低，占森林总面积的 26%。

三、森林资源面临的主要威胁

（一）人口压力带来森林资源过度采伐

全球森林退化和消失的原因有很多，包括农业扩张、采矿、基础设施建设、森林火灾等。但是，造成全球森林破坏的主要原因是大规模的工业性采伐，这影响着 70% 以上的濒危森林和森林生物多样性。随着人口和经济活动的不断增长，工业的不断进步，人类利用自然资源的能力也日益提高。2000—2010 年，人口增长以及对食物、纤维和燃料迅速增加的需求加快了森林砍伐的速度，全球年均森林净损失约达 520 万 hm^2（联合国粮农组织，2010）。1950 年以前森林砍伐的速度比人口增长更快，1950 年以后比人口增长慢，全球森林砍伐的变化轨迹大致与全球人口增长速度一致。直到 20 世纪初，亚洲、欧洲及北美的温带森林地区的采伐活动达到了顶峰，而到 20 世纪中期基本得到了遏制。2000—2010 年，世界森林面积损失了约 1.3 亿 hm^2（约占 2 000 年森林总面积的 3.2%），森林面积净损失为 1.3%。全球的森林生态服务功能和固碳能力由此大大减弱。

（二）农业及其他林地用途变化侵蚀林地

毁林继续以每年约 1 300 万 hm^2 的惊人速度进行着，与此同时人工造林与森林的自然扩张又大大抵减了森林面积的净减少量。其中，因砍伐森林用于农业生产而造成的森林破坏，已经成为全球森林面积逐年减少的重要原因之一。2000—2010 年，拉丁美洲约有 70% 的毁林是因为商业性农业开发；特别是在亚马孙地区，养牛牧场、大豆农场和油棕榈种植园等面向国际市场的农业企业被认为是 20 世纪 90 年代后毁林的主要驱动力（Rudel et al.，2009；Boucher et al.，2011）。在非洲，大规模的商业性农业开发导致的毁林占比约 1/3（DeFries et al.，2010；Fisher，2010）（图 1-12）。

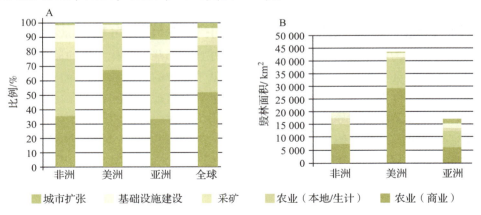

图 1-12　2000—2010 年各区域与毁林相关土地利用变化总面积比例（A）和导致森林面积年净变化量（B）的估值

虽然全球森林面积在减少，但世界人工林面积仍在不断增加。许多国家都制定了长期的造林计划。森林破坏程度略有降低，面积减少速度趋减缓。

（三）火灾及病虫害等自然灾害给森林带来威胁

1. 森林火灾

森林火灾给森林带来严重危害，是破坏森林的三大自然灾害之首，其突发性强、破坏性大、处置救助十分困难，不仅给人类经济建设造成巨大损失，更会破坏生态环境，威胁人的生命财产安全。2010年森林面积占全球比重为65%的118个国家提供了2003—2007年烧毁的森林面积数据显示，年均受火灾影响的森林面积为1 980万hm^2。全球每年平均有1%的森林面积受到林火的严重影响，其中不到10%的林火为计划性人工火烧，其余为野火导致的森林火灾。

乍得、塞内加尔、加纳、博茨瓦纳和葡萄牙遭火灾的森林面积比例最高；澳大利亚、美国、乍得、印度和加拿大遭火灾的面积最大，年均约有超过100万hm^2的森林被烧毁。直至目前，仍有许多国家没有针对野火灾害建立可靠的预警与报告体系，各国乃至全球的森林火灾监测能力仍有待进一步提升。

2. 森林病虫害

森林病虫害发生的频率、危害面积和危险程度随着森林资源过量开采、生态系统的失衡而越来越大，给林业生产和森林生态建设带来不可忽视的损失。严重受病虫害影响的森林面积不到全球森林面积的2%，约3 500万hm^2。在最近几十年内，世界贸易数量、速度和多元化发展增加了有害生物在全球范围传播的机会，同时气候变化也增加了有害生物引殖的可能性及本土和引入有害生物的影响，二者共同加重了有害生物给森林带来的威胁。

病虫害的循环周期性和新物种入侵的不确定性决定了有害生物防治的复杂性，需要依赖长期的监测、管护与投资。目前，全球范围内病虫害主要在温带和寒温带地区，并对某些国家造成了严重的危害。如北美洲本土的山松大小蠹自20世纪90年代末期以来，在加拿大和美国西部共毁灭了1 100多万hm^2森林，并且由于冬季气温过高，以超过了正常发生速度出现了前所未有的爆发。东部和南部非洲国家的森林同样遭受多种病虫害影响，但由于监测水平有限，有害生物对森林的影响难以统计。

（四）环境污染及气候变暖对森林生物多样性的负面影响

全球森林不仅为动植物物种提供了栖息地，并且给那些以森林为生的原住民提供了住所和生活所需的全部资源；森林加速消失不但降低了森林的固碳能力，而且危及了全球的生态安全和生物多样性。工业排放和生活垃圾的堆积对植被衍生和水土保持产生了巨大的负面影响，碳排放不断增加导致全球性气候变暖也为森林中动植物的繁衍带来了压力。自1997年《京都议定书》《联合国气候变化框架公约》（UNFCCC）第3次缔约方大会通过以来，森林作为陆地碳沉积地的作用日益受到重视。

四、世界森林资源发展趋势

(一)森林面积下降趋缓,人工林增长加快

在全球范围内,天然林面积在减少,人工林面积增加是近一个世纪以来的主要趋势。尽管天然林减少速度放缓,但其面积有可能继续下滑,尤其在热带地区,主要原因是林地转化为农业用地。另一方面,由于人类对林业产品和环境服务的需求不断增加,逐渐扩大对人工林营造的投入。近 25 年间,人工林面积从 1.68 亿 hm^2 增加到 2.78 亿 hm^2,占全球森林总面积的 7%。自 1990 年以来,人工林面积增加了逾 1.05 亿 hm^2。按趋势分析,人工林的面积在未来几年内可能会继续增加。

按气候区域划分,森林面积减少的最大风险明显在热带地区,特别是该地区的生产性森林。亚热带风险较低,温带和北方气候带的风险则非常低。保护林面积减少的趋势与此相似,但速率较慢,热带和亚热带森林的净消失率降低,温带和北方气候带林地稳定或适度增加,森林退化率在未来几年很可能会继续降低。最有可能转为其他土地用途的森林显然是热带区域的生产性森林和多用途森林。保护区内森林近期转作他用的可能性不大。随着人口的不断增加,可能会继续将更多的林地转化为农业用地,特别是在热带地区(除非现有农业生产力得到大幅提高)。目前,人均森林面积减少,而木材砍伐稳定增长,因此需要在未来几年内从更少的土地获取更多的木材。

(二)新兴经济体森林面积增加,非洲和拉丁美洲森林面积减少

森林面积的变化在全球不同地区间有明显差异。从地域划分来看,在一些新兴经济体中,中国、越南、菲律宾和印度森林面积均有所增加,在某种程度上弥补了非洲和拉丁美洲森林面积的减少。北美洲和大洋洲地区森林丧失较少,亚洲和欧洲地区则出现了逐年增长趋势。根据联合国粮农组织的预测,南美丧失的森林占比最大,其次是非洲。在其他地区,预测森林面积均会增加。值得注意的是,由于亚洲和非洲向联合国粮农组织提供报告的国家较少,同时一些国家对变化趋势的不同预测对这两个地区的预测产生了较大影响。南美和北美指定的保护性森林面积最大,经预测,小面积保护性森林会消失;而非洲和亚洲丧失的保护性森林面积占比最高(0.7%和0.9%);在保护区很少的北非、东亚、西亚和中亚,只有很少或没有林地面积丧失。

(三)私有林随着全球市场开放逐步增加

1990—2010 年,公共部门管理的公有林比重在下降,而归私营企业管理的森林的比重在上升。目前林权私有制和民营公司在不断增加(图 1-13)。许多国家的森林管理从中央下放到地方各级,且这种趋势也有可能继续。在中等偏上收入国家随着国民收入的增加,森林私有化会呈现继续的态势。

将国有林业向多方参与林业转变,并使当地居民积极参与林业管理,将能够有效促进一个国家林业的积极发展;与农户签订森林保护合同有助于当地居民积极参与林业活动,发展以社区为基础的森林管理或将成为未来林业转型的有效模式之一。此模式可增强基层护林、营林能力,促进其参与管理过程。

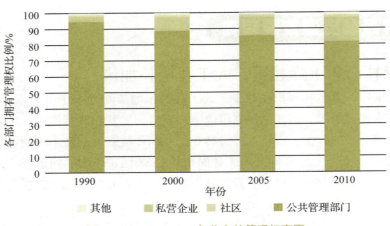

图 1-13　1990—2010 年公有林管理权变更

（四）林业占国民经济的比重逐渐减少

随着国民收入的增加，在中低收入国家的经济条件落后地区，家庭生活水平不断提升，将减少对薪柴的依赖，薪柴的 GDP 贡献率可能会继续在 GDP 占比中下降。但对于高收入国家，非林业部门以更快的速度创造比林业附加值更高的价值。从总体看，大部分国家的林业附加值在国民经济中的占比仍然较低。

为了发展林业的作用，提升林业生产水平，高附加值林产品生产将变得至关重要，而在其中发挥关键作用的将仍然是与林区紧密相连的当地居民与中小型企业。如何能吸引当地居民参与森林培育，引进人才带动林产工业的创新，调动社会积极性，为森林可持续经营做出更大贡献，提升森林的经济效益、生态效益与社会效益是未来世界林业发展所面临的共同课题。

（五）实现可持续利用是森林资源发展的主要目标

2030 年可持续发展目标中明确了农业和森林相关的目标，其中目标 15 是到 2030 年保护、恢复和促进可持续利用陆地生态系统，可持续经营森林，防治荒漠化，制止和扭转土地退化，遏制生物多样性的丧失。具体包括：①到 2020 年，根据国际协议规定的义务，保护、恢复和可持续利用陆地和内陆的淡水生态系统及其服务，特别是森林、湿地、山麓和旱地。②推动对所有类型森林进行可持续管理，停止毁林，恢复退化的森林，大幅推进全球植树造林和再造林活动。③从各种渠道大幅动员资源，从各个层级为森林可持续经营提供资金支持，并为发展中国家推进森林可持续经营，包括保护森林和再造林，提供充足的激励措施。

联合国 2030 年可持续发展目标为生态的可持续保护以及林业的可持续发展指明了方向，全球森林利用的发展趋势将继续以实现森林可持续利用为主要目标。世界各国将会进一步重视土地利用与转化问题，为进一步强化森林的管理完善森林法律法规，着重提高执行能力建设，协调各个利益相关方需求，为林地的合理利用创造良好的政策环境。一方面，加大造林力度，提高森林面积，进一步加大生态系统服务投资力度，提高森林质量；另一方面，促进以森林为基础资源的中小企业发展，减少农村贫困，通过木制品的再回收利用和把木材用作能源来提高木材的长期利用价值，运用创新的林业经营模式与融资渠道，推进森林可持续经营。

参考文献

Fisher B, 2010. African exception to drivers of deforestation[J]. Nature Geosci. Alcamo, 3(6): e25174.

Boucher D, Elias P, Lininger K, et al, 2011. The root of the problem: What's driving tropical deforestation today? Union of concerned Scientest[M].

Defries R S, Rudel T, Uriarte M, et al, 2010. Deforestation driven by urban population growth and agricultural trade in the twenty-first century[J]. Nature Geoscience, 3(3): 178-181.

Hosonuma N, Herold M, De Sy V, et al, 2012. An assessment of deforestation and forest degradation drivers in developing countries[J]. Environmental Research Letters, 7(4): 0044009.

Malhi Y, Adu-Bredu S, Asare R A, et al, 2013. African rainforests: past, present and future[J]. Philosophical Transactions of the Royal Society B, 368. DOI: 10.1098/rstb.2012.0312.

Rudel T K, Schneider L, Uriarte M, et al, 2009. Agriculturla intensification and changes in cultivated areas, 1920—2005[J]. PNAS, 106: 20675—20680.

联合国粮农组织, 2010. 2010年全球森林资源评估[R].

联合国粮农组织, 2012. 2012年世界森林状况[R].

联合国粮农组织, 2013. 2013年世界森林状况[R].

联合国粮农组织, 2014. 2014年世界森林状况[R].

联合国粮农组织, 2015. 2015全球森林资源评估报告[R].

联合国粮农组织, 2016. 2016年世界森林状况——森林与农业：土地利用所面临的挑战与机遇[R].

专题二　世界湿地资源与管理

> 湿地是地球上水陆相互作用形成的独特生态系统,是自然界最富生物多样性的生态景观之一,也是人类及许多野生动物、植物的重要生存环境之一,在抵御洪水、调节径流、改善气候、控制污染、美化环境和维护区域生态平衡等方面具有其他生态系统所不能替代的作用,被誉为"地球之肾"。
>
> 然而,长期以来人类社会对湿地资源不合理的开发利用已导致大量自然湿地丧失或退化,并由此引发全球性生态环境和社会问题,引起国际社会的普遍关注。为有效保护并合理利用湿地,国际社会于1971年签署了《关于特别是作为水禽栖息地的国际重要湿地公约》(以下简称《湿地公约》),该公约是全球唯一的一部保护特殊生境的国际性政府间公约。在《湿地公约》的推动下,各缔约国不断完善湿地保护法律和政策,加大湿地保护力度,在湿地保护、恢复和管理方面取得许多成果和经验。中国自1992年加入《湿地公约》以来,采取了一系列措施保护和恢复湿地,取得了显著成效,局部地区湿地生态状况有了明显改善。但是,中国湿地的整体状况仍不容乐观,全国湿地仍面临干旱缺水、开垦围垦、泥沙淤积、水体污染和生物资源过度利用等严重威胁,湿地面积减少、功能退化的趋势尚未得到根本遏制,湿地仍然是最脆弱、最容易遭到侵占和破坏的生态系统(刘惠兰,2013)。系统总结和分析国际上在湿地保护、恢复和管理方面的状况和成功的经验,将有助于加快中国湿地保护立法,完善湿地保护政策,提高湿地管理水平,推动中国湿地保护事业的发展。

一、湿地资源概述

(一)湿地定义、特征与分类

目前已统计到的有关湿地的定义近60种(王仁卿等,1997)。从生态学角度,湿地是介于陆地与水生生态系统之间的过渡地带,并兼有两类系统的某些特征,其地表为浅水覆盖或者其水位在地表附近变化。从资源学角度,凡是具有生态价值的水域(只要其上覆水体水深不超过6 m)都可视为湿地,不管它是天然的或是人工的,永久的还是暂时的。从动力地貌学角度,湿地是区别于其他地貌系统(如河流地貌系统、海湾、湖泊等水体)的具有不断起伏水位的、水流缓慢的潜水地貌系统。从系统论的观点,湿地是一个半开放半封闭的系统:一方面,湿地是一个较独立的生态系统,有其自身的形成发展和演化规律;另一方面,湿地又不完全独立,在许多方面依赖于相邻的地面景观,与它们发生物质和能量交换,也影响邻近系统的活动(杨永兴,2002)。

目前，广泛接受的湿地定义有2类：科学定义与管理定义。在湿地科学研究领域，普遍认可美国鱼类及野生生物管理局于1979年在《美国湿地深水栖息地的分类》中给出的定义，即"陆地和水域的交汇处，水位接近或处于地表面，或有浅层积水，至少有一至几个以下特征：至少周期性地以水生植物为植物优势种；底层土主要是湿土；在每年的生长季节，底层有时被水淹没"。该定义还指湖泊与湿地以低水位时水深2 m处为界。按照这个湿地定义，世界湿地可以分20多个类型。在湿地管理定义中，最具代表性的是《湿地公约》中的定义："湿地是指不问其为天然或人工、长久或暂时性的沼泽地、泥炭地、水域地带，静止或流动的淡水、半咸水、咸水，包括低潮时水深不超过6 m的海水水域。"该定义比较具体，具有明显的边界，具有法律的约束力，在湿地管理工作中易于操作。凡签署加入《湿地公约》的缔约国都已经接受这一定义，在国际上具有通用性。

尽管目前对湿地的认识不同，但总的来说，湿地具有如下特征：湿地地表长期或季节性处在过湿或积水状态；具有适水的丰富的生物多样性，包括动物、植物和微生物；发育水成或半水成土壤，具有明显的潜育化过程。

《湿地公约》中将湿地分为2大类42种类型。2大类为天然湿地和人工湿地。其中，天然湿地又分为海洋/海岸湿地（包括12种类型）和内陆湿地（包括20种类型），人工湿地又细分为10种类型。

（二）湿地生态功能及服务

作为陆地与水体之间的过渡地带，湿地兼有两类系统的某些特征，具有特殊的生态功能。其突出的生态功能表现为蓄水调洪、补充地下水、调节气候、净化水体、控制土壤侵蚀、保护海岸线、保护生物多样性。因此，湿地被誉为"地球之肾""天然水库""天然物种库"。

湿地的生态功能是其提供生态系统服务的基础，湿地为人类提供众多的生态系统服务，对提高人类福祉水平和减轻贫困具有十分重要的贡献。在供给服务方面，湿地可以为人类提供极为重要的鱼类资源、淡水资源和基因资源以及纤维、燃料和生物化学物质等。在调节服务方面，湿地具有调节水资源、调节气候、降解和转化污染物、减缓自然灾害以及控制侵蚀等作用。在文化服务方面，湿地具有精神与宗教、休憩与生态旅游、美学与教育、文化遗产等价值；在支持服务方面，湿地具有滞留沉积物、积累有机物质以及储存、加工和获取营养物质等作用，因而可以促进土壤形成和养分循环的正常运转（MA，2005）。

（三）全球湿地资源与分布

全球湿地分布格局主要受气候、地貌、排水模式等因素的影响。除南极洲外，全球各地、各国均有湿地分布。北半球的湿地多于南半球；由于较高的降水量，湿润气候区的湿地分布多于干旱气候区；在北极和寒带地区以及主要的河流流域（如亚马孙河、密西西比河、刚果河、恒河—布拉马普特拉河、长江等），集中分布着大量湿地；在较干燥的气候区也有相当多的湿地（盐湿地）分布。全球近一半的湿地资源分布在北纬50°～70°，其中以泥炭沼泽最为丰富，主要为碱沼地（Fens）、酸沼地（Bogs）和泥炭地（Peatland）；有超过1/3的湿地分布于北纬20°和南纬30°之间，以湿林地（Swamps）和湿草地（Marshes）为主；其余20%的湿地则分布在温带地区。

限于湿地调查的成本、技术手段以及是否为国家优先事项，大多数国家没有开展全国性湿地资源调查工作，因此目前没有全球湿地面积的确切数据。有研究人员汇总已出版的各类文献，对全球湿地面积进行了相对合理的估计，其结果为：全球湿地面积在13亿~45亿hm^2，约占地球表面积的1%~9%，不同地区湿地面积所占比例从3%到30%不等(Tiner，2009)。泥炭湿地几乎占全球湿地总量的1/3，面积约4亿hm^2。全球有10个国家泥炭地面积超过200万hm^2。其中，加拿大最多，约1.3亿hm^2（占其国土面积的18%）；其次为前苏联，面积约8 300万hm^2。芬兰1/3的国土面积为泥炭地（1 000万hm^2）。南美洲的潘塔纳尔湿地被认为是世界上最大的湿地，雨季时面积达20万km^2。

（四）全球湿地资源变化及面临的威胁

湿地对提高人类福祉水平和减轻贫困具有十分重要的贡献(MA，2005)。然而，随着人口的增长和经济的发展，人类不断对湿地进行大规模的开发，虽然取得了一定的经济效益，但也产生了一系列的负面影响和严重的恶果，如水资源匮乏、洪涝灾害频繁、水质退化、疾病爆发和生存环境恶化等。湿地的丧失和退化已经严重损害了当地社区的福祉状况，同时也对世界，尤其是旱区发展中国家的发展前景产生了不利影响。

研究显示，自1900年以来，全球湿地已经减少50%；如果从1700年算起，则湿地丧失率已高达87%(Nick等，2014)。尤其在20世纪至21世纪初期，湿地丧失速度是之前的3.7倍。其中，内陆湿地较沿海天然湿地丧失得更多、更快。从地区而言，北美湿地丧失速度继续保持低速，欧洲湿地丧失的速度已经放缓，然而亚洲湿地仍在快速丧失。此外，海滨和内陆天然湿地仍持续大规模、快速地丧失，转为他用。

千年生态系统服务评估(MA)发现，在20世纪，北美洲、欧洲、澳大利亚和新西兰等地区特有的一些湿地中，50%以上已经发生了变化。在20世纪的前50年，北温带的许多湿地已经迅速丧失；自20世纪50年代以来，热带和亚热带的许多湿地（主要湿林地）也已急剧减少和退化。由于过度取水、修建水坝以及工业开发，位于伊拉克南部底格里斯河和幼发拉底河之间的美索不达米亚沼泽湿地面积已从20世纪50年代的1.5万~2.0万km^2锐减至目前的400 km^2。此外，滨海湿地目前正在经历有史以来最为迅速的退化和丧失过程。在过去20年间，主要受水产养殖、森林砍伐以及修建淡水引水工程的影响，全球约35%的红树林已经消失。在20世纪的后几十年中，由于掠夺式利用、破坏性捕鱼活动、污染、淤积以及风暴频率和强度发生变化等因素，世界范围内约20%的珊瑚礁已经消失，另有超过20%的珊瑚礁已经退化。据不完全确认的证据显示，人类对湿地生态系统的改变正在加大湿地非线性变化甚至突变的可能性，这必将对人类福祉造成严重影响，因为变化一旦发生就难以或根本无法逆转。

MA评估结果显示，人口增长和经济发展是导致江河、湖泊、淡水沼泽以及其他内陆湿地出现退化和丧失的主要间接驱动力，而基础设施建设、土地转化、超额取水、污染、掠夺式利用以及外来入侵物种则是导致其退化和丧失的主要直接驱动力。对于咸水沼泽、红树林、海草草甸和珊瑚礁等滨海湿地的丧失和退化，其直接驱动力主要是土地用途转变以及淡水河流改道、氮素富集、过度开发、淤积、水温变化以及物种入侵等，而沿海地区的人口增长和经济活动增加是导致其退化的主要间接驱动力。此外，预计全球气候变化也将日益加剧许多湿地的丧失和退化以及湿地物种的灭绝，并对直接依赖湿地生态系统服务的人群造成更为不利的影响(MA，2005)。

二、湿地保护立法与政策

湿地丧失和退化的根本原因在于，在过去很长一段时期人们对湿地功能认识不足。国际社会从20世纪50年代开始关注湿地的研究和保护工作，到了70年代初主要发达国家已经建立起相对完善的法律体系。虽然多数国家都没有制定专门的湿地保护法律，但各国一般都制定了国家层面的具有统率意义的《国家湿地政策》，具体指导湿地的保护，同时也为国内地方湿地立法提供依据。

基于湿地范围的广阔性和生态系统结构的复杂性，世界各国保护湿地的法规与政策形式也多种多样。从立法主体和适用的范围上看，既有国际层面和区域层面的湿地保护公约，也有国家层面以及国内各级政府的立法与政策；从立法内容上看，既有专门的湿地保护立法，也有包含在其他法律中的相关条款。根据立法内容，涉及湿地保护的法律主要有3种类型：一是针对湿地生态系统中自然要素的保护立法，如野生动物保护法、森林法、土地法、水法、草原法等"纵向"立法；二是针对特定包含湿地资源的地理单元或区域的综合立法，如河流法、流域法、自然保护区法、河口法、海岸法、滩涂法、洪积平原法等"横向"立法；三是特别针对涉及湿地资源的人类生产开发活动的管理法，如水资源开发法、渔业法、水堤法、水污染控制法、防洪法等（吴志刚，2006）。

（一）国际立法与政策

《湿地公约》是国际上唯一专门针对湿地保护而签署的政府间国际公约。该公约于1971年2月在伊朗拉姆萨尔召开的"湿地及水禽保护国际会议"上通过，因此亦简称《拉姆萨尔公约》。该公约为各国从事湿地管理和开展国际合作提供了框架，目的是实现全球湿地的保护与合理利用。公约要求各缔约国制定相应的国家湿地政策与协调一致的行动，发展有关湿地监测、评估、培训、研究、教育以及提高公众意识的项目，以及对指定湿地采取针对性的保护措施和管理计划。公约确定的国际重要湿地，是在生态学、植物学、动物学、湖沼学或水文学方面具有独特国际意义的湿地。在该公约的推动下，各缔约国开始制定和完善适合本国国情的湿地保护法律和政策，以加强对湿地的保护与修复。

《湿地公约》签署45年来，为保护全球湿地发挥了积极的作用。公约的覆盖范围已从最初的水禽栖息地保护，扩展到现在涉及与湿地有关的许多领域，不仅涉及人体健康问题，而且涉及气候变化、生物多样性保护、生物燃料和脱贫等全球议程上的重要问题。通过《湿地公约》开展的活动，提高了各国对湿地重要性的认识，并将湿地保护同脱贫和可持续发展相联系，从而加大了保护的力度。截至2016年6月，公约缔约国已达169个，覆盖全球5大洲（非洲、亚洲、美洲、欧洲和大洋洲），全球共有2 241块湿地被列入国际重要湿地名录，总面积为2.15亿hm^2。

除《湿地公约》外，许多其他国际公约或国际保护计划也关注全球湿地的保护，主要有《濒危野生动植物种国际贸易公约》《生物多样性公约》《保护迁徙野生动物物种公约》《联合国海洋法公约》《世界文化与自然遗产保护公约》《联合国气候变化框架公约》《联合国防治荒漠化公约》以及联合国千年生态系统评估、联合国教科文组织人与生物圈计划等。《湿地公约》与上述这些国际公约与计划建立了紧密的合作关系。

(二)区域立法与政策

许多湿地范围广阔,涉及不同行政区域,甚至多个国家,湿地的有效保护需要整个区域或全流域的共同努力。目前,涉及跨界湿地保护的法律文件包括区域性条约和流域水条约。区域性条约是指主要由处于同一地理区域的国家缔结或加入的条约,缔约方不限于同一流域国家,往往是在区域性国际组织的主持下缔结的。最为典型的是欧洲经济委员会1992年在赫尔辛基通过的《跨界水道和国际湖泊保护和利用公约》(亦称《赫尔辛基公约》),适用于整个欧洲以及美国和加拿大。流域水条约是指流域中的部分或全部国家就流域水资源的利用或保护问题签订的条约。

在欧洲,多瑙河是长度仅次于伏尔加河的第2长河,流经10个国家和4个首都,其流域扩展到19个国家。1994年流域内的15个国家签署了《多瑙河保护公约》,为确保流域内水资源的可持续管理和公平合理的利用提供了国际合作框架。《莱茵河保护公约》也是欧洲成功保护流域水资源的典范,由德国、法国、卢森堡、荷兰、瑞士以及欧洲联盟于1998年在荷兰的鹿特丹签署,目的是加强流域内国家相互配合与协作以治理和改善莱茵河生态系统。如今,莱茵河已经成为世界上人与河流建立和谐关系最成功的一条河。在欧盟层面,湿地保护主要通过野生动植物物种保护、生态环境保护、水质量管理、渔业政策等相关法规提供法律依据。1979年签署的《欧洲野生动物与自然栖息地保护公约》和《野生鸟类保护指令》是最早涉及湿地的立法,前者的主要目的是保护野生动植物及其生存环境,并特别强调濒危珍稀的野生物种、迁徙物种及其生态环境的保护;后者对所有野鸟及其栖息地的保护做了全面规定。其他涉及保护湿地的法规还有《欧洲环境影响评价指令》(1985年)、《欧盟水资源框架法令》(2000年)、《自然栖息地保护指令》(1992年)等。其中,《欧盟水资源框架法令》已成为规范欧盟成员国水资源管理的基本法律文件。

在北美洲,美国与加拿大于1972年签订了《美加大湖区水质协议》,先后经过1978年、1983年、1987年和2012年4次修订。该协议被认为是两个国家之间合作保护世界最大地表淡水水系及维护其周边社区健康的典范。最新修订后的协议将有助于美国和加拿大针对五大湖水质受到的威胁采取行动,并通过更有力的措施预见和防范生态系统所受危害。2012年,美国、加拿大和墨西哥签署《北美水禽管理修订计划》,该计划是对1986年美国和加拿大签署的《北美水禽管理计划》(墨西哥于1994年加入)的修订,被称为对美洲大陆有史以来最大和最成功的动物保护行动承诺之一。在南美洲,阿根廷和乌拉圭于1975年签订了《乌拉圭河章程》,为两国管理和使用乌拉圭河、处理河水污染问题以及防止生态失衡建立了共同机制。在中美洲,1999年各国通过了《中美洲湿地保护和合理利用政策》,旨在通过国家间的行动与合作加强本区域湿地的保护和合理利用。

在非洲,1994年肯尼亚、坦桑尼亚和乌干达签订了《维多利亚湖三方环境管理规划筹备协定》,强调水资源的综合管理。2000年,南部非洲发展共同体(SADC)签署《关于共享水道的修订议定书》,作为管理该地区跨界流域的一个框架协议(流域组织国际网,2013)。议定书的目标是为合理和协调地利用SADC地区共享水道系统的资源进行密切合作,以支持该地区社会经济的可持续发展。2008年,萨赫勒地区防治干旱政府间委员会和西非经济货币联盟通过了区域水资源政策,表达了保护区域水资源的强大政治意愿,该意愿通过超国家原则得以强化，使得西非国家经济共同体的指令能够直接在国家层面得以施行。

在亚洲，澜沧江—湄公河流域的泰国、柬埔寨、老挝和越南等下游国家于1995年达成了《湄公河流域协定》。其目标是在可持续开发、利用、管理和保护湄公河流域水及相关资源的所有领域开展合作。协定中提出了实质性和程序性规则，以及详细的组织机制。

其他涉及湿地管理的区域性公约还有《南太平洋地区自然资源和环境保护公约》、《大加勒比区域的保护和开发海洋环境公约》（卡塔赫纳公约）、《保护地中海海洋环境和沿海区域公约》（巴塞罗那公约）。

（三）典型国家湿地立法与政策

1. 美国

美国是湿地保护法规相对完善的国家。美国的湿地保护立法体系由联邦、州和地方政府三级构成，各级立法均以美国宪法为基础。联邦一级制定的有关湿地法律，是湿地保护的主要法律依据，包括《海岸地区管理法案》（1972年）、《清洁水法案》（1977年）及其修订案、《海岸堡礁资源法案》（1982年）、《食品安全法案》（1985年）的湿地保护条款、《税收改革法案》（1986年）、《紧急湿地资源法案》（1986年）、《北美湿地保护法案》（1989年）、《鱼和野生动物保护法案》（2006年）、《海岸湿地规划、保护和恢复法案》（1990）、《濒危物种法案》等。其中，《清洁水法案》《海岸保护管理法案》《食品安全法案》《税务改革法案》对湿地保护的影响较大。《清洁水法案》是美国水域和湿地保护最直接的法律，其中第404条要求土地主和开发商在向水域（包括湿地）处置疏浚或充填物之前，必须获得许可证。该法所定义的"美国的水域"包括了美国所有的河流、湖泊、池塘和湿地。2014年，美国联邦政府公布了对《清洁水法案》中有关湿地保护的补充规定，将几乎所有的河流、小溪以及间歇性和季节性水域都纳入到《清洁水法案》的保护范围，从而扩展了"美国的水域"的范围。

在美国，联邦层面的湿地法规不具有优先适用的效力，各州可以自由地制订和适用自己的湿地法规。目前共有20多个州制订了专门的湿地保护法，如新罕布什尔州的《湿地填埋和疏浚法》、纽约州的《潮汐湿地法》（谭新华等，2008）、《淡水湿地条例》（于广志，2012）。有些州甚至对不同类型的湿地分别立法保护，如马里兰州将本州的湿地分为3大类型，分别用3部湿地法律进行分类保护，即非潮汐湿地法、潮汐湿地法和海岸区管理计划。

2. 澳大利亚

澳大利亚是第一个签署《湿地公约》的国家。该国于1975年颁布了《国家公园与野生动物保护法》，对列入国际重要湿地名录的湿地的保护进行了专门规定。1997年又颁布了《澳大利亚联邦政府湿地政策》，该政策是《湿地公约》缔约国中第一例国家湿地政策，也是澳大利亚联邦政府湿地保护的纲领性文件，为各州、特区和地方政府在湿地管理模式、工具和专业技术等方面提供了有效示范。其他许多法律文件中均包含有保护湿地的相关条款，如《环境保护与生物多样性保护法》（1999年）、《水保护法》（2007年）、《世界遗产保护法》(1983年)、《鲸类保护法》(1980年)、《野生动物保护法》(1950年)、《濒危动物保护法》、《渔业资源管理法》(1994年)。其中，《环境保护与生物多样性保护法》和《水保护法》是保护湿地最直接的法律；在前者之下还出台了《澳大利亚拉姆萨尔管理准则》，目的是提升澳大利亚对本国国际重要湿地的管理水平，促进国际湿地公约的履约工作。此外，各州和地区出台的水管理法案也对湿地保护和利用做出了规定，如新南威尔士州的《环境保护行政法》《地方政府法》等。

3. 欧盟国家

欧盟各成员国除了落实欧盟环境法规外，许多国家也制定了自己的湿地保护法规。

德国联邦政府制定的《联邦水法》是其水资源管理的基本法。2002年，德国根据《欧盟水框架指令》的要求对《联邦水法》进行了第7次修订。此次修订主要涉及德国十大流域区的综合管理、联邦与州之间水资源合作及协调的义务，地表水、地下水、沿海水等的环境目标，流域管理规划和数据收集、传递等方面的内容。德国在其《联邦自然保护和景观规划法》中将欧洲生态网络"Natura 2000"、《野生鸟类保护指令》和《自然栖息地保护指令》作为有效条款，并制定了《国家湿地战略》，作为联邦和地方综合自然保护政策的补充。德国对于特定的湿地类型，制定了专门的保护政策，比如在《多瑙河保护公约》下德国制定了特别保护政策（Ramsar Secretariat，2014）。为了保护水道、泥炭地、湖泊、漫滩、湿草甸和其他类型的湿地，政府还制定了地区性的战略和行动计划。

法国在其《联邦水法》(1992年)中确定的水资源管理目标之一即是"确保水生态系统和湿地的保育"。1995年，法国政府出台首个《湿地行动计划》，其后进行了多次更新，最近一次更新于2015年6月。最新《湿地行动计划》的最终目标为减少湿地的人为干预，开发利于湿地保护的管理手段，更加有效地履行《湿地公约》承诺，加强与公众的联系。与其相关的法规和政策还有《水生生物保护法》《农村土地保护法》《流域水资源开发与管理总体规划》《流域水资源开发管理计划》等。2006年，为了履行《欧盟水框架指令》，法国又制定了《法国公共水政策》，其中对水和湿地保护做出了新的规定。

英国中央政府和地方政府制定了各级的自然保护法令，与湿地保护相关的中央政府立法主要有《自然保育法》(1994年)、《野生动物和农村法》(1981年)、《水资源法》(1963年)、《自然环境与偏僻社区法令》(2006年)，地方政府出台的法规有《苏格兰自然保护法》(2004年)、《苏格兰自然栖息地保护法》、《北爱尔兰水务法》(2006年)和《北爱尔兰野生动物法》(1995年)等。

4. 加拿大

加拿大涉及湿地保护的法律包括《海洋法》(1997年)、《迁徙鸟类公约法》(1982年)、《加拿大野生生物法》(1973年)、《国家公园法》(1930年颁布，1988年修订)、《渔业法》(1985年)、《环境评价法》(1992年制定，1995年修订)（蔡守秋等，2010）。依据《环境评价法》，加拿大环境部和野生生物署颁布了《湿地环境评价纲领》，指导开展湿地环境评价。依据《国家公园法》和《野生生物法》，分别设立了国家湿地公园和野生生物保护区，形成了湿地保护区体系。为了保护联邦领地上的湿地，1991年制定了《联邦湿地保护政策》，阐明了联邦政府湿地保护的目标：保护加拿大的湿地，维持其生态、经济与社会功能。《联邦湿地保护政策》规定，联邦政府应协同各省政府及公众维持国家湿地的功能与价值，实现所有联邦土地与水体中湿地的零净损失，恢复已退化的湿地，保护具有重大意义的湿地，对湿地的合理利用不能威胁到未来世代的需求。这一联邦政策同时引导了各省制定适合本省的湿地法规。2011 年，新斯科舍省出台了《湿地保护政策》；2013 年 9 月，阿尔伯塔省政府修订了 1993 年颁布的《阿尔伯塔省定居区湿地管理：临时政策》，出台了新的《阿尔伯塔湿地政策》，该政策以"湿地相对价值"理论为指导，绘制了全省湿地相对价值图，提出了以"避免、最小化、替代"为核心"湿地缓解"政策，为开发者和监管者提供了准确、明晰和可预见的管理规范（Alberta Environment and Sustainable Resource Development，2013）。

5. 俄罗斯

俄罗斯联邦政府于 1999 年出台了《俄罗斯湿地保护战略草案》，为湿地保护提供了政策基础，也是俄罗斯履行《湿地公约》法律依据。该政策规定了联邦层面湿地保护的目标，并为地方政府制定湿地保护行动提供了原则框架。2001 年，联邦政府将湿地保护纳入《生物多样性公约国家战略》，该战略是地方政府制定生物多样性保护战略或部门规划的基础。其他与湿地保护相关的联邦法律还包括《环境保护法》《特别自然保护区法》《贝加尔湖保护法》《水法》以及一系列的联邦安全理事会决议和总统令。

6. 日本

日本有关湿地保护的法律、规范散见于针对湿地生态系统中单项自然资源或特定区域保护的立法中，如《鸟兽保护及狩猎法》《濒危野生动植物保护法》《河川法》等。还有一些相关法律对影响湿地保护的生产、开发活动予以管制，如《水污染控制法》《湖泊水质保护特别措施法》《渔业法》等。《自然环境保护法》是日本自然环境保护领域的基本法，1972—1994 年共修订了 6 次，不断增加有关湿地保护的规定。

三、湿地管理体制

湿地是一个由水、土地、野生动植物等共同组成的复杂的生态系统，在管理上往往涉及多个自然资源管理部门，因此湿地管理机构的设置、各管理机构职权的分配以及各机构间的相互协调直接影响到管理的效率和效能。湿地管理体制在国际、区域以及国家内部各有特点。

（一）全球层面

在全球层面，湿地保护的专职机构是《湿地公约》管理机构。缔约方大会是其决策机构，每 3 年召开一次会议，其任务是：审议缔约方递交的关于前 3 年履约状况的国家报告，讨论履约情况和经验；审议《国际重要湿地名录》中的湿地状况，通过有关湿地保护的技术和政策指导方针以及进一步改善湿地保护和管理的决议；讨论和通过 3 年《工作计划》和多年《战略计划》；接受国际组织的报告，促进国际合作活动；通过公约秘书处预算。《湿地公约》下的常务委员会代表缔约方大会在闭会期间根据大会决议管理公约。1993 年，公约又成立了科学技术审议委员会，为缔约方大会、常务委员会和秘书处提供科学技术方面的指导。《湿地公约》秘书处设在瑞士格兰德世界自然保护联盟（IUCN）总部，世界自然保护联盟是《湿地公约》秘书处的执行机构，秘书处成员在法律上是世界自然保护联盟的职员。《湿地公约》还与4个非政府组织，即世界自然保护联盟、世界自然基金会（WWF）、国际鸟盟和湿地国际结为伙伴关系，合作推动公约的履行。

（二）区域层面

在区域层面，对于跨界湿地的管理通常实行流域综合管理，通过设立跨界的协调机构协调各利益相关方来实现区域内或流域内的湿地管理目标，并为各方开展湿地行动提供指导框架。跨界机构的职责主要包括分享信息、协商协调和在整个流域层面做出决策。建立跨界机构的原则主要是广泛的责任、清晰的组织机构及职责规定、统一的法律框架、有效的各利益相关方合作机制、报告机制、支持联合计划和机构资金的落实、促进公众和利益相关者参与联合体行动的机制（流域组织国际网，2013）。在许多情况下，跨界组织虽是双边或者多边机构，但并不包括所有相关方。例如，刚果河—乌班吉河—桑加河流域国际委员会只有刚果河流域10个国家中的4个加入，湄公河委员会也只有6个流域国中的4个参加。为保证跨界机构的有效运行，通常在机构下建立一个职责获得各方批准的执行机构，如执行秘书处、高级委员会、综合秘书处等。典型的例子如湄公河委员会，其包括3个常设机构：理事会、联合委员会和秘书处（图2-1）。其中，理事会成员分别由柬埔寨、老挝、泰国和越南的一位部长级代表组成，在《湄公河流域协定》框架下对水及相关资源的管理和开发情况进行评审，并达成一致意见；联合委员会由各国一位不低于司局级的代表组成，代表理事会在例行会议休会期负责处理可能出现的问题和分歧，必要时将问题提交理事会；秘书处负责日常运行（图2-2）（流域组织国际网，2013）。

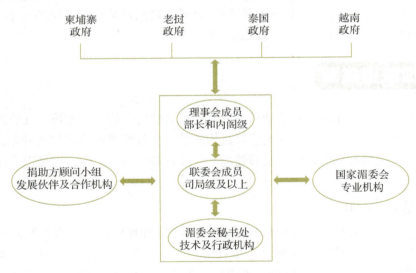

图 2-1　湄公河委员会结构

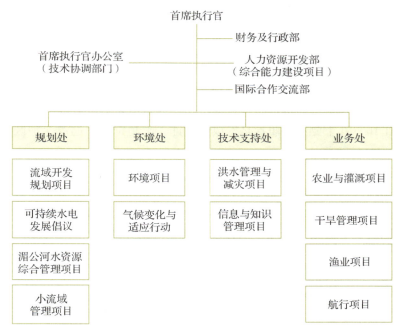

图 2-2 湄公河委员会秘书处的运行结构

（三）国家内部

基于湿地资源的自然资源特性，大多数国家由自然资源管理部门负责管理湿地。湿地管理往往涉及多个部门，如水利部、自然保护部、环保部、渔业与海洋部、野生动物保护部等，多部门之间的协调通常制约着湿地的有效管理（蒋舜尧等，2013；赵绘宇等，2006）。为了解决湿地分部门管理可能存在的冲突，许多国家采用了《国际湿地公约》的建议，成立国家湿地委员会，如泰国国家湿地管理委员会（亚洲）、乌干达国家湿地咨询团（非洲）、奥地利（欧洲）、哥伦比亚（新热带地区）和美国（北美）的国家湿地公约委员会、斐济国家湿地执行委员会（大洋洲）（Bonells et al.，2011）。委员会由中央政府（或联邦政府）授权，委员来自负责湿地管理的不同部门，还可以有 NGO 的代表。

1. 美国

美国是典型的多部门管理湿地资源的国家，采取分权治理原则，将权力分散到不同主体。这种做法使得湿地保护工作更具有针对性，也避免了因权力过于集中导致工作拖沓与效率低等现象的出现。据统计，至少 36 个联邦机构不同程度地参与了湿地的管理、恢复、改善、绘图、目录编制、划界、研究等工作。在联邦政府层面，湿地管理机构有陆军工程兵团（负责湿地航运及水资源供给），环保局（负责湿地的综合管理，包括化学、物理和生物等各个方面），鱼类与野生生物管理局（负责湿地的鱼类和野生动物，包括狩猎动物和濒危物种），国家海洋与大气管理局（负责国家海岸资源），农业部自然资源保护局（负责保护湿地不受农业活动影响）等（于广志，2012）。这些机构不仅在行政体制上负责对湿地资源进行合理利用与保护，而且还积极开展相关的湿地科学研究工作，使美国湿地资源得到有效保护与管理。

美国联邦湿地管理机构的管理权受联邦、州、地方政府行政权划分的影响。联邦政府只享有其所有土地的管辖权,对其他主体所有土地的管辖权受到宪法的严格限制,只有基于联邦宪法航运条款或商业条款的授权才能行使管辖权。在水资源管理权方面,联邦和各州都有相应的管理权限。美国75%的湿地都位于私人所有的土地上。因此,多数湿地的管理和利用权属于私人所有,但私人在管理利用湿地时,必须遵守联邦、州或地方政府有关湿地保护的限制性规定,不得以公众环境利益的丧失为代价。

美国各州也设立相关机构负责湿地管理工作,通常由自然资源部或鱼类与野生动物部主管湿地保护工作。其主要工作职责是发放许可证、限制狩猎、巡逻保护区、管理州湿地公园等。

2. 澳大利亚

澳大利亚湿地以地方管理为主(李国强,2007)。澳大利亚宪法规定自然资源属于各州所有,水与土地资源的所有权和使用权分离。联邦政府负责管理联邦拥有和管理的土地上的自然资源,同时负责协调、管理并执行澳大利亚的国际环境义务,贯彻国家环境政策、标准和指导性意见,并规范各州和特区的政策和政府活动。各州和特区有权参与制定国家政策、标准和指导性意见,对于各自辖区内的自然资源拥有主要管理权,还有权制定本区域内的环境政策和立法。地方政府的职责较小,在环境保护方面必须与上级政府及社区协调合作。在实践中,三级政府密切合作,共同进行环境管理和保护。澳大利亚还有一些协商委员会,用以协调不同政府间的合作问题。目前,制定、协调和执行环境政策的政府间协调委员会主要是澳大利亚政府委员会(COAG)和自然资源管理部际协调委员会(NRMMC)。

在澳大利亚联邦层面,联邦政府环境部负责湿地事务,执行履行国际公约和义务、制订国家湿地政策、向各州提供必要的资金与资料,以及协调指导自然保护方面的科研工作。环境部下属的生物多样性局作为《湿地公约》在澳大利亚的法定执行机构,负责湿地保护政策的具体实施和宣传。在各州(特区),湿地管理并不局限于某个单一的机构,但都有一个主导性的湿地管理机构。在新南威尔士州,湿地管理任务主要由州政府下属的环境部门承担。为了协助和支持新南威尔士相关政策的执行,还成立了州湿地咨询委员会,委员会负责为州政府提供水生态保护的法律支持,评估与湿地相关的立法和政策。在维多利亚州,自然资源和环境部负责湿地管理事务,协调州内湿地公约义务的履行。在南澳,依据联邦政府的《国家公园和野生动物法》(1972年),南澳环境与遗产部主管湿地的管理。在西澳,州立湿地协调委员会负责执行和协调湿地政策。

3. 英国

与美国采取分权治理原则不同,英国由政府制定全国性的湿地法,并通过议会指导其实施,中央政府制定的法律比地方法规效力更强。

在中央层面,自然保护联合委员会负责协调管理全国的湿地资源,其下按地理分区分别建立了自然保护管理机构,包括英格兰自然保护委员会、苏格兰自然遗产委员会和威尔士乡村委员会。此外,英国政府其他部门(如农业和林业等部门)以及地方政府(尤其是规划部门)在各自的职责范围内也都依法承担了相应的湿地保护义务,如规划部门负责对保护区内土地利用申请进行审查。在各地区或州,湿地管理机构各有所不同。例如,在英格兰和威尔士,湿地管理的政府责任由环保局承担;在北爱尔兰则由环境自然遗产局和环保局联合管理。

四、湿地保护与恢复机制

尽管湿地为人类提供的生态系统服务价值很高,但由于受集约农业生产、灌溉、生活供水、城市化、基础设施和工业发展及污染的影响,湿地仍在持续退化或丧失。抑制湿地面积减少已成为世界湿地保护政策的核心。为遏制湿地面积下降,美国于1988年提出湿地"零净损失"(No Net Loss)的政策目标,其含义为:任何地方的湿地都应该尽可能受到保护,转换成其他用途的湿地数量必须通过新建或恢复的方式加以补偿,从而保持甚至增加湿地资源基数。随后,"零净损失"目标相继被加拿大、德国、澳大利亚、英国、日本等发达国家所采纳,成为湿地保护的最重要的原则。为实现"零净损失"目标,世界各国和国际社会尝试通过各种手段应对湿地减少及其功能退化问题。

(一)湿地许可证

为禁止滥占滥用湿地资源,许多国家对于湿地资源的开发利用实行许可制度。美国《清洁水法案》的第404条要求土地所有者和开发商在向水域(包括湿地)处置疏浚或充填物之前,必须获得由陆军工程兵团颁发的许可证。美国湿地开发许可证共有2类:普通许可证(适用于环境影响较小的项目)与特别许可证(适用于环境影响较大的项目)(于广志,2012)。在申请项目许可证之前,申请人要事先与陆军工程兵团和项目所在州的环保单位咨询项目应该申请何种类型的许可证。许可证一旦发放,陆军工程兵部队与环境保护局联合负责监督项目的执行是否符合许可证的所有规定。

许可制度只是一种被动的、义务性的保护方式,只能提供部分保护,并不能完全达到预期的保护目的。阻止湿地退化和破坏需要采取综合性的湿地保护策略。

(二)湿地缓解

当开发活动不可避免地影响湿地时,缓解(Mitigation)措施可以避免和最小化开发活动对湿地造成的负面影响,并在必要时替代(Replacement)失去的湿地。根据优先次序,湿地缓解分为避免(Avoidance)、最小化(Minimization)、替代(Replacement)3个阶段。也就是说,在湿地管理中,首选措施是避免对湿地产生任何影响;当开发活动无法避免对湿地的影响时,就应采取最小化措施,将对湿地的负面影响减小到最小的可行程度;如果一切切实可行的避免和最小化措施已被行使后,一块湿地或其中一部分仍不可避免永久性丧失,对于丧失的那部分湿地,就需要另建一块湿地来替代。

湿地替代可分为恢复性替代和非恢复性替代。恢复性替代是指通过恢复、增强或建造另一个湿地,以弥补永久丧失的湿地;非恢复性替代是指通过推动湿地科学发展和提高湿地管理水平来促进湿地价值的维护。

湿地替代途径有3种:持证人负责替代湿地缓解银行和替代费用补偿(邵琛霞,2011)。持证人负责替代是指持证人自行恢复受损的湿地、或新建新的湿地、或强化现有湿地的某些功能或特别保存现有的湿地,以此补偿因自己的开发行为而受损的湿地。湿地缓解银行是一种第三方湿地补偿机制,是由一些专业从事湿地恢复的实体,在一块或几块地域上恢复受损的湿地,或新建湿地,或强化现有湿地的某些功能,或者特别保存现有的湿地,并将这些湿地以信贷的方式通过合理的市场价格出售给对湿地造成损害的主体。替代费用补偿是指持证人向第三方机构支付湿地补偿费,第三方用此费用来替代开发者实施补偿湿地的法律责任,弥补开发行为对湿地造成的损害。第三方机构一般是政府有关部门或者非盈利的自然资源管理机构,私人实体不能参与替代费补偿项目。

(三)建立保护区系统

建立湿地保护区系统是国际、区域及国家框架下湿地保护的一种重要手段。由于很难把水生系统与周边地域进行"隔离",因而通过区域或景观途径对其进行保护尤其重要。鉴于各保护区之间往往因水文、迁移物种和其他原因在功能上相互关联,建立各个层次的湿地保护区网络具有重要作用。同时,建立自然保护区要遵循生态完整性、纪念完整性和可持续发展的原则。2010年10月,国际社会在日本名古屋通过了2011—2020年《生物多样性战略计划》及其《爱知目标》,其中目标11要求:到2020年,陆地保护区面积要增至17%,海洋保护区面积增至10%。

美国是世界上最早建立自然保护区和国家公园的国家,拥有丰富的保护区管理经验。据美国地质调查局的统计,美国30.8%的土地(包括陆地和水域)得到了不同程度的保护。由于美国保护区的土地权属不同,其管理也分属于不同的管理机构。在联邦层面,国家公园管理局、美国鱼类及野生动物管理局、美国土地管理局和美国林务局分别管理其负责的保护区——国家公园体系、国家鱼和野生动物庇护所体系、国家景观保护体系和国家森林体系。在州和地方层面,每个州都有自己的保护区体系,其管理由各州和地方政府负责保护和自然资源管理的部门负责。不同的州保护区管理部门也有所不同,常见的有州环保局(纽约州)、公园、森林与休闲活动管理局(佛蒙特州)、自然资源保护局(夏威夷州)等。美国61%的土地属私人所有,私有土地上的保护区通常由个人、非政府组织或者企业负责管理,政府通过各种激励机制鼓励人们保护这些保护区。土地信托(主要通过购买土地和土地保护权属对土地进行保护)是私有保护区的中坚力量。全美土地信托联盟的统计报告称,截至2005年,土地信托保护的土地面积累计达1 497.34万 hm^2。其中,39%的保护土地是自然资源和野生动物栖息地;38%的保护土地是空旷地,另有26%是水资源保护地,尤其是湿地。

加拿大有庞大的自然保护区体系,保护区管理与美国类似,实行分级管理。保护区主要分国家、省、区域、地方4级,每个层级又根据不同的功能和特点作进一步划分,分级非常细致。在国家层面有国家公园、国家海洋保护区、国家野生动植物保护区、国家候鸟禁猎区、国家首都保护地、加拿大遗产河流系统等,在省级层面有省立公园、荒野保护区、省立自然保留地、鸟类禁猎区和生态保护区等,在地区和地方一级也设有各类保护区。这些公园和保护区的面积超过100万 km^2。

(四)保护与恢复计划和项目

制定实施湿地保护与恢复计划和项目是许多国家采用的湿地保护与恢复手段。在美国,由不同联邦机构、州和私营部门开展的保护与恢复计划和项目非常多,最为成功的湿地保护项目主要有"保护储备计划""湿地储备计划""湿地地役权计划""大沼泽地恢复计划"。

"保护储备计划"于1985年由里根总统签署通过,是美国最大的公私合作保护计划。该计划由美国农业部农务局实施,并由商品信贷公司提供资金,主要针对农场主和牧场主实施。其目的是向符合条件的农场主和牧场主提供技术和资金支持,增加森林和湿地资源,减少土地侵蚀,保持食品和纤维的生产能力,降低溪流湖泊中的沉降,提高水质,建立野生动物栖息地。"湿地储备计划"于1990年依据《农业调整法案》制定,由农业部自然资源保护局负责实施。该计划向符合条件的土地所有人提供技术和资金支持,对湿地进行保护和恢复,以实现湿地的最大功用和价值,同时保护野生动物栖息地。"湿地地役权计划"是一个自愿性计划,由鱼类与野生生物管理局实施。土地所有者与美国政府签署协议,政府获得土地的使用权,将土地转化为永久保护湿地。加入该计划后,土地所有者仍能可进行原有的农业或牧业活动,但必须保护湿地。

美国的湿地恢复项目自1991年开始在少数州进行试点,1994年在全国展开。联邦政府和州政府拨付专项资金,通过实施大规模的湿地恢复项目,保护具有生态价值的湿地及其生态环境。典型的湿地恢复项目有:重建佛罗里达州大沼泽地项目,1995年开始实施,2010年初步完成,项目总投资6.85亿美元;密西西比河上游生态恢复项目,湿地生态恢复是其中重要的组成部分,联邦政府拨款2亿美元作为专项经费。美国的湿地恢复项目预算在2005年的卡特里娜飓风灾害后成大幅上涨趋势,仅路易斯安那海岸带湿地恢复项目的预算就达150亿美元。

澳大利亚联邦政府的湿地保护计划分为宣传教育项目和技术项目。宣传教育项目包括宣传世界湿地日、发放小学湿地教育包、发行湿地相关的出版物等内容。2003年,联邦政府与昆士兰州政府联合启动了昆士兰湿保护地项目。此后,该项目支持了70多个项目,涉及绘图、信息和政策制定工具的开发和利用,为政府部门、湿地所有者、环保主义者及地区自然资源管理机构用于湿地保护和管理。在国家层面,联邦政府自2008年以来资助了170多个湿地项目,保护了约44万hm^2国际重要湿地,项目活动主要包括减少外来入侵动植物的影响、恢复乡土物种的栖息地、提高土地管理实践,并吸纳了大量土地所有者、原住民、社区团体和志愿者参加。在州与地区层面,南澳大利亚州政府实施了墨累河流域河流恢复项目,用于湿地恢复的投资超过8 700万澳元。

在欧盟,各成员国实施湿地保护和恢复项目可以获得欧盟的资金支持。《欧盟农业共同政策》也提供了对湿地限制利用的相关补偿机制,欧盟补助湿地标准为每年每公顷350欧元。此外,德国、西班牙等国家的中央、区域政府和企业也支持实施湿地保护和恢复项目。1979—2010年,德国实施了大规模河流湿地保护恢复项目,涉及30个子项目,核心区域面积11.37万hm^2,政府投资2.56万欧元。在恢复治理过程中,采取自愿原则、利益相关者数量平衡原则和土地有偿转让原则,确保土地业主不丧失所有权,并在限制利用时给予土地所有者资金补偿。

(五)流域综合管理

通常,上游采取的管理措施会对下游湿地产生深远影响。因此,实现对内陆湿地与水资源的有效管理,须在江河、湖泊的流域范围开展综合管理(张永民等,2008)。欧盟各国、美国、加拿大、澳大利亚和南非等国家已从传统的流域管理向基于生态系统的流域综合管理转变,包括建立有效的流域管理机构、合理的权利结构、坚实的信息和科技基础,对流域内的水资源进行综合协调管理,建立流域内的湿地保护网络。

北美五大湖流域的治理是这方面的成功典范。五大湖(Great Lakes)是世界上的最大淡水湖,位于加拿大和美国交界处,包括苏必利尔湖、休伦湖、密歇根湖、伊利湖和安大略湖，及其与之连接的航道圣玛莉河、圣卡莱尔河、底特律河、尼亚加拉河和通向加拿大边境的圣劳伦斯河。在工业化和城市化发展中，发生在20世纪60年代的严重污染，对五大湖流域的工业、农业、渔业和食品安全以及生态系统健康构成严重的威胁，伊利湖区内湿地面积损失近2/3，湿地的减少又压缩了野生生物的生存环境，许多物种消失或濒临灭绝。面临污染的挑战，美国开始单一治理，效果不明显。之后，美国和加拿大的管理者逐步认识到，传统的流域管理必须向基于生态系统的流域综合管理转变，把经济发展、社会福利和环境的可持续发展整合到决策过程中与政策框架中，逐渐形成了流域综合管理模式。其成功经验主要体现在：建立责权分明与分工协作的管理机构，健全相关法律、法规，编制科学的流域综合管理规划，建立多种途径的资金保障机制，确保各利益相关方参与流域管理的决策，搭建科技和信息共享与交流平台，建立综合环境监测体系(陈洁敏等，2010)。

(六)广泛的社会参与

广泛的社会参与是持续有序地开展湿地保护工作的基础，要通过加大公众宣教力度，确保社区、个体积极参与湿地保护与管理。澳大利亚为确保各政府机构及社会群体积极参与湿地保护政策制定，于1995年7月澳大利亚成立了国家湿地咨询委员会，为政府提供范围广泛的政策咨询；环境与遗产部还将实施社区教育，提升公众对湿地价值及功能的认识纳入全国性的项目或计划。1979年，美国环保局在其颁布的法规中明确了公众参与公共决策的重要性，并就公众会议、咨询小组、许可证实施细则、财政资助协议等做出相应规定。2003年，美国环保局修订了1981年制定的《公众参与政策》，鼓励和支持公众在湿地保护与管理中发挥更大的作用。美国政府、非政府组织、专业公司均为开展湿地恢复的个人或机构提供了多种信息和金融服务；希望恢复湿地的土地所有人或机构可通过政府的资金支持向金融机构申请贷款，或向相关机构申请资金支持。

五、湿地科研进展

资源、环境与可持续发展已成为全球21世纪科学研究的重点。湿地资源破坏与过度利用带来的环境功能丧失和生态问题，引起了世界各国和国际社会的高度关注，也使得湿地的科学研究得到加强，并逐步深入。

(一)湿地科研发展的特点

湿地学科的发展呈现以下特点(陈洁敏等，2010；王宪礼等，1997；杨永兴，2002；田景汉，2015)：

1. 起步早，近期发展迅速

湿地科学起源于湖沼学和沼泽学。湿地研究最早可以追溯到17世纪。1652年G. Boate在他所著书中最早阐述了沼泽的分类。18世纪末到19世纪末为湿地科学创立期，欧洲最早对沼泽物质来源、形成因素、沼泽类型、沼泽演变与分布规律及开发利用都进行了较为系统的探讨，创立了湿地科学基本理论的雏形。20世纪初，湿地学进入发展期，学术著作中开始出现湿地一词。受益于新技术和新方法的应用，大量湿地研究成果问世，对湿地的认识开始从感性上升到理性，并开始走向系统与综合研究，从而确立了湿地较为系统的科学理论与方法论，基本形成一门独立的学科。湿地科学进入蓬勃发展期的标志是国际生态协会下设的湿地工作组（WWG）于 1980 年在印度新德里召开的首届国际湿地大会，此后每 4 年组织一次国际湿地会议。第 10 届国际湿地大会于 2016 年 9 月 19—24 日在中国江苏省常熟市召开，这是该会议首次在亚洲国家举办，大会主题为"全球气候变化下生物多样性和生态系统服务的热点"。

2. 已成为重点学科和优势研究领域

目前，湿地科学研究正处在一个前所未有的蓬勃发展时期，已成为国际学术界与各国政府乃至公众关注的热点与焦点，成为 21 世纪的重点学科和研究领域。湿地研究很多方面取得令人瞩目的进展，学科理论体系建设正在逐步完善。

3. 科研队伍和研究领域不断扩大

近年来，各研究机构和大学纷纷设立湿地研究所、湿地研究中心等，湿地研究内容增多，领域扩大。研究内容几乎涵盖湿地科学的各个领域：湿地生物地球化学与养分循环，生物多样性，气候变化与温室效应，湿地恢复和湿地生态系统管理，地下水与地表水水文，河漫滩湿地生态，湿地监测与评价，土壤和泥炭特征，泥炭地生态，泥炭地恢复与管理，湿地政策、纲要与教育，热带湿地，水资源，野生动物和鸟类栖息地，海岸湿地，"3S"技术，生态健康与生态系统评价，资源可持续利用，植物群落，动物群落，海洋湿地，高寒湿地，淡水湿地，湿地保护和泥炭地利用。

4. 科研的综合性增强，分化性加大

湿地科研有同时向综合与分化两极方向发展的趋势。由于湿地具有重要的生态、环境功能，其研究趋向于综合研究，多开展生态、环境、水文和资源科学的协同研究，尤其是对于区域性的湿地理论和实践问题，跨学科的综合研究越来越多，研究也越来越深入。同时，综合研究的加强并没有阻碍分化研究的深入，湿地学科越分越细。

5. 理论体系不断完善

近年来，国际上出版了大量湿地科学著作和论文，中国也出版了《中国沼泽志》《中国湖泊志》《中国湿地植被》等湿地著作。在上述著作中，由 W. J. Mitsch 和 J. G. Gosselink 合作撰写的《湿地》和由 Robert H. Kaddle 撰写的《湿地治理》代表了当代国际湿地理论综合研究的最高水平。《湿地》为目前世界上理论体系完整、数据翔实、内容丰富的湿地理论专著；《湿地治理》除对主要湿地理论进行阐述外，更侧重湿地生态工程设计与净化污水等湿地功能实用技术论述，为湿地功能应用技术最权威的湿地著作。

6. 发展中国家与发达国家之间研究水平的差距逐渐缩小

发达国家湿地研究仍居国际湿地研究的领先地位，如美国、德国、澳大利亚、英国、芬兰、瑞典等国家居国际领先地位。发达国家每年发表的湿地论文和出版的著作多，水平也高。全球湿地科学专业学术期刊《湿地》在美国出版，重要的湿地学术机构与国际性组织也多设在发达国家，这反映了发达国家湿地研究受重视的程度、资金投入强度和湿地研究水平。发展中国家湿地研究水平也有大幅度提高。在某些方面，发达国家与发展中国家研究水平的差距正在缩小。近年来参加国际湿地会议的发展中国家代表人数和论文数量明显增多。

（二）湿地科学研究主要前沿领域的进展

湿地科学已成为国际学术界的重要研究领域，学科体系在不断扩大、研究深入、内容增多、领域拓宽。国际湿地科学研究前沿领域的热点为湿地保护、演化、景观格局变化、生态过程、温室气体和全球变化、健康、退化湿地恢复与重建、生物多样性、服务功能评价、泥炭开发、新技术手段应用研究(杨永兴,2002)。

1. 湿地生态系统保护与管理

建立湿地保护体系是保护湿地及其生物多样性的有效手段。在湿地保护体系建设的同时也积累了大量湿地保护对策、湿地监测、湿地恢复等湿地保护管理的经验,湿地保护已经不仅局限在保护区内湿地管理,而是从景观和生态系统角度进行保护与管理,进行跨地区与全球范围的相互合作。通过应用遥感技术、地理信息系统和全球定位技术对湿地资源进行调查和监测,多源高分辨率遥感影像信息融合以及与地理数据复合的方式实现了遥感数据之间以及与非遥感数据之间的信息互补,提高了湿地管理效率。

2. 湿地演化和湿地景观格局的变化

湿地演化是湿地理论研究的核心问题。俄罗斯、芬兰等在湿地演化研究方面一直走在世界前列。目前,湿地演化研究的重点是湿地形成、发育与消亡等演化过程的时间序列规律和空间序列规律,以及详细的演化模式、演化规律及演化驱动机制等。近年来湿地形成、演化研究主要有2个特点:一是强调了人类活动对湿地演化的干扰,注重了湿地退化机制方面的探讨;二是研究更趋微观,并注重宏观与微观的结合,加强了遥感技术在湿地景观结构时空演化研究方面的广泛应用。湿地景观格局演变研究主要包括演变特征和演变驱动机制2个方面,主要以景观生态学理论为指导,以RS和GIS为技术支撑,采用景观格局数量方法定量表征湿地景观格局和过程,借助数理统计方法分析湿地景观格局演变的特征。

3. 湿地生态系统的生态过程与动态

湿地生态系统的生态过程研究是揭示湿地功能机理的关键。当前,湿地过程研究主要集中在:①化学过程侧重研究各类湿地C、N、S、P等大量元素、微量元素和Hg等重金属循环,沉积物、枯落物的积累和降解及微生物在养分循环中的作用;②生物过程研究更加注意长期定位和模拟实验研究,如法国进行长达55年的监测研究,研究自然与人类活动对盐沼植被干扰及其响应;③物理过程则是侧重湿地生态系统能量流动过程,将系统热力学、信息论及控制论等新兴理论应用于湿地能量流动研究(Antonellini et al.,2010)。

4. 湿地生物多样性保护

湿地生物多样性研究较为薄弱,遗传多样性研究是生物多样性研究的难点。虽然湿地浮游生物、无脊椎动物和微生物的研究已经有所加强,但是更多的研究依旧侧重于湿地植物方面,如环境条件变化(如地下水矿化度、水淹频度、水体污染程度降低、土壤类型、干扰机制等)对植物多样性的影响以及生物多样性与生态系统功能(生产力变化、系统稳定性和营养物质动态)的关系等(Nelson et al.,2009)。对于水鸟、鱼类、两栖类,更多关注土地利用对物种丰富度的影响、栖息地健康指数监测及保护、生物多样性的异地保护和就地保护技术等方面。

5. 气候变化、湿地碳循环和温室气体通量

湿地是各种主要温室气体的源与汇,在全球气候变化中有着特殊的地位与作用。一方面,湿地开发利用将直接导致温室气体排放增加,影响全球气候变化;另一方面,全球气

候变化又有可能对湿地面积、分布、结构、功能等造成巨大影响。因此，湿地碳循环与全球气候变化研究已经成为21世纪人类共同关注的研究课题。该领域的研究主要集中在5个方面：①对湿地水体碳循环的研究，包括不同形态碳的含量测定及地球化学迁移转化过程等；②对湿地植被、动物的研究，主要集中在植物水分利用、植被类型对碳循环过程的影响、食物网物质循环和食源研究等方面；③对湿地土壤和沉积物碳循环过程的研究，以有机碳含量和分布以及碳稳定同位素组成为主；④对湿地气体排放过程及机理研究，其中以甲烷排放为研究热点；⑤含碳温室气体的监测研究，主要有微气象学法、箱法、定量遥感法以及理论模式计算法等。

研究方法主要依赖于化学量化分析和通量监测等传统手段。温室气体通量监测主要使用箱法和涡度相关法。为了克服涡度相关技术的一些限制和不足，近年来开始将稳定性同位素技术与涡度相关技术结合起来用于碳水循环机理等方面的深入研究。

6. 湿地的退化机制、恢复与重建

美国在受损湿地恢复与重建方面的研究开展较早，欧洲的一些国家如瑞典、瑞士、丹麦、荷兰等在湿地恢复研究方面也有很大进展，最为成功的是佛罗里达大沼泽地退化湿地恢复与重建研究。目前湿地退化机制、退化湿地恢复理论研究主要集中在湿地净化功能与环境容量研究、湿地演替规律、不同干扰下湿地退化过程和机制、湿地退化的指示性标识和退化临界指标、退化景观诊断依据和评价指标体系、湿地营养负荷、循环过程、转化规律、迁移途径及其与水体富营养化的关系研究、湿地退化过程动态监测模拟与预报研究等。

除上述领域外，退化湿地生态恢复与重建方法、技术和方案的示范推广等方面的研究也取得很大进展。研究的重点与难点是退化湿地的生态恢复关键技术，侧重于湿地生物及生境恢复技术、湿地基底恢复、湿地水文状况恢复。目前，较成熟的基质恢复技术有基质地形改造、客土和清淤技术等，湿地水文恢复侧重于堤坝和土地工事、沟渠和水道、水流和水位控制设施等，湿地水环境主要恢复技术包括湿地植物修复技术、微生物修复技术、水生动物修复技术以及人工湿地净化技术等。

人工湿地是在天然湿地基础上发展起来的污水处理技术，因具有投资少、耗能低、运行和维护简单等优点而逐渐被用于多种水体的处理过程。目前这方面的研究主要集中于人工湿地对污染物的净化效果及影响因素、填料及植物的筛选和配置、微生物活性及菌落结构、水力学特征等方面。

7. 湿地生态系统健康

湿地生态系统健康的研究起步晚，但进展较快，已经跨越到生态系统健康学逐步形成的阶段，主要任务和目标是建立完整的健康评价方法。加拿大和美国在该领域的研究走在世界前列。其研究主要侧重生态系统诊断指标、生态系统健康恢复、研究的时间与空间尺度、生态系统设计和生态系统健康的数量评价等领域(Munawar et al., 1992)。评价方法一般包括指示物种法和指标体系法，采用的具体方法则包括综合指标法和模糊综合评价法。在研究手段上，采用了样方调查、遥感、生态毒理学等。

8. 湿地生态系统服务评价

生态系统服务是指人类从自然生态系统组分中获得的各种惠益。目前生态系统服务评价正通过广泛的市场推广手段越来越多地影响经济决策，从而保护湿地生态系统，如生态

系统服务市场和生态补偿。国家层面正致力于评价指标和方法标准的制定。湿地生态系统服务评价方法经历了从早期对某一功能的定性评价到定量评价的发展过程。为了更直观地表达湿地生态系统的服务价值，学者们提出了能值分析法、物质量法、价值量法等一系列定量评价方法。其中，以货币的形式来呈现的生态系统服务价值量的评价法因其结果易于纳入国民经济核算体系中更容易受到青睐，是目前广泛使用的方法。随着评估方法和技术的不断深入，越来越多的模型在湿地生态系统服务价值评价中得到了广泛的应用。研究人员相继开发了基于"3S"技术的 GUMBO 模型、InVEST 模型和 ARIES 模型等过程模型。目前 InVEST 模型应用最广，已应用在美国俄勒冈州威拉米特河谷等区域的生态系统服务价值评价的研究上（Chaikumbung et al.，2015）。除了过程模型外，基于数学模型的整合分析法（Meta-analysis）也被广泛应用到湿地生态系统服务的价值评价中（Ghermandi et al.，2010）。

9. 泥炭地与泥炭开发利用

泥炭是一种多用途、多功能的自然资源，是植物残体在高湿厌氧环境中形成的有机质堆积物。目前全球泥炭资源积存碳素总量大约为 $4.58×10^{11}$ t，占全球土壤积存总碳量的 1/3。由于泥炭碳蓄积具有周期长、释放慢的特点，对控制大气二氧化碳浓度、减缓全球变暖趋势有举足轻重的意义。同时，泥炭具有腐殖酸含量高、有机质和纤维含量丰富、疏松多孔、吸附能力强等特性，成为农业、工业和园艺业重要的生产原料。但是近百年来，由于对泥炭资源的漠视和无序开采，泥炭资源储量和质量快速下降；同时，泥炭的"碳汇"功能所具有的环境意义使如何管理和利用泥炭资源成为争议问题。

泥炭与泥炭地利用研究发展很快，大量新开发的新型泥炭产品和性能更好的泥炭生产机械设备不断问世，如泥炭处理废水产品等，不断满足市场需要，提高了工作效率。泥炭地利用研究也取得了不错的成绩，特别加强了采后泥炭地和人类活动过程对泥炭性质的影响及其机制的研究。应用新型仪器进行泥炭特殊性质研究，如利用近红外光谱仪进行泥炭能量测量取得可喜的进展。泥炭萃取设备也取得新突破。新型的泥炭开采与产品生产设备性能更加优越。新型农业、园林和花卉业的泥炭复合肥料效果比以往同类产品更好，用于环保、工业、农业和医疗卫生的新型泥炭产品的质量也明显提高。

10. 新技术、新手段与新方法应用

新技术、新手段与新方法的应用是湿地科学研究发展的动力源泉。"3S"技术越来越普遍地应用于湿地资源调查、湿地分类及分布、湿地功能评价、湿地有害生物测报、湿地监测和湿地保护研究等方面（Huang et al.，2014；Kloiber et al.，2015；Rebelo et al.，2009）。特别是遥感技术的快速发展为湿地研究提供了重要支撑，遥感数据能快速高效地获取和分析全面、系统、真实的地表空间动态变化信息，为湿地资源与环境的监测、优化管理、规划发展提供决策依据。发达国家主要集中在地理信息技术和模型相结合的研究方面。欧洲在该方面走在前列，已建立有关化学、物理、生物、生态参数的湿地管理监测模型。大量新型高精度和高准确度的湿地自动监测仪器设备研制和普及应用，实现同步全天候地自动环境监测，推进了湿地生态过程研究。如多功能水质自动观测仪（YSI）、全自动化学分析仪、便携式光合仪、湿地水文实验室（Hydro lab）和湿地自动水样采样器等仪器设备已形成功能各异、用途多样的系列化产品，自动气候观测站、涡度相关系统使湿地气候因子及碳通量、甲烷通量、潜热通量长期连续监测成为可能。AMS 碳同位素测年、^{210}Pb、^{137}Cs 和氧同位素技术的应用，构建了湿地发育与演化的牢靠的时间框架，提高了古环境重建的精度，捕捉到了突发事件的发生年代，同位素示踪技术在湿地生态过程的研究，揭示了长期不能获得的某些生态过程的机理。数学方法与计算机技术应用于湿地过程研究，建立了很多有科学价值的数学模型，深化了机理研究。网络技术加快了信息交流，缩短了空间的距离，实现不同区域同步对比。地理学、生态学、环境科学等学科的研究方法与技术不断地引入湿地学，使湿地学方法论不断完善，克服了湿地研究在深入、综合、定量和预测等方面的障碍。

(三) 需要继续加强研究的领域及展望

在未来相当长的时间内，全球气候变化、湿地退化的过程与机理、湿地生态系统的可持续利用将是重要的研究方向，湿地研究需要在以下几个方面得到加强。

1. 湿地景观格局演变驱动机制的定量研究

研究重点：一方面从完善现有驱动机制模型方面入手，充分借鉴相关领域如土地利用/覆被变化驱动力方面的研究成果，提高现有驱动机制模型对各驱动因子的定量表征以及对湿地演变趋势的预测与模拟能力；另一方面选择典型的研究对象进行深入研究。例如，人工湿地具有更复杂的人类扰动机制和特征，是研究湿地景观格局演变人文驱动机制理想的试验场，对其进行定量研究是未来湿地景观格局演变驱动机制领域研究关注的一个重要方面。

2. 湿地的退化机制和恢复技术以及人工湿地构建的研究

今后应加强以下几方面的研究：①动态监测与实地调查的结合。利用"3S"技术开展湿地资源调查工作，对湿地恢复的具体进程做整体规划，结合野外实践，提高数据精度和调查成果质量，建立湿地资源和湿地恢复基础数据库和相关专题图。②湿地恢复的长期定位研究。湿地恢复是一项艰巨的工程，生物恢复技术可有效提高湿地生态系统的稳定性，提高系统自我维持能力，通过与工程措施的综合，采用定性与定量相结合的方式，可以更好地完成退化湿地的恢复或重建过程。③基于生态水文的湿地生境恢复研究。目前，这方面的研究多集中在食物、郁闭度和地形整治等方面的恢复，对于水深或水位与湿地生境，特别是鸟类栖息地之间的关系研究较少，结合水文过程的湿地生境恢复系统研究也极为缺乏。基于生态水文的湿地生境恢复研究，有助于我们通过地形改造和水量调控等技术手段，改造湿地关键物种的栖息地，提高湿地生态系统结构和功能的稳定性。④深入开展湿地退化机制、退化湿地恢复理论、方法和恢复技术的研究，获得不同地区和类型湿地退化的成因与机制、成功的退化湿地恢复与重建的模式

人工湿地技术已被广泛应用在工农业污水处理、河湖水质改善等环境治理与生态修复领域。在今后的研究中，应加强关于天然湿地基质吸附/解吸动力学过程研究，为人工湿地的构建提供参数支持，并结合对不同时期基质的理化特性及周边环境因子的长期监测，分析吸附/解吸参数的周期性变化以及不同环境因子的交互效应。随着大量工农业污水的排放，高污染负荷下基质的吸附/解吸特性有待于进一步研究。

3. 湿地生态系统碳循环、气候变化

该领域研究的重点是湿地碳循环与水文地球化学过程及湿地植物群落演替间的关系、与气候变化有关的生境变化模拟、湿地数量和质量变化对生物地球化学过程影响等以及湿

地碳循环与系统中其他生源要素（指生物体所需的大量元素，如碳、氧、氢、氮和磷等）循环的关系等(Edwards 等，2015)。此外，湿地碳生物地球化学过程模型应与其他模型如降雨、径流和地下水等模型相结合，以更好评价湿地碳生物地球化学循环对生态系统功能和价值及气候变化的影响及响应。

4. 湿地服务功能评价

湿地生态系服务评价方法更加注重生态学机制与评估方法的结合。湿地生态系统服务价值评价的关键在于评估过程中指标的选择及评价方法是否科学，在以后的评价方法的研究中，应深入了解生态系统服务与生态系统过程的关系，更加注重价值评价与生态模型的结合，增加评估结果的可信度。需要在以下几个方面加强研究：①不同湿地类型的各种服务价值；②生态系统服务空间异质性；③包含非线性及阈值的动态地区模型和全球模型；④考虑湿地生态系统服务损失的项目评估；⑤大规模的小幅度变化和小规模的大幅度变化边际。

5. 湿地生物多样性

应用现代方法与技术，开展湿地生物多样性长期变化、动态及机理的监测研究，获得湿地生物多样性的准确数据，建立生物多样性信息系统；探明湿地物种濒危的原因与机制，湿地生物多样性存在的威胁、保护措施，其与湿地生态环境功能的关系；加强对浮游动物、无脊椎动物和低等植物，遗传、生态系统和景观多样性等薄弱领域的研究；加强对关键地区研究，攻克濒危物种就地保护与异地保护的技术和方法等难点。

6. 湿地健康及其评价

建立并完善湿地健康理论，建立一套统一的预警指标和指标体系，建立预警模型，定量评估湿地健康状况。湿地评价应集中功能和价值评价。建立一整套完善的评价指标和指标体系，建立行之有效的评价标准和方法。

六、中国湿地保护面临的挑战与政策建议

(一) 湿地资源现状与面临的挑战

中国第二次全国湿地资源调查结果显示，全国湿地总面积为 5 360.26 万 hm^2，占国土面积的 5.58%，约占全球湿地面积的 10%~13%，居亚洲第 1 位，世界第 4 位。

1. 资源概况

中国湿地资源具有类型多、面积大、分布广、区域差异显著等特点，分为 6 个主要区域：沿海湿地、东北湿地、长江中下游湿地、西北湿地、云贵高原湿地和青藏高原湿地。湿地分布表现为：东多西少，东半部湿地面积占全国的 3/4；东半部北多南少，主要集中于东北山地和平原，占全国湿地面积的 1/2；西半部南多北少，南部的青藏高原，湿地集中分布于谷地，面积仅次于东北，约占全国湿地面积的 20%（杨邦杰等，2011）。

湿地资源维持着约 2.7 万亿 t 淡水，保存了全国 96% 的可利用淡水资源，是淡水安全的生态保障；湿地拥有湿地植物 4 220 种、湿地植被 483 个群系，脊椎动物 2 312 种，隶属于 5 纲 51 目 266 科，其中湿地鸟类 231 种，是名副其实的"物种基因库"。

2. 湿地保护现状

中国自 1992 年加入《湿地公约》以来，国家十分重视湿地保护工作，采取了一系列措施保护和恢复湿地，取得了显著成效，主要体现在（刘惠兰，2013）：

（1）湿地保护体系基本形成。至 2016 年上半年，全国已有国际重要湿地 49 处、湿地自然保护区 602 个、湿地公园 1 000 多个，自然湿地保护率由 10 年前的 35% 增至现在的 46.8%，初步形成了以自然保护区、湿地公园为主体，其他保护形式互为补充的湿地保护体系。

（2）构建了湿地保护管理体系，推进湿地立法和标准制定。国家相继成立了"国家林业局湿地保护管理中心"（现改为国家林业和草原局湿地管理司）、"中华人民共和国国际湿地公约履约办公室""中国履行《湿地公约》国家委员会"；各地也纷纷成立湿地保护管理专门机构，为湿地保护提供了组织保障。国家先后出台了《中国湿地保护行动计划》（2000 年）、《全国湿地保护工程规划（2002—2030）》（2003 年）、《关于加强湿地保护管理的通知》（2004 年）、《全国湿地保护工程实施规划（2005—2010）》（2005 年）和《湿地保护管理规定》（2013 年）、先后编制、颁发和实施了《中国生物多样性保护行动计划》《全国野生动植物保护及自然保护区建设工程总体规划》《全国水资源综合管理规划》《国家湿地公园管理办法》等一系列湿地保护具体规章办法。全国已有 23 个省份出台了湿地保护条例或办法。

（3）工程带动湿地保护。"十一五"期间，中央累计投入 14 亿元，地方配套超过 17 亿元，完成了 205 个湿地保护和恢复示范工程，恢复湿地近 8 万 hm^2，有效促进和改善了项目区生态脆弱和退化湿地的生态状况。"十二五"期间，全国完成中央预算内基本建设投资 15 亿元，实施了湿地保护、湿地恢复与综合治理、可持续利用、能力建设等工程。目前，湿地保护已纳入了全国水资源、水污染防治、长江经济带、一带一路、京津冀协同发展等战略规划。在"十三五"规划中，湿地保护国家级重大项目规划总投入 176.81 亿元，较"十二五"期间的实际投入增加 164%。

（4）湿地保护补贴工作已经启动。2010—2015 年国家共安排中央财政资金 40.5 亿元，实施湿地补贴项目 965 个，项目覆盖了全国所有省份，涉及湿地 534 处，包括国际重要湿地 38 处、湿地自然保护区 138 处、国家湿地公园 358 处。

3. 面临的挑战

中国湿地保护工作虽然取得了显著成效，局部地区湿地生态状况有了明显改善，但是整体上全国湿地仍面临干旱缺水、开垦围垦、泥沙淤积、水体污染和生物资源过度利用等严重威胁，湿地面积减少、功能退化的趋势尚未得到根本遏制，湿地仍然是最脆弱、最容易遭到侵占和破坏的生态系统。目前，中国湿地面临的突出问题主要体现在：

（1）湿地面积持续减少。两次湿地资源调查的结果显示，2003—2013 年 10 年间中国湿地面积减少了 339.63 万 hm^2，其中自然湿地面积减少了 337.62 万 hm^2；河流、湖泊湿地沼泽化，河流湿地转为人工库塘等情况很突出。

（2）湿地功能下降，生物多样性减退。自然湿地面临着开垦围垦、泥沙淤积、水体污染和水资源不合理利用等严重威胁，自然河流修坝使其转变为人工湿地，湿地人工化现象较严重。同时，城市化进程加速对城市周边湿地破坏严重，导致湿地消失、湿地破碎化、湿地驳岸固化、水系紊乱、景观改变、生物入侵等一系列问题，影响了湿地整体功能发挥。湿地功能的下降也导致湿地生物多样性减退。湿地环境破碎对水禽栖息、迁徙和鱼类洄游构成威胁。

（3）湿地生态保护与地方社会经济发展矛盾突出。一方面，社会经济快速发展严重破坏了湿地的生态；另一方面，湿地生态保护地方投入大，直接经济收益较小，对地方社会经济造成一定影响,。

（4）科技支撑十分薄弱。由于资金、研究机构、人才等多方面的原因，中国对湿地基础理论和应用技术的研究还不够深入，特别是有关湿地与气候变化、水资源安全等重大关系研究尚处于起步阶段。近年来虽然有的科研院所、高校等成立了湿地研究机构，但研究力量薄弱、专门人才匮乏、研究课题分散。同时，由于湿地科研工作与管理工作结合不够紧密，导致仅有的研究成果没有得到很好的开发应用，没有体现出科技对湿地保护应有的支撑作用。

（5）公众湿地保护意识不强。湿地保护是一项新事业，开展全民保护是最有效的途径。由于对湿地生态功能的认识不足以及宣传、教育不够，公众的湿地保护意识不强。

（二）政策建议

他山之石，可以攻玉。虽然国际上有许多湿地保护管理经验值得我们借鉴，但面面俱到未必可行。抓住问题的根源，避轻就重，可加快中国湿地保护事业的发展。

1. 尽快出台国家层面的湿地保护法律

完善的法律法规体系是湿地有效保护的根本保障。美国、欧洲等主要发达国家在20世纪70年代初就已经建立起相对完善的湿地保护法律体系，通过立法明确湿地保护的各级责任，并规范社会对湿地利用的各种行为。多数国家没有制定专门的湿地保护法律，但一般都制定了国家层面的具有统率意义的《国家湿地政策》，具体指导湿地的保护，同时也为国内地方湿地立法提供依据。

虽然中国许多现行的法律法规中都有涉及湿地保护的内容，如《中华人民共和国农业法》《中华人民共和国渔业法》《中华人民共和国草原法》《中华人民共和国森林法》《中华人民共和国野生动植物保护法》《中华人民共和国水法》《中华人民共和国环境保护法》《中华人民共和国水污染防治法》《中华人民共和国海洋法》《中华人民共和国自然保护区管理条例》等，但每部法律都只针对湿地保护的单一元素而设置，没有从保护整个湿地生态系统的角度考虑，其完整性、系统性、针对性和操作性都跟不上形势发展的需要。同时，由于国家湿地立法的缺失，严重影响地方湿地立法的积极性，对已制定湿地立法的省份，也严重弱化其立法实施的力度。因此，必须尽快在国家层面出台一部专门针对湿地保护的法规。这样，一方面可以将湿地作为一个独立的、完整的、重要的生态系统，从加强整体保护的角度做出规定，规范行为；另一方面，也有利于明确各部门的职责和权限，更好地发挥管理部门的职能。

2. 引入市场机制，拓宽融资渠道

湿地保护需要有足够的资金投入。基于湿地生态产品的公益性，依靠政府财政支付是世界各国通行的做法。然而，相对于湿地保护的需求而言，政府投入的资金是远远不够的。发达国家已经建立了较为成熟的生态保护市场机制，其中的许多做法值得借鉴。纵观美国湿地政策的演变过程，无论是早期的鼓励湿地开发政策还是后来的"零净损失"政策，

最终都是通过市场手段来实现的，而非行政命令或强制手段。近年来美国制定的湿地保护和恢复政策，也主要是通过补贴、税收优惠、购买湿地永久地役权、增加湿地转换成本、建立水权交易市场等市场手段来实现的。中国正在推行行政审批制度改革，更多的管理职权将下放给市场，因此，以市场手段实现湿地保护和恢复将迎来新的机遇。中国已经开始建立湿地生态效益补偿机制的试点工作，湿地碳汇交易也在尝试中。此外，还需开辟多种渠道，让更多的人参与湿地保护与管理。可以发挥中介机构的作用，将政府和民间需求紧密联合起来；也应加强企事业单位参与湿地保护，吸收社会资金用于湿地保护。

3. 建立流域湿地综合管理制度

湿地是一个复杂的综合生态系统，许多湿地通过地下水的连接形成了相互依存的湿地网络。因此，湿地管理需要采取综合管理措施，以湿地生态系统完整性或流域为整体进行综合管理，分散、分别和单独的管理模式将无法有效实现湿地管理目标。北美五大湖流域综合管理的成功经验已为许多国家和地区所借鉴。中国江河众多，河流总长度达43万 km。流域面积在100 km^2 以上的河流有5万多条，流域面积在1 000 km^2 以上的河流有1 500多条，因此在流域尺度上建立大范围的湿地保护和管理体系尤为必要。

例如，长江流域是中国第一大流域，流域总面积为180万 km^2，长江干流及其支流涉及中国19个省份。第二次全国湿地资源调查结果显示，长江流域内分布了中国所有的湿地类型，湿地总面积为945.68万 hm^2，占全国湿地总面积的17.64%，长江流域湿地率为5.25%。一直以来，长江流域湿地深受污染、过度捕捞和采集、基建占用、围垦和外来物种入侵等因子的威胁。借鉴国际经验，保护好长江流域的湿地，有必要建立全流域湿地统一管理的体制机制，实行全流域联动机制，在流域的尺度上，实现区域部门间互联互通、协调推进，发挥区域和部门保护优势，实行省际和部门的整体联动；同时，建立健全整个流域的湿地保护体系，制定流域湿地生态修复规划，并探索建立在整个长江流域湿地保护前提下的合理利用湿地水、生物及景观等资源模式，充分发挥湿地多种效益，促进区域经济社会可持续发展。

4. 注重湿地基础研究，加大湿地科研投入

湿地科学已成为国际学术界的重要学科和优势领域，目前国际上湿地研究的热点主要体现在湿地监测、湿地演化与景观格局变化、湿地生态过程、温室气体和全球变化、湿地健康、湿地恢复与重建等基础研究方面。在未来相当长的时间内，全球气候变化、湿地退化的过程与机理、湿地生态系统的可持续利用将是重要的研究方向。在发达国家，政府和社会组织都会投入大量的资金、人力和精力专注于湿地基础研究和技术开发，研究成果对于湿地保护起到了很大的促进作用。反观中国，对湿地保护的基础研究和技术开发还不强，特别是对湿地的监测、恢复、功能、演替规律等方面缺乏系统、深入的研究，不能很好地为湿地保护、管理和监管决策服务，制约了湿地保护与管理工作的开展。为此，政府应加大资金投入，强化湿地科学研究，设立相关的科技研发项目，建立湿地定期调查和动态监测体系，掌握湿地资源与环境动态，开展湿地保护与修复技术研究，为湿地保护提供技术支撑。

5. 提高公众湿地保护意识和参与度

公众对湿地保护的认识和支持是保护工作持续有序地开展的基础。美国在湿地保护工作中重视公众的参与。鼓励土地所有人申请湿地恢复项目，并提供专门的技术和资金支

持。相关机构设有专项资金支持湿地教育和宣传项目，尤其是针对学生和青年人的项目，向他们提供湿地保护和生态恢复的基础知识，鼓励他们成为湿地保护的志愿者和专家。公众湿地保护和生态恢复意识的提高，有力地推动了湿地的保护。澳大利亚政府也非常重视湿地保护和管理的宣传与教育，通过在线工具、世界湿地日活动等方式，向公众普及湿地知识。目前，中国全社会还普遍缺乏湿地保护意识，对湿地的价值和重要性缺乏认识。政府应把加强宣传教育，提高全民湿地保护意识作为湿地保护管理的基础性工作来做。采取多种形式的宣教活动，向公众宣传湿地的功能和效益，宣传保护湿地的重要意义。可利用每年"世界湿地日""爱鸟周"等时机，在电视、报纸等媒体上举办形式多样的宣传活动，同时组织中小学生参与和参观在湿地、举办保护湿地和鸟类的活动，培养他们爱自然、护环境和求知识的良好习惯；同时充分利用各种社团组织的优势，开展多种形式的宣传活动。

参考文献

蔡守秋，王欢欢，2010. 加拿大滨海湿地保护立法与政策[N]. 中国海洋报，12-17（A4）.
陈洁敏，赵九洲，柳根水，等，2010. 北美五大湖流域综合管理的经验与启示[J]. 湿地科学，8（2）：189-192.
蒋舜尧，朱建强，李子新，等，2013. 国内外湿地保护与利用的经验与启示[J]. 长江大学学报自然科学版（石油/农学旬刊），（4）：67-71.
李国强，2007. 澳大利亚湿地管理与保护体制[J]. 环境保护，（13）：76-80.
刘惠兰，2013. 湿地保护：成就辉煌 任重道远——我国加入《湿地公约》20周年成就综述[J]. 经济，（1）：34-37.
流域组织国际网，2013. 跨界河流、湖泊与含水层流域水资源综合管理手册[M]. 北京：中国水利水电出版社.
邵琛霞，2011. 湿地补偿制度：美国的经验及借鉴[J]. 林业资源管理，（2）：107-112.
谭新华，匡小明，2008. 美国湿地保护立法及对我国的启示[J]. 知识经济，（12）：12-13.
田景汉，王建华，张红梅，等，2015. 国内外湿地研究回顾[J]. 沧州师范学院学报，31（1）：88-90.
王仁卿，刘纯慧，晁敏，1997. 从第五届国际湿地会议看湿地保护与研究趋势[J]. 生态学杂志，16（5）：72-76.
王宪礼，李秀珍，1997. 湿地的国内外研究进展[J]. 生态学杂志，（1）：58-62.
吴志刚，2006. 国外湿地保护立法述评[J]. 上海政法学院学报（法治论丛），（5）：98-102.
杨邦杰，姚昌恬，严承高，等，2011. 中国湿地保护的现状、问题与策略：湿地保护调查报告[J]. 中国发展，11（1）：1-6.
杨永兴，2002. 国际湿地科学研究的主要特点、进展与展望[J]. 地理科学进展，21（2）：111-120.
于广志，2012. 透析美国的保护地：保护管理者必读[M]. 美国旧金山：华媒（美国）国际集团.
赵绘宇，汤臣栋，2006. 国外湿地立法之体例、宗旨与管理体制研究[J]. 林业经济，（11）：38-41.
张永民，赵士洞，郭荣朝，2008. 全球湿地的状况、未来情景与可持续管理对策[J]. 地球科学进展，23（4）：415-420.
Alberta Environment and Sustainable Resource Development, 2013. Alberta wetland policy[EB/OL]. http://bio.albertainnovates.ca/media/62357/alberta_ wetland_ policy.pdf. 2013-09.
Antonellini M, Mollema P N, 2010. Impact of groundwater salinity on vegetation species richness in the coastal pine forests and wetlands of Ravenna, Italy[J]. Ecological Engineering, 36(9)：1201-1211.
Bonells M, Zavagli M, 2011. National Ramsar/Wetlands Committees across the six Ramsar regions：diversity and

benefits[R]. Ramsar Convention Secretariat.

Chaikumbung M, Doucouliagos C, Scarborough H, 2015. The economic value of wetlands in developing countries: a meta-regression analysis[J]. Deakin University Economic Series SWP, 10: 1-33.

Edwards K R, Picek T, Čížková H, et al, 2015. Nutrient addition effects on carbon fluxes in wet grasslands with either organic or mineral soil[J]. Wetlands, 35(1): 55-68.

Ghermandi A, van den Bergh, Jeroen C J M, Brander L M, et al, 2010. Values of natural and human-made wetlands: a meta-analysis[J]. Water Resources Research, 46(12): 137-139.

Huang C, Peng Y, Lang M, et al, 2014. Wetland inundation mapping and change monitoring using Landsat and airborne LiDAR data[J]. Remote Sensing of Environment, 141: 231-242.

Kloiber S M, Macleod R D, Smith A J, et al, 2015. A semi-automated, multi-source data fusion update of a wetland inventory for East-Central Minnesota, USA[J]. Wetlands, 35(2): 335-348.

Millennium Ecosystem Assessment (MA), 2015. Ecosystems and human well-being: Wetlands and water synthesis. World Resources Institute, Washington, DC.

Munawar M, Munawar I F, Ross P, et al, 1992. Exploring aquatic ecosystem health: A multi-trophic and an ecosystemic approach[J]. Journal of Aquatic Ecosystem Health, 1(4): 237-252.

Nelson E, Mendoza G, Regetz J, et al, 2009. Modeling multiple ecosystem services, biodiversity conservation, commodity production, and tradeoffs at landscape scales[J]. Frontiers in Ecology and the Environment, 7(1): 4-11.

Nick C. Davidson, 2014. How much wetland has the world lost?: long-term and recent trends in global wetland area[J]. Marine and Freshwater Research, 65: 934-941.

Ramsar Secretariat, 2014. National Report to Ramsar COP12——Germany[R/OL]. http://www.ramsar.org/sites/default/files/documents/pdf/cop11/nr/cop11-nr-uk.pdf, 05-20.

Rebelo L M, Finlayson C M, Nagabhatla N, 2009. Remote sensing and GIS for wetland inventory, mapping and change analysis[J]. Journal of environmental management, 90(7): 2144-2153.

Tiner R W, 2009. Global distribution of wetlands[J]. Encyclopedia of Inland Waters, 7(4): 526-530.

专题三　世界草原资源及保护利用管理

> 草原作为地球上分布最广的植被类型，被称为"地球皮肤"，是仅次于森林生态系统的陆地第二大生态系统，不仅是重要的畜牧业生产基地，而且极具生态重要性，自然和人文景观壮美多样，在生物多样性保护、应对气候变化、人类可持续发展等方面发挥着重要作用。然而，在人类发展史中，草原的生产属性一直强于生态属性，导致大量生长良好的草原被改为农用地，剩下的通常是土壤、植被质量欠佳且面临过牧威胁的草原。此外，人类定居点增长、荒漠化、火灾、草原破碎化、外来入侵物种也是草原面临的主要威胁。因此，世界各国普遍关注草原的可持续发展及其对环境、社会、生态的作用，强调草原的保护性利用。

一、草原的定义和资源概况

（一）草原的定义

由于草原界线难以确定、缺乏一致的冠层结构、更易受到干扰而改变生态特征以及草原分布区广泛多样，草原的定义可谓是多种多样。缺乏统一的草原定义已成为制定实施有效的草原保护利用政策的最大障碍。

一直以来，不少学者利用不同方法对草原进行定义：一是按植被来定义和分类草原。有的学者将草原定义为以草本物种为优势植被组成的生态系统，而有的学者将草原定义为草与灌木混合生长且交替成为优势物种的生态系统。二是根据气候、土壤、人类利用活动来进行定义（White et al.，2007）。总体而言，在草原的概念和定义中，多强调草原以禾草为优势植被且缺少林木的特征，但也指出草原包含草的全部生长形式，包括禾草、窄叶草和宽叶草。因此，从技术层面上而言，"杂草地"可能是一个更为确切的称谓。然而，鉴于禾草是草原最典型的组成部分，"草原"一词更为普遍使用。

从狭义上讲，草原被定义为以禾草为优势植物且没有或有极少乔木的生态区（Suttie，2005）。例如，联合国教科文组织（UNESCO）就将草原定义为乔木和灌木低于10%的由草本植物为优势植物的土地，及乔木和灌木占地比例为10%~40%的疏林草原。

然而，也有许多学者认为，草原的含义在实质上更为广泛，包含了一系列生态植被类型，如树林、沙漠、苔原和湿地等。许多机构在草原保护工作中也采用了草原的广义定义。例如，WRI（2000）在其草原生态系统监测与评估中，就将草原定义为由草本和灌木植被为优势植被的，且通过火、放牧、干旱和/或寒冷温度得以保持的陆地生态系统。联合国粮农组织认为《牛津植物科学词典》为草原给出了一个非常简洁的定义（Suttie，2005），即草原生长在适合禾草生长且其气候、人类活动等环境条件限制了树木生长的地方，由于其降雨强度介于雨林和沙漠之间且由于放牧和野火等原因，草原在逐渐扩大，并代替林木成为一种偏途顶级群落。为了更好地开展保护利用，FAO 在相关报告中将草原定义为牧地。

世界自然基金会(WWF)(2014)在草原分类研究中也采用了广义的定义，即草原是由非禾本科和/或禾本科杂草为优势植被且植被覆盖度至少为 10% 的非湿地类土地；温带草原中的树林仅是单层林，且树木覆盖率低于 10%，树高不足 5m，而热带草原的树木覆盖率不到 40%，且树高不足 8 m。根据此定义，草原不但包括了无林草原，还包含了疏林草原、林地、灌木地和苔原。采用这种定义可以促使人们采用综合的方法，对草原生态系统的商品和服务进行综合保护和利用，包括牲畜生产、草原生物多样性保护、碳汇、旅游休闲等方面。

（二）草原资源总量

按照广义的草原定义，全球草原(包括生长有非木质植被的稀树草原、树林、灌木、苔原等)主要分布在森林和沙漠的中间地带，总面积为 52.5 亿 hm^2，占全球陆地面积(格陵兰岛和南极洲除外)的 40.5%(White et al.，2000)。其中，13.8% 的全球土地面积(格陵兰岛和南极洲除外)为木质热带稀树草原和热带稀树草原，12.7% 为开阔及封闭的灌木地，8.3% 为非木质草原，5.7% 为苔原。

（三）草原分类

从广义的定义而言，草原包括在较干旱环境下形成的以草本植物为主的植被。由于其复杂性、广阔性和多用途性，人们通常从多个维度对草原进行分类。

最为普遍的是按照草原的分布区位来划分。按照此划分方法，全球草原可分为热带草原(热带稀树草原)和温带草原。热带草原通常位于沙漠和热带森林之间，温带草原通常位于沙漠和温带森林之间。狭义的草原(Steppe)则只包括温带草原。此外，还可从多个维度对草原进行划分：①根据人类活动的影响来分，可分为人工草原和天然草原。②根据生物学和生态特点，可将草原划分为 4 个类型，即草甸草原、平草原(典型草原)、荒漠草原和高寒草原。③根据草原植物对温度的反应，可划分为耐寒型和喜暖型两大类，耐寒型草原分布在中温带、寒温带及高寒山地中，喜暖型草原则分布在热带、亚热带及暖温带。④根据禾草的高度，草原可分为高草草原、中草草原和矮草草原，1 m 以上为高草草原，30~90 cm 为中草草原，30 cm 以下为矮草草原。

世界自然基金会与 IUCN 等机构合作，从草原的地理分布、特征等方面综合考虑，采用综合性的生物地理学方法，利用世界陆地生态区(即地球陆地生物多样性空间区划体系)和国际植被分类体系，将草原分为 4 类，并得到较为广泛的认可(Target Study，2018)。

1. 热带和亚热带草地、稀树草原和灌丛

这一类草原多分布在年降水量 90~150 mm 的热带及亚热带半干旱与半湿润气候区之间，主要以禾草和其他草本植物为主。稀树草原和灌木地是最重要的 2 种草原类型。草原中生长有大型哺乳动物，且恢复潜力大，但过牧、农耕和大面积火烧在迅速地改变天然植物群落，并致使此类草原退化。

2. 温带草地、稀树草原和灌丛

这类草原的优势植被是禾草和灌木，生长在温带半干旱与半湿润之间的区域。总体而言，这类草原一般无树木生长，除非是在河滨地区；土壤肥沃且富含养分与矿物质。一些大型食草动物、食肉动物和鸟类也生长于此。温带草原、草甸和灌木地，温带半沙漠灌木地和草原及寒温带半沙漠灌木地和草原均属于此类草原。

3. 泛滥草原

这类草原通常分布在亚热带和热带地区，一般为季节性和常年性冲积而成，气候温暖，土壤养分丰富。由于其独特的水文机制和土壤条件，大量植物和动物生活于此。地中海灌木地、草原和非禾本科杂草草甸和寒带草原、草甸和灌木地都属于泛滥草原。

4. 高山草原和灌木地

这类草原通常位于树线之上的山区，常称为高山苔原，主要分布在南美、东非和青藏高原及其他类似的高海拔地区，气候凉爽潮湿，阳光强烈。高山灌木地、非禾本科杂草草甸和草原及热带山地灌木地、草原和稀树草原是该类草原的2个亚类。

(四)草原资源分布

作为一种可更新资源，草原通常分布在森林与荒漠之间的地区。除了南极洲之外，草原在各大洲均有分布，但并不平衡，非洲、亚洲、拉丁美洲和大洋洲所占比重较大，欧洲最小。从国别而言，全球有28个国家拥有超过50万 km^2 的草原，半数以上是撒哈拉南部非洲国家；其中，有11个国家的草原面积超过100万 km^2，6个大洲均有分布，即非洲撒哈拉以南地区(前苏丹和安哥拉)、亚洲(中国、哈萨克斯坦和蒙古)、南美(巴西和阿根廷)、北美(美国和加拿大)、欧洲(俄罗斯)和大洋洲(澳大利亚)。草原面积前10位的国家分别是澳大利亚、俄罗斯、中国、美国、加拿大、哈萨克斯坦、巴西、阿根廷、蒙古和安哥拉(White，2000)，其中前5位国家的草原面积都超过了300万 km^2。

温带草原分布在欧亚大陆温带、北美中部、南美阿根廷等地，那里气候夏热冬冷，年降水量为150~500 mm，多在350 mm 以下。欧亚大陆草原、北美大陆草原和南美草原是最重要的温带草原。其中，欧亚草原包括亚洲草原和欧洲草原，主要分布在哈萨克斯坦、蒙古和中国的西北、内蒙古、东北大平原北部及东欧平原的南部。北美大陆草原从加拿大南部经美国延伸到墨西哥北部。南美草原称潘帕斯草原，主体部分在阿根廷，草地面积1.4亿 hm^2；一部分在乌拉圭，草地面积0.14亿 hm^2。热带草原又称热带稀树草原，通常分布在热带雨林和沙漠之间且雨季降水300~1 500 mm 的地区。非洲、南美洲、澳大利亚和印度是主要的热带草原分布地。澳大利亚热带稀树干草原主要分布在西部、大陆北部和东部的内陆。

1. 非洲

非洲温带草原主要分布在南非。南非草原面积约为30万 km^2，70%的属于私有且用于商业生产，14%是集体管理且边界不清晰，而另外16%是保护区或城市及企业所有草原。大部分草原位于中部内陆高地的半干旱到干旱地区。其中，大草原(Veldt)分布在半干旱地区，稀树草原分布在北部和东部地区，干草原(Steppe)则分布在中部和西部地区。由于草原与其他植被如森林是连在一起，因而具有丰富的植物和动物多样性，在农业经济发展中占据重要的地位。

非洲热带草原分布在非洲热带雨林的南北两侧，即在北纬10°~17°、南纬15°~25°以及东非高原的广大地区，包括东非、北非和西非地区。其面积约占非洲陆地总面积的

40%，是世界上面积最大的热带草原区。非洲热带草原的植物具有旱生特性。草原上大部分是禾本科草类，草高一般在 1~3 m，大都叶狭直生，以减少水分过分蒸腾。草原上稀疏地散布着独生或簇生的乔木，叶小而硬。草原多有蹄类哺乳动物，如各种羚羊、长颈鹿、斑马等，还有狮、豹等猛兽，昆虫类中白蚁最多。

2. 南美

南美的草原为温带草原，包括 4 个生态区：安第斯山脉北部地区、安第斯山脉中部地区、潘帕斯和坎普斯以及巴塔哥尼亚草原，总面积为 230 万 km^2，占南美大陆面积的 13%。

安第斯山脉北部地区属于新热带高山生态系统，主要位于海拔在 3 200~5 000 m 的安第斯山脉热带地区高山部分，总面积约为 35 770 km^2。安第斯山脉中部草原位于安第斯山高地海拔 3 000 m 以上地区，其中，处于安第斯山脉东部地区的草原叫做安第斯草场，禾草浓密，气候较为湿润；而其西边分布着更为干旱的草原类型，通常叫做 Puna 草原，主要分布在秘鲁北部和阿根廷北部地区之间的 3 400 m 高的山地上。潘帕斯和坎普斯草原生态系统是南美大陆的主要放牧地，主要分布在拉普拉塔平原的南部，包括乌拉圭、阿根廷东北部、巴西南部、巴拉圭南部等地区，面积约 50 万 km^2。巴塔哥尼亚草原位于南美大陆的南端，总面积超过 80 万 km^2，属于温带干草原，主要分布在智利和阿根廷，西接安第斯山，东边和南边面临大西洋。

3. 北美

北美大草原位于北纬 30°~60°、西经 89°~107° 的广大温带平原地区，是世界上面积最大的禾草草地，也是世界著名大草原之一。广义的北美大草原指位于拉布拉多高原、阿巴拉契亚山和落基山之间的北美洲中部平原，狭义的大草原指北美洲中部平原的西部地区。根据构造地形特征、沉积盖层和高度差异，中部平原可分为内陆低平原和大草原（狭义大草原）两大地形单元。

北美大草原外貌总体平整而缓缓向东倾斜，东西长 800 km，南北长 3 200 km，总面积约 130 万 km^2，主要分布在北美大陆中部和西部地区。在大陆西部，加拿大 3 个省的草原向南延伸至墨西哥湾。而位于美国大平原的草原也称为普列利草原，西临高山和沙漠，东接落叶林，从西到东的年降水量在 320~900 mm。其生态区也从西到东各不相同，从北到南分成 3 类草原，即高草草原、混合草草原和短草草原（中国资源科学百科全书，2000）。主要草种为针茅、冰草、溚草、早熟禾、鼠尾粟和野麦等。

4. 亚洲和欧洲

亚洲和欧洲的大部分草原是连绵在一起的，统称为欧亚草原。欧亚草原位于欧亚大陆上，是世界上面积最大的草原，自欧洲多瑙河下游起，呈连续带状往东延伸，经东欧平原、西西伯利亚平原、哈萨克丘陵、蒙古高原，直达中国东北松辽平原，构成地球上最宽广的欧亚草原区。其北部与俄罗斯东部地区、西伯利亚和俄罗斯亚洲地区的寒温型针叶林带相接，南临欧亚大陆荒漠，但南部的分界线并不明显。主体部分约为北纬 45°~55°。

其中，欧洲草原面积约 8 278.3 万 hm^2，主要分布在东欧平原的南部，以禾本科植物为主。南乌克兰、北克里木、下伏尔加等地属于干草原，植被稀疏，除针茅属、羊茅属植物以外，还有蒿属、冰草属植物。亚洲草原面积为 75 944.5 万 hm^2，主要分布在中哈萨克斯坦、蒙古和中国的西北、内蒙古、东北大平原北部。自然植被主要是丛生禾草（针茅、羊茅、隐子草)等,并混生多种双子叶杂类草(中国资源科学百科全书,2000)。

根据区系地理成分和生态环境的差异,欧亚草原区可区分为3个亚区:黑海-哈萨克斯坦亚区、亚洲中部亚区和青藏高原亚区。黑海-哈萨克斯坦亚区位于欧亚草原区西半部,包括东欧大草原(Pontic-Caspian Steppe)、黑海-里海草原、匈牙利大平原及克里米亚半岛上的一些内陆草原。亚洲中部亚区位于欧亚草原区东北部,主要包括蒙古高原、松辽平原和黄土高原。此外,还包括分布在中国的荒漠草原。而青藏高原亚区是世界上海拔最高的草原区域,主要位于中国境内,为高寒草原类型。通常位于海拔4 000 m以上,分布于青藏高原北部、东北地区、四川西北部,以及昆仑山、天山、祁连山上部。

5. 大洋洲

大洋洲的草原通常被称为牧场,主要分布在澳大利亚内陆地区和新西兰。在澳大利亚,有75%的草原被称为牧场,而新西兰有50%的草原被划为牧场。

澳大利亚草原东西宽3 100 km,南北长1 400 km,主要为热带稀树草原,覆盖了4个州和北领地的自然资源管理区,包括昆士兰州的荒漠沟渠自然资源管理区和西南自然资源管理区、南澳干旱土地自然资源管理区和Alinytjara Wilurara 自然资源管理区、新南威尔士州西部地方土地局、北领地自然资源管理区和西澳牧场自然资源管理区。其植被类型多样,从热带林木到灌木及草原应有尽有。通常以三齿稃草(*Plectrachne*属和*Triodia*属)为主,北方较湿润的草原区以黄茅属(*Heteropogon*)和高粱属为主,而米契尔草属(*Astrebla*)广布于季节性干燥区,尤其是在东部断裂的黏土上。

二、主要国家草原资源及保护利用政策机制

(一)澳大利亚

草原是澳大利亚的重要自然资源和经济资源,不但支撑着个人和社区层面的多元文化和社会结构,而且衍生了各种商业和经济利益(Australian Collaborative Rangelands Information System,2008)。

1. 草原概况

澳大利亚草原面积约6.2亿hm^2,占陆地面积的81%,广泛分布于低降雨量地区、干旱和半干旱地区以及北回归线以北的一些季节性高降水量地区。在所有草原中,用于放牧的面积为4.16亿hm^2,占国土面积的54.1%,其中天然牧场面积3.45亿hm^2,人工改良牧场面积0.71亿hm^2。

按地区和植被划分,澳大利亚草原主要包括以下4种类型:①最北部的热带林地和稀树草原;②中北部平原地区广阔的无树草原;③中纬度地区的沙丘状草地、金合欢属灌木林和灌木丛;④南部的农业区和大澳大利亚湾附近的滨藜和相思树灌木丛(Natural Resource Management Ministerial Council,2010)。按照起源划分,可分为天然草原和人工草地。其中,天然草原包括热带高禾草草原、金合欢属植物区、干燥地带的中禾草草原、温带高草草原、温带矮草草原、亚高山草甸、旱生滨藜中草草原、金合欢属灌木—矮草草原、旱生草丛禾草草地和旱生沙丘状草地等10类。人工草地则可分为温带人工草地和热带人工草地共2类(McIvor,2018)。

2. 草原保护利用政策法规

澳大利亚的政体是联邦制，且公有土地约占土地面积的87%，私有土地仅占13%，因此大部分土地归各州/地区政府所有，并且各州/地区政府具体负责牧场租赁的管理。

（1）国家政策。鉴于各州政府负责草原保护利用的法规制定，联邦政府更多的是从政策方面加以指导与约束，强调草原可持续发展。为此，以1992年颁布的《生态可持续发展国家战略》和1996年颁布的《生物多样性国家战略》为基础，澳大利亚联邦政府、州政府、土著居民、产业界、农场社区和环境保护组织在1999年共同制定了《国家草原管理指南和原则》，指导社区采取可持续的方式经营牧场和草场。2010年又在《国家草原管理指南和原则》（1999年）的基础上制定颁布《草原可持续资源管理原则》，强调在草原自然资源管理中应以可持续发展为基本理念。此外，为了降低杂草对环境和初级产业的影响，2007年还颁布了《国家杂草战略》。

在众多草原管理政策中，最具有指导性的是《国家草原管理指南和原则》和《草原可持续资源管理原则》。《国家草原管理指南和原则》由澳大利亚和新西兰环境与保护委员会（ANZECC）以及澳大利亚和新西兰农业和资源管理委员会（ARMCANZ）于1999年颁布，其目的是规范国家草原管理政策。《原则》规定，制定区域规划进程的主要责任为草原社区，同时明确指出了各级政府、当地企业以及环保和社区组织等多利益相关方各自需要承担的责任，其目标是全面改善草原的经济、社会和生态状况。同时，考虑到各区域发展需求、地方所有权和利益相关方诉求，建立了一套综合、协调和参与式的规划流程。利用区域方法（Regional Approach）确保相互协调的、综合性的国家草原规划和管理，同时适应不同草原地区管理的需求。

《草原可持续资源管理原则》（简称《原则》）于2010年由自然资源管理部级理事会委托草原工作组制定发布的，旨在避免在众多国家和州草原战略计划的基础上重复制定国家草原战略。《原则》强调自然资源的生态可持续发展是资源可持续管理的基本原则，同时要求基于生态系统管理加强草原管理；提出预防资源退化是一种更有效的草原资源管理方法，应采用预防原则，避免产生不可逆的损失；指出土地所有者和土地使用者承担资源可持续管理的主要责任，因此在国家战略的制定过程中，应征求草原土地所有者、管理者、使用者、土著居民、特殊利益群体、社区和行政管理人员的意见，同时管理措施需要考虑到牧场使用权的不同以及土地所有者获取和管理自然资源的能力、权利和责任，以及土著居民和土地传统所有者的愿望和其固有的权利；鼓励协调收集、综合分析特定的数据，并向国家数据系统提供信息。

（2）州草原保护利用立法与规划。在联邦政府草原政府的指导下，各州、领地也制定了很多保护政策，包括湿地政策、生物多样性政策和遗产保护政策等。南澳大利亚州1989年颁布了《牧场土地管理和保护法》并进行多次修订。根据法案，成立了一个由6名成员组成的牧区委员会，代表土地所有者行使土地保护利用的权力。法案要求，土地租赁者履行土地保护义务，如土地已经或有可能遭受破坏或退化，土地租赁者必须制定管理计划，并经地区自然资源管理委员会咨询后，向牧区委员会提交该管理计划，同时严格执行计划；牧场租约如需要延期，则需要依据程序通过科学评估后方能批准（Minister for Environment and Water，2018）。

同时，各州及领地的自然资源利用和管理部门在联邦和州/地区政府的支持下针对草原资源的保护和利用制定了符合本地区情况的战略规划。2005年西澳大利亚州草原自然资源协调小组，在地方政府、土著土地管理者、自然保护和生物多样性管理人员、土地利用产业（畜牧业、园艺、旅游业、矿业）、海岸水资源利用产业（渔业、养殖业、休闲娱乐）、西澳州政府和澳大利亚联邦政府、科学界等利益相关方的共同参与和支持下，基于西澳大利亚州草原现状的监测和分析结果，制定颁布了《西澳大利亚州草原自然资源管理战略》，明确草原自然资源管理需要解决的14个优先事项及其优先级，强调了改进能力建设和促进利益相关方参与的重要性，提出应确保社区了解影响自然资源可持续管理的因素、拥有适当信息以做出明智的决策、拥有能够采取有效行动的相应技能、利用资源调动机制辅助社区实施自然资源保护计划、指导监测和评估机制建设（Rangelands NRM Coordinating Group，2005）。同时协调小组通过草原自然资源投资计划，采用合作协议的方式确定了管理目标、实地行动以及社区和行业合作伙伴的责任。

3. 草原保护利用管理体制

（1）保护利用管理机构。由于农业是澳大利亚草原利用的主要形式，且草原是事关生物多样性保护的重要土地利用，因此在联邦层面，主要由2个部门负责草原资源管理：一是澳大利亚环境和能源部环境保护司，主要负责环境政策制定、生物多样性保护等工作，承担了草原相关政策的制定和草原环境影响评估等职能。通过草地信息合作系统（ACRIS）监测全国草原数据，并整合来自不同地区和部门的信息。二是澳大利亚农业和水利部，负责与农业相关的自然资源利用和保护工作，包括土地管护、植被保护、盐渍化防治等（Department of Agriculture and Water Resources，2018）。在草原具体管理中，通常由环境和能源部与农业和水利部共同协调实现。

在地方层面，澳大利亚各州政府依据草原法律的规定设置了具体的管理机构。以西澳大利亚州为例，根据1997年颁布的《西澳大利亚州土地管理法》，由规划、土地和遗产部以及牧区土地委员会共同负责草原管理（Department of Primary Industries and Regional Development，2018）。其中，规划、土地和遗产部负责管理土地资产的出售、租赁和使用，牧区土地委员会则负责管理牧场土地并提供畜牧业政策建议（Department of Planning, Lands and Heritage，2018）。

（2）保护管理机制。为执行草原相关政策法规，澳大利亚政府通过构建实施草原地区土地管护机制，实现对草原的保护管理。

在国家层面，在澳大利亚政府自然遗产基金的支持下，实施了国家土地管护计划的实施，通过一系列环境保护和恢复的重要举措，保证草地的科学利用，使相关产业更具可持续性，并使得土地生产力极大提高。同时，国家土地管护计划在地区层面支持56个区域自然资源管理机构开展土地保护行动，以帮助保护当地环境并保障草原相关产业的可持续发展（Christopher，2018）。国家土地管护计划注重促进社区和政府开展合作，并推动社区和行业共同行动，最终实现环境的持续管理。在社区的帮助下，国家土地管护计划支持了社区土地管护小组活动、从事管护运动的协调者、其他志愿团体以及地区初级产业组织。

此外，澳大利亚国家保留地系统及其保留地网络在生物多样性保护和生态系统保育方面也发挥着重要作用。通过保留地的规划和建设，减少野火、野草等不利因素对重要生境的威胁，保护珍稀野生动植物及其生境，避免农业和工业导致野生动植物栖息地破碎化。该体系建立了一个由联邦政府、州政府、地方政府、土著居民、私人土地所有者和非政府组织协作共进的网络，各级政府之间强有力的伙伴关系为持续的合作及信息与资源的共享建立了坚实的基础。各州和地区在联邦政府的指导下具体负责保留地的建设和管理（The Natural Resource Management Ministerial Council，2009）。截至2016年，澳大利亚全国已建成10 590个陆地河海洋保留地，面积1.5亿hm^2，约占国土面积20%（Department of Environment and Energy，2018）。

（二）美国

美国的草原经济发达，牧草业、畜牧业和草种产业是最主要的草原产业。从19世纪初到20世纪，美国草原管理经历了从破坏性利用草原的无序状态到政府立法实现草原可持续管理的过程，在此过程中形成了特有的管理模式。

1. 草原概况

美国草地面积2.4亿hm^2，占国土面积的25.6%。主要分布在6大区域：①落基山脉两侧，从美国北部地区到加拿大南部。该地区属内陆性气候，海拔2 000 m左右，主要为天然禾草草地。②美国西北部地区，包括华盛顿、俄勒冈两州。③加利福尼亚沿海地区，主要为人工草地。④北加利福尼亚草地带，降雨1 200 mm以上，主要为天然草地。⑤沙漠平原草地，主要包括内华达州等地区，多为天然草地。⑥沿墨西哥湾草地，为亚热带气候，草生长高度1 m以上。

按照草原的功能主要分为保护性草原（如草原公园、草原保护区等）和利用性草原（包括牧场、草场等）。美国一半以上草地为休闲用地，其主要功能包括维持生物多样性功能、保护水资源功能、保护野生动物功能、旅游资源功能和生态调节功能（缪建明等，2006）。

在权属方面，40%的草原为国家所有，60%为私人所有。中部大盆地地区的天然草原绝大部分是国有草地，通过租赁方式由私人承包使用，其放牧程度很轻，仅仅是在舍饲畜牧业基础上的一种补充形式。家庭牧场主要通过人工草地和一年生饲草基地进行畜牧业生产。

2. 草原保护利用政策法规

（1）草原保护利用立法。20世纪30年代，由于过度毁草开荒，地表植被破坏，土壤风蚀加剧，美国大平原出现了严重的土地退化问题，发生了一连串大规模的沙尘暴，酿成了巨大的生态灾难。为了恢复生态，保护草地，美国国会相继通过了一系列法令，内容涉及建立土壤保持区、农田保护、土地利用、小流域规划和管理、控制采伐和自由放牧等各个方面。其中较重要法律法规包括以下5部法律。

一是1934年出台的《泰勒放牧法》，这是第一部联邦土地放牧控制法案。该法案允许下级部门在公共土地上建立放牧区并制定实施有关的草地调控法规，其主要成果是建立了持照放牧系统。该法规定，任何想在公共草地上放牧的人，都需要办理执照；公共草地的合法放牧权首先被授予给草地的传统使用者，并通过立法规范了土地利用机制，结束了长期以来西部草地的无序利用状态。《泰勒放牧法》颁布与实施后，政府机构成立了相应的放牧服务部门，该部门后来发展成为美国土地管理局（the Bureau of Land Management，BLM），协助林业局进行公共土地管理。该法案是众多涉及公有草地改革的里程碑，结束了自19世纪早期开始的公共草地掠夺式利用和无限制利用的状态。然而，值得注意的是，《泰勒放牧法》限于当时的思潮观念和现实条件，只强调了草地的放牧价值，未能考虑到放牧之外的其他价值。

二是1969年出台的《国家环境政策法》(NEPA)明确指出资源管理不仅是为后代保存资源，还需顺应经济和社会对资源需求的变化。同时，要求关注公共土地的生态学和美学价值，要求相关部门必须定期提交公共土地利用的环境影响报告。这是对自然资源产生巨大影响的一部立法，通过防止和消除损害环境的行为，将人与环境和谐共处的关系法律化，丰富了人们对生态系统和自然资源的理解。自该法案颁布后，草地管理的环境影响报告已经提供了公共草地管理和草地健康的大量信息，促进了草地资源的利用和可持续管理。

三是1976年出台的《联邦土地政策管理法》。法案增强了公众的草地管理意识并使其开始关注草原资源，激励牧场管理者服从联邦政策法规和标准。同时，倡导草地资源的综合长期规划和各学科间相互协作，促进了可持续生产的科学管理和公共草地多种用途的开发。可以说，《联邦土地政策管理法》是草地立法上的又一个里程碑，充分意识到国家公共土地的价值并提供了一个当前与后代永久受益的管理模式，使土地管理局摒弃了多用途和自然资源管理不能共存的观念，利用系统、多学科的理念创新公共土地的管理。

四是1978年出台的《公共草地改良法》(PRIA)。该法案建立和重新肯定了草地调查和评价的重要意义，强调评价、管理、保持和改善当前公共草地状况和发展趋势是国家重要政策和义务，要求制定草地价值评估框架，根据土地利用计划最大程度地实现草地管理的目标。法案强调了公共放牧地收费的公正性，提出草原野生动物的保护政策，同时要求拆除和搬迁威胁马和野驴及其栖息地以及草地其他价值的设施。

五是1994年出台的《草地放牧革新法案》。该法案是《联邦土地政策管理法》的修正，主要指导农业部和内政部针对16个西部州的允许放牧的林地和公共土地，根据公平市场原则，建立和实施年度放牧费征收制度。该法案提出修改3个方面的规定，即替代费用、取消放牧咨询委员会及美国收入份额。同时也对《泰勒放牧法》(1934年)中放牧活动收费的相关规定做出了修订，将征收的费用转拨给当地政府，同时对费用的使用作出限制，修订部分包括放权许可证的条款及非放牧利用，同时禁止放牧权的转租。

除此之外，1960年的《多用途持续生产法》、1973年的《濒危物种法》和1977年的《清洁水法》都对草地产生了巨大的影响。这些法律促进了管理计划的产生，为管理目标的确定提供了法律依据，而管理目标的确定正是这些管理计划中最重要的部分。

(2)草原保护利用政策。为了加强美国草原资源的利用和保护，美国农业部自然资源保护局通过出台了一系列长期稳定的草原保护建设支持政策，采取对草原经营者提供资金补偿和技术支持的方式，推进草原生态恢复管理和农牧民收入增长的良性互动。其中比较重要的政策包括退耕(牧)还草项目(Conservation Reserve Program，CRP)、放牧地保护计划(Grazing Land Conservation Initiative，GLCI)、环境质量激励项目(Environmental Quality Incentives Program，EQIP)。

退耕(牧)还草项目始于1985年，目的是通过退耕(牧)还草减少水土流失和农业面源污染，主要措施是在退耕(牧)还草期间实行严格的土地禁用制度并对农牧户进行补贴(在特别干旱的年份，为减少损失允许农牧民在限定范围内进行适度利用)。补贴标准根据农田或草地的生产水平具体决定，但每户一年的补贴最多不超过3万美元。该项目执行周期为 10~25 年。

放牧地保护计划开始于 1991 年，主要是依托联邦和州政府的技术推广部门和科研院校等机构，针对私有牧场开展免费的技术指导和培训，普及先进的牧场管理技术，提升牧场主生产管理能力，使草原等自然资源得到更好的保护和利用，推进草原和草原畜牧业的可持续发展。

而环境质量激励项目从 1996 年开始实施，主要是通过资金和技术支持帮助农牧民规划和实施农田改良，通过草田轮作等措施加强农田和草原资源保护，减少水土流失，提升环境质量。该项目执行周期一般为 6 年，最长不超过 10 年，每个参与者 6 年内获得的直接和间接资助不超过 30 万美元，环境质量改善显著的不超过 45 万美元。这些政策在实施过程中每年还根据农牧民反映的意见、建议进行调整和完善，因此经过长期实施取得了良好成效，获得了广大农牧民的认可和赞同，草原和草原畜牧业可持续发展能力也不断增强。

3. 草原保护利用管理体制

（1）保护利用管理机构。美国草原资源管理机构是美国农业部和内务部，其管理职能各有侧重。

农业部主要负责私有草场的管理，职责上更多的是协调、指导、服务与合作。其下属的自然资源和保护服务局是管理草地的主要部门。该局负责管理耕地、森林、草场、牧场等，针对私人草场出台相关指导性政策、引导生产和提供技术支持。在满足牧场主经济利益同时，注重草地的可持续利用，不断增强草地的生态功能。此外，林务局等部门也负责一部分草地的管理，如林务局管理林地中或与林地毗邻的草地。

而内务部的主要职责是管理全国 0.81 亿 hm^2 的公共土地，其中约有 0.65 亿 hm^2 草场。主要指派土地管理局承担相关职责。土地管理局由原来的土地管理办公室和牧业局合并而成，主要管理天然牧场、制定公共土地放牧政策等，以实现草地的生态目标为核心，通过法律、政策措施保护草地，实现草地的保护性利用。

（2）保护利用管理机制。美国的天然草原分为国家所有和私人所有 2 种所有权形式，草原的所有权不同，其管理方式也有所不同。

国家所有的天然草原主要是通过许可证管理的方式，由土地管理局和林务局根据牧民申请发放放牧许可证，租赁给私人使用，并根据不同地区的草原植被情况确定相应的牲畜头数。承包使用者必须严格按照规定的放牧强度进行放牧利用，一般不能超过可利用牧草产量的 60%，同时也不得低于 40%，以保证国有草原的可持续利用。

对于私人所有草原，主要是通过政策和技术推广等方式，引导草场所有者提高对草原保护的重视程度，改进草原利用和牧场管理技术。在政策引导方面，除了生态补偿和环境改善支持外，美国农业部还依托研究机构开发出降水指数（Rainfall Index）和植被指数（NDVI）推行放牧地植被利用的农业保险，依据某地区两个指数的数值给予相应损失赔偿，减少农牧民损失。在技术推广方面，主要通过鼓励科研机构开展草原科学利用试验研究与示范，用具有说服力的科学数据让草原所有者了解草原在不同技术经营模式下将会出现的差异，使他们主动接受草原合理利用的科学方法，以推进草原的可持续利用和生态环境的持续向好。

为了加强草原的保护和利用,美国积极开展草地资源监测,采取全面普查和重点监测的方式,动态跟踪全国草原生态和生产力状况。草原普查5年开展一次,由美国农业部具体组织实施,对草原情况进行全面摸底调查。同时,美国每年从重点监测地区取样4万份,并采取轮换监测的办法从不同样地采样3万份用于精确性测定或校准,其余区域的草原情况则根据同类型或相近类型监测样地数据通过统计模型进行预测。美国草原监测样地面积占全国草原面积的1%~2%,持续实施、覆盖面广的草原监测工作,为研究制定科学草原政策、指导草原畜牧业生产打下了良好基础。

(三)阿根廷

阿根廷共和国是南美最重要的草原国家,草原经济发达。

1. 草原概况

阿根廷草原面积为146.3万km^2,约占国土面积的52%(White,2000)。潘帕斯草原是最重要的草原,其中有30%是天然或半天然草原,主要分布在阿根廷的中部地区。东北地区则分布着坎普斯草原,其80%的面积是天然或半天然草原(Miñarro et al.,2008)。此外,阿根廷西部地区分布有巴塔哥尼亚高原草原。

草原类型主要包括:①多叶草类草原,普遍分布于阿尔巴登–德尔–帕拉纳沙丘生态区,最常见的草种是侧生雄蕊草(*Andropogon lateralis*)。②矮草草原,大部分都不超过30~40 cm,普遍分布于科伦特斯省中南部的岩石区和安多拜森林区,最常见的禾本科植物包括百喜草(*Paspalum notatum*)、阿根廷地毯草(*Axoopop argentinus*)和鼠尾粟(*tabbulu-Advuls*)。③以上2种草原类型之间的草原,其特点是多叶草和短草混合生产,分布于佛罗里米托斯地区的马赛克草原就是此类草原的典型(Pallarés,2015)。

由于畜牧业发展以及20世纪末至21世纪初农业的引入,阿根廷潘帕斯草原原始地貌发生显著改变,天然草原大面积减少。根据官方机构提供的数据,过去10~15年间,天然草地面积减少超过330万hm^2,年减少率超过0.5%(Demaría et al.,2003)。草原中的很大部分属于牧场,以畜牧业生产为主。牧场主要分为4大类型:干旱半干旱草原灌木林地区、亚热带稀树草原区、温带潮湿草原区、亚南极森林区。其主要功能及面积见表3-1。

表3-1 阿根廷牧场类型

	草地类型	面积/万hm^2	年均降水量/mm	植物群落
干旱半干旱草原灌木林地区	巴塔哥尼亚(冷荒漠、半荒漠地区)	6 000	300	灌木干草原、干草原、谷底低洼草原
	蒙特(热荒漠、冷荒漠、半荒漠地区)	4 600	80~300	灌木干草原
	卡纳德尔(半干旱树林地区)	230	300~500	树林
	西部(干旱地区)查科(半干旱林地和稀树草原地区)	6 500	320~800	稀树草原
	普钠(冷荒漠或半荒漠地区)	900	200	灌木干草原

(续)

	草地类型	面积/万 hm²	年均降水量/mm	植物群落
亚热带稀树草原区	东部(湿润地区)查科(亚湿润森林和热带稀树草原地区)	250	800	森林及稀树草原
	埃斯皮纳尔(森林、林地、稀树草原地区)	300	1 000~1 200	森林及稀树草原
温带潮湿草原区	潘帕斯(温带草原地区)	5 000	700~900	草原
亚南极森林区	假山毛榉林(温带半落叶林地区)	200	1 000以上	森林及稀树草原

资料来源：FAO，2018。

2. 草原保护利用政策法规

（1）保护利用立法。总体而言，在全球所有类型的草原中，温带草原的保护状态是最差的，更多的是在利用。而阿根廷的草原保护就更差。潘帕斯草原在阿根廷的部分只有1.05%被划入保护区，而坎普斯草原阿根廷部分只有0.15%得到了保护（Miñarro等，2008）。

阿根廷欠缺草原保护方面的法律法规，只是针对保护地、国家公园出台了相关法规。1934年，阿根廷国会通过法律，开始致力于国家公园体系的创立，由此设立了Nahuel-HimPi和伊瓜苏国家公园，并开始组建国家公园警察署，以便阻止园区内的伐木和狩猎活动。截至目前，已出台有关国家公园建立和完善生态保护体系的法令法规百余项，旨在建立完备的国家公园体系。

为保证新品种的质量，阿根廷专门制定了《种子法》，规定草料在内的新品种须经3~6年的观察鉴定，检测合格后才准许大量生产和出售（杨惠芳，2010）。

（2）保护利用政策。在草原保护利用政策方面，出台草原水土流失治理和草原保护区建设相关政策，旨在保护草原生态和生物多样性。在国家公园和保护区建设政策制定实施方面，一是鼓励各地建立国家公园。统计显示，截止到2016年10月底，加上200多个省级生态公园和自然保护区，阿根廷国家公园体系下辖的保护区面积约占国土总面积的7%。二是加强对专业公园管理人员的培养。许多地区都建有国家公园管理员培训学校，一些大学还开设了国家公园管理专业。在治理草原水土流失方面，阿根廷施行的政策是顺应自然，不掠夺式生产，对土地施行保护式开发利用。退坡还川，退耕还草，坡度在3°以下的土地作为牧区，种植牧草，坡度大的土地主要作为林地，真正做到宜农则农、宜草则草、宜林则林。

（3）保护利用规划。自2000年以来，阿根廷逐渐重视草原的保护和利用。在国家层面，与国际组织合作开展了两项调查，评估其境内的温带草原的保护状态，为制定保护规划提供基本信息。

这2项调查分别是高价值草原区调查和重要鸟类区调查。高价值草原区调查于2004年开始，通过调研，形成了高价值草原区数据库，最后确定阿根廷境内有32个高价值草原区，总面积159万hm²，占国土面积的3.5%。重要鸟类区调查是在国际鸟盟推动下开展的，通过调查，在阿根廷中部和东北部草原地区上确定了33个重要鸟类区，面积超过

470万hm²，占国土面积的10.4%。

根据这些调查结果，阿根廷开展了相关保护工作。其中一个工作是针对牧场改良制定草地保护利用战略规划，一是大范围恢复灌木灌丛及天然次生林，二是治理由于过度放牧造成的大面积裸露的土壤。根据规划，阿根廷放弃原有的被动管理方法，转而采取主动播种、培养，将本土灌木和乔木数量控制在临界值之上，以确保牧草料产量及放牧条件，并采用"一年生禾本科牧草代替原有植被""将牧草年度整合计划加入生产系统以提升次级生产力等"，确保牧草的生长以达到有效的保护和利用。

3. 草原保护利用管理体制

（1）保护利用管理机构。阿根廷草原管理机构是农业、渔业和食品业国务秘书处（以下简称"农业秘书处"），隶属于经济、公共工程和公共事务部（通称"经济部"）下属机构——农业工业局。

农业秘书处的职能是负责农、林、牧、渔产品的卫生检验和质量检验；保护和管理国家的森林、公园、自然保护区和名胜古迹；制定有关农业、牧业、林业、渔业和狩猎活动的法规并进行执法检查；在边境、港口、机场建立动植物卫生检疫窗口，对农、牧、林、渔进口产品进行检查；制定、执行并检查农村土地制度及管理国有土地；参与制定农村电气化计划、灌溉计划以及防涝措施等。具体上讲，该部门涉及畜牧产品质量（该职能有部分与农业生产合作与区域发展秘书处职能重叠）、乡村振兴、林业可持续经营与利用、气候对农业的影响等领域的工作。

此外，在经济部管辖下的有关农业的重要机构和单位还有全国谷物委员会、全国肉类委员会、全国农牧业技术研究所及种子委员会等。创建于1956年的全国农牧业技术研究所（INTA）是全国性科研机构，接受阿根廷国务秘书处领导，下设全国研究中心、地区中心试验站及技术推广站等不同层级的机构，形成了全国范围的科研与科技成果推广的完整体系。

（2）保护利用管理机制。在阿根廷，土地是私人所有，全国没有统一的土地管理机构，土地保护管理相关的土地资源调查、评价、规划、产权保护和交易等业务均分解到不同的部门。

就草原、草场保护利用方面，阿根廷实行以下3种机制：

一是建立国家公园管理机制。阿根廷自1903年起，把每年的11月6日定为全国国家公园日。1934年成立专职管理机构——阿根廷国家公园管理委员会，并正式对外开放第一座国家公园，管辖范围中包括草原相关的国家公园。

二是牧场农牧轮作机制。将人工牧场先种4~5年的谷物，然后再改种紫花、苜蓿等优质牧草，用来饲养牛羊，4年后再种植谷物，把牛羊赶到另一块由谷物改种牧草的地段。这样不仅使土地保持肥力，还有力保护了草场，防止了土地退化、水土流失等问题（唐海萍，2014）。

三是通过国家公园管理局对阿根廷保护区实施适当的区域划分。在区域划分中，使用了"资源清查与规划系统"管理方法。通过实地考察和与该领域有关的专家进行讨论，在完成信息收集工作之后，通过地理信息系统绘制相关地图，最后划分出5种公园区域，即禁入区、广泛型公共用途区、密集型公共用途区、特别用途区和恢复区，以此加强保护区的管理和保护（Dellafiore et al.，2002）。

（四）乌拉圭

乌拉圭位于南美洲东南部，牧场面积辽阔。农牧业在国民经济中占有重要地位，是国家经济的支柱产业之一，从业人口1.3万，约占总就业人口的1.6%。畜牧业年均单位产值68美元。

1. 草原概况

草原是乌拉圭的主要植被，总面积14万km²，占国土总面积的79.5%，属热带稀树草原区，主要分布在巴拉那河的东面。根据世界野生动物基金会以草原特点为依据的划分，乌拉圭草原属于潘帕斯草原中的热带稀树草原区（表3-2），位于巴拉那河的东面。其主要成因在于土壤因素：在土壤贫瘠的地方，地势平坦的地区，乔木根部因缺乏水分吸收而生长力不够，无法形成封闭的森林，甚至在气候似乎合宜的地方也是如此，因此形成开阔的稀树草原。

表3-2 乌拉圭草原类型

草原类型	环境结构与特点
乔木草原	旱季>4个月 树木覆盖率10%~40% 单一树层，有茂密的旱生禾本科窄叶植物 旱季>4个月 树木覆盖率超过40% 乔木为主要植被 通常只有一个主要树层 攀援植物和附生植物罕见，有茂密的旱生禾本科窄叶植物
灌木草原	旱季>4个月 灌木覆盖率10%~40% 单层灌木，有茂密的旱生禾本科窄叶植物
草原	旱季>4个月 树木覆盖率在10%以内 有茂密的旱生禾本科窄叶植物 天坛草场经常会出现季节性水涝，土壤金属离子浓度高

来源：2016—2020年乌拉圭生物多样性保护与可持续利用国家战略

由于气候因素，乌拉圭只有5%的林地，80%的景观由天然与再生的多年生和一年生顶级C3、C4草原植被组成，放牧草地占总土地面积75%。其中，80%的草原处于永久的天然草原植被状态，用于食草动物生产，其余20%以不同轮作方式种植作物和人工牧草。

2. 草原保护利用政策法规

（1）草原保护利用立法。近年来，乌拉圭加强生态保护工作，确定了国家生物多样性保护及自然资源可持续利用政策，为生态系统、物种和基因资源的保护奠定了坚实的基础，具有重要意义。虽然目前没有针对草原管理和保护制定专门的法规，但生物多样性保护和环境保护相关法规适用于草原管理。

其中，最重要的法规是乌拉圭根据所签署的与生物多样性保护相关的各类协定（表3-

3)的基本要求制定通过的生态保护法律法规。通过法律的实施切实落实其签署的生物多样性保护相关的各类协定,保证保护工作的开展。乌拉圭在法规中,对草原保护区的开发与规划作出了明确规定,以加强草原生物多样性保护。

表 3-3　乌拉圭政府加入的生物多样性保护相关公约

协定	签订时间及地点	主要内容	批准法律
《生物多样性保护公约》	1992 年,巴西里约热内卢	保护濒临灭绝的植物和动物,最大限度地保护地球上的生物资源	16048/1993
《濒危野生动植物种国际贸易公约》(CITES)	1973 年,美国华盛顿	致力于国际贸易市场监管,保护濒危野生动植物物种。根据保护情况,公约最后列了 3 个附录:①国际市场完全限制的濒危物种;②如果不调整贸易则将濒临灭绝的野生物种;③需要国际合作以控制其贸易的物种	14205/1974
《湿地公约》	1971 年,伊朗拉姆萨	政府间协定,用于制定保护并合理利用湿地资源的国家行动框架及国际合作框架	15337/1982
《保护世界文化和自然遗产公约》	1974 年,法国巴黎	保护具有突出价值的文化和自然遗产。利用现代科学方法,制定具有永久性的有效制度	

同时,环境立法是草原等自然资源保护政策得以实施的重要手段。到目前为止,乌拉圭已制订了包括《水法典》在内的若干环境法规(表 3-4)。新的《矿业法》也明确指出不能过度利用自然资源。同时,还规定了公民和机关团体的自然资源保护权利和义务,强调应倾听他们对环境保护和改善的相关意见。乌拉圭除了制定环境保护法规外,还制定了相关环境技术标准,通过这类技术标准实施自然资源分级管理,并对自然资源保护质量进行了规定。

表 3-4　乌拉圭政府针对生物多样性和环境保护制定的法律法规

法律涉及内容	法律号及发布时间	具体内容
土地与水资源	1981 年 12 月 23 日第 15.239 号法律	调整土地使用,说明"在国家层面推动与调节用于农业的水土使用与保护"
	2009 年 9 月 11 日第 18.564 号法律	修订第 15.239 号法律中关于土地和水资源保护、使用及适当开发利用的相关内容,替代了 15.239 号法律中第 2 款关于土地与水资源战略的规定;要求所有人员有义务在土地和水资源的保护、使用及开发利用方面与国家开展合作
	2009 年 10 月 2 日第 18.610 号法律	建立国家水政策的主要原则,允许与 MVOTMA 竞争以推进国家水资源政策的执行力;应加强对水资源的管理尤其是与水相关的使用和服务;加强地表及地下国家公共水资源管控,屋顶、水池积存的雨水除外
森林	1987 年 23 月 28 日第 15.939 号法律	禁止砍伐或任何试图破坏自然森林资源的行为。第 25 条:根据 1938 年制定的法律保护棕榈林,禁止毁坏棕榈林的行为
国家自然保护区体系	2000 年 2 月 22 日第 17.234 条法律以及 52/005 法令	按照法规确定的标准,协调保护区的开发利用并按标准进行规划

然而，应该注意到，乌拉圭作为一个发展中国家，虽然制订了不少环境法规，但由于经济、文化等诸多因素的限制，人们的环境意识还比较薄弱，制订的这些法规大都没能真正执行。这对乌拉圭的环境特别是草原保护和利用造成严重影响。

（2）保护利用战略规划。乌拉圭是在全球环境基金会及联合国乌拉圭发展计划的支持下，开展了《国家生物多样性保护战略》的研究和制定工作，旨在通过战略规划，按照创新发展、积极参与的原则，在国家发展和部门规划层面整体考量乌拉圭生物多样性保护与可持续利用目标以及其对《联合国生物多样性公约》所做出的承诺，发展一体化生态系统综合利用理念，为人类社会提供福祉。该战略规划涵盖了草原的保护利用。

《国家生物多样性保护战略》的研制主要解决以下问题：①在国家层面评估乌拉圭生物多样性保护及可持续利用水平，制定战略目标、主要原则及任务。②确定目标落实机制及实现目标的主要行动方针。③建立国家生物多样性保护战略的框架，发展信息交流机制。

《国家生物多样性保护战略》每4年制定一次。2015年的《国家生物多样性保护战略（2016—2020年）》强调生物多样性与气候变化的关系以及应对外来物种入侵等内容，针对乌拉圭生物多样性所面临的主要压力及其产生的原因制定了战略总体目标，旨在减缓生物多样性保护的压力，解决产生问题的驱动因素。具体目标包括：①减少乌拉圭主要生态系统的衰减与破坏；②推动生物多样性及自然资源的可持续利用战略实践；③控制外来物种入侵；④发展机制，加强管理及生物多样性知识的运用；⑤评估并更新包含生物多样性内容的国家法规，增强法规运用机制。为此，确定了生物多样性保护与可持续利用的主要任务，包括：①保护生物多样性，推动生物多样性的可持续利用；②履行乌拉圭所签署的公约协定；③最大程度确保现代以及未来的居民生活质量，保证社会公平。

根据战略目标与战略任务，乌拉圭以"识别导致生态破坏的主要问题及其成因"为立足点，针对生物多样性保护与利用的问题及其成因，参考主要管理原则，确定了生物多样性保护战略的框架，即以"识别导致生态破坏的主要问题及其成因"为根据，并针对问题及成因，参考主要管理原则，明确了2016—2020年国家生物多样性保护及持续利用的宗旨与目标。这些宗旨与目标和生物多样性协定战略计划紧密相关。

3. 草原保护利用管理体制

（1）保护利用管理机构。乌拉圭作为重要的草原国家，其草原的保护是基于各部委联合参与、共同保护的原则，具有一定的特色。主要负责草原保护和可持续利用的部门有住房、国土管理和环境部，牧农渔业部和工业、能源和矿业部，其草原管理的职能和管辖范围互有不同，且相互协作。

乌拉圭住房、国土管理和环境部（MVOTMA）是负责执行乌拉圭住房、国土规划和环境政策的主导部门。其下属的环境保护局负责国家自然保护区系统保护、生物多样性保护以及沿海地区及海洋的保护工作，其重点工作领域是生物多样性及生态系统的保护及可持续利用，同时开展环境评估和管理以预防潜在危险。此外，下属的国土管理局负责国土管理工作，对草原进行规划与管理。

乌拉圭农牧渔业部是草原保护的主要部门，制定草原、牧场等相关政策与规划，下设乡村发展局、农场局、自然资源局、秘书局、农业服务局、畜牧业服务局、林业局、水力资源局等8个局。其主要职责是管理国家的草原、森林、自然保护区并制定保护制度，监督和管理种植业、畜牧业、渔业、农垦、农业机械化、农产品质量安全、农业投资，对进口的农、牧、林、渔产品进行检疫检查等。下属的自然资源局和水利资源局重点负责草原保护以及草原水资源保护、实施草原等自然资源管理及可持续利用、农牧业可持续发展等相关项目。

乌拉圭工业、能源和矿业部主要职责就是针对矿产部门、工业部门、能源部门、远程通讯部门以及微小中型企业制定政策并加以实施。该部门在全球化及区域一体化的大背景下，负责制定矿产开采政策，改良国家生产设备、能源基础设施建设和通信系统，以构建可持续发展的法治社会，并制定前瞻性的规划。下属的地质矿业局负责对草原的地质、矿产进行勘探、开发并制定合理利用计划以保护草原。此外，下设的环境保护院针对草原保护进行研究。

（2）保护利用管理机制。乌拉圭政府重点从以下3个方面开展草原保护工作：①从国家层面对草原进行保护；②草原保护区的建立与规划；③保护区景观、生物圈保护以及湿地保护。其草原保护重点领域包括：①世界最为重要的草原生物群落；②风貌保护最好的具备中高生产力的天然牧场(整个畜牧业直接或间接依赖于良好的天然牧场)；③草原独特的生物多样性；④因被用于其他用途而导致面积持续高速下降的草原。

其中，主要保护方法是建立国家保护区，以此作为调和环境与国家经济和社会发展之间的重要工具，为乌拉圭提供休闲、旅游、研究和开发生产活动。乌拉圭国家保护区核心理念是"在保护中生产，在生产中保护"。其保护区建立目标已由先前的"守卫纯净的区域免受外界污染"，转变为"对一片区域动态的影响进行监测以确保充分发挥所有有利因素以维持原状"，确保保护区不仅仅扮演生物多样性保护的角色，还承担向社会提供维持生态系统服务及文化服务的任务。近年来，经过不断探索，乌拉圭建立了一套完善的国家保护区管理体系。

一是指定主管部门开展管理。国家保护区的建立和管理工作由乌拉圭住房、国土管理和环境部环保局和乌拉圭国家保护区管理局共同协作开展。其管理资金的2/3来自公共预算资金，1/3来自国际合作资金。

二是制定法律保障国家保护区的建设与管理。2000年，乌拉圭政府通过"创建国家保护区体系"法律（第17.234号）。根据法律的规定，2008年成立了第1个国家保护区。2013年，成立了乌拉圭国家保护区管理局。2014年制定实施《国家保护区体系战略计划（2015—2020年）》。

三是积极开展保护项目，加强保护区保护。为此，乌拉圭通过国际合作、政府资助等方式实施了多个草原保护相关项目，包括全球环境基金会与联合国乌拉圭发展计划共同实施的景观项目（2014—2018年）、价值链及国家保护区体系内的保护区及其周边地区管理（2017—2020年）、参与性指标项目（2017—2019年）、智能化畜牧业及草原恢复项目（2018—2021年）、生物多样性保护与荒漠化治理项目（2020年—）等。这些项目的实施对乌拉圭草原保护与恢复起到了示范和推动作用。

截止到目前，国家保护区体系内保护区的数量已达15个（包括罗查省的卡波波洛尼奥国家公园、圣卢西亚湿地资源保护区等），总面积占乌拉圭国家面积1%，其中有很高一部分比例并入生产系统。已保护乌拉圭国内86%的生态区，92%的风景区，44%受威胁的生态系统和33%受威胁的物种。

此外，对于因过度放牧而遭到破坏的一些草地，乌政府正着手建立合理的放牧制度体系，规划放牧区域，并改良畜牧业生产体制（乌拉圭住房、国土管理和环境部，2018）。

（五）坦桑尼亚

得益于广阔的草原面积，坦桑尼亚畜牧业历史悠久，畜牧业资源丰富，全境约40%以上的地区都具有发展畜牧业的良好条件。坦桑尼亚畜牧业和渔业部发布的《2016—2017年度农业抽样报告》显示，畜牧业对GDP的贡献率为6.9%。

1. 草原概况

坦桑尼亚境内草原均属热带稀树草原，其中包括半干旱稀树草原和高山草原。在坦桑尼亚，草原的定义是以禾草为主要植被且树木或灌木丛的面积不能超过总面积10%的草地。

坦桑尼亚国家统计局2017年环境数据报告显示，坦桑尼亚大陆（未计算桑给巴尔岛）草原面积为883.89万hm²，占大陆总面积的10%。其中，有林草原面积471.2万hm²，占国土总面积的5.3%；灌木草原面积43.9万hm²，占0.5%；开阔草原面积309.1 hm²，占3.5%；带有分散农田的草原59.7万hm²，占0.7%（NESR，2017）。常见的草种有非洲虎尾草（*Chloris gayana*）、珊状臂形草（*Brachiaria brizantha*）、象草（*Pennisetum purpureum*）、非洲狗尾草（*Setaria sphacelata*）等。

其中，很大一部分草原位于国家公园和自然保护区内。坦桑尼亚约有1/3的国土面积为各类自然保护区，超过半数的国家公园内都存在着草原生态系统。

2. 草原保护利用政策法规

坦桑尼亚草原管理注重2个方面，一是利用，二是保护，强调的是保护性利用。对此，坦桑尼亚均出台相关法规与政策实现草原的管理目标。

（1）保护利用立法。在牧场利用方面，2010年出台了《牧场和动物饲料资源法案》。该法案要求成立国家牧场和动物饲料资源咨询委员会，为坦桑尼亚畜牧业和渔业部长提供牧场和动物饲料资源发展管理方面的咨询服务，保证参与式牧场资源管理，强调牧场资源的公平利用，促进公私合作加强牧场的管理与利用。同时，对牧场发展管理作出了具体规定：根据《乡村土地法》和《土地利用规划法》的规定划定牧场，村委员会应将一部分乡村土地划分为战略性牧场并限制将其转化为其他用途；牧场开发必须符合土地可持续利用规划和管理实践；地方政府须开展牧场清查工作，保证牧场的可持续生产，同时保证牧场牲畜量不得超过载畜量。此外，该法还针对牧场保护作出了规定，要求地方政府开展牧场保护、恢复和改善，为此要开展土壤保护，防控土壤侵蚀，避免对土壤带来的任何不利影响，为此可以制定细则，规范土地清理、机械使用、天然产品的采集、基础建设等方面的活动。

（2）保护利用政策。在草原保护方面，更多地是依托环境方面的法规政策。1997年坦桑尼亚制定的《国家环境政策》（NEP）是一项总体的国家环境政策，其重点内容是保护环境和有效利用自然资源。该政策确定了要解决的6个主要环境问题，即野生生物栖息地丧失和生物多样性减少、砍伐森林、土地退化、水生系统恶化、缺乏优质水源以及环境污染；并提出，需要采用环境可持续的自然资源管理实践，以确保实现长期可持续的经济增长。该政策体现了坦桑尼亚的长期经济增长除其他因素外还依赖于其自然资源的管理。同时，该政策提供了将环境因素纳入决策过程的法律框架（NESR，2017）。在此基础上，坦桑尼亚2004年发布了《环境管理法》（EMA）。这是坦桑尼亚环境管理的主要法律框架，建立了行政体制安排，以促进从地方到国家层面的不同政府机构开展环境事务管理。该法案为可持续的环境管理提供了法律和制度框架，明确了环境管理、环境影响和风险评估、污染防治、废物管理、环境质量标准、公众参与环境决策和规划等原则，以及环境合规与执法、执行国际环境文书和NEP的实施等内容（Daffa J，2011）。

由于坦桑尼亚目前平均每天砍伐2 500棵树，植被覆盖率急剧下降，而且工业废水废渣直接排到生态系统中，破坏了坦桑尼亚的耕地与草场，对坦桑尼亚环境影响极大。坦桑尼亚政府因此于2017年5月宣布将修订1997年《国家环境政策》，以更好地应对环境恶化（中国驻坦桑尼亚经商处，2017）。

3. 保护利用管理体制

（1）保护管理机构。坦桑尼亚草原资源广泛分布在各大牧场、农耕区、国家公园及自然保护区内，因此主要负责草原保护和可持续利用的部门有坦桑尼亚自然资源和旅游部、坦桑尼亚国家公园管理局和坦桑尼亚畜牧和渔业部等。

坦桑尼亚自然资源和旅游部是负责管理自然资源、文化资源和旅游资源的部门。其使命是可持续地保护自然和文化资源，并发展负责任的旅游业。坦桑尼亚拥有大量的自然资源、文化和自然遗产及旅游景点，其中野生动植物保护区网络由16个国家公园、恩戈罗恩戈罗保护区、38个野生动物保护区和43个狩猎控制区组成，覆盖面积233 300 m^2，占坦桑尼亚国土面积的28%。自然资源和旅游部主要通过制定适当的政策、战略和指导方针，可持续地保护自然资源和文化资源，发展旅游业，促进国家繁荣；制定和执行自然资源保护和旅游业法律法规；监督和评估自然资源保护和旅游业政策和法律等。

成立于1959年的坦桑尼亚国家公园管理局（TANAPA）负责管理全国的国家公园事务，目前共管辖16个国家公园，总面积为57 024 km^2。该管理局以提供可持续保护为使命，保护国家的自然遗产和文化遗产、有形和无形资源价值，包括保护动植物、野生动植物栖息地、荒野质量和其中的风景，并为人类带来生态效益，提供休憩的场所，使子孙后代繁衍不息。其具体职责是保护国家自然资源、公园设施及游览公园的游客，管理国家公园并促进其发展，生态系统健康监测和管理，旅游资源开发及促进社区参与保护工作等。对于草原生态系统，TANAPA还承担着在旱季保护草本植物的职责，以最大限度地为草食动物提供饲料。

坦桑尼亚畜牧业和渔业部的目标是使畜牧业和渔业发展具有可持续性和商业性，提高人民生计、就业、国民收入和粮食安全。坦桑尼亚畜牧和渔业部具备建立和支持地方政府、私营部门的技术和专业能力，以便促进可持续畜牧业和渔业产业，加强畜牧业和渔业资源的开发、管理和保护。坦桑尼亚畜牧业和渔业部还于2018年10月成立了新的工作组服务私营企业，激励畜牧业和渔业私营企业为国民经济做出贡献。

（2）保护利用管理机制。由于草原的多重属性，草原的管理权分属不同机构，其管理机制也互有差异。总体而言，草原保护利用是以私营部门为主体，国家提供管理规范服务。

在牧场管理方面，牧场主要由私人、村民、村委员会开展管理，即在法律框架下，开展牧场管理，发展畜牧业。畜牧业和渔业部及地方政府主管部门则承担了政策制定、法规制定和具体监管职能。畜牧业和渔业部是牧场管理的政策制定者，从国家利益出发，加强牧场的管理；同时，通过成立相关咨询委员会、工作组，促进地方政府、牧场所有人或管理者以符合国家利益的方式开展牧场管理。地方政府主管则针对牧场保护制定具体规定，同时开展具体的检查，向牧场所有人或管理人发出限制牲畜数量的通知，保证牲畜量与牧场承载量相符合。

在保护方面，主要是通过建立国家公园开展草原保护。国家公园按照国营企业的模式进行运作，政府不提供任何财政补贴，但公园营业的全部收入也都用作公园事业本身的发展。坦桑尼亚国家公园管理者有责任保护公园内的各种野生动植物资源和土地资源，并有责任不断寻求关于资源保护和利用之间的平衡点。为找到这个适当的平衡点，坦桑尼亚政府为此做出了很多的努力。政府利用宏观政策指导公园的发展，并设立了管理机构对公园的开发情况进行监督。这一机制也保证了国家公园所得利益能够与当地社区分享。

（3）保护利用规划。《牧场和动物饲料资源法案》（2010年）规定："村委会应按照《土地使用规划法》第17（1）条的规定，将部分公有村土地划为战略性牧场，并应由牲畜饲养者共同或个人拥有"；如果几个村庄共享牧场，根据《土地使用规划法》第33（1）（b）条规定："应该制定联合土地使用和管理计划。"

然而，该法的实施效果并不尽如人意。据坦桑尼亚土地部的记录显示，在村庄土地使用计划中，仅有约128万hm^2土地或2.1%的牧场受到放牧保护。其余的放牧区依赖于非正式协议。为了推动相关计划的制定与实施，国际畜牧研究所（ILRI）与坦桑尼亚畜牧业等其他合作伙伴组织2015年7月提出并编写了坦桑尼亚的畜牧现代化计划（TLMI），旨在将传统畜牧业转变为现代化、可持续发展和环境友好的畜牧业发展引擎。这得到了坦桑尼亚畜牧业与渔业发展部立即响应。通过计划的实施，强调优先建立乡村牧场保护区，通过村庄土地利用规划确定并保护村庄放牧区，并用于指导土地放牧、作物种植或定居等（如《1999年乡村土地法》和《2007年土地利用规划法》所述）。

（六）英国

低地草原是英国较有代表性的自然资源类型，泛指农场圈地范围内或在高山荒地以下的所有草原，主要分布于英国西部地区。虽然英国草原不大，但得益于科学管理等措施，其畜牧业发达。

1. 草原概况

英国未经人为干预的天然草原十分稀少，面积不足10万hm^2。几乎所有草原都为农用草地，包括临时性草地、永久性草地及粗放型高地牧区3种主要类型。2017年，英国农用草地面积约507万hm^2，其中草龄低于5年的临时性草地面积64万hm^2，永久性草原面积375.7万hm^2，山地、丘陵以及荒地中准许放牧的粗放型牧场面积47.9万hm^2。此外，英国非种植可耕面积20万hm^2，用于公共放牧。

草原类型可有多种方法进行划分：①根据海拔及气候环境划分，分为草原海拔300 m以上的高地草原以及300 m以下的低地草原两大类。②根据土壤环境划分为钙质草原（或石灰质草原）、酸性草原以及中性草原3种主要类型。③根据草原主要生态特点划分，划分出紫色沼泽草地与蔺草牧场、低地酸性干草草原、低地钙质草原、低地草甸、山地干草草甸和富矿草原6大类型。

从草原保护程度分类来看，与纯人工牧场相对应的半天然草原是重点保护的草原类型。2015 年英国半天然草原总面积约 233.1 万 hm^2，其中酸性草原面积达 213.4 万 hm^2，中性草原 11.5 万 hm^2，钙质草原面积最小仅 8.3 万 hm^2。

英国草原自 19 世纪开始发生减退，特别是二战之后政府为实现粮食的自给自足，鼓励农民开垦草原，草原面积减少迅速。据最新的研究结果，英国半天然草原面积在最近的 32~53 年间减少了 47%，而低地草原资源在 20 世纪减少了 90%。2005 年草地面积约 1 249.4 万 hm^2；至 2010 年，草地面积减少至 999 万 hm^2 左右，5 年间减少 20%（Fuller，1987）。同时，草原植物群落的种类更趋于单一。

目前，英国草原大部分为私有，以私营农场、牧场为主要形式。其中永久土地使用权所有者受国家环境保护相关法律法规要求限制，非土地使用权人需向当地有关部门办理放牧许可（Grazing License），方能在土地所有者允许的范围内放牧。

2. 草原保护利用政策法规

（1）保护利用立法。英国草原相关公约法规包括国际公约、欧盟指令以及国家法律 3 个层面，其中最主要的包括《生物多样性公约》《欧洲野生动物和自然栖息地保护公约》《欧盟栖息地指令》《欧盟鸟类指令》《欧盟水框架指令》以及英国《野生动物和乡村法案》。

为防止草原资源的遭到进一步侵蚀与破坏，英国出台了一系列法案，逐步加强对草原资源的保护。通过实施《国家公园和乡村法案》（1949 年），正式建立特别科学价值区域（SSSIs），旨在保护所有适用自然资源，包括动物种群、植物群落、地质及特殊地貌等，成为了法定的草原资源保护机制。1980 年以后，英国政府开始逐步加强农地环境的保护工作（表 3-5），1981 年制定实施了《野生动物和乡村法》，开始强调农业环保问题。此后的《自然栖息地保护条例》（1994 年）、《乡村和权利法》（2000 年）、《国家环境与乡村社区法》（2006 年）以及《海洋和近岸保护法案》（2009 年），逐步对草原保护机制进行完善与强化。

表 3-5 草原资源特别科学价值区域（SSSIs）相关法案及作用

法案	作用
《国家公园和乡村法案》（1949 年）	创立了"自然保护区"的概念，以保护英国所有适用自然资源（植物群落以及特征地貌等）为目的，为草原的保护划定了保护形式；创立了大自然保护协会（Nature Conservancy）并令其监督地方机构，建立特别科学价值区域（SSSIs）
《国家乡村场地和道路法》（1949 年）	主要针对农村自然景观的保护，并规定城市的扩大不能占用特别科学价值区域（SSSIs）
《野生动物和乡村法案》（1981 年）	围绕农业和林业部门土地管理实践的变化，提出了包括草原在内的特殊保护区域概念，通过向所有业主和占用者通告特殊区域，提供有效保护，依据此法案确定的行政制度有助于各法定机构、公用事业单位和其他有关方面，就特殊保护区域进行发布信息
《自然栖息地保护条例》（1994）年	首次将"栖息地管理"的要求转化为国家法律。在现有自然保护立法的基础上引入评估机制。该条例甚至影响欧洲在栖息地与物种保护方面的计划和有关标准

(续)

法案	作用
《农村和权利法》（2000 年）	通过扩大、增加、多渠道警告以及撤销警告的方式完善警告机制，并引入新力量打击忽视问题的行为；加大对故意破坏资源的处罚，以及强化法院判决权力，使被破坏的资源得到恢复；提高对第三方造成破坏采取措施的权力，同时规定公共机构应在进一步保护和加强 SSSI 方面承担更多责任
《国家环境与乡村社区法》（2006 年）	规定蓄意或因忽视破坏受保护区域的人员或机构、未自然英国通报破坏性活动的公共机构和法定承办人、未获得许可或未听从自然英国建议者，均会受到处罚
《海洋和近岸保护法案》（2009 年）	扩大近岸保护范围（至退潮后海滩最低点），使湿地草原等更多近海草地资源获得保护

欧盟于 1992 年颁布了《欧盟生境指令》（EU Habitats Directive），要求成员国在采取措施维持、保护或恢复欧洲重要栖息地及其物种状态时，须考虑到经济、社会和文化要求以及区域和地方特点。该法令在英国国内层面转化为《（自然栖息地）保持法规》（1994 年）、《北爱尔兰（自然栖息地）保持法规》（1995 年）、《生境与物种保持法规》（2010 年）以及《近海岸水域保护法规》（2007 年）。制定了天然栖息地及野生物种名录，并将低地干草草甸，山地干草草甸，半天然干燥草原与灌木丛（石灰质草地），内陆沙丘棒芒草与糠草草地，石灰质、泥潭或黏土土壤上的麦氏草，干草草甸以及富矿草原共 7 种英国低地草原列入该指令保护范围之内，并通过划定 Natural 2000 生态网络下的特殊保育区（Special Areas of Conservation，SACs）与特殊保护区（Special Protection Areas，SPAs）对有关物种行施严格保护。

（2）保护利用政策。英国在草原利用的基础上，为了保护农地环境促进农村地区的可持续发展，不断加强农地保护，包括草地资源保护。目前，英国农地保护的主要目标是提高农村环境质量和发展农村经济，提高生产能力和保障国家食物安全等目标已经相对弱化。为此，从村镇层面加强落实草原资源及其环境的保护措施。其中，补贴项目是重要的保护利用政策形式。

自 1987 年起，英国政府制定了一系列以土地为基础的农业环境政策与补贴项目，通过各种补贴方式促使农民在农地上采取环境友好型的经营方式。英国乡村发展计划（England Rural Development Programmes）主要包括环境敏感区规划、守护田庄规划、有机农业生产规划、农地造林奖励规划、能源作物规划、坡地农场补贴规划和林地补助金规划等。

自此，耕地保护已经不再是英国农用地保护的核心，有些地区因地制宜鼓励退耕还林或还草，例如有些地区如果把耕地转作种植牧草，则每公顷政府给予补助 590 英镑。英国农村发展规划大多采用的是自愿方式。英国在落实欧盟对农业补贴的"单一支付计划"的新政策中，强调给农民在生产经营上有更多的自主权。政府主要通过资金补贴等方式引导和鼓励农民进行环保型农业生产，告诫农民勿因过度放牧毁坏草地。政府的政策原则是保护农民和英国农村的"长远利益"和"可持续发展"。

（3）保护利用战略规划。《国家生物多样性行动计划》（Biodiversity Action Plan，BAP）是英国积极响应 1992 年在里约热内卢签署的《生物多样性公约》而制定的国家重要规划，对国内受到极大威胁的半天然生境进行全面保护。《国家生物多样性行动计划》经议会批准之后，英国主管部门据此制定了《生物多样性保护——英国路径》，同时英格兰、威尔士、苏格兰及北爱尔兰 4 个地区均根据《国家生物多样性行动计划》制定了各自的生态保护战略。

《国家生物多样性行动计划》包括物种行动计划（Species Action Plan）及生境行动计划（Habitat Action Plan）2个部分，以确立《优先生态保护地类型名录》的方式开展保护工作，并每3~5年对区域保护成果进行总结，通过履行计划向《生物多样性公约》的总体目标迈进。《优先生态保护地类型名录》同时也是《国家环境与乡村社区法》（2006）、《苏格兰自然保护法》（2004）、《北爱尔兰野生生物与自然环境法》（2011）的重要参考。2012年后，随着行动计划的深入推进，国家生态保护战略的工作重点开始从顶层设计过渡到加强区域落实，为此制定了《英国2010年后生物多样性框架》（UK Post-2010 Biodiversity Framework），代替BAP指导地方生态保护工作，并对名录做出了完善与修订。主要行动包括：①通过实施有针对性的行动，制止并扭转生物多样性减少态势，扩大草原面积；②提高对生物多样性保护的认识、理解、欣赏与参与；③通过更好的规划、设计和实践，恢复和加强生物多样性；④确保在更广泛的决策中考虑到生物多样性；⑤确保决策者和从业者知悉有关生物多样性的知识。

3. 草原保护利用管理体制

（1）保护利用管理机构。环境、食品和乡村事业部（Department for Environment, Food and Rural Affairs, DEFRA）是英国草原与牧草地保护利用的主管部门。该部成立于2001年，由以前的农渔食品部和环境、交通和区域部环境和乡村事业局组建而成。其主要职能是统一管理环境、农村事务和食品生产，重点负责农村、环境等政策制定，参与欧盟和全球相关政策的制定。

在地方层面，则由自然保护联合委员会（Joint Nature Conservation Committee-JNCC）协调苏格兰、英格兰、威尔士以及北爱尔兰地区的地方自然保护管理部门共同开展草原管理。联合自然保护委员会成立于1991年，其前身是1973年成立自然保护委员会（Nature Conservancy Council），而自然保护委员会则是在1949年成立的大自然保护协会（Nature Conservancy）基础上重组建立的。委员会的主要职责为：①管理国家自然保护区；②向国家和地方政府提供有关自然保护的建议；③划定并公布具有特殊科学价值站点及区域（SSSIs & SSSAs）；④进行科学研究。同时，各地方乡村委员会接受环境、食品和乡村事业部的领导与资金支持。

（2）保护利用管理机制。为稳步推进《国家生物多样性行动计划》，英国建立了生物多样性合作伙伴机制（UK Biodiversity Partnership），下设常务委员会协调政府部门、资助方、企业家、农民、科研专家及非政府组织共同参与政策制定、落实国家部署的具体行动。其中，最重要的自然保护管理机制就是自然保护联合委员会联合各方推进的特殊科学价值站点（SSSIs）保护机制。

SSSI/ASSI是英国开展生态和地质重点保护的法定机制，旨在保护具有较高代表性的生态网络，涵盖所有野生动植物群。特殊科学价值站点（Sites of Special Scientific Interest-SSSI）适用于英格兰、苏格兰和威尔士，而特殊科学价值区域（Areas of Special Scientific Interest-ASSI）适用于北爱尔兰。各地区自然保护机构负责公布并保护此类站点。

在SSSIs保护机制下，保护性草原均以数据支持的电子边界划分，据此建立SSSIs区域，获准列入SSSIs的草原需要严格执行分类标准，每处都须具有经营计划，并配备一名土地管理咨询专家，为草原所有者提供经营指导，包括如何进行放牧以及控制灌木演替，提供融资渠道并向所有者普及其应尽的法律义务。SSSIs机制中的大部分草原为私有草原，也有部分公共机构或非政府组织管理的草原。现有资料显示，英格兰及威尔士的 SSSIs 区域主要对石灰质草原及低地草甸进行保护，详见表3-6。

表 3-6　英格兰及威尔士 SSSIs 机制保护面积

地区	草地生态类型	受 SSSIs 机制保护面积/hm²	该类草地资源面积/hm²	占比/%
英格兰	低地石灰质草原	41 015	65 567	63
	低地酸性干草草原	7 960	15 453	52
	低地草甸	13 406	36 129	37
	紫色沼泽与蔺草牧场	2 966	9 328	32
	山地草甸	842	3 525	24
威尔士	低地石灰质草原	446	1 200	37
	低地草甸	532	1 600	33
	紫色沼泽与蔺草牧场	2 992	35 300	9
	低地酸性草原	1 315	39 500	3

目前，作为特殊科学保护点且获得法定保护的草原面积中有91%已得到了保护，突显了英国当前保护机制的有效性（Bezzano，2018）。

除对高科学价值站点的保护以外，英国还通过制定管理手册指导土地利用者开展生产经营。如英国兰、威尔士及苏格兰共同制定了《低地草原管理手册》（Lowland Grassland Management Handbook），为本地区内所有中性、石灰质及酸性草原的管理提供了全面指导。此外，还制定了低地草原无脊椎动物栖息地管理指南，涉及草地类型包括低地草甸、山地草原、低地石灰质草地、低地酸性干草草原和紫色沼泽与蔺草场。英国自然保护联合委员会（JNCC）专门为淡水栖息地生物多样性保护与管理建立了辅助网站，土地所有者可通过该网站获取指南与相关政策信息，指导实际生产。

三、全球草原资源保护利用管理发展趋势与面临的问题

（一）草原资源保护利用管理趋势

草原作为生产资料和自然资源，是具有多种功能的自然综合体，在生态保护、应对气候变化、产业发展、旅游与休憩等方面具有重要的作用和功能。随着草原在经济发展和生物多样性保护的重要性日益凸显，各国越来越重视草原资源的保护利用，其管理机制日益完善。

从主要国家草原资源保护利用管理来看，目前各国在草原管理方面仍以利用为主，但为了更好地利用，相关保护工作也在陆续推进，并取得了相当的进展。纵览全球，草原保护利用管理呈现出以下趋势：

1. 建立长期持续的政策支持，保证草原可持续发展

世界各国草原资源管理经验表明，草原保护政策的长期性和延续性是保证草原保护性利用的重要基础条件，有利于促使草原所有者进行长期规划设计，促进草原和草原畜牧业长期可持续发展。例如，美国草原保护政策执行时间都很长，退耕（牧）还草项目（CRP）、

放牧地保护计划(GLCI)、环境质量激励项目(EQIP)这3项重大政策分别从1985、1991、1996年起开始实施,时至今日依然有效。加拿大自1935年开始根据《草原农场复兴法》推行社区牧场计划,一直到2012年宣布撤除草原农场复兴管理局(PFRA)并将联邦政府管理的牧场逐渐移交给省政府,一共持续了77年,不但提高了退化草原的生态价值,而且还提高了土地生产力。作为最早制定生物多样性管理机制的国家之一,英国在草原资源管理方面积累了丰富经验,通过各类自然保护政策与立法,积极响应《生物多样性公约》《欧盟生态指令》等国际、区域等重要进程,建立了生态保护合作伙伴协商机制、农村发展框架下的补贴政策。同时在防治草原火灾、病虫害等方面不断进行创新,建立社区共管政策,促进社区参与草原防治和保育工作。

2. 多部门参与草原管理,管理权变化趋势明显

在各国草原管理机制中,有2个明显的特点:一是草原管理分属各个不同的部门,其管理区域和管理重点各有不同。由于草原具有经济、生态、环境和社会等不同属性,各国草原管理职能并不是集中在某一部门,而是由不同部门分别管理,职责各有不同。美国的草原根据其生产、保护及地理位置,分别由农业部和内务部进行管理,其中农业部下属的多个机构均有参与草原的管理,如林务局主要负责管理与林区毗邻的草原。乌拉圭草原则由乌拉圭住房、国土管理和环境部,乌拉圭农牧渔业部及乌拉圭工业、能源和矿业部共同管理。二是草原管理权因管理目标不同其转移趋势也不同。在开展畜牧业生产的草原的管理方面,管理权有向下转移的趋势。加拿大在2012年宣布撤销《草原农场复兴法》(1935年)成立的草原农场复兴管理局(PFRA),并用6年时间将该局管理的牧场逐渐移交给草原三省,到2018年全面完成移交任务。而在以保护为主要管理目标的草原,国家承担了更多的管理责任。坦桑尼亚各机构相互配合,开展草原保护工作。自然资源和旅游部把握主要方针政策,国家公园管理局和坦桑尼亚畜牧和渔业部等部门共同管理,分工明确,功能设置完备。其中,国家公园管理局承担了草原保护的具体实施工作,同时国家环境管理委员会(NEMC)、坦桑尼亚灾害管理委员会(TADMAC)等,对草原自然极端事件及环境灾害进行及时协调和处理。

3. 加强草原管理,促进草原资源的可持续利用

在草原管理中,过牧、草原火灾等都是引发草原退化的主要原因。为此,相关国家采取多种措施,开展技术研究,利用多种形式,加强草原管理,从而保证了草原的可持续利用。阿根廷和智利根据卫星图像和实地测量,开发了草场评价方法,采用了适应管理模式,通过监测气候、植被和家畜生产量,每年制定放牧计划,并根据实际情况调整载畜率和放牧区,避免过牧现象。巴西、阿根廷、俄罗斯等国家为了确保牧草供应的可持续性,满足牲畜的饲料要求,采取了轮牧的方式,与农作物进行轮作,一方面意在恢复草场,另一方面保证牲畜的饲料供应。配合以轮牧,有时还会采取割草的方式,避免禾草生长太快,保证禾草的营养。英国为了保证草原资源可持续利用,针对草原火灾创新管理模式,与农民及土地所有者合作,以安全且可控的方式移除可燃物,包括人工控制火烧等方式,减少破坏性草原火灾发生的频度和破坏程度。美国从空间维度对草原生态和资源状况进行了进一步细分,建立了全面持续的监测体系,利用扎实细致的草原管理基础数据,为加强草原管理提供了强有力的数据支撑。同时,在条件适宜的地区设立了草地相关的自然保护区,紧密围绕保护对象采取保护措施,严格控制外来物种,促进本地物种的自然恢复,保

护生物多样性。

4. 产学研用紧密结合，促进草原精细化和数据化管理

草原的保护性利用离不开科技的支持。为了合理利用草原，提高草原的生产力，各国非常重视草原科研及成果转化，利用遥感等信息技术监测草原资源及自然灾害，保证草原的可持续利用。巴西鼓励草原科研机构面向企业需求，由农场主或私人公司科研经费，根据农（牧）场主或私人公司在生产和经营中面临的关键性技术难题，开展有针对性的研究，保证科研成果能迅速转化为生产力。英国利用草原科研机构的检测数据，定期出台草种推荐清单，帮助农场主选择适宜的草种进行生产，提高草原生产力。加拿大根据科研成果，实施分类管理经营，针对不同类型的草原实施不同保护措施，有力保障了草原的保护和利用。南非实行草场和饲料种子认证制度，同时保存具有重要经济价值的植物种子，以保护草种的种质资源。美国各州充分利用科研机构，研发出专门的科学模型，用于指导农牧民开展生产，其中营养追踪工具（Nutrient Tracking Tool，NTT），对气候、水文和技术模式等因素变化后某地区水质及土壤情况的变化趋势进行模拟，让农牧民认识到采用合理的利用方式加强草原保护的重要性，从而自觉采用更为合理的草原利用方式。此外，还鼓励成立农民合作社，以降低农牧民的草原经营成本、获取先进适用技术（农业部赴美国草原保护和草原畜牧业考察团，2015）。

5. 采取综合性措施促进草原保护性利用

草原是土地荒漠化的最后一道屏障，因此各国针对草原开展了各类保护项目，以期实现在利用中保护、在保护中提高利用效率这一目标。美国开展了自愿性的草原保护项目，促进经营主体自愿限制草原开发，保护草原不被改变为农用地；制定畜牧管理规划，保护草原动植物多样性。阿根廷努力开展草原公园和保护区建设，注重草原公园管理人员的培养，保证草原的可持续管理和利用。南非对草原退化和荒漠化进行了系统评估，加强草原和荒漠的综合治理，履行相关联合国公约。乌拉圭牧草—作物轮作这种生产模式有力保障了草原的可持续利用，进而逐步建立起可持续畜牧业发展和天然牧草保护的双赢模式。英国大力发展草地科学，紧密围绕着草地生产和草地利用来开展具体的研究工作，并且通过其相关完善的农业发展及咨询服务行业，开展科技咨询与推广工作。这种机制使用大量科技人员服务于生产一线，帮助英国利用较小的草原面积，发展了较为发达的畜牧业。

6. 积极探索草原自然保护区的建立与管理

草原由于其独特的景观，日益成为旅游、休憩、狩猎等休闲娱乐活动的重要场所。主要草原国家都在积极建立草原保护区或涉及草原的各类自然保护区，一方面促进草原旅游、狩猎等经济产业的发展，改善草原社区的经济结构，提高当地社区的生计收入；另一方面又有利于脆弱或景观丰富的草原得以保护，进而有效地保护生活在草原中的各类物种，保持草原的生物多样性。阿根廷通过建立各类草原保护区，有效地保护了各类草原及其景观，同时也为生活在此的鸟类、野生动植物提供了更为安全的栖息地；并且采用区域划分管理模式，利用先进的管理理念和方法，加强了草原保护区的管理和监测，有效地保护了重要草原保护区（Natale，2012）。加拿大为了加强草原保护，于1981年在萨斯喀彻温省南部建立了草原国家公园，保护加拿大为数不多的未被破坏的混合型草原及矮草混合型草原，为少数几种适应严酷环境及半干旱气候环境的植物及动物提供栖息地。建立国家公园和自然保护区也是坦桑尼亚保护草原植被和野生动物的重要手段，不仅保护了重要的动物栖息地，同时也使得草原生态系统与生物多样性保护相互促进、协调发展。同时，利用当地富有特色的旅游资源，为当地创造了大量旅游收入与财富。

7. 积极促进多利益相关方参与草原保护利用

草原的管护离不开政府、非政府组织、农场主、私营机构、科研机构等多利益相关方的参与。如何调研各利益方的积极性，有效推动草原管护，是各国关注的一个重要问题。澳大利亚在制定草原管理计划时充分考虑到土著居民的特殊权益，通过适当的土地管理政策和方案，承认和保护历史传统，鼓励土著居民保持那些有助于草原资源保护的传统做法。加拿大鼓励非盈利性机构参与草原保护工作，通过捐赠、购买、订立保护区协议等方式对草原实施保护。巴西通过建立多种形式的合作社，实施产供销一条龙服务，既能增加社员的收入，又能充分满足草原保护性利用的要求。乌拉圭通过建立天然草原保护区，在保护和管理中兼顾私营部门等其他多利益方的利益，鼓励多利益方参与公共政策的制定和实施，形成了生产、社会与环境发展多赢的局面。美国利用非政府组织的专长和网络，提供草场保护的技术，支持促进草原保护利用科学研究和技术推广，同时帮助政府以经济补偿取得草场保护权，提供第三方服务，管理和保护草场。

（二）世界草原资源保护利用面临的挑战

目前，世界草原的状况各不相同，但均不尽如人意。一是大部分草原缺乏历史数据，不能从当前状况推断出变化或退化的程度；二是条件较好的草原已被清理改为农用地，剩下的草原通常土壤、植被质量欠佳，却面临过牧的威胁。此外，人类定居点增长、荒漠化、火灾、草原破碎化、外来入侵物种都是草原面临的主要威胁。

1. 草原可持续发展和利用成为全球关注问题

由于世界人口增长，草原是生产肉类食品和乳类食品的主要产区，也是生产羊毛和皮革类产品的主要地区。同时还是野生食草动物的繁殖地、迁徙地和越冬地。因此，草原的可持续发展至关重要。

事实上，没有草原是纯天然的，几乎都受到不同程度的侵扰，如野火或人为火烧影响着并还将继续影响着草原，又如畜牧及野生食草动物对草原产生了或多或少的影响。为更好发展畜牧业或为开垦农田而清除木质植被、以方便放牧利用栅栏对草原进行分区、提供水源以扩大放牧区或延长放牧季、草场改良措施等活动对草原来言，是更具有侵犯性的干扰活动。在所有妨碍草原可持续发展利用的活动中，将草原中水资源较丰富的部分改为可耕地是草原可持续利用所面临的最大威胁。在北美大草原、南美潘帕斯草原和东欧大草原，这一趋势非常明显。这导致人们不得不在不适合农耕的边缘地区进行放牧，使得草原面临更大的生态压力，同时这些地区的人口严重依赖牲畜生存，使草原退化这一问题更加严峻。

此外，由于草原土壤和草原植被保护成为了草原可持续发展的重要基础部分，为了确保草原的可持续发展，人们越来越关注草原土壤状况和草原植被这两大因素。在保护未被改为农田且条件不佳的草原方面，畜牧密度、草原对畜牧业的承载力是当今普遍关注的问题。因此，各利益方强烈要求通过政策的出台与实施来实现草原的保护和可持续利用。

2. 草原生物多样性保护任务艰巨

草原生态系统包含了大量有益于人类的产品，包括农作物种子、农作物抗病基因材料等，同时还为大量动植物提供了栖息地，具有丰富的生物多样性。

然而，全球草原面临着生物多样性损失的严重威胁。最主要的原因是人类活动的侵扰。草原用途改变、草原退化、过牧等原因导致草原破碎化日益严重，却未引起人们重视。而草原破碎化进而导致草原动植物栖息地变化，最终致使其种群缩小，甚至灭亡。大量针对草原鸟类的研究表明，草原破碎化越严重，其草原鸟类的生长密度和多样性就越低。其他研究也显示，草原破碎化导致草原动物和植物基因多样性不断减少，同时导致种群数量减小。此外，入侵植物和动物的引进也改变了草原的生态，并影响到其生物多样性维持能力。

目前，不少国家和机构正在加强草原生物多样性的监测工作，并针对鸟类、优势植物和动物、入侵物种、乡土物种建立了数据库，一方面是了解草原生态系统和生物多样性的变化情况，另一方面监测入侵种以及草原破碎化对草原生态系统健康的影响。今后，建立草原保护地，保护草原植物和动物（包括鸟类），是世界普遍努力方向。区划重要区域，保护重要动植物的栖息地，密切监测和关注草原道路的密度，减少基础设施建设和畜牧业发展对草原的不利影响，监测外来物种对草原的破坏及影响是当前的热点问题。

3. 气候变化下的草原生态更加脆弱

草原与森林在应对气候变化的作用相似，既是碳源又是碳库。保护利用得当，则是重要碳库；如利用不可持续，则将成为一大碳源。

草原是最易荒漠化的地区，同时也是碳储存的重要地区，每公顷草原的碳储存量为 123～154 t，因此在应对气候变化、减少碳排放方面具有极其重要的作用。然而，草原也更易受气候变化等外在因素的影响。相关研究表明，过去一个世纪以来，在全球 49% 的草原牧场中，降水量年际变化更加显著，不但影响到了植被生长，而且限制了放牧业的发展。从澳大利亚到中亚、撒哈拉以南非洲地区、美洲地区，草原牧场已经非常脆弱，或者太干旱或者土壤非常贫瘠，这已经影响到草原的可持续利用，并影响依赖草原牧场为生的小农场主和牧民。此外，草原火灾、过牧、物种入侵、基建等也是改变草原碳储存的重要因素。草原火烧所排放的碳是全球总排放的 42%。过牧不但会减少植物生物质和植被面积、踏实土壤、减少水的渗透、增加径流和土地侵蚀，同时还会导致土壤中碳损失。道路修建对植被和土壤的破坏也会减少植被和土壤中的碳储存。

因此，各国要应对气候变化，应加强草原的保护。其关注重点在于草原火灾防治和乡土草种的保护。此外，草原转化成为农地、住房、基建也是普遍关注的问题。

4. 草原旅游与休憩业发展对草原生态破坏的威胁扩大

草原是观赏狩猎动物及开展狩猎的主要场所，这里不但有大型食草动物、草原鸟类及不同的草原生物，还有壮美的草原景观。因此，成为旅游爱好者的必游之地。此外，一些草原别具宗教、历史意义，还能提供徒步、钓鱼等休憩活动。因此，草原旅游与休憩是草原资源丰富国家的一项重要草原开发活动，特别是发展中国家，开发了大量富有草原特色的旅游活动，吸引大批旅游者，为当地创造了收入与财富。

然而，草原旅游与休憩引发的草原资源退化令人担忧。据相关研究表明，草原旅游在带来大量收入的同时，也对自然资源带来了破坏。坦桑尼亚曾因为游客的破坏，关闭了一处草原旅游区，其原因是大量游客的涌入，带来了大量垃圾，破坏了道路等设施，并占用大量地方搭建帐篷，对野生动物形成侵扰。相对专业的狩猎人员，游客所带的破坏更巨大、更严重。此外，盗猎也是改变草原的主要因素。盗猎的规模越来越大，其后果是草原动物无序减少，降低了草原旅游的品质，进而影响到草原旅游的可持续发展。这也意味着草原生态系统持续提供旅游休憩的能力将越来越弱。

为了解决这些问题，相关国家正在开展草原休憩服务品质的评价，然而目前这些评价还面临着一系列问题，如缺乏持续、全面的数据，数据不易获取等，导致相关评价不精确、不全面，难以反映草原旅游的影响和后果。

5. 草原权属不清深刻影响草原保护利用方式

全球草原资源或是商业化经营，或由当地牧民经营。在一些国家，特别是发展中国家，草原多为当地牧民经营。

由于牧民经营呈现出流动性强、一片多主的现象，导致出现许多问题。一是由于缺乏适当的法律框架，牧民的放牧权属得不到有效划分与保障，尤其是长期权益得不到保证，因此他们普遍有冲动开展短期的放牧活动，极易产生过牧现象。而不加遏制的过牧，导致草原退化、草原沙化严重，极易形成严重的生态危机。二是使用权分散，不利于开展适度规模经营，不但导致草原单位产值低下，同时也阻碍了牧民加大草场维护、草原经营的投入，一些立地条件较差、投入较大的地区一般就任其退化。三是家庭经营的形式，使当地牧民处于草原产业的低端，市场风险抵御能力弱，且很难适应市场经济。

因此，要加强草原生态的保护，同时又取得草原经营的高收益，必须赋予牧民以权力，清晰明确其权属。只有这样，才能促进开展有效的草原保护行动。同时，如何在大的景观尺度开展大片草场的综合性管理是当今关注的一个重要方面。其中，规划与管理是两大重要问题。

参考文献

陈华林，2018. 坦桑尼亚：农业投资视野[J]. 中国投资，(6)：41-44.
陈会敏，2017. 美国草原复垦工作经验及启示[J]. 草学，(6)：1-11.
缪建明，李维薇，2006. 美国草地资源管理与借鉴[J]. 草业科学，23(5)：20-23.
李博，迟嵩，2009. 论美国草原保护法律对我国的启示[J]. 黑龙江省政法管理干部学院学报，(2)：124-126.
农业部赴美国草原保护和草原畜牧业考察团，2015. 美国草原保护与草原畜牧业发展的经验研究[J]. 世界农业，(1)：36-40.
农业部，2016. 全国草原保护建设利用"十三五"规划[EB/OL]. http：//www.xjxnw.gov.cn/c/2017-01-22/1107608.shtml.
唐海萍，陈姣，房飞，2014. 世界各国草地资源管理体制及其对我国的启示[J]. 国土资源情报，(10)：9-15.
戎郁萍，白可喻，张智山，2007. 美国草原管理法律法规发展概况[J]. 草业学报，(5)：133-139.
宋丽宏，唐孝辉，2011. 内蒙古草原生态环境治理的国际合作思路[J]. 中国环境管理，(4).
杨桂英，2005. 中国—美国草原利用的对比分析[J]. 赤峰学院学报(自然科学版)，(1)：93，107.
杨惠芳，2003. 阿根廷农业税收制度及其对中国的启示[J]. 拉丁美洲研究，(2)：22-24.
王坚，2013. 美国牧草产业饲料产业考察报告[J]. 草原与草业，(2)：10-14.
乌拉圭住房、国土管理和环境部，2016. 2016—2020年乌拉圭生物多样性保护与可持续利用国家战略[R].
乌拉圭住房、国土管理和环境部，2018a. Iniciativas de conservación y uso sostenible de la biodiversidad y los ecosistemas[R].

乌拉圭住房、国土管理和环境部, 2018b. El Sistema Nacional de Áreas Protegidas del Uruguay(SNAP)[R].

乌拉圭住房、国土管理和环境部, 2018. 乌拉圭生物多样性与景观保护[EB/OL].

张经荣, 2016. 中美草原发展政策对比[J]. 中国农业信息, (8): 33-34.

孙鸿烈, 2000. 中国资源科学百科全书[M]. 北京: 中国石油大学出版社, 中国大百科全书出版社.

ADAS, 2009. Management Guidelines for Grassland in Environmental Schemes[R].

Andrea Michelson, 2008. Temperate grassland of South America[EB/OL]. https://cmsdata.iucn.org/downloads/pastizales_templados_de_sudamerica.pdfANZECC, ARMCANZ. 1999. National Principles and Guidelines for Rangeland Management.

Australian Collaborative Rangelands Information System, 2008. Rangelands 2008—Taking the pulse[R].

Bainbridge I, Brown A, Burnett N, et al, 2013. Guidelines for the Selection of Biological SSSIs Part 1: Rationale, Operational Approach and Criteria for Site Selection Editors[R].

Bap U K, 2008. Extent & Distribution of UK Lowland Grassland Habitats[R].

Bezzano M, 2018. UK natural capital: developing semi-natural grassland ecosystem accounts[R].

Christopher J, 2018. The Australian National Landcare Programme[EB/OL]. http://www.futuredirections.org.au/publication/australian-national-landcare-programme/

Cairns A, Gallagher J, Hatch R, et al, 2007. A future for UK grassland in energy production?[J]. Iger Innovations, 18-21.

Daffa J, 2011. Policy and governance assessment of coastal and marine resources sectors within the framework of large marine ecosystems for ASCLME in Tanzania[R].

Dampney P, Winte W, Jones D, 2001. Communication methods to persuade agricultural land managers to adopt practices that will benefit environmental protection and conservation management(AgriComms)[R].

DEFRA, 2009. ARCHIVE: SSSI legislative timeline[EB/OL]. http://webarchive.nationalarchives.gov.uk/20130402151656/http://archive.defra.gov.uk/rural/protected/sssi/legislation.htm.

DEFRA, 2017. Enquiries on this publication to: farming statistics final land use, livestock populations and agricultural workforce At 1 June 2017-England, (June), 1-2[EB/OL]. www.statistics.gov.uk.

Dellafiore C, Sylvester F, Natale E, 2002. Zonificación del Parque Nacional Talampaya, La Rioja, Argentina[J]. Crónica Forestaly del Medio Ambiente, 17: 23-38.

Demaría, et al, 2003. Effect of cattle breeding on habitat use of Pampas deer Ozotoceros bezoarticus celer in semi-arid grasslands of San Luis, Argentina[R].

Department of Agriculture and Water Resources, 2018. Natural resources[EB/OL]. http://www.agriculture.gov.au/ag-farm-food/natural-resources.

Department of Environment and Energy, 2018. Ownership of protected area[EB/OL]. http://www.environment.gov.au/land/nrs/about-nrs/ownership.

Department of Foreign Affairs and Trade, 2018. International cooperation on climate change[EB/OL]. https://dfat.gov.au/international-relations/themes/climate-change/Pages/international-cooperation-on-climate-change.aspx.

Department of Primary Industries and Regional Development, 2018. Rangelands of Western Australia[EB/OL]. https://www.agric.wa.gov.au/rangelands/rangelands-western-australia.

Department of Planning, Lands and Heritage, 2018. Pastoral lands board[EB/OL]. http://www.lands.wa.gov.au/Leases/Pastoral-Lands-Board/Pages/default.aspx.

Fuller R M, 1987. The changing extent and conservation interest of lowland grasslands in England and Wales: a review of grassland surveys 1930-1984[J]. Biological Conservation, 40(4): 281-300. https://doi.org/10.1016/0006—3207(87)90121-2.

Grassland C, Action H, For P, 2014. Calcareous Grassland[R].

International Savanna Fire Management Initiative, 2018. Botswana Project[EB/OL]. http://isfmi.org/botswana#overview.

Joint Nature Conservation Committee, 2018. UK lowland grassland habitats[EB/OL]. http://jncc.defra.gov.uk/page-1431.

Management G, 1959. Grassland management[J]. Nature, 184(4700): 1675-1675. https://doi.org/10.1038/1841675a0.

Natale E S, 2012. Zonificación del parque nacional sierra de las quijadas(san luis-argentina)[R].

Natural England, 2015. Countryside Stewardship Update[EB/OL]. https://doi.org/10.1016/j.neubiorev.2011.04.013

Natural Resource Management Ministerial Council, 2010. Principles for sustainable resource management in the rangelands[R].

Natural Resource Management Ministerial Council, 2009. Australia's Strategy for the National Reserve System 2009-2030[R].

McIvor J G, 2018. Australian grasslands[EB/OL]. http://www.fao.org/docrep/008/y8344e/y8344e0g.htm#bm16.9.

Miñarro F, Bilenca D, 2010. The conservation status of temperate grasslands in Central Agentina[EB/OL]. http://awsassets.wwfar.panda.org/downloads/conservation_ status_ temperate_ grasslands.pdf.

Minister for Environment and Water, 2018. Pastoral Land Management and Conservation Act 1989[EB/OL]. https://www.legislation.sa.gov.au/LZ/C/A/PASTORAL%20LAND%20MANAGEMENT%20AND%20CONSE RVATION%20ACT%201989.aspx

Pallarés O R, Berretta E J, Maraschin G E, 2015. The South American campos ecosystem[R].

Qi A, Holland R A, Taylor G, et al, 2018. Grassland futures in Great Britain: productivity assessment and scenarios for land use change opportunities[J]. Science of The Total Environment, 634: 1108-1118. https://doi.org/10.1016/J.SCITOTENV.2018.03.395

Rangelands NRM Co-ordinating Group, 2005. A Strategy for Managing the Natural Resources of Western Australia's Rangelands[R].

Ridding L E, Redhead J W, Pywell R F, 2015. Fate of semi-natural grassland in England between 1960 and 2013: a test of national conservation policy[J]. Global Ecology and Conservation, 4: 516-525. https://doi.org/10.1016/J.GECCO.2015.10.004

Sanderson N, 1998. A review of the extent, conservation interest and management of lowland acid grassland in England[J]. English Nature Research Reports, 259: 24.

Tanzania Mainland, National Bureau of Statistics(NBS), 2017. National environment statistics report 2017[R].

TargetStudy, 2018. Grassland[EB/OL]. https://targetstudy.com/nature/habitats/grasslands.

Taylor Grazing Act: Federal Wildlife Laws Handbook[EB/OL]. http://ipl.unm.edu/cwl/fedbook/taylorgr.html.

专题四　世界荒漠化及其防治

> 1996年12月正式生效的《联合国防治荒漠化公约》中对荒漠化及其防治有如下定义："荒漠化"是指包括气候变异和人类活动在内的种种因素造成的干旱、半干旱和干旱亚湿润地区的土地退化。"防治荒漠化"是指在干旱、半干旱和亚湿润干旱地区为可持续发展而进行的土地综合开发的部分活动，包括恢复部分退化土地和垦复已荒漠化的土地，目的是防止和/或减少土地退化。"土地退化"是指由于使用土地或由于一种营力或数种营力结合致使干旱、半干旱和亚湿润干旱地区雨浇地、水浇地或草原、牧场、森林和林地的生物或经济生产力和复杂性下降或丧失，其中包括风蚀和水蚀致使土壤物质流失，土壤的物理、化学和生物特性或经济特性退化，及自然植被长期丧失。

一、世界荒漠化及其治理概况

（一）面积与分布

世界荒漠化多发生在南北半球的副热带地区和温带大陆的中部地区，其中非洲，亚洲的中国、巴基斯坦、印度、西亚诸国和中亚地区以及澳大利亚的荒漠化进程最为严重，而欧洲相对较弱。荒漠主要分布在2个地区：一是热带荒漠区，大致分布在南、北回归线两侧的大陆内部直到大陆西岸，平均位置约在南、北纬15°～30°，典型地区有非洲的撒哈拉沙漠、卡拉哈里沙漠、纳米布沙漠，西亚的阿拉伯大沙漠，南亚的塔尔沙漠，北美西南部沙漠，澳大利亚西部和中部沙漠，南美洲的阿塔卡马沙漠等；二是温带荒漠区，主要分布在北纬35°～50°的亚欧大陆中部和北美大陆中心部分，但在南美洲却出现在大陆东岸，即阿根廷大西洋沿岸的巴塔哥尼亚荒漠，典型地区有中亚的卡拉库姆沙漠、中国境内的塔克拉玛干沙漠、古尔班通古特沙漠和巴丹吉林沙漠等（宫素平，2004）。

从分布的自然地带来看，荒漠和荒漠化土地在干旱地区和半干旱地区占土地面积的95%，在半湿润地区占土地面积的28%。全球150余个国家和地区中至少有2/3的土地受到荒漠化的影响（张克斌等，2009）。目前，全球荒漠化土地约3 600万 km²（表4-1）。

表 4-1 世界部分国家和地区荒漠化分布情况

区域/国家	干旱地区面积 /$10^3 km^2$	荒漠化面积 /$10^3 km^2$	荒漠化程度/$10^3 km^2$			
			轻度荒漠化	中度荒漠化	重度荒漠化	极度荒漠化
全 球	51 692	36 184	4 273	4 703	1 301	75
非 洲	12 860	10 000	1 080	1 272	707	35
北美洲	7 324	795	134	588	73	—
南美洲	5 160	791	418	311	62	—
大洋洲	6 633	875	836	24	11	4
欧 洲	2 997	994	138	807	18	31
亚 洲	16 718	14 000	1 567	1 701	430	5
印 度	2 551	1 074				
中 国	3 327	2 622	915	641	1030	—

资料来源:a. CCICCD,执行《联合国防治荒漠化公约》亚非论坛报告集,1996。
b. CCICD,China Country Paper to Combating Desertification. China Forestry Publishing House,1997.
c. Proceeding of the Expert Meeting on Rehabilitation of Forest Degraded Ecosystems,1996.

据 1977 年联合国荒漠化会议统计,荒漠化影响世界五大洲,受荒漠及荒漠化影响的土地面积已达 4 773.4 万 km²,占全球土地面积的 35%。其中非洲受影响土地面积最大,约 1 730.9 万 km²,占世界受影响土地面积的 36.3%;亚洲 1 567.5 万 km²,约占 32.8%;北美洲 425.6 万 km²,约占 8.9%;南美洲 337.8 万 km²,约占 7.1%;大洋洲 616.3 万 km²,约占 12.9%;欧洲最小约 95.3 万 km²,约占 2.0%。当年据专家们估计,全世界荒漠化正以每年 5 万~7 万 km² 的速度扩大,严重威胁着人类的生存和发展。

根据公约秘书处统计,从 1981 年到 2003 年,全球 24% 的土地发生退化,其中牧场占退化土地面积的 20%~25%,耕地占 20%,影响到全球约有 15 亿人。每年因土地退化损失的土地达 1 200 万 hm²,相当于保加利亚或贝宁的国土面积。每年损失的土地可以生产 2 000 万 t 粮食。与此同时,全球 16% 的退化土地得到改善。

按照面积大小排列,世界十大荒漠是撒哈拉荒漠(Sahara) 860 万 km²、阿拉伯荒漠(Arabian Desert) 233 万 km²、利比亚荒漠(Biya Desert) 169 万 km²、澳大利亚荒漠(Aussie Desert) 155 万 km²、戈壁荒漠(The Gobi Desert) 130 万 km²、巴塔哥尼亚荒漠(Desert Batageniya) 67 万 km²、鲁卜哈利荒漠(Rub'al Khali) 65 万 km²、卡拉哈里荒漠(Alahari Desert) 63 万 km²、大沙荒漠(The Big Sand Deserts) 41 万 km²、塔克拉玛干荒漠(Taklimakan Desert) 35 万 km²。由于撒哈拉荒漠面积已经包含利比亚荒漠,阿拉伯荒漠又包含了鲁普哈利荒漠,扣除重叠部分,世界十大荒漠面积总和为 1 544 万 km²。2003 年,全球受荒漠化影响的国家达 150 多个,合计面积为 600 万~1 200 万 km²,目前荒漠还以每年 5 万~7 万 km² 的速度扩展(张克斌等,2006)。全球受到荒漠化影响及将要受其影响的地区面积共有 4 560.8 万 km²,约占全球土地面积的 35%。按荒漠化程度划分,极端干旱荒漠占 17%,荒漠化程度极高的土地占 7%,荒漠化程度高的土地占 36%,中度荒漠化土地占 40%。不同地区的荒漠及荒漠化土地占该地区土地总面积的比例不同,其中非洲的比例为 55%,北美及中美洲为 19%,南美洲为 10%,亚洲为 34%,澳大利亚为 75%,欧洲为 2%。

(二)成因与危害

荒漠化的成因非常复杂,是自然因素与人为因素长期共同作用的结果,其中气候干旱是形成荒漠化最主要的原因,由于人口的过度增长引起的草原农垦、过度放牧、樵采活动也是荒漠化形成的重要原因。荒漠化发生的基本过程,如图4-1所示。

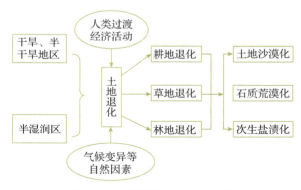

图 4-1 荒漠化发生的基本过程

从自然因素来看,气候干旱少雨构成了荒漠化的基本条件,地面疏松、沙质沉积物是荒漠化的物质基础,大风日数多且集中是荒漠化的动力因素,气候异常可使脆弱的生态环境失衡。

从气候条件来看,不同地区荒漠化的气候成因各有不同:①热带荒漠常年处于副热带高压和信风控制下,盛行热带大陆气团,气流下沉,气候干燥。在热带大陆西岸,有寒流经过的海滨地带,北美的加利福尼亚寒流、南美的秘鲁寒流、北非的加纳利寒流和南非的本格拉寒流的沿岸地带,纬度在20°~30°附近,个别地方可延伸至10°左右。这些地区位于副热带高气压的东部边缘,盛行下沉气流,再加上寒流的影响,降低了空气下层气温,并伴随有明显的逆温现象,空气层结稳定,多雾而少雨。②亚欧大陆中部和北美大陆中部的荒漠位居大陆中心或沿海有高山屏障的地区,这些地区终年在大陆气团控制之下,不受海风的影响,气候十分干燥,从而形成了温带荒漠。南半球南端的巴塔哥尼亚荒漠的形成则是由于其大陆东岸是西风带的雨影区域,西岸有安第斯山脉阻隔,西风过山后下沉,绝热增温,空气干燥,又因沿岸有福克兰寒流经过,空气稳定,且不在气旋活动的路径上,因此,全年少雨,虽然内陆面积狭小,又临海岸,仍形成温带荒漠。③延伸到大陆东岸和西岸北非的撒哈拉荒漠。东海岸紧接亚洲大陆干燥区,通常这一地区吹来的东北风都是干燥的,提高了非洲北部的干燥程度,尽管经过红海海面时也获得一些水蒸汽,但量太少,不能成雨。西岸干燥是因为该地区风向是自大陆向海吹的离岸风。④非洲南、北部荒漠。南、北回归线分别穿越非洲的南部和北部,非洲南部三面濒临海洋,与其他大陆相距遥远,其气候干燥程度轻于北部,干燥气候区只局限于西部沿海的低平原和内陆的低盆地。

从人为因素来看,导致荒漠化的原因主要包括过度樵采、过度放牧、过度开垦、水资源利用不当、工矿交通建设中不注意环保、全球化等。2002年,全球土地退化面积为19亿 hm^2(World Resources Institute,2005)。尽管这次评估并没有直接针对荒漠化问题,但反映了全球由于人为原因造成的土地退化。具体来看,一是过度樵采。在缺乏能源的地区,樵采天然植被是当地居民燃料的主要来源。在鄂尔多斯沙区,每年每户大约要挖67 m^2沙蒿作为烧柴。在内蒙古东部库伦旗北部的额勒顺乡，1 000多户居民每年需要的薪柴相当于破坏近100 km²的灌木林。二是过度放牧，牧区定居取代之前的游牧方式会导致荒漠化。世界上绝大部分干旱区为牧场，更适宜游牧。过度放牧加快了牧草的消耗速度，消费量往往大于牧草再生量，在干旱区边缘游牧民族的定居往往加剧了土地荒漠化的发生 (Sonneveld et al., 2003)。三是过度开垦。土地所有制形式及其政策会刺激土地利用者过度利用土地资源，进而导致荒漠化。短期（承包或利用）土地往往导致土地利用者过度利用土地资源，干旱区生活主要从事狩猎、采集、剪毛及畜牧养殖业，随着地区和时间变化，生活方式也发生变化。四是工矿交通建设中不注重环保。一方面滥伐森林以及反复发生的火灾等原因致使土地荒芜、草场退化，扩展了荒漠化面积；另一方面大规模灌溉可能引起土壤次生盐渍化、水污染、富营养化以及地下水的过度开发，进而导致荒漠化。五是全球化。全球化进程消除区域壁垒增加了区域间的相互依赖，但是对荒漠化的影响是双向的，或者增强或者减弱。研究表明，贸易自由化、宏观经济改革以及增加出口可能导致荒漠化，但是区域合作则有利于防治荒漠化，减少荒漠化面积。贸易制度以及相关政府政策对食物生产、消费有重大影响，进而直接或间接影响干旱生态系统恢复。

荒漠化对生态环境有严重的负面影响。一是影响气候变化。由于荒漠化引起植被退化，改变了地表反射率及二氧化碳的吸收过程，从而对气候变化产生影响，如气候变暖、降雨减少等。局部地区的气候恶劣引发温室气体与二氧化硫烟雾等污染物大量排放，破坏了碳平衡，导致植物及动物群落退化。二是导致土壤退化。包括：①表层土壤流失（水蚀），这是最普遍的退化形式（如面蚀、片蚀），并引起养分流失；②沟蚀引起土体搬迁，如细沟、切沟侵蚀，另外还包括河岸冲刷、滑坡、泥沙淤埋农田；③风成沙丘、淤埋农田；④风蚀土地表面，吹走细粒土壤及养分；⑤土地肥力降低；⑥土壤次生盐渍化；⑦土壤酸化（过多施用某种化肥）；⑧土壤污染（工业及城市废弃物堆放或过多使用农药）。三是导致水文状况恶化。其表现是：①洪蜂流量增加，枯水流量减小，甚至增加断流时间；②由于水蚀作用，泥沙淤积水库；③地下径流减小，水质变坏。水文状况恶化又为土地资源退化创造了恶性循环条件。

荒漠化还对人类社会造成多方面的危害，不仅恶化人类生存环境，而且拉大地区间的经济差距，造成土地生产力严重损失和治理费用的增加。荒漠化地区人口生活水平远远落后于世界其他地区，干旱区是世界最为贫困的地区。干旱区90%的人口分布在发展中国家。经济合作与发展组织（简称经合组织，OECD）国家人均国民生产总值远远高于干旱地区。干旱区国家婴儿死亡率（54‰）比其他非干旱地区高23%，是发达国家的10倍以上(Millenium Ecosystem Assessment, 2005)。2006年，中国土地荒漠化造成的直接经济损失约为1 468.79亿元，占当年GDP的0.70%。其中，土地荒漠化造成土地资源损失965.63亿元、农业生产损失330.01亿元、牧业生产损失89.77亿元、交通运输损失0.41亿元、水利设施损失21.68亿元、生活设施（房屋）损失57.64亿元、人体健康损失3.65亿元（中国环境规划院，2011）。

（三）不同类型土地荒漠化的成因及主要防治措施

1. 旱作农地

旱作农地退化的原因是，在干旱地区农业土地被转换为其他土地类型（如草地、荒地）；缩短耕作循环期，在干旱地区热带缩短轮作的休闲期；不能还原植物养分给耕地；单一农作或不合理的轮作；休闲地无覆盖或过量耕作；使农业与牧业生产分离；顺坡耕作。

防治旱作农地荒漠化要与发展持续农业相结合，主要措施包括全国性的和地方性的（王礼先，1994）：

（1）进行全国土地资源普查及建立信息库中心，例如新西兰、美国及非洲一些国家均已建立；

（2）分析确定旱作农业的潜力及限制因素，使农业生产稳产高产；

（3）研究农民贫困的原因，减轻农民负担，提高农产品价格，减少农业税收；

（4）鼓励农民接受持续发展农业的土地利用方式，包括发生旱灾时的应急作物栽培计划；

（5）生物措施，主要有改进耕作制度、改单一农业生产为多种经营，使农、林、牧、果相结合，发展复合农林业（Agroforestry），建设包括乔、灌、草的防护林体系；

（6）工程措施，主要有改进整地方法（等高耕作、沟垄耕作）、修建梯田、池塘及集流工程，兴建地下水利用工程，发展集流农业；

（7）开展技术培训，推广生态与经济效益兼顾的农地荒漠化防治技术。

2. 农田灌溉

灌溉农地导致退化的原因是灌溉制度不合理，灌排系统设计或施工不当，引起地下水位上升，导致次生盐碱化。防治对策是保证灌溉工程功能完善，修复遭受损坏的设施；监测地下水位，综合利用地表及地下水；建立区域性排灌工程样板；监测地下水盐碱化的程度，控制潜水定额。

3. 草地（草场）

草地（草场）退化的原因是过度放牧，草的消耗量及速度大于再生量及速度；从事单一的畜牧业，误认为只有增加牧群才能增加收入；国际或本国肉类市场价格上涨，刺激过度放牧；粮食价格过低，促使畜牧业超载发展；牧主为了等待肉类价格上涨，存栏牲畜量过多，引起草场超载。

1990—1991年联合国环境规划署调查资料表明，亚洲草地退化面积最大，其次是非洲。全球旱地土地面积45.56亿hm^2，其中33.33亿hm^2草地（占73%）正在退化，与1984年相比，退化面积增加了2.33亿hm^2。

草地（草场）退化是干旱地区土地退化的主要部分，整治（或恢复）退化的草地要与区域性生态环境建设及自然资源保护相结合，实行包括技术、经济、财政、法律、管理上等方面的综合措施。

4. 林地

干旱地区的林地退化原因主要在于过度采伐利用，从而使林地森林生态系统失去平衡，削弱了对环境的保护作用，特别是恶化了水资源。根据联合国粮农组织1990年森林资源调查报告，西撒哈拉1980年年末森林面积为4 370万hm^2，1990年年末为4 080万hm^2，每年减少30万hm^2（每年减少0.7%）；东撒哈拉分别为7 140万hm^2及6 550万hm^2，每年减少60万hm^2（每年减少0.9%）；南非分别为15 930万hm^2及14 590万hm^2，每年减少130万hm^2（每年减少0.9%）；在全球热带干旱及极度干旱的地区，1980—1990年每年森林减少220万hm^2

（减少0.9%）。

环境退化、森林减少以及燃料供应问题不能只靠造林来解决，要采取农业、牧畜、土地规划、林业、能源政策等综合措施。在综合措施中贯彻以林为主。因此，在干旱区、半干旱区造林必须与当地农民的需要与收入结合在一起才能产生效益。干旱地区造林要纳入大农业的体系，造林目的不只是种植树木，而且要与家庭收入结合，采用多效益树种，例如兼有燃料、水果、养蜂、生产树脂、丹宁等方面用途的树种。

发展复合农林业，建立人工农林复合生态系统。采取适当政策与法规，动员、组织当地群众植树造林，提高保存率。在某一区域各个地类的荒漠化及其防治是互相联系的。因此，需要强调以流域为单元，对不同地类的荒漠化实行综合治理，并使之与干旱地区发展持续农业(或称生态农业)结合起来。

二、荒漠化防治的国际行动

(一) 荒漠化防治的组织建设

1. 机构设置

1973年，联合国设立苏丹-撒哈拉办事处，协助西非9个容易发生干旱的国家防治荒漠化，后来办事处工作范围扩展到包括撒哈拉以南、赤道以北的22个国家。1992年12月，联合国大会通过第47/188号决议，正式设立政府间谈判委员会。

2. 制定《防治荒漠化行动计划》

1977年，在内罗毕召开了联合国荒漠化会议，全球首次就荒漠化问题进行讨论，并把荒漠化列入国际议程，针对全球经济、社会和环境问题，制定了《防治荒漠化行动计划》(PACD)，并授权联合国环境规划署实施，要求各受影响的国家制定行动计划，由国际社会提供援助资金，帮助受影响国家解决荒漠化问题。1985年，国际农业发展基金制定了《撒南非洲国家特别行动方案》，筹集了4亿美元，加上其他捐助方的援助3.5亿美元，资助了25个国家的45个项目。但行动最终以失败而告终(Camilla Toulmin，1994)。

3. 签署荒漠化公约

1992年，在巴西里约热内卢召开了联合国环境与发展大会，100多个国家的政府首脑在《21世纪议程》、气候变化和生物多样性保护等多项框架协议上签字，会议将防治荒漠化列入优先行动计划，表达了环境与发展方面的全球共识和最高级别的政治承诺。1994年6月17日《联合国关于在发生严重干旱和/或荒漠化的国家特别是在非洲防治荒漠化的公约》(以下简称《公约》)在巴黎通过。1994年10月14～15日，《公约》在巴黎开放签字，标志着防治荒漠化成为受国际法约束的全球行动。1996年12月26日《公约》生效。到2005年，《公约》缔约方达到191个，成为各联合国公约中缔约方数量最多的公约。《公约》生效后，受影响国家纷纷制定《国家行动方案》。截至2005年5月，80个国家完成了《国家行动方案》的制订。非洲、亚洲和拉美分别制定了区域行动计划，区域专题网络相继启动。2005年，全球环境基金批准开展全球干旱地区土地退化评估项目。《公约》5个附件区域(亚洲、非洲、拉美及加勒比地区、地中海和中东欧区域)分别开展了关于荒漠化监测和评价的相关工作。

《公约》开展了全球荒漠化相关科研机构调查，建立了荒漠化独立专家名录，汇编了各国防治荒漠化良好实践和成功经验，为开展全球荒漠化防治做好了技术资源的准备，同时促进区域论坛和交流，广泛开展了公众意识教育活动。联合国大会还将每年的6月17日定为世界防治荒漠化和干旱日，缔约国每年此时都要开展不同形式的纪念活动。

（二）全球治理荒漠化的重大工程

1. 北非五国用"绿色坝"控制荒漠

（1）工程背景。撒哈拉荒漠是世界上最大和自然条件最为严酷的荒漠，位于非洲北部，气候条件极其恶劣，从公元前2500年开始，撒哈拉已经变成了一个大荒漠，是地球上最不适合生物生长的地方之一。撒哈拉荒漠几乎占满非洲北部，东西约长4 800 km，南北1 300~1 900 km，总面积约906.5万km^2。20世纪50年代以来，荒漠中陆续发现丰富的石油、天然气、铀、铁、锰等矿。随着矿产资源的大规模开发，摩洛哥、阿尔及利亚、突尼斯、利比亚等国家加快了植被破坏，随之而来的过度放牧和无节制的开垦，导致了农业生态环境的恶化（岳青，2012），每年约有10万hm^2的土地变成荒漠。撒哈拉沙漠的飞沙移动现象十分严重，威胁着周围国家的生产生活以至生命安全。

（2）主要对策。为了制止荒漠北移，控制水土流失，发展农牧业和满足人民对木材的需要，1970年，北非的摩洛哥、阿尔及利亚、突尼斯、利比亚、埃及5国政府决定用20年的时间（1970—1990年）在撒哈拉荒漠北部边缘联合建设一条跨国工程——绿色坝，即在东西长1 500 km、南北宽20~40 km的范围内营造300万hm^2防护林，其基本措施是通过造林种草，建设一条横贯北非的绿色植物带，使该地区绿化面积翻一番，以恢复这一地区的生态平衡，最终建成农林牧相结合、比例协调发展的绿色综合体。该工程吸取了"罗斯福工程"和"斯大林改造大自然计划"的经验和教训，采用了生态学的观点，大力保护现有天然林，营造人工林，改造草种，保护林场，用法律的形式限制过度放牧，在居民点建设农、林、牧三结合的生态工程。后来，各国又分别做出了具体计划，如阿尔及利亚的《干旱草原和绿色坝综合发展计划》、突尼斯的《防治荒漠化计划》和摩洛哥的《1970—2000年全国造林计划》等（李世东，2001）。

绿坝的主要目标是防治荒漠化。经过几年的实施，该项目成为多部门合作项目，具体目标包括保护和加强现有森林资源、恢复缺失的林分、再造林、发展农业和牧区的发展、阻止沙子侵入和固定沙丘、调节地表和地下水资源、改善易受荒漠化影响的地区的交通条件。

为实施绿色坝工程，阿尔及利亚把植树造林当做一项基本国策，并将现役军人作为植树造林的主力军。国家青年团和陆军都被调动起来，国家规定，年龄在30岁以下的青年，除身患疾病、家庭有特殊困难的以外，均需服兵役2年，其间一半时间从事军事训练，一半时间从事造林、修路等，军队总部还设有技术局，负责造林的技术指导。将造林任务当作战斗任务一样下达，实行军队造林、国营造林和全民义务植树一齐上。军队造林约占造林面积的75%。国家森林工程局作为国家林业主管部门同样重视该工程建设，在没有军队的地带，组织有关力量按照规划设计开展造林。在绿色坝的建设中，他们很重视保护好现有天然林植被，把保护和整治好现有森林作为建设绿色坝的重要组成部分。工程按照规划设计开辟防火线、修建林道、架设瞭望台，同时对林间空地、林区附近的退化草场开展造林，扩大森林面积。此外，高度重视树种选择、苗圃质量和造林季节，森林保护和森林政治工作，将苗圃建设作为林业生产的主要基础之一。根据农、林、牧一体化的指导原则，国土整治、土地开发、林业建设、水土保持、环境保护等方面都由国家森林和土地开发国务秘书处统管起来，实行农、牧、林统一规划，综合治理的方案（岳青，2012）。从1990年到1993年，国防部退出绿坝项目，将其全部实施留给国家森林工程局。从1994年到2000年，政府恢复了绿坝项目，并于1994年11月启动了一个新方案（Saifi, 2015）。

（3）实施效果。绿色坝工程从1970年开始，经过10多年的建设，到20世纪80年代中期，完成造林26万hm^2，成活率均达到80%以上，已植树70多亿株，面积达30万多hm^2，初步形成一条绿色的防护林带，防止撒哈拉荒漠进一步扩展。除此之外，一是种植绿化带约5 000 hm^2，保护了村庄和社会经济基础设施，防止沙丘淤积；二是牧场种植园面积达到25 000 hm^2，有力保障了饲料供应；三是建立了超过5 000 km的监测网络，进而保护人口；四是建立了90个水源，改善了居民的饮用水供应（Saifi M, 2015）；五是鼓舞了其他非洲国家防沙治沙的积极性。

2. "罗斯福工程"通过植树造林治理沙尘暴

（1）工程背景。20世纪30年代，美国堪萨斯、科罗拉多、新墨西哥、俄克拉荷马和德克萨斯等五大平原州交界的区域，有2 023.43万~4 046.86万hm^2的土地被严重侵蚀，成为沙尘暴的重要源头。荒漠化带来惨重的社会经济损失，仅在大平原南部，809.37多万hm^2的良田变得沟壑纵横，仅1935年流失的土壤就达到8.5亿t，土壤的流失降低了土地肥力。而河流、水库则因淤积堵塞无法继续利用，洪灾的威胁更甚。此外，沙尘暴也加剧了肺炎和麻疹等疾病的传播，夺去了很多人的生命。农场大量破产，多数家庭只能靠举债度日，约有4万个家庭16.5万人背井离乡。在整个30年代，大平原各州接受联邦救济的人数远高于美国其他地区。据气象局的统计，俄克拉何马农技学院所在的古德韦尔城，在1933—1937年平均每年沙尘暴天气超过70次，1937年甚至达到134次。1937年5月，该城的能见度有16天不超过900 m，有7天不超过50 m，有3天不超过3 m，而在5月21日白天就有整整4个小时能见度为零。1934年5月发生的一场特大黑风暴，风沙弥漫，绵延2 800 km，席卷全国2/3的大陆，大面积农田和牧场毁于一旦，使大草原地区损失肥沃表土3亿t，6 000万hm^2耕地受到危害，小麦减产102亿kg。

（2）荒漠化的原因。该地区荒漠化的主要原因是毁灭性开发。历史上，美国大平原干旱少雨，年均降雨量不足500 mm，降雨的年度和季节分配也很不均匀，每经一定周期，就会出现连续数年的干旱。因为该地区生态环境恶劣，长期未被开发，经过长期的演化，大平原上形成了非常稳定的"草地—野牛—印第安人"和谐相处的生态系统。1870年以后大平原开始大规模开发，草原生态系统不断遭到破坏。野牛在白人的参与下被灭绝，种植业日渐成熟，尤其是畜牧业获得了迅猛的发展，过度畜牧开始出现。从一战后期到20世纪30年代初期是南部大平原"大垦荒"时期。迅速增加的人口、拖拉机、联合收割机和卡车等新型农用机械的引进，使毁草造田愈演愈烈，垦殖步伐加快，被毁的草地达到35%，共计1 335.46万hm^2，生态平衡濒临崩溃，干旱则加速了这一进程。

（3）荒漠化治理措施。1936年，罗斯福总统宣布实施"大草原各州林业工程"，又被称为"罗斯福工程"（徐凡，2006）。该项工程纵贯美国中部，跨6个州，南北长约1 850 km，东西宽160 km，建设范围约1 851.5万hm^2，规划用8年时间（1935—1942年）造林30万

hm², 平均每 65 hm² 土地上营造约 1 hm² 林带, 实行网、片、点相结合; 在适宜林木生长的地方, 营造长 1 600 m、宽 54 m 的防护林带。

从实践来看, 美国对荒漠化的系统综合防治, 大致分为 4 个层面。

一是技术层面。首先, 科学家们就地形、土壤、气候、地力、水资源、草地的承载量等进行调查, 据此对大平原进行分区规划。从农业管理入手, 推广先进耕作技术, 包括应用双壁开沟犁、圆盘耙、中耕机等新型农机具, 对土地实施起垄、等高种植、条植间作、休耕轮作、秸秆还田等。这些技术的使用, 提高了土壤涵养水分的能力, 增加了农作物的产量。其次, 将天气预报和地面治理结合起来。每次强风到来之前, 气象部门提前 48 小时准确预测强风的行走路径, 然后在其经过的地区对裸露的耕地进行喷灌, 使之湿润结实, 切断风沙源。第三, 把植物纤维、旧报纸纸浆与黏性物质搅拌在一起, 与绿色染料混合喷洒在沙尘表面, 既固定了沙尘, 又美化了环境。第四是采取不同成熟期和不同播种期作物间作、套种和作物留茬, 大力推行免耕法, 并使用特殊的农机具浅耕土地, 有效防治了沙尘暴。第五是退牧还林。

二是工程层面。植树造林工程是重要举措之一。1933 年 8 月, 美国林务局提出了防护林工程规划, 确定在西经 90°沿线植树, 并依据降水和土壤类型等因素, 因地制宜, 确定不同区域适合栽种的树种。在新政期间, 联邦政府投入了约 1 500 万美元, 在近 3 万个农场种树 2 亿多株, 在美国中部筑起了一道纵贯南北、长约 3.06 万 km 的绿色防护林带。国会通过法案, 授权政府从私人手中购买通航河流两岸的林区作为国有林, 以保护河流两岸。严禁国有林、公有林原木出口, 对国有林、公有林给予亏损补贴。对人工林营造予以支持, 年造林基金支出 19 亿美元(超过林业税 13 亿美元)。与此同时, 美国对人工林营造实行低利率贷款, 一般年利率 3.5%, 贷款期 35 年。

三是政策层面。控制生产规模、保护土地是治理荒漠化的根本途径。为此, 联邦政府颁布一系列政策法令。1933 年颁布的《农业调整法》, 提出了一系列优惠政策, 在全国范围内对愿意参加生产削减计划的农场主给予补贴。从 1937 年开始, 联邦政府对实施土壤保护耕作技术的农场主额外给予补贴。为控制畜牧业生产, 联邦政府启动紧急牲口救济计划。在控制农业生产的同时, 联邦政府还收回或收购了不宜耕种的土地。1934 年, 国会通过了《泰勒放牧法》。依据该法, 还未被占用的 3 237.48 万 hm² 草地被永久搁置起来, 禁止垦殖, 只能用于放牧, 而且要接受监管。从 1934 年开始, 农业部启动了"土地利用工程", 对大平原、阿巴拉契亚地区、五大湖周围不宜耕种的土地进行收购。同时实行生态移民, 将这些地区的居民外迁到较好的土地上。到 1947 年土地收购接近尾声, 联邦政府共计花费 4 750 万美元, 收购不宜耕种的土地共计 457.3 万 hm², 约占美国当时全部农业用地的 8%。收回的许多土地被规划为国有林地、草场与野生动植物保护区。

四是法规层面。荒漠土地拥有者和屋主在其周围人为制造沙尘或不采取措施控制沙尘, 每天罚款 500 美元; 如拒不执行, 每天增罚 2 000 美元。

五是意识层面。罗斯福总统对经济发展进行国家干预的思想被逐渐认可, 并被广泛运用于社会各个领域。比如要求通过公共规划和科学管理保护土地资源。

(4)实施效果。通过实施该工程, 返林面积达 1 500 万 hm², 约占全国耕地总数的 10%, 全美土壤侵蚀面积约减少了 40%。经过 10 多年多层面的综合治理, 沙尘暴天气也随之减少。到了 40 年代, 随着大平原的降水恢复正常水平和防沙治沙技术的广泛应用,沙尘暴从南部大平原渐渐消失,荒漠化得到了有效的整治,大平原又成为美国重要的粮食生产基地,不仅促进了就业,还推动了农业的发展,保护了牲畜,带动了美国的整体经济(李世东,2001)。然而,罗斯福工程也有一些不利的影响。浓密的防护林带导致下风向地区空气流通不畅,从而在白天气温较高,而夜晚气温较低。虽然这样的气候变化能够在温暖、干旱的季节促进植物的生长,能够通过减缓风速而降低蒸发量,但是会加重这些气候变化的不利的方面。

3. "斯大林改造自然计划"通过营造防护林改善生态环境

(1)工程背景。苏联在1990年森林总面积79 200万 hm^2,森林覆盖率36%。其中欧洲部分人口相对集中,人类活动对土地的破坏程度较大。20世纪40年代后半期,苏联开始在二战废墟中重建,大面积草原和森林草原面临干热风灾和干旱的威胁,一些地区出现了严重荒漠化现象,使农业生产遭受很大损失。

(2)主要对策。当时苏联政府对荒漠化地区的治理很重视,一些国营农场和集体农庄通过实践证明,只要保护方法得当,欧洲草原区和森林草原区完全可以成为高产稳产的农业基地和发达的畜牧业基地。1948年10月20日,苏联部长会议和苏共中央委员会颁布了《苏联欧洲部分草原和森林草原地区营造农田防护林,实行草田轮作,修建池塘和水库,以确保农业高产稳产计划》,计划用17年(1949—1965年)时间,营造农田防护林570万 hm^2,营造8条总长5 320 km的大型国家防护林带,在欧洲部分的东南部营造32万 hm^2 的用材林。一系列规模宏大的水土保护措施被称之为"斯大林改造大自然计划",成为全体苏联人民的巨大行动(卢琦等,2000)。

苏联防护林带的营造一般是由东北走向西南,分为3部分:大规模营造国家防护林带、在集体农庄和国营农场的耕地上营造护田林、固沙造林。国家森林防护带分为分水型和蓄水型2种。分水型林带的基本目的是防风,蓄水型林带目的是调节在国民经济中发挥重要作用的河流的流量。除了种植大规模的国家防护林之外,还规定在集体农场和国营农场的农田上种植防护林,这些防护林能够保证苏联欧洲部分草原区和森林草原区农作物丰收,消除旱风的影响,改善水量和消灭土壤侵蚀。为了防止各草原区和半荒漠地区的沙石移动,苏联政府决定在32.2万 hm^2 土地上开展固沙造林工作。这三大造林工程形成了苏联欧洲部分一个庞大的防护林网。此外,该计划还开凿了运河,修建巨大的蓄水库、发电站和灌溉系统,利用河流建筑池塘和蓄水库,发展养鱼、养家禽及灌溉事业,实施牧草与农作物轮作制,把广大的干旱地区、半荒漠及荒漠地带,以及遭受循环性恶劣气候影响的地带,改造为肥沃的良田、果园和牧场。

(3)实施效果。"斯大林改造大自然计划"是一部综合性的农业、林业发展规划,计划制定得非常详细,包括在何地种植何种树种以及如何种植等都有详细规定。在计划实施的最初阶段,苏联的防护林营造工作取得了快速发展。据统计,1949—1953年共营造各种防护林287万 hm^2,保护林184万 hm^2。同时兴修了大量池塘和水库,灌溉条件改善,土壤肥力提高,许多地方的农作物因为免受热风侵袭和沙化的威胁而产量大为提高,畜牧业也得到发展(李世东,2008)。到1985年,全苏联已营造防护林550万 hm^2,防护林比重已从1956年的3%提高到1985年的20%。营造国家防护林带13.3万 hm^2,总长11 500 km,这些林带分布在分水岭、平原、江河两岸、道路两旁,与其他防护林纵横交织、相互匹配,对调节径流、改善小气候、提高农作物产量等起到明显作用。据统计,由于防护林的保护，牧场提高牲畜产量12%~15%，农牧业年增产价值达23亿卢布。

4. 中国三北防护林工程

(1)工程背景。三北防护林体系东起黑龙江宾县，西至新疆的乌孜别里山口，北抵北部边境，南沿海河、永定河、汾河、渭河、洮河下游、喇昆仑山，包括新疆、青海、甘肃、宁夏、内蒙古、陕西、山西、河北、辽宁、吉林、黑龙江、北京、天津等13个省份的559个县（旗、区、市），总面积406.9万km^2，占中国陆地面积的42.4%。在总体规划中的三北地区，有八大荒漠、四大沙地，面积为133万km^2，大于全国耕地面积的总和。这里曾经是水草肥美的农、牧区，如今已是遍地黄沙，每年风沙日达30~100天，下游河床已高出地面10 m以上。

(2)治理措施。为了从根本上改变三北地区生态面貌，改善人们的生存条件，促进农牧业稳产高产，维护粮食安全，三北工程建设之初把农田防护林作为工程建设的首要任务，集中力量建设以平原农区的防护林体系。1979—2050年，该项工程分为三个阶段七期工程进行。

工程的总体规划要求是在保护好现有森林草原植被基础上，采取人工造林、飞播造林、封山封沙育林育草等方法，营造防风固沙林、水土保持体、农田防护林、牧场防护林以及薪炭林和经济林等，形成乔、灌、草植物相结合，林带、林网、片林相结合，多种林、多种树合理配置，农、林、牧协调发展的防护林体系。

(3)实施效果。三北防护林体系工程已走过20多年的历程，取得了举世瞩目的成就。超额完成了三北防护林体系一期（1978—1985年）、二期（1986—1995年）工程规划任务，三期（1996—2000年）工程建设。到1998年年底，累计造林3亿多亩。三北防护林体系工程的实施，采取民办国助形式，实行群众投工、多方集资、自力更生、国家扶持为辅的建设方针，走一条生态效益和经济效益并重的具有中国特色的防护林建设之路。中国在"流动沙地飞机播种造林""旱作林业丰产""窄林带、小网格式农田防护林网""宽林网、大网格式的草牧场防护林网""干旱地带封山育林育草"五大难题的研究及其有关新技术大面积推广等方面都处于世界领先地位，取得了巨大的效益（回良玉，2012），主要体现在：

一是荒漠化得到了治理。三北地区的森林覆盖率从5.05%提高到9%以上。从新疆到黑龙江的风沙危害区营造防风固沙林6.667万km^2，使20%的荒漠化土地得有效治理，荒漠化土地扩展速度由20世纪80年代的2 100 km^2下降到90年代的1 700 km^2。辽宁、吉林、黑龙江、北京、天津、山西、宁夏等7省份结束了沙进人退的历史，荒漠化土地每年减少481 km^2，拓宽了沙区广大人民的生存地区。二是控制了水土流失。在黄土高原和华北山地等重点水土流失区，坚持山水田林路统一规划，生物措施与工程措施相结合，按山系、分流域综合治理，营造水保林和水源涵养林723万hm^2，治理水土流失面积由工程建设前的5.4万km^2增加到1998年的38.6万km^2，局部地区的水土流失得到有效治理。重点治理的黄土高原造林779.1万hm^2，新增治理水土流失面积15万km^2，使黄土高原治理水土流失面积达到23万多km^2，近50%的水土流失面积得到不同程度治理，水土流失面积减少2万多km^2，土壤侵蚀模数大幅度下降，每年入黄泥沙量减少3亿多t。三是农田防护林提高了粮食产量。农田防护林作为改善农业生产条件的一项基础设施，始终放在三北防护林体系优先发展的地位，共营造农田防护林2.4万km^2，有21.53万km^2农田实现的林网化，占三北地区农田总面积的65%。平原农区实现了农田林网化，一些低产低质农田变成了稳产高产田。三北地区的粮食单产由 1977 年的 1 770 kg/hm² 提高到 2007 年的 4 665 kg/hm²，总产由 0.6 亿 t 提高到 1.53 亿 t。四是基本解决了"四料"俱缺问题。三北防护林体系建设使三北地区的森林资源快速增长，木材及林产品产量不断增加，改变了过去缺林少木的状况。截至到 2012 年，三北地区活立木蓄积量达 10.4 亿 m³，年产木材 655.6 万 m³，不仅使民用材自给有余，而且由于木材产量的增加也带动了木材加工业和乡镇企业多种经济的发展。"四料"俱缺的状况已有很大改变，特别是已建成了 124.66 万 hm² 薪炭林，加上林木抚育修枝，解决了 600 万户农民的燃料问题。营造的牧防林保护了大面积草场，营造的 500 万 hm² 灌木林和上亿亩杨、柳、榆、槐树的枝叶为畜牧业提供了丰富的饲料资源，三北地区牲畜存栏数和畜牧业产值成倍增长。五是促进了农村经济发展。林业的发展不仅改善了生态环境，同时也促进了农村经济的发展，三北地区将资源优势转变为经济优势，已发展经济林 378 万 hm²，建设了一批名、特、优、新果品基地，年产干鲜果品 1 228 万 t，比 1978 年前增长了 10 倍，总产值达 200 多亿元。

三、典型国家的荒漠化防治

（一）亚洲

亚洲干旱区面积约占世界干旱区面积的 1/3，15.67 亿 hm² 土地已经或正在遭受荒漠化影响，占全球荒漠化土地面积的 37.41%。

亚洲许多发展中国家对荒漠化危害的严重性认识不足，防治荒漠化规划或行动方案与社会经济发展水平脱节，以及经费、技术等方面的不足，是造成本区域荒漠化持续发展的重要原因。要解决上述问题，首先要从本区域实际情况出发实施《联合国防治荒漠化公约》，确定亚洲区域行动方案、制定国家行动方案，并做好方案的具体实施，包括国家资源保护方法、改善组织机构的措施、加强各级能力建设、提高荒漠化意识、荒漠化监测与评价方法，以及改善社会经济环境措施等方面。

1. 日本

日本的所有山区都存在土砂灾害和泥石流现象，每年从山坡上由暴雨径流冲下的泥土总量达 2 亿 m³，每年每平方公里土壤冲蚀量为 780 m³。在个别地区，如天龙川流域，每年地表冲蚀平均厚度达 10 cm（林树彬，1982）。日本主要的土砂灾害有 3 种类型。一是崩塌。暴雨、地震、火山灰的堆积以及乱砍滥伐森林等人为的破坏，使山地荒芜，特别是岩浆岩的块状风化，山区多发生崩塌。二是滑坡。日本 70% 的县有滑坡，以新潟、长野两县最多，德岛、兵库、长崎几县次之。三是泥石流，包括石流、泥流和混合流 3 种类型。

据不完全统计，全日本土砂灾害形成潜在危险区 41 万多处，威胁 2 850 多万人，其中陡坡地崩塌危险区 11.7 万处、滑坡危险区约 9.2 万处、泥石流沟约 19 万条，其他灾害（主要是雪崩）1.2 万处。从日本的土砂灾害现状看，具有类型齐全、破坏严重、区域分布明显、呈斑点状分布，灾害以崩塌、滑坡为主等特点（鄢武先等，2012）。

引起日本土砂灾害的主要原因一是地震。日本每年发生大小地震 1 000 多次，产生的崩塌、滑坡、泥石流等次生土砂灾害规模大、破坏性强、影响久远。二是特殊的气候和丰沛的降水导致日本发生众多的局部土砂灾害。产生的山体局部滑坡、溪流堵塞以及泥石流等灾害，直接危及老百姓生产、生活和下游安全。三是大量的火山形成了体量巨大的喷发岩浆坡积物。日本是全世界火山多发国家，火山喷发产生的岩浆在坡面上形成大量的坡积物。四是不合理的人为活动增加了土砂灾害。城市周围的低湿地、坡耕地等急剧地开发为住宅地和工厂用地，加重了都市水灾和山体滑坡等风沙灾害的发生。开发山地丘陵发生山体滑坡及泥石流等灾害也呈上升趋势。由于土砂灾害侵蚀河岸，引起坍岸，洪水时引起水灾，缩短水库使用期限，或埋没铁路，造成房屋、农田毁坏，甚至夺走生命。

为防治水土流失，日本已从农田及农村范围延伸到城镇、工矿、公路、铁路、采石（矿）、海（河）岸防护、娱乐场地建设等方面，涉及水土资源开发与利用的各相关领域和部门（松辽论坛，2008）。从施工环节上主要包括了基础处理工程和植物种植工程两大部分，并且有系统的工程设计、定额、管理作支撑。

日本治理土砂灾害的经验主要体现在法制建设、组织管理机构建设、科学实验、资金保障等方面。

第一，广泛宣传，提高民众对山洪灾害和土砂灾害防治的意识。日本各山洪灾害和土砂灾害防治工作机构都设有参观接待室，通过视听工具、图片、宣传材料来普及防治山洪灾害和土砂灾害的知识，提高全民族山洪灾害和土砂灾害防治意识。另外，日本在治理中注重环境保护和改善，提出绿色砂防的概念。

第二，制定完整配套的法律法规体系。日本的砂防法律主要有5部，即《砂防法》于(1897年颁布)以及依此制定的《滑坡防治法》《陡坡崩塌防治法》《治山治水紧急措置法》《土沙灾害防治法》。国土省1974年4月19日颁布实施了"砂防指定区域及滑坡防治区域内大规模住宅开发"等项目的审查标准，各都道府县也都依照《砂防法》制定了相应的砂防指定地管理规则，对在指定区域进行开发建设行为做出了明晰的规定。砂防工作主要由都道府县负责组织实施，跨县的或重点地区的由中央负责组织实施。经费原则上由中央、地方和受益地区居民共同负担，一般中央负担1/2，地方负担1/3，其余由当地受益居民负担。

第三，建立稳定健全的监督执法体系。日本的砂防监督执法主要是针对在指定区域的开发建设行为而采取的禁止限制措施。在指定区域进行改变土地利用现状的住宅开发、取石采矿、砍柴割草等时，行为者要进行申请并经许可批准。每年由各都道府县批准的砂防许可达6 000多件，其中涉及国土部门的项目占60%。这些许可的审查发放，有效地保护了水土、植被资源，减少了土砂灾害。

第四，建立较完备的组织管理机构。日本的砂防工作是依据不同的法律规定分别由农林水产省和建设省负责执行的。农林省在林野厅的森林建设部和国有林野部各设有治山课和业务课，派驻全国各地有14个森林管理局300个管理署，每个管理局均内设治山课，林野厅还设有森林技术综合研究所等单位。国土交通省下设砂防部，砂防机构主要设在河川局和地方整备局。河川局下设砂防部，内设砂防计划课和保全课。现全国共有砂防所30多个，国土技术政策研究所是国土省直属的科研机构，还有砂防中介组织。各都道府县设有砂防课（河川课）和林野课（农林课、林渔课）进行管理，配备有专职人员。

第五，建立科学合理的投入机制。在日本，砂防主要是由中央政府出资，在正常预算之外还常有追加预算，在补助金政策上也体现了政府扶持政策。日本直接用于农、林、牧、水利等的水土保持投资，来自于中央政府、地方政府、市町村和农户4个方面。中央水土保持投资列入中央政府年度预算，地方投资由地方政府预算支出。农民投资若为公共事业设施工程建设可获政府无偿补助;若为生产性措施,国家和地方投资80%,其余20%由受益农户自筹资金或长期贷款开发治理(科技导报,1992)。

第六,针对土砂灾害开展多种实验观测。日本针对土砂灾害发生与形成过程、预报上游发生泥石流的时间、确定可能发生的土壤流失量等,开展了一系列实验研究,为土砂灾害的治理提供了科学依据。通过地形预测法、降雨预测法和测量预测法等观察分析滑坡动态,认为降雨是导致泥石流发生的主要原因,但火山爆发、地震、融雪也可能产生泥石流。

第七,做好砂防规划。日本砂防工程规划实行程序化、规范化、定量化。砂防治理规划包括水系治理规划、区域治理规划。规划明确指定区域,实施砂防重点治理,突出与自然和谐并与休闲结合,砂防建设与周围人群的社区福利公益事业及休闲娱乐结合起来,使砂防成为保护当地群众安全和改善居住、投资、娱乐环境的重要基础设施。

第八,注重砂防工程实施效果。日本砂防基本上做到了砂防与人、与自然的和谐相处,从施工过程到竣工使用,巧妙地将砂防工程与周边环境协调一致、融为一体,尽量减少人为痕迹。同时非常注重砂防工程为人服务,运用新技术减少施工给周围人群造成的噪音等影响,在滑坡治理中实行坡面混凝土护面、坡面锚固与坡脚挡土墙结合起来,并建立排水沟道系统,采用综合措施进行治理。

2. 蒙古

蒙古国土面积的83.2%(即1.302亿hm^2)属于农牧业用地,其中放牧场1.27亿hm^2,割草场200万hm^2,分别占农牧业用地总面积的97.5%和1.5%(Ts. 希日布丹巴,2000)。荒漠面积为52万km^2,多为沙砾质戈壁,其中零散分布着一些沙丘,面积约1.5万km^2(王文彪等,2011)。目前,蒙古5%的土地属于非常严重退化,18%为严重退化,26%为中度退化,23%为轻度退化。东戈壁和东戈壁省以及145个定居点受到荒漠化影响。

蒙古属于典型的内陆国家,自然地理及气候条件独特。全球气候变暖导致河流干涸、地表土壤缺水、植被结构变坏,这是草原退化和荒漠化的客观原因。而人类的不合理生产经营活动是主要原因。此外,未能将传统的游牧文明同定居文明、农业文明和工业文明正确地结合,是引发上述问题的根源。至20世纪末,伴随人口密度的增加和定居化程度的提高,对草牧场长期超强度利用,导致了大约70%的草场受到不同程度的退化和沙化。而市场化发生初期制度安排缺失(S. 班扎拉格其,2002)是蒙古局部草原退化、荒漠化的一个重要原因。截至2003年,已经有683条河流、1 484眼泉水和760个湖泊干涸,尤其是最近几年来土地沙化速度显著加大。草原戈壁化的现象非常严重,植被盖度在5%以下,草原退化的速度十分惊人。最令人担忧的是,在这样的戈壁滩上,现在依然有成群的牛羊在放牧。

为了治理荒漠化,蒙古主要采取了4种措施。一是制定了与防沙治沙相关的法律文件,包括国家防沙治沙行动方案,并于2011年经过蒙古政府批准实施,内容包括加强制度建设、改革政策与法律框架、整合科学技术与知识、提高意识教育以及具体在基层实施的措施。其土地法、自然保护法、自然植物法等涉及牧场管理。蒙古食品与农牧业部2007年加强了牧区水利设施建设以及牧草场的管理工作。二是政府计划投资打钻856口新水井,维修429口旧水井,逐步解决牧草场缺水和牧民的用水问题。三是政府正在考虑牧草场私有化,使牧民科学合理地利用草场。四是通过祭祀圣山,保护了自然环境。截至2000

年年底建立圣山已达 48 个，其总面积为 2 050 万 hm²，占该国国土总面积的 13.1%。从 1924 年起对博格多汗山、肯特山和奥特根腾格尔山的定期祭祀，已成为举国遵循的法定行为。这对继续完整地保留生态文化传统和对公众尤其对青少年一代进行自然保护教育，发挥着重要作用。此外，蒙古利用生物学技术优化畜种，加强抵御自然灾害的能力；改良牲畜品种，提高畜产品产量；合理保护利用草场，恢复被毁坏草场，以提高载畜量。

3. 哈萨克斯坦

哈萨克斯坦荒漠化土地面积约占国土面积的 66%，荒漠东西长 2 800 km，南北宽 500~700 km，面积超过 120 万 km²。这些地区属温带荒漠气候，植被非常稀少，盐渍化严重，许多地方布满沙丘。如今有 63 万 km² 的草场发生退化，另有 20 万 km² 的土地被用作军事用途，进行了超过 500 次的核试验。有专家指出，超过 100 万人依然受核试验污染的地区影响。受荒漠化影响，耕地土壤损失 20%~30% 的腐殖质含量，其中有 12 万 km² 为风蚀荒漠化，有 50% 的水浇地面临次生盐渍化的威胁。

哈萨克斯坦荒漠化类型主要包括（马长春，1984）：①风蚀荒漠化，广泛发生在几乎所有平原地区，包括 20.5 万 km² 耕地及 25 万 km² 草地。②水蚀荒漠化，面积约 19.2 万 km²。冰雪融水及降水的侵蚀、搬用作用，造成了 6 000 万 t 表层土壤损失，11.9 万 km² 草地下层土壤直接暴露在水力侵蚀的威胁下，其中已有 5.2 万 km² 已严重退化。受灌溉侵蚀影响的水浇地合计约 1.8 万 km²。③土壤贫瘠化，主要分布在草原区，面积约 11.2 万 km²。在哈萨克斯坦北部地区，自 1960 年以来，因自然侵蚀过程及不合理的土地利用方式造成了土壤中腐殖质含量损失约 20%~30%。在荒漠地区，土壤贫瘠化主要与灌溉侵蚀和过度放牧及风蚀过程有关。④盐渍化，是发生在水成土或盐沼地区的典型荒漠化类型。哈萨克斯坦可灌溉耕地 1.4 万 km²，其中 0.5 万 km² 因次生盐渍化已不能耕种，另有 0.38 万 km² 耕地受盐渍化影响。盐渍化还广泛发生在湖床及沼泽的干涸过程中；此外，还有因采矿、油气管道建设、高压电线等造成的荒漠化，同时因核试验而遭受核辐射污染的大片土地，约占国土面积的 6%。

哈萨克斯坦荒漠化形成有多种原因：一是落后的灌溉习惯导致土壤沙化，不合理的生产活动造成土地退化；二是植被稀疏，覆盖率过低；三是鼠害较为严重；四是国家缺乏解决环境的能力和财力，基础设施较少，技术过时，导致了资源和能源的浪费，而且政府各部门之间的协调能力较差（中国国家林业局治沙办，2015）。而水资源损失、土壤核辐射污染、不合理的农作方式和过度开垦等是加剧哈萨克斯坦荒漠化的主要原因。

哈萨克斯坦与世界上一些国家和国际组织共同研究治理荒漠问题，为改变荒漠化扩张的局面，制定了合理利用开发荒漠资源和治理荒漠的发展战略，采取了行之有效的政策措施。首先，吸取固沙造林的传统经验，驯化当地野生的小半乔木、灌木和半灌木，在半荒漠带建立人工草地，采用牧草与树木间作的模式种植保水固土灌木、半灌木和乔木。凡能栽种乔木林的地方，实行林木和牧草混播、混栽；根据不同季节利用的需要，筛选生长快、既耐寒又耐旱的植物物种进行混播，建立季节牧场；同时在牧区分季节选择合适的物种进行种植，限制畜牧量，在废旧矿区恢复农牧业生产，并且在耕地区域选择合适的措施改善土壤肥力，更新灌溉措施，并且经过植树造林和其他一些工程措施，增加土壤内的腐殖质，增强土壤肥力。其次，为改善土地状况，哈萨克斯坦制定了一系列措施，主要包括：第一，清点各种土地类型的数量，并制定一系列的法律政策，从而限制人类活动，同时积极学习他国防沙经验。第二，着力改善土壤肥力，种植和研发节水农作物，并开展固沙运动。第三，合理利用并保护牧场，发展传统手工业等副业，防止自然灾害的发生。

近年来，该国各荒漠区普遍种植草种和一些低矮灌木以改善当地气候，同时在铁路和公路两侧营造防护林以防风固沙，已取得一定成效。这些措施或多或少地限制人类无规律的活动，防治了土地荒漠化。

（二）北美洲

过去的200年中，受荒漠化影响的灌溉地、旱作农地和草场的面积分别为283.5万hm^2、4 250万hm^2和2 910万hm^2。北美洲产生荒漠化的主要原因是草原的过度放牧、灌溉土地的盐渍化以及20世纪30年代大旱期间平原地区的风蚀。在过度放牧方面，20世纪初期，墨西哥和美国境内牛羊数量急剧增加，使草场承受着巨大的放牧压力，所有干旱草场都出现荒漠化趋势。随着植被的破坏，风蚀和水蚀加速，沟壑和沙丘出现，导致有近85%的草场出现中度和严重荒漠化。至于土地盐渍化，是因为19世纪末和20世纪初干旱地区大面积灌溉开始之后，引发大面积的水渍和盐渍化。在墨西哥的墨西喀利河谷，大约有15%的灌溉土地明显地发生了盐渍化。在加拿大和美国大平原北部地区干旱农地上的盐分渗漏，导致地下水位和含盐量的升高。风蚀也是北美荒漠化的一个重要原因。美国的科罗拉多州、堪萨斯州、新墨西哥州、俄克拉荷马州以及得克萨斯州风蚀危害非常严重，致使农田大片废弃，家庭纷纷迁移。伴随风蚀而来的，除耕作失败外，还有家畜大量死亡、人类疾病明显增加、机械和车辆被毁、道路阻塞。

北美洲控制荒漠化的技术措施主要是通过残茬覆盖耕作，采用最少耕作法，即适合机械化农业的畦田小区体系以及使用除莠剂，保持水土以及种植有利于控制风蚀的耐旱作物和补种耕作等。

1. 美国

美国的荒漠干旱区和半干旱区主要分布在西部，约占国土面积的30%，荒漠化面积约占国土面积的1/6。美国受荒漠化严重影响的土地面积约80万hm^2，占全美荒漠土地的37%，主要分布在美国西部的四大荒漠内，包括大盆地荒漠、莫哈维荒漠、索诺若荒漠和奇瓦瓦荒漠。

造成美国西部大面积荒漠化的自然因素主要是西部一系列南北走向的山脉，如海岸山脉、内华达山脉对于西风有屏障作用，这是大盆地和莫哈维荒漠干旱的主因之一（张金俊，2009）。由于西部山脉的影响，盆地荒漠地区降水较少，但可以使荒漠维持固定。造成荒漠化的人为因素主要有草原过度放牧、过度农业种植、土地盐碱化、乱采滥挖、毁林开荒、不合理利用地下水以及气候异常等。20世纪30年代大旱期间大平原地区的风蚀也是美国荒漠化的重要成因（高国荣等，2008）。过度放牧是导致荒漠化的主要因素，且产生不可逆转的后果。

大平原地区的荒漠化，带来了严重的社会经济损失。1935—1975年的40年间，美国大平原地区每年被沙尘暴破坏的面积达40万hm^2，最多高达60万hm^2，南部棉田因风沙导致每年的重播面积占比80%，载畜量由刚开始的2 000万头降到了后来的1 100多万头（巫忠泽，2006）。

面对严重的土地荒漠化，美国通过建立机构、制定法规和采取综合措施来应对。美国农业部自然资源保护局、农业部林务局、水土保持局等机构对管理、监督、指导全国和地方的土地荒漠化防治发挥了重要作用。荒漠化整治，主要以保护为原则，措施以封育、退耕、保护植被为主，特点是配套完善有关法律、条规、政策，有法必依，执法必严，人人遵法、守法。任何破坏植被、乱砍、滥伐、无序放牧等情况均被视为违法。除了联邦政府的法律法规以外，各州也有自己的条令法规。代表性法规有《水土保持法》《土壤保护和国内配额法》《农业法》《自然资源保护法》《水土资源保护法》等。其具体措施是：

（1）重视生态原理的应用，加强生物多样性保护，为环境中的动植物生存创造条件，为防治土地退化和植被退化、控制水土流失、防沙治沙提供优良品种；

（2）重视人与环境和谐相处的辩证关系，环境保护与资源保护同步进行；

（3）确立和执行严厉的土地政策和合理的放牧法规；

（4）加大联邦财政投入，促进荒漠地区的经济发展、开发畜牧优良品种、推广围栏放牧、建设灌溉设施和引水工程；

（5）强调高新技术的开发和应用，以科技为先导，运用现代化技术，如基因工程、节水工程、风能和太阳能资源利用、机械化工厂育苗等；网络建设遍布全国，科学管理渗透各个部门，技术推广不分国家、地方、个人，自上而下自成体系，虽其规模不一，但形式多样，效果明显；

（6）动员各级政府、民间团体和土地经营者共同参与；

（7）采用防治荒漠化和保护土地经营者利益一起抓的双赢措施。

值得注意的教训是，荒漠化防治引进了一些入侵性很强的灌木和草类植物，这些外来物种引进后泛滥成灾，反而加速了荒漠化进程。

2. 加拿大

加拿大有很大一部分国土位于世界干旱半干旱地带，境内多波状起伏的低高原和平原低地。由于缺少植被，长期处于强风吹蚀状态，处于北极的一些地区出现类似荒漠化景观。加拿大沙丘总面积仅有 2.6 万 km²，但几乎各省和各领地沿海都有分布（崔向慧等，2012）。

加拿大大草原地区经受着各种各样自然灾害，如大风、干旱、洪水、森林大火等的影响，同时农业开发，如土壤过度翻耕及地表残茬太少，导致草地不能有效抵抗风蚀和水蚀。20 世纪 60 年代以前，由于上述原因，加拿大几乎所有草原地区都发生严重的土壤侵蚀（李星，2000）。为了根治风蚀及其相伴的其他严重问题，加拿大政府采取了一系列行动。

一是成立了大草原地区农场复垦管理局，保障马尼托巴省、萨克其万省和艾伯塔省干旱与沙尘暴影响地区的复垦，并开发创办农场、林场，加强水源、土地利用以及国土整治等。二是联邦政府和省政府加强合作，在 80 年代中期启动了"经济与区域发展协议"，1989 年编制了"国家土壤保持计划"等，这些项目带来了农业耕作上的变革。

加拿大既能控制荒漠化又能发展生产的主要耕作方法和技术包括：

（1）实施 3 种"优化管理方法"。第 1 种是尽可能减少使用对环境有不利影响的物质，包括化肥、农家肥和杀虫剂；第 2 种是利用带状耕作、防护林带、作物秸秆的利用等防止侵蚀和农田养分转移；第 3 种包括扎设栅栏、围栏等阻拦和截流农田物质外流。在大草原地区，各省农民使用风能抽取地下深层水，或者在人工水池中蓄水，"优化管理方法"是土壤保持和提高水质过程需要做的第一步。

（2）实施"免耕法"。减慢消耗有机质，避免降雨以径流的形式流失，使雨水渗漏地下。加拿大大草原地区60%以上的农民采用保护性耕作方法，其中带状耕作被认为是最有效的方法，即把地块分成较为理想宽度的条带状，进行轮作。

（3）营造防护林。长期以来这是加拿大减少土壤侵蚀的有效措施。

（4）河岸地改造与草场改良。主要措施包括调整旱季牲畜数量，采用计划放牧制度，实行牧场轮休制、围栏封育草场、定期浇灌制度等，以此保护河岸地，所有牧场建设永久植被保护。

3. 墨西哥

墨西哥境内多为高原地形，全国面积5/6左右为高原和山地。墨西哥领土的23.6%是荒漠，11.2%是干旱区，9.9%是半干旱区，25.7%是干燥半湿润地区。约有70%的土地易荒漠化，每年发生土壤侵蚀的面积有10万~20万 hm^2。土地退化使墨西哥每年有2 250 km^2 的农地失去生产力（Medellin-Leal，1978）。据估计，到21世纪中期，墨西哥50%的耕地会出现荒漠化和盐渍化。

造成墨西哥荒漠化的原因主要包括：①土壤资源衰竭。灌溉农地盐碱化、过度开垦土地、放牧和砍伐森林、采伐薪材，导致风和流水对土壤的侵蚀。墨西哥至少70%的农田受到土壤侵蚀的影响（Myers，1993；UNPF，1991）。②持续的干旱气候。在旱情严重的中部和北部地区，年均降雨量仅为400 mm，这对用水量占蓄水总量83%的当地农业影响巨大。③植被破坏严重。滥伐树木、毁林开荒和种植毒品造成森林面积骤减。④地下水超量开采、水资源被污染。全国37个水资源主要供应地区有29个被认定为污染地区，80%的农田因此而肥力不足，产量下降。⑤土地利用方式不合理。主要包括不适合的农业耕作方式，土地负担过重，缺乏土壤侵蚀控制措施。盐渍化等也是造成土地荒漠化的原因之一（Comision Nacional de las Zonas Aridas，1993），墨西哥每年损失2 250 km^2 的可耕地，其中不同程度伴有盐碱化，造成粮食安全危机。

为制止和扭转土地荒漠化，墨西哥采取了以下主要行动：

（1）建立协调管理机构。墨西哥生态环境的恶化已经引起了各方的高度关注，成立了全国干旱地带委员会（La Comisión Nacional de las Zonas Áridas，CONAZA），设立了国家荒漠化与自然资源损失防治体系委员会（Sistema Nacional para el Desarrollo Sostenible，SINADES），负责协调公共及社会机构的活动，旨在通过国家战略遏制和扭转荒漠化，实现可持续土地管理，协调和促进涉及不同政府和民间社会层面荒漠化防治和自然资源损耗方案的实施。国家林业委员会一直是《联合国防治荒漠化公约》在墨西哥的主要合作伙伴。农业、牧业和乡村发展部，社会发展部、公共教育部和经济部等也参与了国土森林资源保护平台。

（2）制定法律法规，加入国际公约。墨西哥环境和自然资源部近年来出台了大量的法律法规和政策，例如《森林持续发展法》《国家水资源法》《野生环境法》《废弃物管理法》等。1995年，墨西哥批准加入了《联合国海洋法公约》，以防治国家发生的严重干旱和荒漠化。同年成为《联合国防治荒漠化公约》的成员国。

（3）采取配套措施和适当的防治技术。为防治荒漠化，墨西哥政府采取了流域规划推动农业自然资源的开发利用和治理，生产部门、地方政府、学术界、科学界协调配合预防和缓解干旱，鼓励农民造林，启动国家水利计划，实施各种防治荒漠化计划和方案，持续性支持保护土壤和水的行动，建设基础设施和保障性住房以缓解潜在荒漠化以及开展研讨会、设置治沙贡献奖等一系列配套措施。同时，建立国土与森林资源退化信息系统，鼓励使用各类节水器具、限制城市地下水过量开采，采用灌溉和洗盐相结合、农作物轮作倒茬等方式以及跨流域调水来降低土壤含盐量，取得了明显效果。

(4) 非政府组织和个人参与行动。以农民为主导的环保组织 Mixteca 小农发展中心（CEDICAM），采取可持续农业和林业措施恢复了生态系统的生产力。该组织涉及 12 个社区，已造林 1 000 多 hm^2，种植树木超过 100 万株，使农业产量增长 50%，水土保持效益良好。目前存在的问题是需要协调自然资源管理和市场发展、了解荒漠化过程与气候变化，并加强民间社会特别是社区的参与。

(三) 南美洲

南美洲的干旱土地主要分布在大陆南部狭窄的地区和巴西东北部。土壤退化主要表现是水蚀，其次是风蚀和盐渍化，后两种情况在阿根廷比较严重。风蚀是沿秘鲁海岸平原的某些地区土壤退化的主要形式。盐渍化常见于秘鲁海岸荒漠的灌溉谷地中。

1. 阿根廷

阿根廷大陆部分的国土面积为 2.8 亿 km^2，其中约 3/4 的国土即 2.05 亿 km^2 面临荒漠化的危险，危及全国 1/3 的人口。阿根廷因风蚀造成荒漠化不断扩大，3/4 为中等程度，1/3 为严重程度，每年新增荒漠约 65 万 km^2。荒漠化严重的地区，土地的产出能力已经下降 50%，无法继续进行农牧业生产。

人口膨胀、过度开垦土地和砍伐森林是造成荒漠化的重要原因。在阿根廷，农牧是一大经济收入来源，超过 80% 的领土用于发展农业、畜牧业和林业。过度放牧、严重毁林、干旱气候频发、土地旱作耕种以及灌溉土地的盐渍化，使南美洲干旱地区付出了沉重的代价，持续干旱的气候则加重了这一趋势的恶化。

阿根廷防治荒漠化的主要对策主要包括：一是建立了联邦、州和地方（市、镇）三级政府防治荒漠化协调委员会，倡导全社会共同参与治沙（Harold et al., 2003）；二是采取了一系列改革对策和措施，改变土地占有和利用的不合理现状，包括将征收的荒芜土地有偿分配给无地和少地的农民、严禁乱砍滥伐森林并注重造林、建立农业资源保护区、鼓励农民保护土地资源和倡导应用免耕法；三是采用综合措施治沙，包括制定防治荒漠化全国行动规划、在退化的草地植树造林（李祥余等，2005）、推广作物秸秆残茬覆盖地表的保护性技术和免耕播种技术、培训农民的种植技术、大兴水利有效保护和充分利用水资源；四是在半荒漠化地区实施农田灌溉计划，发展生物燃料、牛奶、粮食、水果和肉品的生产项目。

2. 智利

智利陆地总面积 75.6 万 km^2，其中沙化土地面积 48.3 万 km^2，占国土总面积的 63.9%（CPRHDS，2013），主要分布在智利北半部（1~8 区）和南部（11 区和 12 区）（RACCD，2011）。

智利荒漠化的主要原因包括：一是气候等自然环境原因。当南极寒流沿太平洋北移到达海岸山脉西侧时，气流中的水汽被阻滞。同时，高峻的安第斯山从北面挡住来自太平洋和大西洋的气流，切断了巴西西部亚马孙河流域湿气的来源（塔里木盆地西南缘生态综合整理技术服务平台，2013）。此外，受全球范围内气候变化影响，智利20世纪平均降雨量下降了20%~50%，进一步加剧了智利的荒漠化进程（CONAF，2014）。二是不合理的人为活动。过度放牧和过度开采矿产资源，致使大片植被破坏，加快了智利的荒漠化过程。长期集约化农业发展致使土壤肥力耗竭，也进一步加剧了荒漠化进程（RACCD，2011；UNESCO，2014）。

荒漠化使智利农业生产力在近10年内下降了32%，每年有3%的人口受荒漠化影响而迁徙，使得大型城市周围的贫困带不断增多（RACCD，2011），并使826种植物和动物以及珍稀物种资源因荒漠化而面临威胁（RACCD，2011）。

智利采用多种措施治理荒漠化，一是制定防治荒漠化国家行动方案（RACCD，2011）和部门法规，建立与荒漠化和干旱以及防治荒漠化公约相关的政策框架，将造林、天然林恢复、退化土壤恢复和灌溉作为行动方案的重点任务（Rocío，2010）。林业局（CONAF）颁布《林业活动发展法》和《天然林保护法》，规范林业活动，鼓励荒山荒地造林（Sierra，2010）。国家灌溉委员会（CNR）颁布《灌溉法》，管理干旱和半干旱地区的水资源分配（Sierra，2010）。二是多部门联合行动。智利农业和畜牧业服务局（SAG）、水资源管理局（DGA）、林业局（CONAF）、国家灌溉委员会（CNR）、水资源管理部门（DGA）、全国妇女服务局（SERENAM）、农业发展研究所（INDAP）和林业研究所（INFOR）等许多机构和部门共同合作，开展了许多荒漠化防治项目，使得智利荒漠化防治工作取得明显成效。三是采取多种措施治沙。半干旱和亚湿润干旱地区荒漠化防治措施主要是在可造林土地上建立苗圃、充分利用太阳能减少木材使用和改良耕作方式遏制土壤退化（Sierra，2010）。

智利通过植树造林、天然林恢复和管理、退化土壤恢复及灌溉，恢复了约400万hm^2土地，有效遏制了荒漠化，在人为活动控制方面取得了显著成效。但是，智利荒漠化防治工作还迫切需要先进技术的支持，并进行资源合理配置。

3. 秘鲁

秘鲁荒漠主要分布在狭长的大陆西海岸，荒漠面积达120万hm^2，有776万多居民的生产和生活受到荒漠化的威胁。受荒漠影响的灌溉地34.6万hm^2（占30.0%），农用地45万hm^2（占90%），草地880万hm^2（占82.6%）。

秘鲁西海岸荒漠的形成，很大一部分是自然因素导致的，跟海陆分布和地球自西向东转动有关。此外，也与当地居民过度放牧、严重毁林、频繁进行旱地耕种以及土地排水不良有关。

秘鲁同南美洲所有的干旱区国家一样，都建立了土壤保持机构。他们面临的主要任务，是防止土壤退化（Dregne，2003）。国家采用控制侵蚀和其他土壤问题的技术，包括残茬覆盖耕作法、少耕法以及采用适合机械化农业的畦田小区体系、改良除莠剂、设计保持水土的梯田、控制风蚀和种植耐旱作物等，缓解土地退化对未来国家安全的威胁，但资金不足严重影响计划的有效实施（施昆山，2001）。

（四）欧洲

欧洲的荒漠化正在地中海沿岸的半干旱区扩展，范围涉及伊伯利亚半岛南部和东部、法国的地中海沿岸及科西嘉岛、意大利南部大区全部和萨丁尼亚岛屿，以及希腊包括岛屿在内的全部国土。最严重的区域为年降雨量 600 mm 以下且雨量集中分布在冬季的几个月内并伴随着干热长夏的地区。

联合国环境规划署发布的世界荒漠化图显示，地中海地区为中度以上的荒漠化程度区（极高、高和中度）（白建华等，2010）。《联合国防治荒漠化公约》的地中海执行附件，把葡萄牙、西班牙和希腊共同列为荒漠化显著国，要求制定国家行动方案治理该区域荒漠化（胡培兴等，2002）。欧洲议会也呼吁欧盟各国积极寻求防治对策，共同减缓并最终消除南欧各国因荒漠化带来的经济和社会问题。西班牙开展了向地中海区荒漠化开战运动；意大利国家研究委员会专门启动了土地保护项目；葡萄牙组织召开了恢复退化森林生态系统国际专家咨询会（Fantech 等，1986），确认了作为生存环境保障的旱地森林资源的综合保护、开发和可持续管理的重要性，就在荒漠化和干旱影响开展造林和更新国际合作、区域性（包括地中海和加勒比地区）脆弱生态系统恢复的后续行动等问题进行了讨论。欧盟着手启动了一系列与土地退化有关的研究项目，其中最大的一个就是地中海沿岸荒漠化与土地利用项目（MEDALUS）（联合国环境规划署，1992），下设 17 个专题，以查清欧盟地中海国家的荒漠化现状、动态监测和预测荒漠化以及确定荒漠化逆转为终极目标。研究表明，欧洲土地荒漠化的主要社会经济原因是农业的现代化和集约经营的要求迫使农民大量使用化肥、农药和大型机械，其后果是水源和大气被污染，农田被废弃。

1. 意大利

意大利受荒漠化影响地区主要分布在中部与南部，涉及 5 个大区 13 个省，面积为 1.65 万 km^2，约占国土面积的 5.5%；其中南部地区 40% 面积受到影响，主要分布于撒丁岛西西里、普利亚、巴西利卡塔和卡拉布里亚地区。

该国荒漠化的主要原因包括：一是干旱与水蚀造成水土流失，二是盐碱化导致土壤质量减退，三是历史原因及城市化造成土地破坏（陈一山，1980）。此外，森林火灾、过度开采以及过度放牧也都是导致脆弱地区迅速荒漠化的重要原因。

面对荒漠化的加速发展和严重威胁，意大利积极响应有关国际行动，1994 年签署加入了《联合国防治荒漠化公约》，并积极参与国际公约履行事务，1999 年制定了国家行动计划（NAP），2000 年制定地方行动计划。此外，促进地方、流域管理机构积极参与治理，明确需要开展的优先项目。政府为在可持续发展领域促进各环境公约的协同作用，经荒漠化公约的协调，在中国和阿根廷分别开展了防治荒漠化、减缓气候变化的 CDM 造林再造林试验项目（National Committee to Combat Drought and Desertification and FAO，2000）。2000 年，与埃及、摩洛哥、突尼斯、葡萄牙等地中海沿岸国家共同签署了《地中海国家南北备忘录》，建立了地中海北部与南部国家的交流机制，这为南欧以及北非的荒漠化治理搭建了良好的合作平台。

意大利控制荒漠化的主要措施有：

(1) 造林固土。在边远地区和易开采的地区进行植树造林以增加森林面积和防止水土流失。

(2) 治山工程。在对水土流失较严重的坡面，实行工程和生物相结合的措施，利用废弃的木材沿等高线方向植入土体，以控制土体下滑，然后再通过人工造林或天然更新的方式，尽快恢复地表植被，并控制人为破坏因素以及自然灾害风险。

(3) 改善土壤质量。通过减少使用化肥和农药、播种环保型作物、利用可降解地膜、减轻白色污染等方式减少对土壤的破坏等。

（4）加强干旱区水资源管理。通过整改与完善水利基础设施，加强对水资源管理机构的培训与技术指导，建立可持续的水资源保护与管理机制。

（5）加强观察分析与科研。利用卫星勘测技术及气候和社会经济数据支撑，绘制荒漠化风险地图和区域地图，明确各地具体的环境情况，有助于及时采取措施改善条件、突出治理。同时，国家环境保护与技术服务局积极开展地中海北部地区荒漠化清算机制（CLEMDES）等相关研究，加强地域信息交流，协调统一国家和区域层面行动计划，有效传播荒漠化治理经验、政策以及其他信息。

2. 西班牙

受气候变化和不良土地利用的影响，西班牙有 2/3 的土地处于干旱、半干旱和亚湿润干旱状态，全国约 50 万 km^2 的土地面临荒漠化的"显著风险"，有超过 1/3 的土地处于非常高、高度或中等荒漠化风险中，并逐步转为"永久侵蚀"状态，是欧洲受荒漠化影响最严重的国家之一（李易，1997）。荒漠化地区主要分布于加那利群岛及其东南部的地中海沿岸。从南方的阿尔美里亚到北方的塔拉戈纳之间的地中海沿岸地区，有 90% 的土地处于荒漠化高度危险中，其中阿利坎特和穆尔西亚地区则完全处于荒漠化状态。全国 17 个自治区有 3 个自治区已经完全受到了荒漠化的袭击，其他自治区也面临着严重缺水的局面；只有最北端的加利西亚、阿斯图里亚斯和坎塔布里亚地区完全未受荒漠化的影响（European Environment Agency，2009）。

西班牙土地荒漠化的主导因素包括（Spanish Ministry of Environment，2010）：①气候因素。西班牙降雨量减少和降雨量年内分布不均，导致土壤侵蚀加剧，土地退化。②不可持续的农业生产方式。南方省份大面积发展油橄榄树，集约化生产造成土壤严重退化。安达卢西亚省的橄榄树种植园每年流失土壤超过 $80t/hm^2$。过度放牧以及将表土层完全冲刷殆尽的灌溉方式更加剧了土地退化。③旱地耕作造成土壤侵蚀。陡坡旱地耕作土壤流失严重。秋季缺少植被保护，强降水加剧了土壤流失。

另外，森林火灾造成大量植被丧失，导致土地荒漠化。旅游业的发展忽视了对自然环境的保护，消耗大量水资源和土地资源。荒漠化带来了经济作物减产、土壤流失、水资源利用冲突加剧以及社会安全等许多方面的问题，直接和间接地影响到社会安全，例如缺水、农业与食品生产、洪水增加、森林火灾期延长、每年和年度间的干旱，以及被迫移民及边界冲突。

针对日益严峻的土地荒漠化问题，西班牙政府采取的主要措施：

（1）积极参与和倡导相关国际活动。参加了《联合国防治荒漠化公约》，成立了国家履约协调小组，制定了《防治荒漠化国家行动计划》，确立了"为干旱、半干旱和半湿润区的可持续发展作出贡献，防止和减少土壤退化，恢复受荒漠化影响的区域"的目标。

（2）强调多部门联合开展荒漠化防治工作。在新修订的森林法（Forest Law 10/2006）中规定，国家环境部负责监督和落实《防治荒漠化国家行动计划》，国家环境咨询委员会、国家森林委员会、农业部、渔业食品部和各大区在各自管辖范围内协同环境部开展工作。

（3）制定和实施一系列与防治荒漠化相关的国家计划。《西班牙森林计划》规定的许多行动都被纳入了《防治荒漠化国家行动计划》中。在欧盟框架下,继续巩固实施《农业-环境措施计划》,该计划被认为是农业部门防治荒漠化最有效的措施,计划中的许多具体措施直接保护和减少了土地退化。

(4) 重视干旱地区的水资源管理。西班牙在《欧盟水框架指令》下进一步完善了水资源利用政策,在干旱和半干旱地区采取了多种措施管理水资源,包括灌溉水获得、灌溉改造和改善排水等,推进高效灌溉方法,广泛推广海水淡化工厂以提供淡化水。

(5) 增加防治荒漠化的投资。西班牙政府每年将自然保护预算的30%用于防止土壤侵蚀。2000—2006年,国家用于实施《防治荒漠化国家行动计划》的投资达168亿欧元。2008年,西班牙计划投资9 000万欧元,造林6.1万 hm^2,以减缓荒漠化日益严重的趋势。该行动有助于防止水土流失,修复生态系统,阻止荒漠化的蔓延,并为当地特别是农村地区创造3 000多个就业岗位。

3. 希腊

希腊的荒漠化主要表现为土地退化、土壤沙化、干旱、盐渍化、森林退化等(Greek National Committee for Combating Desertification,2002),34%的国土面积受荒漠化影响程度高,49%受中度影响,17%受影响风险较低。荒漠化土地主要分布在希腊东部的伯罗奔尼撒半岛、萨利地区中部和南部地区、马其顿中部和东部的克里特岛、基克拉泽斯群岛的爱琴海。

希腊土地发生荒漠化的主要原因有3个:一是地质条件的影响。希腊中生代的石灰岩和泥灰岩的地形地貌是土壤沙化进程加快的重大原因。二是干旱气候和人类活动的影响。希腊年均降水量850 mm,但时间和空间降水量分布格局极不均衡,大部分地区属于半干旱或半湿润的干燥气候。长期干旱造成土壤裸露、侵蚀和土地退化,最后导致了更大面积的荒漠化。过度开采地下水对地区土壤、土质及生态环境也带来了沉重的负担(杨青山等,2004)。过度放牧、水资源缺乏严格的管理、森林火灾等严重问题,造成了土地生产力下降、耕地屡受侵蚀。三是森林退化。希腊的森林类型从位于克里特岛南部的热带棕榈到希腊北部的云杉、冷杉和桦树,面积广大,树种众多,森林覆盖率达50%。在干旱地区和众多岛屿的大部分地区,有常绿灌木和常绿矮灌木丛覆盖。这些地区的森林退化与森林破坏面积平均为300 km^2/年,其主要原因是城市化过程中过度采伐与木质燃料大量利用以及森林火灾。

希腊防治荒漠化的基本举措包括:一是建立荒漠化防治管理体系。希腊关于荒漠化和干旱的立法主要包括《森林保护法(998/79)》《土地放牧法(1734/87)》及《农业保护法(1845/89)》。希腊荒漠化治理管理部门包括森林退化管理部门及国家干旱和荒漠化管理委员会。1994年,《联合国防治荒漠化公约》批准希腊成立国家干旱和荒漠化管理委员会,主要负责实施国家防治荒漠化行动计划。工作不仅涉及农业部、林务局、土地复垦服务局、环境部、物理规划和公共工程总署、铁道部、水利部等重要部门共同协作,还包括引导一些主要组织,如非政府组织、妇女团体和青年组织积极参与防治战略计划。森林总秘书处主要负责荒漠化问题(Greek National Committee for Combating Desertification,2002)。二是加强森林经营和经费支持。1997—2001年,希腊防治荒漠化经费支出分别是水管理2亿欧元、森林管理和保护25亿欧元、土壤研究100万欧元和发展援助委员会研究（1999—2000年）967万欧元（Greek National Committee for Combating Desertification，2002）。此外，希腊希望通过实行森林登记制度，认证所有森林地区产权归属后，促使侵占林地和森林火灾等现象受到限制，进而达到保护公共财产的目的。三是重视荒漠化研究。希腊政府依托塞萨洛尼基大学和萨利大学农林院系共同开展的与荒漠化相关的项目研究，对森林生态系统合理可持续管理、天然可再生资源利用、自然环境保护等有关领域产生了巨大影响。希腊国家防治荒漠化委员会和雅典农业大学开发的小尺度和大尺度荒漠化敏感区监测系统，已被纳入《国家防治荒漠化行动计划》。四是水利工程和林业等技术相结合建设防治工程。防治荒漠化主要项目有造林、水利灌溉工程、水土流失治理工程、地下蓄水工程、建筑水坝和小型水蓄水工程等。

4. 罗马尼亚

罗马尼亚的主要地形是山地、丘陵和高原，湿润地区、半干旱地区以及干旱半湿润地区的土地退化严重。旱灾几乎影响了罗马尼亚所有的农业土地。整个罗马尼亚平原、多瑙河三角洲地带荒漠化和干旱的风险较大，全国1/3的土地出现不同程度的退化，覆盖面积约700万hm^2（Ministry of Waters，Forest and Environmental Protection，2000）。东南部地区（如多布罗贾、蒙特尼亚东和摩尔多瓦南），受荒漠化影响的范围大约超过300万hm^2，包括280万hm^2农用地，占全国农用地的20%。

荒漠化对罗马尼亚的农业造成巨大影响。摩尔多瓦高原、特兰西瓦尼亚高原以及Pericarpathian丘陵是土壤侵蚀最严重的地区，土壤流失量年均123万t，干旱导致了土壤水分丧失和作物减产，草地退化和草场载畜能力下降，进而加深了贫困程度。

罗马尼亚在荒漠化防治的政策、机构和措施等方面做了大量卓有成效的工作。

（1）完善和制定多部法律法规，健全荒漠化法治体系。《土地法（18/1991）》《土地复垦法（84/1996）》《环境保护法（137/1995）》《森林法（26/1996）》《水资源法（107/1996）》以及《改良土地法（107/1999）》等法规为土地资源与环境保护等提供了有力的法律保障。

（2）相关政府机构相互配合，从多个方面协调、促进和加快荒漠化治理。水利、林业和环境保护部、科研院所、环保机构、林业监察局、农业粮食部、农林科学研究院、国家土地改良协会以及罗马尼亚水电站公司等组织机构参与了罗马尼亚荒漠化防治。政府从能力建设、人力资源等方面采取行动，通过直接投资、鼓励创新、发动社会参与等方法实现荒漠化的治理。

（3）发展科学技术。专门建立研究干旱、土地退化和荒漠化问题的科研团队，研究可以防治干旱、荒漠化和土地退化的方法，建设监测干旱、荒漠化和土地退化的信息系统。

（4）在具有荒漠化风险的地区建设新型农村。例如，为农村发展提供水资源；为防治土地退化和防治荒漠化改善当地干旱气候；改善土壤的质地；预防风雨侵蚀土壤，并将侵蚀度降到最低；再度利用废弃耕地；制定退化草场的改进策略；制定农业生产多元化战略；维护和保护生物多样性；监测干旱和荒漠化的变化和发展态势。

（5）根据土地退化程度，在潮湿地区开垦农田。例如，改进和完善农田防侵蚀策略；预防和治理因雨水的冲刷、滑坡造成的土地退化和其他类型的荒漠化；再利用废弃的农作物场，监测土壤退化，改善土壤的生育能力；改进防治草场的退化策略。

（6）科学设定干旱和土地退化指标，长期监测环境变化对荒漠化的影响。罗马尼亚参考经济合作与发展组织（1993年）和欧洲经济区（1998年）的指标，设置了气候、土壤、水、农业、林业和生物（植被和生物多样性）等关键指标，观察与分析荒漠化变化及其影响（Development Cooperation Agency，2003）。

在以政府机构为主导的前提下，罗马尼亚还存在着一些致力于防治荒漠化的民间社团组织，如大专院校、土壤科学与农业化学办事处、地籍调查和土地规划办公室、国家水土保持学会、罗马尼亚土壤耕作组织等。此外，为了节约和保护土壤资源，罗马尼亚有关政府部门还与国际社会展开合作。

（五）非洲

非洲的荒漠化面积占土地总面积的34%，仅撒哈拉荒漠面积就达856万hm^2，耕地和草地的荒漠化率达80%，80%的农村人口受到荒漠化危害。位于撒哈拉荒漠南缘的萨赫尔地区曾经是美丽富饶的地区，但在过去几十年间，已有6 500万hm^2农地和牧场变成荒漠，并已扩展到马里、尼日尔、布基纳法索、乍得、塞内加尔等国家，荒漠化面积约6.9亿hm^2，农地、牧草地荒漠化率达86%。

在东、西非地区，家畜增加造成过度放牧，导致牧草干枯、沙丘移动扩大、荒漠化加剧。特别是在村落和水井周围的饮水场，家畜集中到饮水点饮水的同时也将周围的牧草啃光。在索马里难民和游牧民的定居点，本来就贫困的地区加上社会动荡不安，致使荒漠化进一步加剧。肯尼亚限制游牧民移动的政策导致荒漠化加重，撒哈拉荒漠地下水位下降造成饮水短缺。尼日利亚正处在由传统耕作方式向新方式过渡时期，社会经济十分混乱。

在南部非洲地区，卡拉哈里荒漠及其周边地区牧草地的载畜量过大，导致一些村落的饮水点也变成了荒漠。干燥疏林（低矮林木）侵入灌木后，生产力呈下降趋势。博茨瓦纳西南部和纳米比亚周围的流沙和沙丘移动；津巴布韦南部、纳米比亚北部，由于村落四周的树木被砍倒作薪柴、放火垦荒、过牧使森林受到严重破坏，加上风蚀、水蚀等原因，农田表土严重流失；北部和东部地区虽为综合农业区，但荒漠化进展也很快。在丘陵地带由于休耕期缩短、焚烧农作物秸秆使土壤受到严重侵蚀。

北非地区的大部分放牧草地都因为流沙移动、沙丘侵入、饮水不足、家畜移动路线集中形成了严重的风蚀、水蚀。在灌溉农地周围的过度放牧草地而造成重度荒漠化。沙地风蚀、坡地水蚀及随之而来的弃耕，使突尼斯、摩洛哥国土的1/2正变为荒漠，其中1/10已难以恢复。

造成非洲荒漠化的主要因素是诸多气象因素和不合理的土地利用。一是水文环境差。与其他地区相比，非洲的年降雨量只有707 mm，全球陆地（不含南极）年均降雨量为825 mm。非洲降雨的81%（572 mm）被蒸发掉，径流量仅为19%（135 mm）。非洲的地表水资源分布不均、季节变异很大，如水量丰富的扎伊尔河竟占全非年径流量的35%。尼日尔河、塞内加尔河等在洪水期若径流量不足，那么该年份便会遭到干旱袭击。报联合国粮农组织调查推测，非洲可开发的地下水资源仅为水资源总量的20%。二是气候条件恶劣。非洲有"热带大陆"之称，特点是高温、少雨、干燥，气候带分布呈南北对称状。赤道横贯中央，气温随纬度增加而降低。北非干旱地区和萨赫尔、苏丹地区的气候带极易变坏，时常发生干旱。8%的地区位于水资源贫瘠且降水量变动较小的半干燥气候带。在这种气候条件下，可以发展牧业和种植业，但降雨变动极大，土壤瘠薄，雨养农业的潜力很低。三是土壤条件差。非洲土壤主要问题是无机养分少且高温，土壤有机物贫乏。非洲土壤大致分为10类，其中1/3为干燥气候条件下的荒漠土、浅耕土等类型的土壤；盐碱性土壤生产力很低；其他土壤虽为农业生产力较高的土壤，但栽培谷物的收获量从未超过 1 t/hm^2。

目前，非洲40%的土地已失去了10%的潜在生产力，其中失去50%以上潜在生产力的土地占17%，受风蚀影响的占17%，受不同程度水蚀的土壤约占36%。水蚀造成的表土流失主要是自然因素，但是人类的破坏行为加速了水蚀面积的扩大。

非洲为防治荒漠化开展了相关调查研究，包括荒漠化的信息收集（地区、面积、程度等），气象、土壤基本数据的收集、分析和信息网络的建立，卫星、遥感数据的记录和实地监测，长期调查样地的保证与评价，掌握遥感技术与实地地面调查的关系，对过度放牧、过度开发、过度采伐、过度耕作、过量消耗水资源实行定量限制并进行实施计划的评估工作，家畜的适当饲养头数、休闲期长短计算方法的开发与具体化，根据植被种类构成、土壤水分、气象变化开发出掌握荒漠化前兆的方法，荒漠化的环境评价与地理信息系统的技术开发与应用，生态系评价与环境变化对应模式的开发，荒漠恢复案例分析及其评价方法的建立，荒漠化的现状与基本因素的评价及预测方法的确定，荒漠化与大、中、小、微气候之关系的评价，搞清流沙和沙丘移动的速度、量与气候环境的关系，掌握干旱地区由于山地、盆地影响而形成的局部风力状况，薪材替代能源的开发与技术普及，气候变化（自然因素）与人口压力（人为因素）的区别及相互作用的评价，社会、自然学者在学术上开展合作研究与实施项目研究，在经济、技术方面对荒漠化对策和绿化给予援助，对干旱地区开展调查。政府提供相应的物质作保障，培养具有丰富科研经验的人才，并且对项目执行人员开展培训。

非洲各国也采取了措施，积极防治荒漠化。在西非，几内亚是尼日尔河、塞内加尔河、冈比亚河及巴芬河、科伦蒂河等的发源地，被称为西非的供水塔。为此，非洲统一组织（OAU）启动了富塔贾隆高原综合流域生态管理项目。几内亚政府在高原水源流域实施造林项目，以保护流域和实现植被再生。几内亚约100万人生活在这一地区，当地居民正积极建立合作体制、引种旱季可作为牧畜饲料的灌木树种。尼日尔在联合国粮农组织等国际社会的资助下，制定了地区综合开发计划，积极开展绿化工作，主要采取集水灌溉，为数年前还曾是沙砾和岩石的地方提供较充足的水分，供树木和作物生长。这项综合性防治荒漠化的成功示范，在国际上受到较高评价。

在北非，突尼斯在历史上曾饱尝过土壤侵蚀造成的严重后果，为寻求改善当地居民生活条件，已采取了多种防治措施。1987—2000年完成已流域治理面积60万hm^2、产粮区保护面积40万hm^2。该项计划的目的是控制农地消失（约1万hm^2/年）、维持土壤肥力，贮留水资源（每年约流失5亿m^3）、建造雨水渗贮设施，控制水库淤积（目前已达到2 580万m^3），引进先进的农业管理制度为边境居民提供就业机会、改善生活条件。阿尔及利亚开展的"绿色防护带"造林计划选择生命力强的桉树和金合欢，种植饲料、乔木和灌木，固定沙丘、保护道路、绿化地带、灌区和居民点。马里利用湖底的地下水开展防流沙造林，修筑通往尼日尔河的水渠，在雨季利用河水灌溉农田，通过改良土壤力争恢复植被。埃及从20世纪60年代开始就积极推广暗渠排水与地表排水相结合的方式减轻旱灾害，到1992年地表排水面积达276.9万hm^2，暗渠铺设面积约166.5万hm^2。2000年完成231万hm^{3}的暗渠。最近，对棉花产量的调查表明，采获期平均地下水深低于 0.9 m 时，产量便开始减少。此外，在修筑暗渠的试验地经过 13 年调查表明，小麦、棉花、稻谷等的平均产量增加 21%～27%（尼罗河三角洲）和 35%～38%（尼罗河谷）。持续 30 年评价结果是，平均经济收益率为 17%～25%（尼罗河三角洲）和 12%～19%（尼罗河谷）。苏丹大力发展桉树造林，采取耕作—休耕—轮作相结合的新耕作方式，成功地营造了塞内加尔相思树，阻止了荒漠化的扩展。

（六）大洋洲

大洋洲面积为 897 万 km²，其中澳大利亚大陆面积最大，为 761.5 万 km²，占大洋洲面积的 84.89%。大洋洲荒漠化面积最大的地区也在澳大利亚。

澳大利亚虽四面环水，但干旱和半干旱土地却占国土总面积的 75%（国家林业局治沙办，2015），并主要分布在西部和中部地区。荒漠面积 269 万 km²，占国土面积的 35%，属热带荒漠，主要有大荒漠、吉布森荒漠、维多利亚大荒漠和辛普森荒漠。除了土地沙化外，澳大利亚的土地盐渍化也比较严重，受盐渍化影响的土地面积为 570 万 hm²，主要分布在该国的东南和西南角，这个数字在 50 年后可能增加到 1 700 万 hm²。盐渍化使农业减产，建筑、道路、桥梁和地下管道受损，生物多样性下降，还引起其他形式的土地退化。土地荒漠化严重影响着澳大利亚的畜牧业和农业发展。

澳大利亚土地荒漠化的自然原因是年均降雨量少而且时空分布差异极大，干燥度大，常年风多且大，土壤沙物质丰富，干热风对植被的破坏和土地侵蚀力强，造成严重的土地风蚀。地势平坦，局部地区排水不畅，易积水引起盐渍化。过度放牧、大面积砍伐桉树、开矿、引进动物不当破坏了自然生态平衡等人为活动进一步加剧了土地退化。

20 世纪 80 年代以来，澳大利亚联邦及各州政府在防治荒漠化方面取得了明显成效，主要有：

（1）社会各阶层为荒漠化防治大力投资。澳大利亚联邦政府每年通过多种渠道投入水、土和生物多样性保护资金约 5 亿澳元。州一级的投资远大于联邦政府的投资，每年估计在 13 亿澳元。澳大利亚民间团体如协会、基金会很多，其在造林绿化和防治荒漠化方面的投资所占比重也不小。

（2）控制牲畜数量。为减轻超载放牧对土地的破坏，澳大利亚各级科研机构、社会团体和土地保护项目的工作人员经常与农户接触，讨论土地退化问题，帮助农户确定最大放牧量，并给予限量放牧的农户一定的经济补助。

（3）实行轮牧。为减少干旱对牧畜的影响，澳大利亚在牧区内设有饮水槽。离饮水槽越近，牲畜的活动越频繁，对土地践踏及植被破坏的程度就越重。为减少这种不良影响，目前澳大利亚采用饮水槽轮换的办法，让土地得到保护。

（4）采取多项措施防治盐渍化。主要包括开发新的农业和土地利用系统，恢复植被或发展农林业耕作体系，采取挖排水沟和堤坝方式排除土壤中的盐分，或者发展耐盐饲草等。

同时，澳大利亚注重发展灌木林增加干旱半干旱地区的植被资源。以社区行动为基础，开展多种多样的土地保护、城市绿化项目；注重宣传教育和技术培训，提高农民环境意识和知识水平；建立示范区，引导农民应用有关知识和技术，可持续利用好水、土和生物资源。

四、中国的荒漠化及其治理

按照影响因素，中国土地荒漠化可分为土壤侵蚀和土地退化两大类。前者主要包括风蚀、水蚀、重力侵蚀、冻融侵蚀和人为侵蚀，后者主要包括土壤肥力退化、土壤盐渍化、土壤污染、植被退化、生物多样性降低和土地利用转化。自1994年中国政府签署《联合国防治荒漠化公约》以来，已开展了4次全国荒漠化监测。

(一) 荒漠化概况

第四次全国荒漠化监测报告显示，到2009年年底，中国的荒漠化土地面积为262.37万 km^2，占国土总面积的27.33%。荒漠化覆盖18个省份的508个县(旗，县级市)，主要分布在新疆、内蒙古、西藏、甘肃、青海5个省份，荒漠化面积分别为107.12万 km^2、61.77万 km^2、43.27万 km^2、19.21万 km^2 和19.14万 km^2。5省份荒漠化面积占中国荒漠化总面积的95.48%，而北京、天津、河北、山西、辽宁、吉林、山东、河南、海南、四川、云南、陕西、宁夏共13个省份只占4.52%(国家林业局，2011)。

依据中国荒漠化气候区划，干旱区荒漠化土地面积是115.86万 km^2，占总荒漠化土地面积的44.16%；半干旱区的荒漠化面积为97.16万 km^2，占37.03%；亚湿润干旱区为49.35万 km^2，占总面积的18.81%。

在4种主要荒漠化类型中，风蚀荒漠化面积为183.2万 km^2，占总荒漠化土地面积的69.82%；水蚀荒漠化面积为25.52万 km^2，占9.73%；盐渍荒漠化面积17.3万 km^2，占6.59%；冻融荒漠化面积为36.35万 km^2，占总面积的13.86%。

在过去的半个多世纪中，风蚀荒漠化土地面积在20世纪50~60年代每年扩展1 560 km^2，70~80年代每年扩展2 100 km^2，1980~1994年每年扩展2 460 km^2，1994—1999年每年扩展3 436 km^2。

2003年、2009年开展的全国荒漠化监测结果表明，中国土地荒漠化扩展的趋势已经得到初步遏制，荒漠化土地总面积持续下降，但局部地区仍在扩大。自20世纪90年代末以来，首次实现了半个世纪以来荒漠化形势的逆转。

(二) 荒漠化对中国社会经济发展的危害

目前，中国荒漠化土地面积大，分布广，受影响的人口众多。荒漠化直接导致土地生产力下降、生态系统退化、土地沙化、沙尘暴的次数增加、贫困程度加剧、农业生产力下降和交通道路等基础设施损坏(吴波等，2009)。荒漠化造成的主要危害是：

1. 恶化人类生存环境

在中国有5万多个村庄、1 300多 km 铁路、3万 km 公路、数以千计水库、5万多 km 沟渠常年受荒漠化影响。每到春夏季节，中国华北地区仍遭受沙尘暴侵袭，这几年平均发生8.8次沙尘暴。中国西部干旱地区抵御风沙危害的能力较弱，流沙掩埋农田、房屋时有发生，一些地方出现生态难民。

2. 阻碍经济发展

主要表现为降低土地生产力，减少农、林、牧业收益；造成翻耕复种，浪费人力、财力、物力；毁损水利、交通、生产、生活等基础设施，影响经济安全运行，增加发展成本。中国北方过去20年间因土壤侵蚀使草场生产力下降30%～50%，对全国粮食安全构成了威胁。

3. 拉大地区经济差距

中国60个国家级贫困县分布在荒漠化地区，形成了"荒漠化—贫穷—荒漠化加剧—更贫穷"的恶性循环，进而导致区域发展失衡。西部荒漠化严重的地区是贫困地区，同时也是少数民族聚居区。土地荒漠化进一步扩大并加剧了贫困，拉大了东西部地区的社会经济差距，影响社会稳定。

4. 恶化气候环境，增加碳排放

由于大量施用化肥、超量开采地下水等，造成森林、草原锐减并退化，加剧土地荒漠化，导致地表反射增加，引起局部气候恶劣，引发温室气体与二氧化硫烟雾等污染物大量排放，破坏了碳平衡。据美国麻省理工技术研究院2003年估算，中国20世纪因荒漠化造成的碳损失相当于15.4亿tCO_2当量。

5. 造成严重经济损失

2006年中国土地荒漠化造成的直接经济损失约为1 468.79亿元，占当年GDP的0.70%。其中，土地荒漠化造成土地资源损失965.63亿元，占总损失的65.74%；对农业生产造成损失330.01亿元，占总损失的22.47%；对牧业生产造成损失89.77亿元，占总损失的6.11%；对交通运输造成损失0.41亿元；对水利设施造成损失21.68亿元；对生活设施（房屋）造成损失57.64亿元；对人体健康造成损失3.65亿元（中国环境规划院，2011）。

（三）荒漠化治理概况

中国政府高度重视荒漠化防治工作，以生态效益与经济效益相协调、重点治理与普遍预防相结合为原则，实行依法、科学、综合防治，荒漠化防治成效显著（张克斌等，2006）。

1. 改善了生态状况

全国20%的荒漠化土地得到治理，重点治理区林草植被盖度增加20个百分点以上，并呈正向演替趋势。近5年来，全国荒漠化面积年均减少7 585 km²，大江大河泥沙淤积逐年减少。在京津风沙源治理工程区，土壤风蚀量在同等风力条件下减少近1/5，局部地区由过去的沙尘暴"强加强区"变为"弱加强区"。

2. 推进了区域经济发展

特色种植、养殖、加工和生态旅游等产业不断发展，一批龙头企业和知名品牌初步形成。农民就业增收渠道日益拓展，农民脱贫致富步伐明显加快。一些地方开始呈现生态与经济相互促进、人与自然和谐相处的局面。在京津风沙源治理工程区，有1 600多万农牧民直接从工程建设中受益。

3. 提高了可持续发展能力

以京津工程为例，通过5年建设，社会可持续发展能力提高22%，以种植为主的第一产业产值比重以年均1.2个百分点的速度递减，产业结构不断得到优化配置。

4. 为减缓和适应气候变化做出了贡献

通过采取植树造林措施，中国森林资源得到较快的增长，全国森林面积已达到1.75

亿 hm², 其中人工林面积 0.54 亿 hm², 人工林面积居世界第 1 位。中国森林吸收二氧化碳的数量也在逐年增加。据初步测算, 2004 年中国森林净吸收约 5 亿 tCO₂ 当量, 相当于同期全国温室气体排放总量的 8%。

尽管中国荒漠化防治取得了举世瞩目的成绩，但是土地荒漠化的严峻形势尚未根本改变，荒漠化仍然是中国最严重的环境问题。一是还有 31 万 km² 的土地极易形成荒漠；二是人类活动对荒漠植被的消极影响没有根除，过度放牧、过度开垦、过度樵采以及水资源不合理利用等导致荒漠化的人为因素仍然存在；三是气候变化对荒漠化及其治理存在巨大影响，加剧荒漠化进程，同时也严重影响荒漠化治理成果。

（四）主要对策与措施

中国土地荒漠化不仅是严重影响当前生计的问题，同时也对国家长远发展构成潜在威胁。为了应对这一严峻挑战，迫切需要采取强有力的对策和综合措施，加快荒漠化治理步伐，从根本上消除荒漠化对国家生态安全的威胁。多年来，中国政府积极履行公约义务，率先采取行动，为全球荒漠化治理探索了道路，积累了经验，做出了示范。1994 年中国在受影响国家中第一个建立了国家荒漠化监测体系；1996 年中国政府代表团向公约秘书处第一批提交了国家履约行动方案；1998 年中国承担了荒漠化公约亚洲区域第一专题网络——监测评估专题网络；2000 年召开了荒漠化公约首个国家履约筹资圆桌会议；2001 年颁布了世界上首部《中华人民共和国防沙治沙法》；2003 年实施了公约资金机制——全球环境基金第 1 个干旱地区土地退化防治国家伙伴关系项目；2006 年实施了《联合国防治荒漠化公约》首个防治荒漠化碳汇试点项目——中意敖汉青年造林项目，项目研发的监测和计量方法学为全球干旱区灌木辅助造林同类项目提供了重要参考（贾晓霞，2006）。2007 年作为亚洲唯一示范国家，参加了全球土地退化评估项目，与中国监测技术相结合，验证了国际评估方法。

1. 对策

（1）通过自然恢复与人工重建提高植被覆盖率。荒漠化防治的主攻方向是植被恢复与重建。要遵循生态学原理，实行分类施策、分区治理。坚持人工建设与天然恢复相结合、资源保护与合理利用相结合的原则，大幅度提高荒漠化地区植被覆盖率，逐步实现荒漠生态系统的良性循环。

（2）实施人口控制政策和产业优化促进生态经济发展。实行沙区适度的人口控制政策，逐渐减轻人口压力，提高人口素质；优化沙区经济结构布局，调整农业、林业、牧业之间关系，发展沙区农产品加工业；以脱贫、增加农民收入为重点，大力发展沙产业，促进沙区经济发展，着力解决群众贫困问题。

（3）创新荒漠化防治制度与机制。建立以公共财政为主的稳定投入机制；实行"谁治理、谁所有"和"谁受益、谁补偿"的原则，逐步完善生态效益补偿机制；完善产权制度，赋予农民土地和林地长期稳定的土地使用权；探索实行国家生态购买制度，改革水资源和草原管理制度等。

（4）完善荒漠化防治保障体系。建立跨部门的综合决策协商机制，提高决策的科学化程度；建立法律保障体系，完善与防沙治沙法相配套的法规、制度，实行营利性治沙登记制度，建立沙区地方各级政府防沙治沙责任考核奖惩制度；建立科技支撑体系，完善荒漠化监测和预警体系。

2. 措施

（1）加强植被保护。继续执行"三禁"（禁止滥开垦、禁止滥放牧、禁止滥樵采）措施，强化植被保护工作。依法开展沙化土地围封和保护地的建设，使生态系统完全恢复，促进荒漠植被的自然恢复。

（2）推进生态工程的实施。推进荒漠化防治重点工程的实施，进一步改善项目的总体布局，促进重大沙源地区的治理水平；在植被建设工作中，坚持开展"根据地方条件运行""选择适合当地的品种""乔木、灌木和牧草结合种植"的实践活动，提高植被覆盖率。

（3）优化政策机制。加快荒漠化地区的林权改革，进一步明确森林权益，实行优惠政策；采取物质激励原则，优化支持政策，把生态改善与增收、荒漠化综合治理与扶贫有机地结合起来，以鼓励广泛参与。

（4）明确责任。执行荒漠化保护与治理政府责任制，明确荒漠化保护与治理实体责任制，通过奖惩手段提高省级政府荒漠化保护治理绩效。

（5）依靠各种科技优势。通过加强技术示范和培训，宣传适宜的技术和运行模式，改善技术应用水平，提高建设质量。

（6）提高预警与监测水平。加大对基础建设的监测，建立健全荒漠化和荒漠化预警和监测体系，及时跟踪荒漠化动态，为决策与行动提供科学依据。

（7）加强部门之间合作。从中央到地方，各相关部门应明确各自职责，促进密切合作与协同，共同努力开展荒漠化治理。

五、全球荒漠化防治展望

荒漠化防治的研究与实践证明，荒漠化是干旱、半干旱及部分半湿润地区由于人地关系不相协调所造成的以风沙活动为主要标志的土地退化。世界各地荒漠化都可归因于自然因素和人为因素两大原因。气候干旱是根本的原因，干旱、洪水、风蚀、水蚀等均与气候因密切相关。但不合理的土地管理是形成荒漠化的现实驱动力。在全球荒漠化蔓延严重的国家，不合理的人类活动主要有4种：①过度放牧，破坏植被，干扰植物群落，尤其在干旱年份和洪涝季节；②为解决薪柴或农田开垦之急，大肆砍伐林木，造成植被群落退化、盖度减小，进而发生水土流失；③盲目发展农作物，致使生态系统稳定性在干旱季节频繁受到破坏，进而发生灾害；④不合理的灌溉制度包括乱建水库、盲目修建灌渠，均不同程度引起土壤盐渍化和土地退化。

无节制的人口增长是引起土地退化和荒漠化的根本原因。脆弱的干旱土地生态系统仅能承受有限的开发，一旦超出生态极限，短期内即会导致生产力下降，长期则将给人类带来灾难性危害，其程度不亚于火灾、地震、旱灾、洪涝等带来的灾难。

全球防治荒漠化的根本途径有两条，一是预防，二是修复。为了有效地预防荒漠化，各国将采取促进对生态系统服务进行可持续利用管理的方式和宏观政策。

（1）创建一种"预防文化"。要完善激励机制，使政府和公众转变观念，创建"预防文化"。在荒漠化地区，要调整劳动力配置结构、加强水土保持、提高矿物与有机肥料的施用量以及创造新的市场机制等手段，不断提高土地生产力，达到预防荒漠化的目的。

（2）综合管理土地资源和水资源。对牧场和水源地采取季节性轮牧、控制牲畜存栏率、提高物种组成的多样性等各种措施分散人类活动压力；采用传统的集水技术、水窖以及各种水土保持措施等改进水资源管理方式；通过恢复上游植被和分流洪水等措施改善地下水的补给状况，为旱期提供储备用水。

（3）保护植被。利用植被保护土壤免受风蚀和水蚀的影响，是预防荒漠化的一项关键措施。维持合理的植被盖度，可以防止旱期生态系统服务的丧失。相反，过度垦殖土地、过度放牧、过度采集药用植物、伐木或采矿等则会造成植被丧失，导致降水减少、地表蒸散量下降和反照率提高，进而促进荒漠化的发生。

（4）整合放牧和农耕这2种土地利用方式。在干燥的半湿润和半干旱区域，合理规划与调整放牧和农耕有利于预防荒漠化的发生。放牧与农耕的有效结合，既可以减轻牧场的牲畜压力，又可以提高农田肥力。因而，目前非洲西部的许多农场开始采用将放牧与耕作融为一体的管理方式。

（5）改良传统技术，引进新技术要适合当地特点。在风沙危害区，许多灌溉方法与技术、牧场管理方式，以及种植不适合在当地生长的作物等传统技术，对于农业生态系统的管理是不可持续的，它们往往引发或加速荒漠化。因此，在引进技术时，必须深入评估其环境影响。

（6）加强地方防沙治沙的能力建设。各地实施防沙治沙常常受到机构能力、市场准入和资金等自身条件的限制。为了确保地方防治荒漠化的方法能够取得成功，必须制定必要的政策，完善管理机构，引导当地民众积极参与，同时改善交通、基础设施和市场准入等。

（7）创造新的生计方式。在旱区加强机构能力建设、市场准入、技术转让、资本投资等方面的工作，充分利用旱区相对较强的太阳辐射、相对温和的冬季气候、半咸地热水资源和空旷的原始地带等独特的资源优势，引导农牧民发展旱区水产养殖业、旱区温室农业以及相关的旅游活动等，使盐水或半咸水得到有效利用并预防荒漠化。

（8）在城市和干旱区之外的其他地区创造经济发展机会。干旱地区城市发展和城市人口规划，要考虑改变总的经济与制度环境，并与各项服务的供给以及基础设施和辅助设施的规划密切结合，为旱区的城市中心区和旱区之外的其他地区创造经济发展机会，为居民提供新的就业机会，从而缓解旱区荒漠化压力。

（9）加强荒漠化防治的条件与能力建设。荒漠化防治要保证人力资源、物资和资金到位，提供外部技术资源。在政策方面需要创建相应的激励机制，如加强能力建设、增加资金投入和设立支撑机构等。在构思、设计和实施荒漠化修复途径的过程中，必须有当地民众参与。

（10）以多种措施修复荒漠化。修复荒漠化的目标就是恢复因荒漠化而丧失的生态系统服务。要建立种子库，增加能够促进高等植物定居与生长的土壤有机质和生物，重新引入部分物种。其他措施包括修建梯田和防治土壤侵蚀、控制入侵物种、补给化学和有机养分以及重新造林等。

（11）建立荒漠化数据库。急需开展的研究包括弄清荒漠化过程中生物物理、社会和经济等因素之间的相互关系，弄清减贫和防治荒漠化在政策方面的各种联系，评估城市发展对防治荒漠化的潜在贡献。为此，亟待在全球尺度上建立准确一致的荒漠化本底数据库和评估指标体系，并对科学认知方面的一些不确定性进行深入研究。

参考文献

百度百科. 三北防护林工程[EB/OL]. http：//baike. baidu. com/link？url＝eRVXpq3WXoW-uN3lV0Wrv G9fwBjEopt_ UqSxI.

百度百科. 六大林业重点工程[EB/OL]. http：//wenku. baidu. com/link？url=rCGAR_ CeGJqwnPfrdChVMj4 rcknpYHZLC5Q3J3tVVG3OD0AobuzA5kQNytdXAJiHKwpHQJKPxALstQ3R0tpHsvt2a9rGGkqDy0HRs9RzGli.

白建华, 孙涛, 2010. 澳大利亚沙化防治经验及其对我国的启示[J]. 林业经济, (5)：62-63.

陈一山, 1980. 意大利林业见闻[J]. 山东林业科技, (3)：49-54.

崔向慧, 卢琦, 褚建民, 2012. 加拿大土地退化防止政策和措施及其对我国的启示[J]. 世界林业研究, 25(1)：64-68.

D. 阿瓦道尔吉, G. 蒙赫祖勒, 2002. 耕地的现状与今后变迁趋势[G]//蒙古环境白皮书(西里尔文). 乌兰巴托.

官素平, 2004. 世界主要荒漠分布及其成因剖析[J]. 地理教育, (6)：29-29.

高国荣, 周刚, 2008. 20世纪30年代美国对荒漠化与沙尘暴的治理[J]. 求是, (10)：60-62.

国家林业局, 2011. 中国荒漠化和沙化状况公报[R]. 北京.

国家林业局治沙办, 2015. 在"丝绸之路经济带"战略总体框架下加强与周边国家荒漠化防治合作：以中亚为例[R]. 北京.

国家林业局治沙办, 2015. 国外防沙治沙——经验教训与典型案例(内部资料)[R].

胡培兴, 杨维西, 李梦先, 等, 2002. 澳大利亚荒漠化状况及防治[J]. 中国林业, (3)：36-38.

胡馨芝, 1998. 非洲荒漠化现状及治沙行动[J]. 世界林业研究, 11(5)：78-80.

回良玉, 2012. 进一步加快三北防护林体系建设[R]. 中国城市低碳经济网.

贾晓霞, 2006. 全球荒漠化形势和《防治荒漠化公约》焦点问题分析[J]. 林业工作研究, (1)：33-36.

本刊, 1992. 日本的山水治理[J]. 科技导报, (3)：53.

李世东, 2001. 世界重点林业生态工程建设进展及其启示[J]. 林业经济, (12)：46-50.

李星, 2000. 世界荒漠化现状与防治策略[J]. 世界林业研究, 13(5)：1-6.

李祥余, 李帅, 何清, 2005. 荒漠化问题研究综述[J]. 干旱气象, 23(4)：73-82.

李易, 1997. 荒漠化逼近南欧[J]. 国外科技动态, (12)：4-5.

林树彬, 1982. 第六次治水事业五年计划[J]. 河川, (7).

卢琦, 杨有林, 吴波, 2000. 21世纪荒漠化研究与治理方略[J]. 中国农业科技导报, (1)：47-52.

马长春, 1984. 哈萨克斯坦荒漠[J]. 世界荒漠研究, (4)：37.

S. 班扎拉格其, 2002. 新世纪的环境政策[G]//蒙古国环境白皮书(西里尔文). 乌兰巴托.

施昆山, 2001. 当代世界林业[M]. 北京：中国林业出版社.

松辽论坛, 2008. 赴加拿大、日本水土保持监测考察体会[R].

徐凡, 2006. 世界林业工程状况及对我国的启示[J]. 甘肃农业, (12)：202.

塔里木盆地西南缘生态综合整治技术服务平台, 2013. 智利荒漠化及其解决途径[R].

T. 希日布丹巴, 2000. 蒙古的人类发展问题(西里尔文)[G]//生态可持续发展报告(第5辑). 乌兰巴托.

王礼先, 1994. 全球荒漠化防治现状及发展趋势[J]. 世界林业研究, 7(1)：10-17.

王文彪等, 2011. 重新认识荒漠[M]. 呼和浩特：内蒙古大学出版社.

吴波, 张克斌, 2009. 国家土地退化监测与评价信息共享机制[M]//江泽慧. 综合生态系统管理理论与实践. 北京：中国林业出版社：11, 27.

巫忠泽, 2006. 美国沙尘暴问题及治理经验[J]. 林业经济, (9)：78-80.

鄢武先, 桂林华, 骆建国, 2012. 日本的山地灾害治理考察报告[J]. 四川林业科技, 33(2)：35-41.

杨青山, 等, 2004. 世界地理[M]. 北京：高等教育出版社.

岳青,1999. 绿色坝:举世闻名的阿尔及利亚防护林工程[J]. 云南林业,(2):15-16.

张克斌,慈龙骏,杨晓辉,等,2006. 中国履行《联合国防治荒漠化公约》能力评估报告[M].《中国履行国际环境公约国家能力自评估报告》//UNDP/GEF全球环境管理国家能力自评估项目办公室. 北京:中国环境出版社:174.

张克斌,李瑞,王百田,2009. 植被动态学方法在荒漠化监测中的应用[M]. 北京:中国林业出版社. 15-21.

张克斌,杨晓晖,2006. 联合国全球千年生态系统评估:荒漠化状况评估概要[J]. 中国水土保持科学,4(2):47-52.

张金俊,2009. 罗斯福新政与20世纪30年代美国沙尘暴的治理[J]. 才智,(22):15.

中国环境规划院,2011. 重要环境信息参考,6(4).

Camilla T, 1994. Combating desertification: Encouraging local action within a global framework[J].

Comision Nacional de las Zonas Aridas, 1993. Plan de Accion para Combatir la Desertificacion en Mexico[R]. San Luis Potosi.

Corporación Nacional Forestal de Chile(CONAF), 2014. Chile hm^2 rescatado de la desertificación 4 millones de hectúreas[EB/OL]. http://www.conaf.cl/chile-hm2-rescatado-de-la-desertificacion-4-millones-de-hectareas/.

Corporación Nacional Forestal de Chile(CONAF). Chile, un ejemplo para el mundo en la luchm^2 contra la desertificación[EB/OL]. http://www.conaf.cl/chile-un-ejemplo-para-el-mundo-en-la-luchm2-contra-la-desertificacion/.

Development Cooperation Agency, 2003. Implementation of the UN Convention to Combat Desertification[R]. Romania: GÖRAN BJÖRKDAHL.

European Environment Agency, 2009. Water resources across Europe-confronting water scarcity and drought[R].

Fantechi R M, Argaris N S, 1986. Desertification in Europe[J]. Reidel.

Greek National Committee for Combating Desertification, 2002. Second national report of Greece on the implementation of the Unitized Nations Convention to Combat Desertification[R]. Athens.

Harold F D, 2003. 美洲的荒漠化[J]. 时永杰,译. 中国兽医杂志,(增刊1):111-115.

Gutierrez J R, 1993. The effect of water, nitrogen, and human-induced desertification on the structure of ephemeral plant communities in the Chilean coastal desert[J]. Revista Chilena de Historia Natural,(66):337-344.

Myers N, 1996. Ultimate security: the environmental basis of political stability[M]. New York: Island Press.

Medellin-Leal F. La Desertificacion en Mexico [R]. Universidad Autonoma de San Luis Potosi Instituto de Investigacion de Zonas Deserticas.

Millennium Ecosystem Assessment, 2005. Ecosystems and human well—being: Desertification synthesis[R]. Washington DC: World Resources Institute.

Minstry of Waters, Forest and Environmental Protection, 2000. National report on the implenmentation of the UNCCD in Romania[M]. Romania: Bucharest.

Rocío F B. Análisis Comparativo Entre Los Objetivos Localesy Nacionales de Lucha Contra la Desertificación, 2010. Estudio De Caso: Proyecto Río Hurtado "Contra la Desertificacióny la Pobreza"[R]. Santiago: Universidad de Chile.

Rograma de Recuperación Ambiental Comunitario Para Combatir la Desertificación(RACCD), 2011. Luchm2 Contra la Desertificación en Chile: Experienciasy Aprendizajes del Programa de Recuperación Ambiental Comunitario para Combatir la Desertificación 2007—2011[R]. Santiago: Fondo parael Medio Ambiente Mundial(GEF), Programa de las Naciones Unidas parael Desarrollo(PNUD), Unión Europea(UE).

Rograma de Recuperación Ambiental Comunitario Para Combatir la Desertificación(RACCD), 2011. Luchm2

Contra la Desertificaciónen Chile: Experienciasy Aprendizajes del Programa de Recuperación Ambiental Comunitario para Combatir la Desertificación 2007—2011[R]. Santiago: Fondo para el Medio Ambiente Mundial(GEF), Programa de las Naciones Unidas para el Desarrollo(PNUD), Unión Europea(UE).

Saifi M, 2015. The Green Dam in Algeria as a tool to combat desertification[J]. Planet@ Risk, 3(1).

Sonneveld B G J S, Keyzer M K, 2003. Land under pressure: Soil conservation concerns and opportunities for Ethiopia[J]. Land Degradation & Development, 14(1): 523.

Spanish Ministry of Environment, Rural and Marin Affairs, 2010. Reforesting in Spain to combat desertification [EB/OL]. http://www.marm.es.

UNEP, 1992. World Atlas of Desertification[M].

United Nations Educational, Scientific and Cultural Organization (UNESCO). Causes and effects of land degradation[EB/OL]. http://www.unesco.org/mab/doc/ekocd/chile.html.

专题五　世界林业发展战略

当今世界正发生复杂深刻的变化，继联合国制定《21世纪议程》《千年发展目标》之后，《2030年可持续发展议程》是可持续发展领域的又一全球性重要行动。随着世界经济缓慢复苏，各国面临的林业发展问题日趋复杂，在应对全球气候变化、生态恶化、能源资源安全、粮食安全、重大自然灾害和世界金融危机等一系列全球性问题的冲击和挑战下，促进绿色经济发展、实现绿色转型已成为世界性林业发展的潮流和趋势。林业在维护国土生态安全、满足林产品供给、发展绿色经济、促进绿色增长以及推动人类文明进步中发挥着重要作用，尤其是在气候变化、荒漠化、生物多样性锐减等生态危机加剧的形势下，世界各国越来越重视林业发展问题。

随着《巴黎协定》的签署，合作共赢、公正合理的全球气候治理体系正在形成，应对气候变化是国际社会当前和未来的历史使命，也是发展低碳经济、促进经济发展的必由之路；森林可持续经营成为时代主题，多功能森林将成为森林资源的主体构架，森林认证正在对林业和林产工业的发展产生重要影响；打击非法采伐和相关贸易，成为国际政治和外交的重要内容；生物质能源战略已成为许多发达国家的重要能源战略，利用现代科技发展生物质能源，已成为解决未来能源问题的重要出路，被认为是解决全球能源危机的最理想途径之一；随着全球非法采伐与相关贸易的发生，国际林产品贸易秩序被严重扭曲，进而导致森林资源被破坏、诱发气候变化、危害森林生态服务功能，严重影响了生态、经济、社会的可持续发展，打击非法采伐及相关贸易已经不仅是贸易问题，更成为涉及政治、外交、经济、社会、环境等多层面的热点问题；此外，森林文化也已逐渐成为重建人与森林和谐关系的新载体。重视森林、保护生态已经成为国际社会的广泛共识和各国发展的重大战略，林业发展问题已不是某一个国家或一个地区的问题，而是要求全球各国各地区共同合作、共破难题、共求发展、共享福祉。

当前，中国经济发展已经进入了从高速增长转向中高速增长的新常态，林业改革发展的内外部环境正在发生深刻变化，要求林业主动适应新常态，全面深化改革，转变发展方式，实现转型升级。为更深入地融入全球生态治理，不断提升中国林业的国际地位和影响力，要把握世界主要国家、主要国际涉林组织以及区域性林业的发展脉络，厘清其战略背景、战略目标、战略内容及战略执行，评价其战略效果，总结其发展经验，开拓创新中国林业现代化发展之路，在全球生态治理格局中扮演更加重要的角色。

一、全球性林业发展战略

(一) 林业应对气候变化战略

1. 背景与意义

全球气候变化已经是不争的事实,特别是近百年来地球气候正在经历一个以全球变暖为主要特征的显著变化。全球气候变化对森林生态系统具有重大影响。森林合作伙伴关系2007年成立的全球森林专家小组研究发现,气候变化已经影响到森林生态系统,北寒带、温带、亚热带和热带的森林均面临危险,而且未来影响还会加剧;随着气候变暖,森林适应气候变化的能力将会更弱;气候变化可能导致林业从二氧化碳吸收汇转变为净排放源,从而更加加剧气候变化,步入危险的恶性循环(徐斌等,2011)。森林是大气CO_2的重要碳吸收汇,毁林是大气CO_2的重要排放源,因此通过林业活动可以达到减排增汇的目的。据估计,2000年到2050年全球最大森林碳汇潜力为每年15.3亿~24.7亿t碳(田野,2014)。林业活动已经成为各国致力于温室气体减排的最经济和最有效的措施。

林业在应对气候变化中的功能和作用程度主要体现在林业碳汇能力上。林业碳汇能力主要是指森林吸收并储存二氧化碳的多少,或者说是森林吸收并储存二氧化碳的能力。森林系统是应对气候变化的一个关键因素,增加森林碳汇能力与降低二氧化碳排放是减缓气候变化的两个同等重要的方面。通过采取有力措施,如造林、恢复被毁生态系统、建立农林复合系统、加强森林可持续管理等可以增强陆地碳吸收量。以耐用木质林产品替代能源密集型材料、生物能源、采伐剩余物的回收利用,可减少能源和工业部门的温室气体排放量。碳汇林业即以应对气候变化为主的林业活动,既包括了造林、再造林活动,也包括森林保护和可持续经营活动(王祝雄,2009;李怒云,2009)。有学者认为,通过造林、森林质量改善、湿地和林地土壤保护、林木生物质能源开发、森林保护以及延长林产品使用寿命等活动提高森林碳汇能力的活动是林业应对全球气候变化的主要措施(李怒云,2007)。据联合国政府间气候变化专门委员会(IPCC)估算,全球陆地生态系统中约贮存了2.48万亿t碳,其中1.15万亿t碳贮存在森林生态系统中,占总量的46.37%(王祝雄,2009)。1981—2000年,中国以森林为主体的陆地植被碳汇大约抵消了同期工业CO_2排放量的14.6%~16.1%(Fangetal,2001)。

2. 全球性战略内容与进展

气候变化具有全球性特征,非一地或一国之问题,也非单纯的气候问题或环境问题。面对全球变暖,任何国家都不能独善其身,也没有哪个国家可凭借一己之力予以应对。唯有通过国际合作、携手应对才是解决气候变化问题的唯一可行选择。从20世纪90年代以来,国际社会通过一系列的合作与努力,逐渐形成了越来越清晰的应对气候变化战略共识。

《联合国气候变化框架公约》于1994年生效,是国际社会在应对全球气候变化问题上进行国际合作的一个基本框架,目前已有195个国家和欧盟加入该公约。该公约的最终目的是控制大气中温室气体的排放,将温室气体浓度稳定在使生态系统免遭破坏的水平上。公约规定了5项保护气候的原则:①缔约国承担共同但有区别的责任;②考虑发展中国家的具体要求和特殊情况；③采取预防措施；④促进可持续发展；⑤开放国际经济体系。此外，公约还为发达国家规定了到 2000 年将温室气体人为排放恢复到 1990 年水平的义务（李怒云，2014）。

《京都议定书》于 1997 年在日本京都召开的《联合国气候变化框架公约》缔约方大会第三次会议上达成，2005 年 2 月 16 日生效，192 个缔约方批准了该议定书。议定书对 2012 年前主要发达国家温室气体减排的种类（二氧化碳、甲烷、氧化亚氮、氢氟碳化物、全氟化碳和六氟化硫）、减排时间表和减排额度等做出了具体规定，即从 2008 年到 2012 年的第一承诺期内，主要工业发达国家的温室气体排放量要在 1990 年的基础上平均减少 5%。此外，议定书还规定了国际碳排放贸易、联合履约机制和清洁发展机制这 3 种灵活的履约机制。这是目前对全球应对气候变化行动做出强制性量化安排的唯一一份协议。此外，它也开创了在气候变化方面采取全球共同行动的先例（李怒云，2014；王春峰，2009）。

《巴厘路线图》于 2007 年 12 月 15 日达成。《巴厘路线图》共 13 条和 1 个附录，其实质内容包括原则、缓解、适应、资金和技术 5 项，但真正取得进展的是确定就加强公约和议定书的实施分头开展谈判，并于 2009 年 12 月在哥本哈根举行的第 15 次公约缔约方大会上取得成果。此外，路线图删除了发达国家减排的总体目标，并为发展中国家设定了新义务，这些措施反映了共同但有区别责任原则的全新发展趋向（谷德近，2008）。

《哥本哈根气候协议》于 2009 年 12 月在丹麦哥本哈根达成，不具法律约束力。主要反映了以下内容：①坚持"共同但有区别的责任"原则的双规制战略；②设定将全球升温幅度控制在 2 ℃ 以下的全球变暖目标；③向秘书处提交经济层面量化的 2020 年排放目标的减排责任；④建立 REDD 机制；⑤建立碳交易市场；⑥在 2010 年至 2012 年发达国家将向发展中国家提供 300 亿美元协助资金；⑦建立技术机制；⑧监督发达国家的碳减排和资金援助。但是该协议没有确定减排目标，没有列出具体行动表，没有取得预期的结论性成果（吴水荣，2010）。

《巴黎协议》是一项有法律约束力的国际条约，于 2015 年在法国巴黎达成。这是人类历史上应对气候变化的第三个里程碑式的国际法律文本。《巴黎协议》一共 29 个条款，确立了一项综合性的全球应对气候变化长期目标：控制全球温度升高不超过 2 ℃，并力争实现温度升高不超过 1.5 ℃；秉承"共同但有区别的责任"原则，但国家之间的划分改为发达国家、发展中国家和最不发达国家以及小岛屿国家 3 个层次；建立每 5 年对各国行动的效果进行全球盘点的机制，各国在此基础上每 5 年更新国家自主贡献；在 2023 年进行第一次全球总结，此后每 5 年进行一次；在资金问题上，发达国家为协助发展中国家缔约方在减缓和适应气候变化两方面提供资金资源，但并未规定资金数量。此外，决定设立一个透明度能力建设倡议，以便在 2020 年前后提高体制和技术能力（联合国粮农组织，2015）。

通过上述一系列公约和进程可见，国际社会为应对全球气候变化、推动社会可持续发展制定了不同层次和不同侧重点的国际战略。具体到林业方面，一般认为，森林减缓气候变化的主要策略体现在两方面：一是通过减少毁林或使用林产品等降低森林的碳排放。基于土地的利用变化导致了全球超过 1/3 的碳排放，而减少毁林与土地退化导致的排放已被认为是森林保护的一个新方向。二是通过新造林、改变森林经营方法等增加森林吸收碳的能力，从而增加森林碳储量。从全球范围来看，降低森林的碳排放是首要考虑的策略。

3. 主要国家应对气候变化的战略选择

在全球气候变化的大背景下，国际社会越来越认识到林业在适应和减缓全球气候变化及林业可持续发展方面的重要地位，许多国家纷纷出台适应本国国情的林业应对气候变化国家战略与计划，推动林业的可持续发展。

（1）发达国家。发达国家林业应对气候变化的战略内容与目标的特点是：充分认识到林业在应对气候变化中的重要作用，积极采取多种措施保障本国林业可持续经营，并积极创新寻求诸如林业碳汇、碳信用、生物质能源等方法减缓和适应气候变化，以便减轻工业、能源领域的减排压力。但在林业应对气候变化的国际行动中，缺乏担当，对帮助发展中国家或不发达国家应对气候变化在资金与技术方面支持不够。

从战略执行效果来看，发达国家林业应对气候变化的战略在具体的实施过程中，由于充足的资金、完备的技术支撑和完善的法律法规体系，执行力度与效果一般都较为理想。以美国为例，美国很重视林业适应气候变化对国家安全的保障和促进作用，公共财政给予了针对性强、规模可观的支持。首先，林业适应气候变化战略已成为美国水安全的重要措施，在2011年年初（修订）的《林务局应对气候变化国家路线图》中，就如何在林业适应气候变化中保护水安全，提出将水资源纳入绩效指标。其次，林业适应气候变化是国家预防应对灾害安全的重要措施，《林务局2008气候战略框架》一条重要的适应战略就是恢复森林健康，具体措施包括过密林分抚育、改变树种结构、减少可燃物、控制性燃烧。再次，林业适应气候变化是国家能源安全的重要措施。美国林务局2008年出台《木质生物质利用战略》，列明了关于保障生物质能源和促进生物燃料发展的举措。此外，基于对林业适应气候变化保障国家安全的重要性认识，美国在公共财政支持有关的林业公共政策活动方面作出创新，主要表现在4点：①机构合作和协调机制的创新。成立专门任务小组，执行森林吸收碳能力监测工作。②完善政策和管理工具。进行了快速碳评估，建立7个气候中心，加强生态系统服务市场等管理措施创新。③立法保障。2014年新一版的农业法案建立农户履行气候保护活动的履约约束法规，要求农户领取保险奖金补贴必须执行保护履约约束，即必须实施湿地、土壤、野生动物等保护活动。④有力的财政支持。如2014—2024年每个财政年度新增拨款2亿美元，用于建立森林治疗区（Treatment Areas），治理气候变化下受病虫害严重影响的森林。

具体到每个国家的战略选择，美国在气候变化研究及立法方面起步较早。美国国会在1990年通过了《全球变化研究法案》，明确规定设立长期的、国家级的全球变化研究计划。鉴于气候变化及其影响，美国林务局专门制定了林业应对气候变化的战略框架，用以帮助政府确定优先次序，以便为在变化环境中的森林和草原资源的保护做出明智的决策。美国气候变化技术规划中也制定了关于森林的国家政策议程，并确定了通过树木和森林帮助人们改善环境的目标。2003年7月，美国制定了《美国气候变化科学计划》，确立了5项研究目标和包括林业碳循环在内的7个研究领域（王守荣，2011）。为响应气候变化科学计划，美国林务局提出了《全球变化研究战略（2009—2019年）》，旨在制定气候变化林业政策及编制良好森林经营实践指南。在具体落实过程中，林业在适应气候变化方面的措施主要有：加强森林和草原管理，以促进生态系统健康发展，增强适应气候变化的能力；监测和模拟气候变化对生物及水资源的影响；预防和减少气候变化对物种迁移的影响；生态系统恢复；种植方法的调整。此外，还通过建立伙伴关系，鼓励森林私有者积极管护森林，提高森林储碳量；通过森林碳汇交易市场进行碳补偿。在减缓气候变化的过程中，美国林业部门为个人和组织提供利用植树来补偿温室气体排放的机制，共分为 2 种模式：一是出售碳信用以补偿特定活动导致的碳排放；二是出售造林项目的碳汇，用于激励个人和组织参与应对气候变化、消除碳足迹的活动(李怒云等，2010)。

英国林业委员会在 2008 年将林业减缓和适应气候变化作为林业战略的重要组成部分，制定了林业应对气候变化的目标。其中较有影响的是《森林和气候变化指南—咨询草案》和《可再生能源战略草案》。前者明确了林业应对气候变化的 6 个关键行动计划：保护现有森林，减少毁林，恢复森林植被，使用木质能源，用木材替代其他建筑材料，以及制定适应气候变化的计划；后者提出，在 2020 年前，生物能源具有满足可再生能源发展目标 33%的潜力，其中木质燃料是很重要的一个方面(李怒云等，2010)。

加拿大的森林战略是以开采森林、发展农业经济、提高木材生产效益为重点。2003 年加拿大政府颁布了综合性的新林业政策，即《国家森林战略(2003—2008 年)》。2004 年签署了新的《加拿大森林协议》，保证加拿大林业的长期健康发展。加拿大林业适应气候变化涉及脆弱性评估、加强适应能力、信息共享等一系列管理政策和行动。2008 年，加拿大政府提出了新的森林发展战略，具体措施包括：通过加强森林火灾、虫灾的防治，减少森林砍伐等造成的碳排放，同时加强森林管理和促进使用林产品增加储碳量；计划提供 2 500 万美元，用 5 年时间帮助社区适应气候变化，为全国 11 个以社区为基础的合伙企业提供资助，推进社区应对气候变化的信息共享和能力建设(李怒云等，2010)。

德国高度重视气候变化对本国带来的影响，应对气候变化的核心思想就是"气候保护"和"适应气候变化"。为此，德国联邦政府采取的与林业有关的适应气候变化的主要应对措施有以下几个方面：①制定完善的法律法规，为气候保护提供坚实保障。与林业密切相关的法律和战略包括《气候保护倡议》《可持续发展国家战略》《德国适应气候变化战略》和与之相配套的《适应行动计划》等。②以近自然的方法开展森林经营、保护物种多样性。③重视林业适应气候变化的基础研究，并与森林经营活动密切结合。④开发使用包括木质林产品在内的新能源(李怒云等，2010)。

日本防止气候变暖的森林政策包括两个方面，一是通过植树造林增加碳汇，二是通过推进森林健康、加强国土保安林的管理以及生物资源的合理利用减少排放。2006 年 9 月，日本林野厅公布了新森林计划，提出了"防止地球变暖的森林碳汇 10 年对策"及今后的 4 项工作，即森林可持续经营、保安林管理、木材和生物质能源利用和国民参与造林。日本政府发布的《2008 年森林白皮书》提出了通过间伐可持续利用森林、扩大建筑使用木材等行动计划(李怒云等，2010)。

澳大利亚的森林碳市场机制包括减少毁林和森林退化碳排放及通过森林保护、造林和再造林消除大气中的温室气体(REDD-plus)内容。该机制旨在避免逆向的负面结果，包括鼓励当地人和原住民积极参与本国的 REDD+行动，最大程度地保护生物多样性以及当地社区和原住民的利益。该提案中的碳市场机制主要在国家层面落实(李怒云等，2010)。

此外，苏格兰林业委员会提出了苏格兰林业适应和减缓气候变化的关键林业行动《合作计划(2008—2011 年)》；瑞士的新林业行动计划提出了最大限度地挖掘木材的价值，以逐步提高林主、企业主和公众对木材多种用途的认识；法国在若干领域也采取了一些新举措，包括木材生产与加工、重视自然保护区建设以及促进和开发森林的低碳休闲功能等

（李怒云等，2010）。

（2）发展中国家。发展中国家的林业通常是国民经济发展的重要支柱，因此在以往的发展中，林业被利用的程度大于被保护的程度，致使发展中国家的森林在过去的几十年内遭到严重破坏，森林退化严重。在全球气候变化的背景下，发展中国家也开始意识到林业在应对气候变化中的重要作用，但在应对气候变化的林业战略制定方面往往跟随发达国家的步骤，缺乏创新，而且由于资金和技术等方面的原因，林业战略的落实在一定程度上依赖发达国家的帮助与支持，导致已经制定的林业战略在执行力度方面不足。

在战略执行效果上，与发达国家相比，发展中国家在林业应对气候变化战略的执行方面就表现出两面性：一方面希望能继续利用林业加大国内经济发展，推迟或降低在气候变化方面承担的责任比例；另一方面又希望能获得发达国家在资金和技术上的强有力支持，以高质量地实施本国的林业战略行动计划。例如，在应对气候变化方面，为了实现国家利益的最大化，巴西政府在气候问题上表现出介于发达国家与发展中国家的双重立场。一方面，巴西在外交上将自己定位为"新兴的发展中国家"，大力推动南南合作且不希望过度承担减排责任影响经济发展，主张承担有区别的责任，坚持国家主权，不接受国际监督，并要求发达国家向发展中国家提供资金和技术援助等。另一方面，巴西在发展清洁能源方面与发达国家有巨大合作机遇。巴西希望通过全球气候谈判与发达国家加强在新能源领域的合作，带动新能源经济的发展。巴西在气候问题上制定了3个目标：一是采取积极的应对策略，高举联合国气候变化谈判的大旗，提高巴西在环境问题上的国际话语权，巩固巴西的大国地位；二是通过推动全球气候谈判，促进巴西极具国际竞争力的可再生能源产业的发展；三是作为新兴的发展中大国，避免承担过度的减排责任而影响本国的经济发展，同时通过减少亚马孙森林的砍伐取得国际援助，实现该地区的可持续发展。

具体到每个国家的林业战略，巴西林业的总目标就是实现森林可持续发展。具体目标是重点保护亚马孙原始森林，防止毁林、土地退化和非法采伐现象的发生，降低毁林率，保护生物多样性、动植物及森林中的水资源，扩大人工林面积，开拓国内外林产品市场。2007年巴西气候变化部委间委员会出台《国家气候变化计划》，以亚马孙基金和气候基金为保障，实现以下与林业有关的目标：①探索减少森林毁林的途径与方法，以达到零非法毁林率的目标。具体的目标包括：以1996—2005年平均毁林率作为参照水平，2006—2009年平均毁林率降低40%。以后每4年在前一个时期的基础上再减少30%。②减少森林净损失。具体目标是：到2020年，使现有550万hm^2人工林面积倍增到1 100万hm^2，其中200万hm^2为本土树种营建的人工林。③修订当前银行管理条例，使造林和再造林活动以及木炭生产更具有投资吸引力。④利用国家农村信贷体系下低成本投资政策，激励恢复退化林地。通过开展森林能源项目，探索造林的经济可行性。⑤为特许经营的森林提供补助，用于以可持续方式经营和森林产品与服务的开发。⑥禁止建筑业使用非法采伐木材。自2009年1月，建筑公司和房地产公司将核实木材合法来源。

印度政府于2008年6月30日发布了《气候变化国家行动计划》，确定了到2017年实施的8个核心"国家行动计划"，包括太阳能计划、提高能源效率计划、可持续生活环境计划、水资源计划、喜马拉雅生态保护计划、绿色印度计划、农业可持续发展计划、气候变化战略研究计划。其中，绿色印度计划旨在加强生态系统服务，重点是增加森林覆盖率和林分密度、提高森林生态系统的生物多样性。印度第11个五年计划（2007—2012年）提出，到2016/2017年将森林覆盖率提高5%。国家行动计划进一步提出，将森林覆盖率由2005年的20.6%扩大到占国土面积的1/3、增加造林计划、恢复森林与红树林以加强沿海防护等。为实现国家行动计划目标，印度采取了一些具体行动与措施，主要有：①加强与森林碳汇相关的科学研究，研究结果表明，印度森林总体上是碳汇，每年可抵消印度温室气体排放总量的11%；②发起实施了25亿美元的森林保护计划，并为此成立了造林补偿基金管理与规划局（CAMPA）；③规划绿色印度计划下的新行动以快速推进再造林活动；④投入8 000万美元，实施新的能力建设计划，促进森林部门人力资源开发；⑤投入1.25亿美元，实施新的森林经营计划，以加强森林经营实践、基础设施及林火控制等；⑥成立了由规划委员会领导的低碳经济专家组，以制定印度低碳经济战略；⑦制定生物燃料国家政策，促进生物燃料的培育、生产和利用等（徐向阳，2009）。

（3）欠发达国家。欠发达国家大部分由于地理位置或气候条件，其林业在国民经济中所占比重较小，因此在国家发展中不受重视，对林业的利用方式基本上是掠夺式开发利用，缺少对林业的保护和管理。在应对气候变化过程中，对林业战略的制定反应滞后，且由于极度缺乏资金和技术，在应对气候变化的战略行动中主要依靠发达国家的帮助，本国力量的作用甚微。欠发达国家的林业战略制定主要围绕国家森林权属的划分、林业管理体制、森林经营计划、采伐许可、林产品贸易、林火管理等方面，而对林业应对气候变化方面关注较少。由于欠发达国家在林业应对气候变化的战略制定方面认识不充分，因此，相关的战略计划相比发达国家和发展中国家较少。在执行过程中，很大程度上依靠发达国家的资金和技术支持。因此，欠发达国家的林业战略执行效果一般不太理想。

缅甸的《缅甸联邦森林法》（简称《森林法》）是指导林业发展和政策制定的重要法律，强调森林可持续经营，对森林资源的开发利用做出了详细规定，提倡公众参与森林资源保护和林业政策的制定，突出强调防止森林退化、保护天然林以及保护生物多样性的重要性。为长期实现林业可持续经营，缅甸于2001年制定了为期30年的《国家森林管理计划（2001—2030）》，提出了林业发展的一系列措施，包括通过造林和再造林发展林业，有效管理流域治理、延长水坝寿命、增加蓄水量，加强关于非法采伐和非法采集林产品的法制建设，提高柚木和硬木的出材率、拓宽林业科研领域，鼓励使用天然气等其他燃料取代薪柴和木炭，出口高附加值木质林产品和非木质林产品、发展生态旅游等。

坦桑尼亚政府1998年批准了新的林业政策《国家林业政策（1998年）》。其总体目标是加快林业发展、促进国民经济可持续发展，加强森林资源保护和管理、造福当代和子孙后代。2002年通过了《森林法》，作为坦桑尼亚林业基本法律。为了确保林业政策的落实，国家制定了《国家林业计划（2001—2010年）》，包括4个具体的计划：森林资源保护和管理计划、机构和人力资源发展计划、法律法规框架计划、森林工业和可持续生计计划。但纵观这些国家的法律与战略内容，都较少涉及林业应对气候变化方面的内容。

4. 评价与启示

发达国家的林业应对气候变化战略在全球范围内起着引领的作用，其相关成果、经验、模式是发展中国家和欠发达国家学习的范本。例如美国在林业应对全球气候变化方面呈现出以下特色值得借鉴：①完善法律体系，明确法律依据。应对气候变化主要从两个方面入手，一是减缓，二是适应。美国在适应方面做出了先进的示范，积极在能源领域寻求适应气候变化的方法。美国在能源环境领域相继出台了《联邦电力法》《原子能法》《能源政策法》《清洁空气法》《清洁水法》《环境政策法》等法律，为美国推进节能减排提供了法律保障。②强化政府在应对气候变化、推进节能低碳发展过程中的服务和引导角色。美国联邦政府注重运用市场化手段推动节能和二氧化碳减排，尽量避免对企业内部事务的直接干预，通过政府投资引导、制定能效标准、实施能效标识等手段，扮演好"引导者"角色。③大胆实施政策创新，建立节能减排市场机制。美国为实现低碳发展进行了许多政策创新，包括实行峰谷电价、电表发转、绿色汽车信用等措施，在利用市场机制实现节能减排的实践方面，为各国提供了宝贵的经验。④深化气候变化基础科学研究，始终把基础研究作为各项气候变化计划的核心，针对气候变化归因、过程和机理等基础理论组织跨部门、跨学科的联合研究和科学试验，力求实现前沿科学问题的突破(符冠云等，2012)。

但是，部分发达国家在气候变化的国际谈判活动中表现摇摆，又会削弱其在气候变化方面的优势地位。例如，在林业国际谈判方面，应对气候变化是美国在林业国际谈判中主要关注的议题。美国是《联合国气候变化框架公约》的缔约国，在该公约首次缔约方会议上，由于其强烈反对，缔约各方不能就强制性的温室气体减排目标达成一致。在克林顿政府时期，美国曾签订旨在落实《联合国气候变化框架公约》的《京都议定书》，但在2001年，布什以减少温室气体排放将增加美国经济负担和发展中国家未参与减排为由宣布退出《京都议定书》。在此后的《巴厘路线图》和《哥本哈根协议》期间，美国对参与国际气候谈判减缓气候变暖方面始终态度冷淡。但在《巴黎协议》期间，美国迫于国内和国际社会压力，开始转变态度，并在中国等发展中国家做出巨大妥协与让步后最终同意签署协议。

发展中国家的林业应对气候变化战略在目前阶段还处于借鉴、学习发达国家的阶段，并且由于各国国情差异较大，在林业应对气候变化战略方面的经验具有国别多样性；欠发达国家则需要提高林业在国民经济发展地位的同时，积极吸收发达国家的技术和经验，努力提升自身应对气候变化的能力和潜力。

(二)生物多样性保护战略

1. 背景与意义

生物多样性是生物在其漫长的进化过程中形成的，是生物与其生境相互作用的结果。联合国《生物多样性公约》(1992)将生物多样性定义为"所有来源的形形色色的生物体，这些来源包括陆地、海洋和其他水生生态系统及其所构成的生态综合体。这包括物种内部，物种之间和生态系统的多样性"。随着景观生态学研究理论、方法的成熟与发展，景观多样性成为生物多样性不可或缺的重要组分。生物多样性保护对维持地球生物圈的稳定具有重要意义。

在全球共同倡导生物多样性保护的大背景下，越来越多的人认识到保护生物多样性的重要意义，许多国家都根据各自的实际情况，探索适合本国的生物多样性保护规划途径与方法，并在生物多样性保护方面取得了一定的成绩。下面重点介绍目前世界各国在开展生物多样性保护战略或规划方面的发展现状及先进的生物多样性保护规划理念、方法，对加强中国开展和落实生物多样性保护战略与计划具有重要的指导意义。

2. 战略内容与目标

(1)发达国家。发达国家生物多样性保护战略内容与目标的特点是不但强调对本国的生物多样性加强保护，更注重通过与世界其他国家开展合作，实施资金、技术、方法、理念和经验"输出"和"走出去"战略，获取并利用世界各地的生物资源。因此，发达国家的生物多样性战略都具有国际性的特点或者说是一种全球战略。

美国在《生物多样性公约》发起之前，于1966年发起了一项全国计划以保护受威胁物种。1973年国会通过《濒危物种法案》，制定并实施物种恢复计划。《濒危物种法案》目标是保护物种及其所依赖的生态系统。物种恢复计划被认为是国际生物多样性行动先驱。虽然美国不是联合国《生物多样性公约》的缔约国，但可以说在物种保护上，却有着比其他国家更长的保护记录和更全面的保护计划。美国的生物多样性保护战略另一个鲜明特征就是通过与发展中国家或欠发达国家的合作，在保护当地生物多样性的同时，获取并利用当地有价值的生物资源。这也是其不签署《生物多样性公约》的国际战略考虑（孙中艳，2005；王云才等，2011）。

加拿大是发达国家中最早签署《生物多样性公约》的国家。继公约批准后，1995年又公布了《加拿大生物多样性国家战略》，其中不仅有森林生态系统的保护和管理的内容，还明确了生物资源可持续利用的目标和方向，其战略目标是：①保护生物多样性和生物资源的可持续利用；②提高对生态系统的认识及资源管理能力；③提高对保护生物多样性及其可持续利用的认识和意识；④制定支持生物多样性保护和资源可持续利用的相关法律和奖励措施；⑤进行国际合作，保护生物多样性和公平地分享由利用遗传资源所产生的利益。各省和地区政府根据国家战略制定了各自独立的生物多样性战略和行动计划，展开了各种活动，例如"加拿大生物多样性信息建立"和"森林管理表彰制度"等（孟永庆，2005）。

德国崇尚自然，历来注重生物多样性保护。德国内阁于2007年11月7日通过了生物多样性国家战略。国家战略的目标是在国内实施《生物多样性条约》，为全世界自然保护和可持续利用作出贡献。其中战略要点涉及与发展中国家的合作，包括了330个具体目标和430项对策。2008年联合国《生物多样性公约》第9届缔约方大会在德国波恩拉开帷幕，德国宣布2009—2012年每年将为保护森林和其他生态系统新增1.25亿欧元资金。此外，德国是一些最主要国际自然保护和生物多样性保护协定的签约国，并参与了近30个以自然保护和生物多样性保护为宗旨的国家间协定和计划。从2013年起，每年将为保护全球生物多样性投入5亿欧元。迄今在保护生物多样性上的平均投入为每年2.1亿欧元（李星，2007）。

日本1993年5月作为第18个缔约国正式签署了《生物多样性公约》。1995年根据该公约制定了本国的首个《生物多样性国家战略》，此后于2007年制定了《第3次生物多样性国家战略》，并于2008年制定并实施了《生物多样性基本法》，将生物多样性保护纳入了法制轨道，生物多样性保护成为日本环境政策的重要主题。2007年，农林水产省根据《第3次生物多样性国家战略》制定了《农林水产省生物多样性战略》，明确了2007—2012年农林水产省生物多样性保护行动计划，提出了11项行动计划：①推进多样性森林的培育；②推进森林的合理保护和管理；③推进野生鸟兽造成森林被害的防治对策；④通过确保和培育林业能手和山村资源的利用，促进城市与山村的交流和山村定居；⑤推进兼顾生物多样性的森林施业；⑥推进国民参加的森林建设和森林的多样性利用；⑦充实森林环境教育和与森林接触的活动；⑧发展以扩大国产材利用为基础的林业和木材产业；⑨推进以保护林及绿色走廊为主的国有林保护和管理；⑩加强对森林资源的监控；⑪促进森林可持续经营。2008年，林野厅设置了"森林生物多样性保护推进良策研究会"，并于2009年提出了"森林生物多样性保护及可持续利用的推进良策"。以此为依据，林野厅在全国开展了森林生态系统生物多样性定点观测调查，启动了通过现代遥感技术监控森林植被和生物多样性状况、及时发布生物多样性保护信息的工作。2010年3月，日本政府根据《生物多样性基本法》制定了《2010生物多样性国家战略》，面向《生物多样性公约》第10届缔约方大会，制定了中长期目标（2050年）和短期目标（2020年）。2010年12月公布了《通过区域多种主体协作促进生物多样性保护活动的法律》（也称为《生物多样性保护活动促进法》），旨在推动地区多种主体携手开展生物多样性保护（陈平等，2015）。

瑞典生物多样性保护是多用途林业开发与保护区相结合的战略。将全国森林分成3部分：第1部分占比例最大，属一般森林地区，只采取一般的保护措施；第2部分比例次之，需要一些特殊的管理措施；第3部分占比例最小，具有极高的生物多样性价值，不能进行任何商业性经营。保护生物多样性的目标必须明确，所采取的措施也必须适合当地条件。在恰当的地理分区的基础上，可按以下程序开展工作：①根据生物多样性要求，明确森林环境的分类主特征因素，如老龄树或枯死木，这一特征对保护生物多样性特别重要。②通过已有数据或补充测量数据来确定林分特征类型。③根据分析结果，确定保护生物多样性的目标。④提出实现既定目标的具体措施（鲁法典，1999）。

（2）发展中国家。发展中国家往往生物资源丰富，通常是生物资源的供应国，经济发展较快的发展中国家同时也是生物资源的利用国。但相对发达国家而言，由于社会、经济和历史的原因其生物多样性保护面临资金和技术等诸多方面的挑战，其战略规划往往相对滞后。因此很多发展中国家的生物多样性规划，往往有发达国家或国际组织的援助和参与。例如，日本政府已宣布将为援助发展中国家而设立50亿日元规模的基金。此外，为了帮助发展中国家制定生物多样性保护战略，日本还将进一步提供资金。因此，发展中国家的生物多样性保护战略的特点如其生物资源一样，也具有多样性，包括：①强调本国生物多样性的保护；②积极引入发达国家或国际组织的参与；③意识到国际生物资源的保护与利用。

南非既是生物资源的提供国，也是他国生物资源的利用国，因此南非一直非常重视生物多样性保护。1995年11月2日，南非政府批准了《生物多样性公约》，在承认自己国际责任的前提下，结合本国国家利益开展生物多样性保护活动。《南非生物多样性保护和持久利用白皮书》于1997年正式公布，奠定了国家生物多样性保护战略的基石，是国家环境管理政策的重要支撑。白皮书强调生物多样性保护的6项目标：①保护南非自然景观、生态系统、生态群落、人员、物种及基因的多样性；②利用生物资源实现可持续发展，并把对生态多样性的不利影响控制在最低限度；③确保对南非基因资源的利用与发展服务于国家利益，拓展保护生物多样性的能力，消除威胁它存在的因素；④创设物种多样性保护与可持续利用的条件及激励机制；⑤在国际上进一步提高对生物多样性的保护与可持续利用。白皮书充分体现了南非的国家生物多样性战略与政策，即以建设"一个繁荣、具有强烈环境意识的、与自然和谐共存并从丰富的生物多样性保护和持久使用中永久受益的国家"为终极目标，赋予政府"努力保持南非的生物多样性，通过对生态资源的可持续、公平、有效率的保持和使用使得本国人民永续受益，同时保持生态系统的自然进程和良好状态"的使命。并且，制定了其他相关的生物多样性战略与规划，如《南非国家生物技术战略》《国家生物多样性行动计划》《国家环境策略与行动计划》等，基本上形成了南非关于生物多样性保护的战略规划框架。在此框架下,其他区域性和专门性的生物多样性相关政策也相继产生,如渔业政策、综合污染治理政策、废物管理政策、沿海地区管理和环境教育政策等都有对生物多样性保护的关注(吉海英,2007;韩璐,2015)。

　　印度生物种类繁多,占世界生物多样性地区总面积的8%,但过度开发导致了一些生物灭绝。在《世界自然保护宪章》的启发下,印度出台了诸多与生物多样性相关的法律法规,建立了生物资源有关的环境管理体制,并据此采取了相应的保护措施,逐渐构成了印度的生物多样性保护战略框架和内容。为保护生物多样性,印度自1934年开始实施《国家公园法》并建立第一个国家公园,迈出了近代生物资源保护的第一步。随后制定了大量的生物多样性保护的法律法规。例如,1972年颁布《野生生物保护法》,规定严格控制野生生物的猎取和贸易,并附有濒危动植物名录;1980年重新制定《森林保护法》以替代《森林法》;1982年《野生动物保护法》对全国的野生动物及其生境提供全面的保护;1986年正式出台《环境保护法》;1989年《危险微生物、遗传工程微生物或细胞的生产、应用、进出口和贮藏条例》生效;1992年修订后的《环境保护条例》面世。印度政府在《国家环境与发展的保护战略和政策声明》《印度给可持续发展委员会的报告》《国家林业政策》等有关文件中,提出了生物遗传资源保护与利用的初步行动方案,并在环境与林业部牵头下制定了《国家行动计划》(钱迎倩等,1996;孙中艳,2005;周琛,2007)。该计划确定了生物多样性的完整内容和濒危生物资源的种类,制定保护生物遗传资源及其原始生境的计划框架和方针政策,提出生物遗传资源信息的交换机制,对生物遗传资源的获取、利益分配和知识产权等问题进行规范,所有这些都强化了现有法律在生物遗传资源保护和利用方面的实施力度。

　　越南是世界上生物多样性最丰富的国家之一。典型的热带森林生态系统、沼泽地、海洋、石灰岩、丘陵、湿地等生态系统,为具有全球保护价值的特有物种,特别是珍稀特有种类等创造了良好的生活环境。越南具有丰富的高价值野生动植物资源,尤其是药草、花卉及热带树木等。但越南是世界上受气候变化影响最大的5个国家之一,生物多样性面临严重威胁。相关专家认为,目前最好的保护措施是提高全社会的参与度、加强国际合作及制定生物多样性政策、战略、国家发展计划等。越南制定的《全国生物多样性保护总体规划》的主要任务和目标是,保护现有148个自然保护区,力争到2020年全国自然保护区数量增加41个;在此基础上,提高自然保护区的生态系统质量,扩大自然保护区面积;力争到2020年自然保护区占全国国土面积的9%,森林覆盖率超过45%。为了保护其生物多样性和湿地资源的可持续开发和利用,联合国开发规划署(UNDP)提供了710万美元的援助。越南与东盟其他国家加强跨境环境保护合作,接受欧洲委员会(UC)、联合国和其他国际组织对生物多样性保护的金融和技术援助。如欧洲委员会最近几年已经完成了其资助的越南环境和自然资源保护项目24个,捐助总金额为384.8万欧元(钱迎倩等,1996;陈文,2008)。

　　(3)欠发达国家。与发展中国家一样,欠发达国家生物多样性保护战略与规划的内容与目标类似,而且更加滞后,同样缺乏资金、技术、设施和经验等。这种状况往往通过接受与发达国家合作来应对。

　　菲律宾是世界上生物多样性最丰富的国家之一,是超级生物多样性国家同盟(LMMCs)成员国。此外,还拥有丰富的原住民文化多样性,这些原住民社区在利用、持续保护生物多样性方面拥有丰富的传统知识、创新与实践。由于菲律宾社会经济发展比较落后，除了国际援助外，其生物多样性保护强调本国生物资源的保护和利用，其中本国生物利用传统知识与文化保护意识比较强，并体现在相关法律政策中，形成了生物多样性和文化多样性一体保护的立法格局，构成了国家生物多样性保护战略框架和内容。这些战略政策主要目标是保护本国生物多样性和相关传统知识与文化。主要做法是充分利用区域文件和国际公约推动本国保护生物多样性法制进程。1992年2月，第七届亚洲药用植物、物种和其他天然产物研讨会在菲律宾举行，发布了关于"亚洲生物资源合乎规矩利用"的《马尼拉宣言》。1992年6月，菲律宾签署了并于1993年10月批准了CBD。《马尼拉宣言》的发布和CBD的批准，大大加快了菲律宾制定生物勘探活动的立法步伐。至今，菲律宾已经建立了以宪法为主导的保护生物多样性及其相关知识的法律政策体系，主要包括《宪法》（1987年）、《国家一体保护区系统法》（1992年）、《为科学、商业和其他目的开发生物与遗传资源、其副产品和衍生物确立指南、建立管理框架的第247行政令》（1995年）、《关于生物与遗传资源开发实施规则与条例的第96-20号行政令》（1996年）、《本土居民权利法》（1997年）、《野生生物资源保存与保护法》（2001年）和《群体知识产权保护法案》（2001年）等。其中，第247行政令和第96-20号行政令是菲律宾保护生物多样性专门立法，也是世界上第一个规范生物勘探的法律，第96-20号行政令是第247号行政令实施细则；《本土居民权利法》和《群体知识产权保护法案》是保护传统知识的专门立法，《群体知识产权保护法案》也是《本土居民权利法》配套法；保护生物多样性专门立法中亦对保护有关传统知识进行规定，保护传统知识专门立法中也对保护有关生物多样性进行规定。可以说，菲律宾的生物多样性和文化多样性基本形成了立体交叉或一体化立法模式，构成了生物多样性保护战略的法律框架（刘思慧，1999；陈宗波，2008）。

马达加斯加是世界上许多美丽和独特生物的家园，其80%的动植物为世界所独有。然而，马达加斯加美丽迷人的景观和丰富的野生动物因森林面积不断缩小而处于濒危之中。人口增加、毁林开荒对森林资源构成巨大压力。乱砍滥伐森林的恶果是水土流失、集水区消失和生物多样性急剧下降。为了改变这种状况，美国和马达加斯加联手合作，由美国国际开发署（USAID）提供资金，美国农业部林务局专家组会同马达加斯加有关机构共同评估马方的需求以及美国林务局可提供的技术和经验（孟永庆，2004）。

3. 执行过程与效果

发达国家的生物多样性战略或规划的执行过程一方面要求严谨和科学，另一方面有较完善的法律体系做保障，从国家到地方，以及部门与部门之间形成一套完整的生物多样性保护法律体系。

例如，美国不是《生物多样性公约》的缔约国，但在物种保护上却有着比其他国家更长的保护记录和更全面的保护计划。引起美国生物多样性损失的主要因素是栖息地的破坏、退化、破碎化，并伴随着外来物种的入侵。土地的开发、道路建设、农业、水利工程及采矿伐木等在生物多样性中起着主要的负面影响。鉴于上述因素，州和地区的土地使用计划是一项保护生物多样性的关键方法。《土地使用法》和《增长管理法》都规定了州和地方政府对土地使用的权利和责任，在许多情况下，这个法律也规定了生物多样性保护的权利和责任。《土地使用法》就在与生物多样性相关的权力授予及责任施加上采取了一系列方法。上述法规关于实际需求、特异性程度及给予地方政府的灵活性等方面具有差异。即使《土地使用法》与《增长管理法》没有特别包括生物多样性的概念及术语，州和地方政府也有权力应对处理生物多样性问题。除了《土地使用法》和《增长管理法》之外,许多其他类型的州和联邦法规及政策、行政命令、地区条例都为生物多样性保护提供了权力,如《环境保护法》《环境政策》《野生生物法》《湿地法》《植物品种保护法》等。大部分州通过法规设定委员会管理生态关键敏感地区土地的使用。美国国会在 1980 年通过《鱼和野生生物保护法》(一般称作《非狩猎动物法》)要求每个州制定包括非猎物在内的鱼和野生生物的保护管理计划。1990 年以后制定的几十项保护野生资源的法律,以及对雷斯法案等法律的补充修订,再加上各级法院直至最高法院对环境诉讼案件的裁决,使得美国野生生物得到了较好的保护。以上一整套法律有效保障了其生物多样性保护计划的实施。

发展中国家和欠发达国家的生物多样性战略或规划从咨询、起草制定、实施和评估等环节多数都有发达国家、国际组织或非政府组织的援助或者参与,或者在国际公约或区域文件框架下制定本国的生物多样性保护战略,或推进相关立法进程。例如,在越南"人与自然和解"组织举行的研讨会上,除了来自越南国内的专家,还有其他国家的专家为越南提出了越南 2020 年生物多样性保护工作优先行动(陈文,2008);美国国际开发署提供资金,美国农业部林务局专家组会同马达加斯加有关机构共同评估马方的需求以及美国林务局可提供的技术和经验(孟永庆,2004)。类似的咨询活动在其他很多发展中和欠发达国家非常多。发达国家和国际组织等的参与很大程度上填补了其国内生物多样性保护经验的欠缺,对发展中和欠发达国家的生物多样性保护起到了很大的作用。

4. 评价与启示

发达国家生物多样性保护战略严谨科学而且详细,制度相对完善,并且其战略或计划的国际合作性是其一大特点。战略不仅要求通过技术和资金优势保护好国内的生物多样性,而且还通过资金和技术援助、科研合作等方式参与到世界其他国家的生物多样性保护中,同时收集当地高价值生物资源,为日后其高新生物技术开发利用该资源做好准备。

对于发展中和欠发达国家,一方面应积极引进国际资金、技术和经验,在生物多样性保护方面加强国内立法,完善保护制度体系;另一方面需要加强自身的资源收集保存、可持续开发利用,形成自己知识产权,保护国内利益。同时,加强战略联盟,强调公平的利益分享,要求发达国家履行国际公约及其承诺的责任。

对于中国而言,除了上述之外,随着社会经济和科技的不断进步,一方面要加强制定《生物多样性保护与可持续开发利用全球战略》,另一方面要加强立法保护与本土生物多样性有关的传统知识与文化。

(三)打击木材非法采伐及相关贸易战略

1. 背景与意义

当前,全球林业发展面临的最大危机是生态环境破坏和森林资源紧缺,除了由于不适当的森林利用所造成的林地退化及将林地转化为其他用途等之外,木材非法采伐和相关贸易也是一个重要原因。

到目前为止,国际上对木材非法采伐与相关贸易还没有一个统一的完整定义。非法采伐一般情况下是指违反资源国有关森林采伐、运输、加工、利用和林产品贸易方面的法律、法规的行为,包括违反国际公约的行为。非法贸易一般指以非法采伐的木材或相关产品为对象进行的贸易活动。它包含 2 种情况:一是非法产品的合法贸易,即在非法采伐木材或相关产品获得合法贸易手续后进行的贸易行为；二是非法产品的非法贸易，即违反贸易方面法律法规，直接从事非法采伐木材或相关产品的贸易行为，即走私行为。

打击非法采伐及相关贸易问题的提出始于20世纪90年代中后期，伴随着世界环境保护理念的日益深入人心。1998年5月，8国集团会议首次把非法采伐作为重要的国际问题提出，并正式讨论通过了打击非法采伐的《森林行动计划》。进入21世纪，打击木材非法采伐及相关贸易行动已被各国政府列为重点议程，已成为国际社会、各国政府、环保组织、林业工作者及社会公众共同关注的热点问题。非法采伐及相关贸易的出现，主要是由于国际经济秩序的不平衡、森林资源管理和利用水平的参差不齐、社区居民摆脱贫困的愿望和企业利益驱动等原因，造成当今社会在保护森林资源、维护生态平衡，与开发森林资源、促进经济发展之间存在着突出的矛盾，由此产生了包括木材非法采伐、毁林占地、资源浪费等一系列问题。

2. 全球性战略内容与进展

1998年5月，8国集团外长会议发起了应对非法采伐和相关贸易的森林行动。采取的战略措施主要包括：鼓励交流非法采伐木材贸易的信息，以制定切实有效的打击措施；通过联合国森林问题论坛和国际热带木材组织，确定和实施有关改进木材国际贸易经济信息的具体措施；确定和评估国内防止非法采伐和贸易的措施以及需要改进的方面；履行国际协定的有关义务；同国际热带木材组织等合作，帮助生产国提高确定非法采伐和贸易的性质和范围以及打击非法采伐和贸易的能力（徐斌等，2014）。

2002年，在布什总统的推动下，美国制定了打击非法采伐和贸易的倡议，确定了帮助刚果盆地、亚马孙盆地和中美洲、南亚和东南亚地区的发展中国家打击非法采伐和贸易的具体目标和加强林业行政管理与林业执法的战略措施。2002年3月，在纽约举行的联合国森林问题论坛第二次会议上，非法采伐成为会议的一个重要议题，77国集团表示支持建立打击非法采伐机制。2005年5月，在纽约联合国总部举行的森林问题论坛第五次会议上，非法采伐和贸易问题被列为部长级会议的议题。另外，英国、美国也相继发起区域进程。2001年，东盟国家举行了林业执法与施政部长级会议，发表了东盟关于打击非法采伐的部长声明。此后，美国、英国和世界银行共同支持印度尼西亚，发起了亚太地区林业执法和行政管理部长级进程，并在印度尼西亚雅加达设立了秘书处。许多国家也先后表态支持应对非法采伐和贸易的行动。英国环境调查署、世界自然基金会、地球之友、绿色和平等非政府组织积极倡导严厉打击非法采伐。在全球范围内，非法采伐和相关贸易受到了广泛关注，在这一问题上达成了多项共识，取得了阶段性的成果。

欧盟也是应对非法采伐和相关贸易的重要力量，2002年，欧盟在南非约翰内斯堡可持续发展峰会期间举行了分会，阐述了欧盟为打击非法采伐帮助木材生产国改进林业执法和管理的承诺。2003年5月，欧盟制订了《森林执法、施政和贸易行动计划》，支持有关国家改进执法和自愿参与，推行全球森林认证体系，确保进入欧洲市场的木材合法性，打击非法采伐木材（McGrath等，2000）。同年10月13日，欧盟农业理事会出台了打击非采伐行动计划，在卢森堡举行成员国部长级会议，要求欧盟委员会起草有关森林认证的立法，并建议开放式签署《森林执法、施政和贸易协议》。

3. 主要国家的战略选择

为打击非法采伐，世界各国相继展开了积极行动，一是有关国家和经济体出台相关法律、法规，严格禁止非法采伐的木材及其制品贸易，如美国、欧盟、澳大利亚出台相关法律等；二是木材生产国完善森林资源管理政策和限制原木出口，如加蓬、缅甸等国家陆续出台禁止原木出口政策；三是木材加工国制定严格的产销链监管制度；四是木材消费国出台绿色采购政策和相关的法律；五是有关机构开展森林经营认证和产销监管链认证；六是有关国家政府间签署开展打击木材非法采伐和相关贸易的行动和协议等。

（1）木材消费国。美国是世界上第一个出台有关禁止非法木材进口和销售法律的国家，出台的《雷斯法案》已经对木材生产国和加工国林产品出口产生影响。《雷斯法案》实质上是美国《粮食、保护和能源法案》（俗称"美国农业法案"）的一部分，旨在打击野生动物犯罪。2008年5月22日正式生效的美国《雷斯法案修正案》延伸至植物及其制品（林产品）贸易，它认可、支持其他国家管理本国自然资源中做出的努力，并对企业交易来自合法渠道的植物及植物制品（林产品）提供强有力的法律保障（吴柏海等，2009）。《雷斯法案修正案》扩充了针对植物的执法条款，包括确定进口、运输、销售、接收、获取或购买违反其他国家法律获得的植物为非法，扩展了植物的界定包括来自天然林与人工林的林木以及由木材及其他植物制成的产品。

该法案与木材贸易相关的条款主要包括：①禁止非法来源于美国各州或其他国家的林产品的贸易；②从2008年12月15日起，海关申报表必须包括进口木材每个材种的拉丁名、进口货值、进口数量、木材原产国的信息，如不清楚具体的木材原产国，则要填写可能的原产国；③赋予美国政府对从事非法交易的个人与公司处以罚款甚至监禁的权力，对那些进口木材在采伐、运输过程中违反木材生产国相关法律的贸易商提起诉讼。处罚包括民事行政处罚（最高1万美元）、没收（包括运输工具）、刑事处罚或监禁（最高50万美元，最长5年监禁，或两者并罚），还可能发起涉及走私或洗钱的指控。美国对进口植物及产品申报实施分阶段实施计划，并对具体的实施时间表涉及的产品范围有详细的规定，《雷斯法案》分4个步骤提交进口申报。

澳大利亚《禁止非法木材法案》要求澳大利亚木材及木制品进口商和加工商在将受管制木材产品（Regulated Timber Products）进口到澳大利亚前，必须针对木材合法性开展尽职调查，主要包含以下3方面内容：尽职调查原则、遵守申明、木材产品名录。"尽责调查"与欧盟木材条例中有关"尽责调查"所包含的内容是基本一致的，包括信息收集和风险确定、风险评估和风险减缓，此外，进口商还必须填写一份尽职调查的声明表（Australian Government，2011）。

（2）木材生产国。印度尼西亚采取了多种措施严格控制非法采伐和森林产品非法贸易。印度尼西亚在2001年至2005年提出的新世纪林业政策的战略重点是打击非法采伐、促进以木材为基础的产业重组、防范森林火灾、发展人工林产业和森林分权管理。2003年，林业部与金融报告分析中心（PPATK）合作，通过跟踪资金流向来打击非法采伐活动。政府在2004年9月和10月分别颁布法令，禁止出口圆木与粗锯木。2007年，印度尼西亚政府开始发展木材合法性保障体系（SVLK），对木材公司的采伐源头进行严格检查以确保木材的合法性。林业部还指定第三方独立的认证机构开展采伐实地检查，并对木材产销监管链进行认证，以确保木材来源的合法性。2005年以后确定的5个优先政策目标包括打击非法采伐和相关贸易、振兴林业部门特别是林业产业、保护和恢复森林资源以及促进森林周围的社区经济发展来保证稳定的森林面积等。2007年，印度尼西亚政府与欧盟开始进行自愿伙伴关系协议(VPA)谈判,并于2011年5月5日在雅加达签署了自愿伙伴关系协议。此外,根据与欧盟的VPA协议,印度尼西亚于2015年出台了《原木进口法案》,要求进口商开展尽职调查,保证进口木材及木材产品的合法来源。

在过去的20年间,马来西亚一直遭受着国际社会对其木材非法采伐及相关贸易的指责。为此,马来西亚政府采取了一系列措施来遏制非法采伐,包括修改森林法、加大惩罚力度、提高林业施政和管理能力、禁止边境地区的木材非法贸易、增加木材合法采伐和可持续采伐的透明度等,还与欧盟就自愿伙伴协定(VPA)进行了谈判。为保护森林资源,打击非法采伐,马来西亚于1993年和2011年两次修订了《国家森林法》。修订内容包括:增加了有关森林可持续经营的要求;针对森林犯罪的惩罚规定;授权警察和部队参与林业执法等,并追究非法木材来源;罚金从原来50万林吉特提高到100万林吉特,最低刑期从1年提高到5年等。其中,特别规定犯法者负有举证的责任,即任何被控非法获得木材的人都必须自行证明其木材的来源。此外,为了便于相互协调和采取一致步伐,国家林业委员会制定了《国家林业政策》,强调了生物多样性保护和森林资源可持续利用,以及社区在林业发展中的作用。经过各方努力,马来西亚的木材非法采伐事件已经明显减少。

近年来,俄罗斯实施的打击非法采伐及相关贸易政策力度不够,未建立起系统的法律体系。2011年,俄罗斯涉及非法采伐的案件有2万多起,非法采伐115万m^3的木材,带来直接损失11亿卢布。2013年3月,俄罗斯自然资源和生态部部长谢尔盖·东斯科伊在国家杜马"政府小时"会议上表示,每年俄罗斯因非法采伐林木损失过百亿卢布。俄罗斯正积极改变在国际谈判中打击非法采伐和相关贸易方面的立场,更加主动地参与到打击非法采伐及相关贸易的行动中。俄罗斯正在采取以下战略措施:制定国家森林政策,并把它纳入国家行动计划;改进立法、监管和法律基础;加强国有森林保护;制定木材追踪系统;制定和实施鼓励森林可持续经营的机制;鼓励跨部门的合作;解决林区的社会问题;加强与非政府组织和大众媒体的互动;关注青年的成长和完善生态文化建设等。

巴西林业战略的总目标就是实现森林可持续发展。具体目标是重点保护亚马孙原始森林,降低毁林率,保护生物多样性、动植物及森林中的水资源,扩大人工林面积,开拓国内外林产品市场。而防止毁林、土地退化和非法采伐现象的发生,也是其中重要的战略目标之一。巴西政府不懈努力,严厉打击和制止毁林和非法采伐活动,取得了显著成效。据英国Chatham House 2010年的报告显示,自2000年起,巴西亚马孙流域的非法采伐减少了50%~75%,2008年估计的非法采伐率为30%。这一切主要来自于政策的改善,在过去的几年巴西对于相关法律和法规进行较大的修订,建立了木材追踪体系,对木材采伐权的分配与管理设计了很好的管理规程,同时增强了政府的执行力,效果显著(Sam Lawson et al.,2010)。2012年4月,巴西国会通过新修订的《森林法》。新增法则有:制定了农村环境注册制度,要求土地所有者参加登记注册,向政府说明其林地资产的数量和所在位置,使政府更好地控制非法采伐,并按照环境条例进行跟踪管理;巴西政府还通过建立林业基金的方式,打击木材非法采伐。林业融资规模最大的是2008年建立的国家森林发展基金,又称"亚马孙基金",该基金负责接收和管理来自国际社会和巴西各界的捐款,用于保护亚马孙地区的雨林和生态环境,并加强对该地区非法采伐活动的监控和打击力度。同时,采伐木材有产销监管链跟踪系统,通过国家信息系统,即巴西环境和可再生资源管理局林产品原产地记录系统监控林产品运输情况,以及从采伐到市场终端产品的整个过程。整个供应和运输链在网上实时更新,该系统大大改善了巴西非法采伐状况。

近年来,非洲部分国家的非法采伐及相关贸易被认为普遍较严重,如果得不到及时有效的制止,不仅会造成区域性的生态灾难和经济灾难,也会使非洲的经济和社会发展陷入更加窘迫的境地。自 1999 年以来,喀麦隆木材非法采伐的数量下降了 50% 左右,大多数涉及工业产品出口,但是小规模的非法采伐在国内市场增加了。Chatham House 的专家认为,喀麦隆的非法采伐量占生产量的 35% 左右,这一数字比在巴西、加纳和印度尼西亚都低。喀麦隆是主要木材生产国中唯一在国家层次建立了独立监管机构的国家。尽管已经出现了一些政府措施的改进,但是在执法和信息管理方面还有待改进。目前,严厉打击木材非法采伐是喀麦隆政府森林发展的重要战略,要求喀麦隆地方各省必须加强配合,未来将继续改进木材追踪体系和林业信息管理体系。喀麦隆政府成立了国家森林检查执法队及 10 个省级检查执法队,联合打击非法森林采伐活动。为保护森林资源、应对气候变化威胁,近年来喀麦隆政府不断加强了对非法采伐的打击力度,同时,也已经开始对涉嫌非法采伐森林的公司和腐败官员进行打击。此外,喀麦隆与刚果(布)、加蓬签署了一份三方协议,共同承诺打击非法采伐,保护刚果盆地 1 460 万 hm^2 热带雨林;与刚果(布)和中非共和国共同建立了桑加保护区,致力于热带雨林的跨国保护,促进森林的可持续经营;与欧盟签署了有关森林执法、施政和贸易的自愿伙伴关系协议(VPA 协议),承诺在欧盟各国的木材供应链中排除所有非法采伐木材。

Chatham House 2010 年的研究报告表明,在过去 10 年中,各国政府、民间社会和私营部门采取一系列应对非法采伐和相关贸易的行动已经得到了广泛而深远的影响。在这期间,喀麦隆、巴西亚马孙、印度尼西亚的木材非法采伐下降了 50% ~ 75%(Sam Lawson et al. , 2010)。

(3)木材加工国。越南作为世界木材加工国,也受到了国际社会关于非法采伐的相关指责。Chatham House 的研究报告指出,2000—2008 年越南非法来源木材的进口成倍增长,到 2008 年达到顶峰。尽管从印度尼西亚进口非法采伐木材的数量有所下降,但是从老挝、柬埔寨和缅甸的进口量有所上升,而且大多数这些木材加工后再出口到其他国家。越南建立了森林执法、施政与贸易工作组,并分别于 2008 年、2009 年与老挝、欧盟签署了双边协议。2010 年 11 月 29 日,越南开始与欧盟就 VPA 展开谈判。欧盟与越南已于 2017 年 5 月,以《欧盟森林执法、施政计贸易行动计划》(Forest Law Enforcement, Governance and Trade,简称 FLEGT)为基础,签订了《自愿合作伙伴协定》,并已完成协商。为实施自愿合作伙伴协议,越南将开发一套木材合法性保证系统,以确保其所出口的木材及木制品取自合法的来源,也能确认进口木材来自合法的砍伐及贸易活动,以符合该国国内相关的法律。该项协议也将提供申诉机制及独立评测的建立,并承诺让利益相关人能参与并获得相关的信息。这项协议将有助于改善森林的治理和处理非法砍伐,并促进越南出口具认证之合法木制品至欧盟,以及其他市场。

中国政府一贯坚持打击国际木材非法采伐和相关贸易,强调要加强各国森林执法和行政管理,从源头上保护森林资源,遏制非法采伐和相关贸易。中国政府制定了绿色采购政策,规定从 2007 年 1 月 1 日起率先在中央和省级(含计划单列市)预算单位实行,2008 年 1 月 1 日起推广至全国。财政部、国家环境保护总局联合印发了《关于环境标志产品政府采购实施的意见》,要求各级国家机关、事业单位和团体组织用财政性资金进行采购的,要优先采购环境标志产品,不得采购危害环境及人体健康的产品;公布了中国第一份政府采购"绿色清单",还有公司通过环境标志认证证书的编号和证书有效截止日期。关注森林可持续经营,重视森林认证,专门成立了国家林业局森林认证处和中国森林认证工作领导小组。2003年,中共中央、国务院《关于加快林业发展的决定》中指出,中国要"积极开展森林认证工作,尽快与国际接轨"。2008年6月,国家林业局与国家认证认可监督管理委员会发布《关于开展森林认证工作的意见》。2009年3月,国家认证认可监督管理委员会发布《中国森林认证实施规则》(试行),标志中国森林认证体系(CFCS)正式运作。2007年9月10日,国家林业局正式发布《中国森林认证森林经营》和《中国森林认证产销监管链》林业行业标准。其他标准和相关技术规程也正在制定或发布过程中。森林认证在中国取得快速发展,至2020年底,中国已有69家森林经营单位约583万 hm² 森林及370家林产品加工企业获得了中国森林认证委员会认证证书。国家体系中国森林认证委员会于2014年3月7日与森林认证认可计划(PEFC)实现互认。

中国在推动林产品可持续贸易和打击非法采伐方面的相关政策和行动上,一是国内层面:建立健全森林资源管理制度,严格行政执法、加强资源管理,加强进出口管理、严格监管程序,二是国际层面:积极参加多双边交流合作,帮助发展中国家保护和合理开发森林资源,严格遵守资源国的法律法规,重视与国际组织、非政府国际性织和企业的合作,国家林业局与 TNC/RAFT、FAO、ITTO、IUCN、WWF、森林趋势等进行了有效合作,共同打击非法采伐(徐斌等,2012)。

4. 评价与启示

目前,非法采伐已经成为严重威胁当地森林、社区、生物多样性的主要问题。非法采伐与相关贸易对生产国的环境、自然、财政预算、社会、政治造成了严重影响,导致森林退化,林产品供给减少。由于生产国天然林迅速减少,国际社会对生产国未来满足本国需要和产品出口能力存在严重担忧。国际上打击非法采伐及相关贸易法案的实施,在一定程度上增强了世界范围内各企业的环保意识和法律意识,使更多的企业自觉履行社会责任,木材非法采伐案件发案率明显降低。同时为保证木材来源的可追溯性,为国际木材市场创造了公平的竞争环境,国际木材和木制品市场体系将变得更加规范。因此,这些战略法案出台对世界林业发展发挥着非常积极的作用。

木材消费国多是发达国家,他们打击非法采伐及相关贸易的战略措施严谨而科学,体系相对完善,并且其战略背后必定出台相应的法律作为后盾,约束力较高。而大多数木材生产国在相应法律体系建设方面有所欠缺,但部分国家政府联合民间社会和私营部门等采取的一系列应对非法采伐和相关贸易的行动也取得了不错的效果。对于木材加工国,其应对措施仍然落后于其他生产国和消费国,立法的缺失是主要的原因。

打击非法采伐是全世界的事情,单由一个国家参与是不够的,应该是木材的生产国、进口国和消费国的共同行动。由此,各国林业部门应积极建立国际木材合法性联合认定体系,促进木材供应国森林可持续经营和提高执法能力,加强进口国和消费国木材绿色采购和监管体系建设,推进国际非法采伐及相关贸易问题对话,积极参与跨国联合行动,提高企业自身能力,共同促进全球林产品行业可持续发展。

二、区域性林业发展战略

(一)亚太区域

1. 区域概况

亚太地区的陆地面积虽然只有世界的1/4左右,人口却占世界的一半以上。这里有的国家几乎没有森林,有的国家森林植被占其国土面积的2/3还多(赵爱云,1997)。世界林产品的主要进口国也均出于这一地区。

最近几年,多数亚太国家发生了巨大的社会经济变化。该地区的一些国家在向市场经济转变过程中,面临特殊的问题和挑战,如柬埔寨、中国、老挝、缅甸、蒙古和越南,尽管取得鼓舞人心的进展。但向更灵活开放的市场经济过渡也给森林资源带来了新的风险和威胁。根据联合国粮农组织的报告,整个亚太地区森林面积正以每年250万hm^2的速度消失,在过去的十几年里,由于农业和森林采伐致使该地区失去了大量的森林,同时也对生物多样性和濒危物种的保护、保护区的面积和碳浓度的减少等也提出了新的迫切要求。

2. 重点战略

为使本国林业走向可持续发展道路,亚太多数国家都对林业政策和策略进行了重新调整,并取得了显著进展。执行过程中特别加强和提高了生物多样性保护、森林的环境作用、经济稳定作用、社会文化价值、森林健康、决策和经营机会等方面的内容。

(1)森林可持续经营战略。亚太各国正采取许多新的措施推进森林可持续经营,这些措施包括规范森林可持续经营的标准和指标、进行森林认证、减少采伐的影响、规范森林采伐等(中国国家林业局宣传办,2011)。其中主要措施有:一是调整经营策略,强调经营的计划性和指导性,切实改善林分质量,提高单位面积蓄积量。二是制定和实施森林可持续经营标准和指标的2个进程:ITTO热带天然林可持续经营标准和指标以及蒙特利尔进程。在这些框架内,该地区的多个国家制定了国家水平的标准和指标,2003年FAO公布了一系列关于亚洲干旱森林的国家水平标准、指标评价和检测的实用指南。三是多数国家已经开始林业金融和税制改革,将向林业生产提供长期低息资金当做一项国家政策,造林和抚育等长周期事业主要靠财政特别资金支持。四是严格控制林木采伐量,结合各国国情,林业发展的重点都有所转变,很多国际组织(包括ITTO、CIFOR和热带森林基金会)对此均给予巨大支持。六是加大执法力度,制止非法采伐和非法走私活动,加强对一些木材采运企业的管理。

(2)森林工业战略。以俄罗斯为代表的部分亚太国家,继续在本国内实施森林工业发展战略。具体战略内容包括:一是建立地区森林工业产业链,满足区域消费需求,采伐木材尽量就地加工,以满足本地区消费需求,减少地区间木材产品运输,森林资源匮乏的地区可享受原木铁路运输优惠费率。俄罗斯西伯利亚联邦区和远东联邦区是俄罗斯加快木材深加工发展的重点地区,战略提出2020年前远东联邦区经济用材产量增长1.2倍,锯材增长3倍,刨花板增长7.6倍。二是加快森林工业科技创新,联合林业企业、高校和科研机构,提高森林工业业联合生产水平。研究制浆造纸、林产化工副产品的加工利用技术,采用世界先进技术生产纸张和纸板,实现进口替代。三是积极采取措施改善行业投资环境，将森林公路建设列入重点林业州区的地方发展规划，吸引地方政府投资，采用公私合营模式共同建设和运营；在现有工业发展政策框架内继续扶持本国林业机械制造企业，推动企业科技创新。

（3）生物多样性保护战略。以中国以及东南亚为代表的地区与国家积极推进生物多样性保护战略，具体内容包括：一是完善生物多样性保护与可持续利用的政策与法律体系，建立、完善与促进生物多样性保护与可持续利用相关的价格、税收、信贷、贸易、土地利用和政府采购政策体系，对生物多样性保护与可持续利用项目给予价格、信贷、税收优惠；建立健全生物多样性保护和管理机构，完善跨部门协调机制。二是将生物多样性保护纳入部门和区域规划，促进持续利用，保障生物多样性的可持续利用，减少环境污染对生物多样性的影响。三是开展生物多样性调查、评估与监测，推进生物物种资源和生态系统本底调查，开展生物遗传资源和相关传统知识的调查编目，加强生物多样性监测、预警和综合评估，促进和协调生物遗传资源信息化建设。四是提高应对气候变化能力，制定生物多样性保护应对气候变化的行动计划，评估生物燃料生产对生物多样性的影响，加强生物多样性保护领域的科学研究。

（4）林业可持续发展战略。目前，亚太国家均开展了不同层次"低碳发展战略"，将应对气候变化、防止天然林砍伐与经济发展目标相统一，提出重点关注领域。例如，中国制定了以生态建设为主的林业可持续发展战略，把生态保护修复放在首要位置，优化生态安全屏障体系，提升森林、湿地、荒漠生态系统的质量、功能和稳定性。统筹山水林田湖草系统治理，实施重要生态系统保护和修复重大工程，开展大规模国土绿化行动，推进森林城市建设，扩大退耕还林，加强防护林体系建设、湿地保护恢复和荒漠化治理。此外，随着经济水平与科技水平的发展，各国普遍将科学与技术运用于森林监测。信息和通信技术、监测森林面积变化的遥感技术、人工林生产力的技术、精准采伐和生物燃料技术等，为森林的可持续发展提供了技术可能。

3. 评价与启示

亚太地区是全球林业最具活力和潜力的地区，近年来森林资源持续增加，成为扭转全球森林资源下降趋势的主要力量，但是当前仍然面临毁林、森林退化、林区相对贫困和林产品贸易保护主义等诸多挑战。在气候变化、生态危机、粮食安全、重大自然灾害等挑战面前，亚太地区要转变发展方式，实现经济社会可持续发展，必须高度重视林业建设，完善林业政策，加大林业投入，强化林业科技支撑，全面加强林业制度和机构建设，积极推动森林可持续经营，严格保护和合理利用森林资源，充分发挥森林在生态、经济、社会和文化方面的多种功能，努力满足经济社会发展和人民生活对林业的多样化需求。

综合来看，整个亚太地区目前关注焦点是如何使林业走上可持续发展的轨道，但也有一定数量的工作仍停留在考察和调整对森林有影响的部分政策方面（如农业、土地利用、人口、农村发展、能源、运输、旅游等）。亚太地区所采取的林业战略政策对森林和林业发展已经并将继续产生影响，林业在许多国家仍将是一个主要的经济发展部门。该地区对林业资源的竞争性需求将继续增加，使该地区的森林需求矛盾更加突出。有的国家正在处理这些压力，并迅速向可持续林业经营转移，而另一些国家近期则很可能继续遭遇甚至加速森林退化。

(二)非洲地区

1. 区域概况

非洲大陆由58个国家和地区组成,拥有非常多样的生态系统,森林资源非常丰富。非洲大陆占全球人口的14%,共有6.35亿hm²森林,占其土地总面积的21.4%(FAO,2009)。非洲丰富的森林资源主要集中在中部非洲和南部非洲,中部非洲森林覆盖面积占非洲总面积的35%、全球森林的8%。刚果盆地是全球最大的热带雨林地区之一,仅次于南美亚马孙盆地。中部非洲6国——赤道几内亚、加蓬、刚果(布)、刚果(金)、喀麦隆和中非共和国共享刚果盆地热带雨林资源。南部非洲森林覆盖面积高达1.95亿hm²,森林覆盖率为30%。非洲森林大部分为天然林,且以阔叶林占绝对优势,约占其森林总面积的99%、木材蓄积量的97%,占世界阔叶林总量的1/4以上。资源主要类型为西非和中非的热带雨林,东非和南非的热带干燥森林,北非和南端的亚热带混交林、山地林以及海岸带的红树林等,另外还有少量的人工林。

非洲热带森林的植物种类成分异常丰富,有1万多种,其中3 000多种是非洲独有品种。非洲还有许多珍贵的木材品种,如红木、檀木、花梨木、奥库梅、乌木、樟树、桉树、胡桃木、黄漆木、栓皮栎等。非洲木材的主要特点是径级大,品种多,经济价值高且储量丰富。据非洲木材组织统计,非洲木材蓄积量达2.5亿hm²,可开采的木材量高达100亿m³,其中90%集中在非洲木材组织的14个成员国内。

1990—2010年非洲森林面积继续减少,但总体上该地区森林净损失的速度有所放缓。非洲的人工林面积有所增加,尤其是在西部和北部非洲。其中某些森林栽植是为了防治荒漠化,而其他项目则是为了确保工业用材和能源供应来源。指定用于生物多样性保护的森林面积显著增加,主要是因为中部和东部非洲的某些森林功能划定变化所致。不过,生产性森林面积有所下降。由于该地区人口增长,木质燃料采伐量猛增。目前,由于贫困和落后的木材采伐加工方式,非洲木材出口产值占世界热带木材贸易总额的比例已从20世纪80年代的67%下跌到2010年的7%(丁沪闽,2010)。

非洲林业资源长期是西方殖民国家掠夺的目标,独立后非洲地区重视林业生产,发展迅速。然而,非洲占全球木材采伐价值的份额仍然远远低于其潜力。非洲的森林工业以木材采伐为主,木材采伐量占世界的16.9%。20世纪60年代以来发展较快,年平均递增2.8%,增长速度是世界平均水平(1.3%)的2倍以上。非洲热带木材产品的45%以上是原木,主要用于出口(亚洲不到10%,拉丁美洲则几乎为0),其余不到55%的木材产品也多为初加工的锯、切木材(丁沪闽,2010)。由于开采利用率不高,许多木材资源自然消耗掉。一些珍贵木材如红木、紫檀、红檀、桃花芯木等一般以称重论价格,而在非洲则是以长度论价格,经营非常粗放。

2. 重点战略

根据近一阶段非洲主要的森林问题,非洲大部分国家都把"保护和管理现有森林资源,发展森林可持续经营,增加森林资源"放在自己国家林业战略的首位,如利比里亚、尼日利亚、坦桑尼亚、刚果(布)等。中部非洲国家还曾号召更好地保护当地森林,免受气候变化的影响,以保护该地区特有的野生动植物。在刚果(金)首都金沙萨举行的中部非洲林业委员会会议上,来自该地区8个国家以及相关组织的代表一致认为,有必要通过加强立法和人力资源配置来保护该地区的森林，要让生活在森林周围的人更了解和更多地参与管理森林，并从中受益。

"限制原木出口"也是部分拥有丰富森林资源的非洲国家林业战略中重要的一项。非洲的木材出口，以工业原木占优势，在林产品国际贸易中充当木材原料供应者的角色，"出口原木，进口成品"。西非沿海地带是最重要的原木生产出口地区。热带非洲的原木大量的采伐由以欧洲为基地的公司所承担，并且几乎完全出口到欧洲，表明其经济活动保留有殖民地类型。为了改变这种不合理的状况，非洲部分国家陆续采取了一系列措施。刚果(布)于1972年宣布取消3法国公司的"森林租借权"，把外国垄断资本经营的企业收归国有；1975年又宣布外国公司必须以同当地民族资本合营的形式，才能从事森林采伐。为促进木材加工工业的发展，1974年刚果(金)宣布禁止原木出口。喀麦隆政府于1994年1月20日颁布的《新森林法》第71条规定，60%的原木应就地加工成材后出口。从1999年1月20日起，该国则完全禁止原木出口；于2004年1月和7月又作出补充决定：在严禁出口部分贵重木材的同时，允许在征收附加税的前提下，出口部分有较高使用价值的原木。根据新的补充规定，桃花心木、莎白栋、梨罗科、比波罗、布彬咖等23种贵重树种严禁以原木状态出口。科特迪瓦还规定必须把60%的原木留在国内加工。加蓬政府规定，凡新颁发给外国公司的"森林租借权"，必须以同时建立木材加工企业作为条件。为加强林业综合开发和木材加工业的发展以及非洲国家间在木材生产和贸易方面的合作，1976年在中非首都班吉成立了"非洲木材生产国组织"，有14个国家参加；同年又正式成立了"非洲森林经济和木材贸易组织"，以统一协调林业政策，有11个国家参加，总部设在加蓬。

非洲珍稀动植物种类繁多，珍贵木材价值极高，但由于近年来自然因素及人为因素等造成的生境破坏，非洲大陆的生物多样性受到严重的打击。针对这一问题，大部分非洲国家在修改本国林业法及制定新的林业战略时，都将"保护生物多样性"纳入其中。例如，毛里求斯2006年出台《国家生物多样性保护战略和行动计划(2006—2015年)》，其主要内容涉及森林和陆地、淡水、沿海和海洋、农业方面的生物多样性保护以及生物技术的应用。战略目标是建立有代表性和切实可行的保护区网络、控制外来入侵物种、使生物多样性得到可持续利用、管理生物技术及其生物产品、合理管理自然资源和发展生态旅游，以及监测和建立可持续利用生物多样性的机制。

3. 评价与启示

非洲的森林状况面临着巨大的挑战，反映了林业国民收入低、政策缺乏力度和制度执行力度不强等更广泛的制约因素。实施可持续森林管理的进程较为缓慢，森林仍可能以目前的速度继续减少。由于经济基础薄弱及制度实施上存在不足，林业建设存在成功的国家，但较少。主要障碍包括高度依赖土地和自然资源，用于开发人力资源、提高技能和基础设施建设的投资不足，包括林业部门在内的经济的附加值低等。

虽然非洲只拥有全球森林面积的16%，但2000年至2005年间，每年约减少400万 hm^2 森林，接近全球森林采伐面积的1/3(联合国粮农组织，2009)。因此，非洲大部分国家的林业战略目标中都会提到保护森林资源、增加森林面积等内容。并且，近年来非洲大部分国家对森林经营管理越来越重视。国际热带木材组织(2006)发现，在其10个非洲成员国的永久性森林地产中，只有6%左右的天然热带用材林得到可持续管理。减少对环境影响的采伐方式和采伐规范尚未得到广泛的应用，用于采伐迹地更新的投资也少得可怜。全球对来自可持续管理林地的木材的关注正在促使非洲实施森林认证制度。然而，由于认证费用高，非洲森林认证的程度仍然很低。

非洲有着悠久的社区参与自然资源管理的历史，近年来林业战略、政策和法律的变革也有助于加速权力下放。然而，林业发展仍面临着一些长期存在的制度难题，如部门之间缺乏联系，农业、矿业、工业、能源等优先发展产业有着比森林政策更大的影响力；环境管理的法律与投资管理的法律相互矛盾；一些国家政府管理水平低，并且存在腐败现象；土地所有权不明确，法律制度与执法能力和社会经济发展阶段不相匹配，以及存在其他一些妨碍有竞争力的私营部门发展的因素；公共林业机构的能力在下降，包括研究、教育、培训和推广等机构。

非洲森林未来的发展前景将在很大程度上依赖于政治的进步与制度的完善——公共部门效率的提高和问责制的完善，以及市场体制包容性、竞争性和透明度的增加。重点发展非洲地区及全球所需的产品和服务，提高地方机构的能力，将是解决森林资源过度消耗问题的重要途径。这些措施的执行应以非洲当地林业资源可持续管理的知识和经验为基础，并应与农业、畜牧业相结合。对环境服务需求，特别是对生物多样性和碳封存的需求不断增长，将给非洲国家带来难得的发展机会。

（三）欧洲及中西亚

1. 战略背景

（1）欧洲地区。欧洲由48个国家和地区组成，约占全球土地面积的17%，但却拥有世界森林资源的1/4，约10亿hm^2，其中的81%分布在俄罗斯。森林的用途主要侧重于提供社会和环境服务（联合国粮农组织，2011）。未来，欧洲人口总数呈下降趋势，加上人口的老龄化，将对森林和林业产生直接和间接的重要影响。劳动力供给的不断减少将要求林业方面继续努力开发节约劳动型的技术，同时增加人口向农村地区的回流，这可能会增加对森林的压力，但健康和富裕退休人员数量在增加，也会增加对森林旅游的需求（联合国粮农组织，2009）。

（2）中西亚地区。中西亚地区森林具有覆盖率低但分布集中的特点。绝大部分森林位于少数几个国家境内。该区域大约75%的土地干旱、生物生产力低。植被种类包括沙漠灌丛和高山草甸。由于森林覆盖率低，森林外树木具有重要的生产和保护功能，尤其是位于农田和其他林地的森林外树木（联合国粮农组织，2011）。考虑到商品材生产的潜力有限，提供环境服务，尤其在抑制土地退化和荒漠化、保护水资源供给及改善城市环境方面，仍将是中西亚地区森林和林地的主要功能（沈照仁，2003）。保护环境和提供环境服务主要依靠公共部门借助支持性政策措施来予以推动，还有民间社会组织、私营部门和社区不同程度的参与。

2. 战略内容与执行过程

（1）欧洲地区。欧盟公布的2020年欧洲战略计划书提出，未来将致力于可持续、包容性的经济增长，提倡资源效率更高、更为环保和更加具有竞争力的经济，这是欧洲林业的战略方向（FAOSTATE，2013）。

制定林业区域行动动议。如欧洲森林保护部长级会议（MCPFE）和欧洲委员会的欧洲林业战略，有效地促进了欧洲林业协调发展。这些林业计划鼓励广泛参与、推动林业政策和战略的制定和实施。所有欧洲森林保护部长会议成员国都制定了"林业战略""林业政策"或类似的林业战略文件(联合国粮农组织,2009)。

执行非常严格的森林管理制度。欧洲大多数国家森林管理部门在森林管理中发挥主导作用,管理形式采用传统的多功能管理。西欧国家往往实行集约化的高科技管理,包括提高定植苗质量、投资改良土壤和机械化采伐。在东欧和独联体,劳动力较低廉,管理成本较低,因而往往选择投入少、长轮伐期和自然更新的经营方式(池田宪昭,2011)。许多在外的业主和小业主也采取这种形式的管理。第3种管理形式是传统的多功能管理。无论是由国家经营(集约度高的多用途管理)的,还是小规模拥有森林的家庭和拥有森林的农场经营的,都给业主或当地居民带来了一系列的非木材收益(沈照仁,2006)。

重视生物质能源利用。已经推出多项政策,以增加可再生能源在能源消费总量中的份额。这些政策与市场变化共同刺激了作为能源来源的木材需求的增加,特别是小规模供暖和发电单位用以替代燃油的木屑颗粒。此外,在5年之内,利用木材生产液体生物燃料的技术将被应用于商业性规模生产,这将增加对木质燃料的需求(联合国粮食及农业组织,2011)。

注重林业应对气候变化能力。在欧洲大部分地区,实质上禁止森林砍伐。除了在提供可再生生物质能源方面发挥越来越大的作用外,欧洲森林的碳汇价值也很高(沈照仁,2003),特别是在东欧。欧洲也率先开创了碳排放量的市场交易方式。

进一步开展生物多样性保护。该区域生物多样性保护的倡议很多,如泛欧生态网络、自然2000等,保护区面积不断增多,管理实践更多地强调通过自然更新、混交林种植、把枯木留在森林中,以及保护人工经营森林中的小块"关键栖息地"来进行生物多样性保护,越来越重视"近自然森林培育"(中国林业网,2013),将有助于保护大多数人工经营森林的生物多样性。

(2)中西亚地区。中西亚地区森林大部分为国家所有,但如今林业的发展战略和政策制度正在发生变化。例如,苏联解体给中西亚带来的重大变化已经直接和间接地影响到了林业,不仅机构能力下降,而且森林政策、立法和机构也没有适应权力下放所带来的挑战。在一些地区,由冲突引起的不稳定对机构能力具有破坏作用。一些国家试图扩大地方机构(如农村合作社)的参与(沈照仁,2003),但参与式管理在大多数国家还没有扎下根来。

一些国家定期制定国家林业规划与政策。如哈萨克斯坦制定了《2007—2024年林地中长期发展规划》《防治荒漠化十年计划(2005—2015年)》等林业保护利用与荒漠化防治中长期发展规划,指导国内林业有序发展(Kazakhstan Forest Seed Centre,2010)。林业政策主要包含2种:10年的森林政策期和5年的短期森林行动计划。后者为前者的具体行动方案,往往在前者批准后方可实施。

采取木材进口战略。由于不利的生长条件和重点强度保护,木材产品的产量较低,大量依赖进口来满足需求。木材产品进口从1995年的约56亿美元增长到2006年的135亿美元,占了消费量的一半以上(联合国粮农组织,2011)。阿富汗、格鲁吉亚、伊朗伊斯兰共和国、哈萨克斯坦和土耳其占该区域木材生产的绝大部分。随着人口增长、城市化程度提高及收入增加,整个区域的木材产品消费预计将增长。未来15年内,锯材、人造板、纸和纸板年消费增长预计分别为2.5%、4.5%和4.0%。据估计,中西亚国家的消费增长会最为迅速,因为它们正处于1990年后经济低迷的恢复期。由于自然资源有限、需求日益增长,该区域仍将是一个主要的木材产品进口区域(联合国粮农组织,2011)。

增加木质燃料利用。在低收入国家,由于无法获得商品燃料,木质燃料利用有所增长。例如,在2007年,木质燃料分别占到阿富汗和也门家庭能源需求的85%和70%左右(联合国粮农组织,2009)。在一些中西亚共和国(塔吉克斯坦和乌兹别克斯坦),木质燃料的使用量也很高。这些国家的总消费量预计将增长,会给生产力较低的森林和林地带来更大的压力。

利用非木质林产品增加地区居民收入。非木质林产品用于维持生计和贸易对于低收入的农村社区尤为重要。在许多国家,非木质林产品能比木材生产获得更多的收入。在更为多元化的经济中,私营经济的加入使具有重要商业价值的非木质林产品得到了系统的开发(江西省林业厅,2012)。在黎巴嫩,经营私有松树种植园来生产坚果。土耳其月桂叶的生产、加工和贸易也因私营部门的投资而得到了很大程度的改善(联合国粮农组织,2009)。

建立生物多样性热点地区。鉴于其生物多样性丰富而生态系统受到威胁,在2005年,该区域的5个地区已被确定为生物多样性热点地区。例如,中西亚山区的森林是苹果、梨和石榴栽培品种的原产地中心。到目前为止,划定保护区是生物多样性保护努力的重点,到2007年,保护区面积约1.14亿hm^2,占该区域土地面积的10%左右。

重视发展城市绿地。大多数中西亚国家大量投资于增加绿地,以提高发展中城市人口的生活质量(Shau Amir et al.,2006)。在大多数中西亚国家,城市林业在苏联时期受到高度重视,独立后受重视程度有所下降,但现在又在回升,尤其是矿物燃料储量丰富的国家。几个海湾合作委员会国家已经着手启动与城市中心扩建相结合的具有挑战性的绿化项目。

3. 评价与启示

对于大多数欧洲国家来说,林业只是一个规模相对较小的经济活动。因此,其他部门(农业、能源、工业、环境与贸易)的政策对林业的影响,或者说,林业部门对其他部门的贡献,总是不被重视。向绿色经济过渡需要更多的森林环境服务,也要有更高的支付森林环境服务的意愿。欧洲的高收入、森林面积不断增加、日益注重多用途经营,以及更加重视环境价值,都意味着其正积极向绿色经济过渡。多功能林业更加注重提供环境服务,要求加强跨部门间的政策协调;在某些领域,这仍然是一个挑战。社会服务的公共需求,仍然是重大的挑战。在许多国家(特别是在西欧),劳动力成本高,以及管理许多小而零碎森林的复杂性,使得很难满足森林管理的高标准,降低了森林经营的经济活力,可能会转向生产轮伐周期短的小型材。

欧洲是世界最大的木材生产区,欧洲森林向市场供应的非木材商品的价值也相当高,但是欧洲森林资源未来仍有可能持续增加,这是由于科学可持续的森林管理下形成大量的高质量森林。欧洲的森林经营和管理战略很值得我们学习和借鉴。近些年来,欧洲在林业政策法规的完善以及森林监测和调查等方面取得了一定的成绩。自2007年以来,正式制定了国家林业计划的欧洲国家数量几乎增加了2倍。欧洲70%的森林也都有管理计划。也就是说,欧洲地区有1.55亿hm^2以上的林地是按照计划管理的。良好管理森林面积的扩大也有利于森林保护,因为可持续经营的森林能够更好地防御病虫害,对于环境条件的改变也有更强的适应性。

中西亚的大多数国家有苏联的良好科技基础,但科研能力较为落后。提供环境服务仍将是林业的主要功能，特别是抑制土地退化及荒漠化、保护流域和改善城市环境。从历史上看，地方公共机构在资源管理方面发挥着重要作用，但是政府管理的出现削弱了传统的管理体制，往往造成资源利用缺乏监管。私营部门参与森林管理较为有限，主要是因为大部分土地是公有的，更重要的是因为生产力低、商业活力差。寻找这其中的平衡点将成为森林资源管理的关键。

（四）拉美及加勒比

1. 战略背景

多数拉美及加勒比国家为发展中国家，在发展过程中有着诸多相似的经历：历史上都有沦为殖民地的惨痛教训，都拥有在短时间内实现现代化的渴望，也同样面临过经济高增长后严重的生态环境危机。拉丁美洲作为全球森林资源最丰富的地区，森林面积约占世界森林总面积的1/4，森林蓄积量非常可观。但是因为过度取材，从20世纪以来，森林面积一直在缩小（黄鹂，2015）。据《2012年世界森林状况》，在欧洲移民到达以前，拉丁美洲的森林面积占到了拉美地区土地面积的75%左右。经过多年的开发与垦荒，1990—2005年拉美地区的森林面积减少了6 450.6万hm^2，占森林总面积的7%，平均每年减少430.04万hm^2，这一速度大大超过了亚洲和非洲地区森林减少的速度，成为世界毁林的重灾区。其中，亚马孙盆地所在的巴西是拉美地区毁林现象较为严重的国家之一。

2. 战略内容与目标

生态环境问题引起了拉美及加勒比国家的重视，以资源换发展的理念遭到摒弃。几乎所有的国家，包括仍拥有大量森林资源的国家，已开始意识到林业资源不是用之不竭的，因而正在努力将木材采伐量控制在可持续水平之内，改进森林经营措施，加强森林保护，加速人工林培育，发挥多种森林效益。林业可持续理念在一些国家的政策方针上得以体现，主要表现在：

（1）森林资源多渠道保护战略。中央下放权力，承认当地社区管理自然资源的权力。例如，巴西开始承认土著社区合法拥有森林所有权。1960年智利政府颁布《森林保护法》，1997年颁布《天然林保护法》，强调减少天然林采伐，保护生物多样性，并明确规定由国家投入资金来保护天然林。2008年，智利通过了关于天然林恢复及林业振兴的3号法令，将天然林管理纳入了法制的轨道。

（2）人工林发展战略。出台激励措施，促进人工林的快速增长。联合国粮农组织对该地区人工林的预测显示，其面积将从2005年的1 310万hm^2增加到2020年的1 730万hm^2。尽管大多数木材将产自人工林，但是拉美和加勒比地区天然林面积同期将从9.24亿hm^2减少到8.81亿hm^2。乌拉圭1987年以来就一直支持人工林发展，到2005年已有80万hm^2人工林，占当年全国森林面积的53.1%，并且还在以每年5万hm^2的速度增加。

（3）森林可持续开发利用战略。拉美及加勒比地区的国家加强立法保护，规范森林管理。巴西作为世界第二大森林资源大国，在2005年批准且付诸实施的《公共森林可持续生产管理法》概述了巴西联邦所有的森林木材特许经营权的分配制度，放开了亚马孙国有林的采伐特许权。这种"开源节流"式的法律规定既保证了人民生计，又保护了森林资源。

（4）林产品国际贸易发展战略。林产品出口方面，拉美及加勒比国家曾一度关闭其林产品市场，然而，到80年代中期，智利和巴西的造纸业却以空前的速度发展着，出口额大幅度增加。智利的成功大大鼓舞了哥伦比亚、委内瑞拉和墨西哥等国家,它们也纷纷推行与智利类似的林业出口政策。以圭亚那为例,为了发展本国的木材加工业,提高木材出口附加值和木材出口创汇能力,确立了与之相关的原木出口政策,鼓励出口木材深加工产品,减少出口原木等初级产品。

3. 评价与启示

拉美及加勒比国家在林业发展的不同时期,政府及时制定、调整和完善相关的林业政策,随着相关法规法令的出台,实现了林业长期政策的法规化和短期调整性政策的时效化,这为拉美及加勒比国家林业取得全球瞩目的成就奠定了坚实的基础。

纵观拉美及加勒比地区的林业发展之路,在森林过度利用、森林保护恢复,直至森林保护和利用协调发展的历史演变过程中,有一些成功经验非常值得我们借鉴:一是实施正确的战略导向和完善的扶持政策,从根本上改变了林业发展的方向和策略,确立了林业发展的总体战略,如智利1974年颁布的第701号法令《林业活动发展法》。二是建立了切实可行的政策实施措施,多数国家进行了林权变革,将林业生产经营权下放给企业和农民,同时还制定了优惠的税收政策。通过这些措施,很大程度上改善了生态环境。三是推进林工贸一体化经营,在一体化经营模式下,营林生产目标明确,保障了企业工业原料的充足供应。同时,林产品加工业和贸易的发展为企业对人工林的资金投入提供了保障,有利于提高人工林的集约经营水平,提高林地生产率。四是在一些欠发达国家,由于基础设施不完善,制约了森林开发,抬高了林产品运输价格,削弱了产品国际市场的竞争力。为改变这一状况,多国政府采取了多种措施鼓励外资企业投资基础设施建设,像圭亚那政府就通过减免进口机械设备的进口关税来推动林场基础设施改造。

拉美及加勒比地区今后将重新定位林业,给予当地群众更多参与森林经营的机会,发展战略联盟,同时满足当地社会、工业、国家和全球环境效益的需要。林业组织和机构正在进行大规模的结构调整,以适应和推进这种转变,同样政策也在重新定向,这种结构调整和方向调整可能继续进行,这对该地区未来林业的成功发展是必需的。

(五)近东

1. 区域概况

按照联合国粮农组织的地区划分,近东地区主要指包括土耳其、巴基斯坦、毛里塔尼亚、摩洛哥、阿尔及利亚、苏丹、也门、阿联酋、卡塔尔、巴林、黎巴嫩、伊朗、阿富汗和叙利亚等在内的26个国家和地区,总面积超过17.5亿hm^2,人口约4.7亿。从地理位置和自然条件来看,近东地区75%为沙漠,15%为干旱、半干旱地区及山地。高温、少雨、强风的气候特征决定了该地区脆弱的生态类型。就目前经济发展来看,近东是世界上两极分化最严重的地区,既有以石油为国民经济支柱的世界最富国,也有整日为贫穷所困扰的世界最穷国。

近东地区的林业发展水平普遍较低。森林资源包括散生木、干旱灌丛、疏林地、湿地芦丛、防护林和四旁植树。根据1993年联合国粮农组织的《森林资源评价报告》,近东地区的有林地面积约2.7亿hm^2,森林面积超过100万hm^2的前3个国家分别为苏丹、索马里和土耳其。植被覆盖率差别很大,从卡塔尔的0.0%到土耳其的15.2%(2015年全球森林资源评估报告,2015)。在森林所有权方面,该地区大部分国家的森林主要归国家所有,私人占有极少，伊朗所有森林都属国有林。在林产品贸易方面，该地区大部分国家都是木材及木制品进口大于出口。林业在近东地区的社会地位存在两个完全相反的取向：一方面是基于文化、宗教背景下对绿树的至爱和敬畏；一方面则是自然保护意识的缺乏，把林木当做上帝的赐予而任意砍伐、放牧和狩猎，导致该地区滥砍滥伐等毁林现象严重。此外，该地区频发的火灾和病虫害也是威胁森林的两个重要因素。因此，战胜恶劣气候和自然胁迫、大力营造林木和灌木、提高森林覆盖率、改善小气候、保护水土资源、最大程度地发挥林业的多种功能是确保该地区林业可持续发展的重要战略选择。

2. 重点战略

在近东地区一些经济发展比较落后的国家，林业在国家发展计划中处于可有可无的地位，林业战略更是无从谈起。由于农业在该地区的经济发展中占有很大的比重，因此，森林被认为是能够辅助社会发展的可消耗资源而加以滥用。产生这种现象的主要原因在于这些国家经济发展落后，人口又相对增加过快，导致管理者为增加粮食作物而出台政策致使相当一部分森林变成农田。

在一些经济发展较好的国家，国家管理层和林业从业人员已经初步认识到林业在国民经济发展中的重要地位。因此，这些国家相应地出台了一些具体的林业政策和中长期发展战略。土耳其于2005年颁布了《土耳其国家经济第9个五年发展计划》，其中林业部门的发展计划主要包括：①保护天然林生态系统；②抑制荒漠化；③农村林业电子化。在联合国粮农组织的支持下，2004年土耳其政府专门制定了《土耳其国家林业计划（2004—2023年）》，该计划的主要目标是加强林业部门对森林资源的可持续发展管理，主要内容包括：①对贫困林农进行财政补贴，促进林业与农村区域发展；②利用森林资源增加潜在收入；③支持林农养蜂，种植有助于养蜂的植物，提高蜂蜜产量；④将消除林业与农村贫困列入森林资源可持续发展管理策略之中。另外，巴基斯坦政府计划委在2008年制定了《巴基斯坦国家2030年展望》，提出了林业的发展目标，即到2030年，巴基斯坦将实现森林及相关自然资源的有效管理，充分发挥其生物多样性方面的潜能，实现社会的可持续发展，在满足木材需求的同时缓解全球环境问题。《巴基斯坦国家2030展望》将林业发展计划分为森林管理、商业林业、环境林业、参与式林业、林业政策与法律5个部分，并分别制定了发展目标。此外，伊朗对林业的发展也日益重视。自1965年以来，伊朗林业和牧业组织在大城镇周边地区开展了大量的营造绿色林带和森林公园项目。在20世纪80年代初，推出了一个在灌溉区和非灌溉区植树造林的新项目，其目的是满足当地对木材和环境保护的需要。在1989—1992年即第1个五年社会经济计划期间，伊朗植树造林面积约为25.3万hm^2。到2000年，植树造林总面积达到了230万hm^2。

近东大部分国家处于沙漠地带，因此在森林经营中非常注重荒漠化防治工作，有些国家甚至将荒漠化防治纳入到国家林业计划之中。此外，也重视森林防火工作。摩洛哥全国拥有完备的预警系统，并配备了无线电设备和防火设备，修建了林道以预防火灾的发生。

3. 评价与启示

虽然相继出台的一些林业法规对林业的发展起到了一定的促进作用，但近东地区林业法律的执行力严重不足，主要的原因有4个方面：①决策者和公众认识不到位，宣传普及率低，低估了森林在社会经济发展和环境保护方面的作用；②国家对森林保护和发展及林业工业在经济方面的投资不足；③国家立法方面对林业重视不够，困扰林业的长足发展；

④林业从业人员的水平低下，森林管护经验匮乏(孔红梅等，1995)。此外，由于经济发展水平的限制和有些国家国内政治因素的制约，近东地区国家林业在参与国际气候变化谈判方面的作用和意见不受重视，相应地，其在气候变化研究方面也相对落后。

三、主要涉林国际组织的林业发展战略

（一）联合国粮食及农业组织

1. 机构概况

联合国粮食及农业组织，简称联合国粮农组织（FAO），是联合国系统内最早的常设专门机构。1943年5月根据美国总统F. D. 罗斯福的倡议，在美国召开有44个国家参加的联合国粮农会议，决定成立联合国粮农组织筹委会，拟订联合国粮农组织章程。该组织的最高权力机构为大会，每2年召开1次。常设机构为理事会，由大会推选产生理事会独立主席和理事国。

联合国粮农组织林业部帮助各国以可持续的方式管理森林。该组织的方法平衡了社会、经济和环境目标，使当代的后代能够从地球的森林资源中获益，同时保护森林，以满足子孙后代的需要。林业委员会（林委）是联合国粮农组织最高林业法定机构。林委（在意大利罗马粮农组织总部召开的）2年一次的会议将森林部门的负责人和其他政府高级官员汇聚在一起，确定新出现的政策和技术问题，寻求解决方案并就采取适当行动向联合国粮农组织和其他各方提供咨询意见。其他国际组织和越来越多的非政府团体也参加林委会议。林委向联合国粮农组织所有成员国开放。

2. 重点战略

联合国粮农组织的重点战略内容是帮助各国以可持续方式管理森林。1992年，可持续森林管理的理念植根于联合国环境与发展会议（简称环发会议）并通过"森林原则"。2003年，当政府间森林小组商定行动建议，包括实施国家森林计划、标准和指标以及森林资源评估时，就各国需要为实现可持续森林管理采取的步骤达成了国际共识。目前，全世界基本认同了可持续森林管理的广泛范围和理念，重点现已转移到如何实施和实现这项目标之上（荆珍，2014）。近年来，联合国粮农组织各区域林业委员会、联合国粮农组织林业委员会（林委）和其他论坛展开讨论，强调了可持续森林管理的实施。可持续森林管理的理念得到了发展，形成了促进其实施的各种举措，如示范林和市场机制，包括认证计划。2004年是这一进程中的里程碑，当年，可持续森林管理的七项主题要素得到联合国森林问题论坛的承认，促进了2006年商定的全球森林目标（荆珍，2014）。

其中，联合国粮农组织林业部的方针是平衡社会、经济和环境目标，以使今世可以收获地球森林资源的利益，同时保存这些资源以满足后代的需要，致力于协调社会和环境因素与林区农村人口的经济需求，为开展政策对话提供一个中立的论坛，是有关森林和树木的可靠信息来源，它提供专家技术援助和咨询，以帮助各国制定和执行有效的国家森林计划。目前联合国粮农组织主要目标是：①尽量扩大树木和森林对可持续土地利用、粮食安全和经济及社会发展以及国家、区域及全球文化价值的贡献；②保存、可持续管理和改进利用树木和森林及其遗传资源；③促进全球获取及时可靠的林业信息。

3. 启示与借鉴

为更好推进森林可持续经营理念，联合国粮农组织与私营部门和民间社会建立了20多个伙伴关系，并为中小型森林企业发展献计献策，推动它们以可持续和对社会负责任的方式进行森林产品和服务投资，并直接支持政府加强在制定战略、守则、良好规范和贸易统计数字方面的能力建设，尤其关注国家市场研究、投资方案分析、营销和企业发展。此外，在森林和森林之外树木的环境作用方面所开展的工作包括制定和宣传有关森林生物多样性、流域管理、混农林业和气候变化的准则和工具，并鼓励各国减少毁林和森林退化。共有60多个国家正在实施联合国粮农组织森林生物多样性养护和可持续利用准则，17个国家正在落实有关毁林和森林退化的计划。

自1992年环发会议中将森林可持续经营理念根植于各成员国中，到2015年世界各个国家保护森林以发挥多样性和基础性功能的意识越来越强。法定森林保护区的面积不断扩大，越来越多的森林得到保护，1990—2015年累计增加2.1亿 hm^2 ，其中大部分位于热带地区。永久性森林面积也有所增加，在世界森林总面积中行所占比重达到37%。总计21亿 hm^2 或世界森林总面积的52%已被纳入管理计划。针对森林管理采取了更多的措施，包括加强监测和报告等。

中国应加强在国家、区域、国际层面进行协调和合作，确保在战略发展目标和2015年后发展议程中充分地考虑森林，提高森林能见度，通过开放性工作组和联合国大会，积极促进可持续发展目标制定工作，将森林多功能性及各种目标和指标纳入其中（夏敬源等，2013）。

（二）联合国森林问题论坛

1. 机构概况

联合国森林问题论坛（UNFF）的成立是和国际森林问题紧密联系在一起的。国际森林问题是世界林业发展的难题和焦点，早在1991年在日内瓦召开的关于森林公约的磋商会上，就拉开了讨论国际森林问题的序幕。1992年的环发大会在全球掀起了环境保护热潮，其中对是否建立国际森林公约的讨论形成国际森林问题全球讨论的一个高潮。建立国际森林公约是温带林国家为发达国家提出的一项动议。由于当时国际上正在谈判国际热带木材协定，因此发达国家在这一过程中提出应当建立一个关于所有类型森林的国际法律文书，约束、规范、管理对全球森林的经营、获取和利用。这一动议遭到了发展中国家的强烈抵制，认为建立国际森林公约侵犯了利用本国自然资源发展经济的权利，提出发达国家要提供资金和技术转移来补偿由此造成的经济损失。最终由于双方分歧太大，这一动议未能在环发大会上通过，而是通过了一份无法律约束力的《关于森林问题的原则声明》。

环发大会后，为继续寻求各国在森林问题上的政策对话，联合国可持续发展委员会于1995年成立了政府间森林问题工作组（IPF）。该工作组在2年时间内召开了4次会议，形成了151条行动建议，但在制定国际森林文书、支持发展中国家推进森林可持续经营的融资及技术转让机制、森林可持续经营的标准指标体系等核心问题上未能达成共识，因此仓促间结束了自己的使命。

1997年，在政府间森林问题工作组进程结束之后，联合国可持续发展委员会宣布成立为期3年的政府间森林论坛（IFF），继续就上述分歧进行对话和磋商。在此期间，政府间森林问题工作组对森林问题的广泛话题进行了多次探讨，并提出了面向森林可持续经营的129条行动建议，但各成员国在核心问题如国际森林公约的制定、融资机制等方面的立场基本没变。因此，历经3年4届的艰苦辩论与磋商，最后的结果是新公约没有成立，但各方达成妥协方案，提议成立长期的联合国森林问题论坛。

2000年10月，联合国经社理事会在其框架下正式成立了联合国森林问题论坛，接替政府间森林问题工作组和政府间森林论坛的工作，成为联合国关于政府间森林问题政策磋商的唯一平台(蒋业恒等，2015)。联合国森林问题论坛为联合国经社理事会附属机构，向联合国所有成员开放，目前共有197个成员国，秘书处设在纽约联合国总部，其使命是通过5年政府间磋商就是否最终通过谈判缔结国际森林公约做出决定。联合国森林问题论坛的设立，是在政府间森林问题工作组和政府间森林论坛对国际森林问题难以调和的矛盾下寻求的解决方案，为在可持续发展领域下、在联合国层面设立专门机构对森林问题进行长期讨论开创了平台。

2. 战略内容

联合国森林问题论坛的设立为国际森林问题在国际层面保持长期对话和政策审议提供了平台，其直接向联合国经济和社会理事会汇报工作，因而具有比政府间森林问题工作组和政府间森林论坛更高的政治地位和能见度。其最初的职能具体为：在5年之内(后因谈判问题延长至7年)，提交关于制定所有类型森林的法律框架任务的要素，并包括可以用来执行任何未来达成的法律框架的资金条款；采取步骤设计适宜的资金和技术转让模式，支持政府间森林问题工作组/政府间森林论坛提出的关于森林可持续经营的行动建议。在成立之初的2000—2005年，联合国森林问题论坛还制定了多年工作计划，并相应地开展了以下几方面的工作内容：①加强在森林问题资源监测、评估、报告方面的工作；②形成了有关防止毁林、森林保护、低森林覆盖率国家森林恢复战略、退化土地恢复和森林更新的相关决议；③开展了在森林健康与生产力、森林经济效益和提高森林覆盖率方面的政策审议；④开展了对森林社会文化价值、监测与评估、标准与指标的讨论；⑤对森林问题国际机制的有效性进行评估，在资金机制、技术转让、能力建设等问题上继续磋商(徐斌，2014)。

2006年，联合国森林问题论坛通过了森林的4项全球目标：①通过森林可持续经营，提高森林保护和恢复、植树造林和重新造林，扭转世界各地森林覆盖率降低的趋势，更加努力地防止森林退化；②增强森林的经济、社会和环境效益，方法包括改善依靠森林为生者的生计；③大幅增加世界各地保护林区和其他可持续经营林区的面积以及可持续经营林区森林产品所占比例；④扭转在森林可持续经营方面官方发展援助减少的趋势，从各种来源大幅增加新的和额外的资金资源，实现森林可持续经营(联合国粮农组织，2008)。

2007年，联合国森林问题论坛达成了《关于所有类型森林的不具法律约束力的文书》，简称《国际森林文书》，并于2007年12月17日获联合国大会批准通过。《国际森林文书》是各国政府推进森林可持续经营的政治承诺，也是国际森林问题谈判的历史性里程碑和新起点，为全球森林治理和国际合作搭建了原则性框架，同时也确立了全球林业发展目标，规定了国际社会和各成员国应采取的政策措施，被认为是2015年之前国际社会在所有涉及林业发展和管理方面最系统和权威的国际文书，也是影响各国林业政策、国际林业发展形势的最重要文件。《国际森林文书》出台之后，联合国森林问题论坛的关注重点转向以下几个方面：①森林与气候变化、森林与生物多样性保护、减少毁林和森林退化问题；②森林与民生、社会发展和消除贫困问题；③森林与经济发展；④全球林业发展、挑战与未来机制安排。

2011年重点审议了实现4项全球森林目标和执行《国际森林文书》的进展情况。2013年主要讨论了联合国2015年后发展议程、未来国际森林安排特设专家组、具有法律约束力的森林公约和自然资本核算4个方面的问题，但未能解决多年来悬而未决的森林资金问题。2015年联合国森林问题论坛各成员国通过了具有里程碑意义的《我们憧憬的国际森林安排》部长宣言和《2015年后国际森林安排决议》成果文件，决定将不具法律约束力的文书重新命名为《联合国森林文书》，将全球森林目标的期限延长至2030年，将是否开启国际森林公约谈判的问题推迟到2024年进行考虑，但未达成建立全球森林基金的决定（蒋业恒等，2015）。这次会议的成果对未来15年全球森林政策走向和全球林业可持续发展战略做出了顶层设计，为构建未来的全球森林治理体系指明了方向，对提高森林在全球可持续发展中的战略地位有着重要意义（徐阳，2015）。

3. 评价与启示

联合国森林问题论坛自成立以来取得了诸多成就，2006年设定了4项全球森林目标，2007年达成了《国际森林文书》，初步建立了全球林业政策框架。在联合国森林问题论坛的推动下，联合国大会决定将2011年定为联合国森林年，将每年3月21日定为国际森林日，各国纷纷开展相关庆祝活动，有效地提升了公众对森林多种功能和重要性的认识。通过联合国森林问题论坛的努力，森林被纳入联合国可持续发展大会成果文件《我们憧憬的未来》及联合国可持续发展目标等重要全球议程，森林在全球政治中的地位得到凸显。

然而，联合国森林问题论坛机制也存在许多不足，特别是联合国森林问题论坛缺乏有效的全球森林资金机制，无法支持发展中国家开展森林可持续经营，其决议也没有得到全面落实。面对全球森林功能破碎化的局面，联合国森林问题论坛缺乏协调其他国际公约和机构的有效途径。在机构安排方面，联合国森林问题论坛秘书处缺乏足够的人员和资金支持，大量职责无力完成。

（三）国际热带木材组织

1. 机构概况

国际热带木材组织（ITTO）是联合国贸易和发展大会下设的一个商品组织，国际热带木材组织成立于1986年，总部设在日本横滨，截至2007年12月1日，其成员国已达到59个。国际热带木材组织成员国拥有全世界80%的热带森林和90%的热带木材贸易份额。国际热带木材组织的主要活动是进行研究和开发项目，目的在于为热带木材生产国和消费国之间的合作及磋商提供一个有效机制。其援助资金主要用于3个方面：造林和森林经营、森林工业以及市场信息和情报。国际热带木材组织自成立以来，通过一系列项目活动，在开发与保护热带林资源、鼓励森林可持续经营、增进市场透明度方面做了很多有益的工作，同时也扩大了自身的知名度和影响力。国际热带木材组织最高权力机构是国际热带木材组织理事会（ITTC），在春、秋两季各召开一次会议。理事会下分别设有造林和森林经营委员会、森工委员会、经济信息和市场情报委员会、财务和行政委员会。国际热带木材组织成员国根据热带林资源拥有量和木材贸易量的状况分为生产国和消费国。现有成员中，生产国31个，消费国12个。中国是热带木材净进口国，故划为消费国。中国自1986年7月加入国际热带木材组织以来，与该组织保持着良好的合作关系。迄今为止，中国从国际热带木材组织获得无偿援助项目20多个，援助金额达900多万美元。

国际热带木材组织自2008年起开始执行《国际热带木材组织新行动计划（2008—2013年）》（简称《新计划》）。《新计划》是在回顾和总结《国际热带木材组织横滨行动计划》的基础上制定的。《新计划》充分认识到，热带木材和木材产品贸易伴随国际贸易的增长和生产国加工技术的进步所发生的变化，特别参考了国际森林政策框架，借鉴了森林执法与管理和千年发展目标，强调减少贫困及社区和林区居民的利益，同时认为需要通过合理的环境管理来实现全面的可持续发展。《新计划》的主要指导方针来源于国际热带木材协议（ITTA 2006）。《新计划》为国际热带木材组织的政策制定和计划的实施提供了全面指导，是2年期工作规划的基础（张德成，2008）。

2. 战略内容与目标

国际热带木材组织将通过制定政策和实施相关的计划行动来达到它所提出的目标。《新计划》提出的国际热带木材组织目标是：促进来源于可持续管理森林和合法采伐的热带木材贸易的扩大和多样化，促进热带用材林的可持续管理。为实现上述目标，国际热带木材组织正在实施以下7项工作：①按照规定要求收集有关国际木材市场及相关贸易和生产国森林可持续管理现状的数据、观点和信息，与其他国际组织紧密合作，避免信息收集工作的重复；②按照标准的指标和格式，收集、整合国际热带木材组织成员国提供的国家层面的数据；③开展研究工作，提高科研能力，建立技术指南及信息和其他经验的发布门户；④引入一系列资金管理机制，包括按照成员国对各项计划的投资来评价其贡献；⑤建立贸易顾问小组（TAG）和国家社会顾问小组（CSAG），加强2个小组的配合，使国际热带木材组织在面对热带森林和贸易中的关键问题时获得有力支撑；⑥全面促进森林可持续管理，在商业经营的同时重视公众利益，认识非木材产品和森林环境服务价值；⑦与更广泛的投资者合作，包括恢复、重建和营造森林，在可持续管理森林资源的基础上，核算可持续森林中非木材产品和环境服务价值，并研究因气候变化而产生的影响及机遇。

3. 执行措施

为有效发挥国际热带木材组织的职能，完成上述各项工作，《新计划》提出了具体措施：①通过对理事会、委员会和秘书处职责的合理安排来提高组织的运行效率；②提高项目管理效率，在新项目形成过程中加强监管、评估和规范操作等，并建立国家审核办公室；③在《ITTA2006》和《伯尔尼工作规划》《新计划》和国际热带木材组织以前的工作之间，要形成紧密联系；④鼓励在项目立项与国际热带木材组织目标之间建立紧密联系，对行动计划及其关键战略进行量化，在政策和项目工作中保证最大的协同一致；⑤提高、扩展和强化项目成果的监管、反馈和评价，评价影响，交流经验，广泛发布；⑥扩大成员国的参与，包括参加评审，提供专家，协助国际热带木材组织做好培训、统计和市场报告；⑦更新考核方法，增加资金来源，扩大国际热带木材组织的资金规模；⑧强化和规范国家社会顾问小组和贸易顾问小组的作用，加深对热带森林与贸易的关键问题的理解；⑨对行动计划每2年进行1次检查，提出中期和最终的评价报告。

国际热带木材组织与森林伙伴关系、联合国REDD项目、世界银行等一起制定了这项计划，目前已经在印度尼西亚梅鲁配地利国家公园开展了示范项目，收到了良好的国际反响。

4. 评价与启示

《新计划》为国际热带木材组织的政策制定和计划的实施提供了全面指导，是该组织 2 年期工作规划的基础，确定和实施了有关改进木材国际贸易经济信息的具体措施，确定和评估了国内防止非法采伐和贸易的措施以及需要改进的方面；同时履行了国际协定的有关义务，同国际热带木材组织等合作，帮助生产国确定了非法采伐和贸易的性质和范围，提升了打击非法采伐和贸易的能力。

《新计划》的顺利实施对中国林业发展战略有很好的启示。首先，国际热带木材组织有进一步转化为国际环境政治机构的倾向，它必将进一步同联合国的有关机构发生合作，成为国际环境政治的一个工具，主要为制定、实施由发达国家主导的环发大会后续行动计划服务，从而它自身的地位也可能会得到加强。作为对策，中国政府应利用中国既是生产国又是进口国而且是一个大国的特殊地位，强化在国际热带木材组织中的地位和作用，至少应利用这个机会更多地宣讲中国的林业政策和林业建设问题。迄今为止，中国在国际热带木材组织的作用主要体现为获得项目资助这种经济作用，政治作用未能充分开发，中国应充分利用这个国际舞台。

其次，建议中国选择一两次重要例会，由较高级别的官员发表主旨发言，并开展与重点国家的交往。中国政府在国际热带木材组织的发言份量增加，也会更有利于争取项目。

（四）国际竹藤组织

1. 机构概况

国际竹藤组织（INBAR）最初是由加拿大国际发展研究中心（IDRC）和联合国国际农业发展基金（IFAD）资助的亚洲区域林业项目。由于竹藤业在亚洲、非洲和拉丁美洲等发展中国家的经济发展中，特别是在农村经济和社会发展中有着重要地位，国际社会认为，有必要将一个地区性科研项目扩展为一个全球性的国际组织。1995 年 9 月，国际竹藤组织筹备小组召开第一次会议，讨论了国际竹藤组织国际化进程战略和法律程序，并原则通过了将总部设在中国的建议，最终被正式确认为独立的政府间国际组织机构。1997 年 11 月 6 日，由中国、加拿大、孟加拉国、印度尼西亚、缅甸、尼泊尔、菲律宾、秘鲁和坦桑尼亚等 9 国共同发起并签署《国际竹藤组织成立协定》，国际竹藤组织就此正式成立（国际竹藤组织中文网站，2016）。

国际竹藤组织是根据联合国条约成立的政府间国际组织，也是总部位于中国北京的唯一一家政府间国际组织。国际竹藤组织现有成员国 41 个，主要来自发展中地区的竹藤资源生产国。成立近 20 年来，国际竹藤组织在 20 多个国家开展了项目和计划，在 80 多个国家开展能力建设和竹藤知识普及活动。现在，位于北京的秘书处负责协调国际竹藤组织的全球项目，并由设立在中国、厄瓜多尔、埃塞俄比亚、印度和加纳的国家和区域办事处负责具体实施。国际竹藤组织拥有一支覆盖竹藤、林业及自然资源管理、生态系统服务、社会经济学、能力建设和知识共享等领域的国际专业人员和专家队伍（国际竹藤组织中文网站，2016）

2. 战略内容和目标

（1）可持续发展目标。国际竹藤组织通过制定一系列战略和具体项目来努力实现可持续发展目标（国际竹藤组织中文网站，2016）。在2015—2030年战略计划的指引下，国际竹藤组织的工作重点是与各国开展合作，支持竹藤作为可持续发展的战略资源，并关注各国绿色经济行动计划。其战略和绩效目标直接有助于六大可持续发展目标的实现，即结束一切形式的贫穷，为全民提供平价、可持续和可靠的现代能源服务，提供充足的经济适用房，高效利用自然资源，应对气候变化，保护和恢复陆地生态系统。

（2）国际竹藤组织全球竹藤项目目标。国际竹藤组织依托各种伙伴关系以及在中国、埃塞俄比亚、加纳、印度和厄瓜多尔等国家的区域和国家办事处来开展全球项目活动。各地开展的项目和工作均侧重于实现四大战略目标，以在各国以及国际环境政策和发展领域推动竹藤项目发展（国际竹藤组织中文网站，2016）。

目标1在于政策的制定与实施，在国家、区域和国际社会经济与环境发展政策中宣传竹藤项目。国际竹藤组织致力于把竹藤项目纳入国家发展政策和规章制度，并确保竹藤项目在相关国际协定和文书的执行过程中拥有合法地位。多年来，国际竹藤组织在多个推动竹资源发展的国家级机构建设方面发挥了重要作用，例如在加纳、埃塞俄比亚和印度，这些机构已经发展壮大，不仅能对外提供专业知识，还能引资。国际竹藤组织在促进制定国际竹材建筑标准方面功不可没，一些成员国已使用这些标准来制定国家标准。

目标2是提高各支持国的影响力，协调不断壮大的全球网络成员国与伙伴之间与竹藤相关的事务，在世界舞台上代表成员国的需求。从1997年成立到现在，国际竹藤组织的成员数量从9个增加到41个，占世界竹藤生产国的多数。还有一些国家希望加入国际竹藤组织，它们大多分布在亚洲、非洲和拉丁美洲国家。国际竹藤组织与成员国密切合作，最大限度地帮助成员国在国内和全球范围内实现竹藤项目目标。国际竹藤组织的网络化对自身工作的推进至关重要。以拉丁美洲为例，有上万多人在使用国际竹藤组织的西班牙语网络。

目标3是推动知识共享与学习，通过共享知识、交流经验、提供培训以及提高人们对竹藤作为植物和商品相关性的认识。国际竹藤组织自成立以来一直将竹藤资源的培训、宣传、能力建设及其如何促进发展的问题放在首位。多年来，国际竹藤组织已对成千上万的从业者进行了一系列的竹藤技术培训，从业者们已经在自己的工作中甚至在设立竹材企业方面应用到这些技术。国际竹藤组织每年都会开展一系列活动，借此向那些对竹藤资源不是很了解的人们普及相关认识。网上的培训材料和出版物也有助于激发灵感和传播信息。

目标4是加强研究与验证，将试点的成功经验推广到各成员国，推动适应性研究和实地创新。国际竹藤组织与伙伴方一起开展各种项目，进行竹藤开发试验，以帮助那些有需要的人，并广泛分享所得知识，促进国内和其他国家结合当地实际情况采纳和调整这些经验。

3. 执行过程与效果

国际竹藤组织战略执行效果显著。根据《国际竹藤组织2006—2015年发展规划》和《国际竹藤组织2015—2030年战略计划》，国际竹藤组织建立了全球竹藤资源数据库、贸易数据库和市场开发网络，并于2000年成为国际商品共同基金的"竹藤商品机构"（梁平等，2012）；在厄瓜多尔、印度、埃塞俄比亚和加纳设立了区域办事处，通过其全球网络和示范项目在可持续发展、扶贫和促进贸易与合作方面作出了独特的贡献。目前，国际竹藤组织已经发展成为公认的国际发展机构和国际商品组织。作为东道国，中国政府大力支持国际竹藤组织的健康发展，除免费提供总部办公大楼外，还建立了专业支撑机构并提供资金支持。与此同时，国际竹藤组织自成立以来，已为中国争取到折合人民币9 000多万元的项目资金，是中国同期捐款和会费总额的近3倍，多个竹藤项目在中国顺利实施（梁平等，2012）。

4. 评价与启示

国际竹藤组织是全球唯一专门从事竹、藤这两种最主要的非木材资源保护与利用的国际组织。国际竹藤组织成立以来，在成员国广泛开展竹藤科技培训和项目活动，为促进成员国竹藤产业发展作出了重要贡献。其组织机构运行与战略执行过程中有很多值得借鉴之处，中国与其之间的合作也有很多潜力可寻。

就战略计划执行与战略目标实现而言，竹藤组织的计划执行策略与目标实现过程中有很多值得借鉴之处。切实可行的国家政策是执行战略计划的保障，而制定国家政策是一项复杂的工作，需要农业、林业、国土资源、能源、商品贸易等多个部门开展对话，为使制定出来的政策效力最大化，需要相关部委一起合作，建立一个国家层面的政策框架；在竹藤生产国，农业和林业主管部门是开发竹藤资源的首要责任主体，但真正壮大竹藤产业，离不开各地区中小企业的发展和推动建立市场机制的专业知识，例如为小型竹藤商品生产企业或产业程度更高的竹藤产品厂家提供小额信贷或技术支持。以促进竹炭部门规模化为例，要实现这一目标需要把林业、国土资源以及农业、负责技术推广和开辟本地市场的部门联合起来，其中还可能涉及卫生和能源部门。由此可见，没有各个部委和相关机构的合作，就不可能培育国内市场，无法让具体项目落地。

中国有竹子500多种、竹林面积9 000多万亩，很多省份都在制定竹产业发展规划，竹林面积增长很快，预计将达到1亿亩。这些竹林大部分是在南方的贫困山区，发展竹产业可以帮助相当一部分山区人民脱贫致富。同时，竹林也有良好的生态功能。中国作为东道国，应当大力借助国际竹藤组织这一平台，进一步加强竹藤资源保护与利用，加强竹林生态监测，专门建立竹林生态定位观测站系统，把竹子的生态效益，包括防止水土流失、固碳释氧、涵养水源、生物多样性保护等生态服务功能量化，向社会公布，让人们对竹子有一个更全面的了解。

（五）亚太森林恢复与可持续发展组织

1. 机构概况

亚太森林恢复与可持续管理组织（Asia-Pacific Network for Sustainable Forest Management and Rehabilitation，APFNet，简称亚太森林组织），由时任中国国家主席胡锦涛在2007年亚太经济合作组织（APEC）第十五次领导人非正式会议上倡议提出，澳大利亚、美国响应共同发起，是一个致力于推动亚太地区森林恢复与可持续经营的区域性国际组织。目前，组织成员总数达31个，其中亚太地区的经济体26个、国际组织5个。

自2008年9月启动以来，亚太森林组织秉承"尊重差异、行动优先"的原则，根据成员经济体的发展需求，结合区域林业发展趋势，开展了大量卓有成效的活动；通过政策对话、能力建设、示范项目和信息共享等活动的开展，有效地促进了亚太区域森林恢复，提升了森林可持续经营水平，引领了区域林业可持续发展。

2. 重点战略

战略1：退化林地恢复与管理。亚太森林组织致力于推动亚太地区退化林地恢复，增加森林面积，提高森林质量，积极探索森林恢复、生物多样性保护和生计提高的有力结合点。战略主线是"找出森林恢复潜在机会、示范森林恢复方法、监督评价森林恢复效果、推动森林恢复政策落实与完善、推广森林恢复模式"。在森林恢复机会方面，通过研究毁林和森林退化诱因、森林转型发生机制、森林覆盖率变化、气候变化对林业潜在影响等，发现潜在森林恢复机会、制定适应性恢复战略计划。在森林恢复方法上，亚太森林组织根据毁林和森林退化差异化原因，围绕多功能恢复目标，设计适地适树的森林恢复方法，主要包括自然更新、补植、混农林、多功能林恢复，社区参与森林恢复，森林景观恢复等。在森林恢复过程中，亚太森林组织摒弃"森林恢复就是种树"的单一观念，积极倡导一揽子恢复战略计划，从保护好现存林地、恢复经营好退化林地、减少毁林潜在威胁要素3个维度出发，开展森林恢复全过程管理与研究，内容涵盖参与式林地利用规划、森林经营方案制定、幼苗培育与种源保护、水土保持、森林恢复复合模式、生计开发、可替代能源、林地权属确权等多个方面。

战略2：森林可持续经营。自1992年环发大会以来，国际社会积极推动森林可持续经营国际进程，形成了蒙特利尔进程等9大进程。联合国粮农组织全球森林资源评价框架7大领域也在有力推动着全球森林可持续经营进程。促进森林可持续经营，整体提升森林生态功能与社会经济功能，包括造林再造林、提升森林应对和减缓气候变化、保护全球或区域生物多样性、提升社区综合福祉等，一直是亚太森林组织探索的重点领域。2010年以来，亚太森林组织先后在尼泊尔、越南、老挝、马来西亚、柬埔寨及中国台湾地区等多个经济体开展森林经营示范项目，积极示范社区参与森林经营、多功能林业、近自然林经营、混农林、水流域森林生态系统综合治理等经营理念与模式，鼓励利益相关方积极参与，提升森林经营规划与管理水平。

战略3：改善社区生计，实现社区林业可持续发展。世界森林面积的近1/3采取基于社区的管理形式。社区林业在亚太地区更是实现森林资源可持续经营以及实现国家和地区经济、环境和社会目标的最佳方式之一。在森林恢复与经营过程中，亚太森林组织资助社区林业发展，提升他们参与森林经营与社会经济活动的能力，创造多元化生计模式，释放更大发展潜能。一是倡导参与式土地利用规划，助力社区解决权属冲突，明确土地权属，保障社区对林地进行负责任的管理；二是通过补植具有较高经济价值树种、混农林模式、早期抚育间伐等方式，创造早期及持续经济收入模式；三是通过资助中小林业企业，开发林业及非木质林产品，创造替代生计机会；四是开发生态旅游，提升森林生态服务功能和社会经济价值；五是推广太阳能和节能炉灶等可替代能源，保护森林资源和保障社区居民健康；六是通过能力建设，提升多方利益群体参与磋商能力以及参与林业政策制定的话语权。

3. 评价与启示

目前，亚太森林组织通过执行既定战略计划，已资助实施13个区域项目，项目总金额超过4 100万元人民币。项目广泛涉及了森林可持续经营、退化林地恢复与管理、林业减贫、森林覆盖及碳制图、多功能林业、应对气候变化、林业教育创新与合作，以及跨境生态安全等领域，涵盖了亚太地区21个经济体，并与区域内重要的国际组织建立了良好的项目合作关系。

亚太森林组织自成立以来，通过设立国际奖学金、举办主题培训班、建立林业院校合作机制等方式，强化成员能力建设，同时通过网站、出版物、多媒体等形式，宣传亚太区域林业发展的最新进展，促进成员间信息共享，受到了本区域相关国际组织和各经济体的广泛认可。

（六）全球环境基金

1. 机构概况

全球环境基金成立于1991年10月，是一个由183个国家和地区组成的国际合作机构，最初是世界银行投入10亿美元开展的一项支持全球环境保护和促进环境可持续发展的试点项目。其宗旨是与国际机构、社会团体及私营部门合作，协力解决环境问题。其任务是为弥补将一个具有国家效益的项目转变为具有全球环境效益的项目过程中产生的"增量"或附加成本提供新的和额外赠款以及优惠资助。联合国开发计划署、联合国环境规划署和世界银行都是全球环境基金计划的最初执行机构。

在1994年里约峰会期间，全球环境基金进行了重组，与世界银行分离，成为一个独立的常设机构。将全球环境基金改为独立机构的决定提高了发展中国家参与决策和项目实施的力度。尽管如此，自1994年以来，世界银行一直是全球环境基金信托基金的托管机构，并为其提供管理服务。

作为重组的一部分，全球环境基金受托成为《生物多样性公约》和《联合国气候变化框架公约》的资金机制。全球环境基金与《关于消耗臭氧层物质的维也纳公约》的《蒙特利尔议定书》下的多边基金互为补充，为俄罗斯及东欧和中亚的一些国家的项目提供资助，使其逐步淘汰对臭氧层损耗化学物质的使用。

随后，全球环境基金又被选定为另外3个国际公约的资金机制，分别是《关于持久性有机污染物的斯德哥尔摩公约》（2001年）、《联合国防治荒漠化公约》（2003年）和《关于汞的水俣公约》（2013年）。

2. 战略内容与目标

全球环境基金涉林的战略重点有以下几个领域：

（1）生物多样性。在"全球产品"管理方面，全球环境基金根据《生物多样性公约》提供的指导，作为该《生物多样性公约》的资金机制，全球环境基金旨在帮助发展中国家和经济转型国家履行该《生物多样性公约》的各项义务，并在生物多样性领域取得全球环境效益，以实现《生物多样性公约》的第1项目标："……保护生物多样性、持续利用其组成部分以及公平合理分享由利用遗传资源而产生的惠益；实施手段包括遗传资源的适当取得及有关技术的适当转让，但需顾及对这些资源和技术的一切权利，以及提供适当资金。"

其支持的项目关注能够控制生物多样性丧失的关键驱动因素，通过最有可能利用机会实现可持续的生物多样性保护。在全球环境基金的投资组合中，约36%为生物多样性项目，是该机构内最大的投资组合。

（2）气候变化。在气候变化方面，全球环境基金项目帮助发展中国家和经济转型国家为实现《联合国气候变化框架公约》的最终目标做出贡献，即"……将大气中温室气体的浓度稳定在防止气候系统受到危险的人为干扰的水平上。这一水平应当在足以使生态系统能够自然地适应气候变化、确保粮食生产免受威胁并使经济发展能够可持续地进行的时间范围内实现。"

作为《联合国气候变化框架公约》的资金机制,全球环境基金每年为以下领域的项目配备并支付数亿美元:能源效率、可再生能源、可持续的城市交通和土地利用、土地利用变化和林业的可持续管理。全球环境基金同时管理《联合国气候变化框架公约》下2个聚焦适应性的独立基金——最不发达国家基金和气候变化特别基金,二者专门用于为与适应有关的活动调动资金,而且后者也适用于技术转让。

全球环境基金支持的项目包括:①减缓气候变化。在如下领域减少或避免温室气体排放:可再生能源,能源效率,可持续交通,土地利用、土地利用变化和林业的管理。②适应气候变化。在通过在发展政策、规划、计划、项目和行动中促进迅捷和长期的适应措施,使发展中国家具备适应气候变化的能力。基金计划着眼长远,通过促进市场更加高效地运作,转变现有碳密集型技术,从而实现发展中国家能源市场转型。通过帮助发展中国家开展"双赢"项目,不仅能减少温室气体的排放,也为当地经济及其环境条件创造效益。

(3)土地退化。作为全球环境机构的资金机制,全球环境基金有应对土地退化的职责,尤其关注荒漠化和森林砍伐。全球环境基金将土地退化定义为"任何形式的土地自然潜力的恶化,它能影响生态系统的完整性,表现为降低其可持续的生态生产力或减少其原生的生物丰富性和韧性"。2003年,全球环境基金被指定为《联合国防治荒漠化公约》的资金机制,以确保应对荒漠化的全球环境基金项目与该公约的目标保持一致。通过这种方式,全球环境基金对这一全球机制起到了补充资金机制的作用,并共同支持该公约的执行。

土地退化重点领域的确立加上全球环境基金被正式指定为《联合国防治荒漠化公约》的资金机制,对全球环境基金对可持续土地管理项目的投资起到了很大的推动作用。作为《联合国防治荒漠化公约》的资金机制,全球环境基金直接贡献于实现缔约方大会第八次会议通过的《十年(2008—2018年)战略计划和框架》。该战略计划的目标是"为了支持减贫和环境可持续性,打造全球伙伴关系,从而逆转和防止荒漠化/土地退化,并缓解受灾地区的干旱。"

自1991年成立以来,全球环境基金已经资助了300多个项目和计划,这些项目和计划重点关注发展中国家的森林保护和管理。在此期间,全球环境基金为森林计划分配的总额度超过16亿美元,并从其他来源融资50亿美元。借鉴三大涉及森林的国际公约的指导方针(《生物多样性公约》《联合国气候变化框架公约》和《联合国防治荒漠化公约》),全球环境基金资助的项目大致可分为3类:①森林保护(主要是保护区和缓冲区);②森林的可持续利用(森林生产景观);③可持续森林管理(在更广泛的景观中处理森林和树木)。

3. 执行过程与效果

全球环境基金战略的执行或实施过程强调利益相关方的参与。利益相关方,不论是来自私人部门还是公共部门,也不论是来自营利部门还是非营利部门,都以适当的方式共同参与项目概念与目标的设定、选址、活动的设计与实施、项目的监控和评估。对于影响当地民众,特别是项目所在地或其周围受影响民众(如原居民社区、妇女和贫困家庭)的收入和生计的项目,有必要制定项目实施全过程的利益相关方发展战略。《重组后全球环境基金通则》(或《通则》)阐明了向公众发布信息、接受公众咨询和利益相关方参与的必要性。根据《通则》基本条款的规定,所有全球环境基金资助的项目应"在整个项目实施周期内全面披露非机密信息,并与主要组织和当地社区进行磋商,让他们适当参与"。

全球环境基金秘书处与实施机构协商制定项目实施周期内共同遵守的指导原则,确保理事会制定的运营政策得到执行。这些指导原则应涉及从项目确定到项目开发的各方面问题，包括对项目和实施方案的充分而适当的审查，与当地社区和其他利益相关方的协商，当地社区和其他利益相关方的参与等。在公众参与方面，要求实施机构还要有自己的与上述规定相一致的政策、指南和程序。

4. 评价与启示

全球环境基金是全球性的组织，其战略涉及多个领域、多个目标、多个利益相关者网络或部门架构，其战略的形成背景比一些专项战略规划要复杂得多。其优势在于多个利益相关者的支持，尤其是资金部门的支持，并与政府和社会形成稳定的公私伙伴关系。根据不同的领域制定相应的工作战略和行动计划，通过多部门和多利益相关者的支持和执行，落到实处，落到社区和地块。也正因为其战略过程要求利益相关者的参与，其战略或者计划相对精准，能落到实处。而且具有独立的评估部门按时评估，发现问题，及时修正。整个战略过程中，全球环境基金起到了战略需求者和战略对象者的桥梁作用，承上启下，上至各个公约的委员会，下至对象国或区域的社区。

因此，对于战略或规划制定机构和部门而言，一是形成自己的战略过程制度，包括规划前、中、后环节各项流程，强调战略规划制定的科学性和规范性；二是根据自己的特色和领域，寻求和构建稳定的合作伙伴关系，包括公共部门和私人部门，尤其是资金合作伙伴，保持稳定资金保障和合理的人才队伍；三是提高利益相关者的参与程度，提高战略规划的精准性，制定利益相关者沟通机制，明确不同利益相关者的需求，充分了解不同层级追求的目标；四是制定独立的战略规划评估制度，开展科学的评估和制定规范的修编程序。

四、世界林业发展趋势展望与对策建议

（一）趋势展望

几乎所有国家、地区和国际涉林组织都制定了国家林业发展战略或用于解决各项重大林业问题的相关政策和计划机制。通过对主要国家、地区和国际涉林组织的分析、总结和提炼，得出以下几点结论，供进一步讨论研究。

一是多功能森林可持续经营成为发展主流。21世纪，为了适应气候变化，以永久性森林为主的多功能森林，将成为森林资源的主体架构。其关注的是对林地及其生态系统的经营管理。多功能森林的本质特点，就是追求近自然化但又非纯自然形成的森林生态系统，因此，"模仿自然法则、加速发育进程"是其管理秘诀。所谓永久性森林，就是一种异龄、混交、复层、近自然的多功能森林。在这个主体架构下，森林资源就具备适应性和适应各种变化的灵活性。此外，各国林业发展的又一个趋势，就是都将致力于有效地落实森林可持续经营。森林可持续经营，就是施加于森林以获得森林的可持续性并在这种状态下持续地生产人类所需要的产品和服务。所谓森林可持续性，指森林生态系统，特别是其中林地的生产潜力和森林生物多样性不随时间而下降的状态。

二是林业在应对气候变化中的作用备受关注。《联合国气候变化框架公约》（1992年）、《京都议定书》（1997年）和《巴厘路线图》（2007年）等一系列公约和进程，都确认了森林在

减排、增汇中的地位和作用。林业议题成为近些年来国际谈判的核心议题,也是哥本哈根气候变化峰会期间谈判中的一个亮点,旨在减少毁林与森林退化、加强森林保护与可持续管理的新保护机制(REDD+),得到了广泛的响应。

三是承担环境与发展国家责任成为涉林国际公约的核心。环境与发展是全人类面临的共同主题。从20世纪20年代起,国际社会就开始了国际环境保护法的制定。特别是1972年斯德哥尔摩联合国人类环境会议和1992年环发大会以后,国际社会缔约了一系列的多边涉林环境公约,包括《湿地公约》《濒危野生动植物种国际贸易公约》《国际热带木材协定》《21世纪议程》《关于森林问题的声明》《生物多样性公约》《联合国气候变化框架公约》《京都议定书》和《联合国防治荒漠化公约》等。

四是各国联合推动打击非法木材采伐和贸易力度加大。随着全球非法采伐与相关贸易的发生,国际林产品贸易被严重扭曲,并进而导致了森林资源破坏、诱发气候变化、危害森林的生态服务功能,严重影响了生态、经济、社会的可持续发展。目前,非法采伐问题已经成为联合国、8国集团、多边和双边首脑会晤等重要政治外交领域中的一项重要内容,同时已成为国际社会普遍关注的热点问题。

五是国际涉林组织的影响范围不断扩大。国际涉林组织通过设立办事处、构建全球网络平台和推广示范项目,布局战略计划和重大项目。项目涉及森林可持续经营、退化林地恢复与管理、林业减贫、森林覆盖及碳制图、多功能林业、应对气候变化、扶贫和促进贸易与合作、林业教育创新与合作,以及跨境生态安全等领域。

六是地方社区等非政府组织获取林业资源的途径正逐渐拓宽。非政府组织通过拓宽资源渠道以促进其对资源进行管理并从中受益,这在拉丁美洲及加勒比区域及亚洲几个国家(中国、越南等)尤为显著。拓宽资源获取渠道能够通过满足生存需要和创造非现金收入等方式,有力地提升地方层面的社会经济效益。一些通过特许权管理大部分公共森林的国家已采取措施调整了商业特许权所有者与地方社区的关系模式。许多国家表示支持产品通过不同类型的生产者组织进入市场。允许创建生产组织,促进产品更高效地进入市场。通过促进投资为可持续森林管理提供资金支持已被列为国际政治议程的优先内容。需要特别注意的是,应当设立国家森林基金机制并认识到吸引国内大小资金的重要性。同时,如何使地方和土著社区获得可负担、可信赖的资金来源仍是政策制定者面临的一个问题。

七是发达国家和地区愈加倾向于利用绿色壁垒战略影响全球林产品贸易。为推进绿色壁垒战略,世界各国相继展开了积极行动,美国、澳大利亚、欧盟出台绿色采购政策和相关的法律、法规,有关机构开展森林认证和产销监管链认证,部分发达国家和地区还制订了森林执法、施政和贸易行动计划,推行全球木材认证体系,确保进入其市场的木材合法性。

(二)对策建议

当前,世界林业发展形势已经发生了深刻变化,中国应立足国内实际,加强林业国际合作,积极参与全球生态治理,与国际社会一道共同推进全球林业事业的发展。

一是积极推进全球治理进程。根据不同的领域制定相应的工作战略和计划,通过多部门多利益相关者的支持和执行,落到实处,落到社区和地块,为世界林业发展作出了独特的贡献。中国制定相关林业战略应该充分考虑国际涉林组织的关注重点和工作方向,深化林业国际合作平台与机制,积极利用现有国家政府间对话平台和交流机制,推动将更多林业议题纳入高层政治对话和重要区域合作机制，充分表达和维护中国利益的同时，提出中国方案，提高影响力，引导国际规则向我有利方向发展。配合"一带一路"愿景与行动的实施，积极与沿线地区和国家开展合作，传播中国生态文明思想和全球森林治理理念。积极与西方发达国家合作，争取发达国家为中国林业发声。

二是加强国际公约谈判与履约。在国际谈判与履约中进一步提升话语权和影响力，在谈判与履约中与其他发展中国家合作，积极维护发展中国家整体利益以及作为发展中国家获得资金技术支持的权益，维护中国区域经济发展自主权，承担与中国发展阶段相当的责任与义务，积极向国际传播中国经验。在谈判与履约中不断推进建立对中国有利的全球森林治理体系，不断提升中国林业国际影响力和话语权，推动森林治理向主流化发展。

三是加强打击野生动植物走私贩运和木材非法采伐国际合作。进一步密切与非洲、东南亚等国家的双边合作，加强与非洲国家在履行双边协议、开展野生动植物保护领域援助方面的合作。加强木材合法性认定、打击木材非法采伐及相关贸易等方面的国际交流合作。积极同美国和欧盟等发达国家或地区开展多边、双边合作，共同开展木材合法性研究与实践，增进对木材合法性的共同理解，探索建立符合各方利益的木材合法性互认办法。积极宣传中国在打击木材非法采伐方面的政策措施，树立良好形象，提升国际影响力。

四是积极参与应对全球气候变化。积极与发展中国家和立场相近国家合作，促使发达国家向发展中国家提供资金和技术支持，建设性参与气候变化国际进程，围绕气候谈判林业议题开展深入研究，为促进林业议题谈判发挥积极作用。加强林业应对气候变化南南合作，重点推进与东南亚、南亚、中东欧国家在林业增汇技术、林业适应气候变化技术、林业碳汇交易、碳汇测算、碳汇市场建设等方面开展合作，积极开展政策对话，分享技术、信息和经验，推进建立合作机制，提高中国开展林业应对气候变化工作的能力，促进绿色低碳发展。提升中国林业碳汇开发技术能力，推进在国家林业碳监测体系建设、林业加入国家碳交易体系、气候变化专门委员会林业相关评估和技术指南制定等方面加强国际合作。借鉴国际先进经验，推进中国应对气候变化立法进程，确立林业在应对气候变化中的特殊地位和重要作用，将林业应对气候变化管理工作纳入法制化轨道。

五是深化与国际组织和非政府组织的合作。加强与联合国森林问题论坛、联合国粮农组织等国际组织深度合作，争取向重点国际组织派员及担任相关职务，积极参与相关会议，争取项目支持，推动各国际组织更好地服务中国林业发展。利用世界自然基金会、大自然保护协会等国际非政府组织专业性强、信息来源广、传播能力强的优势，不断引进国外先进理念，积极推动中国林业建设成果走向世界。加强对境内非政府组织的规范管理，不断创新合作方式。在巩固与国际组织和非政府组织现有合作基础上，积极拓宽合作领域，在森林保护、湿地修复、荒漠化防治和生物多样性保育等领域开展更广及更深层次的合作。重点支持国际竹藤组织和亚太森林组织参与和引领区域林业发展。

六是主动应对林业国际贸易绿色壁垒。为适应和应对发达国家和地区的绿色壁垒战略，中国应从两处发力：一方面，积极主动参与建设国际林业经贸规则体系，争取国际规则话语权，引导规则向于我方有利的方向发展，避免林业经贸网络边缘化的风险；另一方面，推进体制机制改革，实现国内林业发展战略与国际经贸规则体系的有效融合和对接，从全球视野推进林业供给结构性侧改革，实现资源要素标准化、产品绿色化、国际化。

参考文献

陈平, 田竹君, 李垩, 等, 2015. 日本国家尺度生物多样性综合评价概况及启示[J]. 地理科学, (9): 1130-1139.
陈文, 2008. 越南生物多样性保护问题与启示[J]. 东南亚研究, (5): 39-45.
陈宗波, 2008. 菲律宾生物多样性及其相关知识的立法及对中国的启示[J]. 河北法学, (11): 157-162.
池田宪昭, 2011. 德国林业"照亮"世界林业发展之路[N]. 白秀萍, 编译. 中国绿色时报, 08-25.
丛之华, 杨兴龙, 许玉粉, 等, 2014. 国外推进森林认证比较及经验借鉴[J]. 辽宁林业科技, (4): 49-53.
丁沪闽, 2010. 非洲主要林业国家木材资源概况[J]. 河北农业科学, (2): 88-90.
符冠云, 白泉, 杨宏伟, 2012. 美国应对气候变化措施、问题及启示[J]. 中国经贸导刊, (22): 38-40.
高义, 邢如强, 2002. 谈韩国林业发展策略[J]. 林业勘查设计, (2): 9-11.
谷德近, 2008. 巴厘岛路线图: 共同但有区别责任的演进[J]. 法学, (2): 132-138.
国际竹藤组织, 2012. 国际竹藤组织北京宣言[R].
国际竹藤组织, 2009. 国际竹藤组织成为国际公平贸易组织准成员[J]. 世界竹藤通讯, 7(1): 28.
国际竹藤组织, 2012. 国际竹藤组织合作[J]. 管理观察, (30): 114.
国际竹藤组织, 2014. 国际竹藤组织将从三方面转型发展[J]. 世界竹藤通讯, 12(1): 31.
国际竹藤组织, 2012. 国际竹藤组织与中国绿色碳汇基金会开展战略合作[J]. 世界竹藤通讯, 9(2): 34.
国际竹藤组织中文网站. http://www.inbar.int/cn/.
国家林业局宣传办, 2011. 亚太地区林业发展概况[EB/OL]. http://www.forestry.gov.cn/ZhuantiAction.do?dispatch=content&id=499869&name=apec. 9.
韩璐, 吴红梅, 程宝栋, 等, 2015. 南非生物多样性保护措施及启示: 以南非克鲁格国家公园为例[J]. 世界林业研究, 28(3): 75-79.
黄鹂, 蔡弘, 2015. 拉美国家生态环境变迁及其对中国的启示[J]. 北京林业大学学报(社会科学版), (2): 56-61.
吉海英, 2007. 南非生物多样性保护的法律与实践[J]. 中共济南市委党校学报, (1): 39-40.
江西省林业厅, 2012. 经济转型国家实践林权改革[EB/OL]. http://www.jxly.gov.cn/kjyhz/sjlydt/fzln/200810/t20081008_24970.htm#topcontent.
蒋业恒, 吴水荣, 2015. 国际森林公约的前景分析[J]. 林业经济, (10): 13-19.
荆珍, 2014. 可持续森林管理研究——全球治理理论在全球森林保护中的应用[J]. 安徽农业科学, (10): 3099-3102.
李怒云, 黄东, 张晓静, 等, 2010. 林业减缓气候变化的国际进程、政策机制及对策研究[J]. 林业经济, (3): 22-25.
李怒云, 2014. 发展碳汇林业应对气候变化[J]. 林业与生态, (3): 14-17.
李怒云, 2007. 中国林业碳汇[M]. 北京: 中国林业出版社.
李怒云, 杨炎朝, 2009. 气候变化与碳汇林业概述[J]. 开发研究, (3): 95-97.
李星, 2007. 德国生物多样性国家战略获得通过[J]. 世界林业动态, (36), 6-7.
李勇, 2000. 粮农组织林业发展战略规划为未来林业发展方向[N]. 北京林业大学学报, (5).
联合国粮食及农业组织, 2009 世界森林状况[R].
联合国粮食及农业组织, 2011 世界森林状况[R].
联合国粮食及农业组织, 2010 森林资源评估[R].
联合国粮食及农业组织, 2015 年全球森林资源评估报告(中文版)[R].
联合国粮食及农业组织, 2015. 巴黎协定(中文版)[R]. 罗马: 联合国粮食及农业组织.

联合国粮食及农业组织，2008. 关于所有类型森林的无法律约束力文书(中文版)[R]. 罗马：联合国粮食及农业组织.

梁平，叶晓婷，2012. 国际竹藤组织在中国[J]. 环境与生活，(4)：31-36.

刘惠兰，黄俊毅，2015. 亚太森林组织发展纪实：为亚太大地添绿增彩[N].

刘思慧，1999. 菲律宾生物多样性现状及其保护策略[J]. 世界林业研究，12(4)：67-70.

鲁德，2014. 运用马克思主义哲学基本原理认识和指导亚太森林组织工作[J]. 国家林业局管理干部学院学报，(3)：3-12.

鲁法典，1999. 瑞典森林生态环境与生物多样性保护战略[J]. 林业资源管理，(1)：66-67.

孟永庆，2004. 美国和马达加斯加将合作保护生物多样性[J]. 世界林业动态，17(3)：8-9.

孟永庆，2005. 加拿大生物多样性保护战略[J]. 世界林业动态，(6)：7.

孟永庆，2005. 拉丁美洲部分国家下放森林管理权[J]. 世界林业动态，(12).

钱迎倩，季维智，1996. 印度、泰国和越南生物多样性保护的管理[J]. 广西科学院学报，12(3)：1-7.

森林认证[E]. http：//baike. baidu. com/subview/403800/403800. htm. 2016. 1

沈照仁，2006. 波兰森林没有随着政改而改变管理体制[J]. 世界林业动态，(10).

沈照仁，2003. 伊朗的森林概况[J]. 世界林业动态，(36)：1-2.

孙中艳，2005. 英国、印度和美国生物多样性法律保护概况及其借鉴意义[J]. 油气田环境保护，15(4)：7-9.

田野，2014. 林业在应对气候变化的重要作用[J]. 商品与质量，(3)：110.

王春峰，2009. 当前气候变化和林业议题谈判的国际进程[J]. 林业经济，(12)：20-24.

王守荣，2011. 美国气候变化科学计划综述[J]. 气候变化研究进展，7(6)：441-448.

王亚明，2005. 国际森林认证体系与建立中国森林认证体系的初步研究[D]. 北京：北京林业大学.

王云才，王敏，2011. 美国生物多样性规划设计经验与启示[J]. 中国园林，27(2)：35-38.

王祝雄，2009. 林业应对气候变化作用和意义重大[J]. 今日国土，(7)：13-17.

吴柏海，张蕾，余涛，2009.《雷斯法案》对中美林产品贸易产生的影响及应对策略[J]. 林业经济，(1).

吴水荣，2010. 聚焦哥本哈根气候变化峰会：回顾与前瞻[J]. 林业经济，(1)：64-68.

夏敬源，聂闯，2013. 联合国粮农组织的5大战略目标[J]. 世界农业，(4).

肖翔，陆文明，2008. 从政府作用角度看喀麦隆的森林认证[J]. 世界林业研究，21(5)：64-67.

徐斌，张德成，2011. 2010世界林业热点问题[M]. 北京：科学出版社.

徐斌，2014. 2013世界林业热点问题[M]. 北京：中国林业出版社.

徐向阳，2009. 印度应对气候变化战略和清洁发展机制项目的实践[J]. 南亚研究季刊，(3)：102-106.

徐阳，2015. 全球森林治理再平衡——联合国森林论坛第十一届会议决定未来15年国际森林安排总体框架[J]. 绿色中国，(7)：8-23.

颜帅，2003. 国际森林认证体系与中国森林认证的理论和政策研究[D]. 北京：北京林业大学.

张德成，2008. 国际热带木材组织开始执行新的行动计划[J]. 世界林业动态，(19).

赵爱云，1997. 亚太地区林业现状[J]. 世界林业研究，10(5)：77-81.

郑小贤，刘东兰，2007. 战后日本林业政策分析[J]. 林业经济，(5)：73-76.

中国林业网，2013. 世界林业：法国[EB/OL].

周琛，2007. 印度生物多样性保护的法律与实践[J]. 中共济南市委党校学报，(1)：37-38.

Australian Government：Illegal logging[EB/OL]. http：//faostat. fao. org/site/626/default. aspx#ancor，2013.

Fang Jingyun, Chen Anping, Peng Changhui, 2001. Changes in forest biomass carbon storage in China between 1949 and 1998[J]. Science, 292: 2320-2322.

ITTO, 2006. Status of tropical forest management 2005: ITTO technical series No. 24[R]. Yokohama, Japan.

Kazakhstan Forest Seed Centre, National Academy of Science, 2010. Forest rehabilitation in Kazakhstan[R].

McGrath, Grandalski, 2000. Forest law enforcement: policies, strategies and technologies[C]. Mekong Basin Symposium on Forest Law Enforcement, Phnom Penh, Cambodia.

Sam Lawson, Larry Mac Faul, 2010. Illegal logging and related trade, indicators of the global response[M]. Chatham House.

Shau Amir, Orly Rechtman, 2006. Forest policy and economics, the development of forest policy in Israel in the 20th century[J]. Forest Policy and Economics, 8: 35-51.

专题六 世界林业机构设置和运行机制

一、世界林业机构设置概况

世界上大多数国家林业管理部门职能仅限于狭义上的林业事务，即保护与发展林地、林木以及相关生态系统（联合国粮农组织，2011）。仅有小部分国家林业部门除了上述职能外，还承担着保护、管理野生动物、湿地、荒漠生态系统、自然保护区的职能。

2011年，联合国粮农组织首次从狭义角度分析了各国林业管理体制状况，该统计以森林资源管理主体为口径，发现全球233个国家中有217个国家设有林业管理部门。这些国家或者将林业部门单独设立，或者与其他机构合设，或者属于其他部委的二级机构，其中单设林业部（委、局）的国家有13个，合设部（委、局）的国家有46个，从属其他部（委、局）的国家有113个，另有4个国家由元首或国务大臣直接负责国家林业，而尚未建立全国性林业管理机构的国家有57个（侯元兆，1998）。

在合设部（委）的国家中，林业工作处于核心职能地位，如刚果林业经济部、摩洛哥水和森林及防治荒漠化高级委员会及加蓬森林、环境和自然资源部（简称森环部，下同）等。在从属其他部的国家中，林业工作实际上由几个部共同管理，如美国的国有林分别由农业部林务局和内政部的国土管理局、鱼类及野生动物管理局、国家公园管理局管理。此外，很多国家还成立了部级的国家林业（森林）委员会，协调国家林业政策执行，审议重大林业问题（赵晓迪等，2015）。

二、典型国家林业机构行政隶属关系及管理体制

林业管理部门的行政级别和从属关系在很大程度上影响着该国林业政策施行的有效性。为了更好地说明林业机构的整体情况，有必要认真梳理各国林业管理部门的级别及隶属关系。本研究依据林地面积、森林覆盖率、林业产值等主要指标，从全球233个国家中选出了33个森林经营相对良好、林业发展相对稳定、林业产值占比较高、林业管理相对成熟的国家进行分析。33个国家中，既有单设部委的国家，如乌克兰；也有将林业行政管理机构作为其他部委组成部门的国家，如美国、德国等；还有一些合设部委的国家，如印度、加蓬。考虑到各国不同的政治体制和林业产权结构，对33个国家林业管理部门的层级、隶属关系、管理体制和资金来源进行了整理，见表6-1。

表 6-1 典型国家林业管理机构设置情况统计

国家	国家结构形式	林权结构	主要管理机构	隶属关系	管理体制	资金来源	其他相关管理机构（国家公园、自然保护区、湿地、荒漠、野生动植物管理）
刚果（布）	单一制	国有林	林业部	中央政府	中央设部，各行政大区设林业局，区下各省设林管区，各自负责辖区内林业管理	财政资金，国外援助	水利部和林业部牵头和监督的刚果造林局管委会
白俄罗斯	单一制	国有林	林业部	中央政府	中央设林业部，地方设林业生产协会，协会下设林场	财政资金，外商投资	总统办公厅
缅甸	联邦制	国有林为主，有极少数社区林	联邦林业部	中央政府	中央设部，地方设林业办公室，垂直管理	财政资金	联邦林业部
乌克兰	单一制	国有林占98%，私有林占2%	林业部	中央政府	中央设部，地方设地方局、营林署、狩猎区和自然公园，垂直管理	财政资金	各级林业合作组织
巴拉圭	单一制	公有林占39%，私有林占61%	国家森林研究所	中央政府	巴拉圭政府通过两个会议来进行森林统筹管理：一是国家林业圆桌会议，二是森林产品行业圆桌会议，由地方和大企业代表参加	财政资金和私人资金	
印度	联邦制	国有林为主（公共管理和社区管理）	环境和森林部	联邦政府	中央和各邦分设环境部，各司其职	中央和各邦的财政资金支持	农业部、农村发展部
印度尼西亚	单一制	国有林为主	环境和森林部	中央政府	中央、省、县三级垂直并有社区参与的管理体系	国家财政拨款	环境和森林部
喀麦隆	单一制	56%为国有，44%为企业和社区所有	森林与动物资源部	中央政府	森林与动物资源部下设机构遍布全国58个省份，集中统一管理	中央财政拨款和企业经营资金	环境与自然保护部

(续)

国家	国家结构形式	林权结构	主要管理机构	隶属关系	管理体制	资金来源	其他相关管理机构(国家公园、自然保护区、湿地、荒漠、野生动植物管理)
哥斯达黎加	单一制	私有林占55%,公有林占45%	国家林业局	环境能源部	中央统筹,一些专门、非政府的组织(联合执行办公室、国家农场林业委员会)参与管理	财政资金和地方管理机构筹集	农业部
埃塞俄比亚	联邦制	国有林	森林管理局	农业部	中央设管理局,地方由农业部门负责林业管理	财政资金	环境部
肯尼亚	单一制	地方林(地方政府所有)为主,国有林占一部分	林务局、野生动物服务局	环境、水与自然资源部	中央到地方设林务局、保护区、工作站、办事处、垂直管理	中央和地方财政资金	
南非	单一制	公有林占60%,私有林占40%	林业与自然资源管理局	农林渔业部	中央设局,各省设处,共同管理国有天然林;人工林部分由国有林业公司负责经营	财政资金和私人资金	环境事务部
巴布亚新几内亚	单一制	私有林(社区所有)为主	林业局	产业部	中央、省均设林业局		环境部
智利	单一制	私有林为主	国家林业公司	农业部	中央、大区、省(相当于我国的市)3级管理,国家林业公司下设15个区域办公室、35个省级办公室	财政资金	环境部(生物多样性)
巴西	联邦制	公有林(公共部门和社区所有)占80%,私有林占20%	林务局、环境和可持续自然资源管理局、奇科门德斯生物多样性保护局	环境部	联邦、州、市3级林业行政管理机构,国家林业委员会监督管理	财政资金、社区资金和私人经营资金	
加拿大	联邦制	公有林占93%(省有林占77%),私有林占7%	林务局	自然资源部	按照属地原则,由各省和地区管理辖区内森林,有独立的立法权和行政权;联邦政府仅负责制定宏观战略等	财政资金	国家公园局(中央和地方分设)

(续)

国家	国家结构形式	林权结构	主要管理机构	隶属关系	管理体制	资金来源	其他相关管理机构(国家公园、自然保护区、湿地、荒漠、野生动植物管理)
美国	联邦制	私有林占60%，公有林占40%	林务局	农业部	联邦、州、县、站4级管理	财政资金和私人经营资金	内政部的国土管理局、鱼和野生动物管理局、国家公园服务局
日本	单一制	私有林占60%，国有林占30%，公有林占10%	林野厅	农林水产省	分类管理：林野厅管国有林，地方（主要是3级林农合作组织）管私有林，中央和地方属业务指导关系	财政拨款和私人经营资金	环境省（湿地、荒漠）
马来西亚	联邦制	国有（国家、州政府共有）	半岛林业总局、木材工业局、木材认证委员会	自然资源与环境部、人工林产业与商品部	联邦和州共同管理，各自承担辖区内职责	财政拨款和地方林业税收	联邦政府、州政府
瑞典	单一制	私有林为主（个人和企业），占81%	林业局	农村事务部	国家、县、区3级垂直管理	国家财政拨款	环境部，国家环保局
秘鲁	单一制	国有林为主	森林和野生动物局	农业部		财政拨款	环境部国家保护区管理局；亚马孙研究所，国家战略规划中心
韩国	单一制	私有林为主，国有林和公有林占1/3	山林厅	内务部	中央设厅，地方各市、道、郡、府均设森林管理科，共同管理；森林组合（协会组织）参与管理私有林	主要是中央财政拨款，地方负担10%	环境部
芬兰	单一制	私有林占52%，国有林占35%，还有8%的集体林	林业司、林业发展中心、中央农林主联盟	农林部	农林部下设机构林业发展中心在13区域设有分中心，共同管理；中央农林主联盟负责私有林管理	财政税收和私人经营经费	农林部森林和公园管理局

(续)

国家	国家结构形式	林权结构	主要管理机构	隶属关系	管理体制	资金来源	其他相关管理机构(国家公园、自然保护区、湿地、荒漠、野生动植物管理)
俄罗斯	联邦制	主要为国有林	联邦林务局	自然资源与生态部	中央、州/边、大区分设林管机构,3级垂直管理	中央财政拨款	自然资源和生态部(国家公园、保护区、湿地),农业部(荒漠)
德国	联邦制	私有林占46%,国有林占34%,集体林占20%	联邦林业管理局	消费者保护、食品与农业部	联邦、州、地区、基层4级垂直管理;"政企分离",国有林由国有企业经营,私有林由林业专业合作组织经营	财政资金和私有经营资金	国家公园管理处(各州政府)
奥地利	联邦制	私有林占80%,公有林占20%	林业局	农林环保与水利部	私有林通过奥地利林主协会管理,公有林由林业局管理	财政资金,私有经营资金	农林环保与水利部
英国	单一制	私有林占2/3,公有林占1/3	大不列颠林业委员会(FC)、北爱尔兰农业厅	环境食品农村事务委员会环境食品与农村事务部	FC在中央下设3个委员会和2个森林企业,在地方设区域林业局和地方林业局	财政资金和私人经营资金	国家公园管理局(中央、地方分设)
法国	单一制	私有林占74%,公有林占26%	林业、农村和马匹管理局	农业、食品和林业部;农业政策、农产品与农村地区总局	私有林由地区林主中心负责管理、公有林由国有林公司负责经营管理	公司经营资金、基金组织和私人资金	国家公园管理委员会(地方农林部门组成)
加蓬	单一制	国有林	森环部;森林总局	中央政府	中央集中管理	中央财政拨款	国家公园署
新西兰	单一制	80%为国有,20%为私有	部门政策理事会、资源政策理事会	初级产业部	分类管理:国有人工林公司化,天然林由保护局管理;中央专司政策司法	国有企业出资和私人出资	自然资源保护部
澳大利亚	联邦制	私有林为主,占70%	林业局	林业、渔业和水产部长理事会	国有林主要由地方、各州经营管理	地方财政资金和私人资金	联邦政府自然保护局

（续）

国家	国家结构形式	林权结构	主要管理机构	隶属关系	管理体制	资金来源	其他相关管理机构（国家公园、自然保护区、湿地、荒漠、野生动植物管理）
摩洛哥	单一制	国有林占99%，私有林占1%	水利和森林与荒漠化防治高级委员—国家森林委员会	能源、矿产、水利和环境部际联合	中央设国家森林委员会，地方设省和地方委员会	财政资金	
墨西哥	联邦制	公有林和社区林占80%，私有林占15%，国有林只占比5%	国家森林委员会	环境和自然资源部	各州独立管理其森林事务，国家森林委员会在各州另设有办事处进行监督	财政资金和私人资金	联邦环境保护办公室、全国自然保护区委员会、国家生物多样性调查研究委员会

表6-1中，国家单设部委（直属局、院所）进行林业管理的有5个（刚果民主共和国、白俄罗斯、缅甸、乌克兰、巴拉圭）；合设部委（直属局）有3个（印度尼西亚、印度、喀麦隆），占总数的24.24%，这些国家多以国有林为主，私有林占比较低。其余25个国家，林业最高管理机构都是设置于中央某部委的下属单位，还有部分（英国、法国、摩洛哥）属于二级下属单位，占75.76%，但多数以林业局、林业总局、林业处等专门管理机构的形式开展管理，这些国家中私有林大多占有一定的比例，最高的接近90%。从统计数据看，归属其他部委的中央林管机构占多数，其中归于农业部、环境部的占了90%以上；还有少量国家的中央林管机构具有自身特色，如新西兰、巴布亚新几内亚2个国家归口于产业部，澳大利亚、肯尼亚、摩洛哥等由多部委（以部际联合的形式）联合管理；还有一些国家实行林业机构的完全区域化，完全由地方林业管理机构向地方政府汇报，有的在地方设立办事处加以监督，如加拿大和墨西哥。这与联合国粮农组织2011年对全球168个国家（森林面积占98%）负责林业政策制定和管理的最高机构的统计数据（归属农业部负责占报告国的43%；归属环境部负责占报告国的33%）基本一致（USDA Forest Service，2010）。从归属部委来看，大多数国家对林业的定位是以自然资源储备为主、生态保护对象产业开发和经济价值利用处于次要地位。

超过75%的国家采用"中央—地方"分级垂直管理方式，在省（州）、地区（府）、市（县）、区（乡）各级设立相应的林业局、处、站等，与地方政府协调管辖区域内的森林管理，并监督检查和指导私有林的经营。有少部分私有林占75%以上的国家（奥地利、韩国、法国）对私有林的经营管理对外授权，由林主协会/中心/联盟等非政府的协会组织进行具体的管理工作。此外，加蓬、喀麦隆、白俄罗斯由于政治体制高度集权，在林业管理上实行中央统一管理，中央林业机构直接负责地方林业的具体管理工作，地方政府并不参与地区林业管理。

总体而言，各国林业机构设置一般取决于国体政体、国家发展阶段和林业产权结构等方面的因素。由于职能单一、管理层级单一，联邦制国家林业行政管理机构大多作为其他部委的组成部门。在非联邦形式的以国家为整体的单一制国家中，一般单独设部委，即使与其他行业合设部委，行政管理也具有很大的独立性，自成体系。发达国家林业机构设置相对稳定，多与其他行业合设或作为组成部门。发展中国家多设置独立的部委加强林业建设，有的国家还成立由部长兼任或者国家元首任命组建的国家林业（森林）委员会（理事会）。新型经济体林业大国林业机构不稳定，但总体上处于不断强化的趋势。在森林公有产权集中的国家，林业一般实行垂直管理，协调其他部门、管理社会各主体的任务较重，林业管理机构的级别也较高；在公益林、私有林各占一定比例的国家，其林业机构设置的级别相对较低。

三、典型国家林业事权和支出责任情况

由于国情与政治体制存在差异，事权和支出责任划分在典型国家呈现多样化特点，但在主要方面具有共同性。

（一）典型国家林业事权划分

1. 生态建设与保护

生态建设与保护的事权项目包括森林可持续经营、湿地恢复与保护、野生动植物保护、荒漠化防治、生态工程修复等5个方面。森林可持续经营项目大体上属于共同事权，按照产权归属原则，典型国家造林、抚育事权主要按照林地权属特征，中央政府和地方政府在各自权属范围内进行管理。湿地恢复与保护一般属共同事权，但中央事权比地方事权更多；野生动植物保护和荒漠化防治事权各国划分差异较大；生态修复工程事权一般以中央事权为主。

2. 支撑保障

支撑保障事权项目包括林业金融扶持，种苗、林区道路、林业科技，森林资源连续清查及其设备购置，木材检查站建设、林业工作站建设、林业信息化、森林公安等林业建设、林业教育、林业法规法制等教育与管理。其中，林业金融扶持大多属中央事权，林业种苗、道路、林业科技一般属共同事权；森林资源连续清查及其设备购置一般为中央事权，其他木材检查站建设、林业工作站建设、林业信息化等林业建设大多为共同事权；林业教育属共同事权，林业法规法制一般属中央事权。

3. 防灾减灾

防灾减灾项目事权包括森林防火工作、有害生物防治、野生动物疫源疫病、沙尘暴灾害预测预报和应急处置等方面。总体来看，该类事权以共同事权为主。但在不同的典型国家间差别很大，如森林防火项目在美国、俄罗斯、瑞典等典型国家属于中央政府事权，而在澳大利亚、新西兰等国家为地方政府事权。

4. 改善民生

改善民生项目事权主要包括森林公园、林下经济、社会性基础设施、工业原料林、特色经济林、木本油料、花卉等。总体来看，该类事权以地方事权为主。

5. 促进改革

促进改革项目内容包括国有林场改革、集体林权改革、重点国有林区改革。该项事权

在典型国家均属于中央事权。

（二）典型国家林业支出责任划分

国外政府间林业支出责任的划分一般随事权而定，与事权基本匹配。林业事权明确，支出责任随之明确，即谁拥有事权，谁承担支出责任。但需要特别指出的是，财权与事权的匹配并不是绝对的，也存在财权与事权不完全对应的情况：①事权属于地方政府，但地方财力有限，难以承担事权支出，需要与中央共担支出。②地方事权所产生的"福利"有明显的"外部性"，但又不能明确划分与其他地区共担的支出责任，为矫正外部性，中央政府与地方政府共担支出。③为鼓励地方政府积极履行某项事权，中央政府予以适当的补助或补贴。④事权属于中央，但由于该项事权本身有较大的收益性，中央政府不对其进行财政投入，即没有责任支出。⑤属于中央与地方共同事权，责任支出主要由地区组织与地方政府共担支出责任。

（三）典型国家事权与支出责任划分的启示

一是完善法律法规，以法律的形式明确林业事权和支出责任。国外政府间林业事权和支出责任划分依据是法律法规，划分是否明确和合理则取决于法律法规是否健全及所遵循的原则是否合理。典型国家在财政分级管理的基础上，各级政府林业事权都有明确的法律规定。二是清晰界定林地产权，以产权归属确定各级政府林业事权。国外林地产权大致只有2种，即国有产权和私有产权。以权属界定事权财权即依据林地所有权划分政府间林业事权与支出责任，各级政府主要负责本级所有林地的保护、经营和管理。三是区分林业事权战略层级，合理把握集权与放权的尺度。区分林业事权战略层级是指考虑事务的重要性、存续的时间长短和范围大小，将涉及未来较长时期内、关乎国家安全和发展的重大事项划归中央政府，而将阶段性和局部性的事项划归地方政府（马晓河等，2016）。四是考量林业事权外部效应，依据受益范围划分事权归属。林业具有很强的外部性，因此，林业事权划分中，外部效应是需要重点考量的因素，受益范围越广泛的公共服务，应属于越高层次的政府。五是尊重林业事权区域需求差异，促进中央与地方协调分权。按照公共产品的区域需求差异进行支出责任划分，也就是对某类公共产品在不同层级政府之间做出明确的分工和界定（刘尚希等，2012）。按区域需求差别划分林业事权，要求地区需求差异大的林业事权应由较低层次政府负责，即按照林业事权的层次性，将全国公共需求的林业公共事务划归中央负责，而将辖区特点明显的林业事权交给地方政府。六是实行最优效率管理，以降低林业事权执行与支出成本。不同的管理方式、管理手段具有不同的效率结果。同一种管理方式在不同的社会历史条件下所产生的管理效率也不尽相同（冉怒吟，2016）。实行效率管理即某项事物或项目由投资成本最低、工作效率最高的那一级政府负责。此类划分要求选择更合理的事权执行与财政支出方式方法，以取得较高的管理效率。因此，林业事权与支出责任要做到效率管理应该考虑服务对象远近和区域一致与否，还应考虑归谁管理更能降低事权执行与责任支出时发生的交易成本、减少审批环节等因素。七是厘清同级政府部门间交叉职能，确保林业事权的独立性。同级政府部门相同事权若存在较多的交叉往往会导致多龙治水，部门之间职责界定不清，你中有我、我中有你、边界模糊，既影响政府形象，也降低事权行使效率。国外典型国家通过评价部门对于处理某项事权的专业水平，明确林业事权边界，并设立独立的垂直管理机构强化事权管理。

四、典型国家林业机构职能情况和管辖范围

如表6-2所示，典型国家中央林业机构的职能主要包括10项职能：制定林业政策、战略规划，监督林业政策执行；执行林业法规，监督森林保护和管理，确保森林可持续利用；林业科技推广、科研教育和国际合作；向地方、非政府组织、企业和个人提供资金和技术支持；管理国家公园、自然保护区等，保护珍稀野生动植物（生物多样性）；审批核定采伐限额、林业生产许可证等；提供森林经营规划、评估等有偿服务；调查掌握资源情况；木材和野生动植物资源开发利用，促进经济增长和就业；修建、维护林道等林间基础设施。

表 6-2 典型国家林业管理机构职能统计

国家	制定林业政策、战略规划，监督林业政策执行	执行林业法规，监督森林保护和管理，确保可持续	林业科技推广、科研教育和国际合作	向地方、非政府组织、企业和个人提供资金和技术支持	管理国家公园、自然保护区等，保护珍稀野生动植物（生物多样性）	审批核定采伐限额、林业生产许可证等	提供森林经营规划、评估等有偿服务	调查掌握资源情况	木材和野生动植物资源开发利用，促进经济增长和就业	修建、维护林道等林间基础设施
刚果（布）										
白俄罗斯										
缅甸										
乌克兰										
巴拉圭										
印度										
印度尼西亚										
喀麦隆										
哥斯达利亚										
埃塞俄比亚										
肯尼亚										
南非										
巴布亚新几内亚										
智利										
巴西										
加拿大										
美国										
日本										
马来西亚										
瑞典										

(续)

国家	制定林业政策、战略规划，监督林业政策执行	执行林业法规，监督森林保护和管理，确保可持续	林业科技推广、科研教育和国际合作	向地方非政府组织、企业和个人提供资金和技术支持	管理国家公园、自然保护区等，保护珍稀野生动植物（生物多样性）	审批核定采伐限额、林业生产许可证等	提供森林经营规划评估等有偿服务	调查掌握资源情况	木材和野生动植物资源开发利用，促进经济增长和就业	修建、维护林道等林间基础设施
秘鲁										
韩国										
芬兰										
俄罗斯										
德国										
奥地利										
英国										
法国										
加蓬										
新西兰										
澳大利亚										
摩洛哥										
墨西哥										

　　70%以上的国家林管机构都具备制定林业政策规划、执行监督林业法规、林业科技教育推广、调查森林资源情况以及木材资源开发利用的职能。其中，林业管理体制为中央到地方垂直管理的国家倾向于在林业政策制定上发挥更多作用，管理体制为中央统筹、地方具体管理的国家倾向于在制定并执行林业法律法规以及政策的落实监督上发挥更多作用。以瑞典、美国、英国为代表的一些发达国家，遵照法律及政策规定在经济和技术上给予私有林主补贴和支持；马来西亚、俄罗斯、印度尼西亚、加蓬等林业产值所占比重较高的国家，林业管理机构还负责审批核定采伐限额，发放林业生产许可证；在一些私有林发展较为发达的国家如奥地利、芬兰等，林业管理机构还会为森林经营者提供经营规划、效益评估等有偿服务；此外，美国、日本、澳大利亚等森林景观较为发达的国家，林业管理机构还负责修建维护林间道路、游憩设施等基础设施，以便更好地发挥森林的社会服务功能（日本环境省，2013、2015）。综上，各国林业管理机构的主体职能基本上一致，同时结合各国不同的经济发展阶段、管理体制、林业发展需求，又有一些特色的林业管理职能（表6-3）。

表 6-3　典型国家林业管理机构管辖范围统计

国别	森林管理部门	野生动植物管理部门	湿地管理部门	荒漠管理部门	自然保护区/国家公园管理部门
刚果（布）	林业部	林业部	林业部		林业部
白俄罗斯	林业部	林业部		林业部	总统办公厅
缅甸	联邦林业部	联邦林业部	联邦林业部		联邦林业部

(续)

国别	森林管理部门	野生动植物管理部门	湿地管理部门	荒漠管理部门	自然保护区/国家公园管理部门
乌克兰	林业部	林业部			林业部
巴拉圭	国家森林研究所	国家森林研究所			
印度	环境和森林部	环境和森林部	农村发展部	农业部	
印度尼西亚	林业部	林业部	海洋与渔业部	农业部	林业部
喀麦隆	林业与动物资源部	林业与动物资源部、野生动物和保护区管理局	环境与自然保护部		林业与动物资源部、野生动物和保护区管理局
哥斯达黎加		环境能源部、国家林业局	环境能源部、国家林业局	农业部	
埃塞俄比亚	农业部、森林管理局	农业部、森林管理局	环境部		
肯尼亚	环境、水与自然资源部、林务局	环境、水与自然资源部野生动物服务局	环境、水与自然资源部		
南非	农林渔业部、林业与自然资源管理局	农林渔业部、林业与自然资源管理局	环境事务部	环境事务部	
巴布亚新几内亚	产业部、林业局	环境部	环境部		
智利	农业部、国家林业公司	环境部、农业部国家林业公司	农业部、国家林业公司	农业部、国家林业公司	农业部、国家林业公司
巴西	环境部、林务局、环境和可持续自然资源管理局	环境部、生物多样性保护管理局		环境部	
加拿大	自然资源部、林务局	自然资源部、林务局		自然资源部	国家公园局(中央和地方分设)
美国	农业部、林务局	内政部、鱼类和野生动物管理局	环境保护署、陆军工程兵团、内政部鱼类和野生动物管理局、国家海洋渔业管理局	农业部、自然资源保护署	内政部、国家公园管理局
日本	农林水产省、林野厅	环境省	环境省	环境省	环境省、农林水产省、国土交通省、文部科学省
马来西亚	自然资源与环境部、半岛林业总局、人工林产业与商品部、木材工业局、木材认证委员会	自然资源与环境部	自然资源与环境部		联邦政府、州政府

（续）

国别	森林管理部门	野生动植物管理部门	湿地管理部门	荒漠管理部门	自然保护区/国家公园管理部门
瑞典	农村事务部；林业局	环境部	环境部		环境部；国家环境保护局
秘鲁	农业部；森林和野生动物局；亚马孙研究所、国家战略规划中心	农业部；森林和野生动物局；亚马孙研究所	农业部；水和土壤局		环境部；国家保护区管理局
韩国	内务部；政府山林厅	内务部；山林厅	环境部		环境部
芬兰	农林部；林业司林业发展中心；中央农林主联盟	环境部	环境部		农林部；森林和公园管理局
俄罗斯	自然资源与生态部；联邦林务局	自然资源与生态部；联邦林务局	自然资源和生态部	农业部	自然资源和生态部
德国	消费者、食品与农业保护部；联邦林业管理局	消费者、食品与农业保护部	环境、自然保护和核安全部	环境、自然保护和核安全部	国家公园管理处（各州政府）
奥地利	农林环保与水利部；林业局	农林环保与水利部	农林环保与水利部	农林环保与水利部	农林环保与水利部
英国	环境食品与农村事务部不列颠林业委员会（FC）；北爱尔兰农业厅	环境食品与农村事务部不列颠林业委员会（FC）		环境食品与农村事务部	国家公园管理局（中央和地方分设）
法国	农业、食品和林业部；农业政策、农产品与农村地区总局；林业、农村和马匹管理局	生态、可持续发展与能源部	生态、可持续发展与能源部		国家公园管理委员会（地方农林部门组成）
加蓬	森环部；森林总局	森环部；森林总局	森环部		加蓬国家公园署
新西兰	初级产业部；部门政策理事会、资源政策理事会	自然资源保护部	自然资源保护部		自然资源保护部
澳大利亚	林业、渔业和水产部长理事会 林业司	环境与遗产部	环境与遗产部		联邦政府自然保护局
摩洛哥	能源、矿产、水利和环境部－国家森林委员会	能源、矿产、水利和环境部－国家森林委员会	能源、矿产、水利和环境部－水利和林业与荒漠化防治高级委员会	能源、矿产、水利和环境部－水利和林业与荒漠化防治高级委员会	
墨西哥	环境与自然资源部－国家森林委员会	国家生物多样性调查研究委员会	环境与自然资源部	环境与自然资源部	环境与自然资源部－全国自然保护区委员会

注："；"指向下一级管理机构。

从管辖范围看，33个样本中有70%的国家中央林业管理机构管辖范围包括野生动植物，有超过30%的国家中央林业管理机构管辖范围包括自然保护区或国家公园，但仅有极少数国家的中央林业管理机构管辖范围包括湿地(秘鲁、缅甸)、荒漠(美国)；而中央林业管理机构管辖范围包括野生动植物、自然保护区、湿地、荒漠等生态系统，即与中国林业管理机构管辖范围较为一致的仅有2个国家(奥地利、智利)。从样本国家中央林业管理机构管辖范围的统计中可得：

第一，在林业部门不管辖国家公园、自然保护区的国家中，多在林业部门所属的大部委下设立单独的国家公园、自然保护区管理局、服务局(如芬兰、喀麦隆)，从事专门的管理与保护工作；还有占相当比例的国家将国家公园、自然保护区纳入中央林管机构所属部委，如农业部、环境部等，设立并列的管理服务机构，相互配合，开展林业与自然保护管理工作(如秘鲁、墨西哥)；此外，还有一些辖区内有区位重要、价值丰富的自然保护区，对自然资源相对较重视的国家(俄罗斯、美国、白俄罗斯等)将国家公园、自然保护区归入中央林管机构所属部委外的其他部委或组织，如单独设立的生态部或自然保护委员会等，并入林业以外的其他部门开展管理保护。

第二，在林业部门不管辖湿地的国家中，如秘鲁、俄罗斯、墨西哥、摩洛哥等国家将湿地管理纳入中央林管机构所属部委，与林业归口同一单位，共同管理；日本、美国等国家将湿地管理归入中央林管机构所属部委外的其他部委(这些部委多同时承担野生动植物的管理与保护)，多集中在环境、内政、保护部。

第三，在林业部门不管辖野生动植物的国家中，大部分(如加蓬、喀麦隆、英国、印度、墨西哥)将野生动植物的保护与开发纳入中央林管机构所属部委，这与野生动植物大多依附于森林相关；也有部分国家(美国、日本)将野生动植物的保护与开发归入中央林管机构所属部委外的其他部委(这些部委多同时承担湿地管理与保护的职能)，如农业部、环境部等，在各部委内另单设机构进行保护服务；此外，还有一些有珍贵、脆弱的生态区域或小型生态系统的国家(如秘鲁)，将野生动植物保护以建立保护区的方式纳入国家级自然保护区、流域治理保护区等大的保护序列内，由专门的管理机构进行管理；也有个别国家(如智利)将濒危珍稀野生动植物纳入中央林管机构所属部委管理，而普通的野生动植物则放到自然保护区的管理机构内一并管护。

第四，由林业机构管理荒漠的占极少数(如美国)。在林业部门不管辖荒漠的国家中，大部分(如日本、俄罗斯、哥斯达黎加、印度、印度尼西亚)将荒漠归入农业部或环境部进行管理，有部分沙产业较为发达的国家将荒漠纳入产业部进行管理(Forestry Commission, 2015; World Bank, 2004)。

从林业自身来说，中国仍然是一个缺林少绿、生态脆弱的国家，生态问题是全面建成小康社会的最大瓶颈。中国林业相比其他国家的林业赋予了更多的职能，如生态功能、经济功能、社会功能，林业发展关系到生态安全、淡水安全、物种安全、气候安全，关系到人民群众的生命健康、生活质量、生存发展。尤其是生态职能，中国林业肩负的责任更大，担负着保证陆地的三大生态系统和一个多样性长久发展的重任，即森林资源需要增加，沙化土地需要治理，湿地生态和野生动植物需要保护，造林绿化和生态保护需要继续加强。但是在世界其他国家，这些职能多数是由不同的部门管理。例如，美国的森林、湿地、野生动植物保护、荒漠化土地治理、生态文化建设分别隶属于不同的部门管理。世界上大多数国家林业管理部门职能仅限于狭义上的林业事务,即保护与发展林地、林木以及相关生态系统。仅有小部分国家林业部门除了上述职能外,还承担着保护、管理野生动物、湿地、荒漠生态系统、自然保护区的职能。从系统论角度讲,由于三大生态系统和一个多样性存在错综复杂的关系,由林业部门统一管理体现出对陆地生态系统管理的集中性和完整性,这与习近平总书记"山水林田湖"的论述精神是一脉相承的,也是应对我国当前所面临的突出生态环境问题的有效机制安排。

五、典型国家林业管理体制和运行机制变动趋势

各国林业管理体制和运行机制随着林业发展的需要和社会经济发展的变化不断进行调整。根据其变化情况,样本国家分成以下几个大类:

第一类,由中央集权的管理方式逐步向简政放权、权力下放到地方的管理方式转变。如哥斯达黎加、英国、德国、俄罗斯等国家林业机构的变动主要体现在中央由高度集权转为设立跨部委的专业委员会,进行林业资源的战略调控;地方设立区域内的林业管理机构,全权管理辖区内的林业相关事务,在符合中央大的林业政策前提下,向当地政府负责。行政职能重心下移,主要由州政府承担,地方重点实施营造林管理。另外,还有少数国家出现了完全区域化的林业管理机构,林业管理的权力几乎全部下放到地方,由地方林业部门向地方政府汇报,中央仅负责大的林业发展规划、政策的制定。

第二类,由政府集权的管理方式逐步转向权力向社会放开,走向民主化。通过政府林业部门与地方社区、社会团体签订协议等形式,由当地村民、社会组织参与森林的经营管理活动,并分享森林收益。如印度、印度尼西亚实行联合森林管理的机制,鼓励社会林业和参与式资源管理方式。政府的职责由林业唯一管理人转向负责协商、推动森林的管理,将具体的职责分配给专门的非政府组织。林业管理体制的转变使得森林资源利用更加高效、制度结构更加合理和民主化,同时政府咨询服务质量也获得了提高。

第三类,由经营管理一体化模式向分类经营转变。就天然林和人工林方面,从20世纪90年代开始,大部分国家(如新西兰)开始实践各种形式的分类管理,由中央统一制定政策规程,国有天然林归政府林业管理部门(局机关或协会组织)保护,国有人工林归林业公司(国有)负责经营,实现经营权和管理权的分离,目前运行效果良好。样本中南非、智利、马来西亚等国家或设立国有控股的林业公司,或者通过商务部或产业部,专门进行国有人工林的经营利用,以此保障可持续利用;而对国有天然林则由政府机构统一管理,侧重林业上游活动的政策制定与保护政策的实施,重点发挥生态功能,不侧重经济效益。

第四类,由具体而单一的林业管理机构融入综合的自然资源与生态保护机构,如肯尼亚、奥地利、加拿大林业管理机构的变化。这个变化又可以分为2种形式,一种是由林业部专司林业转变为林业部与土壤、大气、水利、矿产合并为自然资源与环境保护部,实行自然资源的统一管护,统一协调;另一种形式是由林业部专司林业转变为与农业、水利、渔业合并为农林水产部,实行农、林、渔业的统筹发展和利用。两类政府的职能均趋于综合管理和统筹协调。

第五类,管理内容由以采伐审批利用为主转向以保护更新和可持续经营为主(如巴拉圭、缅甸)。随着各国经济形势和资源情况的变化,为了扭转毁林和滥采滥伐及不正确的

森林经营方式，建立科学的森林经营计划和土地利用规划，采取行动改革完善林业相关的政治与法律框架，加大对现有森林、湿地及野生动植物资源的保护和可持续利用，推动当地社区和公众居民积极地参与林地的保护管理和经营利用，成为现阶段世界典型国家林业机构功能转变的一大趋势。

六、中国林业机构设置探讨与建议

在政府机构改革中，每一个国家的历史、经验、现实情况不同，各国的改革也不可能一样。只有从国情出发，才能保证改革取得成功。中国幅员辽阔、人口多，作为发展中国家，人均国内生产总值还比较低，仍处于社会主义初级阶段，实行的是以公有制为主体的社会主义经济制度，政府承担着对公有制财产的保值增值责任等，这决定了中国政府的职能比西方国家要复杂得多，决定了中国的行政改革必须从国情出发。否则，再好的改革设想也是空中楼阁，没有实用价值（王克群，2009）。

改革政府组织，建立强而精的政府实质上是改变传统的行政管理方式，从而实现更高效的公共服务和公共产品。以往追求的经济优先单一目标带来了一系列政府目前亟待解决的社会问题。解决这些问题的关键是政府职能的转变，政府职能的目标应定位在强化政府公共服务、社会协调功能（蒋海龙等，2009）。中国林业行政机构自建立以来，经历了多次的变革，目前的林业机构有一定的优势，因此一方面应该看到林业机构调整或者被合并可能造成的困境，一方面也应该清醒地认识到建设强大的林业行政机构对于实现国家赋予林业的历史重任的重要性。

在中国，林业担负着众多的责任。从宏观层面来讲，林业是国家生态建设的主力军，是生态文明建设的重要载体；从中观层面来讲，林业是山区开发、扶贫的重要途径；从微观层面来讲，林业是农民脱贫致富的重要保障，也是提供就业、吸纳剩余劳动力的重要途径。从生态建设任务来看，林业部门承担着建设森林生态系统、保护湿地生态系统、治理荒漠化生态系统和保护野生动植物及生物多样性的重要职责。林业部门负责管理的自然生态系统涉及的面积为 676.81 万 km^2，占国土总面积的 70.3%，是国家自然生态系统保护与修复的主体管理部门，设有国务院林业行政主管部门、省区市林业厅局、市县林业局、乡镇林业站的组织管理架构，还有 6 万多名森林警察和 2 万多名森林武警部队，已经形成了完整的森林、湿地、荒漠生态系统和野生动植物资源管理体系。国家林业和草原局现在承担的职能在美国由 5 个副部级机构承担，美国占全国森林 40% 的国有林由林务局负责管理，湿地由陆军工程兵团负责管理，野生动物由鱼和野生动物管理局负责管理，土地荒漠化防治由自然资源保护署负责管理，国家公园由国家公园局负责管理。美国这 5 个副部级机构的职能，还不及中国国家林业局的职能多。

随着林业地位的逐步提升和发展目标的日益多元化，林业机构地位与其职责不对等的矛盾不断凸显。从林业的机构地位和承担的职责来看，是"小马拉大车"；从中央林业机构和地方林业机构的对比来看，是"头小身子大"。"小马拉大车""头小身子大"的格局常常遭遇力有不逮的尴尬。中共十八大将生态文明建设纳入中国特色社会主义事业"五位一体"总布局，赋予了林业新的历史使命。随着林业战略地位的不断提升，林业部门承担的责任更加重大，特别是在维护生态安全、发展生态经济与建设生态文明等方面任务更加繁重，迫切需要不断强化林业主管部门指导、协调和综合管理职能。

建议未来林业机构的主要职能包括：

（1）生态资源的保护与修复。围绕着森林、湿地、草地、荒漠化土地和野生动植物保护，制定生态资源保护、治理与修复政策，建立健全生态资源监管制度和生态效益补偿制度；动态监测各类生态资源，建立健全生态监测评价制度；组织实施重大生态修复工程；建设和管理风景名胜区、国家公园、林业国家级自然保护区等。

（2）重要生态资源的监督管理。一是对事关国家安全的重大生态资源代表国家行使所有权，并进行直接管理，如重点国有林区、国际重要湿地及湿地公园、典型湿地保护区、典型意义国家级自然保护区、重要风景名胜区、珍稀和濒危林木种子基因库等以及部分经专家认可、党中央和国务院批准的重大生态资源。二是管理和监督中央政府所有的国有林区森林资源和草地资源。三是管理监督国家级重点公益林。

（3）推进生态文明建设。建立健全相关生态资源资产产权制度和用途管制制度；组织划定、落实生态保护红线，制定生态保护红线管制办法；编制自然资源资产负债表；指导、监督各类主体功能区生态保护与建设工作，承担生态补偿制度建设等工作；制订国土生态空间保护制度。

（4）组织指导林业改革。组织指导集体林权制度改革、国有林场改革和国有林区改革等林业改革工作。

（5）森林草地防火、有害生物防治、森林公安等。承担组织、协调、指导、监督全国森林草地防火工作、承担国家森林防火指挥部的具体工作；指导全国森林公安工作，监督管理森林公安队伍，指导全国林业重大违法案件的查处；指导全国林业和草地有害生物的监测、防治、检疫工作。

（6）组织开展国际合作和生态公约的履约工作，指导管理涉林非政府组织，承担亚太地区森林恢复和可持续管理网络、国际竹藤组织建设相关工作。

（7）应对气候变化。制定林业碳汇政策，推进碳交易平台的建设。

（8）直属事业单位的管理。对直属的事业单位进行指导和管理。

（9）生态产业宏观调控。制定全国林业产业发展规划，加强引导和政策支持，提升生态产品和林产品供给能力。

（10）组织指导全国林业及生态建设的法制、科技、人才教育工作。

参考文献

侯元兆，1998. 国外林业行政机构现状及演变趋势[J]. 世界林业研究，11（1）：1-5.
蒋海龙，张娟，孙宗国，2009. 治理理论与我国政府管理改革研究[J]. 现代商贸工业，21（8）：65-66.
联合国粮农组织，2011. 世界森林状况 2011[R].
刘尚希，马洪范，刘微，等，2012. 明晰支出责任：完善财政体制的一个切入点[J]. 经济研究参考，（40）：3-11.
马晓河，刘振中，郭军，2016. 财政支农资金结构性改革的战略思路与对策[J]. 宏观经济研究，（7）：3-12.
冉怒吟，2016. 发电企业"刚柔相济"管理模式的探索：以"标准化管理"和"情感管理"的实践运用为例[J]. 管理观察，（36）：21-23.
琅境省. 日本 自然保蘸地域[EB/OL].（2013-03-14）[2015-01-18］. http：//www.biodic.go.jp/park

jpark. html.
环境省自然环境局. 日本自然遗产[EB/OL]. (2013-03-15)[2015-01-18]. http：//www. env. go. jp/nature/isan/12. pdf.
王克群, 2009. 对中国政府机构改革动因与路径的思考[J]. 福建行政学院学报, (1)：10-15.
赵晓迪, 陈绍志, 赵荣, 2015. 世界林业机构设置概述[J]世界林业研究, 24(5)：1-9.
Forestry Commission. Forestry statistics 2011[EB/OL]. [2015-01-18]. http：//www. forestry. gov. uk/statistics.
USDA Forest Service. Future of America's forests and rangeland：Forest Service 2010 Resources Planning Act Assessment[R].
Washington DC：USDA Forest Service, 2010.
World Bank, 2004. Sustaining forests：a development strategy[R]. Washington D C：World Bank.

专题七 世界林业科技发展现状与趋势

一、世界林业科技发展的背景与需求

当前,森林等自然资源已成为可持续发展的基础。人们认识到,为了经济的可持续发展,人类应负责任、持续地保护和利用自然资源。新的自然资源观,促使人类对包括森林在内的资源采取了新的选择和行动。在这个背景下,当今的林业已经不仅仅是生产木材的部门,它将在气候、生物多样性、生态系统、资源、能源、环境、减贫等诸多领域发挥重要的作用和承担更多的期待。而世界林业科技的发展,离不开世界林业发展的大背景,离不开不断出现的林业热点难点问题对林业科技发展的现实需求。

(一)全球应对气候变化及绿色发展模式下森林与林业的新定位

21世纪以来,为应对全球气候变化、生态恶化、能源资源安全、粮食安全、重大自然灾害和世界金融危机等一系列全球性问题的冲击和挑战,促进绿色经济发展、实现绿色转型已成为世界性的潮流和趋势。林业在维护国土生态安全、满足林产品供给、发展绿色经济、促进绿色增长以及推动人类文明进步中发挥着重要作用,尤其是在气候变化、荒漠化、生物多样性锐减等生态危机加剧的形势下,世界各国越来越重视林业发展问题,建立公平高效的全球森林治理体系已成为当务之急并将成为今后世界林业发展的焦点问题之一。在绿色发展模式下,森林、农田、草原、淡水、海洋等可更新自然资源,都应成为投资的重点,尤其是森林。森林具有多种资产价值和服务价值,分布广泛,最具公平性和普遍性。在绿色发展的框架下,森林的地位应被定义为基础的国民财富、基础的国民福利和基础的国民安全。总之,森林是绿色发展的基础。

(二)以森林可持续经营为主题的世界林业发展热点与趋势

随着经济全球化进程的加快,人类活动对自然界的干扰不断加剧,生态环境问题日益突出,人类赖以生存的空间受到严重威胁。目前人类面临的环境问题大多与森林的萎缩和功能下降有着密切联系,解决好森林的问题是解决人类面临的生态环境问题的重点之一。因此,林业和森林问题成为世界各国关注的焦点之一。1992年联和国环境与发展大会以后,以林业可持续发展和森林可持续经营为主题的林业热点问题不断显现,对包括世界林业科技在内的世界林业发展产生了重要影响,出现了许多热点问题,例如在生态管理方面的应对气候变化、热带林保护、次生林经营、荒漠化防治、湿地保护、生物多样性保护、景观修复等热点问题,在林业经济方面的发展多功能林业、"新一代"人工林、开发生物质能源、打击非法木材开展负责任林产品贸易、发展森林旅游等热点问题,在林业管理与森林文化方面的国际森林公约、森林价值评估、森林认证、发展城市林业、改革林业决策方法、构建生态伦理与生态文化等热点问题。

在此背景下,世界林业的新定位、新发展和新的热点和趋势,对林业科技的理论和技术支撑功能提出了新的要求，同时又推动了世界林业科技的发展。

二、世界林业科学研究与技术开发机构

随着世界林业的不断发展，在全球范围不同层面逐步形成了相对完备的科研格局和学科体制，研究领域广泛渗透到林业生产的各个方面，从传统森林培育、森林经营、林产品加工等到20世纪后半叶经济飞速发展带来的诸如生物多样性保护、荒漠化防治、可持续发展、应对气候变化、森林认证等一系列林业国际热点问题。林业的快速发展对林业科技提出了更新、更高的要求，对现行林业科研体制与运行机制提出了严峻挑战。

（一）科研机构层级

从世界范围来看，林业科研机构和体制呈现庞杂多样化。从科研机构层级来看，有全球性、区域性和国家层面的林业科研机构；从类型来看，有国际或国家级公共部门的森林研究机构和大学，还有私营部门的林业产业研究机构以及独立智囊团和民间社会研究机构等。

1. 机构概况

（1）全球性研究机构。从全球范围来看，直接从事和参与林业科学研究的全球性机构中最有代表性的是1892年在德国成立的国际林业研究组织联盟（简称国际林联，IUFRO）。国际林联覆盖全球110多个国家和地区，拥有700多名团体会员和1.5万余名科学家会员，是世界上历史最悠久、学科研究范围最全面的林业研究组织。除国际林联外，国际林业研究中心（CIFOR）作为国际农业研究磋商小组系统（CGAIR）下属的16个研究机构之一，于1993年正式成立，主要承担全球社会、环境、经济衰退的后果及森林减少问题的研究，致力于发展中国家的可持续发展，特别是在热带地区国家，通过森林系统与林业合作计划与应用研究及有关行动，促进新技术的转让和社会组织的重新分配。在联合国粮农组织等众多国际机构的促进和资助下，于1977年在肯尼亚成立国际农用林业研究中心（ICRAF），负责全球的农林混作方面的研究，其目的是通过减少贫困增加人类权力，提高食品营养安全，在热带地区加大环境的恢复能力。其他比较重要的全球性林业或涉林科研机构还包括世界资源研究所（WRI）、国际植物遗传资源研究所（IPGRI）、国际木材科学研究院（IAWS）、国际树作物研究所（ITCI）等。

（2）区域性研究机构。区域林业科学研究机构对特定区域林业科学的发展、科技政策的制定同样发挥着重要作用。例如，欧洲木材研究网络组织（Eurowood）是欧盟成员国及其他欧洲国家木材技术中心和木材研究组织的网络机构，成员遍布欧洲16个国家，其目的是在统一的欧洲市场框架下促进成员单位对木材和木材工业的发展做出有效贡献，开展有关欧盟木材工业发展的各种研究活动、制定标准、进行技术指导，为欧盟委员会决策提供服务。

欧洲林业研究所（EFI）由来自于36个国家的134个成员单位构成，其宗旨是促进泛欧洲国家之间在森林、林业和林产品之间的指导与协作，分享对森林的认知和研究成果，研究的优先领域包括森林生态系统管理、林产品市场与经济、林业政策、森林资源信息等。

澳大利亚国际农业研究中心（ACIAR）旨在协助和鼓励澳大利亚农林业科学家利用其技

术为发展中国家谋福利，同时也解决澳大利亚自身的林业发展问题。

（3）国家级科研机构。大多数林业发达国家都设立由国家财政支持的具有一定规模的国家级林业科研机构，如瑞典的瑞典林业研究所、芬兰的芬兰林业研究所、法国的国家农艺研究院林业研究中心、韩国的韩国林业研究院、日本的森林综合研究所、澳大利亚的林业与林产品研究所等。这些研究院所由国家林业部门或主管林业的政府部门直接管辖。一些国家还按照自然生态区域设立科研分支机构。这些区域性科研机构有的隶属于国家级科研院所管辖，有的归政府林业主管部门直接领导。很多国家有关林业的大学教育机构也承担着科研职能。

2. 机构运行机制

全球性和区域性林业科研机构的运行机制一般采用董事会领导下的秘书长（所长、主任）负责制。例如，国际林联由主席、副主席、秘书处和财务处组成，在国际农用林业研究中心的组织管理工作由理事会领导下的所长和副所长分工负责研究、计划、培训、信息和财务管理、人事等业务职能，欧洲林业研究所实行董事会和科学顾问委员会领导下的所长负责制。

在国家层面，林业发达国家的研发体系大体由政府、大学和企业三大系统组成。政府系统中，林业科研工作多数由政府林业主管部门统一领导，研究重点放在带有全国性和公益性的科研项目上，是国家重点扶持和稳定的部分，政府部门对科研规划制定十分重视，定期编制全国林业科研规划作为指导性文件下达，每年还拨专项经费对前瞻性研究课题提前安排。

国际和区域研究组织的经费多来自于捐助国、国际财团和竞标项目。国家级科研院所的研究工作在全国林业科研体系中占有重要地位，科研经费大多由政府拨款。从资金投向看，政府投资主要用在林业基础理论研究和应用基础研究上。例如，日本政府的投资集中在基础研究和应用基础研究上，而应用技术开发特别是木材工业的技术开发主要靠企业投资；德国政府投资主要用在森林污染防治、生态系统研究和森林经营管理研究上，木材工业的技术研究主要靠企业投资。

（二）科研机构类型

综合世界林业科技发展来看，公共部门的林业机构领导着林业科学技术的发展，受国际大环境影响，私营机构、独立智囊团和民间社会研究机构也更多地参与到林业科学技术研究中来。

各国设立的公共部门的森林研究机构主要关注于森林和林业所有领域的基础和应用研究，很大一部分研究工作并非需求驱动型，但为下游的应用研究和适应性研究提供了基础。总体来看，由于公共投入的减少和相应人力资源的减少，公共部门森林研究机构的研究呈现下降趋势。

大学等教育机构研究重点是林业科学，并适当开展以技术开发为目的的应用性研究。公共部门项目资金的减少迫使大学将转向与业界合作，开展更多应用和适应性研究。大学的科研活动围绕所在地区的实际问题开展，更侧重于按用户的要求提供有偿服务。经费来源除政府和有关机构的项目拨款外还包括各州和私营企业的捐款，科研人员根据用户要求立项以争取资助。

林业产业特别是一些大型林业企业也在加强研发力量，开展以应用和适应性研究为主的需求驱动型研究，目的是提高生产工艺和效率，或生产专利产品。林业产业研发机构结合生产过程中的实际问题开展研究活动，完全从本企业的经济利益着想，科研经费来源于生产成本。他们常与公共机构和大学开展协作，以提高基础研究或关键技术能力。

国际性的公共部门研究机构和网络研究全球和区域林业问题，重点从林业技术领域转向政策问题，更多关注社会和环境方面。主要资助林业科学研究及相关领域的国际组织和网络有国际竹藤网络、国际热带木材组织、联合国粮农组织等，这些组织为林业研究和技术开发提供咨询服务，为发展中国家提供资金和技术援助、人员培训，促进伙伴关系和信息共享，并将国家林业研究系统与跨越生态—政治边界的全球研究系统联系成有机的整体。

独立智囊团和民间社会研究机构多数关注政策问题，特别注重环境和社会问题，帮助促进国家或国际一级的政策进程方面的制定，支持和宣传在环境和社会方面的行动。

很多国家公共部门的科研机构作用已经减弱，研究能力明显下降，而受商业利益驱动的私营部门研究能力正在提高，这也带来了一些问题。大多数私营部门的努力就是如何保持竞争力，所涉及的技术领域有限，还可能忽略环境和社会问题，而上游基础研究由于缺乏相应的资金支持发展受到限制。

三、世界林业科学研究与技术发展策略

为使林业科研的发展适应不断变化的林业发展趋势，世界各国均制定了相应的林业科技政策，确保林业战略目标的实现。由于国情不同，各国的政策也不尽相同，但总体来看，林业较发达的国家在林业政策制定方面存在着诸多共通之处。

（一）政策制定层面重视林业科技发展

美国、巴西、芬兰、新西兰等国家把科学研究作为发展生产力的重要国策，对林业科研工作非常重视。美国联邦林务局每5年制定一次林业科技政策和研究计划，根据生产需求与社会需要积极调整政策方向与研究范围，林业科研经费的预算需上报总统。新西兰政府和生产部门十分重视林业科技的研究和发展，努力开拓林产品生产技术的新领域。芬兰政府重视林业科技研发和专业技术人员的教育培养，林业研究机构数量多、研究内容广，为林业发展提供了有效的科技支撑。韩国山林厅制定了山林科学技术基本计划，在研发高附加值的林产品新品种、提高林业生产力、应对气候变化、森林资源的能源转换技术等方面进行重点研究。印度的林业研究历史悠久，是发展中国家林业技术水平较高的国家之一。印度政府非常重视林业科学研究，自20世纪后期开始，印度国家林业政策给林业研究以高度优先权。巴西政府在其《巴西可持续发展和保护森林规划》提出了7项战略目标，其中之一是加强林业科学研究和教育事业、增建公私营林业科研和教育机构、明确各自的研究目标，加强全国性科研立项和投资，鼓励林业科研人员到重点林区开展研究和交流信息。在该目标的指引下，巴西政府越来越重视林业科研与教育，科研资金投入逐年加大，在培养高水平科研人员、完善科研设备、提高林业科研和教育水平等方面取得了显著成效。

（二）制度改革层面深化科研机构改革

随着林业科技进步和林业发展战略的转移，各国都在进行不同程度的机构改革。日本

森林研究与整备机构（原日本森林综合研究所）是日本最大的国家级综合性林业科研机构，始创于1905年，在其成立100多年的历史中多次更名改组，科研力量迅速壮大，科研领域不断拓宽，现已发展为集林业基础研究、应用研究、林木新品种开发和应对气候变化等多领域于一身的大型综合科研机构，在世界林业科研领域具有较高地位。

新西兰也是林业科研机构大幅改革的国家之一。20世纪80年代中期以来，由于新西兰政府调整科技政策，林业科研机构相应地采取了一系列措施以适应这种变化。1985年以前，新西兰林业研究所研究经费由国家全额拨款，其研究成果也无偿提供给社会。1985年新西兰政府决定3年内逐步减少科研单位的研究经费。为适应政府科技改革的需要，1992年新西兰林业研究所改制为新西兰林业研究有限责任公司，并于2005年改为新西兰皇家林业科学院（SCION）。改革后的新西兰皇家林业科学院与工业界的合作更加密切，更加重视市场预测、全面制定计划、调整资源配置，同时将研究领域扩大到新材料和可再生能源等方面，整体竞争力得到大幅增强。新西兰林业研究所的改革是全球科研机构体制改革的成功范例。

（三）技术应用层面重视科研成果应用推广

科研的最终目的是将成果转化为生产力，世界各国林业科学研究的经验即是将科研、教育与生产应用相结合。大多数科研立项都源于生产实践，其成果又应用于生产实践，各国在注重基础研究的同时，都在加大应用领域研究成果的推广。美国联邦农业部专门设立了技术推广局，每年的推广经费为12亿美元，其中的2%~3%用于指导森林经营管理、特殊林产品加工信息服务以及防护林、城市林业和公共林业项目的技术服务。各州都有技术推广站，林务工作者和大学科研、示范和推广人员无偿为私有林主提供技术咨询、培训和网上教学，极大地缩短了科研成果转化为生产力的时间。

芬兰林业科研注重面向生产，直接指导和应用于生产实践。以芬兰国家林业研究机构——芬兰林业研究所为例，大约50%的科研人员常年工作在林区和基层，极大地促进了科研成果在生产中的应用，使科研成果直接转化为生产力。芬兰林业教育中的技术学校也是着眼于林业实际需要来培养林务工作者。在技术应用和推广方面，芬兰将电子技术、自动化技术、信息技术、生物工程技术等广泛应用于林业，有效地保证和促进了森林的可持续经营。从森林到产品全程数据采集和处理，芬兰实现了经营管理的最优化。芬兰林业的可持续发展，与其广泛采用先进科学技术，在生产、经营、管理过程中实现机械化、自动化和信息化是分不开的。

瑞典林业科研单位在选择研究课题方面具有很强的针对性，一般都是结合生产上急需解决的问题开展研究。瑞典高度重视林业科技推广，并将科技推广作为国家林务局的主要任务。国家、省林务局和社区各级林业管理部门分别设有林业科技推广处、科、站等专门机构，并配备人员，负责不同层次的林业科技推广和服务工作。国家每年都划拨一定的专项经费用于林业科技推广，同时各省、公司和社区也提供相当数量的科技培训推广经费。

印度林业研究与教育委员会、各邦的林业研究所和国立农业大学之间联系通常很少，大多数研究成果未能推广应用。近些年来，这些研究机构正通过以需求为基础的研究来加强彼此的联系，同时吸收林业研究人员参与研究项目的定题决策，一些特殊的研究任务还与私人部门合作。印度政府还积极依靠民间科技力量开展林业扶贫和科研工作，提倡生产、教学和科研相结合。例如，印度农业工业基金会（BAIF）是印度著名的民间科技扶贫组织，根据当地农民的急需来确定试验课题和科技服务对象，把试验、示范、推广、培训有机地结合起来，并采取农业、林业、牧业、工业、教育等多方面综合治理的方法，使各学科的专家一起工作，相互配合，相互支持。

（四）经济扶持层面不断增加科研投入

科研投入是林业科技发展的重要条件保障。大多数国家对林业科研采取经济扶持、增加科研投入的政策。一般林业科研经费主要来源于政府拨款、国家科学基金、国际组织资助、技术有偿服务和成果转让，但多数国家林业科研主要由政府拨款。

在美国，凡是具有全球性、全国性和普遍意义的科研项目，科研经费全部由国家拨款。美国林业科研经费预算上报总统，提交议会审查，批准后由联邦政府下拨。2014财年美联邦政府林业研究经费的年预算为2.6亿美元，从其他渠道筹集到的经费约有0.4亿~0.6亿美元。下拨的经费主要用于联邦政府雇用的科学家及专家的研究经费，其中40%的研究课题为基础科学研究，应用科学研究占60%。

日本森林研究与整备机构经过多次制度演变与改革，已经发展到新型研发法人阶段，资金来源以政府稳定投入为主，同时鼓励市场拓展。该机构目前资金来源首先是政府按照事业部门年度预算拨款和竞争性科研项目经费获取，政府投入达到70%；其次为横向社会收入，如企业委托的研究开发费用等；最后为政府以财政补贴为名给予的各类资金和政策优惠。韩国林业部门的研发经费正在逐年增加，2007年为56亿美元，2017年达到118亿美元。马来西亚的科研经费主要来源于3个渠道：政府拨款、其他国家和国际组织以及私营企业资助、通过科研成果推广和咨询服务的创收。南非也很重视林业科研的发展，与多数国家不同，其林业研究经费大部分来源于林业私营部门。根据2005年统计数据，来源于林业产业私营部门的科研经费共1.36亿南非兰特，占当年总经费的84%。

四、世界林业科技发展现状

从全球范围来看，林业科学技术呈现出加速发展趋势。进入21世纪以来，随着经济全球化进程的加快，新的林业科技革命正在全球兴起，在信息技术、生物技术、新材料技术、航天育种技术等高新技术领域有了新突破，对森林资源管理、林木育种、林产工业、湿地保护、灾害控制和资源利用的方式和成效等方面产生了重大影响，多学科交叉融合、新理论相互渗透、多区域乃至全球科技合作等不断涌现，科技对未来林业发展的支撑引领作用日趋显著。

世界各国非常关注并共同推动森林在全球气候变化、生物多样性保护、改造退化土地、治理荒漠化土地、调控水资源和防止自然地理灾害等方面发挥的功能、机理和作用研究。集约育林的研究与实践已成为森林培育学的前沿与核心领域，包括次生林、灌丛林、疏林等在内的退化天然林生态系统的恢复与重建问题日益受到各国政府和研究人员的重视。随着植物生物技术的快速发展，通过遗传工程改良树木的抗逆性状和经济性状、生物固碳和菌根技术的研究应用、应用基因重组技术生产生物杀虫剂和木素降解酶、利用林业剩余物生产饲料蛋白等林业生物工程研究呈现出勃勃生机并取得积极进展。世界林业发达国家积极开发新原料、新品种和扩大木基复合材料的应用范围。森林火险预警预报、森林火灾损失评估、森林防火标准的制定以及扑火器械设备的研制开发已经成为世界森林火灾防治的重点研究领域和发展方向。将现代信息技术应用于森林资源的动态监测、评价和决策管理，并且通过国际互联网实现全球化共享和服务，数字林业得到了长足发展。多功能林业、碳汇林业、虚拟林业等现代林业理论与发展模式不断创新，森林生态服务、环境价值核算、林产品绿色贸易、森林生态文化和林业生态经济等软科学研究及宏观决策支持领域取得重要进展。

（一）林业基础学科向纵深发展

以森林生态学、森林土壤学和森林植物学为代表的林业基础学科向纵深和横向交叉方向发展，研究领域不断扩展。

1. 森林生态学科

生态学科强调森林生态系统结构、功能及其动态等方面的研究。目前广泛存在的生态问题受到各国的普遍重视。近些年来，森林生态学的研究主要集中在从个体、种群到分子生态学的研究，在森林群落分类与群落结构研究基础上进行森林生物多样性与林隙动态的研究，森林生态系统养分循环、森林退化与森林恢复等的研究，森林与水的关系的研究，森林生态系统功能定位监测、服务价值及其效益评估，森林生态系统健康与森林可持续发展研究，野生动植物保护、自然保护与自然保护区建设的研究，森林的固碳功能与全球温暖化及其对森林的影响研究，森林与环境关系研究（包括污染损害生态系统的修复、退化生态系统的修复、森林与城市环境的关系等）。

2. 森林土壤学科

森林土壤是森林生物群落不可分割的组成要素。近年来，学术界主要关注森林土壤质量、养分高效利用的机制及其衡量指标、森林土壤退化过程与机理、森林土壤可持续经营、森林土壤分子生物学和环境分子生物学研究等，研究森林土壤质量演化及其与土壤功能变化、周围环境条件变化的关系、森林土壤生物学活性变化对土壤质量所产生的影响等。土壤立地退化是全球面临的重要问题之一。林业发达国家都在着手研究人工林土壤质量退化过程与机理，建立人工林土壤质量退化评价指标体系以及监测与预报系统，在研究中应用了计算机、遥感等先进技术。

3. 森林植物学科

在林业和植物生物学方面，国际上开展的主要研究包括光合作用的效率、光合能量转换、光合产物的转化及运输等。随着现代植物生物学技术的日益成熟，高等植物抗旱、耐盐碱分子机制的研究有了一定的发展，对植物生物发育的了解进入到遗传学和分子生物学水平。植物的多样性研究及分类和进化研究进入新的阶段。随着地球环境的变迁，各国越来越重视植物种质资源的保存利用研究和实践，建立基因库和种质资源保存库。国际上利用细胞和组织培养大量开展植物特别是木本植物和许多稀有植物的无性繁殖，生产植物次生代谢产物，以减少对稀有林木的损耗。细胞培养也随着植物分子生物学的发展，诞生了瞬时分析基因功能的新技术。

（二）林木分子育种与生物合成技术推动林木遗传育种学科新发展

1. 林木遗传学科

主要的研究体现在林木群体的变异和分化、林木遗传图谱构建以及林木基因工程等方面，具体包括林木结构基因组学、功能组学和蛋白质组学研究以及林木遗传多样性研究和关联遗传学研究等。20世纪90年代Lomas等构建了第1张含有47个标记和12个连锁群的白云杉分子遗传图谱。至今国外已完成了杨属、松属、云杉属、花旗松属、杉木属性、红豆杉属、柳杉属、黄杉属、栎属等10多个属中的30个树种的遗传连锁图谱绘制。自1986年首次获得转基因杨树以来，已经分离克隆了树木抗虫、抗除草剂、木质素合成、纤维素合成、开花调控、生长、抗病、抗旱、耐盐碱性等的相关基因。20世纪80年代发展起来的DNA多态性分子标记，较之形态、细胞和同工酶标记有明显的优越性，目前已有20多种分子标记。分子生物技术使得树木、昆虫、土壤和植物微生物的遗传多样性成为可能。传统的树木改良技术以自然的遗传变异为基础，但转基因树木的发展也在不断加快，但考虑到转基因树种对生态系统和生物多样性的潜在影响，其研究和应用还存在争议。

2. 林木育种学科

开展了多性状综合选择、林木育种周期和世代更替、多世代育种和遗传增益的可持续性、森林种质资源保存、种内遗传变异研究和优良种源选择、杂交与无性系选育等方面的研究。新西兰的木材生产由不到林地总面积20%的外来树种辐射松提供，用改良繁殖材料营建的辐射松林占该国人工林面积的一半。意大利选育的欧美杨无性系被世界各国广泛引种，在匈牙利、法国和荷兰占杨树栽植总面积的60%~81%。

基因组学、蛋白质组学、高通量分子标记、基因组选择、基因组编辑及转基因等生物技术，给林业基础科学带来了新机遇和新发展。生物技术育种与常规育种深度结合，显著提高了林木定向育种效率和水平。火炬松和云杉等裸子植物全基因组测序取得重大突破。落叶松、杂交鹅掌楸等树种成熟体细胞胚胎发生技术实现规模化繁育（图框1）。

> **图框1：生物技术的发展及其在林业中的应用**
>
> 生物技术的快速发展极大地推动了林业的持续健康发展，其中细胞工程技术、分子标记技术、以功能基因组学为核心的林木分子育种技术和生物合成技术是国际社会研究和关注的重点，主要表现在：
>
> 一是细胞工程技术得到商业化应用。林木体细胞胚胎发生、植株再生和人工种子技术在全世界取得显著进展，例如美国的惠豪公司、国际纸业公司、维斯瓦库公司和加拿大的一些公司、新西兰林业研究中心等已分别将火炬松、挪威云杉、花旗松和辐射松等树种的体细胞胚诱导和植株再生应用于生产实践。
>
> 二是分子标记技术得到广泛应用。该技术在欧美等发达国家已广泛应用于林木的辅助选择育种、遗传多样性分析、遗传图谱构建、品种和无性系鉴定等诸多领域，对林木树种的基因克隆、优良基因的定向转移和有利基因的聚合提供了便利条件。
>
> 三是以功能基因组学为核心的林木分子育种技术取得重要突破。植物功能基因组学是当前植物学研究最前沿的领域之一。基因解析及基因芯片等技术成为林木新品种创制的重要手段，极大地推动了林业生物种业的发展。2006年，美国能源部完成了对毛果杨无性系的全基因组测序，这些重要基因的获得为利用转基因技术培育高产、优质、抗逆、抗病虫害的林木新品种奠定了一定的基础。此外，森林对气候的适应性是当前十分紧迫的研究领域，其中，树木生长基因变异研究可以预测气候变化对生态系统和物种变化范围的潜在影响，也可以预测树木种群对气候的适应性反应，从而帮助制定新的策略使树木适应不断变化的气候。

四是生物合成技术和生物提炼技术方兴未艾。在生物多聚物(纤维素、半纤维素和木质素)生物合成代谢的分子生物学研究方面取得了一系列的突破。在欧洲和北美洲,目前主张将纸浆和纸张生产企业转变成生物炼制的综合性企业,它可以从木材加工剩余物中生产处乙醇、淀粉、有机酸、聚合物、油脂化学品、生物塑料和一些粮食及饲料原料。生物提炼可以成为"绿色经济"的重要基础,大大减少对矿物燃料的依赖。

航天诱变育种简称航天育种,利用返回式卫星或宇宙飞船搭载植物种子、组织或器官进行太空诱变处理,使其遗传性状、生理机能或基因发生变异,并可按人们的意愿使新的遗传性状得以保持,具有变异频率高、变异幅度大、有益变异多、稳定性强的优势,是林业航天育种未来的主要发展方向(图框2)。

图框2:航天育种技术的发展及其林业中的应用

航天育种也称为空间技术育种或太空育种,就是指利用返回式航天器和高空气球等所能达到的空间环境对植物的诱变作用产生有益变异,在地面选育新种质、新材料,培育新品种。种子在太空飞行时,在空间环境诱变作用下产生变异,人们把有益变异加以选择利用,在地面选育新种质、新材料,从而培育出高产、优质、多抗的新品种。航天育种是航天技术与生物技术、农业育种技术相结合的产物,是综合了宇航、遗传、辐射、育种等跨学科的高新技术。航天育种的特点是变异频率高、变异幅度大,有益变异多,稳定性强,因而可以培育出高产、优质、早熟、抗病良种。

航天育种作为一种有着广泛应用前景的诱变育种技术,在国内应用已有20多年的历史。它主要是靠宇宙飞船或卫星等搭载植物材料,利用高能空间辐射、微重力、超真空等空间环境的影响使植物发生体细胞变异,此种方法变异频率高、变异幅度大,同时对植物的生理伤害轻,并且引起的变异大多数为可遗传的变异,受到国内外遗传育种界的广泛重视。世界上进行航天搭载诱变育种的国家仅有美国、俄罗斯和中国。在中国迄今为止涉及全国20多个省份70多家单位,完成了500多种植物的航天搭载试验,筛选出一批突变体、新品种(系)。这些种子已在湖北、江西、广西、黑龙江等安家落户,繁育后代。目前中国已有43个品系在大面积种植推广,北京、上海、黑龙江、江苏等地都有太空育种基地。搭载过的园林观赏植物有油松、鸡冠花、矮牵牛、一串红、龙葵、菊花、兰花、百合、月季、孔雀草、醉蝶、牡丹等,以及鸽子树、三清山秀丽槭、青钱柳等濒危植物,大连普兰店千年古莲种、深圳蝴蝶兰、袋鼠花、球根海棠等园林植物。

航天育种在林业上有十分广阔的应用前景。在用材林良种选育方面,可从获得突变个体中筛选高效率利用太阳能的速生品种,提高现有优质用材林树种的生长量;在经济林遗传改良方面,可从改善果品品质,从抗病虫、抗盐碱、抗干旱瘠薄方向培育航天诱变新品种;在木本观赏树种及花卉育种方面,培育干形、皮色、花色、叶型、叶色等变化多端的具有全新观赏价值的新品种。

(三)森林培育重视多功能、集约化和定向化

以美国为代表的"新林业"理论不断深化,强调发展多功能、集约化林业,重视森林经济效益、生态效益和社会效益的综合发挥,强调林业多功能兼顾,建立合理的森林形态和森林结构。森林定向培育技术渐趋成熟,已成为当今森林培育的显著特点之一。如美国惠好公司依靠科技进步实施高产林业计划,轮伐期缩短一半,产量却相当于天然林的3倍,

轮伐期总收获量达到 1 000 m³/hm²。

在森林培育学科发展中，提高森林质量、森林培育与生态系统经营和环境评估的关系、困难立地造林得到重视，针对竹藤资源的培育也得到加强。同时，以质优、高产、抗病为目标的经济林树种育种和栽培技术得到快速发展。由于采用了桉树、松树和杨树等速生、短轮伐期的树种，人工林的生产力得到显著提高，如巴西桉树人工林年生长量已超过 50 m³/hm²，而这又与以生产纸浆、纸张和人造板为主的加工业的原料需求直接相关。

(四)森林经理突出多资源利用和多目标经营

森林资源的经营和管理已从木材的单资源利用走向多资源利用和林业的多目标利用阶段。20 世纪末，随着森林可持续经营成为各国的共识，形成了现代森林经理理论，主要是北美的以森林生态系统经营为主的新林业理论和欧洲基于生态学原理的近自然经营理论。在森林经理的实践方面，提出了减少环境影响的森林经营措施、北美的森林可持续经营标准和指标的测试、加拿大的模式森林计划、欧洲的恒续林经营等研究工作，森林经营方案已成为林业活动的必要组成部分。

从技术角度，先进国家已形成了比较完备的森林资源监测技术体系，监测内容除传统的森林生长指标外，还增加了森林健康状况和重要生态环境因子等，在监测手段方面也研制了成套的先进监测仪器设备，实现了森林资源和重要生态因子的自动采集。由于森林经营思想的转变，森林经理的对象不再局限于林木本身，而是针对森林生态系统。因此，森林生长模拟方面在生长收获的基础上增加了森林生态系统功能和过程的模拟，结合计算机技术和软件，实现了模拟过程和结果的可视化。在森林规划的内容上增加了群落生境规划和景观规划，森林规划手段上引入了各种数学规划方法以及地理信息系统支持的三维显示技术，结合森林模拟技术，形成了一套森林经营规划的技术体系。在资源信息管理方面，各国都建立了有地理信息系统(GIS)支持的森林资源信息管理系统，研究向技术的集成方向发展。在此过程中，信息技术正在使森林管理发生根本性的改变(图框 3)。

图框 3：信息技术及其在林业中的应用

信息技术的发展，特别是网络技术和通讯技术大大提高了空间和时间数据综合分析的速度，为森林科学经营、数字化管理打下了坚实基础，促进了森林作业的精细化、机器化、自动化和信息化。

一是以地理信息系统(GIS)、全球定位系统(GPS)、遥感(RS)为代表的"3S"技术在森林经营、生态修复、森林防火、森林资源、生态和环境监测等领域广泛应用和发展。①"3S"技术在森林资源动态监测中大有所为，为森林管理提供了有关森林资源类型和状况方面越来越精确的信息。当前"3S"技术支持下的森林资源动态监测体系易于克服传统监测体系的缺陷，能够实时或准实时进行数据更新，更好地完成监测体系的动态更新，不仅能对国家及大区域的森林资源进行宏观监测，还能对局部微观区域的森林资源变化进行监测；不仅能对森林资源数量进行监测，更能加强对生态环境信息的动态监测。其中遥感技术(包括航空摄影和卫星图像)已经成功用于森林测绘和监测，并使连续而经济且覆盖范围广的监测成为可能。新技术解决了诸如高度、结构、密度和森林构成可能变化的技术难题。机载激光探测和测距技术可以提供对林木覆盖和高度非常精准的估计，甚至可以评估出个别树木的形态。星载雷达(无线电探测和测距)是一种可获得蓄积量和生物量估算值的很有应用前景的新方法，它可以穿透云层，克服卫星光学传感器的一些限制。新的光谱遥感系统可以测出各种土地和植被特征，能够评估反映出森林的一系列属性，有助于提高森林病虫害的监测水平。卫星影像分辨率的提高和认知软件的发展将有助于实时监测森林采伐、病虫害、火灾和其他可能发生的灾害事件。②"3S"技术在森林病虫害、林火等灾害监测中应用广泛，通过"3S"技术，对林火、病虫害等灾害事件的监测能力得到了增强，已广泛应用于现代林业灾害预警之中。③"3S"技术的应用使林业专题图的编制方法发生了根本变化，"3S"技术能不受时间、地域的影响，快速、实时获取地面三维信息，直接输出包括地形在内的各种专业图件，直接改变了以往林业调查作业方式，成本降低的同时精度也有较高的保证。

二是在当前林业资源管理过程中，空间数据库、数据挖掘技术、Web服务、LBS(Location Base Service)等技术在林业信息化中得到了广泛应用。空间数据库技术以在其数据访问灵活性、事务处理等诸多方面表现出的优良特征，越来越多应用于林业资源管理当中。随着无线定位技术及相关通讯技术的进步和发展，LBS技术的应用使得人本管理的思想真正应用到林业中。通过LBS业务，林业移动用户可以方便地获知自己目前所处的位置，并用终端查询或收取附近各种林区的信息，同时通过监控与调度，加强对各林区经营的时效性和控制力。国际林联目前已建立起全球林业信息检索中心(GFIS)，向用户提供关于森林信息的各种知识，并对提供的信息的种类、质量和位置进行描述。联合国粮农组织正与谷歌合作推进森林植被数字化监测，让各国更易于使用地理空间跟踪技术进行森林监测，利用数字化手段帮助各国更有效地应对气候变化，帮助决策者提高森林和土地利用政策制定能力。此外，信息与通信技术的发展提高了劳动生产率和企业的成本效益，在线服务创造了更多的商机，同时也为加强森林资源管理和公共监督提供了新的工具。

（五）森林保护突出病虫害综合治理与生物多样性保护

1. 森林昆虫学科

病虫害综合治理(IPM)理念深入人心，即以生态学原理为基础，把有害生物作为其所在生态系统的一个组成部分来研究和控制；强调各种防治方法的有机协调，尤其是强调最大限度地利用自然调控因素，尽量少用化学农药；提倡与有害生物协调共存，强调对有害生物的数量进行调控，不强调彻底消灭；防治措施的决策全面考虑经济、社会和生态效益。在此基础上，20世纪80年代中期发展起来环境综合统理(EPM)有害生物控制策略，强调系统观点和生态学原则，运用任何适宜的措施调控害虫种群，不断改善农业生态系统功能，达到环境安全、经济高效、生态协调、持续发展的目的。90年代又提出了森林健康理论，该理论把培育健康的森林作为工作的主要目标，将森林病、虫、火等灾害的防治统一上升到森林保健的思想高度，从根本上解决了森林害虫可持续控制问题。

在技术层面，一是森林虫害监测技术迅速提高。"3S"技术、红外摄影技术以及航空录像技术在美国和加拿大已被用于森林虫害监测上，信息技术的应用使森林病虫害监测水平得到显著提高。二是生物工程技术在病虫害防治中得到广泛应用。目前已将Bt毒蛋白基因、多种神经毒素基因转入杆状病毒，提高了杀虫速度。在解决天敌昆虫对化学农药敏感的问题中也取得了进展，美国已培育出一种带有抗药性基因的工程益螨，并在鳞翅目和膜翅目的食叶害虫控制中进行了释放防治试验和大面积应用。三是森林昆虫学的研究已经推进到分子水平，研究内容涉及昆虫免疫学、昆虫神经学、昆虫分子系统学等多个领域。四是化学生态控制技术受到青睐。利用植物次生物质防治害虫是近年来森林害虫防治的研究热点，美国和加拿大已经合成了65种森林害虫的性信息素用于防治，德国、瑞典和加拿大已分离鉴定出了10多种小蠹虫的化学信息素。五是环境友好型药剂不断开发并得到应用。在开发高效、高选择性杀虫剂的过程中，昆虫生长调节剂的发现是一个重大突破。目前几丁质合成抑制剂商品制剂约有20种以上，其中日本开发的灭幼酮、优乐得对森林害虫介壳虫的防治效果比较理想。蜕皮激素类似物已开发为商品制剂，主要有抑食肼和虫酰肼2种。此外，由于印楝素对鳞翅目、半翅目、直翅目等害虫的取食抑制功效，该药剂已在美国、澳大利亚及印度等国家进行商品化生产。

2. 森林病理学科

一是重大森林病虫的病原及其分类研究。针对林木寄主主导性、植原体病害及松材线虫等危害当今世界林业发展的主要病害，从病原学、病理学、流行学、防治学以及森林生态学等多方面对致病机理和病原菌进行分析。在世界上，引起树木广义溃疡病的病原真菌类群至少包括9个属，其中造成树木严重损失的是葡萄座腔菌属和黑腐皮壳属真菌。二是病原与寄主互作机研究及环境影响因素。重点开展寄主与病原的组织病理、生理病理学、病理化学以及环境因子胁迫与寄主发病的关系研究。近年来，从景观尺度研究病害发生规律及与非生物因素的关系渐成热点。立地条件如土壤、坡度、海拔高度等是影响病害发生的最主要因素，如病害严重发生在土壤板结、排水不畅的缓坡及低海拔的地区。

3. 森林防火学科

近年来森林防火领域出现了综合林火管理概念，是将火生态、社会经济及技术问题综合考虑，在多个层次上把科学、社会与火管理技术结合，建立一套涉及生物、环境、社会、经济及政治等各个方面解决林火问题的一体化综合措施。随着科学界对气候变化的研究日益重视，火作为重要的干扰因子对全球碳循环有着重要的影响。目前已有大量相关研究对未来不同情境下的林火动态变化进行了预测。随着计算机技术的迅速发展，发展了人为火和雷击火预报模型和火行为预报模型。其中加拿大和美国的森林火险预报方法在欧洲和亚洲等国家得到推广，在此基础上出现了三维图式的林火行为预报方法。信息技术的发展推动了林火信息化的进程，林火管理系统可以实现森林火险预警、林火行为预报、扑救指挥辅助决策、档案管理和扑火资源信息管理等功能。新卫星在林火勘测上的应用也推动了地面热点探测准确率的提高。航空红外林火探测技术在发达国家得到普遍应用。此外，林火扑救技术与手段得到更新，如森林消防车、大型专用灭火飞机等用于扑救森林火灾，新型环保灭火剂正在用于阻隔林火，保护高价值森林。

4. 野生动物保护与利用学科

以生物多样性保护为核心，野生动物保护基础理论与技术研究显现出向宏观和微观两级发展，并趋向于宏观和微观的有机结合，即从单一物种研究向整个生态系统乃至景观研究进一步扩展的发展趋势。计算机科学、"3S"等现代技术的迅速发展以及向生态学的不断渗透，野生动植物种群生态学、行为学和保护生物学的研究手段和技术不断更新，研究范围不断拓展；大尺度生态学如景观生态学、全球生态学等研究成为热点，研究水平不断提高。国际野生动植物管理研究的重点是转基因动物与动物产品和濒危物种及产品的进出口贸易、野生动物福利等方面，濒危动物基因文库的构建、基因芯片的研制开发以及"3S"技术等先进的管理手段得到了广泛应用。在自然保护区和湿地管理方面，GAP分析技术、空缺分析等在保护区有效管理目标和管理计划的制定中得到了广泛应用。野生动物驯养繁育及疫病防治研究方面目前国际的研究重点：一是集中在野生动物生殖调控技术；二是克隆技术在某些野生动物中取得成功，如美国对猕猴的克隆技术研究；三是芬兰、俄罗斯、加拿大等国家对蓝狐、水貂、鸵鸟等经济动物的驯养繁殖技术有了较大提高，其水平处于世界领先地位。此外，野生动物疫病受到了全世界的普遍关注和高度重视，其防控与防治技术仍为世界性难题。

（六）现代花卉育种与生产技术促进园林植物与观赏园艺开发

在花卉资源收集利用方面，各国都十分重视花卉种质资源研究，尤其是商品育种中的关键性花卉种类和新花卉的开发已成为目前花卉业的重要发展方向。如花卉种质资源相对匮乏的花卉大国以色列引进散花形石竹、满天星等曾经在欧洲市场上用量很小的花卉作物，经过以色列花卉工作者的培育成为市场中重要的大宗花卉产品。在现代花卉综合育种技术方面，常规育种技术仍是主流，传统育种与高技术育种技术（分子育种、航天育种等）相结合进行新品种育种培育开始流行。国际上分子育种已经在植物花色、花型和株型、生长发育、香味、采后寿命、抗性育种方面取得了重要进展，目前很多观赏植物已获得了转化体系和转化植株。在新型花卉种苗微繁殖技术开发方面，花卉的组织培养已经应用于实际生产，大多数花卉植物如月季、菊花、香石竹、郁金香、天竺葵、仙客来及多种观叶植物和绿化苗木等都已建立了组织培养快繁体系，结合脱毒培养进行了工厂化脱毒苗生产研究与实践，取得了显著效果。此外，国际上在培养光源、无糖培养技术等方面不断探索。日本香川大学农学部、中国台湾中兴大学在热带兰类微繁殖种苗生产中开发了发光二极管作为培养新光源，并开发了相应的新型组织培养系统。在花卉生产的现代化高新技术开发和应用方面，开发了现代化管理技术、温室花卉生产远距离控制技术、新型花卉栽培基质筛选和应用技术、花卉株型和产品品质控制新技术、营养液精准控制与营养诊断技术等，以及切花采后贮运保鲜技术及相应产品、花卉生产废弃物的再利用技术等。

（七）林业工程侧重材料的高效环保利用及新材料的开发

1. 木材科学与技术学科

据不完全统计，全球已有100多个国家和地区开展了木材科学与技术研究工作，取得了重要成果。在木质材料功能性改良方面，主要致力于木材的增硬、防腐、尺寸稳定及仿天然高档木材理论和技术的研究，其中利用丙烯酸单体、酚醛树脂、脲醛树脂等有机及无机化学物改性木材，可以得到不改变颜色、尺寸稳定性、耐久性及力学性能优良的木材改性产品。在木材增硬技术逐步成熟的同时，木材软化原理的研究也已在进行，其相应产品具有高环保性、耐磨、使用寿命长、良好的防潮、防蛀、防静电及防腐效果。此外，以木材材色和花纹仿真技术为基础，利用计算机配色技术和模仿珍贵木材的仿真原理在日本等发达国家也很成熟。在木质复合材料方面，以木塑复合材、水泥刨花板为代表的木质复合材料不仅已初步形成了较完整的学科体系，而且该类产品正处于快速的工业增长阶段。在木材生物质资源转化方面，将木材生物质能源转化为乙醇、单细胞蛋白、木糖醇等的研究已非常深入，生物质高分子材料也在逐渐发展中。在木材保护领域，研究主要集中在防腐生物学、测试方法与防腐性能评估、木材防腐剂的开发、防腐处理工艺以及与防腐相关的环境问题等5个方面。国际上使用的木材防腐标准主要有美国的AWPA标准、欧洲的EU标准以及日本的JWPA标准,其中AWPA标准最为全面且更新速度最快。另外,世界竹藤生产国也加强了对竹藤材性及加工利用技术、生物学特性、培育等方面的研究。传统的木材利用大部分是基于其物理特性,尤其是其强度、耐久性、可加工性及外观。木材加工技术的发展大大改善了木材的机械和化学性能,扩展了其用途,并促进了欠开发树种以及小径材的利用,提高了木材利用率和回收木材与回收纸的利用。

高新技术如核磁共振、电子衍射、各种质谱和能谱等已普遍应用于木材科学研究(图框4)。在实验方法上,利用二氧化碳超临界流体技术对木材进行防腐处理的方法被认为是21世纪最具革命性改进的木材防腐处理方法。纳米技术、离心转动处理技术、压缩前处理技术、激光刻痕法,以及用酶、微生物、细菌来改善材料的渗透性等方法也正被尝试用于生物质材料深加工及改良。开展了以木材—人类—环境相互关系为研究对象的木质环境学研究,这是目前该学科高难度的前沿性课题。

图框4:绿色与智能制造技术蓬勃发展

以木基纳米材料、木基结构材料、木制品生产有机挥发物减控、活性物绿色提取与利用等为代表的绿色制造技术,以木制品数控加工和柔性制造等为标志的智能制造技术,以及林木种苗、生物质能源与材料、生物医药和文化创意产品等新兴产业正在兴起,将加速传统林业产业的转型升级。

纳米技术的发展为林产工业提供了良好发展前景。纳米技术(Nanotechnology)与信息技术(Informationtechnology)、生物技术(Biologytechnology)相互渗透、相互交叉,并称为"3T"技术,是21世纪的主要生产推动力。纳米技术将量子力学、介观物理、分子生物学等现代科学技术相融合,在原子、分子水平上操控调节材料的制备工艺,并评价表征材料的性能。现代林业已开始广泛运用纳米材料与纳米技术来改性木材,赋予木材诸如防腐、阻燃、超疏水等特殊性能。纳米材料与纳米技术的开发和使用帮助林产品生产者减少对材料和能源的消耗,增强木材和木质复合材料的功能,提高生产工艺效率,帮助林产品工业实现可持续性和保持活力。

2. 林产化学学科

在林产化学领域,重点向生物基产品、木材制浆造纸、生物质能源、生物质化学品、生物质提取物等方面发展。生物质能源化学领域主要开展生物质转化为能源产品的化学、生物化学基础研究;生物质提取物化学领域主要采用现代化技术进行植物提取物加工,开发各种精细化学品、医药保健品、化妆品等;生物质材料化学领域在生物质基降解材料、复合功能高分子新材料、环保型胶黏剂等方向迅速发展;生物质化学品加工和利用领域特别注重森林化学品的"绿色转化技术";木材制浆造纸领域主要研究商品木片高得率制浆、低质材制浆技术、高效高白度漂白技术等,以降低成本,减少环境污染;林产化工过程理论领域主要通过研究液—液均相分子化反应和液—固非均相接触的机理,研究开发可持续反应的静态混合反应器。超临界提取技术开始在工业化生产中得到推广和应用,提高了林业资源的活性有效成分利用率。

(八)水土保持与荒漠化防治向景观与区域尺度扩展

国外水土保持的标志性特点体现在,以过程耦合和尺度变换为理念,试验观测与模型模拟相结合，"3S"技术并与传统方法相结合，从单因子实验研究扩展到从点、坡面、景观、流域、区域等尺度研究森林与水文、地质、地貌、气候、生态等的相互作用机制。例如，美国采用亮蓝、甲基蓝等染料示踪分析土壤水分入渗和优先流、基质流，欧洲的 SHE 水文模型、英国水文研究所的 IHDM 分布式模型、美国的 TOPMODEL 模型、澳大利亚的 TOPOG、WEPP 水文泥沙模型，现正在全世界范围内广泛应用等。从国外林业生态工程研究来看，主要集中在防护林体系高效空间配置及稳定林分结构设计与调控技术、高效农地防护林可持续经营技术、困难立地生态系统恢复技术、林业生态工程效益监测与评价技术等。例如，法国、日本、美国等国家发展了水土流失控制的工程措施和快速的工程绿化技术，致力于森林工程体系构建；印度尼西亚、西班牙等国家将区域生态图研究应用于林业生态工程领域中；美国提出"新林业"概念，重视森林生态系统在自然环境保护中的主导作用；德国把森林效益计划作为制定林业生产计划的依据，注重"近自然林业"发展；俄罗斯利用"3S"技术，制定了防护林区划标准。目前，世界荒漠化研究的总趋势是，在基础研究方面，以全球变化和荒漠化为主，包括生物多样性保护等领域；在应用技术方面，侧重预防和开发治理使用技术的开发，实现可持续发展。

（九）林业经济管理更加重视经济理论与决策支撑

林业经济研究在西方发达国家的经济理论研究中属于应用经济学的范畴，是以资源稀缺性为出发点来研究林业产业的收益和效用最大化问题的，主要研究领域涉及林业经济理论与政策、林业经营、林业会计、林业技术经济、木材市场、木材采运经济、林业计量经济学、林业企业管理、社会林业、林产品贸易等。随着对森林永续利用和森林多种效益研究的重视，森林资源经济学逐渐发展起来，林业经济学科不断拓展。近年来，传统林业经济模型不断改进和进一步完善，考虑到各要素和价格的不确定性、市场的不完善性，以及经济、社会与环境多重价值标准；多林分与多价值标准模型成为林业经济领域研究的主流。在此基础上，森林资源价值评估、森林生态系统服务市场、绿色国民经济核算体系等研究深入开展。现代林业理论与发展模式不断创新和发展，土地使用权和集体林地管理、林业改革机制与模式、森林生态服务、环境价值核算、森林认证、林产品绿色贸易、森林生态文化和林业生态经济等软科学研究及宏观决策支持领域取得重要进展。林业管理实践中，更加注重人的因素，消费者偏好、价值等因素成为内生变量，不是单纯追求经济利润最大化，而是重视企业文化、企业的环境影响和社会责任等。同时，与国际贸易相关领域的林业应对技术和国际规则研究也得到了长足发展，如国际知识产权规则、基因安全管理、新品种保护的技术性规则、信息技术产品贸易规则等，建立和完善了林产品进出口标准和许可证制度。

五、世界林业科技发展趋势

21世纪的世界林业，在绿色发展和林业可持续发展的大背景下，仍将继续面对和着力解决4个方面的问题：一是森林资源培育，二是生态环境保护，三是森林资源的高效利用，四是森林与人类和谐发展。在新科技革命浪潮席卷全球的大背景下，科学技术对林业发展将发挥更加重要的支撑和引领作用，世界林业科技发展也围绕这四大主题呈现出新的发展态势。从总体上看，林木良种培育正向多目标、多途径、超高产、短周期方向发展，森林培育技术正向定向化、集约化、精准化、近自然化方向发展，生态建设技术正向复合型、节水型、攻坚型、工程化方向发展，林业产业技术正向节能降耗、清洁生产、增值高效、综合利用方向发展。归纳起来，世界林业科技发展主要有以下几大趋势。

（一）林业应对气候变化及低碳林业成为世界林业科学研究的新热点

林业是绿色循环经济的重要组成部分，在低碳减排、清洁低耗生产、争取国际话语权等方面具有重要作用。绿色催化、生物反应器合成、循环综合高效利用等技术的快速发展，极大地改变了林业的生产方式，推进了林业产业的生态化。大力发展碳汇林业，增加森林碳汇，减少毁林排放，得到了国际社会的广泛认同，已成为气候变化谈判的核心议题。同时，低碳发展的理念也正在促使人们重新思考和检验传统的林业概念，导致林业概念趋向重构，如低碳林业、低碳造林、低碳经营、碳汇造林等新概念已经出现，以低能耗、低污染、低排放为基础的低碳经济模式也会对林业产生影响。林业科学的内涵也会演变，加强人工林固碳过程与增汇经营、毁林区和森林退化区植被恢复、森林碳汇计量监测、森林碳—水耦合机制、预测气候变化对森林生态系统的影响、气候变化背景下森林适应机制及经营管理、评价森林生态系统的碳源、碳汇特征及各林区的贡献、符合清洁发展机制的造林再造林等核心技术研究，已成为应对全球气候变化林业领域的战略选择。

（二）森林与全球和区域环境的关系仍是林业科学研究的重点

随着全球经济的快速发展，工业对环境造成的严重污染（包括水质、空气等）和破坏威胁着人类社会经济发展和生存。森林是陆地生态系统的主体，在全球环境保护方面有着特殊的地位，特别是在应对全球气候变化、保护生物多样性、改造退化土地、治理荒漠化土地、调节水资源和防止自然地理灾害等方面发挥着巨大作用。因此，在相当长的一段时间内，在森林及环境领域，对全球与区域环境间相互关系及其发展演化的机理与规律的研究仍然是各国关注的热点。主要研究内容包括森林对全球气候变化的调节作用、森林生物多样性的保护与利用、森林与水资源的循环和利用、森林的物理防护作用及其应用、对环境友好的技术开发。

（三）森林多目标经营和多功能林业发展的理论与技术将成为森林经营研究的主流

森林可持续经营是当今世界林业主要的发展方向。以森林生态系统经营、近自然森林经营、多目标经营等为代表的多功能林业技术体系进一步完善，并在欧美等发达国家的森林经营和生态建设中得到广泛运用。林业功能研究正从单项测评、简单求和式的功能评价转向多功能关系的全面定量认识和合理调控利用，森林的多功能诊断、评价、规划与管理等新技术开始不断涌现，促进了多功能林业的发展。建立多功能林业技术体系已经成为世界主要林业国家提高森林经营水平和效益的重要手段。森林经营转向以建立健康、稳定、高效的森林生态系统为目标，景观管理、森林功能区划、多功能经营规划、异龄混交林经营、森林生长模拟和优化决策及工具研发等核心技术持续深入，适应性经营监测和评价技术得到加强，森林健康和生物多样性保护持续得到关注。

（四）林业产业化研究的内涵和绿色制造技术的应用不断扩大

由于森林在解决环境问题中的突出地位，林业发展已从以木材生产为中心转向森林资源多功能利用。今后除加强木质林产品的精深加工和高效与节约利用、木质替代产品、林产化工的研究外,非木质林产品开发与利用研究将得到加强,林产工业的内涵不断扩大。重点包括森林游憩资源的可持续开发与利用,森林生态系统生物资源的合理开发与利用研究,森林生态系统野生动植物的保护、繁殖与利用研究,林化产品(松香、芳香油、紫胶虫等)的开发利用研究,森林生态系统食品资源的开发与利用,以节能降耗、清洁生产、增值高效、综合利用为核心的林产加工技术的发展等。以木基纳米材料、木基结构材料、木制品生产有机挥发物减控、活性物绿色提取与利用等为代表的绿色制造技术,以木制品数控加工和柔性制造等为标志的智能制造技术,以及林木种苗、生物质能源与材料、生物医药和文化创意产品等新兴产业正在兴起,将加速传统林业产业的转型升级。

(五)人工林的生态系统管理成为世界林业科学研究的重要内容

由于世界人口增长、可更新自然资源的贫乏和天然林保护的需要,人工林仍是解决森林资源不足问题的关键,因此人工用材林的培育仍受到世界各国的关注。集约育林相对于粗放经营森林的传统林业而言,是以人工林定向培育、集约经营、追求高产优质高效为目标,同时也开始注重人工林的环境管理和生态系统经营。集约育林主要围绕着定向、速生、丰产、优质、稳定与高效等6个目标,遗传控制、立地控制、密度控制、植被控制、维护地力和生态系统管理等6个技术路线,开展广泛而深入的研究。而针对人工林经营过程中出现的生态系统稳定性和服务功能差、生物多样性降低、地力衰退、水文涵养能力弱、易受森林火灾和病虫害威胁等一系列生态问题,新一代人工林更注重可持续经营,维护和提高人工林的生态系统完整性,最大限度发挥人工林的多重功能和多重效益。

(六)退化生态系统和森林生态环境的修复与改善成为林业科学研究的迫切任务

世界范围内生态环境的恶化,对社会经济的发展已构成严重压力,威胁到人类的生存,因此环境治理已成为世界性的紧迫任务。应对环境治理的迫切需要提出了退化生态系统的恢复与重建,内容包括荒漠化防治、退化天然林恢复、水土流失控制和防护林的营建。退化生态系统恢复与重建的研究主要围绕着生态系统的成因和机理、植被与环境演化、植被恢复重建模式和生态经济效应、防护林营建技术、植被与环境关系等方向开展。充分考虑自然因素与人类活动对生态过程的影响,强调多学科交叉融合,注重多尺度与多系统研究。生态系统修复及稳定性维护等核心技术将不断创新,林业应对气候变化技术得到进一步加强,区域安全生态屏障构建技术持续进步,集生物技术与工程技术为一体的生态修复体系不断综合与完善。

(七)生物技术和信息技术成为促进林业科技进步的重要手段

以功能基因组学为核心的林木分子育种、基因解析及基因芯片等技术已经成为林木新品种创制的重要手段。以生物能源、生物材料、生物医药等为代表的生物产业备受瞩目,高效低成本生物合成技术和定向热化学转化技术成为生物质能源产业发展的两大主导技术,采用现代生物反应器提取制备技术开发林源生物医药产品是现代新药发展的重要方向。发展林业生物资源高效培育和资源节约型、环境友好型林产品加工利用技术,已成为世界各国争相抢占的21世纪国际经济技术竞争制高点。利用生物质资源代替石油化工原料制备生物基材料已成为国际新材料产业的发展趋势,并朝着高效、高附加值、综合利用、定向转化、功能化、环境友好化、标准化等方向发展。遥感、全球定位、数字模拟等信息化技术在林业资源管理、生态监测、灾害防控等领域发挥了日益重要的作用,开发具有林业特色的天地一体化林业空间信息采集、加工、分发、表达和决策支持系统已成为世界林业发展的必然趋势。

(八)绿色发展理论推动林业经济管理理论的新发展

2011年2月,联合国环境规划署在全球发布了第一本关于绿色经济的研究报告《迈向绿色经济——通向可持续发展和消除贫困之路》,将林业作为全球绿色经济发展10个至关重要的部门之一,其中特别提出每年用2%的全球GDP绿化10个经济部门,改变发展模式。绿色经济是资源环境经济社会的协调发展,是经济生态和社会效应兼得的一种发展方式,是经济活动过程中的绿色化和生态化,是有助于改善人类福祉、促进社会公平,同时显著降低环境风险和生态稀缺性的经济发展模式,是基于可持续发展和生态经济学的一种全新的发展路径。在绿色发展的理论框架下,林业经济管理学科将取得新突破与发展,包括森林和林业社会地位和作用的重新定位,现代林业的理论与实践,包含森林生态系统服务在内的绿色GDP核算和森林资源经济学的发展,林产品的绿色贸易,以森林与人类和谐发展为主题的森林文化、森林与健康、森林美学、森林福利、生态文明、城市林业的发展,森林经营目标的新拓展,森林经营和造林过程中的低碳发展原则,林业宏观决策的支持以及林业政策的调整与发展等。

(九)全球森林治理理论与方法研究备受关注

为了有效地应对挑战,可持续利用自然资源、公平分配环境利益的全球环境治理理念成为世界各国的共识,其中林业作为最活跃的部门也发挥着举足轻重的作用。联合国气候变化等公约体系的运行、森林问题论坛及改革的努力和成效进一步凸显;森林经济、生态、社会和文化价值评价,生态资源产权、保护、监管、配置、补偿等理论和方法日渐创新与完善;制定可持续森林管理国际标准、打击非法木材贸易、倡导环境正义、开展非国家治理等实践日趋活跃;法治、科技、信息化、基础设施、生态文化传播和国际合作等治理能力得到重视。

六、对我国林业科技发展的思考与建议

从全球来看,科技进步正在改变林业的原有面貌,改善和保护生态,确立林业在生态环境中的主体地位,实现林业可持续发展,越来越受到重视。随着林业科技的发展,林业高新技术企业不断涌现,带动了林业结构的不断调整与优化。林产品加工利用的发展使林业经济效益大幅提高。林业在农村和农村经济结构调整、消除贫困、增加农民收入中具有越来越重要的地位,发挥着越来越大的作用。世界林业科技加速发展的新形势对中国林业的发展将产生深刻的影响。

中国林业科技的发展应该立足于中国现代林业发展需求,顺应国际林业科技发展趋势,加强基础理论、高技术、重大关键技术和发展战略研究,攻克林业发展急需解决的技术瓶颈,切实发挥科学技术在林业发展中的引领、支撑、突破和带动作用。

一是加强基础理论研究。重点研究森林、湿地、荒漠等生态系统过程与服务功能、森

林与水的关系及其互作机制、森林固碳减排增汇机制、森林灾害生态调控与防治，木（竹）质纤维类生物质形成、生物与化学转化等林业资源高效利用，林木基因组学、植物学、植物生理学、森林土壤学等生态系统基础理论。

二是加强高新技术研究。重点研究高效林木、花卉分子育种技术，培育转基因林木、花卉新品种；开发林业环保型新材料、第二代生物质能源新产品，引导林业战略性新兴产业发展；研发数字林业关键技术，开发数字林业技术体系；开展林木光合作用调控、生物质定向解聚与分子重组、林业生物医药等技术。

三是加强重大关键技术研发。重点突破林业生态建设、产业发展关键领域核心技术研究，大力推进林业科技的创新，大力发展生态环境保护与修复技术，促进人与自然的和谐发展。当前核心技术研究内容包括：以提升生态保护和脆弱生态修复技术能力为目标，研究和发展困难立地造林、森林资源监测与高效可持续经营、林业碳汇、荒漠生态系统改善与治理、湿地生态系统管理与恢复、生物多样性保育、林业重大灾害防控、生态效益监测与评价等关键技术；以资源的可持续利用和产业发展为目标，研究和发展用材林良种选育、丰产栽培、加工利用，木本粮油树种新品种选育、丰产栽培和增值加工，林产化工、林下经济、非木质林产品资源开发、花卉等林业资源高效开发利用，林业生物质能源，林区清洁能源，现代林业装备，现代化林业生产与管理以及林农科技信息服务等关键实用技术。

四是加强林业经济、政策理论和宏观发展战略研究。系统开展林业经济与政策理论、林业宏观发展战略研究，主要包括林业经济理论、林业绿色增长理论、林业政策与管理理论研究，"以人为本"的森林与健康、森林美学、森林福利、生态文明与生态文化的研究，国际林业发展动态与政策、林业宏观发展战略、林权制度改革、森林经营政策、生态补偿政策、森林资源价值核算与森林资产评估、林产品市场与贸易政策、森林认证、林业产业发展政策等林业管理与政策的研究，国际知识产权规则、基因安全管理、新品种保护的技术性规则、信息技术产品贸易规则等国际贸易规则以及有关气候变化、森林问题、非法采伐等世界林业热点问题对策研究，以全面提高应对能力。

五是坚持需求导向，重视科研、教学和推广的结合，促进林业科技的转移和成果产业化应用。目前，中国存在科研项目的设置与生产和需求脱节、林业成果应用价值低、林业科技成果转化率低、对林业生产力贡献率低、林业科技评价重学术论文、轻推广应用等问题。应立足于国家生态建设和林业发展的现实需求，创新产学研有机结合机制；搭建科研机构、高校与企业之间人才平台，制定优惠政策，促进知识流动、人才培养和科技资源共享；重视以生产实践和市场需求为导向的科研项目的设置以及科研成果的推广应用价值，改进科技成果评价体系，加强科研成果的转化。

六是推进林业科技体制改革和创新体系建设。在国家相关规划或重大科技项目开始酝酿的阶段，邀请各部门公平参与；在进一步加强林业科技总体投入的基础上，重点加大对林业重大基础研究、高技术研究的倾斜，提升林业科技的整体创新能力；加快现有科技经费管理制度改革，针对林业科技的特点，建立"宽预算、严决算"的制度，减轻科研人员在财务预决算方面的精力耗费；针对林业科研的特殊性，制订长期稳定支持林业科研的政策机制。

参考文献

联合国粮食及农业组织,2009. 世界森林状况[R].
卢琦,2002. 世界林业科技体制和运行机制对我国的启示[N]. 中国农业科技导报,(2):43-52.
马建华,赵广球,杨正辉,等,2005. 航天育种及其在林业上的应用前景[J]. 山东林业科技,(3):76-77.
宋立志,冯连荣,林晓峰,2010. 浅谈高新技术在园林植物育种中的应用[J]. 防护林科技,(3):66-67.
徐斌,等,2011. 2010世界林业热点问题[M]. 北京:中国林业出版社.
徐斌,等,2014. 2013世界林业热点问题[M]. 北京:中国林业出版社.
中国科学技术协会,中国林学会,2007. 2006—2007林业科学学科发展报告[M]. 北京:中国科学技术出版社.
中国科学技术协会,中国林学会,2009. 2008—2009林业科学学科发展报告[M]. 北京:中国科学技术出版社.

专题八　世界林业教育发展现状与趋势

一、世界林业教育历史概况

世界上系统的现代大学教育始于中世纪的欧洲。博洛尼亚大学是西方最古老的大学，建立于1088年，至今已有900多年的历史，是世界现存最古老的大学。世界上第2古老的大学是英国的牛津大学，其确切的建校时间不清，但是有记录的授课历史可追溯到1096年，是英语世界中最古老的大学。其他西欧国家开始设立大学则多在十三四世纪以后。就大学里的分科而言，先从文、法、医、神学开始，然后农、理工等，林业分科的成立是最晚的。

林业教育始于工业革命以后，木材成为发展工业的重要原料，出现了独立的林业生产部门，从而需要培养专门林业人材。林业教育始于德国，然后发展于欧洲国家，最终扩及到世界各洲。德国林业教育最初的形式类似技工学校，后来成为中专林业技术学校（或林务官学校）。德国于1778年最早在吉森大学开设林业课程，1785年德国森林培育学家——被称为德国林业科学先驱的约翰海因里奇·柯塔（Heinrich von Cotta，1763—1844）和他的父亲成立德国最早的一所林业学校（维基百科，2016）。系统的大学林科教育是1787年在德国弗赖堡大学开始的。欧洲其他国家也大都是先办中等林业教育，然后发展为高等林业教育。在俄罗斯，对林业从业人员的职业培训始于1800年，第1所皇家林业学校于1803年在圣彼得堡附近的皇村建立，1811年搬迁至圣彼得堡，改名为皇家（圣彼得堡）林学院，1863年更名为圣彼得堡林学院，1929年改为林业技术学院，之后更名为圣彼得堡国立林业技术大学。奥地利的林业教育始于1813年，法国始于1825年，意大利始于1848年。1858年芬兰建立Evo学院，标志着林业教育的开端。1828年，瑞典第1所林业院校在斯德哥尔摩成立，1915年更名为皇家林学院。1977年，根据瑞典国会通过的"高等教育改革方案"精神，瑞典皇家林学院、农学院和畜牧兽医学院合并成立瑞典农业大学。1860年，为了培养更多的林业专业技术人员满足林业发展的需要，国立北方林业专科学校在瑞典中北部比斯普高登附近成立，后来于1893年又搬迁到比斯普高登成为第1所国立林业专科学校。英国于1885年由德国森林培育学家威廉姆施·利希（William Schlich）在英格兰的皇家工程学院开设了最早的林业专业教育。后来林业教育的范围有所拓展，1905年并入牛津大学，成为了牛津大学林学院（后停办）。

美国林业教育的历史比欧洲要晚，比德国晚100多年。直到19世纪末期，全美接受正式林业教育的据称只有6人，大都在欧洲接受林业教育。到19世纪末，已经有一些大学开设林业技术方面的课程。1881年，密西根大学的Spaulding教授首次开设了林业方面的系列讲座，内容涉及林产品、立法以及森林对人类影响等。到1897年，至少有32所赠地大学开设了林业方面的课程。美国的第1所林学院于1898年建立，设在康奈尔大学的林学院(由于资金和设备缺乏的原因,5 年后停办),开设了四年制的林业课程,前两年为基础课,后两年为专业课。主持该院工作的是在德国明兴大学毕业的伯恩哈德·弗诺(Bernhard Fernow),出生在德国,后迁居美国。一般认为他是美国林业教育的创始人。另一德国人申克(Carl Alwen Schenck)毕业于德国吉森大学,1895 年负责经营巴尔地摩(Biltmore)林场,并在 1898 年北卡罗来纳成立巴尔地摩林业学校,也是美国历史上的第 1 所林业学校,属技校性质,学制 1~2 年,主要由申克自己以"带徒弟"的方式进行教学,特别强调实际操作及野外工作。1900 年吉福德·平肖(Gifford Pinchot)和亨利·格雷夫斯(Henry Graves)在耶鲁大学创立耶鲁林学院,学制 2~3 年。其特点是只招收大学毕业生,作为研究生培养,授予林业硕士(MF)或一般的硕士或博士(MA、MS 和 PhD)学位,而不讲授一般林学院的大学生课程。吉福德·平肖是第 1 个在欧洲接受林业专业教育的美国人,他于 1889 年耶鲁大学毕业后,在法国林业学校学习,后在德国工作。亨利·格雷夫斯是第 2 个在欧洲接受林业教育的美国人,是耶鲁大学林学院的首任院长(Elmgren,1938)。

1900 年后,美国林业教育有了较大的发展,相继有不少大学设立林学院系,到 1938 年达到 24 所。例如,1903 年明尼苏达大学设立林学院;1907 年华盛顿州立大学成立林学院;1911 年在雪城大学成立纽约州立林学院;1914 年加州大学伯克利分校的农学院建立了林学系,1946 年成立林学院。20 世纪 70 年代以来,由于国际上对生态环境日趋重视和林业教育范围不断扩大,发达国家的许多高校相继将传统的林业院校纷纷改名为环境与林业学院或自然资源学院。耶鲁大学第一个把环境加入学院名称,1972 年其林学院改名为环境科学与林学院,同年纽约州立大学林学院改名为环境科学与林学院。1974 年加州大学伯克利分校林学院,1988 年明尼苏达大学林学院均改名为自然资源学院。2002 年爱荷华州立大学的林学系(农学院下设)改名为自然资源、生态与管理系。

1904 年,加拿大林业协会要求安大略省省政府设立林业学校。1907 年加拿大在多伦多大学设立了林学院,标志着林业教育的开端。

拉丁美洲国家的林业教育开始较晚,最早是在墨西哥从 1909 年开始的。其他拉丁美洲国家的林业教育开始更晚,多数国家的高等林业教育主要是在 20 世纪 60 年代以后发展起来的。例如,1960 年之前,南美只有 6 所林业院校,到 1974 年就达到 18 所。二战以后,南美的多数国家相继获得独立和解放,人们对林业重要性的认识逐渐加深以及对原始森林的采伐利用和社会对林业专门人才的需求有所增加,使得一些国家对建立自己的高等林业教育机构有了一定的需求。于是在一些综合性大学或农业大学里开始增设林学专业,但数量却非常有限,能够依靠自己力量来培养林业高级人才的地方也很少,缺乏完整的林业教育体系,其高级林业人才的培养还主要依赖西方一些发达国家。如巴西在 20 世纪 60 年代以前,还一直是在美国和联邦德国培养所需的高级林业人才。从 20 世纪 60 年代起,南美洲各国的经济得到迅速发展。为了适应经济发展的需要,各国把培养人才作为实现国民经济现代化的重要战略举措之一。由于该地区拥有巨大的热带森林资源,合理开发利用丰富的森林资源,需要迅速发展高等林业教育。同时,从 20 世纪 60 年代起,巴西、智利等国家掀起了营造人工速丰林的热潮,其规模之大、速度之快是世界少有的。为了适应林业的发展,许多国家对建立自己的高等林业教育机构和教育体系有着越来越强烈的愿望。在联合国粮农组织、美国、德国和法国等的援助下,自六七十年代以来,该地区的高等林业教育取得了长足发展,高等林业教育机构增长速度较快,并逐渐形成了各具特色的高等林业教育体系。

亚洲最早的林业教育开始于印度殖民地时期，英国人于1878年在印度的得拉顿（Dehra Dun）办起亚洲最早的一所中等林业学校，1884年转交印度政府管理，并改名为皇家林学院，1926年发展为高等林业院校。日本的林业教育也开始于19世纪末期，主要借鉴德国经验开办林业教育，是亚太地区最早从德国引进林学科并自己开创高等林业教育的国家，也有一个先办中等林校后办大学教育的过程，如1882年由留德学生回国建立的东京山林学校1890年发展成为东京大学农学部林学科。

澳大利亚于1910年在维多利亚的克雷西克建立了1所林业学校，在南澳大利亚的阿德莱德大学开设了林科课程。新西兰虽然是一个林业比较先进的国家，但林业教育起步较晚，以前林业技术人员的教育培训主要在英国、澳大利亚等海外院校中完成。1924年新西兰在坎特伯雷建立了1所林业学校，1934年该校关闭。1970年坎特伯雷大学建立了新西兰唯一的一个林学系，授予林学和林业工程的学士、硕士和博士学位。

在非洲，正规的林业教育（授予本科及以上的学位）始于20世纪50年代末60年代初，也就是殖民地将要结束的时期。之前所有的高级林业人才大都不是本地人，而且都不在本地区培养。随着非洲殖民地的结束，该地区公共服务人员也相继撤离，非洲急需找到替代这些人员的国人，林业专业人才也是如此。非洲自此开始培养自己的高级林业专业人才（Kiyiapi，2004）。例如，1955年利比里亚建立蒙罗维亚林学院，1963年尼日利亚在伊巴丹大学设立了林学系，1970年乌干达在马凯雷雷大学开设林业教育。起初，非洲林业教育的模式很大程度上受到欧洲和北美的影响。非洲的林业职业技术教育开始相对较早，早在20世纪30~50年代就建立了林业职业技术学院或林业学校，这些学校学制2~3年，只授予证书和文凭，不授予本科及以上的学位。例如，1931年乌干达建立Nyabyeya林业技术学院，1936年坦桑尼亚在得阿鲁沙建立Olmotonyi林业培训学校。

中国的林业教育开始于20世纪初。最初在北方的一些大学里受日本教育的影响开始设有林业教育，但并没有先办中等林校再办大学林科的明显过程，而是先在农科大学里讲授林学课程，再办独立的林科。1902年山西省农工总局附设农务学堂的林科。1906年北京京师大学堂的农科大学（北京农业大学的最早前身）开始讲授林学课程，当时农科大学的专业课程为农业、农艺化学、林学和兽医四门。1909年保定农学院（河北农业大学前身）最早在中国正式设立大学林科。1914年京师大学堂的农科大学设立林科。中国南方受美国教育影响，于1915年金陵大学也开始设立林学科系。所有这些都是我国林业教育的最早起源。北伐战争后，中国的林业教育逐渐有较大的发展。从1926年起各大学设有林业科系的有中山大学森林系、中央大学农学院森林系、河南大学农学院森林系、浙江大学农学院森林系、四川大学农学院森林系、广西大学农学院森林系、安徽大学农学院森林系、武汉大学农学院森林系、金陵大学农学院森林系、北京大学农学院森林系、河北农学院森林系、西北农学院森林系、山东农学院森林系、福建农学院森林系、云南大学农学院森林系、南昌大学森林系、西北技专林科（兰州）。抗日战争以后，东北大学农学院（沈阳）和清华大学农学院也都曾设立森林系。到1949年为止，中国有21所高等学校设有森林系，但在校学生只有541人（范济洲，1982）。

中国的中等林业学校也是在20世纪20年代以后开始有较大的发展。1926年，全国中等林业教育有3种形式。第1种形式是在甲种农校（高中程度）内设立林科，如江苏省立第一甲种农校(南京)、浙江省立农校、安徽省立第一甲种农校(安庆)、安徽省立第三甲种农校(六安)、福建集美农校(厦门)、陕西省立甲种农校、四川江津农校、江西省立甲种农校(赣州)、云南省立甲种农校。第2种形式是专门林科中等学校,当时全国只有3所:浙江林科中学、江西庐山林科中学、辽宁安东林科中学(丹东)。第3种形式以农林中学形式出现,全国只有1所,即湖南第一农林中学(长沙)。

在新中国成立以前的40余年当中,也具有一定规模的高等和中等林业教育,但是发展缓慢。各院校森林系各年级的学生人数很少,一般不到10人,且毕业后学生往往改行。至于教学内容,特别是专业课程,不是德日内容,就是英美内容,反映中国实际情况较少。中华人民共和国成立以来,特别是改革开放以来,中国林业教育发展迅速,取得了巨大发展。

二、世界林业教育发展现状

(一)林业教育体系

200多年来,在世界范围内已经形成一个比较完整的林业教育体系,具有齐备的教育类型、相当的规模、大体适当的布局、基本合理的层次和学科专业结构,为各国林业事业的发展培养了大量专门人才。

1. 教育类型(各级各类教育)

教育类型有不同的划分方式,按教育培养目标和学习目的的不同,林业教育的类型包括有普通高等教育、职业教育、成人与继续教育。总体而言,普通高等教育通常由高校(大学和学院)来承担,包含了专科、本科和研究生的教育;职业教育由职业技术学院或技术学校承担,以培养技术员和技术工人为目标,主要包含专科和中专层次的教育;成人与继续教育主要针对在职工作人员在林业岗位上进行的深造,主要由学校和企业承担,包括普通高校、成人高校和成人中等专业学校等。具体国家的情况有所不同。例如,美国本科以上的林业教育是在综合性大学进行的;职业教育主要在社区学院和农业及技术学院进行,少数综合性大学也设置了职业技术教育专业,学制一般为2年,授予应用科学协士学位(Associate of Applied Science),相当于中国的专科学位。现在没有资料显示美国设有中等林业职业教育。德国形成了社会各界广泛参与的完整的教育培训体系。在综合性大学和应用技术大学设有林业院系,培养高级林业专业人才,其中综合性大学可授予本科、硕士和博士学位,应用技术大学可授予本科和硕士学位。高等林业职业专科学校培养林业专科技术人才,中等林业学校培养林业技术工人。此外,还包括对从业人员进行职业培训、对大众进行科普教育。瑞典的林业教育机构主要可分为以下几类:第1类为林学院和林业专科学校,第2类为林业技术学校,第3类为各种学习班和培训班。奥地利林业教育包括高等教育、职业教育和继续教育3个层次。奥地利没有专门的林业高等学校,林业高等教育设在维也纳农业大学(1872年建校),职业教育设在林业技术学院,继续教育由联邦农林部直属的2个林业培训中心(其中包括世界著名的奥尔特林业培训中心)实施,不仅培训需要继续教育的与林业有关的人员,而且还面向社会普及林业知识。芬兰的林业教育体系包括综合性大学中设置的林学院、专科层次的技术学院和中专层次的林业学校,还包括多种形式的培训和成人教育学校。俄罗斯的林业教育体系由大学(本科以上)、技术学校或学院(专科)和林业学校(中专)构成。日本在早年学习德国、美国的林业教育经验的基础上，从20世纪60年代以来，逐步建成了一套层次规格分明、各具特色、形式多样的高、中等林业教育体系，包括以传授基础理论知识为主的综合大学本科教育、适应尖端新技术发展、培养具有高深理论基础的博士生与硕士生的研究生院教育、侧重生产第一线应用技术推广的短期大学(大专)与高等林业专门学校(中专)教育。除了上述全日制的高、中等林业教育体系之外，还有相当严密完整的成人继续教育，其中包括国有林业职员的培训和私有林主技术培训。南美国家的林业教育体系分为3个层次：大学层次的高校(授予本科及以上学位，培养高级林业职业人员)、专科学校(培养林业技术员)和林业学校(培养林业技术工人)。非洲的林业教育体系包括专业教育(大学以上层次)和职业与技术教育(专科和中专)。中国的林业本科以上教育在专门设置的林业大学、部分农业及农林大学和综合性大学开设，这些学校大多实施本科或本科层次以上林科教育，只有个别学校设置专科层次的职业技术教育。高等林业职业技术学院和中等林业学校分别承担专科和中专层次的林科职业教育。

从举办教育的主体性质来看，教育类型可分为公立教育和私立教育(民办)。由于林业教育的公益性，国外涉林院校多数为公立大学，如德国的弗赖堡大学、美国的加州大学伯克利分校、加拿大的英属哥伦比亚大学、英国的雷丁大学、巴黎高科农业学院、澳大利亚国立大学、新西兰的坎特伯雷大学、日本的东京大学、韩国的汉城大学、马来西亚的博特拉大学、南美的智利大学、巴西的圣保罗大学等；少数为私立大学，如耶鲁大学。中国本科以上的涉林院校均为公立大学，只有5所农林院校的独立学院具有民办教育的性质。

从办学形式来看，教育类型既有有全日制教育，也有非全日制教育。有学历教育，又有非学历教育；有以面授为主的教育，又有以远距离教学为主的教育，如函授、刊授、广播、电视教育、网络教育等，特别是近年来兴起的大规模在线网络教育(MOOCs)对传统教育带来了很大的影响，成为了重要的教育形式之一。苏联的林业教育比较发达，各主要林业院校除全日制教学外，还有函授、夜大、预科及干部进修等。此外，苏联还成立了林业部门领导干部和专家进修学院及若干个分院，目的是帮助受过高中等专业教育的领导干部及专家更新知识。中国林业教育的形式也具有自己的特色，除了涉林普通高校外，也有多层次的成人教育类型，办学形式多样灵活。例如，原林业部在北京设立了林业管理干部学院，负责林业系统各级领导干部的进修培训。各高等林业院校和涉林院校设立了成人或继续教育学院，也从事企事业单位的干部和技术人员的培训，开设函授部和夜间大学，开展了各种类型的继续教育。各省份的林业部门建立了林业干部学校或在中等林校附设了干训班，有的省份设立了林业干部学院、教育学院职工中专班和刊授学校，部分林业企事业单位还设立了职工大学、职工中专、电视大学和培训中心等。

2. 林业教育规模与布局

根据有关资料，世界林业教育机构的分布概况如表8-1所示。

由表8-1可以看出，世界林业教育已经发展到了相当的规模，大学水平的教育机构已达490多个，比1985年有较大的增长。

表 8-1　世界林业教育机构分布情况

地区和国家	大学层次的教育机构(本科以上)		非大学层次的教育机构（专科和中专）	备注
	2016 年	1986 年		
亚洲	148	150		
欧洲	140	103		各洲 1986 年数据来自汪大纲（1990）研究文献，2016 年数据来自维基百科
北美洲	59	57		
拉丁美洲	80	60	9	
非洲	59	24	18	
大洋洲	7	9		
总计	496	403		
美国	80	24		
中国	48	51		
德国	13	29		
芬兰	10	7	27	
俄罗斯	50			
日本	27	32		
印度尼西亚	55	24		
印度	22			
巴西	58	21	25	
墨西哥	11	14		
加拿大	8	9	17	
尼日利亚	14			
南非	5			

资料来源：官方网站、研究文献、维基百科。

目前，大学水平的涉林教育机构以美国为最多，美国大学森林资源专业协会（NAUFRP）成员校为80所，设有林业方面（包括城市林业、自然资源）的专业，其中51所高校的林科专业通过了美国林学会（SFA）的认证。承担高职（专科层次）林科的院校有24所（通过SFA认证的）（美国林学会，2016）。据调查，2012年美国67所涉林院校自然资源专业（包括林学专业）的在校本科生规模为26 800人，规模与1980年基本持平，但是期间波动较大。其中林学专业的本科学生数量下降明显，从1980年占自然资源学生总数的一半到2012年的15.7%。林学专业本科在校生人数为4 200人。如果按照80所成员院校估算，自然资源本科专业学生约为32 000人，其中林业专业为5 024人。木材科学专业的学生也有所下降。与此同时，自然资源中环境与生态系统等交叉学科有所发展，因此总体规模基本稳定。林学专业人数下降的原因有公众对林业价值认识的变化、自然资源专业的多样化、工作岗位的减少、工资偏低、林业对女性和少数民族吸引力很小、缺乏灵活性的以科学为基础的课程计划。总体而言，过去的几十年里，自然资源本科学生规模与其他学科相比发展缓慢，期间美国所有专业的大学本科生数量增长了71%。

不同地区林业教育发展情况有所不同，以俄勒冈州立大学林学院为例，2000年学生人数为524人，2005年603人，2010年为914人，2015年为1 024人，其中研究生为206人。可以看出，林学院学生人数总体增长较大，15年期间增长近一倍，尤其是2005—2010年增长最快，每年增长60多人（俄勒冈大学，2016）。俄勒冈州是林业大州，森林占全州面积的一半，对林业人才的需要也较大，就业岗位比较充分，因此林业教育发展也相对较快。

俄罗斯现有50所涉林高等教育机构，其中36所普通高校，14所成人培训高校。2005年中等林校（3~4年学制）为3所，60年代最多达34所，特殊中等林校（2~4年，相当于专科）23所。2003年在校生为15 000多人。

据研究资料，2005年俄罗斯林业高校学生4万多人，比1999年3.3万有所增加。20世纪90年代后期，为了适应社会对林业领域的人才需求的逐渐增加，俄罗斯涉林学校在校生人数有所增加。以莫斯科国立林业大学为例，在校生总数1997年至2002年间增加了38%，见表8-2。而之前的30多年，学校规模呈下降趋势。2002年之后学校规模保持稳定。据该校官网显示，目前学校在校生人数为1万多人。

表8-2 莫斯科国立林业大学在校生数变化情况

年份	1966年	1975年	1997年	2002年
全日制	3 209	5 072	4 894	6 032
函授	2 511	1 861	2 341	3 813
夜大	2 024	803	337	626
总数	7 744	7 736	7 572	10 471

资料来源：于伸等，2004。

目前，中国有6所林业本科大学、4所农林高校、1所海洋大学、24所农业类大学、5所农林独立学院和8所综合性大学设有本科或本科以上的林科教育。高等林业职业技术学院（也有称作生态或资源环境工程、生物工程、防沙治沙职业技术学院）18所，28所农业类的高职院校开设园林技术专业，部分综合类的高职院校也设有园林技术或林业技术方面的专业。全国共有涉林中等职业教育教学点618个。中等林业学校（包括园林和生态工程）为12所。在中国的职业教育体系中还有少量初等职业教育，2015年职业初中有22所，林业方面没有职业初中。开展涉林研究生教育的单位有75个。自1999年高校扩招以来，中国林业高校及涉林教育机构的涉林专业招生人数和在校生人数也增长较快。

2010年，全国普通高等林业院校和其他高等学校、科研单位毕业的研究生大幅增加，全国普通高等林业院校和其他高等学校林科毕业的本科生、专科生小幅增加，中等林业（园林）学校和其他中等职业学校林科毕业的中专生大幅度增加。本学年博士、硕士毕业生5 398人，比2009年增长14.03%。其中，林业学科博士、硕士毕业生3 862人，比2009年增长11.23%；本、专科毕业生52 803人，比2009年增长1.19%，其中林业学科专业本科、专科毕业生32 926人，比2009年增长7.50%。全国中等林业（园林）学校和其他中等职业学校林科毕业生共43 704人，比2009年增长53.63%。到2014年，全国普通高等林业院校、科研单位和其他普通高等院校、科研单位林业学科毕业的研究生共为7 379人，全国普通高等林业院校和其他高等学校林科专业本科毕业生共为40 739人，全国高等林业（生态）职业技术学院和其他高等职业学院林科专业毕业的专科生共为37 702人，全国普通中等林业（园林）职业学校和其他中等职业学校林科专业毕业的中专生共为 67 712 人。由此可以看出，林业高校和涉林高校涉林毕业学生人数有了较大增长。其中增长最快的是研究生教育，毕业学生数增长了近 16 倍；其次是本专科毕业学生，增长了近 11 倍；中职毕业学生增长了 5 倍多。

各国林业教育机构基本上形成了合理的布局结构。美国拥有最多的高等林业教育机构，大多数州均设有涉林院校。有的州设有 2 所，如加州、华盛顿州、密歇根州和威斯康星州等。中国各省份除重庆外都有涉林院校。由于林业生产具有强烈的地区性特点，各国均重视将林业院校设置在靠近林区或交通方便、文化比较发达的地方。美国一些规模较大的林学院，如华盛顿大学森林资源学院、俄勒冈州立大学林学院等均建在重要的林区附近。美国各州的林业院系，在科系设置等方面还带有强烈的地区特点，便于理论联系实际，更好地为当地的林业建设服务。加拿大的高等林业教育机构分布在不同的区域，有些在大城市，有些在较小的乡村地区。例如，多伦多大学、英属哥伦比亚大学（温哥华校区）、埃德蒙顿市的阿尔贝特大学坐落在主要的大城市；地处桑德贝市的湖首大学、埃德蒙兹顿市的麦克敦大学、乔治王子城的英属哥伦比亚大学就处于森林产品工业的中心地带，为林业人才培训和研究提供直接的服务。但是有些国家的高等林业教育机构在地区分布和发展上存在不平衡，主要表现为不少林业院系设在综合性大学和农业大学里，地处工业、交通都比较发达的大都市；而交通不便、经济落后的林区则没有或仅有极少的林业高等教育机构，如巴西的大学林业教育机构几乎都集中在南部和东南部的工业区，仅个别的在分布有广大森林的亚马孙河地区。目前，这种状况在一些国家正在发生变化。如委内瑞拉就在其东部地区建立林业高等教育机构，这是因为林业重点逐渐向东部地区转移，高等林业教育要适应林业发展的需要。

3. 院系设置

各国高等林业院系的设置大体上有 3 种类型。

第 1 种类型是在综合性大学开展林业教育。世界上大多数国家都属于这种类型，林科教育大都是在综合院校所设立的林学院、农学院、自然资源学院或林学系、森林资源系、木材科学系、森林工程系或林业相关的科系中实施。北美、南美、欧洲、大洋洲、亚洲和非洲的大部分国家都属于这种类型。例如，美国、加拿大和日本绝大多数的林业教育在综合性大学，少数在农工和技术大学。少数涉林学校设有独立的林学院，如美国俄勒冈州立大学林学院、耶鲁大学林业与环境科学学院。加拿大英属哥伦比亚大学设有林学院。林科类专业大多设在农学院、环境学院、自然资源学院或生命科学学院中与林业相关的系，如威斯康星大学麦迪逊分校农业与生命科学学院下设的森林与野生动物生态学系。也有很多林学类专业设在非林名称的系（如生态系统、植物、生命科学等）内，如加州大学伯克利分校自然资源学院的环境科学、政策与管理系下设 1 个林业类本科专业，即林业与自然资源专业。芬兰主要在综合性大学中开展高等林业教育，如赫尔辛基大学农林学院、东芬兰大学理学与林学院以及在赫尔辛基工业大学化学技术学院有林产品技术系。比利时根特大学生物科学工程学院下设 16 个系，包括森林与水资源管理系。丹麦哥本哈根大学自然科学学院下设地球科学与自然资源管理系，该系设有林业有关专业。日本东京大学、京都大学等综合性大学的农学院开设林业教育。例如，日本东京大学农学院应用生命科学系设有森林生命科学本科专业，环境与资源科学系下设森林环境与资源学本科专业、木材科学与工程本科专业，均授予农学学位。农业与生命科学研究生院下设 12 个系，其中包括林学系，开展林学研究生教育。墨尔本大学土地与环境学院设有森林与生态系统科学系。新西兰坎特伯雷大学工程学院下设林业系。智利大学设有林学院，包括 3 个系：林业资源管理系、造林系、木材工程系。马来西亚博特拉大学设有林学院。

第 2 种类型是在部分农业大学和少数自然资源和生命科学大学设立林学院、自然资源学院、林学系等。欧洲、亚洲部分国家设有这样类型的学校。例如，瑞典农业大学、法国巴黎高科农业学院和泰国农业大学等设有林学院，美国德克萨斯农工大学的农业与生命科学学院下设生态系统与管理系，日本农工大学农学部的生态区域系设有林业教育方面的专业，奥地利维也纳自然资源和应用生命科学大学和挪威生命科学大学分别设有森林与土壤科学系、生态与自然资源学院开设林业教育方面的专业。

第 3 种类型是单独设置的林业院校（以林业或林业技术大学命名），在俄罗斯、中国、越南等少数国家设有此类林业院校，如俄罗斯的莫斯科国立林业大学、圣彼得堡国立林业科技大学和沃罗涅日国立林业技术大学以及越南林业大学。相对而言，独立设置的林业专科学校较多。

在中国，承担高等林业教育的类型包括了以上 3 种类型。目前有 6 所独立设置的林业院校，在多数农业大学（农林大学）和少数综合性大学也开设林业教育。另外，还有一批独立设置的高等林业类职业技术学院和中等林业技术学校。

4. 层次结构

目前，世界上已形成由中专、大专、本科、硕士、博士、博士后教育组成的多层次的林业教育结构。这种结构有一个从单一走向多样化的形成过程，反映了林业生产和科学技术的发展对林业教育提出了多方面不断提高的要求。

由于各国林业教育的发展水平不同，它所具有的层次也有所差异。例如，美国的林业教育层次主要包括专科、本科、硕士和博士及博士后教育，德国林业教育层次包括初级林业技工学校（技工）、中等林业技术学校（中专）、高等专科学院的林学系和木材技术系（专科）、普通大学林学系（本科、硕士和博士），俄罗斯林业教育层次包括初等林业教育（初级技工）、中等林业教育（中专）、特殊中等林业教育（专科）和高等林业教育（本科以上），中国的林业教育层次有中专、大专、本科、硕士生、博士生、博士后。

随着林业发展对高层次应用型人才的需求，林业专业硕士（Master of Forestry，MF）应运而生。专业硕士与学术硕士（MS）不同，主要是培养在管理和政策方面的职业人才，而非学术型人才。在美国，与林业行业紧密相关的硕士专业学位类型有很多种类，不仅包括林业硕士，还包括森林资源硕士、自然资源科学与管理硕士、森林资源与保护硕士、林业商务硕士、森林保护硕士等不同林业领域的专业学位类型。美国部分大学设有与林业相关的专业硕士学位（见表 8-3）。

表 8-3　美国部分大学设有与林业相关的专业硕士学位情况

学校名称	与林业相关的专业学位类型	位置
耶鲁大学（Yale University）	林业硕士（Master of Forestry）	东北部
杜克大学（Duke University）	林业硕士（Master of Forestry）	南部
加州大学伯克利分校（University of California-Berkeley）	林业硕士（Master of Forestry）	西部

（续）

学校名称	与林业相关的专业学位类型	位置
威斯康星麦迪逊大学（University of Wisconsin-Madison）	森林资源硕士（Master of Forest Resources）	南部
华盛顿大学西雅图分校（University of Washington-Seattle Campus）	森林资源硕士（Master of Forest Resources）；环境园艺硕士（Master of Environmental Horticulture）	西部
宾夕法尼亚州立大学主校区（Pennsylvania State University-Main Campus）	森林资源硕士（Master of Forest Resources）	东北部
佛罗里达大学（University of Florida）	森林资源与保护硕士（Master of Forest Resources and Conservation）	南部
佐治亚大学（University of Georgia）	森林资源硕士（Master of Forest Resources）	南部
普渡大学（Purdue University-Main Campus）	自然资源硕士（Master of Natural Resources）	中西部
明尼苏达大学双城分校（University of Minnesota-Twin Cities）	自然资源科学与管理硕士（Master of Natural Resoures Science and Management）	中西部
克莱姆森大学（Clemsin University）	森林资源硕士（Master of Forest Resources）	南部
密歇根州立大学（Michigan State University）	林业硕士（Master of Forestry）	中西部
弗吉尼亚理工学院与州立大学（Virginia Polytechnic Institute and State University）	林业硕士（Master of Forestry）	南部
纽约州立大学环境科学与林业学院（SUNY College of Environmental Science and Forestry）	林业硕士（Master of Forestry）	东北部
奥省大学	林业硕士（Master of Forestry）	南部
麻省大学阿默斯特分校（University of Massachusettrs Amherst）	林业硕士（Master of Forestry）	东北部
北卡罗来纳州立大学（North Carolina State University）	林业硕士（Master of Forestry）	南部
密歇根理工大学（Michigan Technological University）	林业硕士（Master of Forestry）	中西部
密苏里大学哥伦比亚分校（University of Missouri-Columbia）	林业硕士（Master of Forestry）	中西部
路易斯安那州立大学和农业与机械学院（Louisiana State University and Agricultural & Mechanical College）	林业硕士（Master of Forestry）	南部

资料来源：各校网站，2016。

中国最早在农业推广硕士开展林业专业硕士教育。农业推广硕士（2014年已改为农业硕士）是国务院学位委员会1999年批准设立的专业学位，培养领域从最初的4个拓展到15个，林业是其中一个专业方向。2010年，国务院学位委员会第27次会议审议通过了林业硕士专业学位设置方案，并批准16所院校开展林业硕士专业学位研究生教育。

由于各国的国情不同，在教育层次的划分上也有所区别，例如大专这一层次，在水平结构上介于本科教育与完全中等教育之间，有的国家称为中学后教育。对于这一级，许多国家均纳入了高等教育的范围，美国称为社区学院，联邦德国称为高等专科学校，日本称为短期大学或高等专门学校。俄罗斯目前仍按照传统观念将其划入中等专业教育的范围，称作特殊中等教育。对于大专这一级，有的国家是作为职业性教育，为学生就业作准备，有的国家则是既作为职业性教育又作为转学性教育，即为转到本科高年级学习做准备。中国的专科层次教育类型的学校大都改为职业技术学院，与本科教育一起划作普通高等教育的范畴。

5. 学科专业结构

总体而言，各国的学科专业设置均由早期的比较单一而逐步走向多样化。传统的林业学科专业结构主要包括林学和木材科学与技术两大类。随着林业功能逐渐由林业的经济功能转向森林的环境、生态和文化等功能，林业功能变化及其范围的扩大，其学科范围也在拓展，传统林业与环境科学、生态学、自然资源保护、生物多样性保护、流域管理、生命科学等日益交叉融合。

各国的专业学科设置大体上可分为非社会主义国家和社会主义国家2种类型。前者以通才教育为主，专业面较宽，通用性较强，着眼于打好自然科学、社会科学、人文科学基础，具有较强的就业应变能力；后者以专才教育为主，专业划分较细，专业面较窄，但本专业的知识学得较多、较深、较系统，比较强调专业的针对性和实用性。

中华人民共和国成立后，中国高等教育沿用了苏联的专才教育模式。为了克服专业划分过细的弊端，中国本科专业目录经过数次调整，本科专业数量逐步减少。教育部2012年发布了《普通高等学校本科专业目录（2012年）》，是1998年以来的第4次修订，专业数量由修订前的635种调减到506种。林学类专业包括林学、园林和森林保护，林业工程类包括森林工程木材科学与工程林产化工，水土保持与荒漠化防治、野生动物与自然保护区管理专业划作自然保护与环境生态类。按照《学位授予和人才培养学科目录（2011年）》规定，目前中国的林科包括林学和林业工程2个一级学科。其中林学包括7个二级学科，自主设置4个。林业工程包括3个二级学科，即森林工程木材科学与工程林产化工，后自主增设3个。整体而言，学科范围也有拓展。研究生的专业设置是按照二级学科来划分的，没有林业的专业名称。本科的专业设置包括林学和二级学科的名称。根据教育部颁布的2015年版高等职业教育专业目录、2010年版中等职业教育专业目录，高职教育林业类专业包括林业技术、园林技术、森林资源保护、经济林培育与利用、野生植物资源保护与利用、野生动物资源保护与利用、森林生态旅游、森林防火指挥与通讯、自然保护区建设与管理、木工设备应用技术、木材加工技术、林业调查与信息处理、林业信息技术与管理等13个专业；中职教育林业类专业有现代林业技术、森林资源保护与管理、园林技术、园林绿化、生态环境保护、木材加工、林产化工7个。

目前美国的林业学科包含在自然资源的领域范围内。自然资源具体包括了林学、自然资源保护与管理、环境科学、渔业与野生动物、木材科学与产品、流域科学与管理、草地科学与管理、自然资源休憩。林学下面包括若干专业方向，如环境园艺、城市林业、森林生态系统学、社会林业、森林培育学、树木生理学、森林资源管理、混农林业、生物多样性、生物统计学、森林经理、森林景观管理、国际林业、森林测量与评估、森林生物技术、森林植物学、林业经济学和政策、森林生态系统管理等（图框5至图框7）。

图框 5：美国林业学科设置

案例 1：美国俄勒冈州立大学林学院专业设置情况

美国俄勒冈州立大学林学院下设 3 个系：林业生态系统与社会系（下设 3 个本科专业，1 个研究生专业）、森林工程与资源管理系（下设 3 个本科专业，1 个研究生专业）和木材科学与工程系（下设 2 个本科生专业，1 个研究生专业）。具体专业设置见下表。

俄勒冈州立大学林学院专业设置情况

森林生态系统与社会系	本科专业（BS）	（1）游憩资源管理	
		（2）旅游与户外领导策略	
		（3）自然资源	
		（4）游憩资源管理（辅修）	
		（5）旅游与户外领导策略（辅修）	
		（6）自然资源（辅修）	
	研究生专业（MF，MS and PhD）	（1）森林生态系统与社会	
森林工程与资源管理系	本科（BS）	（1）林学	专业方向
			森林经理
			森林采运管理
			森林景观管理
		（2）森林工程	
		（3）森林工程—土木工程	
		（4）林学（辅修）	
	研究生专业（MF，MS，and PhD）	森林可持续管理	专业方向
			森林采运规划与管理
			森林政策分析与经济学
			森林生物统计学和测绘学
			森林培育学，防火和森林健康
			森林流域管理
			可持续森林管理工程
木材科学与工程系	本科（BS）	（1）可再生材料	专业方向
			市场营销与管理
			科学与工程
		（2）可再生材料（辅修）	
	研究生专业（MS、PhD）	木材科学	
其他跨学科研究生专业	OSU Ecampus（网络教育）	（1）自然资源硕士	
		（2）可持续自然资源（证书）	
		（3）城市林业（证书）	

资料来源：俄勒冈州立大学，2016。

图框6：德国林业学科专业设置

案例2：德国哥廷根大学林学与森林生态学院专业设置情况

德国是林业教育的发源地，林业教育处于世界先进水平。德国哥廷根大学林学与森林生态学院下设19个学科，分属于2个研究所。

Büsgen研究所设有生物气候学系，森林植物学与树木生理学系，森林遗传和林木育种系，森林动物学和森林保护系，木材分子生物技术与技术真菌系，生态信息学、生物统计学和森林种植系，生态系统模拟系，温带生态系统土壤科学系，热带、亚热带生态系统土壤科学系，野生生物管理系；Burckhard研究所设有森林作业科学与工程系，森林经济学和森林利用系，森林与自然保护政策和森林历史系，木材生物学和木材产品系，木材技术和木基复合材料系，自然保护和景观规划系，温带造林与森林生态学系，热带造林与森林生态学系，森林清查与遥感系。

哥廷根大学林学与森林生态学院专业设置情况

本科专业（BSc）	林学与森林生态学
硕士专业（MSc）	森林经理与利用
	森林保护
	木材生物与木材工程
	热带与国际林业
	生态系统分析与模拟
博士专业（Dr. forest/PhD）	林学与森林生态
	木材生物与木材技术
	应用统计学与实证研究方法
	森林、自然与社会（联合博士学位）
	木材材料科学
	作物与树木分子科学和生物工程
	环境信息学

资料来源：哥廷根大学，2016。

图框7：日本林业学科专业设置

案例3：东京大学农学院林业专业设置情况

日本是亚洲开展林业教育较早的国家。东京大学是日本首所国立大学和世界著名的研究型大学。东京大学林业本科教育设在农学院，有3个系：应用生命科学系、环境与资源科学系和兽医科学系。其中应用生命科学系设有6个本科专业：生物化学和生物技术、应用生物学、森林生命科学、水生生命科学、动物生命科学和生物材料化学；环境与资源科学系设有8个本科专业：景观生态与规划、森林环境与资源、水生制作与环境、木材学与工程、生物与环境工程、农业与资源经济、田间科学和国际可持续农业发展；兽医科学系设有兽医科学1个专业。

> 东京大学林业研究生教育设在农学与生命科学研究生院，下设12个系：农业和环境生物学系、应用生物化学系、生物技术系、林学系、水生生物科学系、农业与资源经济系、生物与环境工程系、生物材料系、全球农业系、生态系统系、动物资源系和兽医系。
> 林学系下设8个实验室：森林经理实验室、森林培育学实验室、森林政策实验室、森林水文和侵蚀控制工程实验室、森林利用学实验室、森林植物学和森林健康实验室、森林动物学实验室、森林景观规划与设计实验室。
> 涉林本科专业（BS）包括森林生命科学、森林环境和资源科学及木材科学和木材工程，涉林研究生专业包括林学的专业硕士和博士学位。

6. 素质要求

总体来看，世界各国的初等林业学校主要培养林业技术工人，中等林业学校培养技术员。专科层次主要培养初级工程师和林区管理人员。大学本科以上主要培养教学、科研人员和高级管理人员。初等、中等和专科是属于职业技术教育（Vocational and Technical Education）的范畴，大学本科及以上主要属于专业教育（Professional Education）的范畴。本研究主要介绍分析专科以上人才的素质要求或质量要求。主要体现在人才培养目标和培养标准方面。

（1）专科人才的培养目标和素质要求。培养目标是培养工程师和林管区官员，注重技能和实践能力的培养。在德国有3所设有林学系和木材技术系的高等专科学院，学制4年（其中有一年参加生产实践），毕业后即取得有文凭的工程师资格。若要取得林管区领导的职务，还须工作1年以上，并要通过国家考试。日本短期大学的林业专科人才培养目标是为各地区培养有实践经验的林业生产技术应用与推广人员。在美国，林业专科是培养林业技术方面的人才，主要是由社区学院培养，少部分由综合性大学和农业学院培养。专科层次的教育学制一般为2年，是作为林业技术人员的最低学历要求。毕业生可以在木材加工企业、公共林地管理部门、林业咨询公司、城市树木养护公司和私有部门等单位工作。

美国格兰维尔州立学院（Glenville State College）土地资源系授予林业技术的本科和专科学位。其专科人才培养标准规定如下（格兰维尔州立学院，2016）：①能够在森林区域内识别和命名木本植物和动物，了解它们的生物和生态功能；②能够为土地使用者在植树、间伐、森林再生、外来物种控制、防火等方面提出造林方法；③能够测量立木的体积和价值，能够对树木、原木和木材进行分级；④了解林火、昆虫和病虫害在森林中的作用，能够对森林资源的保护提出行动建议；⑤能够解读图像，利用地理空间技术进行制图与分析；⑥开发与提出森林与野生动物管理计划满足林地所有者诸如木材生产、野生动物与鱼类栖息、美学和娱乐等需要；⑦能够利用法庭记录、合同、地图和适当的木材采伐技术，为私人和公共部门客户规划和监督木材采伐情况。

美国新罕布什尔大学（University of New Hampshire）应用科学学院设有林业技术专业，其培养标准如下（新罕布什尔大学，2016）：①能够帮助规划、指导和运营林业企业；②具有种植、间伐和其他造林活动及采伐监督方面的理论和实践经验；③能够设计、建设林区道路，能够对物产进行制图和清查；④能够管理林地改进木材质量和野生动物栖息地；⑤能够清查自然资源，开发未来管理计划；⑥能够识别和处理森林健康问题；⑦能够保护土壤、水资源和其他自然资源。

（2）本科人才的培养目标和素质要求。培养目标是对人才培养类型（研究型、应用型、技能型等）、对学生素质要求的概括性描述、学生将来可从事的工作领域和业务范围的规定。俄勒冈州立大学林学院学森林工程专业的培养目标是培养毕业生能够规划和实施解决林业和自然资源复杂问题的方法。本科毕业生可以涉入森林工程的多个职业领域。学生在就业初期可以胜任采伐单元设计、森林道路规划与设计、合同监理与管理、成本分析、林区运输系统设计与管理。职业中期可以胜任的工作通常拓展到工程管理的领域，包括计划与预算、监督、木材采购、采伐与道路设计评价和安排及控制森林采伐作业。

培养标准是对人才素质要求的具体规定。通过对美国的俄勒冈州立大学、奥本大学、缅因大学、宾夕法尼亚州立大学、纽约州立大学等多所高校林业工程专业培养目标的研究，发现美国高校的林业本科人才培养素质要求的一些基本特点：①具有数学、自然科学（物理、化学、生物等）、计算机和经济学、管理学、文学、艺术等人文社科知识和林业工程科学及工程科学前沿领域的专业知识。②强调具有沟通能力、领导能力和发现与解决问题的能力。比如在宾夕法尼亚州立大学林业资源学院木材产品专业的培养目标里就提到，要全面提高学生的写作、演讲和领导能力。华盛顿大学生态资源科学与工程专业的培养目标中也提到，要把学生培养成为在纸浆、造纸以及生物资源领域本国甚至国际上的领导者。此外，其培养目标体现出了注重以解决实际问题和探究问题为目的的特点。在纽约州立大学环境科学与林学院造纸与生物加工工程系的培养目标中，提出该系的学生在学习基础工程科学与工程技能的同时，强调解决美国当前的能源问题，并将这一目标贯穿在具体的专业设置中。除了注重对现存问题的解决，同样强调对未来可能产生的新问题的探索。比如在奥本大学木材科学与工程专业的培养目标中就指出，要通过创新的研究，培养学生发现新问题和解决新问题的能力。另外，林业工程师还需要对自然具有浓厚兴趣、对环境深切关注和较强的社会责任意识。

美国的林业类和林业工程类教育需要经过美国林学会（SAF）的认定，后者还需要经过美国工程与技术认证委员会（ABET）的认定。林业工程类专业的本科人才培养标准首先要满足工程教育专业人才的标准。美国工程与技术认证委员会制定了对工程教育专业人才的11条评估标准，这11条是不同类型工程技术人才应具备的基本标准：①具备应用数学、科学与工程知识的能力；②具备进行设计、实验分析与数据处理的能力；③具备根据需要去设计一个系统、一个部件或一个过程的能力；④具有在多学科团队中工作的能力；⑤具有识别、阐述及解决工程问题的能力；⑥具备职业道德和社会责任感；⑦具备有效地表达与交流的能力；⑧具有理解工程问题对全球环境和社会影响的广泛知识；⑨具备终生学习的意识与能力；⑩具备有关当今时代问题的知识；⑪具备应用各种技术、技能和现代工程工具去解决实际问题的能力。俄勒冈州立大学（2016）对森林工程本科人才培养提出了17条标准，除了11条ABET标准之外，还有以下6条：①具有设计满足造林目的森林作业的能力；②具有设计合理保护土壤和水资源的森林作业能力；③具有测量林地和森林资源的能力，保障与林地管理，尤其是森林作业设计有关的工程任务能够有效完成；④具有以在社会可接受环境影响前提下能够满足林地管理需要的方式设计和管理木材运输的能力；⑤具有计划和管理安全、经济和环境友好的森林作业能力；⑥具有把环境和经济背景下的长期林地管理和作业规划与森林作业计划结合起来的能力。

日本的高等林业教育、专业面宽、通用性强，培养目标着眼于具有宽厚的理论基础、广博的知识、创新的精神与能力以及增强就业应变（适应）能力。日本京都大学农学院本科生培养目标是具有生命、食品和环境领域的自然和社会科学知识，掌握农业和其他有关专业知识，具有解决人类在生命、食品和环境领域面临问题的多学科方法，具有逻辑思考能力，能够为本领域的发展作出贡献，认识农业、林业、渔业、食品和生物科学有关产业的重要性，具有与其他文化人群交流的能力，具有更宽广的视野，能更好解决生命、食品和环境领域的问题。

（3）研究生的培养目标与培养标准。俄勒冈州立大学林学院主要设4个研究生专业。森林生态系统与社会（Forest Ecosystems and Society）可授予MF、MS和PhD学位，森林可持续经营（Sustainable Forest Management）可授予MF、MS和PhD学位，木材科学与工程（Wood Science and Engineering）可授予MS和PhD学位，自然资源管理（Master of Natural Resources）可授予MNR学位。其中，森林可持续经营专业的培养目标与培养标准包括：①林业专业硕士（MF）的培养目标是培养在林业部门（包括公立和私营）任职的林业专家和从事自然资源的管理人员，学生应掌握森林经理原理与实践方面的知识与技能，为各种林产品和林地生态系统提供服务。培养标准：能够完成一项创造性工作，熟练掌握本领域知识，能够在伦理范围内进行专业活动。②林业科学硕士（MS）的培养目标是主要培养科研或教学人员，需要在某一研究领域有所专攻。学生主要通过研究论文的训练培养对原创研究的兴趣及专业知识和研究能力的。培养标准：能够开展研究工作，熟练掌握本领域知识，在伦理范围内进行学术活动。③林业博士（PhD）的培养目标是培养教学或科研人员。学生应具有相关管理和资源问题的广阔知识，同时在某一研究领域方面具有深入扎实的研究。培养标准：能够在知识的原创性方面做出重要贡献，熟练掌握本领域知识，在伦理范围内进行学术活动。此外，要求博士毕业生能够熟练掌握科研方法和教学方法。

德国哥廷根大学林学与森林生态学硕士（MSc）的培养目标和标准是可在管理、企业、研究机构和国际组织从事林学和木材科学领域的研究人员，注重培养学生具有高深的科学知识，具备独立从事本专业和交叉学科研究工作的能力，能够把科学知识应用到林业和森林利用、森林保护和森林生态、木材生物学和木材技术、生态系统分析和模拟以及热带和国际林业。博士的培养目标和标准是掌握本研究领域和相关领域系统的知识和有关文献的广泛知识，能够自主设计和开展研究项目，独立发现研究问题，基于独立分析提出新观点，对科学知识或文化有所贡献，能够与其他研究人员讨论其他专业领域的见解，以适当的方式呈现和交流这些见解。

日本京都大学农学院硕士生培养标准是掌握高深的专业知识和研究方法，具有本专业领域高水平的科学创新能力，在技术方面能够取得突破性的进展，对社会发展提出政策建议；具有较强的交流表达能力，能够进行深入的学术交流，能够在本专业领域独立开展科学研究；具有向世界传播科研成果的语言能力。博士生培养标准为具有本专业领域高水平的分析能力和实验能力，掌握科学研究的方法和解决问题的方法；具有独立开展研究的能力，具有组织和与其他研究机构共同实施合作研究的能力；具有很强的逻辑思维能力，对生命和社会的和谐发展具有深入的理解；能够对人与自然和谐繁荣的共存与保护作出贡献，能够在国家和国际学术会议宣读和交流研究成果。

7. 课程设置

（1）林业专科课程设置。格兰维尔州立学院（Glenville State College）土地资源系授予林业技术专业副学士或协士学位（Associate of Science Forest Technology），其课程设置如表8-4。

表8-4 格兰维尔州立学院林业技术专业课程设置

类别	课程	学时	备注
新生体验	新生体验	1	
基础课	生物学原理	4	基础课总学分为24分
	阅读与写作Ⅰ	3	
	阅读与写作Ⅱ：美国万花筒	3	
	树木学Ⅰ	1	
	大学代数	3	
	人力资源管理	3	
	森林生态学	3	
	地理信息系统应用Ⅰ	3	
	急救与安全	1	
专业课	森林测量Ⅰ	3	专业课总学分为36分
	树木学Ⅱ	1	
	树木学Ⅲ	1	
	森林测量Ⅱ	3	
	工作经验	1	
	森林游憩与野生动物管理	3	
	森林昆虫学和病理学	3	
	木材产品、加工与营销	2	
	木材采伐计划与系统	2	
	防火	2	
	木材识别	1	
	森林经理	3	
	土地测量导论	3	
	遥感航空照片解读	1	

总学分不低于60~61学分

资料来源：格兰维尔州立学院，2016。

新罕布什尔大学生命科学与农业学院下设应用科学系，提供两年制的应用科学教育，相当于专科层次的教育，林业技术是其中一个专业。其课程设置如表8-5。

表 8-5　新罕布什尔大学林业技术专业课程设置

年级	课程	学分
一年级课程	写作与阅读	4
	树木学	3
	森林生态学	3
	林业相关研讨	1
	代数与三角几何学	3
	计算机应用	2
	森林制图	2
	森林测量	4
	应用森林培育学	4
	林业野外实习	1
	社会问题	4
	实际工作经验	10 周
二年级课程	公众演讲	3
	野生动物生态学与保护	3
	测量学	4
	森林采伐系统	4
	遥感与地理信息系统	3
	树艺学	4
	商业导论	4
	领导、监督与安全	2
	管理运营与分析	3
	林业企业管理实习	1
	林产品	4
	森林昆虫与疾病	2
	森林防火与利用	2
	选修课	2~3

总学分为 65~69 学分

资料来源：新罕布什尔大学，2016。

（2）林业本科专业课程设置。美国林业院校本科生阶段实施的是通才教育，普遍实行学分制和选修制。课程设置包括基础课、专业基础课和专业课。4 年制教育的前 2 年主要学习基础课，包括语言类、数学、历史和社会科学以及艺术和人文科学等。从第 2 学年开始，学生确定专业方向，开始学习专业基础课。第 3 和第 4 学年学生主要学习专业基础和专业课程，包括生态学、森林资源管理、林业资源管理、林业政策、林业经济和管理等。

在美国有 3 所大学开设森林工程专业，俄勒冈州立大学的森林工程专业唯一由美国工程技术鉴定委员会和美国林学会共同认证。俄勒冈州立大学森林工程本科专业课程设置由 3 部分组成：基础课（通识教育：数学、自然科学和人文科学）、专业基础课（林学和工程科学)和专业课(森林经理和森林工程科学以及森林工程综合、分析与设计)。专业基础课科和专业课涉及的学科领域有林业背景下的工程教育、林学、水土资源、勘测与测量、采伐作业和规划与经济学。该专业具体课程设置见表8-6。

表 8-6　美国林科本科专业课程设置

年级	课程	学分
大学一年级	工程化学 E	3
	公共演讲 1 E 或 * 辩论和批评话语 1 E	3
	微观经济学导论 1 E	4
	森林工程概论 E	2
	森林工程问题解决和技术 E	3
	树木与灌木识别 E	3
	林业概论 E	3
	终身健身健康课程 1	2
	终身健身:(各种活动)1 或任何 PAC 课程	1
	微分 1 E	4
	积分 E	4
	向量微积分 E	4
	* 普通物理与微积分 1 E	4
	* 英语作文 1 E	3
	自由选修课	2
大学二年级	土木和建筑工程图形与设计 E	3
	静力学 E	3
	动力学 E	3
	材料强度 E	3
	森林测量 E	4
	森林摄影测量和遥感 E	4
	GIS 和森林工程应用 E	3
	* 森林生物学 1E	4
	应用微分方程 E	4
	* 普通物理与微积分 E	4
	* 土壤学 1 E	3
	统计原理 E	4
	* 技术写作 1 E	3
	* 西方文化选修课	3

(续)

年级	课程	学分
大学三年级	研讨课	1
	森林道路测量	4
	林业野外实习	2
	土壤工程	4
	土壤力学	4
	森林工程流体力学和水力学	3
	采伐加工工程	4
	森林流域管理	4
	森林作业分析	3
	生产计划	4
	伐木机械学	5
	采伐管理	4
	森林测量	5
	森林保护经济学	4
大学四年级	森林道路工程	3
	森林道路系统管理	4
	^森林作业设计	4
	*国际林业 1	3
	森林资源技术分析	4
	^森林作业规章和政策问题	3
	森林工程实践与职业化	1
	造林原理	4
	森林资源规划和决策	4
	*可持续共同利益 1 或 *濒危物种、社会和可持续性 1	3
	*文化多样性 选修课	3
	*文学和艺术 选修课	3
	自由选修课	8
		总学分为 192 学分

注:1. E 为进入专业所需课程; 2. * 为学士学位核心课程(BCC); 3. ^为写作强化课程(WIC); 4. 1 为本科必修课程。

除了所列出的课程，所有的学生都必须完成总共 6 个月的与专业相关的工作。这通常是通过 2 个或 2 个以上的暑假，但也可能会在学年中完成。也可以选择 2 个 6 个月实习的合作教育项目。参加合作教育项目的学生需要完成 6 个月的专业强化实习。参加合作教育项目的学生通常要延迟 1 个或 2 个学期的时间毕业。

德国在综合性大学和应用科学大学开展林业高等教育，其课程设置有所不同。综合性大学的林业与森林经理本科专业主要课程设置如下：

基础学习阶段：植物学、动物学、土壤学、生态学、化学、地质学、气象学、气候学、狩猎、经济学、社会科学、生物统计学、计算机、统计学、测量与遥感、基础方法论。

专业学习阶段：生态学、林产品加工、森林利用、森林经理、林业政策、木材营销、木材应用、景观保护、法律和社会科学。

实践教学要求：课程学习期间要求进行实习或实践经历。

应用型大学林业与森林经理本科专业主要课程设置如下：

基础学习阶段：应用植物学、动物学、植物生理学、土壤学、生态学、化学、物理、数学、地质学、气象学、气候学、工商管理、管理学、政治学、测量与遥感。选修课：心理学和英语等。

专业学习阶段：森林培育、树木生态性、树木畜牧业、森林产量理论、森林保护、森林作业理论、森林发展、狩猎、林区道路、景观保护、环境保护等。选修课：生态学、工商管理、木材管理、热带林业(在某些应用型大学)。国际森林生态系统管理专业需要在国外学习2周的时间。

实践教学要求：需要在入学前几周实践训练、课程学习期间进行实习经历。

俄罗斯林业本科教育课程设置如下：

基础学习阶段(一、二年级)：数学、物理和化学、测地学、绘画、计算机科学、林学概论、机械、采运、森林植物学、树木学、森林土壤学、树木生理学、野生动物生物学、狩猎基础、森林生物统计学、信息学、哲学、历史、世界文化。

专业基础学习阶段(三、四年级)：生态学、森林培育学、测树学(timber cruising)、森林清查、森林经理与规划、人工造林、病虫害防治、森林立法、遥感、森林遗传学、林木育种、林业经济、木材科学基础、森林保护、森林作业安全、森林防护(forest guarding)。

专业课：森林昆虫学、森林病理学、森林保护的生物学方法、树木苗圃养护、林业史、森林动物学等。

实习要求：1/3 的课程需要在暑期进行实习。课程学习完成之前，学生在林业企业必须要完成一个实践项目，然后准备和答辩毕业设计项目。

(3)林科研究生专业设置。俄勒冈州立大学林学院主要设4个研究生专业，即森林生态系统与社会、森林可持续经营、木材科学与工程和自然资源管理。其中，森林可持续经营专业设在森林工程、资源与管理系，强调通过森林管理实现生态、经济和社会的预定目标。该专业注重在森林经理的理论与技术方面具有扎实的基础，目的是森林在提供所有林产品和生态服务的同时改进森林的健康与条件。该专业具体包括6个专业方向：森林作业规划与管理、森林政策分析与经济学、森林生物统计与测绘学、造林防火与森林健康、森林流域管理和森林可持续经营。每个方向均可授予 MF、MS 和 PhD 学位。

森林可持续经营专业共开设98门课程，林学院教师授课41门，其余57门由农学院、理学院、工程学院和地球海洋和大气学院开设。硕士学位需要共修45学分的研究生层次课程。博士学位需要修满108学分。

MF总体要求(必修课程)：森林可持续经营专业的任何方向其必修课都是相同的。具体如下：

专业必修课：在森林可持续经营和研究方法课程方面修10~14学分，具体课程包括森林可持续经营(3学分)、统计学或计量经济学(共6~8学分)和专业伦理(1~3学分)。

专业方向必修课：在各自专业方向选2门(6~8学分)。

参加课题报告研讨会(1学分)，专业论文答辩研讨(1学分)，学生在其他重要专业会议宣读论文可替代这部分学分。

不同的专业方向其课程设置有共性，也有差异。具体学业计划由学生和指导委员会确定。课程学习至少要占到学业计划的一半以上。本研究以森林采运作业规划与管理专业方向为例说明，因为选修课具有灵活性，因此表8-7列举的只是一个样本。

表8-7 森林作业规划与管理(MF)

类别	课程	学分
专业必修课	森林可持续经营	3
	数据分析方法Ⅰ	4
	数据分析方法Ⅱ	4
专业方向必修课	森林供应链管理	3
	森林资源分析技术	3
支持性课程(选23~26学分)	森林测绘学	4
	森林作业分析	4
	森林运输系统	4
	森林作业规定与政策	3
	采伐管理	3
	组合优化启发式算法	3
	地理空间数据分析(MATLAB)	3
	林地景观空间分析	3
	森林政策分析	3
	自然资源研究规划	3
	高级森林培育学	3
	森林野生动物栖息地管理	4
	工业系统优化Ⅰ	3
其他	设计或专业论文	3
	研讨会	2
		共45学分(或以上)

资料来源：俄勒冈州立大学，2016。

MS总体要求(必修课程)：

①森林可持续经营专业的任何方向：

· 专业必修课：在森林可持续经营和研究方法课程方面修12学分，具体课程包括森林可持续经营(3学分)、批判性思维与研究方法(3学分)、统计学或计量经济学(共6~8学分)和专业伦理(1~3学分)。

· 专业方向必修课：在各自专业方向选2门(6~8学分)。

·参加课题报告研讨会(1学分)、专业论文答辩研讨(1学分),学生在其他重要专业会议宣读论文可替代这部分学分。

②各专业方向课程设置:具体学业计划由学生和指导委员会确定。课程学习至少要占到学业计划一半以上。本研究以专业方向为例说明,因为选修课具有灵活性,因此表8-8列举的只是一个样本。

表8-8 森林作业规划与管理(MS)

类型	课程	学分
专业必修课	森林可持续经营	3
	自然资源研究规划	3
	数据分析方法Ⅰ	4
	数据分析方法Ⅱ	4
专业方向必修课	森林供应链管理	3
	森林资源分析技术	3
支持性课程 (选18~24学分)	森林测绘学	4
	森林作业分析	4
	森林运输系统	4
	森林作业规定与政策	3
	采伐管理	3
	组合优化启发式算法ST:Heruristics for Combinatorial Optimization	3
	地理空间数据分析(MATLAB)	3
	林地景观空间分析	3
	森林政策分析	3
	高级森林培育学	3
	森林野生动物栖息地管理	4
	工业系统优化Ⅰ	3
其他	设计或专业论文	6~12
	研讨会	2
		共45学分(或以上)

资料来源:俄勒冈州立大学,2016。

博士总体要求(必修课程):

①森林可持续经营专业的任何方向:

·专业必修课:在森林可持续经营和研究方法课程方面修12学分,具体课程包括森林可持续经营(3学分)、批判性思维与研究方法(3学分)、统计学或计量经济学(共6~8学分)和专业伦理(1~3学分)。

·专业方向必修课:在各自专业方向选2门(6~8学分)。

·参加课题报告研讨会(1学分)、专业论文答辩研讨(1学分),学生在其他重要专业会议宣读论文可替代这部分学分。

②具体设置(森林采运作业规划与管理专业方向):完成博士学习需要修满108学分(表8-9),除必修课外,其他选修课程由指导委员会和学生共同确定。此外,MS硕士期间学过的课程可以免修。

表 8-9 森林作业规划与管理(PhD)

类别	课程	学分
专业必修课	森林可持续经营	3
	自然资源研究规划	3
	数据分析方法 I	4
	数据分析方法 II	4
专业方向必修课	森林供应链管理	3
	森林资源分析技术	3
支持性课程 (选 51~52 学分)	森林测绘学	4
	森林作业分析	4
	森林运输系统	4
	森林作业规定与政策	3
	森林生物统计学	3
	项目管理	3
	组合优化试探法	3
	地理空间数据分析(MATLAB)	3
	林地景观空间分析	3
	森林政策分析	3
	高级森林培育学	3
	森林野生动物栖息地管理	4
	工业系统优化 I	3
	工业系统优化 II	3
	组织领导与管理	3
	制造系统工程	4
	高级生产规划与控制	3
	数学统计导论 I	4
	数学统计导论 II	4
	统计方法 I	4
	统计方法 II	4
	可再生材料市场与创新	4
其他	毕业论文	36
	研讨会	2
		共 108 学分(或以上)

资料来源:俄勒冈州立大学,2016。

8. 人才培养方式(途径)

人才培养方式包括课堂教学、实验课、校内实习、学生参与科研、社区服务学习(Community Service Learning)、校际和校企等合作培养。其中合作培养是一个重要的特征。

合作培养主要包括学校与企业、研究机构和行业协会之间的合作以及校际和国际间的合作。合作培养是学生获得实践经验和开阔国内外视野的重要途径。林业是一个应用性很强的领域,对于林业职业技术教育而言,中等和高等职业技术学校与企业合作培养人才是一个共同的特征。大学与企业合作培养林业人才,特别是工程技术人才也是发达国家的普遍特征。德国实行典型的"双元制"，一元是学校，一元是企业，双元有机结合，共同完成学生的培养，使学校和企业相互支撑、共同受益。不论是国有的还是私有的林业企业，都负有支持学校教育的义务。同时，国有或集体所有的森林，不仅可以划定为林业校、系的实习、实验基地，而且全国所有的林业局、林管区，都有接待、安排并指导学生实习和参加生产实践活动的责任，无需学校和教师带领，学生可以联系落实自己实习、实践的地点。此外，在德国应用技术大学学习林业、森林经理和林业工程专业的学生在入学前就需要学生进行几周的实践，可以在林业政府部门或林业企业。时间长短依据学生以前的教育和职业背景。在入学后还需要进行一定时间的实习。在德国综合性大学学习林业工程的学生在入学前和入学后共需要6周的实习。

法国高等林业工程教育人才培养模式最显著的特点就是注重实用性，注重教育与企业实际的紧密结合，学生既学习科学基础，也学习工程技术，同时重视学生到工业企业实习，对学生进行工程素质的培养。伴随着高等教育的国际化，许多国家都重视林业人才培养方面的国际交流与合作。

美国林业工程人才的培养也特别重视与企业的合作。工程专业一般都与许多工厂进行合作。一般高年级的学生会组成一个小组共同解决由合作企业提出的问题。平时的项目研究也大都来自企业的实践。此外，学生也可以到合作企业或公司进行学习和参与项目研究和实践。除了与企业的合作，学校还注重与其他研究机构或者权威协会之间的合作以及与其他国家之间的合作。例如，纽约州立大学环境科学与林学院造纸和生物加工工程系与国家造纸研究机构进行合作，这个机构为学生提供助学金、奖学金和补助金。此外，该院还与雪城纸浆和造纸基金会（SPPE）合作，它作为一个非营利组织，拥有高达800万捐款为造纸专业的学生提供丰厚的奖学金支持。

联合培养还包括国际、国内和本校内不同院系的联合授予学位。俄勒冈大学林学院与许多国家建立了学生交换项目，学校有加拿大英属哥伦比亚大学、法国南特高等木材学院、澳大利亚詹姆斯库克大学、澳大利亚国立大学、新西兰林肯大学、英国班戈大学、澳大利亚迪肯大学。国外学习时间通常为一个学期或一个学年。此外，学院提供海外短期学习项目，时限2周到一个学期，这个项目一般有具体的主题，由学院老师确定和组织。学院还提供海外实习与研究的机会。弗吉尼亚大学自然资源与环境学院也有国际之间联合培养，即交换计划。学院与澳大利亚墨尔本大学、新西兰坎特伯雷大学、南非斯坦林布什大学共同参与了这个交换计划，这个计划中既包括教师之间学术上的交流，也包括学生之间的互换交流。

耶鲁大学林学院与哥伦比亚洛斯安第斯大学联合授予管理学位，与中国清华大学联合授予环境工程学位，与美国佛蒙特法学院和佩斯大学法学院联合授予环境法学位。此外，与本校管理学院、法学院、牙医学院、建筑学院、公共卫生学院和文理学院联合授予硕士学位，与人类学系和纽约植物园联合授予博士学位。

加拿大林业院校同国内外的机构建立合作关系，包括国内外林业院校、能提供森林资源教育的大学、各级政府、森工部门、各种传统的协会和联合会，并与国内外机构建立战略联盟以协调资源配置，更好地支持林业研究。随着公共基金不断减少，这些关系对研究生教育和林业院校的科研特别有益。林业院校特别重视产业部门和政府机构的合作，通过产业部门和政府机构设立奖学金，以吸纳优秀人才加入林业系统。林业院校同业主、森工部门和政府合作，保证学生得到就业和实习机会，以获得相关的学历。如 UBC 建立高级木材处理中心，其合作包括 UBC，工业部门和政府高级部门。新型的合作关系对林业院校和林业教育的高速发展非常重要。

欧洲不同国家高校之间的联合培养非常普遍。在欧洲高等学校学生交换项目（Erasmus Mundus）中，德国哥廷根大学森林科学与森林生态学院与丹麦哥本哈根大学食品与资源经济学系、瑞典农业大学南方瑞典森林研究中心和意大利的帕多瓦大学农学院联合授予森林可持续经营与自然资源专业硕士学位。这个学位需要在两所大学学习完成，属于科学硕士学位。

9. 科研与推广

林业职业技术学校基本上不从事科研活动，而对于涉林高校（授予本科及以上学位）科研及推广服务是重要的职能。特别是研究型大学科研占有特别重要的地位。科学研究的水平是衡量大学办学水平的一个重要标志，同时科学研究也为学校提供重要的财政来源。世界一流的大学通常是研究密集型大学。研究型大学的教师除了承担教学任务之外，要花大量时间从事科研和技术推广等社会服务活动。美国大学对三大职能即人才培养（Education）、科学研究（Research）和社会服务（Outreach 或 Extension）都给予极大的重视。例如，农林教育世界排名第 1 的美国加州大学戴维斯分校（UC Davis）农业与环境科学学院既重视基础研究，也重视与生产实践相结合的应用研究以及农林技术的推广应用。科学研究既关注当地、区域、国家的问题，也涉及全球性问题，如人口增长和气候变化。美国加州大学戴维斯分校在农业科学、环境、生态和食品科学领域发表和被引用的论文在美国研究型大学中首屈一指，研究人员在农业领域获得的研究经费在全美也处于领先地位。学院设有很多跨学科、跨系的科研机构和技术推广机构以及许多先进的科研设施，如农业可持续发展研究院、Bodega 海洋实验室（BML）、产品安全中心（CPS）、虫媒病中心（CVEC）、食品健康研究所（FFHI）、蜂蜜和授粉中心、环境研究所、橄榄油研究中心、加州城市园艺中心、加州食品与农业研究所、地区变化中心、能源研究所、交通运输研究所、葡萄酒和食品科学研究所、种子生物技术研究所、西部食品安全研究所、布鲁姆中心、农业试验站，合作建有推广站、研究中心与基地等。学院派遣 8 名教师常年工作在中心和基地。学院与企业、政府、非政府组织、环境组织及社会服务和社区发展机构建立了合作关系。

德国林业科研主要由联邦教研部主管，负责制定包括林业行业在内的国家科学技术发展政策法规，通过科研经费管理以及与欧盟紧密合作，指导科研院所、高校进行科学研究和推广应用，协调联邦政府与州政府之间各项科研活动。德国林业科研和开发主要依靠企业、大学和独立科研机构。企业是科研的主体，针对市场需求和自身林业生产经营实际，开展科研活动，并与高校或科研单位进行科研合作；大学主要面向林业基础研究和前沿科学研究，并向联邦政府、州政府或欧盟申请科研课题。各州林科所是独立科研机构，其研究主要是采取咨询机制，以林业生产需求为导向，以问卷或者研讨的形式了解所需要研究的问题，年度研究项目经征询各方意见后最终确定。

德国大学一贯具有重视科学研究的传统，很多综合性大学以及各类专科学校都有自己的特色研究机构，这些高校研究机构在基础理论研究、应用研究和培养科研人才等方面发挥着非常重要的作用。大学有着多种科研经费筹措渠道，联邦政府、州政府、公司或企业和社会团体等部门均支持大学的科技工作。德国政府鼓励科学界与产业界结合发展，大学中许多的研究项目得到企业的资助，很多研究成果也在企业中得到迅速转化。另外，德国注重与欧洲乃至世界范围开展国际合作研究，学术交流国际化有效地促进了科研水平的不断提高。

弗赖堡大学是德国最早开展林业高等教育的学府，设有11个学院、18个研究所。其中环境与自然资源学院下设3个系，包括林学系、地球与环境科学系和环境社会科学与地质系。学院设置众多研究机构，强调利用交叉学科和跨学科的方法，创新科学知识。学院下设林学研究所、地球与环境科学研究所和环境社会学和地质系研究所。研究领域包括自然资源的可持续利用和保护、生态系统和人与环境交互系如何适应全球变化、可持续发展和自然灾害与风险。最新研究领域包括生物经济发展、生态系统营养、生物多样性保护和地质灾害。其中林学研究所又下设20个研究室，具体包括树木生理学、生物质材料工程、土壤生态性、遥感和景观信息系统、森林生物材料、森林植物学、林业经济学和森林规划、森林与环境政策、森林作业、森林利用、森林动物学与昆虫学、生态系统生理学、气象学与气候学、森林培育学、林业史、森林生长、野生动物生态性与管理、立地分类与植被科学。

艾博斯瓦德应用技术大学林学院成立于1830年，现有学生2 000人、教授54名，主要培养林业领域的本科生和硕士生。学校现有森林经济、国际森林生态系统管理、森林信息技术、全球变化管理4个专业、17门课程。大学没有固定来源的科研项目，全部依靠投标竞争获得，包括企业委托以及联邦政府、州政府或欧盟项目和国际合作项目。研究内容包括区域可持续发展、欧洲山毛榉生态发展、越南红树林保护、林带的监督管理等。在科研管理方面，注重前期立项论证和评估，重点评价申请者的科研能力和信誉，研究成果提交给立项资助方，不需进行成果鉴定。

德国林业科技成果的转化应用主要依托相关的林业法律、法规以及基层管理和技术人员，渗透到林业生产经营活动的各个环节，成就了德国林业先进的经营理念和规范的生产经营活动。下萨克森州林业法规定，要大力种植阔叶树，形成针阔混交林；注重生态平衡和林带自然更新；保护稀有树种，保留枯死树木；设立林带保护区；充分发挥森林的生态、经济和社会效益。科技成果转化的主要方式是建立示范林，非盈利性科研机构和高校成果拥有人现场指导，林业管理人员对私有林主和协会进行技术成果普及和信息服务。德国林地权属多样，州政府管理和技术人员针对不同森林所有者提供不同的技术服务。对于直接从事森林经营的林主，通过课堂教学和现场培训传授新技术；对于不直接经营森林的林主，开展林业基本知识讲座和体验课程，提升对森林可持续经营和新技术成果的认识。

东京大学是日本最早开展林业高等教育的大学，设有10个本科学部、15个研究生院、13个研究所、13个中心。农学部下设3个系，其中环境与资源科学系设有2个林科类本科专业：森林环境与资源科学专业和木材科学与工程专业。农业与生命科学研究生院设有包括林学系在内的12个系。该系的发展目标是提供世界一流的教育和科研。系内的研究人员都有各自的研究方向，涉及生物、环境、资源科学及社会科学等与林业相关领域的基础与应用研究。研究人员运用交叉学科的方法，从日本和全球的视角全面认识森林与人类的关系。这是一个新的学术领域。

东京大学重视科研成果向社会的转化，学校以加强与企业合作作为实现这一目标最有效的途径。约 200 家日本和国外企业与东京大学合作，资助 100 多项合作研究项目，构成了学校科研的重要组成部分，为学校提供了大部分科研经费。学校专门设有校企合作关系部，负责对外推广科研成果，建立合作基础，为国内外企业提供支持等。目前农业与生命科学研究生院获得企业资助的项目中有一项涉林项目，即木材工程与建设。

科研经费是反映学校科研水平的一个标志，也是学校收入的重要来源之一。科研经费的来源包括各级政府、私有部门（企业、基金会等）和国际基金等。加拿大 UBC 林学院 2014—2105 年度科研经费来源情况见表 8-10。

表 8-10　加拿大英属哥伦比亚大学林学院 2014—2105 年度科研经费来源情况

来源	数量/美元	百分比/%
联邦政府	4 015 035	46.0
省级政府	2 351 027	26.9
私人部门	1 468 425	16.8
国际组织	901 196	10.3
总计	8 735 683	100

资料来源：加拿大英属哥伦比亚大学，2016。

二战后，南美洲各国林业教育有了较快的发展，也大量增加对高校科研活动的投入，以适应世界科技革命的潮流，促进经济的发展。因而，各国在加强高等院校培养各类高级人才的同时，加强基础科学、应用科学的研究，并注意把教育同社会发展、经济建设紧密地结合起来。这就可以在一定程度上保证生产、科研和教学的统一，有利于教师接触科研生产实际，也有利于科研人员从教学中吸取世界先进的理论和技术。教师和科研人员还能直接参加生产，尽快地把科研成果应用到生产实际中，从而验证成果的实用价值或者发现有待改进的问题。

10. 继续教育

大学教育难以满足快速发展的社会需求。继续教育和终身学习对于职业林业人员是非常重要的。随着林业在人类社会中作用和地位的改变，林业范围不断扩大，新概念、新理论、新技术不断出现，林业工作者的知识更新就显得更为迫切。所有林业工作者都需要在某些方面重新提高。继续教育正好可以满足这一需求，其形式有：到林业院校进行正规的学习或研究，以获取更高学位；正式或非正式的在职培训；短期专题讲座，课程内容与受训者当前或将来的工作有直接关系。有些雇主们认为在职的实践性教育是最好的教育方式。

联合国粮农组织（2003）就倡导对所有层次的林业教育课程都进行更新，内容包括森林的多种功能、合作式管理、性别和入学平等、受益分享、森林认证对林业实践的潜在影响以及参与式学习。所有这些课程在大学进行设置是不可能的，而短期培训能够弥补林业教育的不足和解决不断出现的林业问题。

大学是组织开展继续教育活动很好的场所，可以更好地提供最新知识和更新工作技能的培训。德国弗赖堡大学在继续教育方面发挥越来越重要的作用，继续教育也为学校提供了重要的财政收入来源。弗赖堡大学设有继续教育学院（FRAUW）专门为在职人员提供继续教育项目。这些项目包括为具有实践工作经验提供进一步理论基础的证书课程和远程硕士项目。此外，语言教学中心还提供语言培训课程，包括欧洲语言和非欧洲语言，还可以根据用户需要开设课程。普通研究班(Studium Generale)为学生和当地公民提供交叉学科的课程与讲座。在非洲的一些大学提供短期课程培训，内容包括社会林业、社区林业、混农林业和一些主流的林业课程。许多林业和森林管理出现的问题通过有针对性的短期课程培训得到了解决，如肯尼亚埃格顿大学在组织参与式农村评估短期(PRA)培训方面而著称。在非洲，混农林业国际研究中心(ICRAF)、国际培训中心(ITC)、非洲农业、混农林业和自然资源教育网络组织(ANAFE)、非洲林业研究网络组织(AFORNET)、喀麦隆与中部非洲森林及环境培训机构网络(RIFFEAC)、非洲林业论坛(AFF)等一些地区和国际机构也在进行林业方面的培训。例如，国际林业培训中心就在组织社会林业和参与式森林经理和自然资源管理方面的培训，林业管理人员、推广人员和林业教学人员都从中受益。但是这些培训主要来自外部组织的资助，有很大的不确定性，因此需要建立地区之间的协调机制，以更好地设计和管理这些培训项目。

(二)林业教育管理体制

1. 宏观管理

(1)林业教育行政管理体制。世界教育行政管理体制有3种类型：中央集权制、地方分权制和中央与地方合作制。

中央集权制是根据教育是国家事业的观点，由国家直接干预教育，各级各类学校受国家权力的指导和监督，地方办学必须遵循中央政府的方针，地方自主的思想仅居次要地位。中央集权制的优点是：能充分发挥中央办教育事业的积极性，有利于统一规划全国的教育事业；能集中全国力量实行教育机会均等；能规定统一的教育标准，有利于全面提高教育质量。其缺点是：地方没有充分的办学自主权，不利于调动各地的积极性；全国各地差别很大，情况复杂，只求形式划一，容易脱离当地实际，不利于因地制宜。中国和苏联是这种类型的典型代表。

地方分权制与中央集权制相反：教育事业是地方的事业，地方自治的思想占统治地位，教育事业由地方公共团体独立自主管理，中央政府只处于指导、援助的地位。美国是这种类型的代表。地方分权制的优点是：能充分调动地方办教育的积极性，因地制宜，使教育发展适应本地区的需要；缺点是：不利于发挥中央的积极性，教育事业缺乏全国统一的规划、统一标准，容易造成各地区自行其是，教育质量参差不齐。

有些发达国家的教育行政管理制度既不是严格的中央集权制，也不是绝对的地方分权制，而是中央与地方的共同合作制。属于这一类型的典型国家有英国和日本。中央与地方合作制在一定程度上调节了地方与中央的矛盾，既能发挥中央的指导作用，又能发挥地方的积极性。

随着社会信息化的加快，发达国家的社会管理由传统的塔式结构向网络结构发展，教育管理也呈这一趋势。发达国家教育改革的主要目标之一就是解决教育管理上权力过于集中或过于分散的问题。改革的总趋势是，地方分权制的国家为了有效发展教育事业逐步加强中央的权限，中央集权制的国家逐步加强民主化并给地方更多的权限。英国教育行政管理强调中央与地方的"伙伴关系"。日本在20世纪80年代末教育改革的重要内容是解决教育行政的划一性和僵硬性，强调"弹性"和"灵活"。从美国的发展过程看，教育行政管理主要是在州政府，联邦政府主要以财政援助为途径干预教育，但随着国际形势的变化，国家干预教育的作用越来越大。美国于1979年成立了中央教育部，从而不断加强和扩大联邦政府的教育行政作用。

发达国家之所以强调学校以及整个教育的民主化、弹性化管理，是由于教育是精神生产部门，始终充满着创造性，只有实行民主管理，才能充分发挥师生的积极性和创造性，学校才能培养出高质量人才；只有给学校以充分的自主权，学校才能和企业、科研部门建立密切而灵活的联系，使学校及时地适应经济和社会发展的需要。总之，教育行政管理既要加强中央的统一领导，又要充分发挥地方的积极性，扬长避短，灵活管理，这是总的发展趋势。

（2）招生就业制度。招生制度是教育制度的重要组成部分。招生工作不仅直接关系到人才的选拔，而且更深刻地影响着人才的培养质量。因此，各国对招生制度的改革持十分慎重的态度。20世纪60年代以来，面对高等教育大众化的巨大压力，职业技术教育的高等化和终身教育的发展，各国都在积极寻求对策，其中新问题就是怎样改革现行招生制度以更好地适应本国社会需求和个人要求。概言之，各国在招生制度改革中有以下几个共同特点。

严格挑选与全面开放。所谓严格挑选，主要是就本科以上正规学校教育而言。不论是实行证书制、高考制还是综合考核制，各国都制定自己的严格入学标准。所谓全面开放，这是针对专科教育和其他成人教育而言的。为了及时满足社会对不同层次人才的急需和减轻民众巨大的求学压力，各国对这类学校一般采取开放式的招生办法。有的将入学条件放得很宽，不进行考试或只进行要求较低的考试，这些学校主要是通过课程和毕业考试来保证质量。所以，许多开放学校入学虽容易，淘汰率却很高，实行严格挑选和全面开放相结合，使学校招生制度更为灵活，适应了现代教育多样化发展趋势，有利于各级人员的选拔和培养。

统一考试与综合考查。各国为了保证新生有比较均衡的基本水准，十分重视统一考试。中国和日本的全国性升学考试是统一性质的，西欧诸国中学毕业生会考大多有统一的考试大纲。美国的几种高考由民间机构进行，但这些机构也具有全国性和权威性。为了将选拔新生的工作建立在更加科学全面的基础之上，综合考查也成为各国招生工作的一个普遍做法。综合考查的内容包括考查中学阶段的成绩，进行能力考查和重视学生个人特长。统一考试与综合考查相结合，反映了现代教育思想和新人才观对各国招生工作的影响，有利于人才后备力量选拔的科学化和合理化。

加强管理，实现招生考试工作的标准化和科学化。各国出于对招生工作重要意义的认识，在认真改革招生制度的同时，也注意不断改进具体的招生工作。首先，建立全国性专门机构，组织、领导和协调招生工作。其次，大量采用现代化技术手段，利用计算机辅助考试计分、成绩汇总、试卷分析、资料储存、咨询服务等工作，大大提高工作效率和工作质量。再者，普遍开展招生工作的科学研究。目前，招生改革研究和所谓考试学的研究是各国教育理论研究的重要课题。

根据国情改革招生制度，体现本国特色。美国根据本国高校复杂多样的特点，形成了灵活多样、不拘一格选拔人才的鲜明格局。美国高校的招生制度几乎包括了世界各国所有的招生方式。日本为使招生工作个性化、科学化，将高考分两次进行，第一次全国统考着重共同要求，第二次各校单独考试着重个别要求，两次成绩并不均衡看待，这样既避免了一考定终身的局面，增加学生入学机会，又提高了学校录取自主权，增加了招生的合理性。德国对获得入学资格但无法及时接纳入学的申请者实行"待入学"制度，在一定程度上缓解了日益增大的求学压力，同时增加了入学者选择理想志愿的机会。

在就业制度方面，实行市场经济的国家大都对学生不包分配，学生自谋职业。因此，学生从入学到毕业都必须考虑劳动力市场的需求和本人的条件。但是，学校也有一定的机构为学生就业提供信息和咨询。各级毕业生的就业大体情况是：本科、专科毕业生多在生产第一线工作，林业行政管理部门的管理人员大多具有硕士水平，大学教师和高级研究员则一般具有博士学位。

新中国成立之后，在很长时期内沿用20世纪50年代形成的高度集中、统一的计划分配和统一招生制度。这种制度在一定程度上适应和促进了当时经济建设的发展，但随着经济的发展、社会的进步，这种统得过死、包得过多的制度，严重影响了用人单位选择所需人才的主动性和学生学习的积极性。自20世纪80年代以来，对这些方面也积极地进行了改革。从1995年开始国家对部分院校实行了招生"并轨"的试点工作，到1997年中国所有高校实行招生全面"并轨"。中国高校毕业生分配制度同招生制度改革一样，也经历了一个单轨—双轨—单轨的变化过程。从1997年开始，所有高校的学生上学交纳培养费，毕业后自主择业。

（3）财政管理制度。财政拨款是美国大学经费的重要来源，对于公立大学财政拨款仍然是最大的收入来源。财政拨款包括联邦政府、州政府和地方政府三级拨付的教育经费。其中，联邦政府对高等教育的资金投入，主要有资助研究型大学用于科学研究的研究开发经费，鼓励高校改革创新的资金，以及援助少数民族及家庭贫困学生的奖学金、助学金和贷款。

近年来，受金融危机和经济增长放缓的影响，美国联邦政府和州政府对世界一流大学的投入均处于减慢或下降的态势。以美国公立大学为例，高校收入中来自政府投入的比例由2004年的49%下降到2013年的44%。其中，州政府和地方政府投入减少更为显著，2013年公立4年制大学每个全日制学生来自州和地方政府的收入比2008年减少24%，2年制公立高校减少18%。尽管如此，美国政府对高校拨款在大学经费来源中始终占据主要地位。2013年，美国4年制公立大学政府投入占总收入38%，2年制为71%，仍然是公立大学收入的最大来源。以伯克利分校为例，2014年，政府各项投入占学校总收入38%。相对而言，政府对私立大学的直接教育投入较少，主要以科研拨款和对学生资助形式投入高校，其中科研拨款占有较大比重。例如，2014年斯坦福大学总收入中有24%来自联邦政府的科研资金投入，是学校收入的第2大来源（李勇，2015）。

财政拨款如何实施直接关系到经费分配的公平与使用效率，因此拨款方式需要科学合理可行。美国目前最有代表性的拨款模式有合同拨款、协商拨款以及公式拨款。合同拨款模式中的评价机制能够较好地体现科研和学术自由，有助于保证大学的科研质量和办学质量；协商拨款是一种较为灵活的拨款方式，其程序为政府先根据自身的财政状况和高校的资金需求拟定拨款方案，然后通过与高校协商决定分配给高校的资金数目；公式拨款模式适用于经常性教学经费的拨付，其优点是能够提高拨款的确定性，决策程序简单，透明度高，有利于减小学校和政府的分歧，便于通过改变公式参数调整高校的发展方向。

除了各级政府对高校的投入，学费收入、捐赠收入、投资收入、销售与服务收入也是重要的来源。扩大招收外国留学生也成为美国高等院校缓解经费紧张的重要措施之一。据统计，过去20多年中，美国高等学校的外国留学生人数增加了3倍。近年来，随着各国赴美留学人数的激增，美国本土学校从招收外国留学生中获得的经济收入十分可观。伯克利分校作为公立大学，近年来州政府投入减少，在学杂费方面的收入呈现了明显增长的态势。学杂费收入占学校总收入的比例从2006年的17.5%上升到2014年的30.6%，由2006—2010年学校的第3位收入来源，到2010年之后取代州政府投入成为了第2位收入来源，而且在持续增长，到2014年几乎接近第一大收入来源——科研经费（31.5%）。近年来，伯克利分校等一些著名大学加大外国留学生的招生规模，其重要目的之一就是通过收取留学生的较高学费来增加学校收入。

面对科研经费和政府财政投入减少的压力，世界一流大学为了保持其卓越地位，吸引和保留全球最好的教师和学生，都在积极探寻或扩大其他经费来源的渠道，以保证总经费的不断增长。对于私立一流大学而言，增加捐赠与投资收入是一个明显的趋势，成为了私立一流大学的重要经费来源。哈佛大学和斯坦福大学该项收入总体呈增长态势。以哈佛大学为例，2005年捐赠收入为1.9亿美元，2014年为4.2亿美元，增长2.3亿美元，年平均增长13.5%；2005年来自捐赠的投资收入8.6亿美元2014年为15亿美元，年平均增长10.4%。如果加上非捐赠资金投资收入，捐赠及投资收入占学校总收入的比例由2004年的42%增长到2014年的48%。相对而言，伯克利分校的捐赠收入增长缓慢，2006年为1.35亿美元，2014年为1.84亿美元，年平均增长6.4%；但是投资收入出现了下降，由2006年的7.3亿美元下降到2014年的4.4亿美元，降幅达2.9亿美元。总体而言，私立大学的捐赠及投资收入要高于公立大学。例如，2013年，美国4年制私立大学为19%，而公立大学仅为4%。2014年，哈佛大学和斯坦福大学的捐赠及投资收入（不包括非捐赠资金投资收入）占总收入的比例分别为35%和31%，而伯克利分校为10%。

英国政府对高等院校的资助要通过具有中介性质的专门机构分配资金。1992年英国《继续教育与高等教育法》颁布后，英国高等教育进入了统一的拨款系统时代。当前的英国高等教育财政拨款管理分为议会、政府管理部门、高等教育基金委员会和高等院校4个层级，其中议会下设的教育财政拨款办公室负责评估拨款项目，以保证资金的有效使用，而高等教育基金委员会（HEFC）是负责监督英国高等教育经费使用的非官方机构。英国政府对高等教育投入的经费包括对学生的资助、教学拨款和科研拨款3部分，其中对学生的资助主要是以贷款形式为学生提供生活费，教学拨款主要用于支付奖学金等教学费用，而科研拨款主要包括各大研究基金会向高校提供的科研项目拨款以及高校通过与其他组织和部门签订科研合同所得的经费。

学费也是一个重要的来源。英国的学费收入起源于20世纪末。在此之前，英国政府在"反对学生的学习能力与创造力因经济压力而受影响"思想的指导下，不仅没收学费，而且还向学生提供大部分生活费用。但在此之后，学费不断增加。2009—2010年学费收入已达到30.9%的比例，成为第二大收入来源。在学费增加的同时，英国政府也制定了一系列资助政策：废除了"先行缴费制度"，允许学生欠费接受教育；并对低收入家庭的学生可免高达1/3的学费；学生可在毕业后年工资收入达到2.2万美元后才进行还贷款，如果按年收入9%的比例25年仍无法还清，则25年后应付的部分贷款全部免除。

在公共拨款和学费收入的基础上，英国高校也广泛挖掘其他经费来源渠道，其中重要的两条就是吸引社会捐赠和向社会提供服务。

日本高等教育属于政府主导型模式，实行中央和地方两级管理，共同分担高等教育的财政拨款责任。中央政府主要对国立大学拨款，也对公立大学和私立大学提供补助。地方政府负责公立院校的拨款，并制定地方自治会计制度。其中国立大学由文部省拨款，通过国立学校特别会计制度进行，地方政府无需负担国立大学财政；公立大学教育经费主要来自地方政府的公共事业支出，国家给予适当补助；私立高等院校可通过私学振兴财团等途径获得一定的资金投入。在日本教育经费来源中，除了政府拨款、学费外，校产收入和捐赠收入也是经费的重要来源。国立、公立大学的日常经费主要来自于中央、地方政府，私立大学则主要由学费解决。政府对向学校捐赠物品和捐款的个人、企业、社会团体，实行免税或允许税前扣除、捐款作为亏损等减免税政策，以鼓励教育捐赠行为。

日本政府对国立高校拨款的比例一般占高校总经费的50%~60%，有效地满足了国立高校正常教学活动的资金需求。在高等教育财政投入上，近年来日本政府用于特别补助的经费直线上升，相应地一般补助性经费不断减少，而为了构建30所国际一流的高校，日本文部省还对一些国立高校增加了研究型资金投入。近年来，政府也通过专门的私学振兴财团加大了对私立高校的资金扶持，条件是私立学校必须在资金使用方面接受监督，如果不符合条件，政府会拒绝对私立学校进行补助。

政府拨款是澳大利亚高校经费的主要来源，学杂费也是高校经费的重要来源。政府拨款包括3个部分：联邦政府拨款、贷款计划政府补贴、州和当地政府拨款。其中联邦政府拨款是高校经费的主要来源。为了增进高等教育入学机会的公平性，澳大利亚联邦政府曾于1973年起实施免收高等教育学费的政策。但后来为了增加高等教育经费来源，澳大利亚联邦政府又于1989年开始推行高等教育成本分担政策，学杂费收入总额逐年不断增加，在高校经费来源中所占的比例在2005年达到最大值25.63%，此后有下降的趋势，2007年为24.52%。从2007年澳大利亚高校学杂费的构成来看，留学生学杂费收入占学杂费收入的61.2%，占总经费收入的15.01%，是经费来源中非常重要的一部分。

在政府拨款和学杂费收入之外，澳大利亚还有17.58%的经费来源于其他渠道。其中最重要来源有投资收益、咨询和科研合作两项。这主要得益于澳大利亚政府要求大学重视与工商企业开展联合办学和研究的政策。据统计，在2004年澳大利亚的36所公立大学中，就有34所成立了自己的公司。其次是非政府资助和捐赠收入，分别占经费收入的1.32%和0.90%。

2. 学校内部管理

（1）美国大学的内部管理体制。董事会是美国大学的最高权力机构，负责基本政策和院长的选择与任命，但不负责具体事务的管理。董事会设主席、副主席和秘书各一名，董事会成员包括联邦、州及本地政府官员代表，校友、捐助方和社会贤达代表等。学校的特许状通常规定了第一届校董会的组织方式及校董改选的程序。校董选拔的方式是判断一所学校是公立还是私立的最佳标准，如果绝大多数校董由选民投票产生或由政府官员（如州长）及机构任命，该校便是公立学校。在一些私立（以及少数公立）院校，校董们有权推选自己的后任，这类校董会被称为自延性校董会。在与教会有关的院校，校董由该院校所属的宗教团体推选或任命。通常各校的校友在校董会也有若干名代表。

在特许状和州有关法律许可的范围内，校董会有按照自己的方式管理学校。但实际上校董会是把行政权力交给它推选或任命的一名(或数名)专职行政官员，这位首席行政官员就是校长。

与其欧洲同行相比，美国的大学校长享有大得多的责任和权力。在美国，校长的任期不受限制，行政职权也较少受到限制。校长通常由一位或数位副校长及一套行政班子协助。许多学校把教学和学术事务交由一位教务长或主管学术事务的副校长负责，教务长在选择教员、安排课程、授课质量和学术预算等方面对校长直接负责。学校其余行政官员通常包括一名负责保管学校正式文件的注册主任，一名负责招生工作的招生主任及一名管理校产和校办企业的官员。

本研究以纽约州立大学(SUNY)的环境科学与林业科学学院(ESF)为例说明美国的大学内部的管理体制。该学院院长由3位副院长和一套行政班子协助。教务长或学术事务副院长在教员选择、课程安排、教室安排、授课质量和学术预算等方面对院长直接负责。行政副院长负责管理日常行政事务、学校资产和校办产业。招生和市场运作副院长负责管理招生工作、资金筹措、公共关系处理等事务。院长和副院长通常配备1~2名助理或秘书。系是学院最基本的组成单位和管理实体。系主任职责广泛，包括开发师资资源、组织管理本系的日常活动、领导本系的整体发展以及从事教学科研工作等。院系领导及各相关行政职能机构具有很强的服务理念，而非强制性地进行行政管理。各系还设有各种各样的委员会，如教学委员会、学术研究委员会、答辩委员会等，并享有切实的管理权。有些系还下设教研组、实验室、实验中心或研究中心。

美国高等林业教育的发展主要依赖高素质的教师队伍。对教师队伍的管理非常严格，包括教师的职责、选聘、晋升和年度考核等。教师招聘流程极为规范和严格。ESF对教师学历的要求非常严格，进入大学的教授系列必须拥有博士学位，同时更要看其有没有真才实学以及是否能够胜任执教的岗位。招聘流程为：首先由学院院长向负责学术事务的副校长提出该学院拟聘任一位新教师的计划，负责学术事务的副校长审查这一招聘新教师的请求，确认招聘新教师的必要性；负责学术事务的副校长批准一这招聘请求以后，学院院长则任命一个招聘选拔委员会，制定招聘选拔计划，并将这一计划提交负责学术事务的副校长批准；负责学术事务的副校长审查、批准这一选择招聘方案；在全球公开出版物上刊登招聘广告，并由选择委员会对每一个申请人进行评价与审查，确定候选人名单；由选拔委员会对所确定的候选人进行面试并请候选人做一次学术讲座；由选拔委员会向院长推荐最佳候选人；院长对候选人进行审查后，向负责学术事务的副校长推荐；负责学术事务的副校长审查后，将候选人的全部材料提交学校的教师资格审查委员会；教师资格审查委员会进行审查后，再将候选人的全部材料连同该委员会意见，一并转回负责学术事务的副校长；最后负责学术事务的副校长根据教师资格审查委员会的意见再次进行审查，然后转呈校长批准，由校长签发聘书。

保护学术自由是美国大学日常管理的基本理念。美国学术界认为，大学应该有一种精神，应该有一种宽松活跃的学术氛围，有庄严无畏的独立思想，有对真理的执著和不懈的追求，有对科学前沿的自由探索，这已经成为美国大学的核心价值观。与美国多数大学一样，环境科学与林业科学学院实施终身教授聘任制。一般来说，有终身教授申请资格的教师在完成 5 年的教学与科研工作后，在第 6 年便可向学校申请终身聘用资格。获得终身教授资格的教师终身受聘，直到规定的退休年龄为止。没有极其特殊的原因，校方不得擅自对他们做出降职、调离原岗位或者解雇等处理，从而确保了教授可以自由独立且专注于学术研究，充分保证了优秀学者的学术自由。

教师职称分教授、副教授、助理教授和讲师 4 级。助教通常由在学研究生担任，所以一般不作为一级专业职称。在环境科学与林业科学学院，一个专职教员从助理教授到副教授再到教授一般需要 10~12 年。美国的教师职称晋升制度没有数量的限制，各系可以根据自己的需要决定聘任教授的数量。美国的大学聘任教授主要以年限与学术成果的质量作为考评标准，一般要求任教者每 5 年上一个台阶，如果到时间仍然不能评上更高级的职称，任教者就会被解聘。这是一种很残酷的制度——俗称"非升即走"（学校一般给一年的缓冲时间重新找工作）。除了正常的职称晋升外，美国的大学中也有破格晋升的现象，即有突出学术成就者可以不受年限和学历的限制，直接晋升高一级的职称。在评正教授的时候，美国的大学主要看学术研究能力和教学情况。学术研究能力则主要看出版情况，其中出版数量只是一方面，主要还是看质量，看著作出版后的评价和产生的学术影响。教学能力则主要依据历年来学生对参评者教学的评价。当然，社会服务也占有一定的分量，这包括参评者在系、院、校内外各种委员会内担任的职务，以及为出版社和专业学术刊物审阅稿件的情况。

每年 5 月份，学院要求每个教师进行学年考核汇报，并要求提供相关教学、科研、服务工作进展等信息。以森林和自然资源管理系的考核为例，内容包括：①教学，包括本科、研究生授课，研讨会参与，教学获奖，学生辅导和咨询情况。②研究，包括项目研究，出版物，专利，发明，奖励，担任期刊编委、评委，研究成果认定情况。③公共服务，包括无偿为政府机构、公共利益集团服务情况，其他校外专业服务情况。④职业发展，包括专业组织活动参与情况、职业认定、职业获奖。⑤行政和管理服务，包括校、院、系不同层面的行政服务工作情况。⑥下年度工作计划，包括教学计划、学生辅导计划、研究计划、学术著作出版计划、公共服务和职业发展计划。

学生事务管理工作秉承"以学生为本"的管理理念，以"促进学生的学习和发展"为中心，重视服务功能。

新生入学时间一般为 1 月、5 月和 8 月。环境科学与林业科学学院为每名新生提供各式各样的入学指导和服务，会印发给每名新生一份内容详尽的学生手册。美国大学非常重视诚信教育。在新生入学时还会印发一份学术诚信教育手册，内容通常包括学生的权利和责任、教师的权利和责任、学术不端的表现、如何避免学术不端、违背学术诚信的后果和处罚以及一些学术研究指导。环境科学与林业科学学院通过出版就业指导读物、就业咨询服务、组织人才招聘会、发布招聘信息以及通过校友会建立毕业生网络、邀请校友回母校参加各种活动拓展毕业生就业渠道。在环境科学与林业科学学院，95%的学生在毕业后的 6 个月内都找到了工作或选择继续攻读研究生。

环境科学与林业科学学院本科生学费每年约 8 000 美元，硕士生 7 000 美元。环境科学与林业科学学院为本科生提供形式多样的勤工俭学机会。对于研究生，主要是申请教学助理（Teaching Assistant，TA）和研究助理（Research Assistant，RA）。教学助理通常由博士生担任，工资由纽约州政府支付。多数研究生都可申请担任研究助理，工资通常由导师支付。此外，院级和各系还设立各式各样的奖学金，也设立相应的助学金。

环境科学与林业科学学院的月亮图书馆（Moon Library）藏有丰富的信息资源，学生可免费获得学校提供的各种全文电子数据库的进入权。书籍借阅程序简单，且借阅量很大，学生为50本，教工可借阅100本。借阅期较长，并可在网上续借。环境科学与林业科学学院的学生通常要花很多时间在学校图书馆完成课程作业或撰写研究报告。在图书馆内还设有学术服务中心和写作资源中心。大一、大二学生要求住学校宿舍，高年级学生可到外面租房。没有明显的班级概念和界限，无所谓班级活动，但学校的社团很多，学校有相应的经费支持社团活动，学生课外活动极为丰富。环境科学与林业科学学院与美国其他大学一样，校园是开放式的，没有围墙，没有宏伟的校牌。环境科学与林业科学学院主校区有6栋大楼。每栋楼内设施齐全，各个楼的设计颇具个性化和人性化，楼内皆配备有残障设施、饮水设施、急救设施、多媒体设施、存储室、小商铺、小吃店等。

（2）德国大学的内部管理体制。德国大学的行政首脑为校长，通常由大学校务委员会任命。大学由校务委员会领导，校务委员会的主席为大学校长，是大学的最高代表。校务委员会可自主确定大学发展计划，包括专业计划、科研重点及大学组织计划。在德国，大学管理工作在学校的发展中始终发挥着重要的作用。大学注重通过人力资源开发计划，不断提高行政人员的素质和能力，并有针对性地为行政工作人员提供培训或让他们参与继续教育的学习，并实行人员轮岗制度。

德国大学教师属于国家公职人员，大学对教授有着严格的选聘程序。为防止"近亲繁殖"，促进学术交流，新聘教师大多从校外招聘。大学会成立招聘委员会，采用公开招聘的方式物色教授人选，一般要选中3位候选人，招聘委员会对这3位候选人的学术经历、研究成果及个人报告做综合评价。最终的人选获系、校评议会同意后，由主管州科学部或文化部的部长作出最后裁决。

德国大学的教授体制分为3个等级，它们分别为W1、W2和W3（W3是级别最高的教授，W2为中级，W1为初级）。大学中的助教岗位也要公开招聘，助教通常不能从本校应届毕业生中留用，助教任期满6年后必须离校，到其他大学申请教授岗位或到其他单位就职。大学每位老师都承担一定授课任务和教材编写任务。教师负责编写所授课程教材或讲义，可以自行设置授课内容。除了教学任务外，大学教授还要定期作学术报告，介绍专业动态以及最新科研成果。一般在德国大学多以系为单位每周组织专题讨论会，对专业问题和科学研究的进展、难点开展研讨工作。

德国高校教师不分性别、地区、专业和学校，执行统一的公务员工资标准。按照不同职务等级设置不同的工资，同一级别内根据工作的年限递增工资，这种薪酬体系缺乏激励，容易产生懈怠的情况。近年来，绩效决定机制逐渐引入部分德国高校，在新的分配方案中，教师的薪酬减少了基本工资额度，提高了补贴比例，而补贴的额度取决于教学质量、科研成果等。

根据德国法律，高等学校实行自我管理，同时接受各州教育主管部门的监督。由于德国高校教授是公务员，由州政府任命，直接从政府获得工资及研究经费，对大学没有财政上的依附关系，拥有很大的学术权力。在学校的各重要联席组织内，有关学术事务如教学、科研和教师聘任，教授的席位和表决权占绝对优势。学校、院务会或系务会一般由全体教授组成，负责学术事务。各基层的教学和科研组织是具体的学术机构，教授在其中也具有绝对的支配地位(刘建兵，2014)。

(3)日本大学的内部管理体制。日本政府很重视大学管理工作，认为管理是提高大学效能的重要方面。日本高等林业院校因行政管理及经费来源不同有国立、公立(都、道、府、县立与市立)和私立之分。国立大学师资力量强，教学水平高，多由文部省(教育部)直接管理；公立大学是都、道、府、县为当地培养人才而办，规模与师资水平不如国立，由地方的教育委员会来领导和管理；私立大学由私人或财团集资兴办，政府给予一定的经费资助。政府通过各种教育法和基准进行监督检查与控制。

由于国立、公立、私立体制不一，日本大学内部的组织管理体制不尽相同，但也有一些共同的特点：

最高权力机构是评议会。评议会由学长(校长)、各学部长(各院院长)、图书馆馆长、研究所所长以及教授代表组成。职能是制定学校工作计划，决定年度预算；确定学校规模，调整系科设置；决定教学、科研重要事项；监督各学部(院)教授会的工作。有的学校在评议会下设预算、考试、外国留学生专门委员会分管相应事宜。

实行校长负责制。学长(校长)对评议会负责，一般不设副学长(筑波大学例外)。校长由教授会选举提名，文部省任命。例如，东京大学校长的产生是由各学部、研究所代表共推选 5 名校长候选人，再由助教授以上人员无记名投票从中选出 2 名，最后由教授会投票产生一名校长，报请文部大臣批准任命，一届任期 3~4 年。

教授直接参加学校管理工作。教授会是大学各学部的权力机构，可以审议决定教员人事安排，选举学部长和评议员，决定学科课程的有关事项，处理学生入、休、退、毕业等问题，制订和废除学部内规则或细则。

学部与讲座支配着大学事务的绝大部分，是学校的主要实体单位。学部长从各学科(系)教授中推选，报学长批准，由文部省任命，一般任期 2~3 年，基本上是各学科轮流执政。每个学部有学部会议，由学部长、教授及个别助教组成。在重要问题决议之前要同各讲座教学人员磋商，然后在教授会上决议。学部内关于学科(系)、讲座、课程门类的设置与改革，学生入学与毕业等事宜均要由教授会通过。讲座是教学人员、科研人员的基本单位。经费按讲座分配，关于人员配备、开设什么课程、进行什么课题研究以及开发什么学科与科研领域都要看讲座教授的学术与教学水平及其在学科与社会的影响而定。

学校教育管理制度化。日本学校教育管理有一套完整的教育法规。对教育方面的专业(学科)设置、布局、层次、结构体系、教育经费的有效使用，教育规划都有一系列的法律性文件，包括《教育基本法》(根本大法，一般称为"教育宪章")、《教育行政法》(国立学校设置法)、《教育财政法》(市、町、村立中小学财政)、《学校教育法》、《社会教育法》(函授教育规程)及《教职员法》(评定工作成绩的程序与记录、政令、教职员任免法、教育资格认定考试规则、升级的基准等)。

各校都依据教育基本法、学校教育法制定了各校的通则与学部细则。通则与细则各校不尽相同但大同小异。

（三）当前世界林业教育存在的主要问题

世界各国许多大学林业教育正在经历着严峻的挑战（Arevalo et al.，2012）。因此，自20世纪90年代以来，高等林业教育未来发展引起广泛的讨论。总体而言，随着林业功能的变化，目前林业教育的现状不能满足现代林业发展的需要。

1. 林业教育规模总体出现下降

从全球来看，自20世纪90年代初到21世纪初，世界林业教育规模下降约30%（Temu et al.，2003）。特别是许多林业职业技术学校要么关闭，要么大幅降低招生规模。2014年，印度尼西亚林业部组织召开了亚洲森林高峰论坛。论坛报告指出，林业高等教育正面临着挑战，大学中学习林业的学生和林业院系的数量正在减少，许多林业院系与其他的专业进行了合并或者更改了名称。

1993年以来，欧洲和非洲的林业技术学校学生的数量大幅减少（Temu et al.，2008）。对林业感兴趣的学生数量大幅减少，生源整体萎缩，这个问题被认为是林业教育领域的一场全球危机（Miller，2004）。在英国，涉林专业的绝对数量出现了明显减少，从1996年的325个下降到2003年的156个（Burley et al.，2004）。瑞士也停办了林业教育。

美国林学专业的本科学生数量下降明显，从1980年占自然资源学生总数的一半下降到2012年的15.7%。2013年美国组织了一次对涉林院校院长的全国性调查，结果发现，当前美国林业教育面临的主要挑战之一就有林业教育规模的下降，学生来源缺乏多样性，学习林业专业的白人数量和女性较少。在加拿大，林业专业学生的数量从1996年的1 881人下降到2004年的1 463人（Innes，2010）。自2011年以来，加拿大英属哥伦比亚大学（UBC）林学院研究生教育的规模申请学生和录取学生数量均处于下降趋势。如图8-1所示，硕士在校生规模自2006年后就处于下降趋势，博士在校生规模从2009年后处于下降趋势。尽管本科生的规模有所增长，但是林业和森林资源管理专业学生的数量比例不到总规模的一半，而自然资源保护专业学生数量占有最大的比例。

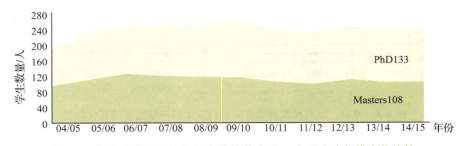

图8-1 加拿大英属哥伦比亚大学林学院近10年研究生规模变化趋势

过去的10多年里，印度尼西亚的林业教育规模持续减少（Sasmita，2015）。研究生教育规模小，全国不足1 000人，硕士和博士专业布点不超过15个。

马来西亚也是如此，以马来西亚博特拉大学（UPM）大学为例，虽然2009年之前林业学生的数量总体在增加，但是2009年之后一直处于下降趋势（图8-2）。

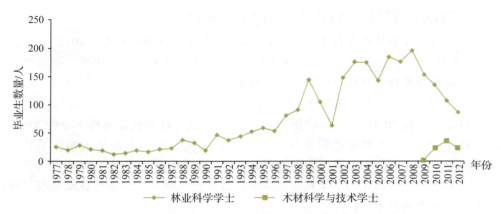

图 8-2　马来西亚博特拉大学林学院毕业生数量（1977—2012 年）

澳大利亚林业学生的数量也出现下降（Vanclay，2005）。在斐济和巴布亚新几内亚等太平洋的小岛国，林业教育机构已经取消（Kanowsike，2001）。一些国家由于林业专业人员数量的减少，越来越依赖于其他国家的林业工作人员。例如，在澳大利亚，由于本国林科毕业生的不足，雇主越来越多地雇佣来自其他国家的林业人员。

在非洲，林业教育规模小，而且不可预见的波动影响了林业教育的计划与实施。虽然 20 世纪 80~90 年代林业本科人数有了较大增长，但是就业市场萎缩了，许多毕业生处于失业状态或从事了与林业毫不相干的职业。林业本科毕业生自 1993 年以来略有下降。1995 年之后，非洲和亚洲林业技术学校的毕业生数量下降明显，而在英国和德国处于稳定状态（图 8-3、图 8-4）。

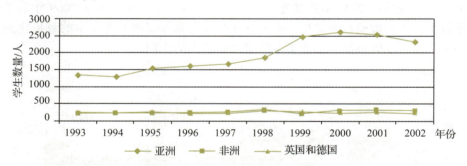

图 8-3　非洲、亚洲和欧洲部分国家林业本科毕业生规模变化趋势

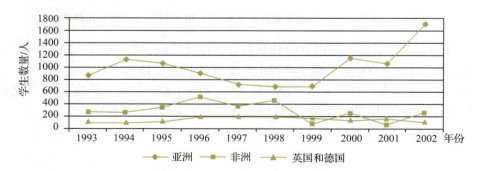

图 8-4　非洲、亚洲和欧洲部分国家林业技术专业学生规模变化趋势

林业教育规模下降的原因是多方面的，包括林业教育投入下降，环境、自然资源管理及生物多样性等替代性专业的出现，公众对林业价值的变化，传统就业岗位的减少，从业人员工资较低，学生更愿意学习收入更高的专业（计算机与信息技术、通信技术、工程、法律、医学、工商管理、金融等）导致学生报考传统林业专业的意愿下降，而且录取学生的质量有所下降。在非洲，学习农业、林业的学生与医学或工程学生相比，竞争性是较低的。有时候学校有意降低录取标准以吸引学生报考农林类的专业。虽然不同国家情况会有所差异，但是整体趋势是一样的。Sharik 和 Frisk（2011）对美国学习林业的本科生调查研究发现，就业市场不乐观和低工资是绝大多数学生犹豫选择林业专业的原因。就业市场不乐观原因一方面是传统林业就业岗位的减少，另一方面其他诸如环境、生命科学、自然资源管理等与林业相关的毕业生占据了一定的岗位。在欧洲和北美，政府在对林业毕业生提供的就业岗位在减少，学生不得不在林业部门之外寻求就业。尽管在私有林业部门和非政府组织对林业毕业生有所需求，但是岗位有限，而且需要特殊的技能（Temu, 2005）。林业的地位越来越重要了，但对林业毕业生而言，还没有转化成更多的就业机会。因此，吸引更多高质量的生源与林业人才培养改革是世界林业教育面临的重大挑战。

与世界其他地区不同，南美林业教育有所发展。例如，20 世纪 90 年代以来，巴西林业高等教育有了迅速发展，开设林业教育的公立和私立院校有了大幅增加，到 2009 年共有 58 所高校开设林业本科教育（SBEF, 2009）。在巴西，林业毕业生和林业就业岗位数量的年增长速度均达到 10%，反映了林业行业的发展（联合国粮农组织，2010a）。巴西林业教育的发展来源于该国林业产业的极其重要性。巴西是世界上森林覆盖率第 2 高的国家，拥有 4.77 亿 hm^2 的森林，占世界森林总面积的 12%，仅次于俄罗斯（联合国粮农组织，2009）。巴西是最重要的新型经济体之一，其人工林生产效率在世界上处于领先地位，林业对巴西的经济发展具有很大作用。

2. 林业学生素质不能满足用人部门的需要

林业职业从业人员必要技能的下降引起了林业教育工作者的不安。据一项对林业院校毕业生雇主的全球评价，毕业生缺乏风险分析与决策的技能，缺乏林业历史、不同林业地区、环境变化和林产品市场营销的知识。据 2013 年美国最近一次对雇主的全国性调查，林业毕业生在专业技术方面表现满意，但是在自然资源管理的人文素质要求方面是缺乏的，包括冲突管理、纷争解决、在工作场所及与公众的有效沟通交流、职业伦理等（Sample et al., 2015）。毕业生在成为满足社会需要（society-ready）的林业专业人才方面是有差距的，个人和通识教育是最需要加强的（Bullard, 2014a）。这些素质不仅仅是针对林业教育而言的，也不仅仅是当下的问题。很多先前研究都说明人际交流技能等个人综合素质（people skills）的重要性。哈佛大学前校长 Derek Bok（2013）在他的著作《美国高等教育》中就提到，大多数雇主们都一直强调以下素质要求：批判性思考问题的能力，书面和口头交流能力，对职业伦理问题的关注，与不同文化、背景和种族的人合作的能力。100 多年来，这是美国林业教育界一直重点强调的问题（Bullard et al., 2014a, 2014b; Sample et al., 2015）。Barrett（1953）就提出了加强与人交流能力的建议，包括交流技能和其他与人交流的能力。在 1949—1950 年，Barrett 对 700 个林业从业人员的调查发现："口头与书面表达能力是一个林业工作者所具备的最重要的素质。这个能力的重要性要超过其他能力。"最新的调查研究发现，虽然林业教育在专业技术教育方面一直是做得出色，但是应该加强毕业生的交流技能，学会建立与社会不同群体人员交流关系。在丹麦、英国、奥地利和巴西也认为人际交流是林业职业从业人员应解决的重要问题（Leth et al.，2002；Brown，2003；Vanclay，2007；Arevalo et al.，2010）。此外，林业从业人员的职业伦理存在问题，导致自然资源的随意破坏，缺乏应对气候变化的知识与能力将加剧全球变暖、洪涝与干旱（Temu et al.，2008）。据德国弗赖堡大学的毕业生调查，林业专业毕业生职业领域不仅包括传统的林业、木材工业、科研和教育部门，还涉及咨询服务、IT行业、开发合作及其他的行业，就业结构发生了根本变化，传统林业课程已经不能适应新岗位的要求（高江勇等，2013）。

在中国，人才培养质量是当前最大的问题之一。2013年"我国林业工程技术人才培养模式"课题组对山东晨鸣纸业集团股份有限公司等国内5大林业企业进行了问卷和实地调查研究，内容包括对林业工程类大学生综合素质的评价以及目前毕业生素质存在的问题或期望学校教育应该加强的素质。72%的被调查人员认为目前的人才培养质量一般，比较好和以上为28%。毕业生进入工作岗位后很难适应实际工作的需要（图8-5）。

图8-5　企业对大学生综合素质的评价

3. 林业教育教学改革滞后

社会、经济和政治环境以及林业功能和范围在迅速变化，然而，林业教育机构没有能够及时进行教育教学改革，以适应新的环境背景下对林业人才的需求。第12届林业世界大会就指出："当前的林业职业状况没有反映出涉及林业不同利益主体的多样性。林业教育需要适应林业实践中新的要求，包括社会科学和交流技能的培养。"学校教学的内容与社会的实际需求产生了明显的差距（Temu et al.，2008）。对世界不同地区的大学林业课程计划评估表明，现有专业课程教育范围存在很严重的缺陷。课程计划仍然是非常传统的，没有能够包含学生后来职业生涯中所需要的知识。传统的林业课程设置重在强调专业技术能力的培养，通识能力虽然也包含在课程计划中，但是在许多大学没有得到足够的重视。在许多情况下，传统的课程设置是不专门针对培养个人交流能力，而且经济、社会、文化、生态环境方面的课程设置也比较少（Temu et al.，2008）。Arevalo（2010）对欧洲大学的调查研究发现，大学在林学专业课程设置方面缺乏明显，如环境科学、生物质能源、产品贸易与营销、经济与管理，因为欧洲大学更多的是强调学生的通用能力培养，比如学习能力。然而，林业教育的课程计划改革非常缓慢。Barret（1953）就提出要克服课程改革的惯性，对林业本科教育进行改革。而在2014年伯克利召开的林业教育高峰论坛上还在讨论Barret

所倡导的改革问题。在 1969 年由美国林学会组织召开的林业教育研讨会上，Burns 曾说改革林业教育课程就像搬迁一座坟墓一样困难，他推测课程的改革缓慢可能部分是由于林业从业人员的保守。从现实看，有许多证据可以表明，现在许多学校的课程设置仍然像一个多世纪以前的牛津大学的一样（Vanclay，2007）。在最近美国的一项调查研究表明，由于美国林学会对林业教育专业的认证强化了核心课程的标准化，学校课程设置缺乏灵活性，难以适应不同区域学校的具体需求。课程改革的压力是美国高等林业教育的一个重要问题之一。由于林业教育改革的缓慢滞后，课程计划、教学内容等不适应林业实践发展的需要，进而也影响林业人才培养的社会适应性，也是导致学生就业困难的一个重要原因。

4. 办学资源不足

从国际上看，许多国家的林业教育普遍存在投入减少、教师队伍不足、基础设施缺乏等办学资源方面的问题。在美国，为了应对财政压力，公立研究型大学实施了一项责任中心管理制度（RCM），给承担林业教育的院校带来了挑战。因为责任中心管理机制规定院系获得的财政额度要与班级规模或获得的学费密切挂钩，对于规模较小的林业院系来说，财政压力是很大的（Keith，2015）。2013 年美国组织了一次对涉林院校的院长全国性调查。他们认为，当前美国林业教育面临的挑战有林业教育规模小、学生来源缺乏多样性、课程改革压力、教师数量减少、教师工资低、办学成本增加等。其中教师数量减少、教师工资低与财政压力是密切相关的。世界上大多数国家的林业教育投入都在减少（Congress Report，2003）。由于政府投入减少导致一些大学取消野外实习，从而影响了质量。调查发现，美国 63% 的林业本科教育提供超过一周的野外实习，37% 有网上课程。有些院校既有野外实习，也有网络课程，有些学校二者都没有。在印度尼西亚，林业高等教育面临办学资源的缺乏，高质量的教师数量和教学设备不足（Hendrayanto，2014）。

在非洲，由于政府对林业教育投入不足以及外部捐赠收入减少，学校收入出现了明显下降。由于大学与企业的关系不够紧密，尤其是在自然资源管理领域，因此，林业教育获得企业资助是非常有限的。大多数学校可从企业以学生奖学金的名义获得一些资助，但是这个额度基本上是象征性的。调查表明，几乎非洲所有的林业教育机构都缺乏足够的设施（Temu et al.，2008）。由于资金、基础设施和教师的缺乏，非洲的研究生教育水平也是较低的。因此，有些学生到了其他国家的大学深造，但是国外学习不仅昂贵，而且毕业后很少有人愿意回国。对非洲 20 所林业技术学院的调查发现，财政支持出现明显下降（Temu et al.，2003）。研究认为，自 1999 年以来，由于政府投入减少，中等林业教育几乎都取消了，专科层次的教育规模也大幅减少。在大多数技术学院，女性学生自 1994 年以来有所增长，但是 1998 年之后明显下降。由此可见，由于财政减少的原因，非洲整体面临林业技术人才匮乏的局面。

5. 管理体制不适应

20 世纪 90 年代以来，由于教育管理体制的分权化，许多技术学校都开设了林业方面的专业。例如，俄罗斯的林业学生数量有所增加，看起来是一个好的现象。但是出现了在同一个城市就有 2 所学校开设同样的专业，这反映出了教育部、俄联邦以及整个国家宏观调控的缺失。随着培养林科学生的学校的增多，教学资源条件并没有跟上。缺乏充足的高质量教师，经费缺乏影响图书的更新、户外实习、基础设施维修，进而导致教学质量的下降。此外，办学规模大幅扩大，毕业生数量过度，导致大量学生待业的状况（Romanov，

2002）。例如，在奥伦堡省有 250 名在国家林业部门的高级岗位工作，但是在奥伦堡农业大学就有 360 名学生学习林业。2001 年，85 名学生学习财政专业，但是本省该专业只有 24 个空的岗位。由于大学的商业化，学生只要缴费就可上学，而不考虑他的分数，导致质量下滑。还有外语知识的缺乏、国内外筹资能力不足、员工聘任政策弱化、新聘教师和研究人员培训不足、管理效率低下等问题（Teplyakov，2005）。

在美国，近些年来，林业教育的组织结构发生变化。研究型大学（博士授予大学）开设林业教育的比例在下降，而硕士和学士授予学校开设林业教育的比例有所增加。相应地研究型大学林科本科学生数量下降，这会影响到林业科学领域科学研究人员和学术人员的培养能力以及创造现代林业所需的科学基础的能力。研究型大学林业学生人数的下降也会影响将来教师招聘的来源，因为博士人才大多是研究型大学培养的。此外，研究型大学现有的林业院系组织结构也在经历了变化：一是林业教育由原来的院级设置改革为系级设置；二是林业教育机构与其他院系合并成为更大的一个组织，专业方向拓宽为环境或自然资源管理。这样导致的问题是当林业成为一个大的机构中的一个小的单位，其教师对课程计划的控制就失去了，因为课程计划通常是在系一级讨论确定，参与确定的人员包括许多非林业学科的教师。这种情形很容易造成非林业学科教师决定了林业专业课程计划的方向。这样就潜在影响到课程计划的教学内容，以及是否能够满足认证机构和其他专业机构的要求。同样的问题也会影响到对林科专业教师的评估。林科教师会有重要的技术转化或从事应用研究的职责，但是这些活动在一个多学科和以基础学科研究为重点的学术机构内就不会得到重视。这样就会影响到教师从事应用工作的积极性，进而影响教师的晋升和终身教授职位的获得。对于历史悠久的林业院系，机构的调整也会导致历史和传统的丢失、与院友的疏远，也会影响到与雇主、捐赠者和研究合作单位的关系。或许最大的损失是失去了对财政和教师聘用权利的控制，因而势必会影响到林业教育机构的长远规划与发展。

在 20 世纪 90 年代后期，中国为了克服部门办学所带来的条块分割、专业偏窄、重复建设、管理僵化等弊病，中国高等教育以"共建、调整、合作、合并"方针为指导，开展了新一轮的高教体制改革。伴随着大批工业部门在国家经济体制改革中被撤并，原国务院有关部委直属的普通高校中除少数行业高校继续由原行业部门管理外，绝大部分先后被划归地方政府或直属教育部管辖，有的在划转以后还进行了合并，从而逐步建立了中央和省两级管理、以省级政府统筹管理为主的新体制。中国部属林业院校有的划归教育部，有的划归地方，有的学校与农业院校或其他大学进行了合并。在计划经济体制下，行业特色型大学经历了依托行业办学、支撑行业发展、服务行业需求的发展历程，在面向行业培养大批专门人才、提供急需科技成果、解决行业共性关键技术问题的过程中，与行业主管部门及相关企业建立了密切联系。在行业特色型大学与原行业部门脱离行政隶属关系之后，教育部、地方政府和行业管理部门采取了许多积极措施，如签订了"省部共建"协议、推进产学研联合开发工程、启动"卓越工程师教育培养计划"等，以促进行业特色型大学继续保持与原行业主管部门和企业的联系。但事实上，行业主管部门与原行业特色院校之间的联系逐渐减少，关系日益疏远，信息沟通渠道越来越不畅通，这在产业集中度不高的行业表现得尤为突出。行业特色型大学在行业学科专业建设、人才培养、科技创新等方面失去了行业主管部门的指导和支持，使行业特色型大学服务行业的深度和广度明显萎缩，也影响了行业部门后备人才的培养和自主创新能力的提高。

三、世界林业教育改革与发展趋势

世界各国许多大学林业教育正在经历着严峻的挑战（Arevalo et al.，2012）。2007年在肯尼亚的世界混农林业中心召开了首届全球林业教育研讨会，呼吁林业教育、科研和实践都需要作出变革。会议认为，从现有问题可以明显看出，近年来林业教育在很大程度上不能很好适应林业实践、就业市场和全球新的林业发展的需要。因此，林业教育、研究与实践急需进行改革。从全球林业教育改革与发展趋势看，主要呈现以下几个方面的特征。

（一）随着林业功能的多样化，林业教育的范围将进一步拓展

林业在为社会提供众多产品和服务方面将具有重要的功能，包括木材和非木材产品、环境保护、水土保持、碳汇、气候改善、休憩和旅游、生物多样性保护和沙漠化防治等。特别是森林在生物多样性保护、沙漠化防治、碳汇、改善水质、应对气候变化、提供生物质能源和节能方面发挥越来越重要的作用。

在美国，对林业范围的界定自19世纪末以来就是一直争论的话题（Miller et al.，1999；Armstrong et al.，1961；Hosmer，1923，1950；Skok，1995；Sample et al.，2000）。客观上，随着森林功能的多样化，林业的范围得到扩展，包括对森林之外树木的管理，与林业相关的利益主体也多元化了。为了适应林业功能多样化的需要，林业教育的范围已经突破传统林业的范畴，向着更宽广范围的现代林业方向拓展。林业教育范围包括更广泛意义的自然资源管理，林业学科成为一个交叉学科领域，与土地资源、生态学、环境科学、生物多样性保护、生物科学、工程学、农业、野生动物、社会学、经济学、管理学、旅游学等学科日益交叉和融合。国际林联的研究报告指出，未来新的学习领域包括应对以下一些问题的挑战：气候变化、适应性生态系统管理、性别、治理体系、森林作为一种能源、森林和森林产品在乡村发展和脱贫工作的作用以及对其他环境和社会影响的评价等（IUFRO，2014）。现在从事林业领域的教师拥有林学专业的学位越来越少，教师可以是社会学家、野生动物学家或者是化学工程师等。一些涉林专业设置和院系名称的变化就清楚地反映了林业教育范围的扩展。例如，纽约州立大学雪城分校、加州大学伯克利分校、耶鲁大学、明尼苏达大学、俄立冈大学、华盛顿大学和爱荷华大学都是在20世纪初建立了林业教育专业，也是第一批通过美国林学会鉴定的院校。在过去100多年的历史岁月里，这些院校的林业教育都发生了明显的变化。一个普遍的特征就是院系名称的变化或者与其他学院进行了合并，反映了林业教育的范围由过去比较窄的学科设置发展为一个更宽广和交叉的学科。例如，耶鲁大学林学院成立于1900年，1972年改为林业与环境科学学院；伯克利林学院成立于1914年，1974年改名为自然资源学院；爱荷华大学林学系成立于1904年，2002年改为自然资源、生态与管理学系；明尼苏达大学林学院成立于1903年，1988年改为自然资源学院，2006年又与农业、食品和环境学院合并成立了食品、农业与自然资源学院。只有俄立冈大学由过去的林学系升格为林学院。目前，在美国大学中以林学院为名的设置已经为数很少。相应地，学习自然资源管理和环境规划与管理专业的学生数量有所增长，并大多在与林业相关的非政府组织找到了就业机会，林业毕业生的就业部门去向由过去政府为主体转变为非政府组织、私有林业部门和非正式的林业部门为主。从就业领域看，由于传统林业就业岗位吸引力的下降，现在越来越多的毕业生在传统林业领域之外

寻找就业机会，如旅游、休闲基础设施开发、气候变化或者土地使用等，而这些领域与林业并不总是直接相关或者有时与林业仅稍有一些联系。林业教育应适应这些新兴就业市场的需要（Connaughtan，2015）。另外，林业教育专业设置逐步拓宽，也出现了多样化的趋势。例如，在加拿大，过去林学类的研究生专业硕士主要包括林业专业硕士（MF）和林业工程专业硕士（MFE）。自1996年以来，先后增加了森林保护硕士（MFC）、可持续森林管理硕士（MSFM）、国际林业硕士（MIF）和环境管理硕士（MEM）。在印度尼西亚，有些涉林院系的名称也有所改变，或与其他院系合并。日本林业教育界普遍认为"森林科学"是一门综合性、应用性科学，需要结合社会需求进行多学科的交叉研究，而这种研究同时促进对传统专业的更新和改造。中国、俄罗斯等许多单独设置的林业院校也在朝着多科性、综合性的方向发展。

（二）更加注重学生综合素质的培养

随着林业功能的多样化，林业面对的利益相关主体也多元化了，要求林业专业人才的素质也更加全面。未来的林业专业人才不仅可以解决林业技术问题，也能够解决经济、社会、环境和文化等多方面的问题。2000年由平肖研究所（Pinchot Institute）发布了一份题为《美国林业教育的演变：适应林业不断变化的需求》的研究报告。该报告指出，通过对林业雇主和最近毕业生的调研发现，与过去相比，林业方面的技能仍然重要，但是由于公众对森林管理透明度的不断提高，以及在林业决策过程中对社会、经济和环境因素的考量变得更为重要，对林业从业人员在交流、伦理、合作解决问题和管理能力提出了更高的要求。要寻找解决当今复杂林业问题的有效和现实的途径，越来越需要现代林业人员具有经济、技术、政治和生态方面的综合知识与视野（Temu，2008）。需要对现代林业职业人员的作用有一个全新的理解，除了在林业方面的技能，也需要在当地社区参与能力和其他相关学科方面在行。该报告也表明，雇主大都倾向林业工作人员应是一个通才。81%的州政府和65%的联邦政府及52%的企业雇主把林业从业人员定义为通才。国际林联（2014）林业教育工作委员会发布的林业教育研究报告指出，林业教育的未来应该注重通用能力和方法论的能力培养，而不是一些具体的内容和描述性的方法，使学生能够解决新的复杂问题。另外，也应该具备跨学科的综合与交流能力、系统决策和战略思考问题的能力。报告也指出，在当今竞争激烈的社会里，毕业生应该具有很好的学习能力、良好的适应性和灵活的就业能力，以及具有技术领域最新的知识，这些都是就业成功和事业成功的关键。学校应该加强对学生终生学习能力的培养，拓宽专业知识面，提升学生的适应能力就业竞争力也是一个重要特征。世界混农林业中心（2008）在关于未来林业教育的研究报告中指出，林业教育范围的拓宽对林业从业人员的专业知识与技能提出了更多的要求，具体包括政策、社会和经济问题，包括参与式方法、互动式学习、交流技能、社会价值与伦理；在更宽广的背景下进行自然资源管理，包括对复杂自然资源环境和森林可持续经营进行分析、综合和决策的能力；在特定森林领域之外对林木和森林资源进行管理；农业和自然资源生产管理；企业家精神和工商管理；混农林业、农场林业和社会林业；性别问题、获得自然资源及其收益共享、资源和土地使用权制度；全球化过程及其影响、气候变化和生物技术。

（三）课程设置的改革注重时代性、基础性与灵活性

课程设置是教学改革的重要方面，如何设置课程才能培养出适应将来林业发展的人才

是各国改革关注问题的焦点。从世界范围看，许多课程计划都已经过时，需要进行改革，反映林业发展的最新需求，从而适应当今和未来林业发展对人才需要。首先课程设置改革体现新的专业和知识领域，如可持续发展、气候变化、碳汇、社区林业、混农林业、城市林业、工业林业、环境林业、景观林业、纤维产品与技术、生物质能源等。其次，注重人文社会科学等基础类课程。未来的林业人才不仅需要较强的专业能力，也需要具有宽厚知识的通才。从美国林学会（SAF）和加拿大林学会（CIF）推荐的林业教育课程设置模式来看，在原有的传统课程基础上，美国林学会在基础课方面增加信息交流学、社会科学和人文科学。由于林业涉及范围不断拓宽，未来的林业从业人员越来越需要与不同利益主体的交流与合作，对合作交流能力提出了更高的要求。在美国大学的课程计划中普遍强调人文社会科学等通识课程，特别是注重写作能力、口头表达能力的培养。写作课程是必修的课程。俄罗斯莫斯科林业大学和圣彼得堡林业大学两校各专业的教学计划中，人文社科类课程、经济贸易类课程和计算机方面的课程均有较大幅度的增加，占到了林业类各专业总学时的35%~40%。譬如在人文社科类课程改革方面，国家统一规定的社科类必修课有俄国史、文化学、哲学、普通经济理论、法学概论、政治学与社会学、心理学与教育学7门课程，另外还设有美学、伦理学与普通心理学、俄罗斯宗教史、语言与交际艺术、世界文化史等一系列选修课程。在教学计划中对学生的爱国主义教育、道德、文化和心理素质修养都有明确要求。经济类课程中普遍增设了生产经济、市场学等新课。日本林业学科在教学计划和课程设置方面具有人文社会学占较重分量、专业课内容覆盖面宽、课程选修自由度大等特点。如北海道大学教养学部开设有20门人文社会科学课程，主要有哲学、心理学、论理学、历史、文学、音乐、美术、法学、社会学、政治学和经济学等。第三，注重跨学科课程。如在英国爱丁堡大学的生态科学和资源管理学院，林学是属于生态学学位授予的范围，课程设置上强调基础生态学、生物学、环境科学、自然保护、资源管理。在专业课方面尽量增大学生的选择余地，整个课程设置体现面向全球化的趋势。加拿大新不伦瑞克大学林学院林业系计划中增加环境和森林工程方面的课程，培养具有林学、环境和森林工程知识的复合型人才，很受林业企业和政府林业管理机构的欢迎，毕业生容易找到工作。第四，注重国际化课程。伴随全球林业教育国际化的进程，许多发达国家大都设置国际林业方面的专业和课程，开设世界文明或文化方面的课程等。从课程设置的灵活性方面，在强调专业团体对专业鉴定和质量保障的基础上，各校在课程设置上也将体现一定的自由度和灵活性，以更好满足不断变化的时代需求和不同地域对林业人才的特殊需要。这一趋势在北美最为明显，许多学校都呼吁在林业类专业课程设置方面要增加灵活性（Bullard，2015）。

（四）教学方法的改革注重以学生为中心和实践教学

世界高等教育研究表明，传统上以老师为主导的教学方法逐渐向以学生为中心的教学方式转变。大学的最终目的是尽力促进学生学会学习。只有通过学生积极参与学习的过程，才能满足当今社会对毕业生的复杂素质要求，这包括需要学生积极主动地参与现代教学计划的开发。为此，需要创新方法实现这一目标，如开发评价学生知识和能力的方法以及组织学生进行独立和个性化的学习等。许多国家在教学方式上多以小班上课为主，鼓励学生在课堂上积极参与，在讲授过程中学生可以插话提问。讨论班是另一种更为活跃的形式，以鼓励学生去发展他们自己的思想，便于培养学生的独立思考能力。日本大学的本科生教育普遍采用课程制(公共教养课程教学中采用)和讲座制(专业课程教学中采用)并举的方针,而研究生的培养则完全实行讲座制度。讲座由一名教授主持,下设一名副教授和两名助教。讲座内每1~2周要开一次演习讨论会。这种讨论会的一个显著特点是不分学位和年级的高低,也不论教师资历的深浅,同讲座的博士生、硕士生、本科生和教师共同参加。各人定期轮流报告自己的研究情况,由大家质问和评讲。这类似一种非正规的学术答辩会,出席者都能积极发言,气氛十分轻松活跃。一些国家还增设科研基础课,规定大学生必须参加一定的科研项目,将参加科研作为教学中的一个重要环节。另外,传统的黑板粉笔的教学方法在当今越来越依赖于信息技术交流工具的社会里已经远远不够,信息与通讯技术在教学方法中的应用不仅变得必要,而且成为一种重要的趋势。

实验实习、课程设计、毕业设计(论文)等实践性教学环节在培养学生创造性思维和工作能力方面有重要作用,多数国家都给予高度重视。加强实践教学仍然是林业教育的一个趋势。为了提高大学生的实践能力,提供实习就业机会,许多大学都在加强实践教学,特别是加强与企业合作育人。例如,加拿大英属哥伦比亚大学林学院为每一个本科专业都提供经过认证的合作教育项目。学生在合作企业工作的期限有4个月、8个月、12个月、16个月不等。合作企业有加拿大的,也有国外的。现在英属哥伦比亚大学林学院提供的合作企业岗位有17%是国外的,包括澳大利亚、中国、芬兰、德国、南非和美国(加拿大英属哥伦比亚大学,2016)。近年来,加拿大英属哥伦比亚大学林学院大幅度增加在工厂的实践时间,这是与工业企业合作完成的。实践分为2个阶段,每个阶段8个月。第1阶段主要是通过实践了解工厂的生产过程,第2阶段则以参加技术工作为主。学生在2个阶段实践中都有一定的生产岗位,完成一定的生产任务,工厂也要付给学生一定的报酬,这非常有利于学生动手和实际工作能力的培养。这一计划得到了木材工业企业界和政府的广泛支持,政府给予财政资助,企业提供实践岗位。重视实践教学、培养实践能力是专科教育更突出的一个特点。德国罗登堡林业高等职业专科大学的教学计划中就安排了2个学期的实践教学,与理论教学交叉进行,是一种典型的"三明治"培养模式。此外,林业研究生教育也很注重培养林业研究生的实验室操作技能和野外实践技能,重视培养学生的动手能力。加拿大高校有大量设备精良的实验室,学生在实验室里就能学习和掌握尖端的操作与技术。此外,加拿大的很多院校还为林业教育提供不同的野外科研试验基地,学生能在基地现场体会和接触更多的与林业相关的实验与项目。学生在实验室和野外实践基地中能够得到不同的实践体验,把理论知识应用到解决实际问题中,实现自然科学知识、社会科学知识和专业技能的一体化。学生在如此有效的学习环境中钻研自己的研究领域,有利于其专业技术和实践能力的提高,也有利于其决策能力、矛盾解决能力、组织和沟通能力的培养。

(五)在线教育将有较快发展

毫无疑问,教育技术的进步对林业教育的教学方式产生巨大的影响(Staniford,2015)。高等教育成本专家倡导应更多地开展在线教育以降低成本,缩短获得学位时间。

随着社区林业和私有林业的发展,在线林业教育可以服务更大范围的学员,这是一种创新和高效的教学方式。例如,美国康内尔大学的林业联络项目已经实施在线教育方式,称作网络研讨系列课程(Webinar Series)。调查表明,参与人员对教学效果给予积极的评价,学员通过观看网络研讨课程来获得新的知识(Allred等,2010)。

在美国，目前有些自然资源专业（如自然资源政策等）都有在线本科、研究生教育专业，在线林业本科教育专业还在规划之中，但是在线林业研究生教育专业在许多学校已经实施。例如，佛罗里达大学森林资源与保护学院就提供硕士专业在线教育，包括生态修复、测绘学、渔业与水产学、自然资源政策与管理；密西西比州立大学提供完全在线的林业理学硕士专业教育，包括森林经理、自然资源政策与法律和林业经济学等30学时的课程。

目前，正在运行的在线林业教育还没有通过认证。未来需要密切监控日益发展的在线自然资源教育专业的学生数量变化趋势，掌握传统教育是不是流失学生而更多地接受在线教育。同时，也需要比较在线教育和传统经过认证教育毕业学生的就业情况。可以预期，在不久的将来，在传统认证的课程计划中也将有越来越多的在线课程。林业经济学、林业政策、森林经理、抽样与统计学等不需要野外实习的课程容易实施在线教育。其他诸如森林生态学、森林培育学、森林作业等需要大量野外实习的课程最好是采取混合课程的方式。

虽然在线教育不能取代面授教育，但是由于在线教育在时间安排、地点选择和成本方面具有灵活性，在未来将会成为林业教育一个重要组成部分。与此同时，在线教育的发展将需要雇主、评估机构和学校的严格评估，以确保在线教育的方式能够达到公众和职业的质量要求（Standiford，2015）。

对于在线教育，中国林业高等院校作出积极探索，取得了初步成果。由北京林业大学和加拿大英属哥伦比亚大学主持，联合墨尔本大学、菲律宾大学、马来西亚博特拉大学开发了6门林业慕课，获得加拿大国家级优秀创新教育技术大奖，发起创立了亚太林业教育协调机制，建立了资源共享联盟。北京林业大学发起创建"全国林业高校特色网络课程资源联盟"，首批盟员单位包括全国10所林业高校。全国林业院校继续教育网络课程资源联盟在北京林业大学成立；北京林业大学创建网络课程制作中心，构建智能高清广播级数字录播系统，制定与国际接轨的慕课基本规范。在线课程资源逐步丰富。除有亚太地区林业教育的6门慕课外，还有9门国家级精品课、8门北京市精品课、46门校级精品课；在全国林业高校特色网络课程资源联盟内的资源交换与共享的基础上，一大批课程正在建设之中。

（六）加强校企合作，改善办学条件，提高人才培养社会适应性

世界林业教育普遍面临财政紧缺、师资和设施等办学条件不足的问题，对于林业教育的改革与发展构成严峻的挑战。林业院校愈来愈强烈地意识到校企合作的重要性，努力探求相互合作的有效途径。由于世界经济发展的放缓，许多国家，包括发达国家政府对教育的投入出现下降的趋势，各国都在寻找其他渠道来增加学校的办学经费。加强校企合作，不仅能培养学生的实践动手能力，增加实习就业机会，而且通过与企业合作培养人才、开展科研、技术转化与咨询服务，企业部门在提供委托培养、委托科研的经费，提供设备和实习、实验场所，提供借贷、馈赠和学生奖学金，提供兼职教员等许多方面给学校以支持，成为学校改善办学条件一个重要的途径。学校则在输送专门人才和科研成果、开展继续教育、举办研讨会、提供科技顾问和科技信息等方面给企业以帮助，实现合作互赢。为了应对林业院校经费短缺的困境，加拿大林业院校特别注重建立合作关系，包括与国内外林业院校、能提供森林资源教育的大学、各级政府、森工部门、各种传统的协会和联合会

以及地区性、国内外机构建立战略联盟，以协调资源配置，更好地支持林业研究。林业院校与产业部门和政府机构合作设立奖学金，以吸纳优秀人才到林业系统来。林业院校同业主、森工部门和政府合作，保证学生得到就业和实习机会。随着公共基金的不断减少，这些关系对林业院校的发展是很重要的。

课程设置与教学内容滞后于社会发展的需求，学校与企业之间又缺乏联系与交流，是当今世界林业教育面对的共同问题。校企合作也有利于学校与企业之间在人才培养方面的信息交流，学校可获得雇主对人才培养需求的反馈与建议，对于提高人才培养的社会适应性是非常必要的。许多学校成立董事会或理事会、顾问委员会等机构，邀请企业及社会人士直接参与对学校办学和人才培养等方面的决策和咨询。加强林业院校与企业等其他部门的合作，协同采取策略与行动成为推进林业教育发展的重要举措与趋势。

（七）林业教育的国际交流与合作将进一步加强

当今的林业面临的问题也是全球性的问题，林业问题越来越需要依靠国际之间的通力合作来协调和解决。这使林业的国际合作日益扩大，林业教育也不例外。在人才培养方面，许多国家都设立国际林业或区域林业的专业，或者在课程设置中增添国际化的课程，培养国际化的林业人才。学生在其他国家留学或短期实习交流的人数越来越多，教师在国外访学或参加学术交流、共同合作科研也呈现更加频繁的趋势。例如，多伦多大学林学院的林业研究范围不仅包括加拿大本国的林业，还着眼于国际林业，并且与国际上不同的林业科研机构和组织有紧密的合作关系。此外，多伦多大学林业研究生教育的国际化还体现在课程设置上，如国际贸易、环境和可持续发展课程着重研究国际贸易、环境与可持续发展三者之间的关系；森林政策的发展及其问题研究课程涉及国际森林政策以及全球土地利用规划、气候变化、濒临灭绝物种立法等内容；森林生态系统经济学课程探讨森林产品的国际贸易问题；森林管理个案研究分析课程涉及国际林业方面的内容；森林可持续经营与认证课程在引导学生考虑问题时不但立足于本土，还要与国际发展趋势和行业发展前景相联系。欧洲林业教育国际合作具有良好基础，开发了许多旨在提高国际吸引力和竞争力的国际合作项目。欧盟伊拉姆斯项目（Erasmus Mundus）计划下的欧洲林业科学硕士是欧盟高等教育的国际合作项目，该项目要求由3个欧盟国家的至少3所大学提供课程支撑。可持续亚热带林业硕士是其中的一个项目，联盟大学包括哥本哈根大学、班戈大学、德累斯顿技术大学、巴黎生命-食品与环境科学技术研究院（蒙彼利埃）和帕多瓦大学。

随着教育的国际化，世界林业教育也出现发展不平衡的现象，林业教育的改革需要相互交流借鉴。因此，需要国际和地区的林业教育组织，组织各国林业教育机构，开展交流合作，共同努力推进林业教育的改革。面对世界林业教育面临的挑战，各国需要分享各自的经验，需要共同研讨以寻求合理的对策，需要合作以共同解决面对的问题。为了适应林业的发展需要，教育机构不断有新的专业出现，但是在内容和质量方面目前还缺少国际方面足够的指导。许多国家，特别是发展中国家积极呼吁应加强国际林业教育组织机构建设，为其提供支持与协助，提升人才培养的能力，提高森林管理的技能（Temu et al.，2008）。加强完善国际与地区林业教育的合作协调机制对于提高教育质量至关重要。成立于2006年的国际林业教育协作组织（IPFE）旨在协调和监测世界林业教育的改革动态。该机构通过成员院校之间的政策建议、信息交流分享、研讨等途径来推进林业教育的发展。在国际林业教育协作组织、国际林联等国际和地区林业教育组织的协调下，林业教育交流合作将得到进一步加强。

四、对中国林业教育改革的启示与借鉴

新中国成立后,特别是改革开放以来,中国林业教育取得巨大的发展,形成了包括初等、中等和高等林业教育的体系,为中国林业建设事业提供了重要的人才与技术支撑。但是与不断发展的林业和生态环境建设需要相比,中国的林业教育现状还存在许多不适应的问题。分析世界林业教育的历史、现状与趋势,借鉴其有益经验,对于促进中国林业的改革发展是十分必要的。

(一)拓宽学科和专业设置方向

自20世纪70年代以来,世界林业的内涵与功能发生巨大的变化,以木材生产为主的传统林业逐渐转向以生态环境保护为主的现代林业,林业学科与生态环境、自然资源、生物多样性保护等学科日益交叉和融合,林业的范围得到大的拓展。随着林业功能的扩大和林业教育范围的拓展,中国林业院校的学科和专业设置方向也应扩展。在国务院学位委员会发布的《学位授予和人才培养学科目录(2011年)》中,林学一级学科下设7个二级学科,包括林木遗传育种、森林培育、森林保护学、森林经理学、野生动植物保护与利用、园林植物与观赏园艺和水土保持与荒漠化防治;林业工程一级学科包括森林工程、木材科学与工程和林产化工3个二级学科;农林经济管理一级学科里包含农业经济管理和林业经济管理2个二级学科。在2012年教育部发布的《普通高等学校本科专业目录》中,林学类设有3个专业,分别是林学、园林和森林保护;林业工程类设有3个专业,即森林工程、木材科学与工程和林产化工;野生动物与自然保护区管理和水土保持与荒漠化防治专业设在自然保护与环境生态类;农林经济管理设在农业经济管理类。与国外相比,中国林业学科和专业设置仍然属于传统林业的范围,覆盖面也比较窄,缺少自然资源保护与管理、环境科学、生态系统、土地管理、社会林业、混农林业、国际林业、森林生物统计学和测绘学、生物质能源、可再生材料等学科和专业设置。因此,中国涉林高校的林业学科专业应主动顺应世界林业学科的发展趋势,适应中国林业发展的实际需要,进一步拓展学科专业领域,同时应注重学科间的交叉与融合,结合办学定位,合理增设、调整和布局学科专业。

(二)制定完善人才培养的专业质量标准

中国林科教育规模世界第1,培养能够适应社会需求、具有国际视野的高质量人才是教育改革的重点。人才培养质量标准是人才培养的质量规格,反映人才的具体素质要求,是学校人才培养的目标。提高质量首先要制定和完善不同层次、类型的专业人才培养质量标准,否则质量就成了空中楼阁,也难以为教育教学改革提供引导方向。世界许多国家的高校都有明确的人才培养标准。目前,在我们的教学计划中究竟需要培养什么样的人才、具备什么样的具体素质要求是不够明确的。中国在工程教育领域有了国家标准,按照要求,参与卓越工程师计划的学校也制定工程专业的培养标准,但是其他高校和其他专业基本上没有严格意义的培养标准,大都只是笼统地在培养目标或培养要求的内容里简略提及,缺乏内容具体、全面和规范的培养标准。培养标准的制定要适时反映社会需求,借鉴国外的经验,反映学校区域的特色。总体而言,随着林业功能的多样化,林业教育面对的

利益相关主体呈现多元化,对林业专业人才的素质要求也更加全面。林业专业人才不仅要解决林业技术问题,也要能够解决经济、社会、环境和文化等多方面的问题。从国际上看,不同层次人才的教育目标和标准分明。初等、中等林业教育主要培养林业技术工人,专科层次的教育培养林业技术员,都属于职业技术教育。本科以上属于专业教育。本科人才的培养越来越强调综合素质。硕士人才培养一定的科研创新能力或较强的实践能力,博士主要是培养具有较强的科研创新能力。其中表达交流能力(写作和口头表达)是不同层次人才所共同要求的。本科人才是中国普通高等教育的重要基础。应特别加强学生的综合素质,培养具有良好人文、科学素质,具有扎实的学科基础,专业知识面宽的人材,而且应理论结合实际,适应社会实际需求;注重培养学生团队精神和社会责任感及职业伦理道德;注重培养学习能力、沟通表达能力和独立分析思考和解决实际问题的能力;培养创新思维,培养探索精神、创新精神。这些素质要求都应纳入人才培养的质量标准。高校应在国家标准的基础上,制定具有本校特色的具体专业培养标准。

(三)深化课程设置和教学方式方法改革

课程设置改革体现教学内容,是教学改革的重要方面,也是实现人才培养标准的核心。借鉴国外经验,中国林业类专业课程设置改革应体现林业新的发展领域与知识体系,如环境科学、自然资源管理、气候变化、碳汇、生物质能源、生物多样性保护等,掌握前沿知识。应加强大学生的文化素质教育,增加通识教育课程,特别是人文社会科学课程比例,如经济学、管理学、社会学、政治学、文化等方面的课程。应加强交流类课程,如写作和口头表达能力以及计算机媒体交流方面的课程。应加强讨论类课程。在研究生课程设置中,应更多设置研讨类的课程。鉴于中国本科教育班级规模大,实施小班教学难度较大,应在课后安排分组进行讨论,以弥补大班教学的不足。应加强实践类课程,包括校内实验实习和校外企业用人部门的实习。对于研究生教育,应特别加强方法论方面的课程,如应用数学、计算机软件使用、研究方法等,培养学生基本的科研规范和科研能力。注重隐形课程,鼓励学生参加各类社团、课外各类学习、科研和文体活动。对于具体课程的教学内容,应体现本课程的前言知识,而且应理论联系实践,克服内容陈旧和与实践脱节的现象。此外,课程设置也应拥有一定的灵活性,体现不同地域和学校的特色,使学生学习内容更好地满足当地的需要。特别是在中国研究生的课程体系设置中,应尊重学生的兴趣,灵活设定课程。在中国的林业研究生培养计划中,必修课所占的比例较高,学生的学习自由度和兴趣发展受到一定的限制,在一定程度上还会导致专业的过于细化。为了拓宽研究生的知识面和鼓励学生的学习主动性,中国应参考国外经验,根据学生的兴趣、知识背景和研究领域,增加课程设置的灵活性,在必修课之外,可更多由导师和学生共同商讨确定研究生各自的课程体系。

教学方式方法是教师把教学内容传递给学生的媒介,是决定教学成效的重要因素。中国高校的授课方式大都以讲授为主。这样的授课方式缺乏师生的互动,不能激发学生学习的积极性,尤其是本科教育基本上还是填鸭式的教学严重制约学生学习和课堂参与的主动性和积极性,影响学生个性和创新思维的培养。国外林业教育一般都有研讨课程,研究生教育研讨式的互动课程更为普遍,而且很多学校的研讨会课程还是必修课。中国应加强研讨课程教学,改革教学方式方法,广泛开展启发式、讨论式、参与式教学,推进以学生为中心的教与学的方式方法变革,突出学生在教学活动中的主体地位,提高其学习积极性,锻炼其交流沟通能力和独立思考能力。要倡导主动学习方法和基于问题的教学方法。同时把最新的科研成果积极地引入教学中。要进一步强化实践教学，加强各类教学实习基地建设，加大实习实训等经费的投入力度，并与国内外科研院所合作建立多种方式的学生实习培训模式，切实增强林学类专业学生的实践创新能力。充分利用信息与通讯技术在教学方法中的应用，提高教学的效率与效果。

（四）加强在线教育建设

在线教育已经成为当今世界教育的重要发展趋势，为传统教学带来机遇，也带来挑战。信息技术与教育教学的深度融合是时代潮流，将带来前所未有的教学效果和教学体验。目前，国内慕课总体上处于创建和发展初期，存在着7个方面的主要问题：课程质量论证不充分；学分论证和互认机制尚处在探索阶段，机制尚不完善；诚信考试机制不完备；不同学校专业课程体系的封闭性与现有慕课资源的开放性尚未有效衔接；尚未实现每门课程知识点的系统化，以片段化、知识科普化为主，难以满足专业核心课程的需求；国际化较弱；教师对传统教学模式的惯性很强。

中国林业在线教育的发展首先应提高对在线教育的认识。慕课必须是可共享的优质课程资源，但也绝不可能完全替代现有实体课程，只是作为改进传统学习方式、提高学习效果的补充，是构建翻转式教学模式的基石，是进行启发式、讨论式、探究式教学的前提。慕课情景下的混合式教学，即在线教学与面授教学的结合形式或线上线下教学结合将是发展的方向。慕课不是万能的，在不同类型课程中适应性不一。最适合的是公共基础课，如数理化、人文社科、素质养成、思政等通用型、广谱性课程等，以及部分专业基础课和专业核心课。理论课较适合，而实践类课程难。对于具有很强的自然生态地理区域特点或属性、实践性很强的学科门类，如林学类专业核心课程，要在全球范围内共享相同内容的一门课程是不可能的。在中国这样疆域广大的国家，即使在国内共享也有一定困难，如《树木学》就分南方本和北方本，《森林培育学》也是如此。其次，应注重提高在线教育的质量，成立在线课程专家委员会等多种途径，加强对教师的培训与指导，提高在线课程的制作质量与教学水平，鼓励教师探索在线课程教学，加强对在线课程的管理，探索学分论证和互认机制，加强国际化课程的开发，加强对在线课程质量教学的评价与质量监控。

（五）完善协同育人机制

推进人才培养与社会需求间的协同，与用人部门、政府、科研院所、相关行业部门共同推进全流程协同育人，建立培养目标协同、教师队伍协同、资源共享协同、管理协同机制，加强高校教师与用人部门专家双向交流。建设与行业企业共建共享的协同育人实践基地，共同研究教学内容、教学方式，共同制定教学、学生管理、安全保障制度，共同推进开放共享，吸纳其他高校到基地进行实践教学。其中，应特别加强与用人部门的合作，一则听取用人部门对人才培养的建议，二则为学生提供实习就业机会。

完善协同育人机制应着重完善合作共赢的激励与保障机制。第一，需要政府在法律、政策和财政等方面的支持与规范，需要高校和行业自身机制的共同完善。在政府层面，需要制定促进产学研结合的法律，利用法律规范不同主体的行为，保护合作各方的合法权益，处理合作中可能出现的各种纠纷。第二，对于接收林业实习生的单位给予一定的税收减免或其他政策优惠。在德国，不论是国有的还是私有的林业企业，都负有支持学校教育的义务。第三，完善对行业特色型大学的投入机制，开辟行业管理部门向原行业高校进行资金支持的新渠道。由于农林高校服务的农林行业有着更大的公益性和社会性，应该发挥政府在投入中的主渠道作用。第四，完善对行业特色型大学的管理体制。国家对行业主管部门在培养行业人才和科学研究方面应赋予一定的职能和管理权限，更好地发挥他们的共建职能和参与共建的积极性。教育主管部门应从政策上扶持行业特色型高校进一步保持并不断形成新的优势，积极发挥协调作用，为行业特色型高校加强与部门、行业、企业的联系创造条件。在学校层面，要密切跟踪和预测行业发展动态，适时调整专业与人才层次结构，切实提高人才培养的质量和科学研究的水平，为行业发展提供有效的人才与技术支撑，真正满足行业发展的需求。在机制方面，高校要建立与完善董事会或产学研合作委员会，广泛吸收社会企业参加，加强与企业的联系。通过这种联系机制，高校可以了解企业和社会对人才的实际需要，适时调整高校的专业设置、学科结构和人才培养规格，提高学生的实践能力和社会适应能力。在行业层面，通过聘请企业界人士担任导师，到校授课和共同研究制定教学计划等参与培养过程，与学校共同培养人才、合作科研、共建教学与科研平台、共享成果。企业应为学校积极提供学生实习岗位，委托或与学校一起从事科研，为学校提供科研资金的支持等。

（六）加强林业职业技术教育与继续教育

德国的林业之所以能较好地实行科学经营管理，很关键的一条是因为他们有一支经过专业训练的、具有较高文化业务素质的林业职工队伍。高素质的林业职工队伍的形成，以其完整而严密高质量的职业技术教育体系为基础。德国的林业职业技术教育分为3级，即初级林业技工学校、中等林业技术学校、高等专科学院的林学系和木材技术系。美国、加拿大的林业职业技术教育也很发达。美国拥有24所经过美国林学会认证的涉林技术学院。加拿大有17所职业技术学院和社区学院设置林业或林业相关专业，主要培养林业生产一线的技术员和经营管理人员。林业职业教育作为中国整个教育体系的重要组成部分，在提升国民素质、促进经济社会文化发展、完善教育体系和结构以及促进林业行业发展等方面具有举足轻重的作用。但当前中国林业职业教育存在办学层次相对不高、专业及课程设置不甚科学、师资素质相对较低、基础设施建设相对不足、学生就业质量不高以及招生较难等问题。林业职业院校应借鉴国外经验，根据自身实际情况，从师资队伍建设、人才培养模式改革、林业职教集团构建、加强科研、加强毕业生就业创业工作，以及加强其服务能力建设等层面着手，全面提升自身办学质量和水平。

继续教育是当今世界教育体系的一个重要组成部分。应完善林业继续教育培训体系，加大对继续教育的投入，特别是大力提高继续教育在林业高等学校中的地位，把继续教育的发展规划纳入学校事业发展的总体规划中，不断加大继续教育在高校人才培养中的比重，切实把继续教育作为学校的一项重要任务。中国的林业高等院校都具有一定的办学规模，教学设施、科研设备等比较齐全，图书资料丰富，师资雄厚，学科门类齐全，有丰富的办学经验，完全有能力承担起在职林业科技人员及管理人员继续教育的任务。

（七）加强林业教育管理

从宏观管理来看，加强外部评估，监控和促进办学质量的提高。随着政府职能的转变，政府对学校的管理方式从以直接的行政管理为主转向以法律、政策、评估、拨款、规划、咨询等间接管理的方式，其中评估是重要的方式之一。政府应加强和完善对林业学科和专业的评估，建立行业教育的质量标准，并把评估结果与拨款结合起来，逐步形成自我约束、自我发展的机制，促进林业教育质量的提高。应加大政府对林业教育的投入，对于专项建设项目，应以绩效为杠杆，更加突出绩效导向，动态调整支持力度，形成激励约束机制，充分激发高校争创一流、办出特色的动力和活力。做好林业人才需求预测，使林业教育保持适当的规模。由于人才对于社会经济发展的影响具有滞后的特点，有关部门应根据林业发展的需求，提前做出人才的需求预测，包括需求总量和不同专业类型的人才数量，使林业教育的规模能够适应林业发展的需求，避免大起大落，造成人才培养的不足或过剩。应建立完善林业教育数据库，为宏观决策提供依据。目前，中国缺乏林业教育完整准确的数据统计，不利于林业教育的研究与科学决策。因此，政府有关部门应完善数据的采集工作，建立林业教育数据库，保证数据的完整性、及时性和准确性。加强统筹规划，明确各类林业教育的发展目标，实现各类教育的有机衔接。加强政策引导，协调各级各类教育发展，构建林业终生教育体系，为社会提供不同类型、不同层次的高素质林业人才。

从学校微观管理看，为了适应林业学科交叉与融合的趋势，学科单一的院系应与相近的院系合并或组建跨学科的组织机构。从国外综合性大学设置的林业院系看，几乎所有涉林专业均设在一个学院或系内，这样方便学科专业的交叉与融合，也避免了资源的分散与浪费。加强师资队伍的管理，打造一支高水平的师资队伍。耶鲁大学林业与环境学院的生师比为7∶1，中国3所林业大学的生师比平均约为23∶1。生师比过高势必会影响到小班教学和师生的互动交流，也难以保证教师有较充足的精力从事科学研究和技术推广活动。因此，需要努力增加教师队伍的数量，培养和引进具有世界水平的领军人才。要为教师创造良好的教学科研条件，加强对教师教学能力的培训，完善教师的评价激励机制，充分调动教师的主动性与创造性。改革教学和学籍管理制度，完善学分制和选修制使学生享有充分的学习空间和学习权利，实现个性化和人性化的人才培养；完善专业选择制度和灵活的转专业制度使学生有机会进行学习调整，以找到自己真正感兴趣并致力于学习的专业；建立灵活的学位兼修制度使学有余力的学生可以在学习期间获得双学位或多学位，从而提升学生的综合素质和综合竞争力。建立创新创业学分积累和转换制度，允许参与创新创业的学生调整学业进程，保留学籍休学创新创业。将教师建设和应用在线课程合理计入教学工作量，将学生有组织学习在线课程纳入学分管理，对课程建设质量、课程运行效果进行监测评价。借鉴国外大学学生管理的经验，中国大学学生事务管理工作应秉承"以学生为本"的管理理念，以"促进学生的学习和发展"为中心，重视服务功能，完善服务体系，如新生录取服务、入学适应服务、学习咨询服务、学生课余活动指导服务、经济资助服务、医疗保健服务、就业指导服务、心理咨询服务等。

（八）加强林业教育的国际交流与合作

随着环境和资源问题的全球化，中国林业教育应主动适应教育国际化的趋势。借鉴国外成功经验，应进一步加强林业教育的国际交流与合作，提升国际化的水平，开拓人才的国际视野，提高国际交流能力，研究解决国际共同关心的问题。应进一步加强与多国、多高校的人才培养合作，选派学生到世界一流高校攻读学位或短期交流。增设国际林业专业和课程，培养人才的国际意识。增加留学生和国外访问学者数量。增加具有国际教育背景教师的数量，鼓励教师积极参加国际学术交流活动，加强国际林业方面的研究，承担或参与地区性和国际性的科研项目。高职教育也应加强国际合作。德国罗登堡高等林业专科学校是规模很小的单科高职学校,但也与许多国家进行实质合作,该校与国外一些学校合作培养人才,学生在毕业前至少在国外就读一个学期,也招收外国留学生,这方面也值得我们借鉴。

国际林业教育协作组织、国际林联教育小组等林业教育的国际组织在交流分享各国教育改革经验发挥着重要作用。为了促进中国林业教育的改革发展,中国应积极主动参与林业教育国际组织的活动,加强交流合作,加强对国际林业教育的跟踪研究,了解掌握世界林业教育的最新发展动态与发展趋势,吸取有益经验,共同推动世界林业教育的发展。

参考文献

陈建成,李勇,1999. 世界林业教育的发展趋势[J]. 中国林业教育,(5):53-55.
范济洲,1982. 略论世界林业教育:纪念北京林学院校庆[J]. 北京林学院学报,(3):1-8.
高江勇,方炎明,2013. 博洛尼亚进程中的欧洲高等林业教育改革及其启示[J]. 现代教育科学,(1):163-169.
高有华,王婷,2012. 发达国家成人继续教育比较及启示[J]. 内蒙古师范大学学报(教育科学版),25(3):6-9.
黄云鹏,2005. 德国双元制教育及对林业职业教育的启示[C]//"职业教育与构建和谐社会,建设海峡西岸经济区"研讨会暨第十三次职业教育理论研讨会论文集:80-83.
贺庆棠,李勇,1998. 世界林业教育的最新趋势与展望[M]. 北京:中国林业出版社:30-50.
李梅,罗承德,2000. 南美洲高等林业教育及其发展[J]. 世界林业研究,13(4):56-61.
李勇,骆有庆,蒋建新,2013. 发达国家高等林业工程技术人才培养模式的特征及启示[J]. 高等农业教育,(5):117-120.
李勇,2015. 世界一流大学经费来源结构变化分析与启示[J]. 北京教育,(12):18-20.
林辉,林敏,2001. 加拿大的林业教育和科研工作[J]. 世界林业研究,14(4):65-73.
刘东兰,郑小贤,2010. 日本的高等林业教育改革与森林科学[J]. 中国林业教育,(6):77-78.
刘建兵,2014. 德国教育管理体制特色及启示[J]. 教育与职业,(1):100-101.
刘勇,1996. 世界林业教育发展趋势[J]. 世界林业研究,9(2):13-19.
汪大纲,1990. 世界林业教育的现状和展望[J]. 世界林业研究,3(2):1-8.
于伸,毛子军,2004. 俄罗斯林业高等教育现状及发展趋势[J]. 中国林业教育,(4):70-72.
Abrudan I V, 2016. The main challenges for forestry higher education in central and eastern Europe: From curricula to graduate insertion into the job market [C]. IUFRO Regional Congress for Asia and Oceania Abstract: 64.
Arévalo J, Donlebún P, 2011. International perceptions of university forestry education: an analysis of student motivation, competencies, and curricula[R]. University of Eastern Finland: 10-20.
Bagus G, Utama R, 2015. Tourism and forestry collaboration in Balindonesia[J]. E-Journal of Tourism Udayana University, 2: 83-91.
Bucarey J, 1975. Forestry in South America: education and the future[J]. Unasylva, 27(107): 14-19.
Bullard S H, 2015. Forestry curricula for the 21st century: Maintaining rigor, communicationg relevance, building relationships[J]. Journal of Forestry, 6: 552-556.
Connaughtan K, 2015. Forestry employment trends[J]. Journal of Forestry, 6: 571-573.
Dogra A S, 2013. Professional forestry education in India for the 21 st Century[J]. Indian Forester, (4).
Elmgren R C, 1938. A survey of forestry education in the united States[D]. Oregon State University: 3-19.

Garrido G F, 1988. Forestry education at the university level in Latin America[J]. FAO Economic and Social Development Studies, 44: 74-82.

John I, 2010. Professional education in forestry[J]. Commonwealth Forests: 1-13.

Kiyiapi J L, 2004. The state of forest education in sub-Saharan Africa[J]. Nairobi: African Wildlife Foundation, 10-20.

Lafond A, 1970. Forestry education and training in Africa[J]. Unasylva, (1): 17-25.

Lust N, Naehtergale L, 2000. Challenges for the European higher education with special reference to forestry[J]. Silva Gandavensis, 65: 10-20.

Oishi Y, Inoue M, 2014. Studies on forest education in Japan: analysis focused on studies of specialized education and educational sites[J]. Journal of the Japanese Forest Society, 96: 15-25.

Pulhin J M, Breva L A, Tapia M A, 2003. Stakeholders' assessment of forestry education in southeast Asia[C]// Proceedings of the XII World Forestry Congress, Canada: 135-140.

Ratnasingam J, Ioras F, Vacalie C C, et al, 2013. The future of professional forestry education: Trends and challenges from the Malaysian perspective[J]. Not Bot Horti Agrobo, 1: 12-20.

Roche L, 1974. Major trends and issues in forestry education in Africa[R]. Department of Forest Resources Management, University of Ibadan, 4: 10.

Sample V A, Bixler R P, MacDonough M H, et al, 2015. The promise and performance of forestry education in the United States: results of a survey of forestry employers, graduates, and educators[J]. Journal of Forestry, 6: 528-537.

Schuck A, 2009. Perspectives and limitations of Finnish higher forestry education in a unifying Europe[R]. University of Joensuu: 18-20.

Sebastiao K, 2013. Forestry education in Brazil: an overview of its evolution[J]. International Forestry Review, 3: 9.

Standiford R B, 2015. Distance education and new models for forestry education[J]. Journal of Forestry, 6: 557-560.

Temu A B, Okali D, Bishaw B, 2006. Forestry education, training and professional development in Africa[J]. The International Forestry Review, 1: 118-125.

Temu A B, Kiwia A M, 2008. Future forestry education: Responding to expanding societal needs[R]. ICRAF: 1-16.

Teplyakov V K, 2005. Current state and challenges in forestry education in Russia[J]. Forest Science and Technology, 1: 142-149.

Wilson E R, 2012. Professional forestry education in Canada[R]. SRI: 1-7.

专题九 世界林业信息资源及检索

信息与能源、材料并列为当今世界三大资源。随着社会的不断发展,信息资源对国家和民族的发展至关重要,成为国民经济和社会发展的重要战略资源(杨敏,2013)。科技创新也离不开科技信息的支撑,科技人员只有充分利用和分析现有科技信息资源,才能站在巨人肩膀上再创新,避免低水平重复,取得高质量的创新性科研成果,把握全球科技发展的最新动态和趋势。

随着全球数字化程度的不断提高和大数据浪潮的来袭,我们正在进入一个数据技术革命的大数据时代(赵勇,2015)。面对全球海量信息资源,如何准确快速地发现我们所需要的信息资源成为一大挑战。在大数据背景下,全球科学研究将越来越依赖于海量数据的共享与利用,科技信息资源已成为重要的科学资产和公共信息资源。文献信息数字化发展主要由两股力量推动,一是出版商开展的数字出版业务,二是由科研机构、高校和图书馆开展的公益性的数字图书馆建设。目前,全球科技文献信息资源获取的主要渠道来自出版商,特别是电子文献全文几乎被各大型出版商所垄断,再加上知识产权问题,使得科技文献的全球化共享受到阻碍。

在这一背景下,开放获取(Open Access,OA)于20世纪90年代末在国际学术界、出版界、信息传播界和图书情报界兴起,并在全球迅速发展。其初衷是解决"学术期刊出版危机",推动科研成果通过因特网自由传播和使用,促进学术信息的交流,提升科学研究的公共利用程度,保障科学信息的长期保存(王应宽等,2015)。在开放获取环境下,国内外对传统文献资源的研究日趋完善。因此,更多的研究机构和学者将研究目标锁定在科学数据上。由于科学研究是以不同学科领域的科学数据来支撑科学问题的解决和科学结论的论证,因而对科学数据的研究分散于不同的学科领域(李慧佳等,2013)。

在林业科学研究中,科技文献资源和科学数据资源是支撑科研活动的重要内容。20世纪90年代以来,林业信息资源的积累和使用已经从纸质媒介迅速演变为数字化和网络化的科学数据库和信息系统,并作为支撑科技创新的基础资源,融入在社会信息化发展的潮流中。

一、林业科技文献资源

科技文献是记载科技知识或科技信息的物质载体,全世界的科技成果都是通过文献来传播的,因此科技文献是正式渠道的信息交流中非常重要的信息源。科技文献的分类方法较多，按其出版类型可分为图书、期刊、会议论文、学位论文、科技报告、政府报告、专利、标准、产品资料、科技档案10种。20世纪60—80年代，随着计算机技术、数字技术的发展以及计算机网络的初步形成，文献信息数字化建设逐步开展，并实现了联机信息检索（刘湘萍，2014），科技文献的出版形式、传播手段、阅读方式等也发生了巨大变化，数字出版以其传播速度快、时效性强、传播范围广、服务个性化等优势迅速发展起来。

林业科学是19世纪从农学中分化出来的，它具有自己独有的研究对象，同时带有母体学科的痕迹。而现代科学的发展，学科的分散、交叉、渗透使林业科学同社会科学和其他自然科学有着千丝万缕的联系，在信息资源的分布上表现出比其他学科更分散。由于科学技术的发展日益呈现出高度综合、渗透、交叉的特点，林业科学体系中的相关学科不断增加，用户的信息需求范围越来越大（谢家禄，1999）。林业信息资源的突出特点是学科交叉性强、数据量大、种类多、来源广、结构复杂，因此独立的林业信息资源比较少，大部分都与农学、生物学等其他学科整合在一起。

林业数字图书馆建设是林业科技支撑体系的重要组成部分。世界著名的三大农林数据库（AGRICOLA、AGRIS、CAB Abstracts）是全面检索林业科技文献的重要书目型数据库，学术出版商出版的商业性数据库是林业科技文献电子全文获取的主要渠道之一，此外林业开放获取资源也成为全文获取的重要途径。

（一）林业数字图书馆

1. 数字图书馆发展概况

数字图书馆的起源可追溯到1993年。美国国会图书馆首次与因特网连接，将图书馆推向了数字化时代，自此图书馆迈入了新的发展阶段。1994年，美国启动了"数字图书馆倡议"（Digital Library Initiative）项目，掀起了数字图书馆研究的热潮。在数字图书馆的研究方面，美国一直处于领先地位，这在很大程度上取决于美国对数字图书馆建设的重视程度。2013年美国数字公共图书馆上线，欧盟数字图书馆于2008年在布鲁塞尔正式启动。纵观现今国外数字图书馆的发展，在服务方面有所转型，由起初面向馆藏信息为主向面向用户定制转变，并添加了一些新的功能，如网络课堂共享服务、学科服务平台、课程管理等。在数字图书馆服务平台的建设方面，随着网络技术和计算机技术的不断提升，数字图书馆服务平台建设也不断引入新的技术方法，除了Web技术、数据库技术等基础之外，虚拟现实技术、云计算技术、大数据、语义分析等不断被引入，这对于数字图书馆的发展进步起到了一定的支撑作用，同时，移动终端设备的发展也使得图书馆资源更为移动化、友好化（徐蓓蓓等，2015）。

2008年9月，《自然》杂志发表了关于大数据的系列专题文章《大数据：PB级数据时代的科学》，讨论大数据的存储、管理及分析问题，随后"大数据"逐渐成为互联网信息技术行业的关注热点。大数据技术对海量信息的分析和挖掘所具有的潜在价值将成为推动数字图书馆发展转型的重要力量，它不仅表现在对海量数字文献信息的分析与管理，还存在于对用户行为数据的分析和挖掘，通过对用户行为的结构化、半结构化数据信息的分析以形成潜在的服务需求，以此为依据进行服务拓展和服务创新，实行个性化定制服务，促进数字图书馆向以用户为中心转型（徐蓓蓓等，2015）。数字图书馆的大数据思维，即指从大数据的角度考虑数字图书馆的各类问题，把数字图书馆完全融入大数据之中，增加数字图书馆数字产品，提升数字图书馆服务水平，借助大数据技术解决数字图书馆有关问题，把数字图书馆作为"互联网+"的重要部分(苏新宁，2015)。

数字图书馆建设改变了图书馆的工作方式和服务模式，可最大限度地突破时空限制，使公众更方便地获取海量信息资源并享受个性化的服务。

2. 林业数字图书馆现状

国外专门针对林业领域建设的数字图书馆非常少，林业数字图书馆的建设工作往往纳入了农业数字图书馆建设或者公共数字图书馆建设。美国农业图书馆(National Agricultural Library，NAL)是美国四大国家级图书馆之一，是世界范围内收藏农业和林业相关学科文献资料最多的图书馆。美国农业图书馆的所有物理馆藏都可获取，同时还为用户提供了可随时随地访问的数字馆藏且数据格式非常灵活。美国农业图书馆数字收藏(NAL Digital Collections，NALDC)就是专门提供数字资源可靠、长期访问的平台，所有数据均可在线浏览并下载全文。数据范围包括农业相关历史出版物、美国农业部的学术研究成果等，数据必须符合以下标准：①为公共领域的出版物或有版权所有者的不可撤销许可；②可供公众浏览使用；③完整性，必须是完整的出版物或文章；④符合长期保存标准；⑤标准的数据格式；⑥可以在同行评议的期刊上出版。美国农业图书馆为美国农业图书馆数字收藏提供了数字管理、数据可用性、可持续性及响应的保障(美国农业图书馆数字收藏，2011)。

中国则建设了专门的林业数字图书馆。中国林业数字图书馆于2001年正式启动，依托中国林业信息网，对纸质期刊和林业标准等文献进行数字化加工，并加大了国内外林业数字资源的共享力度，共引进了20多个国内外数据库，建成了中国知网、万方数据、重庆维普等7个数字资源镜像站点，购买了 *Science*、*Nature*、*SicenceDirect*、*Elsevier*、*Wiley*、*ProQuest*、*CABI*、*Agris*、*Agricola* 等核心期刊和数据库的网络使用权。截至2016年，中国林业数字图书馆已经拥有各类数字化的中文林业科技文献全文7 000多万篇，外文文摘数据库6 000多万条，电子图书12万余册，网络版外文学术期刊850种，提供面向科研一线的林业数字资源保障与服务。近些年来，中国林业数字图书馆的建设理念也逐渐发生转变，更加重视用户服务，为用户提供更多的资源利用途径。2013年，中国林业数字图书馆开通了统一资源整合服务平台，整合了中国林业科学研究院图书馆馆藏的纸质图书、中外文电子期刊、CNKI、维普、万方等镜像站点数据库资源和国内外电子图书、网络版学术期刊等数字资源，几乎囊括了本馆的所有国内外信息源，为用户提供"一站式"全文检索服务(中国林业信息网，2013)。同年建成并开通林业移动数字图书馆，真正实现了数字图书馆的最初设想：任何人、在任何时间、任何地点都可随时获取所需要的任何知识。

(二) 三大农林数据库

1. 美国农业文献联机存取书目型数据库(AGRICOLA)

美国农业文献联机存取书目型数据库AGRICOLA是一个参考文献数据库，建立于1970年，主要以美国农业部国家农业图书馆馆藏文献为基础，是获取世界范围农业信息资源的主要公共来源。该数据库涵盖了所有格式和时期的农业文献资料，包括早至15世纪的影印作品；出版物和资源涉及农林各个领域及相关学科，包括动物和兽医学、昆虫学、植物科学、林学、水产养殖和渔业、耕作和耕种系统、农业经济学、推广和教育、食物与人类营养学、地球和环境科学。虽然AGRICOLA数据库本身不包含文献全文，但是已有数千条记录链接到在线开放文档,并且每天添加新的链接(USDA,2006)。

AGRICOLA 被分为2个数据集:一是书籍索引目录,包含书籍、音像、合订本和其他材料;二是文章索引目录,包括期刊论文、书籍章节、报告和再印本,其中大部分是图书馆的馆藏。这2个数据集每日更新,每个数据库可单独搜索,也可以一起搜索(USDA,2006)。

2. AGRIS

联合国粮农组织的 AGRIS 是一个书目型的国际农业数据库,建立于2003年,提供世界范围内农业科学和技术专著的书目内容,收录了135个国家和地区、146个国际 AGRIS 中心和22个国际中心组织收集的连续出版物及有关文件、系列文集、书籍、科技报告、专利、地图、会议论文等文献(中国林业信息网,2012)。

AGRIS 数据库具有以下特色:①为多语种农业科学文献数据库,包括700多万条记录,极大地扩充了多语种农业主题词表(AGROVOC)。AGROVOC 覆盖了粮农组织多种主题领域,包括食物、营养、农业、渔业、林业、环境等。②AGRIS 使用开放数据互联技术,集成网络应用,链接 AGRIS 内容到相关网站。搜索任何主题,界面左侧显示 AGRIS 数据库中相关文献数据,右侧是外部数据相关资源链接和过滤搜索选项。外部相关链接包括 DBPedia、世界银行、Nature 杂志、联合国粮农组织渔业部及粮农组织国别概况等。③AGRIS 覆盖的农业相关主题范围广泛,包括林业、动物饲养和水产科学及渔业、人类营养和推广。内容包括灰色文献,例如未出版的科学和技术报告、论文、会议文件、政府出版物等(FAO,2016a)。此外,尽管 AGRIS 是著录型数据库,但是越来越多的文献记录(目前约20%)在网络上开放全文,用谷歌即可方便地找到(联合国粮农组织,2016a)。

3. 国际农业和生物学中心文摘数据库(CAB Abstracts)

国际农业和生物学中心文摘数据库(CAB Abstracts)建立于1973年,是由国际农业和生物科学中心(CABI)出版的文摘型数据库,提供农业和所有相关应用生命科学领域的科技文献信息资源,包括期刊、书籍、摘要、论文、会议记录、公告、专论及技术报告(国际农业和生物科学中心,2016),内容涉及农艺学、生物技术、植物保护、乳品科学、经济、森林、遗传、微生物、寄生虫学、畜牧兽医、人类营养、乡村发展等(中国林业信息网,2012)。

数据库提供国际农业和生物科学中心全文服务,为用户提供超过32万多篇期刊论文、会议论文和报告的全文获取,其中80%的电子全文是不能在其他地方获得的。此外,该数据库还包括以下特点:一是国际覆盖面广,出版物来自120多个国家,包括50种语言,大多数文章都具有英文文摘,研究人员能够获得任何主题的最全面信息;二是数据质量高,每个记录由学科专家从期刊(8 000多种)、图书和会议录中人工筛选;三是系统检索功能强大,与 CAB 词库(CAB Thesaurus)相结合,使得综合主题索引搜索更容易,准确获得所有相关的研究成果(CABI,2016)。

(三)综合性商业数据库

商业数据库是指包含有数字化的图书、期刊、影音资料等文献资源的数据库,数据库的服务商以销售或租用的方式将这些电子资源提供给用户使用,商业数据库经多年积累和实践,收录的文献时间跨度大,学科专业覆盖面广,文献内容丰富全面,用户使用起来更便捷（吴丁，2014）。含有林业科技文献资源的国内外综合性商业数据库如表 9-1 所示。

表 9-1　含有林业科技文献资源的国内外综合性商业数据库

数据类型	主要数据库
图书	国外：Books@ Ovid、SpringerLink、ScienceDirect、Wiley Online Library、谷歌图书
	国内：超星电子图书、阿帕比数字图书
期刊	国外：SpringerLink、ScienceDirect、Wiley Online Library
	国内：CNKI、万方、维普
学位论文	国外：ProQuest 博硕士学位论文数据库、PQDTOpen（开放获取）、DART-Europe 欧洲学位论文库（免费获取）
	国内：万方学位论文数据库、CNKI 硕博士论文全文数据库
专利	国外：德温特专利数据库、TotalPatent 全球专利信息数据库、欧洲专利局世界专利数据库 Espacenet（免费）、谷歌专利数据库
	国内：国家知识产权局专利检索系统、CNIPR 专利信息服务平台、中国专利数据库（知网版）、sooPAT

1. ScienceDirect 数据库

ScienceDirect 数据库是爱思唯尔（Elsevier）公司出版的学术资源库，自 1999 年开始提供电子出版物全文的在线服务，包括来自 3 800 多种期刊和 35 000 多册图书的超过 1 400 万经同行评议的出版物，学科范围包括数学、物理、化学、天文学、医学、生命科学、商业及经济管理、计算机科学、工程技术、能源学、环境科学、材料科学、社会科学等。

数据库检索方式包括快速检索、高级检索、专家检索等。快速检索适用于查找某个主题或某个作者的文献或者查找某篇具体文献；使用高级检索可以同时限定两个检索字段，字段之间的逻辑关系为逻辑"AND""OR""ANDNOT"，同一字段可以利用检索算符组配检索式，可以限定文献的检索范围；专家检索不受高级检索两个字段的限制，可以任意组配检索字段。实施检索策略后，可以下载命中的文献，也可以对检索结果批量导出。Sciencedirect 数据库允许一次下载多篇文献（最多 25 篇）。

Sciencedirect 提供有 My setting、My alerts、RSS 订阅、保存检索式、保存检索历史等个性化服务，用户要使用个性化服务，需要首先注册，获得用户名和密码，即可进行相关设定（华东师范大学图书馆，2012a）。

2. SpringerLink 数据库

Springer 于 1842 年在德国柏林创立，目前是全球第一大 STM（科学、技术和医学）图书出版商和第二大 STM 期刊出版商，每年出版 9 000 余种科技图书和 2 400 余种领先的科技期刊。SpringerLink 平台整合了 Springer 的出版资源，收录文献超过 800 万篇，包括图书、期刊、参考工具书、实验指南和数据库，其中收录电子图书超过 16 万种，最早可回溯至 1840 年。涵盖学科包括行为科学、工程学、生物医学和生命科学、人文、社科和法律、商业和经济、数学和统计学、化学和材料科学、医学、计算机科学、物理和天文学、地球和环境科学、计算机职业技术与专业计算机应用、能源（清华大学图书馆，2016）。

该数据库的检索方式支持简单关键词检索和高级检索，检索结果可以列表查看、E-mail 发送、以 CSV 格式导出以及 RSS 推送。读者可对 Springer 电子期刊进行个性化设置,保存检索结果、数目和关键词等,记录购买历史,设置电子邮件提醒等。

3. Wiley 在线图书馆(Wiley Online Library)

Wiley 在线图书馆是一个全球最大的、最全面的经同行评审的综合性网络出版及服务平台,学科范围广泛,包括生命科学、健康和物理科学、社会科学、人类学等,无缝整合了来自 1 500 种期刊、18 000 多册在线图书和数以百计的参考工具书、实验室指南和数据库的 600 多万篇文章。

它具有以下增强的出版物功能:①提供期刊的新内容提醒,以及 Early View 和 Accepted Articles 的新内容提醒;②在期刊文章和图书章节界面,提供收藏夹和研究分享的便捷小工具;③通过各种参考文献管理工具实现引文导出;④提供 Wiley 在线图书馆平台内及平台之外参考文献或引文的无缝链接。此外,大多数期刊都提供 PDF 格式的全文下载,或 HTML 格式的全文在线阅读;HTML 格式全文中,提供可放大图片、表格和图表的超链接;部分文章可在全文中查看动态图片和 3D 互动模型(Wiley,2014)。

4. 科学引文索引(Science Citation Index Expanded,SCIE)

科学引文索引于 1957 年由美国科学信息研究所(Institute for Science Information,ISI)创办,经过几十年的发展,已经成为当代世界最为重要的大型数据库,它不仅是一部重要的检索工具书,还是科学研究成果评价的一项重要依据,是目前国际上最具权威性的、用于基础研究和应用基础研究成果的重要评价体系。它收录了全球农业、生物科学、工程技术、临床医学等领域内 176 个学科 8 600 多种最具影响力的学术刊物,提供完整的索引、全面的书目记录、详细的作者地址、可检索的作者摘要,提供每篇文献的参考文献记录、施引文献和被引文献检索。数据库分为普通检索、被引参考文献检索和高级检索等方式。

普通检索既可以执行单字段检索,也可以结合主题、作者、刊名和地址等进行多字段组合检索。在同一检索字段内,各检索词之间可以使用布尔逻辑运算符(AND、OR、NOT 和 SAME)、通配符(*、?)。星号(*)表示任何字符组,包括空字符(;)问号(?)表示任意一个字符。

被引参考文献检索是将文章中的参考文献作为检索词,它揭示的是一种作者自己建立起来的文献之间的关系链接。引文检索具有独一无二的功能,即从旧的、已知的信息中发现新的、未知的信息。该方式通过被引作者、被引著作、被引年份、被引卷/被引期/被引页码 4 种途径检索文献被引用情况。

高级检索可以使用字段标识、检索式组配或与检索历史组配(AND 或 OR)来进行检索,提供了一种更为高级的检索方式,用户只需把编辑好检索式输入检索框内直接检索即可。

SCI-E 还为读者提供个性化工具分析检索结果、创建引文报告和创建引文跟踪(华东师范大学图书馆,2012b)。

5. 德温特专利数据库(Derwent Innovations Index,DII)

DII 将德温特世界专利索引(Derwent World Patents Index,DWPI)和专利引文索引(Patents Citation Index)有机地整合在一起,收录了来自世界各地超过 48 家专利授予机构提供的增值专利信息,涵盖 5 280 万份专利文献和 2 400 万个同族专利(2013 年 6 月),是全球收录最全面的深加工专利数据库。每周更新并回溯至 1963 年,是检索全球专利最权威的数据库,用户不仅可以检索专利信息,还可以检索到专利的引用情况。

该数据库的特点有：①以专利权属人、专利发明人、主题词为简单的检索入口，快速获取基本信息，以节省时间。②辅助检索工具帮助用户迅速找到相关的手工代码（derwent mannual codes）和分类代码（derwent class codes），并且通过点击鼠标直接将相应的代码添加到检索框中，直接进行检索。③重新编写的描述性的标题与摘要，使用户避免面对专利书原有摘要与标题的晦涩难懂，迅速了解专利的重点内容，很快判断是否是自己所需的资料。④特有的深度索引帮助用户增加检索的相关度，避免大量无关记录的出现。⑤检索结果列表中列有每条专利对应的主要发明附图，可以帮用户迅速看到专利的主要的图像资料（汤森路透，2015）。

（四）林业开放获取资源

开放获取是一种新的出版模式和学术交流模式，是科学研究与科学交流的迫切需要，能使科研人员免费、不受限制、随时随地获取同行的研究成果，即开放获取就是任何人在网络范围内都可以免费、及时、永久的联机获取研究文章的全文（初景利等，2009）。开放获取出版主要有 2 种形式：开放获取期刊和自存储。"在开放获取期刊上发表文章"被称作实现开放获取的"金色之路"，是目前学术界大力提倡的开放获取的主要实现形式之一。自存储是在发表后由作者自己或第三方将作品存储在作者个人网站、学科知识库或机构知识库中，作品的这种传播模式成为开放获取的"绿色之路"（李麟等，2005）。开放获取在不同学科领域的接受和发展程度很不相同，物理学、生物学、医学、计算机科学等学科领域对开放获取的接受度和执行度很高。鉴于林业信息资源学科交叉性强、来源广、结构复杂等特点，独立的林业开放获取资源比较少，大部分都与农学、生物学等其他学科整合在一起。不同类型的林业开放获取资源如表 9-2 所示。

表 9-2　不同类型的林业开放获取资源

资源类型	主要资源
期刊	Forests，Open Journal of Forestry，International Journal of Forestry Research，Forestry，Forest Ecosystems，Journal of Forest Research：Open Access 等
图书	开放获取图书目录（Directory of Open Access Books，DOAB）、美国国家学术出版社（The National Academies Press，NAP）等
学位论文	DART-Europe 欧洲学位论文库、开放获取学位论文库（Open Access Theses and Dissertations，OATD）等

1. 林业相关机构知识库

作为开放获取的一种实现模式，机构知识库是实现开放获取的绿色通道。笔者对国内 8 所林业类高校（分别是北京林业大学、南京林业大学、东北林业大学、浙江农林大学、西北农林科技大学、西南林业大学、中南林业科技大学、福建农林大学）进行了调查，发现只有西南林业大学建设了本校的机构知识库即西林文库。西林文库第一期已收录该校师生作品 18 600 余篇（册），包括图书、期刊论文、学位论文、会议论文、专利、科技成果等文献类型，实现了对西南林业大学机构产出的学术文献、科学数据等知识资源的整合（西南林业大学，2016）。但遗憾的是，西林文库只有元数据向社会开放检索，全文下载权限仅向校园网用户开放。

2. 林业国际组织开放获取政策

国际林业研究中心（CIFOR）设有在线图书馆，所有已出版的研究成果都可以免费在线获取。资源类型包括期刊论文、图书摘要、小册子、传单、资料页等。国际林业研究中心还制定了详细的开放获取政策，鼓励员工及研究人员通过开放获取途径发表自己的研究成果，目的是促进信息的自由传播和分享，提升国际林业研究中心研究成果和产出的影响力（国际林业研究中心，2015）。

国际林业研究中心实行开放获取的资源类型包括同行评议学术期刊上发表的论文、图书、工作底稿、研究报告、音/视频、图片、研究数据、计算机软件等，且需要满足以下条件之一：①国际林业研究中心出版的作品；②作者为国际林业研究中心的员工；③作者为国际林业研究中心项目的合作者；④作者为国际林业研究中心任命的顾问；⑤作者为国际林业研究中心聘用的研究助理；⑥编辑为国际林业研究中心员工；⑦由国际林业研究中心全部或部分资助的成果；⑧由国际林业研究中心和合作者共同出版的成果；⑨作品封面有国际林业研究中心的标识（国际林业研究中心，2015）。

国际林业研究中心还成立了信息资源与服务部，为员工提供开放获取出版方面的帮助和建议，包括版权问题、许可问题、期刊质量评估、成果传播等。此外，它还负责国际林业研究中心机构知识库的管理。国际林业研究中心尊重出版商的版权、许可和限制政策，鼓励作者保留作品版权并将作品存储于国际林业研究中心机构知识库的权利。除非出版商额外声明，否则默认作品版权遵守创作共用协议，确保作品得到最大范围的传播（国际林业研究中心，2015）。

二、林业科学数据

科学数据是指在科技活动（实验、观测、探测、调查等）中或通过其他方式所获取的反映客观世界的本质、特征、变化规律等的原始基本数据，以及根据不同科技活动需要，进行系统加工整理的各类数据集。科学数据是网络时代重要的学术资源，具有可传递性、可增值性、可共享性等特征，在科学研究中发挥着重要的作用。科学数据的积累是科研活动不断发展的重要基础，是科技创新、经济发展和国家安全的重要战略资源（傅小锋等，2007）。科学数据资源通常可分为两大类型：一类是行业部门按照统一规范标准长期采集和管理的业务型科学数据，一类是国家各类科技计划项目在研究过程和结果中产生的以及为支持科学研究而通过观测、监测、试验等站点采集的研究型科学数据。尽管在国际组织的大力推动下，全球科学数据整合和共享活动在共享的数据来源、共享范围、共享方式和实践方面都取得了重大进展，但是由于研究数据分散性大、分布面广、标准化程度低，且资源量大，给科学数据资源整合和共享带来了更大的难度（王卷乐等，2014）。

（一）科学数据国内外研究现状

科学数据共享是随科学研究活动的开展相伴而生的，历史上的科学数据共享最初也只是科学研究领域里科学家之间的事，而今天，科学数据共享已经普遍地被人们理解为全社会，甚至全球、全人类对科学数据的共享。正是由于科学数据战略意义的提升和科学数据共享需求的增强，导致了国际科学组织和国家政府对科学数据共享的高度重视。国际科学组织框架下的科学数据合作共享和国家政策规范下的科学数据开放共享是当今科学数据共享的两个基本特征，也是科学数据共享的两种基本的主导性组织方式(杨从科，2007)。

自20世纪以来，科学数据经历了不同的发展阶段。20世纪40年代前，科学数据工作处于起步阶段，国际社会的科学技术研究基本处于分散状态，科学数据仅仅作为一般科技工作的附带或者辅助，缺乏有效组织(傅小锋等，2007)。直到80年代，随着当代科学技术不断向交叉，综合方向的发展，科学数据共享显得越来越重要、越来越迫切。与此同时，计算机技术、互联网络技术、数字化存储技术的发展使得海量科学数据的数字化、网络化共享成为可能。这种"需要与可能"的结合，最终使得科学数据共享的浪潮从20世纪70年代首先从美国开始，进而逐渐风靡全球(杨从科，2007)。90年代以来，科技基础数据已被提高到科技发展牵引力的高度，成为支撑科技创新发展的战略资源，科技界不但出现了跨学科的前沿数据领域如蛋白质、基因组等重大数据库，科学研究工作也愈加依赖专业的数据库资源。进入21世纪，科学数据已经成为国际科技竞争力的战略资源，是发达国家近年来重大科技项目和科技规划的关键考虑因素之一。同时科学数据作为富有价值的、活跃的信息资源，将超越科学、技术的传统学术范畴，对社会经济文化生活各个层面产生深刻影响(傅小锋等，2007)。

1. 国际科学数据发展现状

在科学数据共享领域，国际组织发挥了重要的作用，科学数据共享活动的长期顺利开展，需要世界范围内的国家、组织、机构间的合作与交流。国际组织通过相关努力推动全球范围内的科学数据广泛应用。国际科学理事会(ICSU)是目前科学界权威的非政府科学组织，其下属的科技数据委员会(CODATA)和世界数据系统(WDS)是国际上研究科学数据管理和应用的专门组织(江洪等，2008)。

(1)科技数据委员会(CODATA)。CODATA成立于1966年，在全球范围内致力于改善各个科技领域重要科技数据的质量、可靠性、管理和获取，涉及科学技术各个领域通过实验、测量、观察、计算等得到的所有类型的数据(科技数据委员会，2016a)。为了支持对研究和教育数据的"完全与开放"获取，2000年CODATA在制定了《数据库获取——网络时代的科学原则》。2002年CODATA针对发展中国家的数据开发和利用专门成立了"发展中国家数据保护与共享任务组"，以促进世界范围内更深入地理解发展中国家对科技数据的长期保存、归档管理和共享等活动中遇到的困难和必要的条件(江洪等，2008)。2011—2014年，CODATA针对网络科学数据激增引起的署名和引用问题，发布了《署名：开发数据署名与引用的做法和标准(2012年)》和《引用：数据引用的实践、政策和技术现状(2013年)》(科技数据委员会，2016b)。

(2)世界数据系统(WDS)。WDS成立于2008年，是国际科学联合会(ICSU)的一个跨学科的科学团体，是在原世界数据中心(WDC)和国际天文和地球物理数据服务联合会(FAGS)的基础上，整合并纳入新的数据中心形成的。WDS的使命是，促进科学数据的长期管理，提高自然、社会和人文科学领域有质量保证的科学数据及数据服务、产品和信息的通用且公平的获取。国际科学联合会—世界数据系统旨在协调和支持值得信赖的科学数据服务，包括相关数据集的保存、使用和提供，同时加强与科研界的联系。WDS的数据共享原则均符合国家和国际倡议的数据政策，包括地球观测组织(GEO)、八国集团科技部长声明及《八国集团开放数据宪章》、经济合作与发展组织(OECD)《公共资金资助的研究数据获取原则与指南》，以及2015年由国际科学理事会(ICSU)、国际科学院联合会

(IAP)、世界科学院(TWAS)和国际社会科学理事会(ISSC)联合发布的《大数据环境下国际科学开放数据协议》(世界数据系统,2016a)。截至2016年7月29日,WDS有4种不同类别成员组织,共96个,其中正式成员62个、网络成员10个、联盟成员18个、合作伙伴成员6个(表9-3)(世界数据系统,2016b)。世界数据系统的数据共享原则主要有4个:数据应完全和开放地共享,且符合国家或国际司法的法律和政策;研究、教育和公共领域使用产生的数据将以最小的时延免费提供,或其收费不超过传播成本;所有数据的生产者、共享者和使用者都是这些数据的管理者,有责任确保数据的真实性、质量和完整性都得以保留,应当尊重和维护数据来源;数据仅在适当的理由下才应被标记为"敏感"或"限制",并应在任何情况下提供尽可能最少限制的使用(世界数据系统,2016c)。

表9-3 世界数据系统(WDS)成员

成员名称	成员名称
世界数据中心(WDC)——大气遥感	佛兰德海洋研究所数据中心
世界数据中心(WDC)——地理信息与可持续发展	戈达德地球科学数据和信息服务中心(GES DISC)
世界数据中心(WDC)——地磁,爱丁堡	古气候学世界数据服务
世界数据中心(WDC)——地磁,哥本哈根	国际地球自转和参考系统
世界数据中心(WDC)——地磁,京都	海洋加拿大网络
世界数据中心(WDC)——地磁,孟买	加拿大天文学数据中心/加拿大虚拟天文台
世界数据中心(WDC)——地球资源观测和科学(EROS)中心	剑桥晶体学数据中心
世界数据中心(WDC)——电离层和空间天气	跨学科地球数据联盟
世界数据中心(WDC)——固体地球物理学,莫斯科	美国国家冰雪数据中心(NSIDC)分布式主动档案中心(DAAC)
世界数据中心(WDC)——海洋学,奥布宁斯克	平均海平面永久服务(PSMSL)
世界数据中心(WDC)——海洋学,天津	全球水文资源中心(MHRC)
世界数据中心(WDC)——空间天气,澳大利亚	日本京都大学可持续人类圈层发展研究所
世界数据中心(WDC)-美国国家冰雪数据中心	瑞典环境气候数据
世界数据中心(WDC)——气候变化	社会经济数据和应用中心(SEDAC)
世界数据中心(WDC)——气象学,阿什维尔	世界冰川监测服务,苏黎世
世界数据中心(WDC)——气象学,奥布宁斯克	世界地球物理数据服务
世界数据中心(WDC)——日地物理,莫斯科	世界海洋学数据服务
世界数据中心(WDC)——太阳黑子指标和长期太阳观测(SILSO)	世界应力图项目
世界数据中心(WDC)——太阳活动/BASS2000	数据存档和网络服务(DANS)
世界数据中心(WDC)——土壤	斯特拉斯堡天文数据中心(CDS)
世界数据中心(WDC)——再生资源与环境	中国台湾鱼类数据库
世界菌种保藏联合会(WFCC)——微生物世界数据中心(MIRCEN)	土地过程分布式主动档案中心
阿拉斯加卫星设施	乌克兰地理空间数据中心
澳大利亚南极数据中心	橡树岭国家实验室分布式主动档案中心(ORNL DAAC)

62个正式成员

(续)

	成员名称	成员名称
62个正式成员	大气科学数据中心（分布式主动档案中心）	意大利中心天文存档-IA2
	地磁指数的国际服务	语言档案（TLA）
	地壳动力学数据信息系统（CDDIS）	政治和社会研究跨大学联盟（ICPSR）
	地理数据中心，莫斯科	中国科学院寒区旱区兰州科学数据中心（CARD）
	地球与环境科学数据发布平台（PANGAEA）	中国空间科学数据中心
	地震学研究联合会（IRIS）数据服务	中国天文学数据中心
	非盈利性地球科学组织 UNAVCO	DataFirst 网站
10个网络成员	VLBI 大地测量和天体国际服务	国际空间环境服务（ISES）
	地球磁场监测全球网络（INTERMAGNET）	国际全球导航卫星系统服务
	地球物理国际科学服务（IDS）	国际虚拟天文台联盟（IVOA）
	国际海洋资料和信息交换（IODE）	美国航空航天局（NASA）地球科学数据与信息系统（EC-DIS）项目
	国际激光测距服务	语文资源和技术欧洲研究基础设施（CLARIN）
18个联盟成员	Byurakan 天体物理天文台/亚美尼亚虚拟天文台	国际水文科学协会
	ICSU 数据科技委员会（CODATA）	韩国科技信息研究所（KISTI）
	爱思唯尔（Elsevier）	环球科学联盟
	法国科学院	津巴布韦研究理事会
	国际地质科学联盟	历史和哲学科学国际联盟历史科学技术部
	国际科学、技术和医学出版商协会（STM）	新西兰皇家学会
	国际理事会科学和技术信息（ICSTI）	研究数据联盟（RDA）
	国际声学委员会	印度 Deemed 大学 Datta Meghe 医学科学研究所
	国际数学联盟电子信息与通信委员会	约翰·威利父子出版公司（John Wiley & Sons Ltd）
6个合作伙伴成员	地球科学信息合作伙伴联合会（ESIP）	全球大地测量观测系统
	国际大地测量学与地球物理学联合会	日地物理科学委员会（SCOSTEP）
	国际环境数据拯救组织（IEDRO）	数据引用非盈利组织（DataCite）

数据来源：世界数据系统（WDS），2016。

2. 国家层面科学数据发展现状

（1）美国科学数据。美国是世界上科学数据拥有量最多的国家，也是世界上最早介入科学数据共享管理的国家，并在 20 世纪末建成了美国科学数据和信息全社会共享环境。这个共享环境的建设，使美国成为世界科学数据与信息的中心。从美国科学数据共享政策的形成过程看，大致经历了 3 个阶段：①1966 年颁布生效的美国联邦"信息自由法"，客观上为美国的科学数据共享提供了基本的法律基础；②1976 年美国"版权法"，不仅为后来美国数据共享政策的形成提供了直接的法律基础，也为"完全与开放"立法思想的形成提供了铺垫；③1990 年美国航空航天局决定建立"分布式最活跃数据档案中心群"，这标志着美国国家层面上的科学数据共享工作划时代的开始，1991年白宫总统科技政策办公室在全球变化研究计划的数据管理政策声明中第一次提出所有全球变化数据共享要"完全与开放"。目前，"完全与开放"数据共享政策不仅在美国科学研究领域深深扎根，成为一项不可动摇的基本国策，而且在国际科学界产生了深刻的影响（杨从科，2007）。

20世纪90年代以来美国科学数据建设高速发展，1994年美国政府启动国家空间数据基础设施（NSDI）建设，在与各州、地方和政府的广泛合作下，促进NSDI在交通运输、社区发展、农业、紧急救援、环境治理与信息技术等领域的应用。通过设立联邦地理数据委员会（FGDC）协调全国各部门的数据进入国家地理空间数据交换中心，系统整合多个国家级数据中心的数据资源。此外，美国还对基础学科和实验室的数据永久性归档保存、数据分发、数据产品开发等进行了大力支持，建立了基因组数据库、蛋白质数据库和虚拟人体数据库（VHP）等珍贵的科学数据资源（张莉，2006）。

（2）欧洲科学数据。在欧洲，很多国家的政府也都认识到科学数据共享的重要性。例如，英国政府认为，确保全民得以享受信息技术革命带来的便利是知识经济条件下科研、经济发展的先决条件。英国2000年通过的《信息自由法》规定，公共部门有义务向科研机构和社会公众提供其所拥有的信息。英国信息自由法的颁布为英国科学数据共享提供了法律保障，奠定了英国政府在科学数据共享中强有力的作用，并营造了良好的社会环境。1996年欧盟通过《欧洲议会和理事会关于数据库法律保护的指令》，为电子的和非电子的数据库创设了一种特别的双重保护机制，对科学数据共享产生正反两方面的影响：一是保护科学数据，二是在一定程度上限制科学数据共享的进展（王巧玲等，2010）。

欧洲国家的数据共享实践有2个特点：一是对数据库知识产权的特殊保护，二是对数据服务允许"成本回收"。在数据库产权保护方面，欧盟数据库保护指令中，对数据库采取了超越国际通行做法的特殊权利保护，对数据库采取保护内容的原则。在政府数据服务方面，欧洲国家采取的是与美国"完全与开放"共享模式完全不同的"成本回收"模式，即在欧洲国家数据共享是以"有偿"为原则，以"无偿"为例外。由于"成本回收"政策的实施妨碍科学数据在科学研究中作用的最大化，更不利于解决数据重复建设和浪费问题，欧洲国家开始认识到欧洲与美国由于数据共享政策的差别而形成的差距。一些国家和重要研究机构已经预计到，科学数据的存取和共享将成为一个急需解决的问题（杨从科，2007）。

（3）中国科学数据。目前中国存在最多的是各部门、各区域的科学数据共享规定，缺乏的是国家层面的科学数据相关政策，尤其是与科学数据管理与共享相关的规定。2004年中共中央办公厅发布了《中共中央办公厅、国务院办公厅关于加强信息资源开发利用工作的若干意见》，2007年国务院公布了《中华人民共和国政府信息公开条例》，这些国家层面的条例和指导意见启发和引导着中国学数据共享的政策法规建设。关于包括科学数据发布、科学数据共享知识保护、科学数据共享安全保密和科学数据质量监督等方面具体的数据政策，国家有关部门已经提出计划。目前已经制定并发布了《国家重点基础展计划资源环境领域项目数据汇交暂行办法》。此外，各数据共享平台制定出台了一些具体的数据管理规定（赵华等，2015）。

中国科学数据共享实践大致可分为2个时期：①20世纪70年代开始到20世纪90年代，以科学家个人之间和科学研究机构之间发生的数据共享为主。这段时期，国家有关部门对科学数据共享的支持，主要是对中国科学院等科研机构一些数据库建设和相关信息系统开发项目的支持。②进入21世纪以来，中国科学数据共享开始了以"科学数据共享工程"为代表的大规模科学数据共享项目建设时期。国家科技部会同有关部门启动的两大工程性项目对中国科学数据共享和科学数据资源建设具有重要的促进和推动作用，一个是国家科技基础条件平台建设，一个是科学数据共享工程（杨从科，2007）。2004年科技部、发改委、教育部、财政部联合发布《2004—2010年国家科技基础条件平台建设纲要》，标志着中国国家科技基础条件平台建设全面启动，也标志着作为国家创新体系基础性支撑的科技资源将打破封闭，走向共享和开放。科学数据共享平台共建立地球系统科学数据、地震科学数据、农业科学数据、林业科学数据、气象科学数据等14个科学数据共享平台，形成了3 000多个数据库，超过160 TB的存量科学数据对外开放（何岸波等，2015）。

（二）联合国粮农组织林业科学数据

全球范围林业科学数据的建设与共享主要由联合国粮农组织推动。联合国粮农组织最新的《战略框架》指出，"数据和信息"是其7个核心职能之一，主要是获取、整理、分析和监测与粮农组织职能相关领域的数据和信息，其目标是改善粮农组织提供及分析数据的质量及完整性（联合国粮农组织，2013a）。联合国粮农组织林业科学数据工作包括数据收集、验证、处理、分析和传播，以及标准的制定和实施。联合国粮农组织的数据和信息工作在首席统计师的监督和部际统计工作组的支持下，以协调方式开展。这种机制确保了数据和信息工作的协调与合作，并保证了粮农组织数据的高质量。此外，联合国粮农组织还指出，各级政府和组织强调循证决策的做法更加注重数据资料，进一步突出了数据在衡量和监测国家和国际发展目标及具体目标进展情况方面的作用（联合国粮农组织，2016b）。联合国粮农组织鼓励用户对其数据产品的使用、再加工和传播。数据产品可以用于个人学习、研究和教学目的的复制、下载、打印，或者用于非商业产品和服务目的的使用，但需要标注来源于联合国粮农组织（联合国粮农组织，2014）。

1. 数据收集

联合国粮农组织国际林业科学数据的收集主要依靠2种方式，一是联合国粮农组织开展的全球森林监测；二是与成员国合作，通过调查问卷、国家报告等方式由成员国提供数据，包括森林资源数据、林产品数据、森林遗传资源数据等。总体来说，以第2种方式为主。由于联合国粮农组织国际林业科学数据的收集主要来自于各成员国，为了加强成员国的数据建设和提供能力，联合国粮农组织经常举办这一方面的研讨和培训。

2007年联合国粮农组织开始实施CountrySTAT制度，该制度是一个基于网络体制的国家层面农林数据的收集、分析和传播机制，支持根据国际标准来进行多来源数据的整合，有助于提高数据质量和可靠性。通过这一体制，联合国粮农组织与各国统计部门和农林政府部门建立了合作关系。CountrySTAT制度与开放数据的理念是一致的，为国际层面的数据整合提供了概念性框架，期望建立一个更加有效的农林数据流，其整体目标是：①增加有质量保证的及时的信息获取；②加强多领域数据分析的能力建设；③提高国家、次国家和区域层面的数据交换；④在建立和巩固全球信息网络中发挥有效作用（联合国粮农组织，2013b）。

2. 数据标准

联合国粮农组织数据与信息部门的责任之一是促进国际农林信息资源的一致性和兼容

性，制定、实施和推行农林数据的国际标准、方法、准则和工具。为了促进各国林业科学数据在国际上的一致性和可比性，联合国粮农组织为林产品、森林资源等提供了国际公认的定义、概念和分类(联合国粮农组织，2016c)，以便使国家层面的数据在提交给联合国粮农组织前能够转换成国际标准数据。联合国粮农组织希望随着时间推移，各国逐步在国家层面均采用国际标准。联合国粮农组织有关林业数据的标准和分类还在不断完善之中，因此鼓励用户就如何更好满足他们的需求提供建议，这些建议将在以后的标准制定和分类中予以考虑(联合国粮农组织，1997)。

联合国粮农组织林业数据采用的相关国际标准主要包括：①《联合国中心产品分类系统》(CPC)，其主要目的是提供一个框架，促进产品统计数据的国际比较，并作为制定或修订现有分类计划的一个指南，以便它们与国际标准兼容。②《协调商品名称及编码制度》(HS)，是世界上最广泛使用的贸易分类，通常根据原料或基本材料、加工程度、用途或功能和经济活动对商品进行一般分类。③《2012年环境经济核算体系中心框架》(SEEA-CF)，是联合国2012年通过的环境和经济核算制度的第1项国际标准。农业核算方法的采用促成了一套标准分类，以此为根据来编制统一的综合数据，并进行国家和区域间数据的比较(联合国粮农组织，2016c)。

联合国粮农组织制定的林业数据相关的标准包括《林产品分类及定义(1982年)》《林产品定义》《林业行业联合问卷定义(2014年)》《林业行业联合问卷(2013年)》《农产品定义与分类》《农业机械设备定义与分类》《杀虫剂定义与分类》《肥料定义与分类》《土地利用与灌溉定义与分类》《粮农组织统计数据库商品名单》(FCL)(联合国粮农组织，2016d)。

为了促进农林数据标准国际层面的协调一致和国家层面的采纳，联合国粮农组织做了大量努力，包括：①开展各成员国的农林数据标准调查，旨在了解各成员国制定的国家标准及其采用的国际标准，特别是是否采用联合国粮农组织所采用的相关国际标准；确认国家层面对这一领域的技术支持需求。②开发《粮农组织统计数据库商品研究工具》，允许用户搜索粮农组织统计数据库中的商品名单定义并与CPC和HS相一致，也可以获取国际和地区分类以及FCL和国家层面采用的部分农产品之间对应表格(联合国粮农组织，2016c)。

3. 数据质量

20世纪90年代以来，联合国粮农组织就已经开始制定与农林相关的数据质量框架和概念。目前，联合国粮农组织使用与Eurostat(2000)非常相似的数据质量模式，包括相关性、准确性、失效性和准时性、获得性和明确性、可比性、一致性和完整性、健全的元数据。联合国粮农组织于2000年成立的农业数据收集、传播和统计资料质量公告委员会(ABCDQ)致力于国家数据进入联合国粮农组织(联合国粮农组织，2014)。ABCDQ是为了给国家农业数据收集和发布的资源和方法提供元数据，旨在保证数据质量。联合国粮农组织的元数据覆盖以下范畴：①描述变量的概念、定义和分类。②正确性和可靠性方面分析描述数据不同类别的错误。③可获得性方面描述统计数据是否可获得、位于哪儿、如何获得等。④方法方面描述数据如何被收集的。联合国粮农组织还建立了一套数据质量指标，数据及收集数据的方法由统计领域的专家客观评价。各成员国提交的数据均会被评估，以颜色区分质量等级。绿色表示数据质量的高标准；橘黄色表示数据质量的中级标准；红色表示数据质量的低标准，或者是只有很少甚至没有信息来评估数据质量(联合国粮农组织，

2004)。

4. 数据成果

联合国粮农组织多年来一直进行着林业科学数据的整合和共享工作，早在20世纪80年代就建设了30多个特定用途数据库，包括农业经济、灌溉、施肥、种子、营养需求、投入/产出、农产品贮存和加工、林业产品等资源、环境、生产和经济信息（王世者，1989）；之后经过逐步整合，在林业领域形成了以森林资源数据为核心的林业科学数据集，主要包括粮农组织统计数据库（FAOSTAT）、可持续森林管理工具（SFM Toolbox）、全球森林资源评估（FRA）、林业图片数据库（FAO Forestry Photos Database）、森林遗传资源信息系统（REFORGEN）、森林合作伙伴关系（CPF）原始资料（CPF Sourcebook）、在线树木评估工具GlobAllomeTree Tool等，所有数据资源均免费提供检索和浏览。此外，国际热带木材组织（ITTO）的木材产品生产和贸易数据库也具有较大的影响。近年来，国际林业科学数据的建设和共享，不仅局限于数据信息的共享，而是越来越注重基于数据的智能化分析。

联合国粮农组织统计数据库（FAOSTAT）提供林产品年度产量和贸易统计数据，许多林产品的历史数据可追溯到1961年。联合国粮农组织林业部与国际热带木材组织（ITTO）、欧盟统计局（Eurostat）和联合国欧洲经济委员会（UNECE）合作每年对各国进行问卷调查，各国政府以答复调查问卷的方式提供原始的统计数据。如果有些国家没有提供相关数据信息，联合国粮农组织会根据贸易报告、统计年鉴或其他资料估计该国的年度产量和贸易数据。如果缺乏新数据，联合国粮农组织会重复历史数据直到找到新的信息。该库又分为林业产量和贸易数据库和林业贸易流数据库，前者提供1961年以来的林产品产量、进出口数据，后者提供1997年以来林产品双边贸易数据（联合国粮农组织，2015）。

可持续森林管理工具（SFM Toolbox）收集了大量工具、案例研究和其他资源，以模块的形式呈现，为森林所有者、管理者和其他利益相关者实现森林可持续经营提供易于访问的相关资源。SFM工具箱是一个用户友好的、网络交互的平台，能满足用户多样化的需求，包括SFM专题领域模块、SFM工具与案例研究数据库和论坛。SFM Toolbox将联合国粮农组织、森林合作伙伴关系（CPF）和其他组织、成员国产出的一系列指南、手册、知识产品、案例研究和工具整合起来，在全球范围内适用，覆盖所有森林类型，且会逐渐变得更有针对性（联合国粮农组织，2016i）。

全球森林资源评估数据（FRA）试图以一种一致的方式描述世界森林及其变化。评估报告基于2个主要的数据源：由各国通讯员撰写的国家报告和由联合国粮农组织与国家重点和区域合作伙伴进行遥感监测获得的数据。自1946年以来，联合国粮农组织每5~10年对世界森林进行一次监测。自1948年第1次评估报告发表以来，FRA的评估范畴定期更换。1990年后，全球森林资源评估（FRA）报告现在每5年发行一次。森林土地利用数据资源管理器（FLUDE）是一个包含森林资源评估数据和联合国粮农组织其他数据的在线分析平台，分析结果能够以地图、柱状图、饼图等多种形式呈现，也可按国家、地区、亚区、时间等多种维度呈现，且数据源和分析结果均可下载（联合国粮农组织，2016e）。

联合国粮农组织林业图片数据库包含2 000多张林业相关图片，可以通过国家、地区、关键词、标题、林业内容和摄像师等字段进行搜索，图片可下载。使用者出于教育或其他非商业性目的，可以使用、复制和传播图片；但转售或出于商业性目的的复制照片且未取得书面许可的行为则被严格禁止（联合国粮农组织，2016f）。

森林遗传资源信息系统（REFORGEN）是有关全球森林遗传资源信息的数据库，包括森林树种和遗传信息管理以及这一领域国家机构活动的相关内容，可以通过国家或物种途径进行检索（联合国粮农组织，2012）。

森林合作伙伴关系原始资料数据（CPF Sourcebook）是一个帮助用户有效查找全球森林可持续管理资助信息的在线数据库，它整理了资助项目来源、政策和交付机制等信息，特别关注发展中国家的资助项目。该库包含了600多个基金信息，内容来源多样，包括捐助机构和国家、CPF成员、国际森林相关机构、开发银行、私人资本、基金会和国际非政府组织等。联合国粮农组织负责Sourcebook数据的存储，为保证数据的完整性、安全性和一致性，数据库在2个阶段进行质量控制：数据在收集和录入时要尽量做到全面和准确，资助信息定期检查以确保信息得到及时更新（联合国粮农组织，2016g）。

在线树木评估工具（GlobAllome Tree Tool）于2013年上线，是一个支持蓄积量、生物量、碳储量和木材密度等数据分享的国际网络平台，提供对树木异速生长方程的访问，联合国粮农组织、农业发展研究中心（CIRAD）和图西亚大学生物、农产品和森林系统创新系（DIBAF）为数据库提供数据、技术支持。通过与著名研究中心合作，异速生长方程数据在超过78个国家得到收集，并可在该平台获取。它提供异速生长方程、树木蓄积量和生物量、木材密度、生物量扩展因素等数据的访问和下载，制定了独特的数据共享协议体系来保护数据所有权，用户可注册免费账户来访问数据，辅导和培训材料可不用注册直接访问（联合国粮农组织，2016h）。

ITTO原木制品生产和贸易数据库的历史数据可以追溯到1990年。这些数据是通过与联合国粮农组织林业部门、欧盟统计局以及联合国欧洲经济委员会木材部门合作通过问卷调查的方式收集的（ITTO，2015）。该数据库提供检索字段包括国家、团体、产品、贸易流、年份。此外，ITTO还利用该数据库进行分析并发布年度或两年度的世界木材形势回顾与评估报告，均可免费下载。

（三）国家层面林业科学数据

从2006年开始，无论是国际层面还是国家层面，都形成了科学数据资源建设和共享的高峰期，很多国家在科研信息化发展规划中将科学数据资源的建设与共享作为重要建设内容（邢文明，2013）。2006年，美国国家科学基金会（NSF）在《21世纪科学研究的信息化基础设施》报告中明确指出："在未来，美国科学和工程上的国际领先地位将越来越取决于在数字化科学数据的优势上，取决于通过成熟的数据挖掘、集成、分析与可视化工具将其转换为信息和知识的能力。"2007年3月，英国科学与创新办公室（OSI）发布了《发展英国科研与创新信息化基础设施》研究报告，提出数据资源数字化长期保存与共享建设规划，重点要建立大规模的国家科学数据中心，协调现有国家、地方、科研院所、其他相关者关系，形成强大的数据服务能力（黎建辉等，2009）。2004年，中国科技部等四部委联合发布《2004—2010年国家科技基础条件平台建设纲要》，指出"以政府资助获取与积累的科学数据资源为重点，整合相关的主体数据库，构建集中与分布相结合的国家科学数据中心群"。

在各国科学数据的整合和共享中，美国、英国和中国均建成了全国科学数据网站，整合了大量的林业科学数据，成为本国科学数据的重要组成部分之一。美国、英国和中国的林业科学数据建设的主体单位分别是美国林务局、英国林业委员会和中国林业科学研究院。从数据规范性和开放程度来看，美国林业科学数据都是做得最好的。美国林务局一直以来就认识到对其产生的科学数据进行存档和分享的重要性。这一认识在其研究站质量保证计划和林务局手册中均有所表述（USDA Forest Service，2016a）。

1. 数据收集

国家层面林业科学数据的数据收集主要依靠2种方式：一是科学数据建设单位通过资源监测、收集资料、问卷调查等方式自主整合数据，二是由科研人员通过平台系统向科学数据部门提交数据。中国和英国以第1种方式为主；而美国则以第2种方式为主，并且建立了数据提交的电子系统和相关规范。

美国林业科学数据提交的程序包括：①联系科学数据团队工作人员，他将帮助决定提交数据包的最佳方式。②科学数据团队将审核数据集和元数据的内容，审核其是否符合元数据标准。如果在审核过程中发现错误或提出其他建议，科学数据团队将与研究人员一起解决这些问题。③审核完成后，提交的数据产品将被赋予一个数字对象标识符（DOI），并添加到林务局科学数据目录（USDA Forest Service，2016b）。研究人员可以在自己网站链接其提交的数据产品。研究人员提交的数据包包括以下内容：①数据集；②元数据；③应该与数据一起存档的额外文件（如地图、科研笔记、研究计划）；④相关的出版物，如果能够在线获取则提供链接；⑤已经填好的"数据提交表格"（USDA Forest Service，2016b）。美国林务局已经开发科学数据提交的手机端APP，使得科研人员能够更加方便地随时提交科研数据。

2. 数据标准

各国林业科学数据的标准制定和实施存在较大差异。美国和英国均没有制定特定的林业科学数据标准，美国林业科学数据完全依据美国联邦地理数据委员会（FGDC）制定的各项标准执行，英国林业科学数据则没有统一规定依据哪些标准来执行；中国则建立了专门的林业科学数据标准，这些标准主要是参照国内外各种标准而制定。

美国林业科学数据使用美国联邦地理数据委员会（FGDC）制定的数字地理空间元数据内容标准（CSDGM）和生物数据档案（BDP）内容标准（USDA Forest Service 2016c）。美国林务局的所有空间数据集都强制执行FGDC数字地理空间元数据内容标准（CSDGM）（1998年版），这在美国林务局手册中做出了明确规定。生物数据档案（BDP）尽管是专门为生物学数据设计的，但是其定义很广泛，足够应用于其他学科研究。林务局正在使用FGDC生物数据档案内容标准（1999年版）。FGDC已经通过了一系列其他标准，还有更多的还在考虑之中。美国林业科学数据将会尽量与最新的标准保持一致，选择合适标准将其纳入林业科学数据的建设（USDA Forest Service，2016d）。

中国制定了专门的林业科学数据标准，这些标准是在参考国内外相关数据标准的基础上，结合林业科学数据的相关数据特点而制订的，其参考的标准主要包括国际标准化组织地理信息技术委员会（ISO/TC211）的地理信息元数据标准、美国联邦地理数据委员会（FGDC）的数字地理空间元数据内容标准（CSDGM）（1998年版）、中国国家标准地理信息技术基本术语（GB/T 17694）（1999年版）等。中国林业科学数据中心于2004年和2006年分别发布了《林业科学数据库和数据共享技术标准与规范（第一辑）》和《林业科学数据库和数据共享技术标准与规范（第二辑）》，对各类林业数据资源建设的标准和规范进行了详细说明，包括林业科学数据元数据标准、林业科技信息基础数据库技术规范、林业空间基底数据库加工处理技术规范、林业科学数据数据字典规范、森林资源基础数据技术规范、林业科研机构基础数据技术规范、濒危物种数据库技术规范、自然保护区数据库技术规范、森林火灾数据库技术规范等28项标准(中国林业科学数据中心,2016a)。

3. 数据质量

美国和英国都十分重视林业科学数据的质量问题,美国林务局不仅设置数据审核机制,而且发布重要数据资源的质量报告。英国林业科学数据采用欧洲统计系统(ESS)的数据质量评估框架(QAF),对每类数据资源发布质量保证。中国林业科学数据的质量保证机制则相对薄弱,没有专门的审核机制和质量报告说明。

美国林务局科学数据团队负责数据审核工作,研究人员提交的数据集和元数据内容必须符合美国林业科学数据所采用的美国联邦地理数据委员会(FGDC)数据标准。森林资源清查数据是美国林业科学数据的核心资源之一,定期发布数据质量保证报告,从森林资源清查各个环节,包括计划制定、数据收集、图片整合、信息管理、数据汇聚和分析等进行详细的数据质量说明。森林资源清查涉及的所有元素都设计了质量控制可操作性技术规范来提高数据质量,包括计划制定、方法说明、数据采集员培训、数据质量审查、调查数据不确定评估、分析结果的同行评议以及循环反馈,以保证数据采集和处理系统不断完善(USDA Forest Service,2005)。

英国林业科学数据采用欧洲统计系统(ESS)的数据质量评估框架(QAF),数据质量指标包括相关性、准确性、及时性和准时性、可访问性和清晰度、可比性、连贯性6个方面(UK Forestry Commission,2014a)。

英国林业委员会定期发布林业科学数据质量报告,对于重要数据资源还会单独发布质量报告,每份质量报告都严格按照以上6个数据质量指标进行说明。最新发布的《质量报告:林业统计和林业事实与数据》(2014年)涉及的数据资源主题包括林地面积和植被、英国已成材木材、木材及木材产品贸易、气候变化、环境、休闲、就业和企业、金融和价格、国际林业九大方面。对于林地面积和植被、木材生产和贸易、木材价格指数和林地碳代码统计4类数据资源还单独发布了质量报告(UK Forestry Commission,2016)。此外,英国林业委员会还制定了林业数据的修订政策,不仅有总体修订政策,还对林业数据资源中的9大主题数据修订进行了说明(UK Forestry Commission,2014b)。

4. 数据成果

(1)美国林业科学数据。美国农业部将所有农业领域的科学数据集成,并建立了开放数据目录(Open Data Catalog)供用户检索和查询,既可以通过检索词查询,也可以通过所属部门名称进行导航浏览。其中美国林务局建立的林业科学数据库共80个,涉及美国林业行业的各个领域,包括森林资源数据分布、森林资源调查与分析数据库、外来入侵植物库、生态区数据库、森林碳储量数据库、森林病虫害调查库等(表9-4),数据格式多样,包括数值、文本、图片和地图(USDA,2016b)。

美国国家森林资源分布以GIS地图形式在线提供美国国家森林系统(NFS)分布情况,主要是森林边界信息。该工具可以为美国林务局管理人员、GIS专家以及其他人员提供森林资源分布的展示和分析(USDA 2016a)。

森林调查与分析数据库(FIADB)。美国森林调查与分析(FIA)研究方案在1928年就已经存在,其主要目标是确定全国林地的范围、条件、数量、增长率以及木材的消耗。1999年之后,森林调查与分析每年进行一次。该数据库实时更新,各个州的数据可以分别下载,也可以所有数据打包下载,数据下载格式为 CSV,总量达到 3.3GB(USDA 2016c)。

表 9-4 美国主要林业科学数据库

中文名	英文名	使用或访问网址
国家森林资源分布	FS National Forest Dataset (US Forest Service Proclaimed Forests)	http://apps.fs.usda.gov/ArcX/rest/services/EDW/EDW_ProclaimedForestBoundaries_01/MapServer
森林资源调查与分析数据库	Forest Inventory and Analysis Database	http://apps.fs.fed.us/fiadb-downloads/datamart.html
外来入侵植物数据	U.S. Forest Service Current Invasive Plants Inventory	http://apps.fs.usda.gov/ArcX/rest/services/EDW/EDW_InvasiveSpecies_01/MapServer
美国林务局生态区数据	U.S. Forest Service Ecological Sections	http://apps.fs.usda.gov/ArcX/rest/services/EDW/EDW_EcomapSections_01/MapServer
美国森林碳储量数据	U.S. Forest Service Forest Carbon Stocks Contiguous United States	http://apps.fs.usda.gov/arcx/rest/services/RDW_ForestEcology
美国森林病虫害调查	U.S. Forest Service Forest Health Protection Insect and Disease Survey	http://foresthealth.fs.usda.gov/
美国本土林地密度历史数据	U.S. Forest Service Historical Woodland Density of the Conterminous United States, 1873	http://apps.fs.usda.gov/arcx/rest/services/EDW/EDW_HistoricalWoodlandsDensity_01/MapServer
美国林务局资源恢复数据	U.S. Forest Service Integrated Resource Restoration (IRR)	http://apps.fs.usda.gov/arcx/rest/services/EDW/EDW_IRR_01/MapServer
美国林务局土地利用数据	U.S. Forest Service Land Utilization	http://apps.fs.usda.gov/ArcX/rest/services/EDW/EDW_LandUtilizationProject_01/MapServer
美国林务局土地和水资源保护基金项目数据	U.S. Forest Service Land and Water Conservation Fund Projects	http://apps.fs.usda.gov/arcx/rest/services/EDW/EDW_LWCFProjects_01/MapServer
林火烧伤严重性趋势监测数据	U.S. Forest Service Monitoring Trends in Burn Severity	http://www.mtbs.gov/nationalregional/pointdata.html
国家森林系统公路数据	U.S. Forest Service National Forest System Roads	http://apps.fs.usda.gov/ArcX/rest/services/EDW/EDW_RoadBasic_01/MapServer
国家森林系统步道数据	U.S. Forest Service National Forest System Trails	http://apps.fs.usda.gov/arcx/rest/services/EDW/EDW_TrailNFSPublish_01/MapServer
国家荒野地数据	U.S. Forest Service National Wilderness Areas	http://apps.fs.usda.gov/ArcX/rest/services/EDW/EDW_Wilderness_01/MapServer
美国林务局木材采伐数据	U.S. Forest Service Timber Harvests	http://apps.fs.usda.gov/arcx/rest/services/EDW/EDW_TimberHarvest_01/MapServer
地表火与资源管理计划工具	Landscape Fire and Resource Management Planning Tools	https://landfire.gov/
美国林务局下属网站数据	U.S. Forest Service Developed Sites Subject to Regulation	http://apps.fs.usda.gov/ArcX/rest/services/EDW/EDW_DevelopedSite_01/MapServer

数据来源:美国农业部,2016。

（2）英国林业科学数据库。英国政府将所有科学数据和政府统计数据集成在英国政府网站数据平台（表9-5），其中英国林业委员会发布的林业科学数据库共54个，其中22个是不公开数据库，仅有数据库简介，包括林业委员会管辖区域年度报告、永久性森林测定样地数据库、植物健康数据库、碳通量监测数据库、林地边界空间数据集等；32个数据库是开放的，包括英国国家森林资源分布、英国国家林地和林木调查数据、采伐许可申请数据、英国保护区边界等，数据均可以免费检索和下载，但是有些数据需要注册后使用，特别是空间数据类型（DATA. GOV. UK，2016a）。

英国国家森林资源分布以GIS地图形式提供英国国家森林分布情况，主要目的是为英国所有林地建立一个边界清晰的数字地图。该地图显示了英国所有0.5 hm^2以上的已界定森林类型的林地。数据每年更新一次。该数据属于空间数据类型，用户需要注册后才能使用（DATA. GOV. UK，2016b）。

英国国家林地和林木调查数据。英国森林普查制度确定于1919年，1921—1926年开展了第1次林地普查工作，英国全国森林清查的周期一般为5年多。对面积大于2 hm^2的林地进行调查，更新国家林地和树木清单，包括林业委员会的人工林、林地补助金规划、城市林地、树冠覆盖度等数据。数据每年更新一次。该数据需要用户注册后才能使用（DATA. GOV. UK，2016c）。

表9-5　英国主要林业科学数据库

中文名	英文名	使用或访问地址
英国国家森林资源分布	Forestry Commission GB National Forest Inventory Woodland	https://data.gov.uk/dataset/forestry-commission-gb-national-forest-inventory-woodland
国家林地和林木调查数据	Forestry Commission GB National Inventory of Woodland & Trees	https://data.gov.uk/dataset/forestry-commission-gb-national-inventory-of-woodland-trees1
木材生产与贸易数据	Wood Production and Trade	https://data.gov.uk/dataset/wood_production_and_trade
采伐许可申请	English Felling Licence Applications	https://data.gov.uk/dataset/english-felling-licence-applications
英国保护区边界数据	Forestry Commission GB Conservancy Boundaries	https://data.gov.uk/dataset/forestry-commission-gb-conservancy-boundaries1
木材价格指数	Timber Price Indices	https://data.gov.uk/dataset/english-woodland-grant-scheme-work-areas
苗圃调查数据	Nursery Survey	https://data.gov.uk/dataset/nursery_survey
林业委员会繁殖材料网	Forestry Commission Reproductive Material Sites	https://data.gov.uk/dataset/forestry-commission-reproductive-material-sites
英格兰专用林地数据	Dedicated Woodland（England）	https://data.gov.uk/dataset/dedicated-woodland-england
林业统计数据	Forestry Statistics	https://data.gov.uk/dataset/forestry_statistics
林业事实与数据	Forestry Facts and Figures	https://data.gov.uk/dataset/forestry_facts_figures

(续)

中文名	英文名	使用或访问地址
联合木材能源资讯	Joint Wood Energy Enquiry	https://data.gov.uk/dataset/joint_wood_energy_enquiry
林地碳代码统计	Woodland Carbon Code Statistics	https://data.gov.uk/dataset/woodland_carbon_code_statistics
林地面积、种植和更新数据	Woodland Areas, Planting and Restocking	https://data.gov.uk/dataset/woodland_areas_planting_and_restocking
英格兰森林规划	Forest Planning Grant(England)	https://data.gov.uk/dataset/forest-planning-grant-england
苏格兰林业战略指标	Scottish Forestry Strategy Indicators	https://data.gov.uk/dataset/scottish_forestry_strategy_indicators
威尔士林地指标	Woodlands for Wales Indicators	https://data.gov.uk/dataset/woodlands_for_wales_indicators

数据来源：英国政府数据网，2016。

（3）中国林业科学数据。中国政府将所有科学数据都集成在国家科技基础条件平台中心网站，发布的林业科学数据库共4 582个，主要包括森林资源、林业生态环境、森林保护、森林培育、木材科学、林业科技基础、林业科学研究专题、林业建设基础8大类别，涉及国家、省、市、县4个级别的数据（表9-6）。绝大部分数据均可免费检索和浏览，部分数据需要注册后使用，数据类型多样，包括数值、文本、图片和地图（中国林业科学数据中心，2016b）。

国家级森林资源分布数据以GIS地图形式提供中国国家森林分布情况，反映全国主要森林类型的空间分布特征，来源于历次全国森林资源连续清查（简称一类清查）产出的全国森林资源数据（中国林业科学数据中心，2016c）。

数据库。中国森林资源清查以省（自治区、直辖市）为单位，设立固定调查样地，每5年复查一次，2014年完成了第8次全国一类清查。国家级森林资源统计数据库包括森林资源概况、林业用地各类土地面积统计、森林资源面积蓄积统计、森林资源按权属统计、天然林资源统计、人工林资源统计、经济林面积统计表和竹林面积株数统计等（中国林业科学数据中心，2016d）。

表9-6 中国主要林业科学数据库

名称	使用或访问地址
国家级森林资源统计数据库	http://www.cfsdc.org/web/module_tree/indexList.jsp?coteid=lydbclassify_20051229111505&homeid=home4
国家级森林资源分布数据库	http://www.cfsdc.org/web/module_tree/indexList.jsp?coteid=lydbclassify_20061118160952&homeid=home4
省级森林资源分布数据库	http://www.cfsdc.org/web/module_tree/indexList.jsp?coteid=lydbclassify_20051229172159&homeid=home4

(续)

名称	使用或访问地址
县级（林业局、林场）森林资源分布数据库	http://www.cfsdc.org/web/module_tree/indexList.jsp?coteid=lydbclassify_20061012103649&homeid=home4
森林分类经营区划（规划）数据库	http://www.cfsdc.org/web/module_tree/indexList.jsp?coteid=lydbclassify_20070828160352&homeid=home4
危害木材生物数据	http://www.cfsdc.org/web/module_tree/indexList.jsp?coteid=lydbclassify_20051229135318&homeid=home4
荒漠化数据库	http://www.cfsdc.org/web/module_tree/indexList.jsp?coteid=lydbclassify_20061201152019&homeid=home4&firstCoteidStr=lydbclassify_20051226173640&homeid=home4
木材性质数据库	http://www.cfsdc.org/web/module_tree/indexList.jsp?coteid=lydbclassify_20051229135253&homeid=home4
中国湿地数据库	http://www.cfsdc.org/web/module_tree/indexList.jsp?coteid=lydbclassify_20051229134959&homeid=home4
林业自然保护区	http://www.forestdata.cn/web/module_tree/indexList.jsp?homeid=home4&coteid=lydbclassify_20060105090335
中国森林土壤基础数据	http://www.forestdata.cn/web/module_tree/indexList.jsp?homeid=home4&coteid=lydbclassify_20070918153507
中国木本植物资源库	http://www.forestdata.cn/web/module_tree/indexList.jsp?homeid=home4&coteid=lydbclassify_20080613091821
昆虫标本数据	http://www.forestdata.cn/web/module_tree/indexList.jsp?homeid=home4&coteid=lydbclassify_20080411142028
鸟类基础数据	http://www.forestdata.cn/web/module_tree/indexList.jsp?homeid=home4&coteid=lydbclassify_20070809135606
有害生物检疫数据	http://www.forestdata.cn/web/module_tree/indexList.jsp?homeid=home4&coteid=lydbclassify_20090402151230
外来生物入侵统计数据	http://www.forestdata.cn/web/module_tree/indexList.jsp?homeid=home4&coteid=lydbclassify_20090402150918
中国林业术语词库	http://www.forestdata.cn/web/module_tree/indexList.jsp?homeid=home4&coteid=lydbclassify_20080613091809
林业行业发展数据	http://www.cfsdc.org/web/module_tree/indexList.jsp?coteid=lydbclassify_20070719170958&homeid=home4

数据来源：中国林业科学数据中心，2016。

三、林业网络信息资源

1998年，首款谷歌索引有2 600万个网页。2008年，谷歌的工程师计算发现有数万亿的网页。此后，不再计算网页的数量，而仅仅只计算网站的数量（Dinet，2014）。"互联网实时统计"（Internet Live Stats）网站的全球网站数量统计表明，全球网站数量在2014年9月突破了10亿，2016年已经超过10.5亿（Internet Live Stats，2016）。几乎不可能准确知道林业相关网站的数量，唯一重要的事实是，海量信息难以置信的进展速度尤其是人类与信息之间的关系，已经发生深刻的变革并且仍在不断变化（Dinet，2014）。

与科技文献信息资源和科学数据信息相比，互联网的海量信息资源具有无序性、多样性、实时性和开放性，尽管这些信息资源难以取代经过整合加工的科技文献信息资源和科学数据信息，但是仍然是林业科研工作不可或缺的补充。

（一）林业综合性网站

林业综合性网站信息资源丰富，是检索林业信息资源的重要渠道之一。

1. 全球林业信息服务网（GFIS）

全球林业信息服务网（GFIS）（www.gfis.net）是由森林合作伙伴（CPF）发起、国际林业联盟组织（IUFRO）管理的全球林业信息门户网站，旨在促进林业信息资源的价值最大化，并在世界范围内传播和共享（GFIS，2016a）。GFIS致力于加强所有类型林业信息资源的共建共享，确保政府、利益相关者、公众都可以获取这些信息。目前GFIS的信息源提供者已经达到360家（GFIS，2016b）。网站主要包括新闻、会议、出版物、招聘信息、视频5方面的内容，既可进行分类检索浏览也可以按地域进行检索，所有数据免费检索和浏览。网站浏览语言包括英文、中文、德语、法语等12种。

2. 中国林业数据开放共享平台

中国林业数据开放共享平台（http：//cfdb.forestry.gov.cn/lysjk/indexJump.do？url=view/moudle/index）于2013年由国家林业局开始建设，2015年在原有基础上，整合各类数据成果资料、国内外各类公开的林业信息资源，同时开放数据上传平台，丰富各类林业数据，建成了中国林业数据开放共享平台，并以其丰富的信息资源、多渠道的接入方式为用户构建了一个便捷的网络服务平台。平台包括数据统计图、数据统计表、专题分布图、数据预测分析、按行政区划、按业务类别、重点数据库、数据定制采集、我的数据库等栏目，内容涉及政策法规、林业标准、林业文献、林业成果、林业专家、林业科研机构等诸多领域的信息，是林业行业权威性专题数据平台（中央政府门户网站，2016）。

平台以横向业务角度划分为森林资源数据库、荒漠化和沙化数据库、湿地数据库、野生动植物资源数据库、重点工程数据库、林业灾害监控数据库以及林业产业数据库，纵向级别角度分为世界级、国家级、省级、市级以及县级，在横纵两条线的基础上又包括分析类数据、综合类数据、监测类数据、服务类数据、信息类数据、规划类数据及管理类数据等（《中国林业信息化发展报告2015》编委会，2015）。

3. 中国林业信息网

中国林业信息网是由（LKNET）（www.lknet.ac.cn）中国林业科学研究院林业科技信息

研究所主办的综合性林业信息门户网站，旨在提高中国林业行业的科技文献保障与信息服务水平。网站信息资源丰富，包括林业相关的科技论文、博硕士论文、政策法规、科技成果、专利标准、机构专家、实用技术、科技动态、动植物资源等信息资源（中国林业信息网，2016），是林业行业中信息量最大、涵盖面最广的权威性行业网站。网站既提供一站式搜索和高级检索功能，也提供了多种方式分类导航浏览，可以较好地满足用户需求。对于手机实名注册用户，全网90%的信息资源提供在线检索和下载。中国林业信息网主要自建数据库如表9-7所示。

表 9-7　中国林业信息网主要自建数据库

类型	数据库名称	数据量/条
科技成果	中国林业科技成果库	27 504
	中国林业获奖成果库	2 517
林业专利	中国林业专利全文库	124 156
	国外林业专利全文库	124 023
特色资源	中国木本植物资源库	8 761
	中国森林昆虫资源库	1 744
	中国林业病害数据库	2 018
	中国林业图件数据库	9 033
林业标准	中国林业标准全文库	8 379
	国外林业标准全文库	8 972
法律法规	中国林业法律法规库	10 106
	国外林业法律法规库	4 413
期刊论文	中国林业科技论文库	729 322
	国外林业科技论文库	691 777
	最新外文期刊目录库	28 836
	外文学术期刊全文库	94 096
会议文献	中国林业会议论文库	26 043
	国外林业会议论文库	144 865
学位论文	中国林业博硕士论文库	88 133
	国外林业博硕士论文库	17 547
行业动态	林业行业动态信息库	266 780
	世界林业动态信息库	8 103
统计资料	中国林业统计资料库	8 773
	中国林业年鉴资料库	17 822
	中国林产品贸易数据库	1 093 693

(续)

类型	数据库名称	数据量/条
科技图书	中国林业古籍文献库	2 191
科技图书	馆藏林业图书书目库	117 903
科技报告	世界林业科技报告库	10 844
科技报告	中国林业实用技术全文库	21 222
科技术语	中国林业术语词库	34 267
林业专家	中国林业科技专家库	4 766
学科资源	世界林业学科资源库	11 190

(二)林业网络资源导航

面对全球繁多的林业组织机构和专业网站,利用专业的林业网络资源站点导航必不可少。中国林业信息网建设的世界林业学科资源导航库收集、整理了国内外主要的林业信息资源网站,分为政府机构、科研院所、高等院校、国际组织、电子期刊、图书馆、数据库、搜索引擎、林业企业、学会/协会等10多个大类,涉及全球172个国家和地区,涵盖林业各个学科领域,共1万多个林业专业站点,由专家遴选、翻译,并进行分类、主题标引,建立相关联接,为用户方便快捷地查询国内外林业信息资源提供专业的学科导航系统。

全球林业专业网站数量巨大,不能一一列举,一般根据需求来选择检索对象。林业行业相关的国际组织、国家林业主管部门、林业科研机构、林业行业协会等官方网站均是检索林业信息资源的重要渠道,在此仅列出全球较有影响力的国际层面的林业组织机构(表9-8)。

表9-8 林业相关主要国际组织网站

中文名	英文名	网址
联合国粮农组织	Food and Agriculture Organization of the United Nations(FAO)	http://www.fao.org/
国际林业研究中心	Center for International Forestry Research(CIFOR)	http://www.cifor.cgiar.org/
国际热带木材组织	International Tropical Timber Organization(ITTO)	http://www.itto.int/
国际林业研究组织联盟	International Union of Forest Research Organizations(IUFRO)	http://www.iufro.org/
生物多样性公约	Convention on Biological Diversity(CBD)	http://www.biodiv.org/
全球环境基金	Global Environment Facility(GEF)	http://www.gefweb.org/
联合国防治荒漠化公约	United Nations Convention to Combat Desertification(UNCCD)	http://www.unccd.int/
联合国森林问题论坛	Secretariat of the United Nations Forum on Forests(UNFF)	http://www.un.org/esa/forests/
联合国气候变化框架公约	United Nations Framework Convention on Climate Change(UNFCCC)	http://unfccc.int/

(续)

中文名	英文名	网址
国际农林研究中心	World Agroforestry Centre(ICRAF)	http://www.worldagroforestrycentre.org/
世界自然保护联盟	International Union for Conservation of Nature(IUCN)	http://www.iucn.org/
国际植物新品种保护联盟	The International Union for the Protection of New Varieties of Plants(UPOV)	http://www.upov.int/
粮食和农业植物遗传资源国际条约	The International Treaty on Plant Genetic Resource for Food and Agriculture(ITPGRFA)	http://www.planttreaty.org/
湿地国际	Wetlands International(WI)	https://www.wetlands.org/
世界自然基金会	World Wildlife Fund(WWF)	http://www.worldwildlife.org/
国际竹藤组织	International Network for Bamboo and Rattan(INBAR)	http://www.inbar.int/
世界资源研究所	World Resources Institute(WRI)	http://www.wri.org/

(三)搜索引擎

在当今世界，互联网几乎覆盖了全球的每一个角落，信息浪潮席卷而来，信息迷航令人困扰。面对海量网络资源，尤其是在网络免费学术资源日益增长的趋势下，充分利用现有网络检索工具的功能，掌握互联网信息的检索技巧、评价和鉴别方法，是信息检索与利用中不可或缺的技能。

通过各种搜索引擎，随着数据挖掘技术的发展，我们将能从海量的、无序的信息中找到所需要的重要信息。然而，由于每个搜索引擎的搜索机制和算法都不一样，并且也不可能覆盖所有的网络信息资源，因此有必要同时利用多个搜索引擎进行检索。Google、Bing、Yahoo是世界最著名的三大搜索引擎，可用于检索全球范围内的网络林业信息资源。百度是国内最大的搜索引擎，可用来检索中文的网络林业信息资源。

四、挑战与展望

(一)挑战

目前，全球大数据发展的挑战主要是海量数据存贮、异构数据整合和检索、数据安全等问题，但是相对于全球大数据发展潮流，林业信息行业仍然较为滞后，尚未进入真正的林业大数据时代。林业信息资源及利用目前面临的挑战主要是2个方面。

1. 林业科技文献信息资源受制于版权，成为信息共享一大障碍

数字技术已经改变图书馆、档案馆和信息获取的方式，使信息世界发生了革命性变化。科学家之间的合作日益加强，科学研究也越来越呈现跨学科和全球化的特点。随着林业数字化图书馆建设的深入发展，特别是世界三大农林数据库的日益完善，以及互联网搜索引擎的发展，获取林业科技文献的著录信息已经日益简单和方便。尽管数字化图书馆和档案馆的运作逐渐全球化，但是仍然要受各国版权法的约束，信息资源的开放获取遇到的困难仍然很大。科技文献资源虽然可以被检索到，但是科技文献全文获取却仍然困难。因此，人们感到本来应当是研究和学习的强有力推动者的版权反而成为了一种障碍(Hackett,

2015)。

2. 林业科学数据信息资源相对分散，无法全球化统一获取

近年来，科学数据的数量呈指数增长，大多数研究人员、资助机构、图书馆和出版商都认同开放和应用科学数据的好处，未来几年将是开放科学数据理念和应用的快速发展时期（黄永文等，2013）。然而，科学研究是以不同学科领域的科学数据来支撑科学问题的解决和科学结论的论证，因而对科学数据的研究分散于不同的学科领域（李慧佳等，2013）。尽管国际科学理事会（ICSU）的世界数据系统（WDS）从全球层面整合了大量科学数据，但主要涉及地理、物理、海洋、农业、环境、天文等大领域，缺乏专门的林业领域数据中心。联合国粮农组织的林业科学数据整合目前主要集中在森林资源和林产品，覆盖范围相对较窄。中国、美国、英国等国家建设了大量的国家层面的林业科学数据，但由于其共享活动尚处在各自发展的阶段，缺少共同的原则与标准，给更广泛的林业科学数据共享带来了困难。

（二）展望

尽管林业行业尚未真正进入大数据时代，但是林业信息资源是当前大数据潮流中的一部分。未来随着林业物联网技术的高度发达，林业行业也必将迎来林业大数据时代和智慧林业时代。

1. 林业科技文献与科学数据的融合

2000年以来，全球科学数据基础设施的发展已经取得了显著效果，全球范围内的数据融合和共享成为今后的发展趋势。欧盟科学数据长期保存计划（PARSE. Insight）研究显示，超过84%的科学家认为将科学数据与科技论文进行关联是有用的（黄永文等，2013）。目前，在文献与数据之间建立关联大多都处于起步阶段，一些数据库开始提供这方面的服务，如联合国粮农组织数据库AGRIS的文献可以连接到Nature网站、DBPedia知识库和联合国粮农组织的农业技术与实践信息平台（TECA），PubMed的文章可以连接到GenBank数据。

2. 林业科学数据的数量增长空间巨大

科技文献的数字化及其检索利用开展较早，未来林业科技文献信息资源的增长将较为稳定。林业科学数据将呈现快速增长，发展空间巨大。随着物联网技术和互联网技术的发展，数字信息从各种各样的传感器、测试仪器、模拟实验室中源源不断地涌出，一个大规模生产、分享和应用数据的时代正在开启（左建安等，2013）。未来，林业物联网技术也将高度发达，我们将能实时地获取每一棵树木和每一片林地的各种数据（环境温湿度、土壤水分、二氧化碳、图像等），结合数据挖掘技术实时分析数据，并用分析结果实时指导林业科研和生产，这时林业行业才真正进入大数据时代。

3. 林业信息资源检索向知识服务转变

在大数据时代，知识服务越来越受到重视，将大量无序信息整理成有效知识是现在乃至未来数据使用的关键所在。如何从浩如烟海的数据云中，将精准、多样、有价值的知识数据通过高速的网络提供给需求者，成为当前关注的热门话题（莫晓敏，2015）。2012年初，中国已经启动"中国工程科技知识中心"项目。2015年年初，中国林业科学研究院正式启动林业专业知识服务系统建设，将进一步全面整合林业信息资源，实现林业行业由传

统信息服务模式向知识服务模式的转变。

4. 移动阅读和检索占据越来越重要的位置

随着移动互联网时代的来临,移动阅读时代将接踵而至。由于移动设备的便携特性,越来越多的电脑端林业信息系统已经开始提供手机阅读和检索服务。未来,随着移动互联网技术的进一步发展,越来越多的拥有海量数据的大型信息检索系统也将逐步实现移动端检索和服务。2015年,欧洲专利局数据库(Espacenet)这一世界上最大的免费数据库实现了专利数据的移动端检索和阅读,得到用户广泛好评。相信未来,林业行业国内外大型信息系统也将越来越多实现手机端检索和服务。

5. 开放获取行动逐步深入林业学科领域

开放获取范围已经拓展到开放数据、开放图书、开放课件、开放教育资源等,从起初的科学、技术、工程和医学向整个自然科学领域和人文社科领域延伸。各领域也不断向纵深发展,很多以前不清楚或没有解决的问题目前已经在理论上和实践中都得到了解决、应用和检验,取得了非常丰富而卓越的研究成果(王应宽等,2015)。近几年来在中国科学院、国家自然科学基金委等机构的推动下,开放获取行动在中国有了实质性的进展,已有很多成功经验可借鉴。未来,开放获取行动也将逐步深入林业学科领域,进一步推动林业学术成果的自由传播和共享。

参考文献

初景利,李麟,2009. 国内外开放获取的新发展[J]. 图书馆论坛,29(6):83-88.
傅小锋,李俊,黎建辉,2007. 国际科学数据的发展与共享[J]. 中国基础科学,(2):30-35.
何岸波,唐佩佩,2015. 我国科学数据与信息平台建设环境进一步改善[J]. 科技促进发展,(3):331-337.
华东师范大学图书馆,2012a. ScienceDirect 使用指南[EB/OL]. [2016-08-04]. http://202.120.82.33/info/wp-content/uploads/2012/05/SD1.pdf.
华东师范大学图书馆,2012b. Science Citation Index Expanded(SCI-E)(科学引文索引)数据库使用指南[EB/OL]. [2016-08-04]. http://202.120.82.33/info/wp-content/uploads/2012/06/SCIE.pdf.
黄如花,王斌,周志峰,2014. 促进我国科学数据共享的对策[J]. 图书馆,(3):7-13.
黄永文,张建勇,黄金霞,等,2013. 国外开放科学数据研究综述[J]. 数字图书馆,(5).
江洪,钟永恒,2008. 国际科学数据共享研究[J]. 现代情报,28(11):56-58.
黎建辉,虞路清,2009. 国际科学数据库现状与发展趋势分析[J]. 科研信息化技术与应用,2(1):6-13.
李慧佳,马建玲,王楠,等,2013. 国内外科学数据的组织与管理研究进展[J]. 图书情报工作,57(23):130-136.
李麟,初景利,2005. 开放获取出版模式研究[J]. 图书馆论坛,25(6):88-93.
刘湘萍,2014. 科技文献信息检索与利用[M]. 北京:冶金工业出版社.
莫晓敏,2015. 国内知识服务研究现状及发展趋势[J]. 图书馆学刊,(12).
清华大学图书馆,2016. SpringerLink 电子期刊及电子图书[EB/OL]. [2016-08-04]. http://lib.tsinghua.edu.cn/database/springer.htm.
苏新宁,2015. 大数据时代数字图书馆面临的机遇和挑战[J]. 中国图书馆学报,41(6):4-12.
汤森路透,2015. 增值专利信息-DWPI 和 DPCI[EB/OL]. [2016-03-04]. http://www.thomsoninnovation.com/tip-innovation/support/zh/help/collection_details/collections_patent-dwpi.htm.
王卷乐,祝学衍,石蕾,等,2014. 国际研究数据联盟及对我国科学数据共享的启示[J]. 中国科技资源导刊，46（2）：15-20.

王巧玲，钟永恒，江洪，2010. 英国科学数据共享政策法规研究［J］. 图书馆杂志，29（3）：63-66.

王世者，1989. 电子计算机农业应用技术进展［J］. 农业工程学报，5（2）：75-86.

王应宽，王元杰，季方，2015. 国外开放存取出版最新研究进展与发展动态［J］. 中国科技期刊研究，26（10）：1054-1064.

吴丁，2014. 高校图书馆使用商业数据库的知识产权问题探析［J］. 图书馆界，（6）：65-68.

西南林业大学，2016.《西林文库》简介［EB/OL］.［2016-05-24］. http：//202.203.132.148/publicResWarehouse/toProjectBrief.

谢家禄，1999. 论林业信息资源共享战略［J］. 林业图书情报工作，（1）：5-8.

邢文明，2013. 国际组织关于科学数据的实践、会议与政策及对我国的启示［J］. 国家图书馆学刊，（2）.

徐蓓蓓，朱世伟，赵燕清，等，2015. 数字图书馆的未来之路［J］. 图书馆学刊，37（9）：12-15.

杨从科，2007. 中国农业科学数据资源建设研究［D］. 北京：中国农业科学院.

杨敏，2013. 信息资源管理［M］. 北京：清华大学出版社.

张莉，2006. 中国农业科学数据共享发展研究［D］. 北京：中国农业科学院.

赵华，王剑，2015. 科学数据共享政策及其对中国农业科学数据共享的启示［J］. 农业展望，11（11）：70-74.

赵勇，2015. 大数据：时代变革的核心驱动力［J］. 网络新媒体技术，4（3）：1-7.

中国林业科学数据中心，2016a. 标准与规范［EB/OL］.［2016-05-24］. http：//www.forestdata.cn/web/module_tree/index.jsp?coteid=lydbclassify_20071102160112homeid=home4.

中国林业科学数据中心，2016b. 元数据按类别浏览［EB/OL］.［2016-03-24］. http：//www.cfsdc.org/web/module_ysj/indexTree.jsp?coteid=metahomeid=home4nextPage=list.

中国林业科学数据中心，2016c. 国家级森林资源分布数据库［EB/OL］.［2016-03-24］. http：//www.cfsdc.org/web/module_tree/indexList.jsp?coteid=lydbclassify_20061118160952homeid=home4.

中国林业科学数据中心，2016d. 国家级森林资源统计数据库［EB/OL］.［2016-03-24］. http：//www.cfsdc.org/web/module_tree/indexList.jsp?coteid=lydbclassify_20051229111505homeid=home4.

《中国林业信息化发展报告2015》编委会，2015. 中国林业信息化发展报告2015［M］. 北京：中国林业出版社.

中国林业信息网，2012. CABI、AGRIS、AGRICOLA 三大农林数据库网络版开通公告［EB/OL］.［2016-03-24］. http：//www.lknet.ac.cn/wlsjk.htm.

中国林业信息网，2013. 统一资源检索平台［EB/OL］.［2016-08-04］. http：//www.lknet.ac.cn/tyjs/index.html.

中国林业信息网，2016. 自建数据库群［EB/OL］.［2016-03-24］. http：//www.lknet.ac.cn/page/AllResSchFrm.cbs.

中央政府门户网站，2016. 中国林业数据开放共享平台上线［EB/OL］.［2016-08-04］. http：//www.gov.cn/xinwen/2016-02/23/content_5044996.htm.

CABI，2016. CAB abstracts［EB/OL］.［2016-05-24］. http：//www.cabi.org/publishing-products/online-information-resources/cab-abstracts/.

CIFOR，2015. CIFOR policy on open access［R］.

CODATA，2016a. Our mission［EB/OL］.［2016-08-01］. http：//www.codata.org/about-codata/our-mission.

CODATA，2016b. CODATA-ICSTI Data citation standards and practices［EB/OL］.［2016-08-01］. http：//www.codata.org/task-groups/data-citation-standards-and-practices.

DATA.GOV.UK，2016a. Forestry Commission［EB/OL］.［2016-03-24］https：//data.gov.uk/publisher/forestry-commission.

DATA.GOV.UK，2016b. Forestry Commission GB National Forest Inventory Woodland-Datasets［EB/OL］.

[2016-03-24]. https://data.gov.uk/dataset/forestry-commission-gb-national-forest-inventory-woodland.

DATA. GOV. UK, 2016c. Forestry Commission GB National Inventory of Woodland & Trees (1)-Datasets[EB/OL].[2016-03-24]. https://data.gov.uk/dataset/forestry-commission-gb-national-inventory-of-woodland-trees1.

FAO, 1997. Definition and classification of commodities[EB/OL].[2016-05-24]. http://www.fao.org/waicent/faoinfo/economic/faodef/faodefe.htm.

FAO, 2004. FAO Statistical data quality framework[R].

FAO, 2012. Reforgen[EB/OL].[2016-03-24]. http://foris.fao.org/reforgen/index.jsp;jsessionid = 561AA966D157275A2B87399967D6 EC0B.s1.

FAO, 2013a. 经审查的战略框架[EB/OL].[2016-05-24]. https://www.fao.org/docrep/meeting/027/mg 015C.pdf.

FAO, 2013b. An insight into Country STAT: food and agriculture data network[EB/OL].[2016-03-24]. http://www.countrystat.org/resources/Documents/refManual_ NOV13_ EN.pdf.

FAO, 2014. FAO statistical programme of work[EB/OL].[2016-03-24]. http://www.fao.org/3/a-i4045e.pdf.

FAO, 2015. 林产品统计[EB/OL].[2016-03-24]. http://www.fao.org/forestry/statistics/84922/zh/.

FAO, 2016a. 关于 Agris[EB/OL].[2016-05-24]. http://agris.fao.org/zh-hans/content/%E5%85%B3%E4%BA%8E.

FAO, 2016b. 统计资料[EB/OL].[2016-05-24]. http://www.fao.org/statistics/zh/.

FAO, 2016c. 规范、分类和标准[EB/OL].[2016-05-24]. http://www.fao.org/statistics/standards/zh/.

FAO, 2016d. Classifications and standards[EB/OL].[2016-05-24]. http://www.fao.org/economic/ess/ess-standards/en/#.V0RYruJ 97IU.

FAO, 2016e. 全球森林资源评估报告[EB/OL].[2016-03-16]. http://www.fao.org/forest-resources-assessment/zh/.

FAO, 2016f. Forestry photos[EB/OL].[2016-03-24]. http://www.fao.org/mediabase/forestry/.

FAO, 2016g. Search sourcebook[EB/OL].[2016-03-24]. http://www.cpfweb.org/74750/en/#13293021701493&id=plugin_ 167325& height=365.

FAO, 2016h. GlobAllomeTree[EB/OL].[2016-03-24]. http://www.globallometree.org/.

FAO, 2016i. SFM Toolbox[EB/OL].[2016-03-24]. http://www.fao.org/forestry/sfm/85086/en/.

GFIS, 2016a. About GFIS[EB/OL].[2016-03-24]. http://www.gfis.net/gfis/zh/en/background/.

GFIS, 2016b. GFIS 合作关系的发展[EB/OL].[2016-03-24]. http://www.gfis.net/gfis/zh/en/partners/.

Internet Live Stats, 2016. Total number of websites[EB/OL].[2016-03-23]. http://www.internetlivestats.com/total-number-of-websites/.

ITTO, 2015. The annual review statistical database[EB/OL].[2016-03-24]. http://www.itto.int/annual_ review_ output/.

Dinet J, 2014. Information retrieval in digital environments[M]. WILEY.

NALDC, 2011. National agricultural library digital collections policy[EB/OL].[2016-11-27]. https://naldc.nal.usda.gov/Policy.pdf.

Hackett T, 2015. Time for a single global copyright framework for libraries and archives[J]. WIPO Magazine, (6): 6-11.

UK Forestry Commission, 2014a. Quality report forestry statistics and forestry facts & figures[EB/OL].[2016-05-24]. http://www.forestry.gov.uk/pdf/qrfs_ fff.pdf/$FILE/qrfs_ fff.pdf.

UK Forestry Commission, 2014b. Revisions policy[EB/OL].[2016-05-24]. http://www.forestry.gov.uk/pdf/

FCrevisions. pdf/ $ file/FCrevisions. pdf.

UK Forestry Commission, 2016. Quality of official statistics[EB/OL]. [2016-05-24]. http://www.forestry.gov.uk/forestry/infd-7zhk85.

USDA, 2006. National agricultural library: about the NAL catalog (AGRICOLA)[EB/OL]. [2016-05-24]. http://agricola.nal.usda.gov/help/aboutagricola.html.

USDA, 2016a. FS National Forest Dataset[EB/OL]. [2016-03-24]. http://apps.fs.usda.gov/ArcX/rest/services/EDW/EDW_ProclaimedForestBoundaries_01/MapServer.

USDA, 2016b. USDA open data catalog[EB/OL]. [2016-03-24]. http://www.usda.gov/wps/portal/usda/usdahome?navid=data#FS.

USDA, 2016c. Forest Inventory and Analysis Database[EB/OL]. [2016-03-24]. http://apps.fs.fed.us/fiadb-downloads/datamart.html.

USDA Forest Service, 2005. Forest inventory and analysis quality assurance[EB/OL]. [2016-05-24]. https://www.fia.fs.fed.us/library/fact-sheets/data-collections/QA.pdf.

USDA Forest Service, 2016a. Forest Service Research Data Archive-About Us[EB/OL]. [2016-05-24]. http://www.fs.usda.gov/rds/archive/aboutus.

USDA Forest Service, 2016b. Submitting Data[EB/OL]. [2016-05-24]. http://www.fs.usda.gov/rds/archive/SubmittingData.

USDA Forest Service, 2016c. Metadata standards[EB/OL]. [2016-05-24]. http://www.fs.usda.gov/rds/archive/Metadata/Standards.

USDA Forest Service, 2016d. Metadata & tools.[EB/OL]. [2016-05-24]. http://www.fs.usda.gov/rds/archive/Metadata.

WDS, 2016a. Introduction—World Data System: trusted data services for global science[EB/OL]. [2016-08-01]. http://www.icsu-wds.org/organization.

WDS, 2016b. Membership—World Data System: trusted data services for global science[EB/OL]. [2016-08-03]. https://www.icsu-wds.org/community/membership.

WDS, 2016c. Data Sharing Principles—World Data System: Trusted data services for global science[EB/OL]. [2016-08-03]. https://www.icsu-wds.org/services/data-sharing-principles.

Wiley, 2014. Wiley online library[EB/OL]. [2016-08-04]. http://222.200.122.148:7780/file/2015/20150323_WILEY_jj.pdf.

专题十　世界木质林产品生产与贸易

　　森林作为陆地最大的生态系统，具有丰富的生态功能。森林不仅可以固碳释氧、加固土壤、涵养水源，还具有丰富的动植物资源；不仅可以为人类提供舒适的气候、良好的环境，还能带来较好的经济效益，具有很高的环境和经济价值。近年来，世界人口不断增长，土地需求不断增加，工业、建筑业等行业对于木材的需求量不断增加，世界木材生产与贸易量呈现增长态势。木材的生产和需求同木质林产品的生产和需求相互关联、相互促进。随着世界经济环境的不断变化，木材及木质林产品的生产和消费出现了新的特征。

　　人口变化、经济增长、政策法规的变化都会导致林产品需求的变化。随着天然林采伐的减少，人工林成为木材供给的主要来源，技术的发展，如通过树木改良提高人工林生产力，因增加循环和回收利用、广泛使用新复合材料制品以及生产纤维素生物燃料而减少木材需求等，也会对林产品的供给造成影响。

　　2014年，印度在林产品贸易方面变现非常抢眼，超越了奥地利和芬兰成为全球第四大工业原木进口国，同时超越韩国和意大利成为全球第四大纤维原料(木浆和废纸)进口国。随着巴西、智利和乌拉圭建立新的木浆厂，南美的木浆产量稳步上升，这3个国家的木浆产量占到了全球木浆产量的14%，并且巴西首次超过加拿大成为全球第四大木浆生产国。

　　近年来，中国是全球最主要的林产品生产国和消费国，并且已经在某些林产品种类上取代了一些重要的国家，如中国的锯材产量已经超越了加拿大，而锯材消费量则超越了美国。美洲和欧洲的木材产量居于世界前2位，是世界木材主要供应地区。亚洲和太平洋地区正成为人造板、纸与纸板的主要生产地和消费地，这2个地区的木材消费量远高于木材生产量，大量加工木材来源于进口。世界木燃料增加速度缓慢，5年内仅增长2.25%。印度、中国等排名靠前的国家产量出现负增长，消费情况也出现下滑，这与世界木材产量下滑有一定关联。随着环境污染的不断加剧，如何通过全球合作，协调各个区域、不同发展阶段的国家共同治理环境问题也逐渐成为世界热点议题。

一、世界木质林产品生产与消费

（一）工业原木

根据联合国粮农组织的数据统计，2015年全球木材总产量达37.06亿m³，其中工业原木18.43亿m³，木燃料18.63亿m³；针叶材占比约33.5%，阔叶材占比约66.5%。2015年木材总量较2014年增长0.3%，其中工业原木增长0.55%，木燃料增加0.32%。

全球工业材产量2011—2015年基本处于增长态势（图10-1），2010年增长幅度最大，2010—2012年增长幅度逐渐放缓，仅2012年出现负增长。随着全球森林资源保护意识逐步加强，多数国家都对本国的森林资源进行保护，国际市场也对木材的来源提出了更高要求，世界木材产量增长放缓。

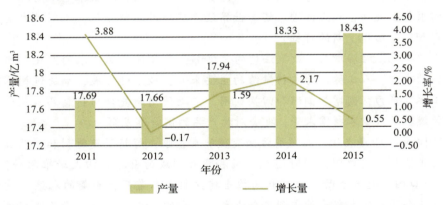

图10-1　2011—2015年世界工业原木产量及其变化

数据来源：FAOSTAT，2016。

根据联合国粮农组织统计数据表明，2011—2015年，世界工业原木产量增加了4.2%，其原因是欧洲和大洋洲对木材的强劲需求。如表10-1所示，欧洲增幅最大，达到5.6%；非洲、大洋洲增幅仅次于欧洲，增幅分别达到4.7%和4.5%。虽然俄罗斯等国家已经颁布限制原木出口等相关政策，但是并没有在很大程度上影响工业材的生产。随着中国、缅甸等亚洲国家陆续出台采伐禁令，尤其是缅甸2014年出台禁止木材出口政策，亚洲木材产量增长趋势持续放缓。

2011—2015年世界工业原木消费总体呈现增长的趋势，其中亚洲工业原木消费变化最大，其次是美洲和欧洲，大洋洲工业原木消费比重有所下降（表10-2）。原木生产量的多寡取决于木材生产过木材资源的丰歉程度和生产力水平的高低。一国对木材的消费程度取决于这一国家的产业规模及结构。

表 10-1　2011—2015 年世界各地区工业材产量及变化

地区	2011 年		2015 年		2011—2015 年变化/%
	产量/万 m³	比重/%	产量/万 m³	比重/%	
非洲	6 854.1	3.9	7 172.9	3.9	4.7
美洲	72 323.7	40.9	74 624.9	40.5	3.2
亚洲	36 905.9	20.9	38 341.6	20.8	3.9
欧洲	54 844.3	31.0	57 918.8	31.4	5.6
大洋洲	5 963.7	3.4	6 234.6	3.4	4.5
世界	176 891.8	100.0	184 292.8	100.0	4.2

数据来源：FAOSTAT，2016。

表 10-2　2011—2015 年世界各地区工业原木消费量及变化

地区	2011 年		2015 年		2011—2015 年变化/%
	消费量/万 m³	比重/%	消费量/万 m³	比重/%	
非洲	6 536.6	3.7	6 722.6	3.6	2.8
美洲	70 794.4	40.0	73 338.6	39.8	3.6
亚洲	42 485.2	24.0	44 014.3	23.9	3.6
欧洲	53 345.1	30.1	56 596.5	30.7	6.1
大洋洲	3 971.9	2.2	3 814.1	2.1	-4.0
世界	177 133.2	100.0	184 486.1	100.0	4.2

数据来源：FAOSTAT，2016。

2011—2015 年世界工业原木消费前 5 的国家不变，仍是美国为第 1 消费国，其次是中国、俄罗斯、加拿大和巴西（表 10-3）。2011—2015 年，美国占世界原木消费量比重有所减少，俄罗斯和巴西的比重有所增加，中国和加拿大保持稳定。

表 10-3　2011—2015 工业原木消费排名前 5 的国家

地区	2011 年		地区	2015 年	
	消费/万 m³	比重/%		消费/万 m³	比重/%
美国	34 190.9	19.3	美国	34 437.6	18.7
中国	20 175.1	11.4	中国	20 555.5	11.1
俄罗斯	18 596.8	10.5	俄罗斯	20 141.6	10.9
加拿大	14 530.3	8.2	加拿大	14 990.9	8.1
巴西	13 990.9	7.9	巴西	14 939.6	8.1
世界	177 133.2	100.0	世界	184 486.1	100.0

数据来源：FAOSTAT，2016。

（二）锯材

2015 年全球锯材产量为 4.45 亿 m³，其中针叶锯材约占世界木材总量的 71%，阔叶锯材约占 29%。相比 2014 年，2015 年锯材产量仅增长了 1.17%，是近 5 年来锯材增长最少的一年（图 10-2）。随着各国对森林保护意识的不断增强，越来越多的国家出台了砍伐禁令，限制或禁止对本国森林的砍伐，从而间接导致锯材增长量下降。

图 10-2　2011—2015 年世界锯材产量及其变化

数据来源：FAOSTAT，2016。

2011—2015 年，美洲锯材产量已经超越欧洲，占世界比重的 35.8%；亚洲、非洲、大洋洲锯材产量保持稳定（表 10-4）。

表 10-4　2011—2015 年锯材产量及变化

地区	2011 年		2015 年		2011—2015 年变化/%
	产量/万 m³	比重/%	产量/万 m³	比重/%	
非洲	887.6	2.3	1 018.5	2.3	14.7
美洲	13 512.5	34.8	15 936.8	35.8	17.9
亚洲	9 306.9	24.0	11 839.1	26.6	27.2
欧洲	14 274.2	36.7	14 807.7	33.3	3.7
大洋洲	868.9	2.2	905.0	2.0	4.2
世界	38 850.1	100.0	44 507.1	100.0	14.6

数据来源：FAOSTAT，2016。

由表 10-5 可知，2011—2015 年，世界锯材增长幅度达到 14.0%，亚洲锯材消费量持续保持最高。到 2015 年，亚洲锯材消费量接近世界总消费量的 37%，比 2011 年增长了 21.1%。虽然大洋洲工业原木消费量有所下降，但是锯材消费量有所增加，2011—2015 年增长了 6.5%。

表 10-5　2011—2015 年锯材消费量及变化

地区	2011 年		2015 年		2011—2015 年变化/%
	消费量/万 m³	比重/%	消费量/万 m³	比重/%	
非洲	1 596.6	4.1	1945.3	4.4	21.8
美洲	12 125.0	31.4	14 520.1	33.0	19.8
亚洲	13 416.4	34.7	16 248.8	36.9	21.1
欧洲	10 800.0	27.9	10 573.6	24.0	-2.1
大洋洲	730.3	1.9	777.5	1.8	6.5
世界	38 668.2	100.0	44 065.4	100.0	14.0

数据来源：FAOSTAT，2016。

根据表10-6数据可知,2011—2015年世界锯材消费排名前5位的国家基本保持不变。加拿大锯材消费量已经超越日本,上升到第4位;中国锯材消费量与美国基本持平,在2015年均超过9 400万 m³,位于世界前2位;德国和日本锯材消费量略有下降,德国下降约2.4%,日本下降约5.3%。

表10-6 2011—2015世界锯材消费排名前5的国家

地区	2011年		地区	2015年	
	消费量/m³	比重/%		消费量/m³	比重/%
美国	73 838 906	19.1	美国	95 102 070	21.6
中国	65 615 687	17.0	中国	94 230 560	21.4
德国	19 798 908	5.1	德国	19 317 502	4.4
日本	16 218 934	4.2	加拿大	17 599 358	4.0
加拿大	15 972 525	4.1	日本	15 354 000	3.5
世界	386 682 296	100.0	世界	440 653 551	100.0

数据来源:FAOSTAT,2016。

(三)木质人造板

2015年木质人造板产量(含单板、胶合板、刨花板和纤维板)约为3.88亿 m³,较2014年增长0.36%,较2000年增长108%。如图10-3所示,2011—2015年全球木质人造板产量呈缓慢增长态势,2013—2015年木质人造板增长率逐年缩水。虽然增长幅度起伏较大,但是增长趋势明显,其中2011年和2013年增长幅度最高,增幅接近10%。

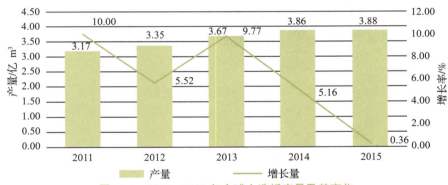

图10-3 2011—2015年全球人造板产量及其变化

数据来源:FAOSTAT,2016。

根据表10-7数据统计,2011—2015年,除大洋洲地区出现负增长以外,其余地区均呈现增长态势,其中亚洲仍然位居榜首,增幅为35.6%。2015年亚洲木质人造板产量占世界木质人造板产量比重的61.1%;欧洲位居第2位,占比20%;非洲仍然是产量最少的地区,占比仅达到0.7%,但增长幅度较快,这主要是因为非洲生产水平较低,技术较为落后。

表 10-7　2011—2015 年木质人造板生产量及变化

地区	2011 年		2015 年		2010—2014 年变化/%
	产量/m³	比重/%	产量/m³	比重/%	
非洲	2 507 620	0.8	2 898 427	0.7	15.6
美洲	61 561 823	19.4	66 596 980	17.2	8.2
亚洲	174 636 809	55.1	236 811 080	61.1	35.6
欧洲	74 545 914	23.5	77 715 606	20.0	4.3
大洋洲	3 917 946	1.2	3 715 355	1.0	-5.2
世界	317 170 112	100.0	387 737 448	100.0	22.2

数据来源：FAOSTAT，2016。

图 10-4、图 10-5 展示了 2011—2015 年木质人造板生产的结构变化。胶合板所占比重从 35% 增加到 38%；刨花板所占比重有所下降，从 31% 变为 28%；单板、中密度纤维板、硬质纤维板等其他人造板比重略有下降，但整体变化不大。从各类人造板生产数量看，总体呈现增长态势，其中胶合板增长速度最快，生产数量居于首位，增幅接近 35%（图 10-6）。

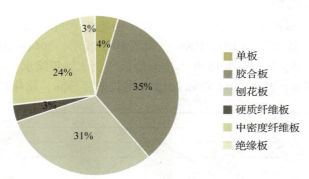

图 10-4　2011 年各种木质人造板生产结构
数据来源：FAOSTAT，2016。

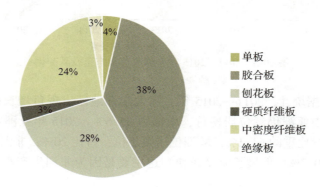

图 10-5　2015 年各种人造板生产结构
数据来源：FAOSTAT，2016。

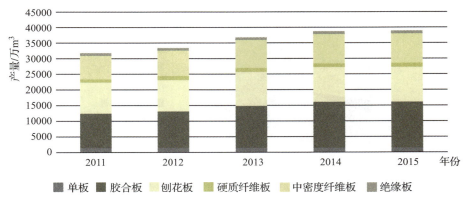

图 10-6　2011—2015 年世界各种木质人造板产量变化

数据来源：FAOSTAT，2016。

2011—2015 年各类木质人造板消费结构变化见图 10-7 和图 10-8。期间各类木质人造板消费结构变化不大，其中胶合板消费增长明显，增幅接近 35%。除单板和中密度纤维板消费比重保持不变，刨花板、硬质纤维板和绝缘板的消费比重均有小幅度下降。

1. 单板

联合国粮农组织统计数据显示（表 10-8），越南在 2011—2015 年单板生产量增长迅速，已成为世界上第三大单板生产国；中国生产量保持不变，仍是世界上最大的单板生产国，单板生产比重超过 21%；巴西单板生产量明显减少，其所占比重已从 2011 年的 14.3% 下降到 2015 年的 8.8%；马来西亚单板生产量也有略微下降，但降幅不大；印度尼西亚单板产量保持不变，比重仍保持在 5.8 左右。

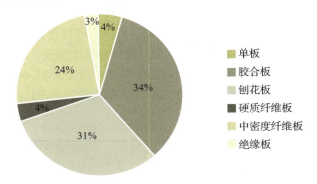

图 10-7　2011 年各种木质人造板消费结构

数据来源：FAOSTAT，2016。

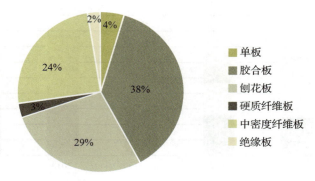

图 10-8　2015 年各种木质人造板消费结构

数据来源：FAOSTAT，2016。

表 10-8　2011—2015 单板生产排名前 5 的国家

地区	2011 年		地区	2015 年	
	消费量/m³	比重/%		消费量/m³	比重/%
中国	3 000 000	21.4	中国	3 000 000	21.5
巴西	1 996 000	14.3	巴西	1 231 000	8.8
马来西亚	832 900	5.9	越南	1 050 000	7.5
印度尼西亚	816 000	5.8	马来西亚	818 000	5.9
新西兰	702 000	5.0	印度尼西亚	816 000	5.8
世界	14 000 359.6	100.0	世界	13 970 110	100.0

数据来源：FAOSTAT，2016。

2015 年单板消费排名前 5 的国家分别是中国、巴西、印度尼西亚、印度和马来西亚（表 10-9）。对比 2011 年数据可以看出，印度已经超过韩国和马来西亚，跃居第四大单板消费国；中国仍然是世界单板的消费大国，近 5 年增长趋势明显，占比从 21.6% 提高到接近 30%；巴西单板消费量同单板生产量一样有下降趋势，2015 年单板消费量占比已不足 10%。

表 10-9　2011—2015 单板消费排名前 5 的国家

地区	2011 年		地区	2015 年	
	消费量/m³	比重/%		消费量/m³	比重/%
中国	2 921 023	21.6	中国	3 676 287	28.7
巴西	1 935 516	14.3	巴西	1 189 355	9.3
印度尼西亚	824 012	6.1	印度尼西亚	801 144	6.2
马来西亚	613 282	4.5	印度	668 002	5.2
韩国	503 921	3.7	马来西亚	651 748	5.1
世界	13 529 976	100.0	世界	12 819 232	100.0

数据来源：FAOSTAT，2016。

2. 胶合板

2011—2015年前5大胶合板生产国排名不变，仍分别为中国、美国、印度尼西亚、马来西亚和俄罗斯。中国所占比重最高，从62.4%增加到70.5%，产量也在5年内增加了50%（表10-10）。排名第2位为美国，但近5年来产量有所下降，占世界比重不超过10%。除美国外，其余各国的产量均有小幅度增加，但是由于中国产量猛增，所占比重大幅提高，其他各国在世界胶合板产量中所占比重显著降低。

表 10-10 2011—2015胶合板生产排名前5的国家

地区	2011年		地区	2015年	
	消费量/m³	比重/%		消费量/m³	比重/%
中国	68 261 000	62.4	中国	103 977 000	70.5
美国	9 365 070	8.6	美国	9 244 635	6.3
印度尼西亚	4 850 000	4.4	印度尼西亚	5 768 000	3.9
马来西亚	4 052 000	3.7	马来西亚	4 154 000	2.8
俄罗斯	3 040 000	2.8	俄罗斯	3 606 674	2.4
世界	109 328 821	100.0	世界	147 456 103	100.0

数据来源：FAOSTAT，2016。

中国是世界胶合板主要的消费国，消费总量已远超世界消费总量的50%；美国胶合板的消费量有所下降，到2015年已不足世界总量的10%；印度尼西亚的胶合板消费量增加显著，已超过印度和加拿大，跃居世界第四大胶合板生产国。

如表10-11所示，中国和美国不仅是胶合板的生产大国，同时也是消费大国。马来西亚和俄罗斯主要以胶合板生产和出口为主，国内市场对胶合板的需求量不高，消费能力不足。日本、加拿大主要以进口为主，市场对胶合板的需求较高，但是国内生产不足，需依靠进口来供给满足市场需求。

表 10-11 2011—2015年胶合板消费排名前5的国家

地区	2011年		地区	2015年	
	消费量/m³	比重/%		消费量/m³	比重/%
中国	58 972 469	54.8	中国	92 881 024	64.2
美国	11 159 654	10.4	美国	12 854 635	8.9
日本	286 012	5.8	日本	5 798 700	4.0
加拿大	2 988 129	2.8	印度尼西亚	3 352 959	2.3
印度	2 671 908	2.5	加拿大	2 884 050	2.0
世界	107 570 219	100.0	世界	144 691 355	100.0

数据来源：FAOSTAT，2016。

3. 刨花板

世界主要刨花板产量为9 803万m³。2011—2015年，中国从第二大刨花板生产国变为第一大生产国，产量增加了将近40%；美国为第二大生产国，在2015年占世界产量比重为14.5%；德国和俄罗斯刨花板产量略有所下降，分别下降2.9%和1.7%（表10-12）。

表10-12 2011—2015刨花板生产排名前5的国家

地区	2011年		地区	2015年	
	消费量/m³	比重/%		消费量/m³	比重/%
美国	14 700 000	15.0	中国	20 526 000	18.7
中国	12 698 000	13.0	美国	15 884 865	14.5
加拿大	6 974 000	7.1	加拿大	8 796 000	8.0
德国	6 940 056	7.1	德国	6 736 601	6.1
俄罗斯	6 633 611	6.8	俄罗斯	6 518 289	5.9
世界	98 034 856	100.0	世界	109 792 360	100.0

数据来源：FAOSTAT，2016。

中国已经超越美国成为世界上第一大刨花板消费国，接近世界刨花板消费量的20%；俄罗斯产量略有下降，其余国家略有增加；美国、中国、德国和俄罗斯均为刨花板的生产和消费大国；加拿大接近50%的刨花板用于出口，波兰刨花板进口量则接近20%。

表10-13 2011—2015年刨花板消费排名前5的国家

地区	2011年		地区	2015年	
	消费量/m³	比重/%		消费量/m³	比重/%
美国	17 334 660	17.8	中国	20 707 285	19.1
中国	13 075 983	13.4	美国	20 574 165	18.9
德国	7 338 540	7.5	德国	7 373 249	6.8
俄罗斯	6 811 468	7.0	俄罗斯	5 879 206	5.4
波兰	5 325 426	5.5	波兰	5 752 504	5.3
世界	97 629 390	100.0	世界	108 667 721	100.0

数据来源：FAOSTAT，2016。

4. 硬质纤维板

硬质纤维板生产量前五大国家在2015年分别为中国、德国、俄罗斯、委内瑞拉和巴西（表10-14）。其中，中国仍是最大的硬质纤维板生产国，超过世界生产比例的50%；美国硬质纤维板排位有所上升，占据第4位；俄国超过美国成为第三大国；乌克兰超过巴西和委内瑞拉，成为第五大国。

表10-14 2011—2015年硬质纤维板生产排名前5的国家

地区	2011年		地区	2015年	
	消费量/m³	比重/%		消费量/m³	比重/%
中国	5 049 000	47.0	中国	6 113 000	51.3
德国	2 028 028	18.9	德国	2 313 219	19.4

(续)

地区	2011年		地区	2015年	
	消费量/m³	比重/%		消费量/m³	比重/%
俄罗斯	703 000	6.5	俄罗斯	492 000	4.1
委内瑞拉	385 000	3.6	美国	390 000	3.3
巴西	362 000	3.4	乌克兰	381 700	3.2
世界	10 737 488	100.0	世界	11 912 315	100.0

数据来源：FAOSTAT，2016。

2011—2015 年硬质纤维板消费排名前五大的国家见表 10-15。中国、德国分别为第一和第二大消费国。中国消费量有显著提升，在世界消费中占比已超过 50%。其余各国的消费情况变化较大，俄罗斯产量明显下降，降幅接近 50%。美国和乌克兰消费量有所增加，目前占据第三大和第五大消费国位置。

表 10-15　2011—2015 年硬质纤维板消费排名前 5 的国家

地区	2011年		地区	2015年	
	消费量/m³	比重/%		消费量/m³	比重/%
中国	4 735 868	43.1	中国	5 862 337	51.6
德国	1 038 919	9.5	德国	1 062 019	9.3
俄罗斯	773 241	7.0	美国	483 000	4.2
委内瑞拉	386 807	3.5	俄罗斯	429 315	3.8
巴西	280 571	2.6	乌克兰	358 380	3.2
世界	10 990 736	100.0	世界	11 370 480	100.0

数据来源：FAOSTAT，2016。

5. 中密度纤维板

中密度纤维板生产量占各种人造板总量的 24%，其中中国生产的中密度纤维板产量占世界生产总量的比重较高，接近 60%。2011—2015 年，世界中密度纤维板产量增长了 25%。其中，中国产量增长 27%，是世界第 1 大生产国；土耳其增长了 34%；巴西增长了 45%；波兰增长了 42%，超越了美国；美国增长了 16%，位于第 5 位。FAO 统计数据显示（表 10-16），2011—2015 年世界中密度纤维板生产前 5 大国基本保持不变，分别是中国、土耳其、巴西、波兰和美国。除波兰在这 5 年中超越美国，从世界排名第 5 位上升到第 4 位外，其余国家的排名均不变，且所占比重也保持稳定增长趋势。

表 10-16　2011—2015 年中密度纤维板生产排名前 5 的国家

地区	2011 年		地区	2015 年	
	消费量/m³	比重/%		消费量/m³	比重/%
中国	44 596 000	58.8	中国	56 826 000	59.9
土耳其	3 570 000	4.7	土耳其	4 777 000	5.0
巴西	3 040 000	4.0	巴西	4 398 000	4.6
美国	2 584 403	3.4	波兰	3 150 000	3.3
波兰	2 218 087	2.9	美国	3 001 000	3.2
世界	75 832 935	100.0	世界	94 887 244	100.0

数据来源：FAOSTAT，2016。

世界中密度纤维板消费大国依然是中国，中国不仅是中密度纤维板的生产大国，也是中密度纤维板的消费大国。中国主要依靠本国内的企业自产自销，中国生产的中密度纤维板很少出口，其消费总量占世界总量的58%。消费排名的第4位的美国中密度板消费量要高于生产量，说明美国本土生产的中密度纤维板不足以满足美国对中密度纤维板的需求（表10-17）。

表 10-17　2011—2015 年中密度纤维板消费排名前 5 的国家

地区	2011 年		地区	2015 年	
	消费量/m³	比重/%		消费量/m³	比重/%
中国	41 907 424	56.4	中国	53 933 530	58.3
美国	3 680 484	5.0	土耳其	4 487 752	4.8
土耳其	3 325 000	4.5	巴西	4 251 738	4.6
巴西	3 172 162	4.3	美国	4 218 930	4.6
波兰	1 818 645	2.4	波兰	2 495 348	2.7
世界	74 271 671	100.0	世界	92 531 708	100.0

数据来源：FAOSTAT，2016。

（四）纸和纸板

2015年纸和纸板（仅包含新闻纸、打印用纸和其他纸和纸板）生产量约为4.0亿t，较2014年增长1%，较2000年增长23%。2011—2015年纸和纸板生产结构变化如图10-9所示，纸和纸板的生产结构并没有明显的变化，总产量小幅度增加。

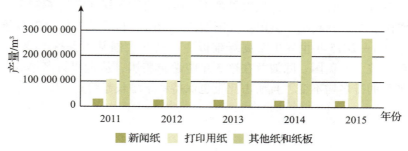

图 10-9　2011—2015 年纸和纸板生产结构变化

数据来源：FAOSTAT，2016。

2011—2015年亚洲消费纸和纸板所占比重最高，其次是美洲，之后是欧洲和非洲，大洋洲位于最后一位。纵观世界纸和纸板消费情况，整体变化不大，除亚洲和非洲消费量有所增加外，其余各洲的消费量有所减少。亚洲比重增加了2%，非洲比重增加了0.2%，美洲比重减少了不到1%，欧洲比重减少了不到1%，大洋洲比重增加了0.2%（表10-18）。

表10-18　2011—2015年世界纸和纸板消费

地区	2011年		2015年	
	消费量/t	比重/%	消费量/t	比重/%
非洲	7 058 644	1.8	8 153 254	2.0
美洲	105 656 356	26.5	103 112 337	25.9
亚洲	186 364 567	46.7	192 363 492	48.3
欧洲	95 338 648	23.9	90 437 369	22.7
大洋洲	4 736 014	1.2	4 377 922	1.1
世界	399 154 229	100.0	398 444 374	100.0

数据来源：FAOSTAT，2016。

2011—2015年，纸和纸板消费排名前5的国家分别是中国、日本、德国、印度和意大利（表10-19）。中国居首位，占世界生产比重的26.5%；日本和德国消费量略有下降，但降幅不明显；印度消费量有所上升，但所占比重变化不大。

表10-19　2011—2015纸和纸板消费排名前5的国家

地区	2011年		地区	2015年	
	消费量/m³	比重/%		消费量/m³	比重/%
中国	98 234 359	24.7	中国	103 857 428	26.5
美国	74 271 946	18.6	美国	70 283 290	18.0
日本	27 889 565	7.0	日本	26 884 900	6.9
德国	20 255 000	5.1	德国	20 084 042	5.1
印度	11 778 494	3.0	印度	12 015 571	3.1
世界	398 461 902	100.0	世界	391 322 942	100.0

数据来源：FAOSTAT，2016。

（五）木燃料

木燃料是原木的一种，主要指木炭和木颗粒，通过对无法进行工业加工的原木进行处理，作为替代燃料使用。木燃料的加工成本相对较高，但是作为天然可再生的替代清洁燃料，在资源利用上具有一定的优势。如图10-10所示，世界木燃料产量呈缓慢增长态势，除2011年略有下降外，其余各年产量均有所增加。2012年世界木燃料增长幅度最大，为1.5%。但是近年来随着木材产量增长放缓，木燃料产量的增长也逐渐放缓，2015年增长率仅为0.08%。

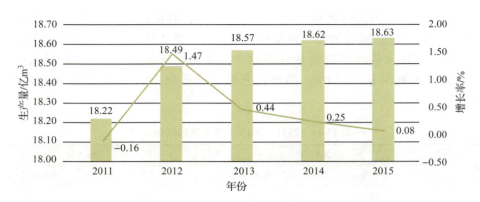

图 10-10 2011—2015 年世界木燃料生产量变化

数据来源：FAOSTAT，2016。

世界木燃料的主要生产地区是亚洲和非洲，5 年内世界木燃料生产量增加了 2.24%。亚洲和非洲在 2011 年总生产量占世界的 75%。到 2015 年，亚洲木燃料产量略有下降，非洲产量略有上升，两地区总产量占世界比重仍接近 75%，仍是世界最大的两个生产地。欧洲近年来鼓励对可再生能源的使用，促进了欧洲对木燃料的利用，促使欧洲产量有所增加。

如表 10-20 所示，印度是木燃料的生产大国，其次是中国、巴西、埃塞俄比亚和刚果（金）。木燃料生产大国主要集中在亚洲和非洲，这与该地区多数国家的劳动生产率低和木材利用率低等有着直接关系。

表 10-20 2011—2015 年木燃料生产排名前 5 的国家

地区	2011 年		地区	2015 年	
	消费量/m³	比重/%		消费量/m³	比重/%
印度	308 776 349	16.9	印度	307 172 633	16.5
中国	185 337 171	10.2	中国	175 533 914	9.4
巴西	113 175 000	6.2	巴西	118 123 000	6.3
埃塞俄比亚	102 609 380	5.6	埃塞俄比亚	106 748 244	5.7
刚果金	77 735 602	4.3	刚果金	81 288 841	4.4
世界	1 822 223 174	100.0	世界	1 863 211 479	100.0

数据来源：FAOSTAT，2016。

世界木燃料消费前 5 大国 2011—2015 年排名保持不变，但消费量略有变化。印度仍是木燃料的消费大国，排名第 1 位。印度和中国对木燃料的消费有所减少，其余各国的消费量均有所增加（表 10-21）。

表 10-21　2011—2015 年木燃料消费排名前 5 的国家

地区	2011 年		地区	2015 年	
	消费量/m³	比重/%		消费量/m³	比重/%
印度	308 781 002	16.9	印度	307 172 548	16.4
中国	185 339 572	10.1	中国	175 542 725	9.4
巴西	113 175 300	6.2	巴西	118 123 183	6.3
埃塞俄比亚	102 609 605	5.6	埃塞俄比亚	106 745 631	5.7
刚果金	77 735 602	4.3	刚果金	81 288 846	4.4
世界	1 827 677 813	100.0	世界	1 868 460 995	100.0

数据来源：FAOSTAT，2016。

二、世界木质林产品贸易

（一）木质林产品贸易概况

1. 工业原木

工业原木的国际贸易量相对较小，2015 年全球工业原木的贸易量为 1.2 亿 m³。全球工业原木的贸易总量和净贸易量近 5 年呈波动趋势，自 2010 年开始缓慢回升后，在 2012 年又下降了 4% 左右，随后的 2013 年又增加了 13% 左右，2014 年则又增加了 6%，到 2015 年下降了接近 3%。从区域来看，亚太地区是工业原木的净进口国，其他地区则是净出口国。北美和欧洲是主要的工业原木净出口国，其中北美地区 2015 年的工业原木净出口量比 2010 年净出口量相比增加了近 1 倍。

与其他林产品相比，工业原木的出口量相对较少，排名全球前 5 的工业原木生产国同时也是最大的工业原木消费国。中国是全球第二大工业原木消费国，位于美国之后。世界主要的工业原木进口国包括中国、德国、瑞典、奥地利和印度等。中国在 2015 年工业原木进口量增加 14.9%，是全球工业原木进口第一大国，原木消费量达 2 亿 m³，其中进口量（5 119 万 m³）约占消费量的 1/4。

2. 锯材

2015 年锯材的全球贸易量达 1.35 亿 m³，全球锯材贸易量自 2010 年以来一直缓慢回升，其中回升趋势最明显的地区是欧洲和北美。从净贸易量来看，全球 5 个地区的净贸易量在最近 5 年来都呈持续上升趋势。非洲和亚太地区是锯材净进口的两个地区，而欧洲和北美是主要的锯材净出口国，拉丁美洲和加勒比地区也是锯材净出口地区。

从国家层面来看，2015 年 5 个最大的锯材生产国为美国、中国、加拿大、俄罗斯和德国，这 5 个国家的锯材产量占全球总产量的一半以上，其中有 3 个国家（加拿大、俄罗斯和德国）也是主要的锯材出口国，其他 2 个主要的出口国是瑞典和芬兰。2014 年加拿大是最主要的出口国，锯材出口量达 3 079 万 m³，得益于美国市场的强劲复苏，这几年加拿大的锯材出口量一直稳步提升。另外，近 5 年来瑞典、芬兰和德国的锯材出口量相对稳定，而俄罗斯的锯材出口量则持续增加。

作为 2 个最大的锯材生产国，中国和美国也是 2 个最主要的锯材消费国。2014 年美国锯材消费量位居世界第一，达 9 510 万 m³；中国位居第二，为 9 423 万 m³。美国 2015 年的锯材消费量呈现微量增长，而中国的锯材消费量 2010—2015 年增加近 1 倍。2015 年，其他 3 个最主要的锯材消费国分别是德国、加拿大和日本。

从进口来看，中国 2011 年取代美国成为最大的锯材进口国，2015 年中国锯材进口量达 2 608 万 m³，美国为 2 449 万 m³。2015 年其他主要的锯材进口国包括英国、日本和埃及。2015 年这 5 个国家的进口总量达 6 853 万 m³（超过世界总量的 50%），并且这些国家的锯材进口量均占该国消费量的很大比例，例如中国锯材进口量占锯材消费量的 27%，美国是 25%，而日本高达 38%。

3. 人造板

自 2010 年以来，全球人造板贸易量逐步恢复，2014 年全球人造板贸易量同比增长了 4%，超过 8 000 万 m³，2015 年略有小幅减少，但是总量保持在 8 000 万 m³ 左右。

欧洲和亚太地区主导着人造板的国际贸易，2015 年这 2 个地区占据了全球接近 80% 的总进口量和总出口量。自 2010 年以来，这 2 个地区的进口量和出口量都大幅增加。与 2010 年相比，虽然 2015 年北美的人造板出口量和进口量均有所增加，但是仍低于 2008 年金融危机之前的水平。在欧洲内部，西欧已经逐渐成为人造板的净进口地区，而东欧成为了净出口地区之一，主要是源于欧洲内部各国之间人造板贸易量的增加。

2015 年前 5 位的人造板出口国包括中国、加拿大、德国、俄罗斯和马来西亚，5 个国家的出口量合计达 3 772 万 m³（占全球出口量的 44%）。2010—2015 年，马来西亚的人造板出口量下降了 18%，而除中国和加拿大的人造板出口总量分别增加了 15% 和 45%。

美国是 2015 年最大的人造板进口国，进口量达 1 156 万 m³，其后是德国、日本、加拿大和英国。2015 年前 5 位国家的人造板总进口量达 2 768 万 m³，占据全球总进口量的 36%。2010 年以来，这 5 个国家的人造板进口量都呈增长趋势。其中美国、英国的人造板进口量的增长最快，而德国、日本和加拿大的增长相对稳定。

4. 纤维原料（主要包括木片、木浆、废纸等纤维原料）

2015 年，纤维原料的国际贸易量约占全球产量的 1/4，并且贸易量仍在逐步增加（从 2010 年的 9 900 万 t 至 2015 年的 1.16 亿 t，约增加了 11%）。2010—2015 年，纤维原料的净贸易量也稳步增加。亚太地区是唯一的纤维原料净进口地区，北美地区是纤维原料的主要净出口地区。

从国家层面来看，巴西的纤维原料生产量和出口量同时增加，该国大力发展速生林使其在木浆生产方面更具竞争力，也使得巴西在 2014 年首次超过加拿大成为全球第 1 大纤维原料生产国。2010—2015 年出口量增长显著的国家包括智利和巴西，而加拿大和日本的出口量变化不大，只有美国的木材纤维原料出口量在经历了 2010—2011 年的增长之后，到 2014 年回归至 2010 年的水平。其中，2010—2015 年智利和巴西纤维原料出口量大幅增加的主要驱动力是国内木浆制造业的快速发展，而美国和日本纤维原料出口的主要驱动力则是废纸出口。

5. 纸和纸板

与纤维原料相近，全球纸和纸板的贸易量也大约占全球总产量的 1/4。2010—2015 年，全球纸和纸板的出口量稳定在 1.1 亿 t 左右，变化不大。可以看出，全球纸和纸板需求的变化（主要是亚太地区需求上升，而欧洲和北美地区需求下降）对木质纤维原料国际贸易的影响要远远大于对纸和纸板国际贸易的影响。从净贸易量来看,欧洲、北美、亚太地区、拉丁美洲和加勒比海地区以及非洲是净进口地区。

2015年,全球5个纸和纸板最大的出口国是德国、美国、芬兰、瑞典和加拿大,各国的出口量相似(760万~1 350万t)。2015年,这5个国家的总出口量达5 208万t,比2014年略有下降。2010—2015年,美国纸和纸板出口量呈上升趋势,增幅达到2.3%;而其他4个国家的出口量维持不变或有所下降,尤其是加拿大,出口量下降了17%。

2015年,5个最大的纸和纸板进口国为德国、美国、英国、法国和意大利。2010—2015年,这5个国家的纸和纸板年度进口量稳定在3 600万~3 900万t,2015年总产量略有下降;德国、英国和法国均出现下降趋势,其他国家的进口量则维持稳定状态。进口集中度较低是纸和纸板国际贸易的显著特点,前5位进口国的进口量仅占2015年全球进口总量的33%。

6. 木质家具

根据位于意大利的家具行业研究协会CSIL的统计数据,2015年全球家具贸易总额约为1 400亿美元,家具进口大国包括美国、德国、法国和英国,而家具出口大国包括中国、意大利、德国、波兰和美国。中国已经取代意大利成为全球家具第一大出口国,意大利则退居第二。全球家具贸易总额变化趋势详见图10-11。

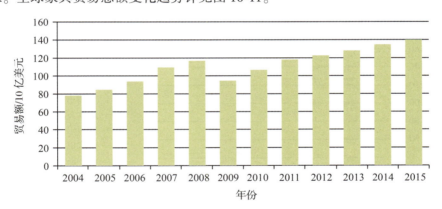

图10-11　全球家具贸易总额及2015年预测值(CSIL分析数据)

就家具生产来看,2015年唯一一个实现家具产值增长的地区是亚太地区,而北美、欧洲则出现停滞或下滑现象,南美、中东和非洲家具生产总值则处于稳定状态。其中,中国在2010—2015年家具总产值翻了一番。2014年,中国家具产量占全球家具生产总量的份额已经超过了50%。同时,美国和印度家具生产总值增长有所放缓,德国家具生产则处于停滞状态,意大利呈现下滑的趋势。另外,值得关注的是越南作为家具出口国地位的转变,2014年越南的家具出口额已经从全球第15位跃升到第6位。

根据CSIL的数据,2015年全球家具贸易以区域内贸易为主,这一点在欧洲尤为突出。在欧盟以及挪威、瑞士和冰岛,接近76%的家具贸易发生在该区域内国家之间,仅24%涉及区域外。在北美地区(美国、加拿大和墨西哥)约有27%的家具贸易发生在这3个国家之间,而73%贸易是与同该区域之外的国家。在亚太地区,约有39%家具贸易发生在本地区之内,特别是印度对于中国的家具进口依赖日益加重,而61%的贸易是与该区域之外的国家。

(二)林产品国际贸易流向分析

1. 世界林产品主要贸易流向(按贸易额计算)

根据 FAO2016 年的数据,综合各种木质林产品的贸易额,可以得出 2010—2014 年全球林产品贸易的主要流向如图 10-12 所示。从图中可以看到,北美自由贸易区的林产品贸易往来高度发达,加拿大对美国林产品出口的贸易额自 2010 年以来一直超过 100 亿美元,遥遥领先于其他的贸易流向。与此同时,中国作为林产品贸易大国的地位不断攀升,前 6 大林产品贸易流向中除美加之间贸易之外,其余均为中国的进口流向。

从贸易额来看,2010—2014 年加拿大出口美国的林产品贸易额一直居全球首位,2014 年位居全球林产品贸易流向第 2 至第 6 位的分别是美国出口中国、加拿大出口中国、美国出口加拿大、印度尼西亚出口中国和俄罗斯出口中国。值得注意的是,印度尼西亚出口中国林产品贸易额于 2013 年异军突起,超越了俄罗斯对中国的出口,从 2010—2012 年的 15 亿美元左右迅速攀升至近 30 亿美元,然而在 2014 年出口额又有所下降,接近 2012 年的水平。

从时间序列来看,2010 年后随着金融危机后的世界经济缓慢复苏,各主要国家的林产品贸易额基本都呈上升和平稳态势,只有美国出口加拿大的林产品贸易额呈下降趋势;此外,美国出口中国和加拿大出口中国的林产品贸易额增长最为明显,显示北美已日益成为中国最重要的林产品贸易伙伴;而同期俄罗斯出口中国的林产品贸易额波动较大,2013 年出口中国贸易额相比 2012 年减少了 5 亿多美元,2014 年又有所回升。

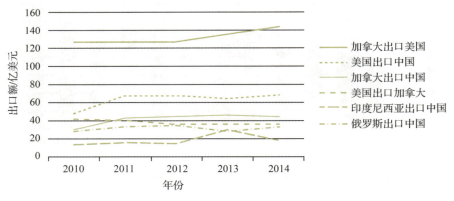

图 10-12　2010—2014 年全球林产品贸易主要流向

数据来源:FAOSTAT,2016。

欧洲国家如瑞典、芬兰、德国、奥地利等为世界林产品大国,但其林产品贸易流向多在区域内国家进行,其贸易额受其经济体量限制,虽不如亚太地区国家繁盛,但主要贸易流向如瑞典、芬兰对德国的出口等在 2010—2014 年也能达到 20 多亿美元,其余主要贸易流向也均超过 10 亿美元,如奥地利、法国对德国的出口等。

2. 工业原木贸易流向

(1)针叶原木流向。根据 FAO 的数据,2010—2014 年全球工业原木(针叶材)主要贸易流向如图 10-13 所示,可以看出中国是最主要的针叶原木进口国,中国进口针叶原木最主要的贸易伙伴包括新西兰、俄罗斯、美国和加拿大。2010—2014 年,从贸易量来看,俄罗斯出口中国的针叶原木量波动较大,在 2011 年上升至新高后下降;新西兰、美国和加拿大出口中国的针叶原木贸易量则不断上升,尤其新西兰与中国的针叶原木贸易量上升最为显著,从 2010 年的 629 万 m³ 增长到近 1 326 万 m³,到 2013 年已经超过俄罗斯对中国的针叶原木出口量,成为第 1 大贸易流向。美国出口加拿大的针叶原木贸易量呈缓慢下降趋势,至 2014 年已经落后于加拿大出口中国的针叶原木量,成为第 5 大贸易流向。值得注意的是,全球针叶材的贸易流向变动在 2010 年之后越来越集中于出口到中国。

(2)非针叶原木流向。图 10-14 显示了 2010—2014 年全球非针叶原木前 5 大贸易流向的变动情况,可以看出,前 5 大流向中出口国为南太平洋国家和东南亚国家,而进口国为中国和印度其中巴布亚新几内亚出口中国的非针叶原木量自 2010 年后独占鳌头,其后 4 年以来一直稳居首位;同期所罗门群岛出口中国的非针叶原木量也迅速增加,贸易流向达到最高增速,对中国的出口量到 2014 年已仅次于巴布亚新几内亚,成为全球非针叶原木第 2 大贸易流向。2011 年,受统计数据影响,马来西亚出口中国和印度以及巴布亚新几内亚和所罗门群岛出口中国的非针叶原木量大幅减少,之后数年基本恢复原先水平。

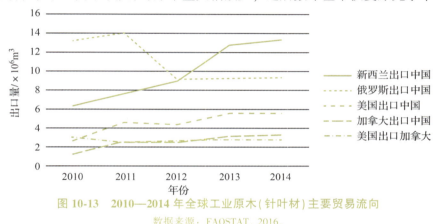

图 10-13 2010—2014 年全球工业原木(针叶材)主要贸易流向

数据来源:FAOSTAT,2016。

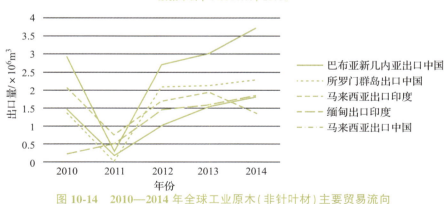

图 10-14 2010—2014 年全球工业原木(非针叶材)主要贸易流向

数据来源:FAOSTAT,2016。

3. 锯材贸易流向

(1)针叶锯材流向。全球针叶锯材贸易流向如图 10-15 所示,2010—2014 年加拿大一直是全球针叶锯材最重要的出口国,美国、中国和日本则是主要的出口目的国。

其中,加拿大对美国的针叶锯材出口是最主要的贸易流向,2010—2014 年基本稳定在

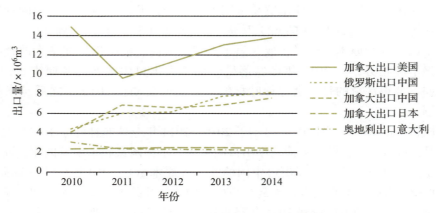

图 10-15 2010—2014 年全球针叶锯材主要贸易流向

数据来源：FAOSTAT，2016。

1 000 万 m³ 以上（除 2011 年出口量为 954 万 m³ 外）；俄罗斯和加拿大对中国的针叶锯材出口量则增长迅速且增长态势相近，到 2014 年已分别成为全球针叶锯材的第二大和第三大贸易流向，分别达 801 万和 751 万 m³；加拿大对日本、奥地利对意大利的针叶锯材出口量虽分别为第四和第五大贸易流向，但是出口量 5 年间变化不大，基本稳定在年出口量 220 万 m³ 左右的水平。

（2）非针叶锯材流向。全球非针叶锯材贸易流向如图 10-16 所示，可以看出，2010—2014 年泰国、美国、俄罗斯、马来西亚、印度尼西亚是全球非针叶锯材最主要的出口国，中国是最主要的出口目的国。2010—2014 年全球主要非针叶锯材贸易流向变化主要有两个特点：一是非针叶锯材贸易主要流向的目的地几乎都为中国，且增长迅猛；二是 5 年间非针叶锯材的主要贸易流向变动较大。在 2010 年，全球非针叶锯材最大的贸易流向是美国对中国的出口，贸易量达 73 万 m³，之后一路攀升，到 2014 年再次超越泰国对中国的出口量，成为了全球非针叶锯材第 1 大贸易流向；泰国出口中国的非针叶锯材贸易量 2010 年以后迅速上升，但 2013 年对中国非针叶锯材出口的下降使其成为全球第二大非针叶锯材贸易流向；2010 年排名第 5 的印度尼西亚对中国的非针叶锯材贸易量在 2011 年迅速上升，在经历小幅波动后，到 2014 年位居第四大贸易流向，达 53 万 m³。

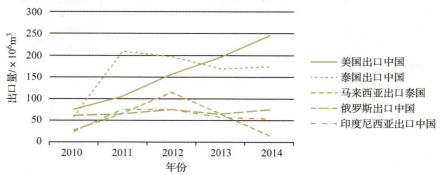

图 10-16 2010—2014 年全球非针叶锯材主要贸易流向

数据来源：FAOSTAT，2016。

4. 人造板贸易流向

（1）胶合板贸易流向。全球胶合板贸易流向如图 10-17 所示，可以看出，中国占据非常重要的地位。例如，2014 年全球胶合板前五大贸易流向中，除马来西亚对日本的出口外，其余均是中国对欧美日的出口，特别是中国对美国胶合板出口量基本上在 2010—2014 年每年均都保持在接近 150 万 m^3 或以上。2010—2014 年，全球胶合板贸易量波动较大，其中中国出口美国和马来西亚出口日本是全球胶合板最主要的两个贸易流向，这两大贸易流向在 2011 年和 2014 年出现了 2 次低点，而这两大贸易流向的贸易量高点出现在 2010 年。

从国别来看，中国和马来西亚是全球胶合板最主要的出口国，而日本、美国、加拿大和英国是最主要的胶合板进口国。其中，日本是世界上重要的胶合板进口地，2014 年全球胶合板前十大贸易流向中第 2、3、5 这三大贸易流向的目的地都为日本。2011 年以后，全球主要的胶合板贸易流向都呈现持续上升的态势，表明主要出口目的地（美国、日本、韩国和英国）随着经济的逐步复苏，胶合板需求量稳定上升。

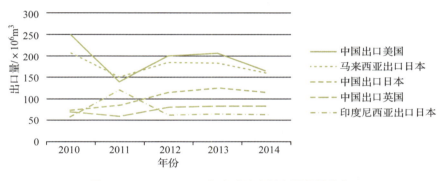

图 10-17　2010—2014 年全球胶合板主要贸易流向

数据来源：FAOSTAT，2016。

（2）纤维板贸易流向。全球纤维板贸易流向如图 10-18 所示，美国既是纤维板进口大国，同时也是出口大国。此外，加拿大、中国和德国是全球纤维板最主要的出口国，法国、加拿大和沙特则是最主要的纤维板进口国。

2010—2014 年，全球纤维板主要贸易流向变化较大，除了上图所标注的 4 大贸易流向外，中国对沙特阿拉伯、新西兰对日本的出口量也颇为可观。2014 年，排名第 1 的加拿大对美国的纤维板出口量为 55 万 m^3，同年出口量还超过 40 万 m^3 的还有中国对美国的出口。随着欧盟经济的复苏，德国出口法国的纤维板贸易量在 2010 之后持续上升，但到 2013 年后又落后于加拿大和中国对美国的出口，到 2014 年逐年拉开差距。另外，根据 FAO 的统计，除美国出口加拿大在 2011 年波动较大，德国出口法国在 2013 年开始持续下滑外，纤维板贸易流向排名靠前的基本都在 30 万 m^3 以上，显示出相对均衡的贸易发展态势。

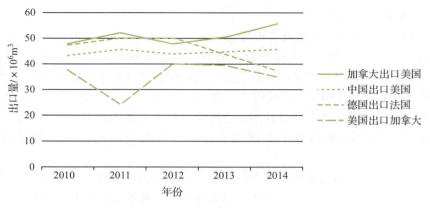

图 10-18　2010—2014 年全球纤维板主要贸易流向

数据来源：FAOSTAT，2016。

（3）刨花板贸易流向。全球刨花板在 2010—2014 年间最主要的贸易流向就是加拿大对美国的刨花板出口（图 10-19），每年的贸易量几乎都在 200 万 m^3 以上（仅有 2011 年为 198.8 万 m^3），5 年来一直占据全球刨花板贸易流向的第 1 位。其他排在全球第 2 至第 5 位的刨花板贸易流向的年度贸易量均未超过 100 万 m^3，并且 5 年来均呈现稳步微升趋势。其中，3 个是欧洲国家之间的贸易，法国、奥地利和捷克是刨花板出口国，均流向德国；另一个则是亚洲国家之间的贸易，泰国是刨花板出口国，流向目的地为韩国。

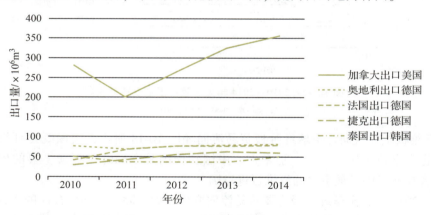

图 10-19　2010—2014 年全球刨花板主要贸易流向

数据来源：FAOSTAT，2016。

（4）单板贸易流向。2010—2014 年，全球前五大单板贸易伙伴的贸易量波动很大，其中最大的特点是越南作为重要单板出口国家迅速崛起（图 10-20）。

加拿大出口美国的单板贸易量虽然在 2010 年和 2013 年间出现波动，但整体来看，在此期间在全球单板贸易流向中仍占据主导地位，2014 年保持着全球单板贸易流向第 2 位的位置。马来西亚和越南对中国、越南对印度以及俄罗斯对日本的单板出口量在 5 年间均从很小的基数增长到 10 万 m^3 以上，特别是越南出口中国的单板量从 2010 年的不到 2 万 m^3 激增到 2014 年的 65.7 万 m^3，成为 2013 年全球最主要的单板贸易流向；马来西亚出口中国的单板量则在 2010 年骤增后缓慢下降，2014 年占据全球单板贸易流向的第 4 位；俄罗斯出口日本的单板贸易量波动也很大，从 2009 年的 4 万 m^3 骤增至 2011 年的 20.3 万 m^3，

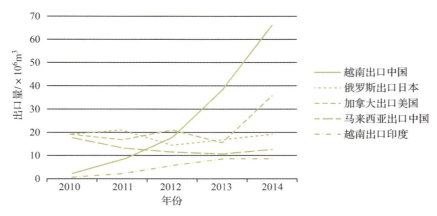

图 10-20 2010—2014 年全球单板主要贸易流向

数据来源：FAOSTAT，2016。

其后到 2012 年又回落至 14.2 万 m³，到 2014 年又回升到 19.1 万 m³，占据全球单板贸易流向的第 3 位；越南出口印度的单板从 2010 年的几乎可以忽略不计迅速上升至 2014 年的 8.8 万 m³，在全球单板贸易流向中排第 5 位。

5. 木浆贸易流向

2010—2014 年全球木浆前五大贸易流向主要在几个国家之间发生，主要的出口国是加拿大、美国、巴西和印度尼西亚，主要进口国则是中国（图 10-21）。

2010—2014 年，五大纸浆贸易伙伴的贸易量波动较大，其中最显著的是 2011 年加拿大对中国出口激增和同年巴西、美国对中国出口量的锐减。从图 10-21 可以看出，中国对全球纸浆的需求分布直接影响了纸浆贸易流向，2010—2014 年，除了巴西之外，加拿大、美国和印度尼西亚对中国纸浆的出口量虽然 5 年间有一定反复，但在 2014 年均比 2010 年有更高的出口量，均超过了 200 万 t。不过图中未能完全展示的重要木浆贸易流向还有智利对中国的出口和巴西对美国的出口，这 2 个流向在过去 5 年间稳步上升。

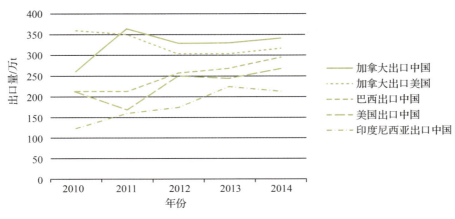

图 10-21 2010—2014 年全球木浆主要贸易流向

数据来源：FAOSTAT，2016。

6. 新闻纸贸易流向

全球新闻纸的主要贸易流向如图 10-22 所示，加拿大对美国的新闻纸出口占据全球新闻纸贸易流向的绝对主导地位，比另外 4 个贸易量高出一个数量级，以百万吨计，在近 5 年来有明显的波动，但是总量基本保持在 220 万 t 左右。另外，加拿大也是全球新闻纸贸易流向中最为重要的出口国，2014 年新闻纸贸易流向的前 3 名均为加拿大出口他国，分别为美国、印度和巴西。另外值得注意的是，印度日益成为重要的新闻纸进口国。

2010—2014 年，各贸易国出口量变化波动明显，除加拿大出口巴西一直呈现上升趋势外，其余出口情况均呈现微下滑态势。

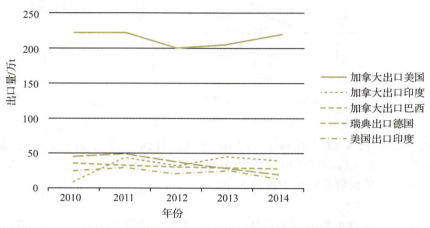

图 10-22　2010—2014 年全球新闻纸主要贸易流向

数据来源：FAOSTAT，2016。

7. 木片

全球木片的贸易流向主要是从越南、澳大利亚等生产国流向中国和日本。从图 10-23 中可以看到，2010—2014 年越南对中国的木片出口量增长极为迅速，2012 年就已成为全球第 1 位的木片贸易流向，2013 年大幅增长，到 2014 年有微量下降；增长迅速的还有越南对日本的木片出口，其出口量从 2010 年的 220 万 m^3 上升到 2014 年的 390 万 m^3，成为第三大贸易流向，充分显示了越南成为世界主要木片出口国的地位；澳大利亚和智利对日本的出口 5 年间表现稳健，2014 年分别为全球木片第二和第四大贸易流向；澳大利亚出口中国的木片贸易量 5 年来同样整体稳步上升，2014 年为第五大贸易流向。

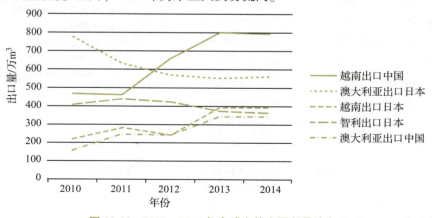

图 10-23　2010—2014 年全球木片主要贸易流向

数据来源：FAOSTAT，2016。

(三)木质林产品生产与贸易的影响因素

1. 资源禀赋

(1)自然资源。世界森林主要集中在南美、俄罗斯、中非和东南亚。这4个地区占世界森林总面积的60%,其中俄罗斯、巴西、印度尼西亚和刚果(金)森林面积占世界总面积的40%。

美洲和欧洲是世界森林资源较丰富地区,森林蓄积量也相对较高。这些地区的木材生产量也较其他地区较高。木材产量中最重要的一点就是木材资源的可获取程度,也就是森林面积和森林蓄积量。

相比之下,在欠发达国家的农村地区,木质能源通常是唯一的能源来源,对贫困人口来说尤其重要。同样在这些地区,使用林产品建造房屋来满足基本住房需求对于人们而言尤为重要,特别是在那些林产品是他们最能支付得起的建筑材料的地方。许多发达国家也大量使用木材来满足这些需求,例如增加木质能源的使用量。

一次能源总供应量中木质能源所占比重在非洲为27%,拉丁美洲及加勒比为13%,亚洲和大洋洲为5%。然而,为了减少对化石燃料的依赖,发达国家也开始越来越多地使用木质燃料。例如,欧洲和北美洲现在约有9 000万人将木质能源作为家庭供暖的主要来源。

森林对粮食安全和健康的主要贡献之一是木质燃料用于烹饪和净水。据估计,世界上约有24亿人使用木质燃料烹饪,占欠发达国家人口总数的40%。此外,其中7.64亿人也可能使用木材烧水。可食用非木质林产品也在一定程度上为许多人提供了粮食安全保障和必需的营养来源。

(2)劳动力成本。世界林产品生产尤其是对木材的简单初加工主要集中在亚洲地区,其次是欧洲和美洲。结合比较优势理论可以看出,亚洲较多国家主要是劳动力密集型产业结构的国家,劳动力成本优势较明显,主要对木材进行简单粗加工。通过对上述数据的统计可以看出,木材、人造板、纸和纸板以及木燃料的生产大国同时也大多都是消费大国。其中中国是最大的生产和消费国。

2010—2014年,中国锯材进口量增速较快,人造板中的单板、胶合板、刨花板、纤维板、中密度纤维板,以及纸和纸板的生产和消费量均居世界首位。同时中国也是薪炭材和木燃料的生产与消费大国。

木材生产国家主要集中在木材资源具有优势的地区,林产品的生产加工主要集中在发展中国家。发展中国家的劳动力成本相对较低,产业结构主要为劳动密集型结构。

2. 经济状况

2014年,全球经济增长缓慢。世界银行数据表明,2014年世界经济增长2.6%,增速比上年小幅加快0.1个百分点,其中发达经济体经济运行分化加剧,发展中经济体增长放缓。

在这样的背景下,世界贸易低速增长。据联合国统计数据,2014年世界贸易量仅增长3.4%,虽略高于上年的增长率3%,但大大低于国际金融危机前约7%的平均水平。究其原因主要是全球需求不足。一方面,全球进口需求增长乏力。2012—2013年全球贸易量增速连续2年低于经济增速,2014年贸易量增速也仅比GDP增速快0.8个百分点,与国际金融危机前5年贸易量快于GDP增速1倍形成了强烈反差。另一方面,在内需不振的情况下，各国均致力扩大出口，竞争性货币贬值的诱惑力增大，国际竞争趋于激烈。同时，全球贸易保护主义抬头，区域贸易自由化有取代全球贸易自由化之势。另外，2014年国际金融市场在年初出现一波震荡以后，一直处于相对稳定的状态。到了下半年，特别是第四季度出现了大幅波动，涉及股市、汇市等多个领域。此外，俄乌冲突、中东局势等地缘政治形势恶化，一方面造成了该区域的不稳定性，使国际投资、资本撤离该地区；另一方面，西方和俄罗斯经济上的制裁与反制裁，也打压投资者信心，抑制各自的进口需求和相互间的贸易，使欧洲和俄罗斯不稳固的经济雪上加霜。2014年埃博拉疫情的扩散也使相关地区的交通、旅游等行业遭受损失。

因此，2014年世界经济仍处在国际金融危机后的深度调整过程中，各国深层次、结构性问题没有解决，人口老龄化加剧、新经济增长点尚在孕育、内生增长动力不足，加上国际金融市场再起波澜和地缘政治等非经济因素，都制约着经济的发展，世界经济复苏依旧艰难曲折。

虽然北美和欧洲的房地产业持续恢复，但是仍未从全球金融危机中完全恢复过来。俄罗斯的房地产业也稳步提高，2014年兴建的住宅数量更是达到历史新高。由于经济萧条以及潜在的国际危机，欧洲大多数国家整体的房地产业仍然处于缓慢甚至停滞不前的状态，而且预计直到2017年，德国、法国、意大利、英国和西班牙才会形成最大的建筑建造和改造联合市场。美国的房地产市场还没有完全恢复。2014年虽然多户住房的许可数量和开工数量大幅增加，但是独栋住房的开工量仅为历史平均水平的60%。新房屋的销售增加，但是仍远低于2008年危机之前的水平。预计2016年美国房地产的改善将更加显著。加拿大的房地产市场在2014年保持平稳，预计在2016年开工量和销售量都会逐渐好转。俄罗斯联邦2014年的住宅完成量为108万套，达到历史新高，同比增长20.3%，住宅面积增长18.6%。并且2015年1~5月的住房完成量比2014年同时期高出了几乎25%。

3. 政策法规

（1）原木出口限制政策。各国对原木出口的管理政策在很大程度上影响了世界林产品生产。越来越多的资源国加入到禁止原木出口的行列，多国出台禁令或者限制木材出口。例如，俄罗斯以及南美洲、非洲、东南亚国家逐渐意识到了本国木材加工业的重要性，纷纷采取各种保护措施减少木质原材料出口。

2015年3月，保加利亚议会批准了一项为期3个月的原木出口暂停令，其目的是为森林法修正案争取时间。此次修订的新森林法旨在减少非法采伐，减少原木出口。2015年4月，乌克兰议会通过一项禁止出口未加工原木的立法提案，其目的是防止非法采伐森林，减少行业腐败，并鼓励国内木材加工行业的发展。对于除了松树以外的所有树种，该禁令将于2016年1月1日生效；针对松树的禁令将于2017年1月1日生效。2015年5月，罗马尼亚政府宣布计划颁布一项针对未加工原木出口的临时紧急禁令，以防止森林非法采伐。2015年5月20日，白俄罗斯总统签署了第211号法令，限制出口销售木浆、单板、原木、锯材，其目的是促进国内木材加工业的发展。该法令于2016年1月1日生效。除此之外，加蓬从2010年1月宣布了禁止原木出口的禁令，缅甸从2014年4月1日开始实施原木出口禁令。

由此可见，已经有越来越多的国家正在考虑实施或者已经实施木材出口禁令，今后原木的国际贸易将受到越来越多的限制。

(2)环境政策。首先在森林认证方面,截止到2015年5月,全球通过森林管理委员会(FSC)和森林认证体系认可计划(PEFC)认证的森林面积大约是4.465亿hm^2,占全球森林面积的10.9%(FSC,2015;PEFC,2015)。与上一年相比,认证的森林面积增长减缓,并且各认证体系都在积极探索新的、多样化的认证方案,以便满足监管需要和各利益方的需求。与此同时,尽管认证的森林面积增长正在放缓,但森林认证在俄罗斯联邦地区、热带地区,特别是南半球仍有巨大的增长潜力。但是在这些地区实现认证森林面积的大幅度增长可能不太现实,需要考虑采用更为多样化的、新的方法来推广认证。例如,如果认证体系可以同时作为确保森林可持续经营、监控非法采伐和提供市场收益的一揽子计划,可以将森林认证纳入REDD+机制中。

其次,在碳交易政策方面,2014年在秘鲁首都利马举行了《联合国气候变化框架公约》(UNFCCC)缔约方第20届大会,此次大会是4次谈判中的第3次;而第4次已于2015年在巴黎举行,在巴黎气候变化大会上UNFCCC缔约方会通过了《巴黎议定书》来取代《京都议定书》。同时,欧盟和其会员国已经承诺从1990年到2030年减少国内温室气体排放量的最小值为40%。欧洲委员会将在2015—2016年向理事会和欧洲议会递交关于执行2030年气候和能源框架的立法建议书,建议书包括贸易和非贸易排放。目前,欧盟排放贸易体系占世界碳排放市场的主导地位,占有的数量超过80%,占有的价值达90%(Climate News Network,2014)。但是过度供给和2014年的碳价下跌影响了市场的稳定和其减排能力。根据欧洲委员会统计,2014年在系统中累计剩余未出售的碳量超过21亿t,这一数字超过了一年的供应量,导致价格急剧下跌。2014年年初,欧洲委员会发布了欧盟排放贸易体系的市场稳定储备立法建议书,以确保委员会可以按照预先设定好的规则去增加或减少碳供应(Yougova,2015)。森林作为陆地生物固碳的主体,碳交易政策必将会影响木材生产及其林产品的国际贸易。

再次,在绿色建筑政策方面,现在整个欧盟通过立法措施来提高建筑的能源效率,促使节能型建筑市场增长迅速。欧洲各国在节能型建筑上的年度投资在2014年为414亿欧元(560亿美元),一些欧洲国家还建立了新建筑使用木材的最小消耗指标。欧洲委员会还将和利益相关者一起合作开发一个核心指标框架,其中包括如何评价欧盟建筑整个生命周期的环境绩效(UNECE,2015)。另外,欧盟国家大力推行ECO平台,该平台为欧洲的建筑类环境产品声明提供了一个通用框架,旨在协调各国的环境产品声明系统。截止到2015年6月,包括木质板材和胶合板在内,该平台共计发布了180份环境产品声明。在美国,大多数房子使用木材建造。LEED是由美国绿色建筑协会(USGBC)设立的一个价值评级和认证计划。USGBC成员在2013年6月通过了LEED的第4版。此次修订将绿色建筑以规范为基础更改为以绩效为基础,更强调使用基于系统生命周期评估的工具和信息。截止到2014年,美国已有超过57 000个商业项目参加到LEED认证计划中来。据估计,在美国的多户住宅、低层住宅的建设和改造中最大化使用木材可以每年存储大概2 100万t的二氧化碳(Howe等,2015)。

(3)贸易谈判。2013年7月,欧盟和美国开始了跨大西洋自由贸易区谈判。目前,美欧的跨大西洋贸易与投资伙伴协议(TTIP)依然在谈判之中。TTIP旨在削弱广泛的经济贸易壁垒,更好地促进双方贸易与服务的发展。2015年4月,美国国会在贸易优先和责任法案方面取得了进展,旨在促进此类贸易协议的发展。欧盟与加拿大于2014年9月结束了谈判，签订了《综合经济和贸易协定》。目前正对协议文本进行法律审查，然后将其翻译成欧盟官方语言。但该协定的实施还需要经过欧盟委员会理事会的批准。

跨太平洋伙伴关系协定（Trans-Pacific Strategic Economic Partnership Agreement，TPP）的谈判起源于早期的"太平洋四国"的优惠贸易协定。在 20 世纪 90 年代的亚太经合组织非正式会议上，美国、澳大利亚、新加坡、智利和新西兰 5 国将其发展为新型的自贸协定。2005 年 6 月，初步形成了协定文本草案，并定名为"跨太平洋伙伴关系协定"，也被称作"经济北约"，是一个区域性的多边自由贸易协定，其主旨在于降低关税壁垒，全面开放市场。2015 年 10 月 5 日，跨太平洋伙伴关系协定终于取得实质性突破，美国、日本和其他 10 个泛太平洋国家成功结束谈判，达成贸易协定，这 12 个参与国合计占全球经济的比重达到了 40%。

随着跨太平洋伙伴关系协定的形成，会进一步促使世界林产品生产与贸易格局进行调整，通过贸易流向的变化促进成员国的林产品生产和消费，抑制成员国对非成员国林产品的进口，导致非成员国林产品生产量的下降。

（4）贸易政策。加拿大和美国之间的《美加针叶材协议》有效期 2012 年 1 月延长至 2015 年 10 月 12 日。该协议自 2006 年签订以来解决了两国的木材交易关税问题。随着近年来美国住房市场的复苏，对针叶材需求日益增长，协议相关条款的冲突也日益加剧，两国已决定在 2 年内完成修订。

2014 年以来，俄罗斯联邦共制定了 40 多项森林政策法规，其中最重要的是有关木材监测系统（EGAIS）的政策和法规。该监测系统于 2014 年颁布实施，规定自 2014 年 7 月起，所有的木材运输都要有支持文件来记录木材的来源；2015 年 7 月以后，木材贸易商必须通过电子表格来注册交易，原木买家能够通过在线访问获取原木信息。另外，联合国欧洲经济委员会（UNECE）关于森林及林业的第 72 届会议于 2014 年 11 月在俄罗斯的喀山举行，这对俄罗斯林业是一件举足轻重的大事。本次会议的主题包括森林对绿色经济的贡献、国内外市场对木材的需求、解决气候问题的可持续森林管理方式。

世界银行于 2015 年 3 月贷款给白俄罗斯 4 071 万美元，以支持发展新兴的林业项目，以便提高营林管理水平，扩大造林和再造林，促进采伐剩余物的利用，提高森林对可持续发展的总体贡献。该项目还从全球环境基金会得到了 274 万美元的资助。俄罗斯和世界银行于 2014 年 2 月也开始实施一个新的联合项目，其目标是在选择的森林生态系统中改善森林管理，提高森林防火和灭火能力。

（5）法律法规。截止到 2015 年，欧盟森林执法、施政和贸易行动计划（FLEGT）已经实施了 12 年。FLEGT 行动计划的一个关键产出就是欧盟与热带木材供应国签订自愿伙伴关系协议（VPA）。截止到 2014 年 5 月，欧盟已经与 6 个热带木材供应国（喀麦隆、中非共和国、刚果、加纳、印度尼西亚和利比里亚）签订了自愿伙伴关系协议，另外有 9 个国家正在与欧盟开展自愿伙伴关系协议谈判，还有 11 个国家也表示了签署自愿伙伴关系协议的兴趣。但是目前 FLEGT 证书的颁发仍面临着技术和政治层面的挑战。为了确保中小型企业利益相关者的接受以及公平的市场准入，欧盟决定继续延迟发放第 1 个 FLEGT 证书。印度尼西亚 2017 年初成为第 1 个出口具有 FLEGT 证书木材到欧盟的国家，加纳则有望成为第 2 个。

《欧盟木材法规》（EUTR）自 2013 年 3 月 3 日生效以来，到 2015 年已经实施了 2 年，并建立了 EUTR 主管机构和制裁制度,对欧盟运营商进行了检查。截至 2015 年 5 月 31 号,28 个欧盟成员国中有 23 个已经履行了对运营商检查的法律义务,其余 5 个成员国(希腊、匈牙利、波兰、罗马尼亚和西班牙)仍未履行。另外,为了确保 EUTR 的顺利实施,扩大了监测机构的数量,由 2014 年 1 月的 3 个增加到 2015 年 5 月的 11 个。欧盟正在进行对 FLEGT 行动计划和 EUTR 实施 2 年效果的审查,评估结果表明:①FLEGT/VPA 进程改善了森林管理,但如果将社会经济发展目标包含在内将会更加成功;②减少了非法木材产品的出口,讨论相同来源国合法出口木材的价格;③增强了对非法采伐的意识;④还需要开展更多的研究以验证是否由于 FLEGT 行动计划和 EUTR 降低了非法采伐水平;⑤EUTR 实施仍然面临很多挑战,特别是需要加强与产业界的合作;⑥中国、日本和美国是 EUTR 成功的重要核心伙伴;⑦需要让中小企业参与到市场机遇中来。

《雷斯法案》最早于 1900 年在美国成为法律,它关注了贩卖非法野生动物、鱼类和植物等问题。2008 年经过一系列的修订,该法案的适用范围扩展到数量广泛的各种木材和林产品(美国农业部,2012)。在修订案中,要求对木材及木材制品的采伐和销售进行尽职调查。在《雷斯法案》修订案生效后,最大的案件就是吉普森吉他案件。2012 年吉普森吉他案一经美国司法部解决,由此事引起的新纠纷影响到林木宝公司(Lumber Liquidators)。有人声称林木宝公司参与了非法伐木,因此于 2013 年 9 月对林木宝公司办公室进行了突击搜查。2015 年 4 月,美国司法部宣布正在根据《雷斯法案》搜集该公司罪状。这也显示出,《雷斯法案》修订案仍然需要不断完善尽职调查体系,以确保木材来源的合法性。

澳大利亚于 2012 年 11 月通过了一项类似《欧盟木材法案》的非法采伐禁止法案,即《澳大利亚非法采伐禁止法案(ILP)》,成为第 3 个通过制定法律禁止非法木材进入本国市场的地区。从 2014 年 11 月 30 日起,澳大利亚进口商和国内生产者都被要求开展尽职调查,并且必须在边境进行申报。澳大利亚正在依法建立一套综合监控体系,包括调查能力体系和严厉的惩罚体系。澳大利亚严厉限制非法采伐及相关产品进入到国内市场。如果要处罚违法行为,必须有证据证明澳大利亚的木材进口商、加工商是在明知违法的前提下还进口、加工非法采伐的木材。该法案是对美国《雷斯法案》修正案和欧盟木材法案的延续,规定了进口和加工非法来源的木材是违法行为,如果木材贸易商和制造商进口和加工非法采伐的木材,将会面临被诉讼的危险。在该法案生效后的 2 年内,相关的规定将会详细列出对进口商和加工商履行尽职调查的要求,同时也会详细列出拥有豁免权的木材种类,如古董家具。一旦确定为违法行为,处罚措施也很严厉,包括巨额罚款、监禁等。对于严重和屡教不改的进口或者加工非法来源的木材的人,最高处以 5 年监禁,对公司并处以罚款 27.5 万欧元,对个人处以 5.5 万澳元的罚款。

三、世界木质林产品生产与贸易特点和未来发展趋势

(一)木质林产品生产的特点和未来发展趋势

1. 木质林产品生产的特点

(1)木材生产主要集中在木材资源丰富的国家和地区,锯材产量增长迅速。随着生态保护意识的不断增加,对木材砍伐和木材使用的有效管理要求逐步提高。木材生产作为资

源导向型产业，对森林资源丰度的要求比较高。

全球的原木 2013—2014 年产量年增长率 1%，其中工业材增长量为 2%。2010—2014 年，工业材增长 7.8%，薪炭材增加 2.1%，工业材增长尤为迅速。这是由于随着工业化发展，不仅发达国家对于工业材的需求比较旺盛，发展中国家在工业化发展中对工业材的需求也很旺盛。木材的主要生产国为美国、俄国、中国、加拿大和巴西，木材生产大国主要集中在美洲、亚洲和欧洲，这 3 个地区同时也是木材的高产区域。

(2) 中国成为主要林产品的生产大国。联合国粮农组织数据表明，中国木质林产品生产加工所占比重都处于世界前列，特别是木制人造板加工量为世界第 1。随着中国木质家具生产量和出口量的不断增加，中国对人造板的需求迅速增加，成为名副其实的人造板生产及消费大国。

(3) 非洲仍将使用传统木燃料，欧洲木燃料的生产与消费有所增加。非洲的加工水平相对落后，产业规模相对较小，而且少有可再生能源利用目标，大部分生物质能源生产仍将是传统的木燃料生产（薪材和木炭）。在亚洲和太平洋地区，传统的木质燃料生产预计将下降，而森林工业中的生物质能源生产将会增加并超过传统的木质燃料生产；在少数国家，为了实现可再生能源利用目标，商业化的生物质能源生产也将超过传统的木质燃料生产。在较为贫穷的国家，传统的木质燃料生产将增加；而在较发达的国家，森林工业和其他方面的生物质能源生产则会增加。

欧盟 2007 年承诺，到 2020 年实现将温室气体排放量在 1990 年的基础上至少减少 20%、将可再生能源消耗比例提升 20% 的目标。欧盟在可再生能源的使用中对森林资源的利用比例增加，这也促使了欧盟国家对于木燃料需求的增加。

(4) 林产品的生产大国同时也是林产品的消费大国。联合国粮农组织统计数据显示，世界前 5 大工业原木生产国为美国、俄罗斯、中国、加拿大和巴西，占世界生产总量的 55%。这些工业原木生产大国同时也是工业原木的消费大国。欧洲主要以锯材的加工为主，占世界比重的 34%；非洲和亚太地区主要以锯材的进口为主，而欧洲、北美洲以加工和出口为主。这些锯材生产大国同样是锯材出口大国。

木质人造板全球生产量 2010—2014 年木质人造板生产量激增 62%，主要加工国为中国、美国、俄罗斯、加拿大和德国。世界林产品的消费国，也多是世界林产品的大生产国。这预示着，大部分国家加工的人造板、纸和纸板等木质林产品主要在国内消费。部分消费国家为纯进口国，如日本是木质人造板的纯进口国。

2010—2014 年纸和纸板的生产量变化不大。中国和美国是前 2 大生产加工国，2 国产量占世界总量的 45%；日本、德国和韩国紧随其后，然而 3 国的总产量仅占世界比重的 15%；亚洲纸和纸板的产量增加得益于中国和韩国的产量增加。

2. 木质林产品生产发展趋势

首先，由于受到木材资源的制约，美洲、欧洲和亚洲仍将是木材的生产中心，发展中国家仍然是林产品加工的中心。近年来，由于世界阔叶材出口价格节节攀升，市场价格的波动也较大。2008 年经济危机爆发以来，世界工业材生产量有所下降，随着世界经济的逐步复苏，2010—2014 年世界工业材生产量有所回升，需求量也呈现上升趋势。

2010—2014 年全球的锯材产量增加了 16.8%。随着俄罗斯、东南亚等部分传统木材出口国纷纷出台限制原木出口政策，工业原木直接出口比重将会降低，但是这并没有影响到全球原木的供需情况，也并没有减弱全球原木的生产和消费数量。但是这种情况的产生会导致木材需求国通过对外投资的形式来保障本国木材的需求量，通过在生产国初加工的手段来满足本国进口木材的需求。这不但不会减少木材的生产，反而促进了其发展，影响初加工林产品产量的增加。

欧洲和美洲占全球锯材生产和消费的 2/3，都是锯材净出口区域；亚洲和太平洋地区所占生产总量的份额约为 30%，且是世界主要净进口区域；非洲锯材生产和消费量不大，生产量不到全球总量的 3%，消费量也仅占全球总量的 4%。亚洲锯材消费量显著增加，其中以中国的锯材消费需求最为旺盛。然而，中国木材消费量增速随着中国国民经济增长速度放缓而放缓的趋势明显。综合考虑消费增速和中国木制品生产现状，中国锯材消费量将达到 12 000 万 m^3。这些锯材生产大国同样是锯材出口大国。

发展中国家对薪炭材需求并不像以前那样旺盛，印度、中国等国家对于薪炭材的需求出现小幅的下降的趋势；然而，发达国家对于薪炭材的需求有所增加，才缓解了薪炭材下降趋势，导致其产量增长 2.1%。

其次，人造板是在最近经济衰退期间唯一没有缩减的产品类别，而且其产量一直稳步增长。原因是亚太地区和美洲及欧洲区域产量持续快速增长，特别是亚太地区 2010—2014 年生产量激增 62%，而其他地区仅增长 9%。从 2010 年起，欧洲和亚太地区既有进口又有出口的增长，进口增长 77%，出口增长 83%。联合国粮农组织统计数据显示，欧洲主要以进口木质人造板为主，亚太地区主要以加工和出口木质人造板为主。北美地区主要以进口为主，然而其进口和出口量并不大，但是增长速度较快。

随着森林资源的过度利用，天然林大径材资源的不足，全球木质家具需求量不断增加，胶合板、刨花板等各种人造板的需求也不断增加。近年来，世界胶合板需求量已超过需求量。人造板以亚洲为主要生产地区，欧洲和美洲也是人造板的主要生产地区。

在人造板中，胶合板生产量增长 61.2%，中密度纤维板生产量增长 34.7%，硬质纤维板生产量增长 31.7%，刨花板生产量增长 15.7%，单板生产量增长 5.6%，其他人造板生产量增长 6.4%。各种人造板中胶合板、刨花板和总密度纤维板增幅较大，其中增幅最大的是胶合板，单板产量变化不大。2011 年，胶合板产量超过刨花板，成为各种人造板中产量和消费量最多的产品。

再次，新闻用纸产销量将进一步缩水，建筑、家庭和包装用纸的产量将进一步增加。与人造板增长情形形成鲜明对比的是纸和纸板的产量和消费量。纸和纸板的需求量有略微增长，但是变化不大。中国是纸和纸板的生产和消费大国，2013 年中国纸张产量及纸浆和废纸（2 种主要造纸原料）消费量在经历了 38 年持续增长后首次出现小幅下滑（1%）。世界纸张最大生产和消费国的减产是导致 2013 年全球纸浆和纸张产量陷于停滞的主要原因。2014 年中国纸和纸板的产量略有回升但变化不大。

在纸产品中，2010—2014 年新闻用纸下降 17.9%，印刷和书写用纸下降 6.4%。中国是世界纸和纸板的消费中心，然而随着电子信息的迅猛发展，中国同西方国家一样，进入了"无纸化"时代，降低了对纸的需求量。这就意味着为数不多的印刷和书写纸张主要消费增长中心将会消失，同时会导致全球纸浆和纸张产量陷于停滞。

然而，建筑、家庭和包装用纸的产量却有所增加。随着经济的不断增长，人们生活水平的不断提高，用于建筑装饰和家庭生活方面的其他纸产品的使用会不断增加，且增幅较高。这也进而缓解了纸和纸板生产行业的低迷态势。

最后，随着环保意识的增加，欧洲对木质燃料的需求将进一步扩大。2014年欧洲木质燃料消费量增长了1.81%，2010—2014年呈现持续增长态势，增长了17.77%。欧盟从2007年开始提倡使用可再生能源，促进了对木燃料的需求，扩大了对欧盟对木燃料的生产量和消费量。

（二）木质林产品贸易特点和未来发展趋势分析

1. 木质林产品贸易的特点

（1）全球经济的复苏促进了对林产品的需求，在一定程度上推动了全球林产品贸易的发展。整体看来，欧美发达国家在高端林产品领域仍继续占据着制高点，并且在全球林产品贸易中占据主导地位，但日益遭遇亚太地区和南美地区发展中国家的强有力竞争，全球市场份额呈逐步下降趋势。

（2）在全球经济向绿色经济转型的过渡时期，森林认证、生态系统服务市场和绿色建筑改革等，以及国际贸易协定和木材法规对木质林产品贸易的影响日趋显著。并且越来越多的传统木材资源出口国正利用其森林资源优势逐步减少原木出口，加快产业结构调整，发展自己的木材加工业。

（3）亚洲在世界林产品贸易中地位日益提高，表现出勃勃生机，特别是中国和印度。中国是全球最大的工业原木、锯材和纤维原料的进口国，同时也是全球最大的人造板出口国，2014年中国工业原木和锯材进口增速达到历史新高，彰显出中国在全球林产品贸易中举足轻重的地位；而印度的表现也非常突出，2014年跃居全球第4大工业原木进口国和第4大纤维原料进口国。另外，越南凭借低劳动力成本和丰富森林资源的优势，在国际林产品贸易方面的影响力也在日益提升。

（4）南美3国（巴西、智利和乌拉圭）在全球纸浆贸易中占据主导地位。2014年3国的纸浆出口占全球纸浆出口份额的70%，并且随着新纸浆厂的投资建设，南美在全球纸浆出口市场的地位将日益巩固。

（5）在高附加值林产品领域，随着2010—2014年北美和欧洲地区纸和纸板消费量下降，亚太地区虽然纸和纸板的消费量提升但生产量也随之增加。因此国内的纸和纸板生产能够满足本国的需求，由此导致全球纸和纸板全球贸易维持平稳状态。而随着建筑业复苏，全球家具消费增长显著，并推动家具贸易增长。与此同时家居装饰如地板的相关贸易也日益活跃。

2. 木质林产品贸易发展趋势

根据世界银行的数据，2014年世界经济增速继续小幅增长，2015年仍将延续增长的态势。分区域来看，未来发展中经济体占全球GDP的比例将快速增长，特别是亚洲一些国家的经济发展将走在世界前列。而发达经济体，特别是西欧一些国家的经济增长预计将进一步放缓。例如，预计从2010年起至2020年，德国实际的GDP年增长率预计不足2%，并且在2020年到2030年间将仅有1.3%左右。因此，林产品的全球需求将主要集中在中国、印度、巴西和其他发展中国家，其增长速度将与人口和收入的增长趋势一致。而大多数发达国家将主要基于资源的可持续利用加大对科技的投入，促使其过渡到以知识为基础的后工业"绿色"经济时代。同时，随着城市化进程在全球范围内进一步深化，家庭日益变小，家庭户数将出现增长趋势。预计从2005至2030年，欧洲家庭户数将增长20%。显而易见，随着家庭户数的增加，人们对房屋、家具、锯木和木质人造板等的需求将持续增长，从而会促进林产品贸易的发展。此外，原油价格下跌将对世界经济产生正向拉动。据世界银行测算，油价每下跌30%将拉动全球经济增长0.5%。因此，未来全球林产品贸易将持续不断发展，并有加速增长之势，具体体现在以下几个方面：

首先，世界木材资源供给日趋紧张。特别是2016年10月在约翰内斯堡召开的CITES 17届缔约国大会上，各国政府对于一些商用木材树种的保护采取了更加强有力的支持力度。此次会议已经投票赞成将整个黄檀属（*Dalbergia*）、中部非洲古夷布提（又名古夷苏木、贵宝豆）属的3个树种以及西部非洲的刺猬紫檀列入濒危管制附录二。列入附录二意味着对于这些物种的国际商业活动的管制将实质性地执行，这也给未来世界林产品贸易提供了新的讯息，木材资源的获得会越来越紧张。

第二，全球林产品贸易格局将进一步调整，未来传统的劳动力密集型林产品、资本密集型林产品将逐步让位于技术型密集型产品。特别是欧美发达国家利用其森林资源、市场、资本、管理和科技等方面的竞争优势，在高端产品领域将继续占据制高点，并在全球技术密集型林产品贸易中处于主体地位；而越南、柬埔寨、缅甸、印度尼西亚等发展中国家将主要利用劳动力的价格优势，在林产品国际贸易中抢占有利位置，将成为中国的主要竞争对手；俄罗斯、南美、非洲和太平洋岛国等将利用其森林资源优势，进一步强化原木出口禁令，同时国内将加快产业结构调整，林产品生产和贸易水平有望不断提升。

第三，木材采伐、林产品生产及其相关贸易都将需要付出更高的环境保护成本。林业涉及生态安全、气候变化、能源短缺等诸多国际重要议题，随着国际社会对森林问题的关注度日益增强，未来涉及非法采伐的林产品贸易摩擦将不断增强，森林问题及林产品国际贸易将日益成为国际热点问题并直接关系国家的权益和未来发展空间。未来林产品国际贸易将更加注重环境保护和可持续发展，环境议题（例如森林认证、环境产品声明、绿色建筑等）对林产品国际贸易政策的影响将日益加大，国际社会对绿色贸易的要求也将日益增强。

最后，林产品国际贸易保护主义有抬头的迹象。目前，在各国贸易与合作相互依存和深度融合的同时，劳动保障、双反、进口关税等传统贸易保护措施以及政府采购、自动配额等新型贸易保护措施有增无减，主要经济体还竞相组织排它性的区域自由贸易协定，并力争主导权已经成为贸易保护的新手段。另外，绿色环保运动在推动负责任林产品贸易发展的同时，也存在鼓动贸易保护主义的隐忧。例如，各国相继出台并强化一些政策措施，努力打击非法采伐和相关贸易，但这些措施如被过度运用，可能带来新的贸易保护主义，势必会给林产品贸易增加成本负担，影响贸易的便利化。

总体来看，在全球一体化日益深化和绿色经济迅猛发展的新形势下，随着世界经济的持续复苏，全球林产品贸易仍将呈现积极的发展态势，特别是随着亚洲和南美洲各国林产品加工业的迅速发展，这些国家在林产品国际贸易中将扮演越来越重要的角色。

参考文献

程宝栋，张英豪，赵桂梅，2011. 世界林产品贸易发展现状及趋势分析[J]. 林产工业.
高爱芳，2010. 世界林产品贸易的地理分布特征[J]. 市场周刊（理论研究）.

高爱芳，2010. 世界林产品贸易的产品分布特征[J]. 中国市场.
姜凤萍，2013. 中欧国际合作框架下的非法采伐相应对策研究[D]. 北京：中国林业科学研究院.
刘艺卓，左常升，田志宏，2008. 世界林产品贸易主要影响因素的实证分析[J]. 中国农村经济.
石小亮，张颖，2015. 世界林产品贸易发展格局与预测[J]. 经济问题探索.
魏旸艳，2009. 中国主要木质林产品贸易研究[D]. 北京：中国林业科学研究院.
全球木材产品需求. 联合国森林议题[EB/OL]. [2016]. http：//www.un.org/zh/development/forest/futurel.shtml.
联合国森林议题——亚洲[EB/OL]. [2016]. http：//www.un.org/zh/development/forest/as a.shtml.
Forestry database，FAOSTAT[EB/OL]. [2016]. http：//faostat.fao.org.
World economic outlook：Recovery strengthens, remain uneven[EB/OL]. [2014]. www.imf.org/external/pubs/ft/weo/2014/01/pdf/text.pdf.
World economic outlook：Update, January 21[EB/OL]. [2014]. http：//www.imf.org/external/pubs/ft/weo/2014/update/01/pdf/0114.pdf.
World economic cutlook update：Is the tide rising, January 21[EB/OL]. [2014]. http：//www.imf.org/external/pubs/ft/weo/2014/update/01/pdf/0114.pdf.
Forest products annual market review 2013—2014，NECE/FAO. 2014.
Global economic prospects：Shifting priorities, building for the future[EB/OL]. [2014]. www.worldbank.org/content/dam/Worldbank/GEP2014b/GEP2014b.pdf.
European economic forecast[EB/OL]. [2013]. http：//ec.europa.eu/economy_finance/publications/european_economy/2013/pdf/ee7_en.pdf.
European Commission memo[EB/OL]. [2013]. http：//europa.eu/rapid/press-release_MEMO-13-997_en.htm.
European Commission[EB/OL]. [2014]. http：//epp.eurostat.ec.europa.eu/cache/ITY_PUBLIC/331012014-AP/EN/3-31012014-AP-EN.PDF.
Global forest products facts and figures[EB/OL]. [2014]. http：//www.fao.org/3/a-bc092e.pdf.
Resurgence in global wood production[EB/OL]. http：//www.fao.org/news/story/en/item/359583/icode/.

专题十一　世界林业发展新理念

> 随着近年来全球生态环境的急剧恶化，林业在解决人类面临的诸如生物多样性保护、应对全球气候变化、缓解能源危机等环境和经济问题中扮演着越来越重要的角色。林业在全球经济社会发展中的地位和作用也越来越突出，可持续发展的林业已经成为国家文明、社会进步的重要标志。
>
> 在全球经济一体化、科技国际化背景下，任何行业都不能脱离开外部世界而在封闭的环境中健康快速发展。中国作为发展中的大国，林业发展和生态建设进入了一个新的历史时期，更需要及时了解世界林业发展新动态、新思路、新理念，以顺应国际潮流，积极参与国际林业事务，在林业领域国际谈判和国际履约中维护和争取权益，向世界展示一个负责任大国的风范。

一、世界林业发展脉络回顾

（一）世界林业发展阶段分析

近代西方工业革命使人类改造自然的能力达到了有史以来惊人的最高水平，然而对森林资源的掠夺性开采也使全球森林资源遭受了毁灭性的破坏。英国到18世纪初全国天然森林资源已濒临灭绝，挪威19世纪末毁灭了沿海地区的全部森林，瑞典西部地区的森林基本消失殆尽，美国东海岸、滨湖各州和南部的森林几乎全遭覆灭。特别是20世纪以来，随着科学技术进步和社会生产力水平的极大提高，人类创造了前所未有的物质财富。但与此同时，森林却以前所未有的速度遭到破坏。尤其在一些发展中国家，毁林已经导致农业生态系统无可挽回的衰退，发展的基石已经塌陷。伴随着近代西方工业革命以来森林的演变历程，林业科学家以睿智和良心创立和发展了西方林业发展理论体系。17世纪中叶，森林永续利用理论在德国创立；随后18世纪德国哈尔蒂希提出了木材培育论；18世纪末19世纪初形成了森林"永续利用"和"法正林"思想，其中哥塔把"木材培育"一词延伸为"森林建设"；1867年哈根提出森林多种效益永续经营理论；1905年恩特雷斯提出森林的福利效益；到了20世纪60~80年代，欧洲的森林多目标经营理论和美国的新林业理论及生态系统经营理论共同构筑了西方森林培育与保护的理论框架体系。面向未来，1992年联合国环境与发展大会以来确立的林业可持续发展理论、林业应对气候变化理论、森林执法与施政以及城市森林与福利康健等理论，指引了当前和今后较长一段时期的世界林业发展方向。

世界林业发展的脉络见表11-1。

表 11-1 世界林业发展阶段分析

林业发展阶段	背景	对林业的理解	用途/目标	经营特点
单功能林业	·第一次和第二次世界大战对木材储备的需求增加	·森林被认为初级产品的生产地——"树木工厂"	·生产木材 ·提供就业机会	·集约型林业 ·重型机械 ·大规模采伐 ·同龄纯林 ·非乡土树种
多功能林业	·林业科学不断发展 ·森林游憩需求增加 ·环保运动日益高涨	·森林具有多种生产功能和社会功能;生产功能为主,社会功能为辅	·提供木材 ·森林游憩 ·景观美化 ·野生动植物保护 ·提供就业机会 ·促进乡村发展	·生产作为主要的财政来源 ·实现各种功能的平衡
可持续林业	·环境危机加剧 ·国际林业政策陆续出台	·森林可以满足人们的社会、经济和环境需求;不仅针对当代,还考虑到下一代	·经济 ·环境 ·社会 ·未来的遗产	·森林认证 ·森可持续经营指标 ·长期目标 ·伐后更新造林 ·生态、社会和经济的可持续考量
生态系统经营的林业	·林业日趋复杂 ·相互联系增强 ·利益方多样化	·森林被视为多个生态系统的整合 ·森林为社会福利提供多种服务	·提供各种生态系统服务 ·调节各种服务 ·文化服务 ·支持性服务	·一体化林业 ·重点关注森林经营的生态和社会影响 ·乡土树种 ·异龄混交林

(二)世界林业大会回顾

世界林业大会(World Forestry Congress)前身是1900年和1913年先后在法国巴黎举行的国际营林大会,1943年联合国粮农组织在美国召开的一次国际会议上提出,将世界林业大会作为联合国的一种特别组织,每6年定期召开一次,每次大会有一个主题,作为世界林业发展共同关心的行动指南,其主旨就是针对全球生态热点问题,开展广泛的国际交流与合作,协调各国政府对森林问题的认识。因此,对历届世界林业大会进行回顾分析(表11-2),有助于我们梳理世界林业发展的脉络,了解世界林业发展的方向,确定世界林业发展的新热点和新理念。

表 11-2 历届世界林业大会概况

历届林业大会	年份	地点	主题
第一届世界林业大会	1926	意大利罗马	林业调查与统计方法
第二届世界林业大会	1936	匈牙利布达佩斯	发挥国际间的合作,达到木材生产和木材消费之间的平衡;讨论有关林业生产、贸易和木材工业的问题

(续)

历届林业大会	年份	地点	主题
第三届世界林业大会	1949	芬兰赫尔辛基	在本次会议上根据联合国粮农组织的建议确定世界林业大会为联合国的一个林业特别组织，明确了其宗旨，以定期开展活动
第四届世界林业大会	1954	印度特拉登	林区在全球土地经济和国家经济发展中的作用和地位
第五届世界林业大会	1960	美国西雅图	通过广泛的国际技术情报交流和思想交流推动林业科学和林业实践的发展
第六届世界林业大会	1966	西班牙马德里	林业在变化着的世界经济中的作用
第七届世界林业大会	1972	阿根廷布宜诺斯艾利斯	森林与社会经济的发展
第八届世界林业大会	1978	印度尼西亚雅加达	森林为人民
第九届世界林业大会	1985	墨西哥墨西哥城	森林资源如何为社会的综合发展服务
第十届世界林业大会	1991	法国巴黎	森林，未来的遗产
第十一届世界林业大会	1997	土耳其安塔利亚	为了可持续发展——面向21世纪的林业
第十二届世界林业大会	2003	加拿大魁北克	森林——生命之源
第十三届世界林业大会	2009	阿根廷布宜诺斯艾利斯	林业在可持续发展中的制衡作用
第十四届世界林业大会	2015	南非德班	森林与人类——投资可持续的未来

从表11-2可以看出，第一届至第六届世界林业大会的主题主要关注的是林业的科学技术问题、森林的木材生产功能以及林业的经济功能，主要讨论木材生产应满足以永续利用为核心的林业发展方向。第七届至第十届世界林业大会的主题逐渐开始关注林业的社会功能，关注如何发挥森林的综合效益，不是单纯追求木材的永续利用，而是要兼顾生态和社会效益，认识到林业并不仅仅是一个关于树木的问题，而是一个关于人的问题，从而重新思考应该怎样建立一种人与森林、经济发展与环境保护相互协调的新的林业发展方式，以确保森林的生态、经济和社会效益协调统一。例如，1978年在印度尼西亚雅加达召开的第八届世界林业大会上签署的《雅加达宣言》中，强调林业在社会经济和环境保护等方面的重要性，并提出"林业要为发展中国家的农民服务，为农村经济发展做出贡献"。在1985年墨西哥召开的第九届世界林业大会的主要议题是"森林资源如何为社会综合发展服务"，论证了森林资源与人类社会综合发展的相互关系，进一步阐明了森林的重要地位和作用，指出应该围绕着把森林资源作为社会综合发展的因素来制定新的政策、修改原有的政策，以充分发挥森林资源在发展农牧业生产、满足乡村居民的日常需要、推动社会福利和改善环境等方面的作用。会议特别强调林业应该成为社会综合发展的一部分，乡村居民的"参与"在综合发展中具有重要的作用，认为发展是人民的发展、为人民的发展和依靠人民的发展。1991年在巴黎召开的第十届世界林业大会在《结论和建议》中指出："现在的基本挑战是使社会、经济发展和环境保护兼容。"从第十一届世界林业大会开始，关注点开始集中在林业可持续发展问题上。例如，1997年在土耳其召开的第十一届世界林业大会《安塔利

亚宣言》强调："各国、国际组织……及其他相关利益团体应更好地促进公众意识，使人们认识到森林的重要作用和世界森林面临的诸多问题""各国应该发展和应用森林可持续经营标准与指标体系来评价森林状况，并在此基础上建立国家森林调查与监测系统"，并明确地将森林可持续经营、林业可持续发展作为21世纪全球林业发展的方向。

进入21世纪以来，几届世界林业大会的主题都特别关注林业与人类可持续发展的关系。其中，2009年于阿根廷首都布宜诺斯艾利斯召开的第十三届世界林业大会设立了7个专题，分别为"森林与生物多样性""生产促进发展""森林服务于社会""爱护我们的森林""发展机遇""实施可持续森林经营"和"人与森林和谐相处"，重点强调改进林业与人类发展之间的关键平衡，呼吁各国政府采取切实行动，促进森林可持续经营，减缓气候变化。2015年在南非德班召开的第十四届世界林业大会《德班宣言》强调："森林是保障粮食安全和改善民生的基础。森林在应对气候变化中发挥着重要作用，森林可持续经营模式必须成为应对气候变化的基本方案之一，所以要加强森林可持续经营，强化森林碳吸收和储存功能，提升森林生态服务能力。"

可见，历届世界林业大会的主题展示出林业发展目标的变化，即木材永续利用→森林多种效益→森林可持续经营→林业和人类的可持续发展。特别是在森林迅速消失、生态环境日益恶化、自然灾害频繁、农村人口贫困加剧、政府经营管理森林效果不甚理想、经济开发与防止森林衰败两难顾及的全球形势下，当前国际社会一致将创新林业发展作为应对全球生态危机、减缓气候变化、实现人类可持续发展的重要手段，林业的国际地位得到了前所未有的提升。

（三）联合国森林论坛回顾

1992年世界环境与发展大会之后，随着人类对环境保护的日益重视，森林的环保作用得到了国际社会的密切关注，并逐步成为国际环境外交和环境政治的一部分，国际社会也开始了积极的国际森林治理探索之路。2000年10月，联合国经济和社会理事会建立了一个拥有全球会员的、高级别的政府间组织——联合国森林问题论坛（United Nations Forum on Forests，UNFF）。目前，联合国森林问题论坛共有197个成员国，秘书处位于联合国总部。作为联合国关于政府间森林政策对话的主要机构，其目标是推动全球森林可持续经营，实现国际社会在此方面的政治承诺，提高森林对全球发展目标的贡献。联合国森林问题论坛自成立以来取得了诸多成就，2006年设定了4项全球森林目标，2007年达成了《国际森林文书》，初步建立了全球林业政策框架。在联合国森林问题论坛的推动下，联合国大会决定将2011年定为联合国森林年，将每年3月21日定为国际森林日，各国纷纷开展相关庆祝活动，有效地提升了公众对森林多种功能和重要性的认识。通过联合国森林问题论坛的努力，森林被纳入联合国可持续发展大会成果文件《我们憧憬的未来》及联合国可持续发展目标等重要全球议程，森林在全球政治中的地位得到凸显。因此，通过对联合国森林问题论坛历届会议的梳理，可以帮助我们回顾世界林业发展的脉络，确定世界林业未来发展的新趋势、新思路。

1. 联合国森林论坛历届会议概况

2001年第一届会议讨论并制定了联合国森林论坛多年工作计划（MYPOW）和行动计划，并建议成立3个特设专家组联合国森林问题论坛提供相关支持，即监测、评价和报告的方法与机制（MAR）、融资及环境友好技术转让（ESTs）和审议，并就制定关于所有森林类型的法律框架的规定要素提出建议。

2002年第二届会议通过一项"部长宣言"和"给可持续发展世界首脑会议的咨文"，同时通过8项决议，涉及防治荒漠化和森林退化、保护和保育特种用途林、维护脆弱生态系统、恢复和保护低森林覆盖率国家森林的政策、抚育天然林和人工林、评估国际森林安排（IAF）有效性的特定标准等内容。

2003年第三届会议通过6项决议，即加强合作与提高政策和计划的协调性、提高森林健康水平和生产力、提高森林的经济效益、确保森林覆盖率满足目前和未来的需求、建立UNFF森林信托基金、加强UNFF秘书处工作。

2004年第四届会议形成了一项政策决议，在森林科学知识，发挥森林的社会和文化功能，森林监测、评估和报告，可持续森林管理的标准和指标4个方面提出行动建议。同时，UNFF为各主要群体举行了一次涉及森林的经济、社会文化、传统知识等方面的多方利益相关者对话及3次专题小组讨论，分别涉及森林在实现更为广泛的发展目标方面的作用和非洲及小岛屿发展中国家的区域重点问题。

2005年第五届会议原本主要目的之一是审定国际森林安排（IAF）的有效性、国际森林问题的走向和是否形成国际森林公约等并形成决议，但由于各国间分歧过大，最终未能达成共识，也未达成任何谈判成果及决议，仅同意进一步考虑4项全球森林目标及在未来的会议中继续对国际森林政治承诺问题进行磋商。

2006年第六届会议就如何修改IAF达成共识，要求在第七届会议上通过一项不具法律约束力的国际森林文书，并建议联合国经济和社会理事会将2011年定为国际森林年，同时通过了森林的4项全球目标。

2007年第七届会议达成并通过《关于所有类型森林的不具法律约束力文书》（简称《国际森林文书》）。《国际森林文书》是各国政府推进森林可持续经营的政治承诺，也是国际森林问题谈判的里程碑和新起点。同时，会议通过了《2007—2015年工作计划》，决定于2015年确定是否启动具有法律约束力的国际森林公约谈判。然而，《国际森林文书》并没有包含支持履行森林文书的资金方案，这为发展中国家的履约工作带来很大困难，因此会议决定在第八届会议上讨论并通过资金问题的解决方案。

2009年第八届会议的主题为"变化环境中的森林"，内容包括森林与气候变化、森林与生物多样性保护、减少毁林和森林退化、推动森林可持续经营国际资金机制安排等，通过了变化环境中的森林、加强合作以及跨部门政策与计划的协调、区域和次区域投入3个方面的决议。但各国仍未就资金机制达成共识。会议同意在第九届会议召开前举行一次特别会议，针对资金问题进行讨论。2009年10月在一次特别会议中，决定成立一个不限名额的政府间特设专家组（AHEG），为制定支持森林可持续经营融资战略提出建议，同时在联合国森林问题论坛秘书处建立森林资金协调机制（Forest Fund Coordination Mechanism，简称FP），协助发展中国家协调和简化现有资金渠道、获取资金等。

2011年第九届会议的主题为"森林造福人民、改善民生和消除贫穷"，着力探讨以社区为基础的森林管理、社会发展和民生问题及森林的社会功能和文化价值3个方面的问题，重点审议了国际森林文书的实施进展，磋商解决森林资金机制的工作方案，并为筹备2012年联合国环境与发展大会20周年峰会提供建议。

2013年第十届会议以"森林与经济发展"为总主题，重点讨论了林业与经济发展、森林在2015年后联合国可持续发展议程中的地位、未来国际森林机制安排等涉及全球林业发展的重大问题。

2015年第十一届会议的主题为"森林：进展、挑战以及国际森林安排未来方向"。会议讨论了未来全球森林治理体系的构建，通过了《我们憧憬的国际森林安排》部长宣言和《2015年后国际森林安排决议》(简称《决议》)成果文件。这两项重要成果被纳入了联合国发展峰会审议通过的新的全球可持续发展议程考虑范围，决定了未来15年全球森林政策走向和全球林业可持续发展战略，对提高森林在全球可持续发展中的战略地位有着重要意义。联合国常务副秘书长埃利亚松指出，本次会议通过塑造2015年后的国际森林安排，将推进与森林相关的可持续发展目标的实现，使人类社会走上一条经济更加绿色、所有人都能拥有更加平等和可持续未来的道路。

2017年第十二届会议的主题为"世界森林的健康"。会议呼吁广大联合国会员国积极落实执行"2017—2030年联合国森林战略计划"，并采取5大专项行动：第一，在地方、国家、区域和国际层面加大力度，支持可持续利用和保护森林，包括投资于宣传教育行动，以提高公众对森林重要性的认识，帮助人们改变破坏性行为；第二，必须确保将可持续的森林和土地管理纳入国家发展规划和预算进程之中；第三，加强现有伙伴关系并建立新的创新合作机制，将政府、国际组织、民间社会、土地所有者、私营部门、地方社区以及环境、科学和学术机构团结起来，共同制定促进可持续经济发展和环境保护的有效政策计划；第四，作为全面保护森林战略的一部分，帮助森林依赖型社区扩大不基于森林的经济和社会发展机会，并为其提供支持生计的替代来源；第五，积极寻求利用科学、创新和技术的力量来推动解决毁林的根源性问题。

2018年第十三届会议的主要内容是审议"2017—2030年联合国森林战略计划"的执行情况，强调作为一种关键的可更新资源，森林在提高生活质量以及向环境、社会和经济提供多重惠益方面起着关键作用。同时，各成员国基于本国的森林条件和国情，自愿确定了各自对实现全球森林目标的具体贡献。

从联合国森林论坛历届会议的情况可以看出，联合国森林论坛是目前世界上唯一一个解决所有森林问题的政府间机构，国际社会对于森林在消除贫困以及应对气候变化方面的关键作用的认识不断增强，致力于形成全球范围内的可持续经营森林法律文书，以便推动对所有类型森林的有效管理、抚育和可持续开发。

2. 联合国森林论坛的关注焦点(全球目标)

(1)全球共同的森林目标。为了实现国际森林安排的主要目标，增进森林对实现包括千年发展目标在内的国际商定的发展目标、特别是消灭贫穷和提高环境可持续能力的贡献，并在这方面强调所有级别的政治承诺和行动对有效实行所有类型森林的可持续管理具有重要意义，2006年联合国森林论问题坛设定了下列全球共同的森林目标，并同意通过全球和各国的努力，在2015年以前逐步予以实现。

全球目标1：通过森林可持续经营，包括保护恢复森林，加强植树造林和更新造林，以及更加努力地防止森林退化，扭转世界各地森林面积丧失的趋势；

全球目标2：增进森林的经济、社会及环境效益，包括改善依靠森林为生的人们的生计；

全球目标3：大幅增加世界各地森林保护区和其他可持续经营林区的面积，提高来自可持续经营林区的森林产品所占的比例；

全球目标4：扭转在森林可持续经营方面官方发展援助减少的趋势，大幅增加各种来源的新的和更多的金融资源，用于实现森林可持续经营。

可以看出，全球共同的森林目标重点在于促进森林的管理、保护和可持续经营，使之在人类可持续发展中发挥越来越重要的作用。森林在人类可持续发展中的地位日益提高，绿色发展已成为时代的主题。

（2）联合国森林论坛关注的全球林业热点问题。

气候变化。有大量证据表明气候变化会对森林造成很大影响，如森林火灾、病虫害增加所造成的森林健康损失不断增加。与此同时，新增森林投资以减缓气候变化的作用还达不到《京都议定书》2005年开始实施后的乐观预期。

荒漠化。世界上所有的干旱区域都受到土地退化的影响，其中撒哈拉沙漠以南的地区发生了最为严重的荒漠化，这里的农业生产力每年以近1%的速度在下降。而有效防治荒漠化的行动需要一整套综合性措施，包括造林投资。

森林景观恢复。需要从多学科角度实施森林管理已经成为全球的共识。森林景观恢复概念强调了在多元化的土地利用模式下，让人们参与到那些恢复森林和林木的生态、社会、文化和经济效益之间相互平衡的实践中来的重要性。

林业与减少贫困。随着对森林多种效益认识的日趋深入，许多国家正在改变策略，以更有效地发挥林业部门在减少贫困中的作用，但几乎在所有的国家森林效益都全面被低估了。

森林权属。有保证的森林所有权和森林资源获取权是实现森林可持续经营的先决条件。从世界范围看，84%的森林和90%的其他有林地都是公有的。1985—2000年，社区拥有和管理的森林面积增加了一倍，在发展中国家已达22%。森林管理权和使用权的转让需要辅以充分的权属安全和管理这些资源的能力。

可持续采伐。可持续的森林采伐方式不但可以获得收益，还可以有效地减少采伐对环境造成的影响。但是，在整个热带地区，仍存在着大量的不当采伐方式，非法采伐和缺乏意识是主要原因。

入侵物种。近年来，人们对森林入侵物种问题的认识已经逐渐提高。土地利用方式的改变、森林经营活动、旅游和贸易的发展都导致潜在的危害性入侵物种增加。目前已经启动了一系列国际及区域计划和措施用来解决这一问题，其中一些计划和措施对森林和林业部门都产生了直接或间接的积极影响，例如国际贸易、海关和检疫一体化管制，防治生物入侵国际法的起草等。

森林监测、评估和报告。近年来，有关森林监测、评估和报告的工作已经取得很大进展，一些标准和指标被用来衡量可持续森林管理的进展情况，特别是在国家层面上的应用。新的方法不断被开发出来，可用于按照国际承诺来提高森林监测、评估和报告的水平。但许多论坛又提出新的报告义务。未来的一大挑战将是调动各方资源投入到基础性的信息和知识管理之中，以确保有关的森林决策建立在可靠数据的基础上。

山区发展。自2002年国际山区年以来，山区问题已经越来越受到重视。山区伙伴关系的会员数量和知名度也在迅速扩大，已有130多个政府组织、私人和非政府组织会员。

这种增长凸显了为生活在山区的7亿多人口生计而完善应对措施和增加投资的必要性。

环境服务补偿。传统的观点认为市场低估了森林的效益，目前一些国家已经建立了环境服务补偿机制，作为对森林所有者提供非市场效益产品补偿的一种方式。作为补偿机制的先决条件，国家要保证有效地建立并实施对森林生产者的收费和税收制度，同时要保证这项收入再回投到森林中。

人工林。随着人工林数量的不断增加，它对全球木材生产的贡献率已接近50%。数据表明，除非洲以外，用于生产性人工林和保护性人工林的面积在所有地区都呈稳定增加的态势。

林产品贸易。林产品贸易持续扩大。随着林产品贸易的扩大，许多发达国家实施了公共采购政策以促进林产品的合法利用或持续生产。

城市林业。社会的城市化给林业的发展带来了极大的挑战，也给森林造成了新的冲击。城市林业正日益被视为完善的城市规划中一个重要的经济、社会组成部分。

森林可持续经营的选择性工具。为了提高森林可持续经营水平，决策者和森林管理者可使用一套统一的工具，这些工具按使用方式可分为鼓励使用的选择性工具和法律约束性工具，其适用范围从地方到全球。这些工具包括了标准和指标、认证、指南等。

野生动物管理。在20世纪，一些重要的野生动物种类数量急剧减少。毁灭性的猎杀、野生动物及其产品的交易，以及人类与野生动物之间的冲突持续存在。决策者面临的挑战是如何平衡野生动物资源保护和当地居民生活需求这两者之间的关系。

木材能源。随着油价的上涨，人们越来越重视可替代能源。在非洲，木材迄今为止都是最主要的能源；在其他区域，木材将来很有可能像过去一样成为主要的能源。

可以看出，联合国森林问题论坛列出的这些全球林业热点问题涵盖了森林可持续经营的方方面面，森林是全球人类共同的自然财富，因此需要发挥联合国主渠道作用，构建全球森林治理体系，制定全球林业可持续发展战略，加快实施森林可持续经营，提高森林在全球可持续发展中的战略地位。同时也表明，国际社会对森林的影响和作用的认识有了质的改变，森林问题已经成为全球可持续发展的重要议题。

二、对森林和林业认识的变迁

（一）人类社会对森林和林业认识的变迁

从人类文明发展的历程来看，在原始文明时期，森林被视为荒野，仅仅为人类提供了生存栖息地和食物来源。在农业文明时期，森林又被认为是农业发展的障碍，砍伐森林以获取定居和耕种的空间，并且将森林视为获取食物、燃料和建材的取之不尽的资源。自工业文明以来，随着人类社会对林产品需求的增加，森林经营逐渐成为一个行业即林业，并且成为人类主要的经济活动之一，木材成为重要的商品，木材市场也日趋活跃。19世纪之后，由于资本主义自由经济的发展，林业经营普遍引入市场机制，作为森林价值客观评价标准的林价应运而生，并形成了较为完善的经济评价准则。经济评价是以物化的可在市场上进行交换的产品最具普遍意义的数量表达。在这一阶段，森林始终被看做是重要的物质资源。进入现代社会以后，经济评价准则的局限性日趋明显。人类活动在经济利益的驱动下，必然着眼于物质财富的生产，忘记人类健康繁衍所依赖的生态环境，以及森林为人类社会所带来的精神财富。因此，人类对森林和林业的认识逐渐扩展到广泛意义的生物生产力和林木在生长过程中所产生的多种效益。自20世纪60年代以来，人口膨胀、环境恶化、资源枯竭、能源紧张、生态系统退化等一系列问题敲响了人类生存危机的警钟。随着科学技术的进步和人类思维方式的不断革新，在观念上不断突破传统观念的束缚，形成了包括人类子系统在内的自然经济社会复合大系统观，在复合大系统中去考察林业子系统与自然经济社会大系统及其组分的关系，确立林业在自然经济社会大系统的位置。

森林与林业是社会文明的重要标志。人类社会对森林价值的认识经历了从森林可提供丰富多彩的可物化的产品到森林在生态、文化、美学、休闲等诸多服务领域对经济社会发展的价值，已认识到森林因兼具资源与环境的双重属性和拥有巨大生物生产能力而成为陆地上极为重要的生态系统。森林不仅能够提供而且能够营造优美的环境、发挥强大的生态效益，维持着地球上的生态平衡，构成人类生存与发展的基础性支撑。

当前，随着人类对森林的功能与作用认识的不断深化，林业作为集社会、经济、生态环境于一体的特殊行业，其可持续发展问题不再是林业本身的问题，而是涉及农业、水利、环境、社会及政治等诸多问题，最终成为关系到人类生存与发展的根本问题。当代林业实质上已是包含自然环境、经济基础、社会条件等综合要素在内的一个极其特殊的部门，在维护生态安全、应对气候变化、保护生物多样性、促进和保障人类社会的可持续发展等方面发挥着独特而重要的作用。2012年联合国可持续发展大会（"里约+20"）充分肯定了森林给予人类社会、经济和环境的惠益和森林可持续经营对全球可持续发展的贡献以及在推动低碳经济和绿色经济中的重要作用。2015年9月召开的第十四届世界林业大会从6个不同侧面，深入探讨并鲜明展示了林业在促进人类可持续发展和生态安全中的战略作用，反映出森林在促进人类可持续发展中的战略作用。随后召开的联合国发展峰会通过了《2030年可持续发展议程》，其中林业内容从"千年发展目标"框架下环境子目标下的子项目，提升为新的发展议程中单独一项重要目标——关于森林、湿地、荒漠和生物多样性保护等"生态系统保护目标"。这些都展示出森林和林业在人类可持续发展和全球绿色发展中的基础性作用。今后，绿色发展将成为全球共识，也必将孕育林业发展的历史性机遇。

（二）近年来中国对森林和林业认识的深化

与其他许多国家一样，中国的林业事业走过了一条不断探索的发展之路。根据国家林业局（现为国家林业和草原局）主编的《中国林业五十年：1949—1999》的相关资料，历史上，中国曾经是一个森林资源丰富的国家，森林覆盖率高达60%。但由于长期的开垦、战乱和火灾损毁，1949年森林覆盖率已经下降到8.6%。中华人民共和国成立后，中央人民政府设立了林业部，确定了"普遍护林护山，大力造林育林，合理采伐利用木材"的林业工作总方针，森林资源开始逐步恢复和发展。1978年改革开放后，开展了世界上规模最大、参与人数最多、持续时间最长的全民义务植树运动，启动了三北防护林体系建设工程。进入21世纪后，累计投入近万亿元资金，启动实施了一系列林业重点工程，全面推进集体林权制度改革。2007年，中央做出了建设生态文明的战略决策，明确提出到2020年要建设成为生态环境良好的国家。根据新形势新要求，国家林业局确立了发展现代林业、建设生态文明、推动科学发展的林业工作总体思路，着力构建完善的林业生态体系、发达的林业产业体系和繁荣的生态文化体系，开始全面探索中国现代林业发展之路。

中共十八大以来，习近平总书记提出了绿色发展的理念，在全面建成小康社会进程中赋予了林业发展新的内涵。首先，"森林是水库、钱库、粮库"。习近平总书记在《摆脱贫困》中指出："森林是水库、钱库、粮库。"森林在水的自然循环中发挥着重要的作用，"青山常在，碧水长流"，树总是同水联系在一起。森林有着取之不竭的巨大效益，"钱库"就是其中经济效益的形象比喻。发展现代高效农业，离不开一个优良的生态环境。生态、绿色、无公害本来就是现代农业的基本要求。而提高森林覆盖率对于生态环境的改善，不仅事半功倍，而且将产生持续、长久的生态效益，乃至造福子孙万代。从这个角度，森林是现代农业和经济社会可持续发展不可或缺的支撑和依托。习近平以"森林是水库、钱库、粮库"的科学论断，揭示了森林"水库、钱库、粮库"的基本属性，也是对森林的战略定位。第二，"绿水青山就是金山银山"。习近平总书记指出："我们追求人与自然的和谐，经济与社会的和谐，通俗地讲，就是既要绿水青山，又要金山银山。"在基本生存资料得到满足和初步达到小康以后，人民生活继续改善的方向是拓宽消费领域、优化消费结构、满足人们多样化的物质文化需求，提高生活质量。2006年习近平总书记对"两座山"的辩证关系进行了缜密论述，他指出："在实践中对绿水青山和金山银山这'两座山'之间关系的认识经过了三个阶段：第一个阶段是用绿水青山去换金山银山，不考虑或者很少考虑环境的承载能力，一味索取资源。第二个阶段是既要金山银山，但是也要保住绿水青山，这时候经济发展和资源匮乏、环境恶化之间的矛盾开始凸显出来，人们意识到环境是我们生存发展的根本，要留得青山在，才能有柴烧。第三个阶段是认识到绿水青山可以源源不断地带来金山银山，绿水青山本身就是金山银山，我们种的常青树就是摇钱树，生态优势变成经济优势，形成了浑然一体、和谐统一的关系，这一阶段是一种更高的境界。"习近平总书记指出："我们既要绿水青山，也要金山银山。宁要绿水青山，不要金山银山，而且绿水青山就是金山银山。"要按照绿色发展理念，树立大局观、长远观、整体观，坚持保护优先，坚持节约资源和保护环境的基本国策，把生态文明建设融入经济建设、政治建设、文化建设、社会建设各方面和全过程，建设美丽中国，努力开创社会主义生态文明新时代。

习近平总书记在气候变化巴黎大会上还指出："面向未来，中国将把生态文明建设作为'十三五'规划重要内容，落实创新、协调、绿色、开放、共享的发展理念，通过科技创新和体制机制创新，实施优化产业结构、构建低碳能源体系、发展绿色建筑和低碳交通、建立全国碳排放交易市场等一系列政策措施，形成人和自然和谐发展现代化建设新格局。"

习近平总书记的重要论述充分体现了党中央、国务院对森林生态安全和林业生态建设的高度重视，对于加快中国国土绿化进程、推进林业现代化建设具有重要的现实意义和深远的历史意义，也为中国今后林业发展指明了方向。

三、世界林业发展新理念

森林是推动人类文明进步的基石。在整个人类文明发展进程中，森林的兴衰发挥着无可替代的重要作用。随着人类面临的生态危机问题日趋严重，森林作为陆地上面积最大、结构最复杂、生物量最大、初级生产力最高的生态系统，在维持生态安全、保护环境、维护人类生存发展基本条件中的作用日益突出。21世纪以来，随着经济全球化进程的加快，人类活动对自然界的干扰不断加剧，许多生态环境问题日益突出，人类赖以生存的空间受到严重威胁，人类发展面临着日益严重的生态危机。世界自然基金会（WWF）发布的《地球生命报告》警告称："人类对地球自然资源需求的不断增加，已超出了地球承载力的近1/3，其结果是地球每年的生态债务高达4万亿~4.5万亿美元。如果到2030年情况依然如此，维持人类生计将需要两个地球。"因此，生态危机的日益严重引起了国际社会的广泛关注，应对生态危机、维护生态安全已成为全球面临的重大课题。

同时，随着人类对各类共性问题认识的深化，以及全球化进程的加快，许多林业问题已经超越了主权国家的范围，成为了国际社会关注的热点，成为了相关国际公约的重要组成部分和可持续发展的焦点之一。各国林业政策和实践也越来越受到国际公约和国际林业热点议题的影响，逐渐被国际进程和国际承诺所主宰，呈现国际化同步的趋势。越来越多的国家目前的林业政策实际上是在一系列世界性观点和国际约束影响下形成的，并直接影响了各国的林业管理思路和实践。因此，在新的形势下，梳理世界林业政策的新理念也将会对中国制定未来的林业政策提供有益的借鉴。

（一）全球宏观层面的新理念

1. 林业是绿色发展的基础

绿色发展是人类共同的价值诉求，人类的文明史是利用绿色资源来提高人类生活质量的历史。当今世界，各国都在积极追求绿色、智能、可持续的发展。特别是进入新世纪以来，绿色经济、循环经济、低碳经济等概念纷纷提出并付诸实践。随着森林正在从一个部门产业向奠定人类可持续发展基础的定位转变，绿色发展成为实现人类可持续发展的重要手段。

2008年国际金融危机后，为刺激经济振兴，创造就业机会，解决环境问题，联合国环境规划署提出绿色经济发展议题，2008年发出了《绿色倡议》，在2009年的20国集团会议上被各国广泛采纳。各主要国家把绿色经济作为本国经济的未来，抢占未来全球经济竞争的制高点，加强战略规划和政策资金支持，绿色发展成为世界经济发展的方向。欧盟实施绿色工业发展计划，投资1 050亿欧元支持欧盟地区的绿色经济。美国也开始主动干预产业发展方向，再次确认制造业是美国经济的核心，瞄准高端制造业、信息技术、低碳经济，利用技术优势谋划新的发展模式。2012年联合国环境规划署发表了《绿色经济报告森林篇——投资自然资本》的报告，提出森林是绿色发展的基础。在"里约+20"成果《我们憧憬的未来》文件中，高度强调可持续发展是建立在对包括森林在内的自然生态系统的保护和发展之上的思想。今后，绿色发展将重点强调投资自然资本，开发资源技术，让可更新的自然资源担当起规避资源与环境的约束，并创造财富和福利的使命。未来，如何投资和培育自然资本，把发展引向以可更新自然资源为基础将成为人类可持续发展关注的焦点。而森林作为地球上最重要的自然资本，林业将在实现全球绿色发展中承担特殊的历史使命。

2. 全球森林治理（生态治理/环境治理）

目前，森林在促进人类可持续发展中的战略作用已经得到国际社会的广泛认可，森林问题因其全球性的影响引起了全世界的广泛关注，因此全球森林治理（生态治理/环境治理）成为今后世界林业政策新的关注点。

2015年5月，联合国森林问题论坛第11届会议部长级会议在纽约联合国总部召开。会议最终通过了部长宣言——《我们憧憬的2015年后国际森林安排》。部长宣言高度重视和强调所有类型森林在实现可持续发展方面的重要作用和贡献，承诺致力于制定一个更强大和更有效的2015年后国际森林安排，进一步强化资金机制，加强能力建设，提升国际森林安排构成要素的履职能力，加强和完善与相关国际公约和组织的协作。2015年9月25日联合国发展峰会正式通过2015年后发展议程和可持续发展目标，以替代"千年发展目标"，为全球可持续发展展示了这样一个未来愿景：希望到2030年，全球对所有自然资源的消费都是可持续性的。其中，将森林全面融入新的可持续发展目标，显示了国际社会对于构建未来全球森林治理体系的顶层设计。目前，森林的可持续经营还未形成全球性的、系统性的广泛共识，有关森林问题的国际谈判主要是政治性的，各国在森林生态、经济和社会价值方面的竞争、博弈，阻碍了各方达成森林利用和管理方面的国际标准和协议，因此目前对全球森林实行国际法管理与控制，施行国际法治，条件并不具备。在目前缺乏国际森林法的前提下，全球森林治理今后将发挥越来越重要的作用。2015年9月在南非召开的第十四届世界林业大会也明确提出完善全球森林治理体系，提升林业治理能力；特别强调要加强联合国涉林机构、公约和其他国际组织间的协作，创新合作机制，促进各国间持续开展森林治理经验交流；同时提出采取有效措施，促进国际林业政策与各国林业政策的协同，进一步提高发展中国家林业治理能力，以充分发挥林业在可持续发展和应对气候变化中的作用。

目前，国际社会又提出范围更加宽泛的世界生态系统治理以及全球环境治理的理念，将森林纳入其中，致力于推进全球森林的保护及可持续经营，力促林业在全球可持续发展中发挥重要作用，提升地球的健康水平和人类的福祉。联合国环境规划署在里约发布的《全球环境展望》报告也指出："目前地球的自然资本已经从盈余变成了亏损，人类可持续发展的形势更加严峻。"面对严峻的森林资源下降趋势，为了有效应对生态危机，可持续利用自然资源、公平分配环境利益的环境治理理念已成为世界各国的共识。目前，国际社会在建立全球环境治理体系方面已取得诸多积极进展，同时对森林价值和作用的认识也日趋深入，森林承担了大量的经济、社会和生态责任，全球的政治、经济、社会发展也日趋集中体现在林业发展中，这是一个推进与适应的过程，使得林业日益成为全球环境治理的重要组成部分。特别是随着国际社会对森林问题的共识日益增强，对森林问题做出的政治承诺日渐明晰，建立公平高效的全球森林治理体系将是今后世界林业政策的焦点问题之一。

（二）森林经营层面的新理念

1. 气候智能型林业

气候变化是国际社会普遍关心的重大全球性问题，森林由于在应对全球气候变暖中的独特作用日益受到国际社会的广泛关注。近年来，森林在关于气候变化问题的讨论中得到了更多重视，这不仅是因为森林在减缓和适应气候变化方面的作用，而且还由于国际社会对排放量大且不断增加的发展中国家因毁林和森林退化产生的碳排放给予越来越多的关注。目前，随着国际气候变化谈判的深入，国际社会应对气候变化的行动对林业提出了更高的要求，从清洁发展机制下的造林与再造林活动，逐步扩展到关注发展中国家的毁林排放（REDD），减少森林退化导致的排放，以及森林保护、可持续经营和森林存量增加（简称"REDD+"），以及林业部门之外的导致毁林和森林退化的活动（REDD++）。可见，发展中国家和发达国家都希望在后京都时代充分发挥林业在应对气候变化中的作用，并希望将林业减缓气候变化纳入应对气候变化的国际进程，希望各国通过发展林业来帮助完成减排以便减轻工业、能源领域的减排压力。

在此背景下，气候智能型林业理念应运而生，其起源于联合国粮农组织提出的"气候智能型农业"。"气候智能型农业"是联合国粮农组织为应对日益加剧的全球气候变化、保证粮食安全、促进农业转型而提出的。2009年，联合国粮农组织首次提出了气候智能型农业的概念，并于2010年10月28日发布了《"气候智能型"农业——有关粮食安全、适应和减缓问题的政策、规范和融资》的报告，指出气候变化将使许多粮食已经严重短缺地区的农业生产力、稳定性和收入进一步下降，若要满足不断增长的世界人口对粮食的需求，发展中国家亟需发展气候智能型农业。2013年联合国粮农组织又发布《气候智能型农业资料手册》，进一步阐述了气候智能型农业的意义、定义、实现途径和发展措施。气候智能型农业作为一种新的农业发展理念和方向路径，它通过提高农业资源利用效率和农业生产适应能力，引导当前农业系统做出必要改变，以共同解决粮食安全和应对气候变化的问题。气候智能型农业还要着力改善农民的生计问题，通过降低投入成本、采取合适的生产技术以及农产品的增值加工和有效销售等手段促进农业经济持续发展。对于以农业作为国民经济主要支柱的国家，这既是转变农业思路，同时也是减少贫困的途径。

在联合国粮农组织发布的《气候智能型农业资料手册》中，林业是其中的一个重点部门，其关键点包括：

(1) 森林为人类提供了各种产品和生态系统服务，对生活和粮食安全、对环境可持续性和国家的发展至关重要，而气候变化和气候变异将严重影响森林各种功能的实现。

(2) 森林可持续经营(SFM)是减缓和适应气候变化的基础，借助各种手段可有利于粮食安全。气候智能型林业要求更广泛地应用森林可持续经营的各项原则。在林业政策中纳入减缓气候变化措施，采取获取协同效益的措施，并与其他森林经营目标相权衡。

(3) 由于普遍缺乏地方的气候变化影响和脆弱性相关信息，加强地方机构和管理程序，以提高在不确定条件下正确制定林业相关决策的能力，支持制定气候适应措施，都是重要的战略。

(4) 各级地方(个人/企业，社区，国家和地区)应努力实现到气候智能型林业的转变。规划和实施应包括所有的利益相关方，可以根据当地具体情况，来解决公平和涉及性别歧视等问题。

(5) 气候智能型农业的林业部门应设计针对最脆弱人群(如妇女、老人、原住民)和森林系统(如旱地、山地、沿海森林)的适应性行动，努力寻找最有效和性价比最高的减缓气候变化的办法，实现减缓和气候适应协同作用的最大化。

(6) 森林和树木的生态系统服务往往被极大地忽略和低估，但它们对于人类适应气候变化将越来越重要。加强对森林生态系统服务的理解，以及对于保持和提高生态系统服务方式的认识，增加对实施政策的理解，都将变得越来越重要。

(7) 气候变化应对措施，特别是气候变化减缓政策，将导致林产品市场变化，并可能推动节能和碳密集型产品来代替林产品。因此，森林规划和经营应更为灵敏，以适应这种市场变化。

(8) 在采取措施实现森林可持续经营，适应和减缓气候变化过程中，明确森林和树木权属十分重要。明确森林碳汇的所有权和贸易权对于促进森林碳汇项目也十分重要。

（9）森林和树木提供一系列的林产品和生态系统服务。由于效益和成本将与适应和减缓气候变化行动相关，这些效益和成本将归属于不同的利益相关方。应公平分享与适应和减缓气候变化行动相关的效益和成本，以确保所有利益相关方长期承诺参与行动。

（10）据估计，约有6 000万原住民居住在森林中，他们的生计依赖于森林，也具有丰富的森林资源相关知识。在采取适应和减缓气候变化行动和在进行森林经营决策时有必要让原住民参与进来，确保他们的权利得到认可和尊重。

2. 增强森林的恢复力

生态恢复力（resilience）是生态系统在受到胁迫和干扰损害后恢复其结构和功能特征的能力。简单来说，生态恢复力是一片森林、一种植物或动物的种群在逆境环境中生存甚至发展的能力。生态系统的生物多样性越丰富，随着时间的变化它保持一定恢复力的可能性就越大。其中生态系统适应不断变化气候条件的能力尤其受到关注，特别是如何提高森林生态系统更好地应对不断变化的气候模式的研究将成为今后关注的焦点。随着气候变化危机不断加剧，很多机构开始重视并参与到应对气候变化的行动当中。一些国际非政府组织选择通过构建系统（个人、家庭或社区）的恢复力来适应气候变化，并把基于恢复力的管理看做是应对气候变化影响的重要途径。作为实施可持续发展的重要途径之一，恢复力的理念已广泛用于人类和自然相互作用的多个学科中。近年来广泛应用于生态系统恢复、应对气候变化研究中的理念"生态恢复力（Ecological Resilience）""增强森林的恢复力（Increase the Resilience of Forest）"都源自弹性思维（Resilience Thinking）这种新的资源管理思维方式，它是基于可持续发展而提出的新的理念，被许多学者评价为可持续发展管理的理论基础。

人类为满足自身人口快速增长的需求，对自然资源进行开采利用，采用各种各样的资源管理手段，取得了叹为观止的成功。但是，这种地球再设计工程获得的成就却以资源和环境损耗为代价。面对可持续发展的新生态观，弹性思维应运而生。弹性是系统承受干扰并仍然保持其基本结构和功能的能力。当它应用于人类与自然系统时，则有非常深远的意义，它为理解周围世界和管理自然资源的提供了一种不同的方式，解释了为什么提高效率本身不能解决人类的资源问题，并提供了一种建设性的可供选择的办法，从而实现通过管理来促进社会—生态系统的可持续发展。

从弹性思维的角度出发，理解社会-生态系统的重要观点包括：

（1）过度提高效率与优化结构会造成系统弹性的损伤。提高效率总是试图通过控制生态系统中某些组分的数量，尽可能地提高特定组分的产量，例如为了实现林产品的高产在林地上种植单一的高产品种、施肥、防治虫害，最后进行机械化收割，通过严格控制各个环节实现林产品产量的最大化。然而，为了达到某些特定的目地，而针对性的优化利用社会—生态系统的某些组分，实际上是削弱了整个系统的弹性。当面对意外事件时系统会表现得极其脆弱，甚至可能造成严重的后果，如单一树种造成病虫害严重、地力衰退严重、生态环境恶化、生物多样性下降等诸多问题。

（2）人类的行为不得超越生态系统的弹性。弹性是生态系统自我恢复和适应干扰而不至于崩溃的能力，人类需要正视危机与灾难，稳健决策，抛弃对生态系统的传统干预，在不突破生态系统弹性阈值的限度内进行适度干预，否则会对生态系统造成无法弥补的损失。

（3）人类是社会—生态系统的一分子。人类生存于人与自然紧密联系的社会—生态系统中，但在分析并实际管理和利用自然资源时，却往往并没有考虑到人类是其中的一分子。

富有弹性的生态—社会复合系统的主要属性包括多样性、生态可变性、具模块结构、可管理慢变量、适时的反馈机制、协同作用、创新性、发展计划和评估中包含生态系统服务功能等。富有弹性的生态—社会复合系统具有"慢变量"针对性的策略，来控制与阈值相关的变量。全球化造成的一度紧密的反馈机制变得迟缓，例如发展中国家的林产品在发达国家消费，造成林产品反馈信息迟缓，而富有弹性的生态—社会复合系统具有适时的反馈机制。同时，当前社会的创新性常常是试图通过提供补贴来保持现状，而不是进行改变。如果始终通过这种方式来处理此类事件，就是在不断地破坏系统自身的适应能力，提高生态—社会复合系统的弹性应鼓励创新和变革，支持试验研究。

3. 多元森林管理

联合国粮农组织归纳了渗透在所有森林政策的共同理念，提出了多元森林管理的理念，并且建议纳入国际森林政策中。该理念虽然有些抽象，目前也缺乏机制支持，实践起来有些困难，但是已经获得了相当的认可，并在一定程度上为国际社会所遵循。

多元森林管理是指森林经营目的的多元化，不仅仅包括木材产品生产，还包括饲料生产、野生动植物保护、景观维护、游憩、水源保护等，意味着森林用途的日益多元化，需要森林管理目标的多元化。目前，由于森林所提供的多元化产品面临市场限制，降低了多元森林管理的竞争性。例如，由于非木质林产品市场有限、规模不够阻碍了其商业化，销售价格往往很低，大大减少了林业创业者的利润，阻碍了森林多元化管理的推广。

（三）林业经济层面的新理念

生物经济的概念是指利用生物质资源，或者利用生物技术来获取高价值、可持续发展和具有竞争力的产品。随着矿产经济的热度减退，生物经济预计将成为全球经济下一波浪潮。向生物经济过渡可减少对矿产原料的依赖，避免生态系统丧失资源，同时还能创造可持续的经济发展和就业机会。各种全球趋势推动了生物经济的发展，试图将资源稀缺和不利发展因素作为发展的推动力。全球资源需求迅速增加，而资源却越来越稀缺。例如，预计从1980—2020年，全球范围对生物质的需求将增加68%，而石油等化石能源的需求将增加81%。生物经济的投资是增长最快的投资机会。例如，生物能源、生物基化学产品和生物纤维复合材料的全球市场估值为2015年5 000亿美元，至2030年将达到13 009亿美元。当然，生物经济的投资也存在生物质资源的可用性和货币风险等投资风险。

"生物经济"作为一种后石油时代更具创新性、资源利用效率更高、可持续性经济的概念，在政治议程中举足轻重。欧盟、芬兰、德国、美国和马来西亚等国家和地区已制定了未来生物经济发展战略，其他国家也紧随其后。欧盟委员会2012年2月颁布了一项题目为"创新促进可持续增长——欧洲生物经济"的新的生物经济战略。之后又举行了一系列生物经济会议，吸引利益相关方和政策制定者的关注，并在整个欧洲地区创造合作伙伴关系。2012年4月，美国奥巴马政府发布了生物经济战略——美国国家生物经济蓝图。一年后，在2013年2月，欧盟委员会宣布建立新的生物经济观察组织，旨在促进相关数据和分析的公开，而欧盟各成员国正在制定各自的生物经济战略。林业是这项欧盟生物经济战略的一部分，来提高相关的知识基础，促进创新以提高生产率和盈利能力。由于它是全球性问题，欧洲生物经济战略号召全球性解决方案。

未来的生物经济将在很大程度上用可再生资源取代不可再生化石基资源，如森林和树木。森林作为一种可再生资源，在全球、地区和地方经济的可持续发展中将发挥越来越大的作用，在新兴的生物经济发展中也将发挥关键性作用。在生物经济发展的12个部门中，有农业、渔业、交通运输、生物化工等6个部门，依赖森林的主要产品——木材。生物能源、生物油以及其他创新也是林业这一传统产业新细分市场的重要组成部分，与这个新细分市场并驾齐驱的是原有的传统细分市场，例如造纸、纸浆、木材和木制品。对林业部门来说，它蕴藏了重大机会，是林业部门"走出舒适区"，主导与其他部门深度合作的有利时刻。这也是专家们在参加2015年4月在维也纳召开的主题为"播种创新——收获可持续发展：林业在绿色经济中的关键作用"IUFRO生物经济研讨会时所持的普遍观点。所有专家一致认为，林业部门有必要通过互相学习，从参与其他部门的行动开始，来增加对预期目标和需求的共识，为协调不同的政策做好准备。国际林联2015—2019年发展战略中涵盖了生物经济主题，同时它也是国际林联五大核心研究课题之一。林业不应该错过机会，应在生物经济的发展中"成为方向盘"。

尽管林业部门也存在着一些不利的发展因素，如纸张需求下降和一些其他林产品的需求停滞不前，而这实际上也是林业部门复兴的动力。同时，林业产业和其他产业正在改变策略和商业模式，投资新的林产品。过去的100年中，纸张和木材是林业部门的主要产品，而未来林产品将是多样化的。鉴于生物经济并不局限于某个部门，打破相互冲突的政策边界，寻找如何最有效地利用土地的解决方案，在确保森林可持续经营的同时最大限度地发挥森林的作用是发展林业生物经济的主要挑战，需要克服不同政策冲突等难题。

在林业生物经济发展实践方面，芬兰是典型的案例。芬兰拥有大量自然资源、专有技术和工业基础设施，这是发展生物经济非常好的起点，尤其在森林生物经济领域拥有世界级的竞争能力。芬兰人和森林的关系非常密切，在森林产品和服务方面积累了丰富的经验，并希望可持续高效地利用这种资源。2013年芬兰的生物经济产出达到640亿欧元，远远高出了政府的预计，其中一半以上来自林业产品。预计在未来10年内，生物经济将可能使芬兰的营业额增加数百亿欧元。芬兰政府已将生物经济定为芬兰的经济增长引擎之一。芬兰就业与经济部、农林部和环境部联合制定了芬兰首个"生物经济发展战略"，旨在刺激芬兰产业与商业的新一轮发展，推动芬兰经济在生物与清洁技术重要领域的进步，目标是将芬兰生物经济产值在2025年时提升至1 000亿欧元，并创造10万个新的就业岗位。该战略定义的"生物经济"是指通过可持续的方式利用可再生自然资源，生产和提供以生物技术为基础的产品、能源和服务的经济活动。预计到2030年，新产品将占到芬兰林业出口量的一半。

（四）林业政策层面的新理念

1. 实证林业（基于证据的林业）

实证林业（基于证据的林业）是基于循证管理（Evidence-based Management）而发展起来的一个概念。当今政策制定的环境越来越复杂，政策议题对专业化的要求越来越高，公众和媒体对政策背后的事实依据的要求越来越严格，迫使各国政府不得不思考政策制定如何更加科学，如何使政策更有效地为经济社会发展和创新服务，最大效率地使用有限的资源。近年来,基于证据的政策制定(Evidence-based Policy Making)越来越为欧美国家所推崇。基于证据的政策制定实际上就是将证据植入从政策制定到政策评估的政策环的整个过程,以确保政策的合理性、有效性和科学性。

由于林业经营的对象是生态系统,这个系统不是封闭的,对人类的干扰会产生各种反馈(或反应)。正回馈加速生态系统的瓦解,而负回馈代表该系统的弹性或恢复力。因此,林业政策应基于符合实际情况、客观、具有科学依据的信息来制定。若信息不足,应当在制定政策后及时收集反馈信息并进行相关研究,对最初制定的政策进行不断修订。林业政策要有预估的前瞻性,通过分析全面的基于证据的林业信息,可以较好地预测林业的未来,为林业经营提供重要参考。林业要基于有弹性、可改进的森林经营方法,要善于运用先进科学及信息科技来管理庞大与复杂的实证信息,而传统的森林经营缺乏将经营的实证经验有效纳入到经营过程和林业政策制定过程中。

通过采用先进信息科技,将所有经营收集的信息,经过严格的质量管理程序,纳入林业信息管理系统,分析者(包括决策者)能综合所有信息,转换成更有实用价值的信息,赋予旧数据新生命。信息的收集、整理、储放及提取与应用将对林业政策制定产生决定性的影响。

2. 民生林业

世界林业政策将日益关注将林业作为改善民生的重要手段。2011年2月,联合国森林问题论坛第九届大会在讨论森林为民、森林减轻贫困等议题时提出,林业在发展绿色经济中具有重要作用,应该将林业置于重要的优先领域。2011年2月,联合国环境规划署在全球发布了第一本关于绿色经济的研究报告《迈向绿色经济——通向可持续发展和消除贫困之路》,将林业作为全球绿色经济发展10个至关重要的部门之一,其中特别提出每年用2%的全球GDP绿化10个经济部门,改变发展模式。2012年6月召开的联合国可持续发展大会,即"里约+20"大会,又把绿色经济确定为大会主题。其中一个重要的内容就是强调以绿色经济来振兴地区经济,强调以人为本,改善民生等。这些发展思路都预示着今后森林资源作为一种基础的国民福利,林业的发展将对改善林区居民生计发挥愈来愈重要的作用。

四、对中国林业发展的启示和建议

当前,应对生态危机、维护生态安全已成为全球面临的重大课题,建设生态文明、实现科学发展已成为新时期中国经济社会发展的重大战略任务。在新的历史时期,林业不仅是一项十分重要的公益事业,同时也是一项十分重要的具有多种功能的基础产业。在世界各国积极发展林业应对全球生态危机的背景下,为了顺应国际林业发展潮流,促进中国林业发展与世界接轨,同时提升中国作为负责任大国的国际形象,提出以下建议:

(1)进一步突出林业在环境治理中的重要地位。中国是世界上土地沙化和水土流失最严重的国家之一,近年来水旱灾害频繁发生,河流污染、土壤污染、空气污染也愈演愈烈,大力发展林业是改善环境状况、遏制生态灾害的根本手段。因此,应从国家层面将林业作为环境治理的主体部门,充分发挥森林生态系统在环境保护中的中枢和杠杆作用。

(2)将森林资源纳入国家战略资源进行统一规划管理,创新林业治理体系,完善森林资源资产管理体制，丰富生态文明制度建设内涵。森林不仅是重要的经济资产，而且是巨大的环境资产，为社会经济发展提供着不可替代的生态服务，与水资源、土地资源一样，是绿色发展重要的战略自然资源，是保障国土生态安全不可替代的重要组成部分；同时，"山水林田湖"是一个共同的生命体，森林资源的质与量直接关系到中国水土资源、粮食安全，直接影响到民生福祉和民族命运。在当前生态红线高压的态势下，建议按照党的十八届三中全会对加快生态文明制度建设的总体部署和党的十九大提出的"乡村振兴战略"，科学评估林业的基础地位，把林业作为经济社会发展的根本问题和乡村振兴战略的基础性问题，将森林资源纳入国家战略资源，创新林业治理体系，加强对全国森林资源的规划与管理，进一步完善森林资源培育和保护的多层次、多渠道投入机制，提升林业治理能力。特别是要健全国家森林资源资产管理制度，完善森林资源监管体制，逐步探索森林资源的资产化管理机制，建立起有利于保护和发展森林资源、有利于改善生态改善林区民生、有利于增强林区发展活力、权责利统一的森林经营管理体制。

（3）完善森林资源有偿使用和生态补偿制度，坚持市场在资源配置中的决定性作用，建立有利于森林资源持续发展和生态服务有效供给的体制机制。进一步建立健全森林资源及服务的市场价格体系，让市场在森林资源配置中发挥决定性作用，推动完善森林资源有偿使用和生态补偿制度，使森林资源真正成为林农的绿色财富，让林农在社会主义市场经济体制改革中获得实实在在的收益。进一步完善林地征占用补偿和森林植被恢复费征收制度，使其更加全面地体现森林资源的综合价值和稀缺程度，提高征占用林地补偿标准和森林植被恢复费标准。在生态补偿方面，要以森林生态系统服务受益的对象和范围为依据，建立全流域、跨区域的生态补偿体系，提高生态补偿标准，调动各方面造林、育林、护林的积极性。对于生态区位极其重要的生态公益林和生态脆弱地区的生态治理成果，要逐步探索建立生态服务国家赎买制度。同时，提升公众对森林多种功能、多种服务的认知度和参与度，借鉴国外经验，探索建立森林生态税、生态彩票等制度，形成多种渠道、多种形式的森林生态补偿社会参与机制。

（4）探索多种方式，将民生林业落到实处。目前，国家已经将发展林业作为解决"三农"问题的重要途径，特别是通过集体林权制度改革，明晰了林地使用权和林木所有权，赋予了农民经营主体的地位，为发挥林业在改善民生中的重要作用奠定了基础。下一步关键是积极探索发展林下经济、林产产业以及生态旅游的各种方式，充分发挥林业在促进社会就业、改善民生方面的潜力。

（5）发展碳汇林业，应对气候变化。当前，中国正处于实现工业化进程的关键时期，降低二氧化碳排放量很难在短时期内实现。应抓住当前应对气候变化的有利时机，为大力发展碳汇林业注入新的活力，充分发挥森林的吸碳、固碳功能。

（6）全方位深化林业国际合作。在新的形势下，中国需要从全球的角度重新审视森林在应对生态危机中的作用，积极参与全球森林治理进程。今后，任何一个国家的林业发展都离不开世界，需要共同分享发展机遇，共同应对各种挑战。因此，新时期的林业应以更加开放的态度，吸收各国在林业发展道路上的成功经验，同时积极展示中国在林业领域所取得的成果，在涉林谈判中争取更大的国际话语权。

参考文献

国家林业局，1999. 中国林业五十年：1949—1999[M]. 北京：中国林业出版社.

国家林业局关于出席联合国森林论坛第10届会议情况的报告：林外字[2013]17号[R].

雷静品，肖文发，2013. 森林可持续经营国际进程回顾与展望[J]. 林业经济，(2)：121-128.

联合国粮食及农业组织，2014. 2014世界森林状况[M]. 罗马：联合国粮食及农业组织.

联合国粮食及农业组织，2006. 2005年全球森林资源评估：实现可持续森林管理的进展情况[M]. 罗马：联合国粮食及农业组织，147：21.

刘昕，郭晓峰，2012. 国际森林问题未来发展趋势分析[J]. 林业经济，(9)：119-124.

赵士洞，张永民，2004. 生态系统评估的概念、内涵及挑战：介绍《生态系统与人类福利：评估框架》[J]. 地球科学进展，19(4)：650-657.

赵士洞，2001. 新千年生态系统评估：背景、任务和建议[J]. 第四纪研究，21(4)：330-336.

徐斌，张德成，等，2011. 2010世界林业热点问题[M]. 北京：科学出版社.

徐斌，张德成，等，2013. 世界林业发展热点与趋势[J]. 林业经济，(1)：99-106.

WWF. 地球说明报告[EB/OL]. http：//www.news.xinhuanet.com/tech/2008-10/30/content_ 10277752.htm.

千年生态系统评估项目组. 生态系统与人类福祉：评估框架[EB/OL]. http：//www.millenniumassessment.org/documents/document.788.aspx.pdf.

联合国. 我们希望的未来. 里约+20联合国可持续发展大会[EB/OL]. https：//rio20.un.org/sites/rio20.un.org/…/a-conf.216-l-1_ chinese.pdf.pdf.

IPCC，2014. Climate change 2014：Mitigation of climate change[EB/OL]. Cambridge：Cambridge University Press.

IPCC. Assessment report[EB/OL]. http：//www.ipcc.ch/publications…/publications_ and_ data_ reports.sht.

UNEP，2011. Towards green economy：Pathways to sustainable development and poverty reduction[EB/OL]. http：//www.unep.org/greeneconomy/Portals/88/documents/ger/GER_ synthesis_ en.pdf.

专题十二　国际林业组织

一、政府间国际林业组织

（一）联合国开发计划署

1. 成立宗旨与愿景

联合国开发计划署（UNDP）是世界上最大的技术援助多边机构。它是联合国的一个下属机构，总部位于纽约。其工作是为发展中国家提供技术上的建议、培训人才并提供设备，特别是为最不发达国家进行帮助。致力于推动人类的可持续发展，协助各国提高适应能力，帮助人们创造更美好的生活。

2. 组织结构

联合国开发计划署前身是1949年成立的技术援助扩大方案和1958年设立的旨在向较大规模发展项目提供投资前援助的特别基金。根据联合国大会决议，这两个组织于1965合并成立了今天的开发署（图12-1）。开发署的总部设在纽约，其组织机构包括：

（1）执行局。为政策决策机构，由36个成员国组成：亚洲7个、非洲8个、东欧亚4个、拉美5个、西欧和其他国家12个。执行局成员由经社理事会按地区分配原则和主要捐助国和受援国的代表性原则选举产生，任期3年，执行局每年举行3次常会、1次年会。

（2）秘书处。按照执行局制定的政策在署长领导下处理具体事务。在134个国家设有驻地代表处。署长任期4年。现任署长施泰纳于2010年正式成为联合国开发计划署署长。1961年，阿齐姆·施泰纳生于巴西，拥有德国和巴西双重国籍，先后在牛津大学和伦敦大学取得学士和硕士学位，专攻经济发展、区域规划、国际发展与环境政策。此外，他还曾在位于柏林的德国发展研究所以及哈佛商学院学习。

3. 主要活动领域

联合国开发计划署的重点工作领域是加强联合国开发计划署、中国与第三方国家的三边合作，外国援助体系经验分享，应对全球与地区问题，提高私营部门参与程度，通过南南对话分享发展经验与成果。其活动范围涵盖全球，以中国为重点。

4. 活动开展方式及影响

联合国开发计划署为发展中国家提供专业建议、培训及其他支持措施（如资金等），并加大对最不发达国家的援助力度。为实现千年发展目标，促进全球发展，联合国开发计划署重点关注减贫、对抗艾滋、能源与环境、社会发展和危机预防与恢复等工作，并将保护人权、能力建设和女性赋权融入所有项目之中。

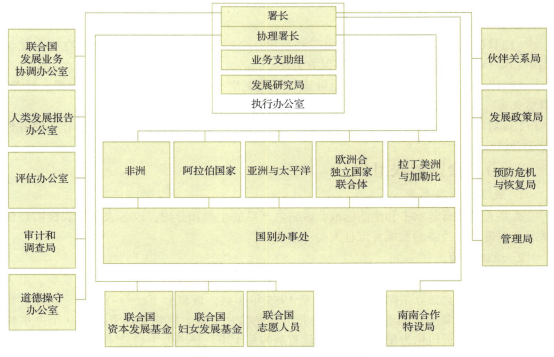

图 12-1 联合国开发计划署构成

(二)联合国环境规划署

1. 成立宗旨与愿景

联合国环境规划署的宗旨是促进环境领域内的国际合作,并提出政策建议;在联合国系统内提供指导和协调环境规划总政策,审查规划的定期报告;审查世界环境状况,以确保可能出现的具有广泛国际影响的环境问题得到各国政府的适当考虑;经常审查国家和国际环境政策和措施对发展中国家带来的影响和费用增加的问题;促进环境知识的获取和情报的交流。

2. 组织结构

联合国环境规划署下设3个主要部门:环境规划理事会、环境秘书处和环境基金委员会。环境规划理事会由58个会员国组成,任期3年按规划理事会是联合国环境项目最主要的政策制定者,在促进联合国成员国之间开展环境问题合作的过程中起外交作用。

秘书处有890名工作人员,其中约500名是国际工作人员,其他为当地雇员。秘书处是监督联合国环境规划署政策和项目执行的机构,负责每年1.05亿美元的财政预算支出,这笔钱全部是由成员国交付的。

联合国环境规划署的工作主要由预警和估计,环境政策执行,技术、工业和经济、地区性合作,环境法律和协议,全球性环境机构协调,通讯和公共信息这7个部门执行。

3. 主要活动领域

联合国环境规划署主要工作包含艺术与环境、生物多样性、生物安全、气候变化、灾难与冲突、生态管理系统、环境治理等领域。

4. 活动开展方式及影响

主要活动及活动方式：

(1)具体工作部门(包括全球环境监测系统、全球资料查询系统、国际潜在有毒化学品中心等)对环境开展评估并提供环保方案。

(2)人类住区的环境规划和人类健康与环境卫生，管理陆地生态系统、海洋、能源、自然灾害、环境与发展等方面的管理，环保公约、环保法案的制定。

(3)对环境教育、培训、环境情报提供技术协助，与有关机构举办同环境有关的各种专业会议。

(三)联合国粮农组织

1. 成立宗旨与愿景

提高人民的营养水平和生活标准，改进农产品的生产和分配，改善农村和农民的经济状况，促进世界经济的发展并保证人类免于饥饿。

2. 组织结构

联合国粮农组织的最高权力机构为大会，每 2 年召开 1 次。常设机构为理事会，由大会推选产生理事会独立主席和理事国。至 1985 年年底，理事会下已设有计划、财政、章程及法律事务、商品、渔业、林业、农业、世界粮食安全、植物遗传资源等 9 个办事机构。该组织的执行机构为秘书处，其行政首脑为总干事。秘书处下设总干事办公室和 7 个经济技术事务部(图 12-2)。

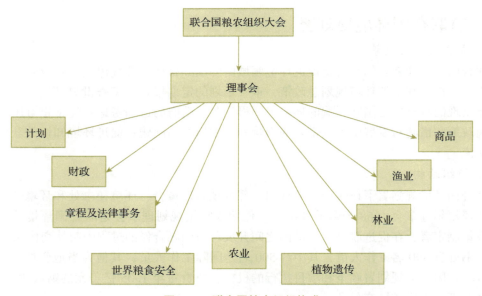

图 12-2　联合国粮农组织构成

3. 主要活动领域

(1)获得信息。联合国粮农组织发挥智囊团的作用，利用工作人员——农艺学家、林业工作者、渔业和畜牧业专家、营养学家、社会科学家、经济学家、统计员和其他专业人员的专业知识，收集和分析有助于发展的资料。每个月有 100 万人次访问联合国粮农组织的网站，查询技术文件或了解联合国粮农组织与农民开展的工作。同时还出版数以百计的新闻通讯、报告和书籍，发行少量杂志，制作只读光盘并主持几十个电子论坛。

（2）分享知识。联合国粮农组织向各成员国提供其在农业政策和规划制定、拟订有效法律及制订实现乡村发展和脱贫目标的国家战略等方面多年积累的经验。

（3）提供场所。作为一个中立的论坛，联合国粮农组织提供了富国和穷国能够为达成共识而走到一起的氛围。联合国粮农组织在各球各地办事处也为各国专家提供了召开会议、共同研究粮食农业问题的场所。

（4）提供援助。联合国粮农组织提供技术支持，在少数情形下也提供一定的资金援助。在出现危机的情况下，联合国粮农组织同世界粮食计划署以及其他人道主义机构并肩工作，保护农民的生计并帮助他们重建家园。

联合国粮农组织在亚太、西非、东非和拉美设有区域办事处，在欧洲设有区域代表，另外在联合国纽约总部和华盛顿特区设有联络办事处。

4. 活动开展方式及影响

向成员国提供世界粮食形势的分析情报和统计资料，对世界粮农领域的重要政策提出建议并交理事会和大会审议；帮助发展中国家研究制定农业发展总体规划，按照规划向多边援助机构和发达国家寻求援助和贷款，并负责组织各种援助项目；通过国际农产品市场形势分析和质量预测组织政府间协商，促进农产品的国际贸易；通过提供资料、召开各种专业会议、举办培训班、提供专家咨询等推广新技术，组织农业技术交流；作为第三方为某一个受援国寻找捐赠国组成以联合国粮农组织、受援国和捐赠国为三方的信托基金。

（四）联合国森林问题论坛

1. 成立宗旨与愿景

2000年10月，联合国经济和社会理事会建立了一个全球性、高级别的政府间组织联合国森林问题论坛。其任务在于促进森林的管理、保护和可持续发展，监测成员国政府长期政策关注。论坛每年召开会议，促进对森林问题的长期优先关注，并回顾过去政府间组织行动的执行情况。

2. 组织结构

最高管理机构为主席团，负责跟进大会做出的决议、筹备下届大会及管理并组织召开大会。主席团按公平地域分配原则由1名主席和4名副主席组成，其中1名副主席兼任报告员。主席团成员在每届会议结束时从论坛成员国中选举。主席要代表论坛参加不同的论坛会议。

论坛的具体事务由秘书处负责推进，主要包括为大会筹备提供后勤保障、及时准备和发放各类文件、为论坛和主席团提供相应的服务等。论坛秘书处同时也是森林合作伙伴关系的秘书处，负责论坛休会期间的各项事务，如召开特别专家组会议、推动各国制定推行相关森林倡议等。

此外，根据联合国经济及社会理事会的第2000/35号决议，论坛可以在合适时组建特别专家组，召集各国相关专家，听取专家提出的科学技术建议。

3. 主要活动领域

2007—2015年论坛主要涉及四大主题：研究并讨论森林可持续经营管理方法，森林造福人民、改善民生和消除贫困,森林与经济发展,国际森林经营的进展与挑战。

在这四大主题的框架下,论坛主要在以下领域开展活动:

(1)推动森林相关协议的实施,促进达成森林可持续经营管理的共识;

(2)协调各国实施与森林有关政策以及方案;

(3)加强对各国森林管理与可持续发展的监督;

(4)为各国政府及国际组织间就解决森林问题的相关对话提供一个全面、综合的平台。

4. 活动开展方式及影响

联合国森林问题论坛向所有成员国开放,以透明和参与性方式开展工作,鼓励有关国际和区域组织,包括区域经济一体化组织、机构和文书以及《21世纪议程》确定的各主要团体参加相关工作;

联合国森林问题论坛根据经济及社会理事会各委员会的议事规则运作,但须符合相关规定;

联合国森林问题论坛向经济及社会理事会负责,并通过理事会向大会提出报告;

联合国森林问题论坛应探讨如何加强森林有关活动的政策拟订和执行方面的配合和协调,包括向联合国相关机构以及与森林问题有关的其他国际组织、文书和政府间进程提供其工作报告;

联合国森林问题论坛依循《关于环境与发展的里约宣言》《森林原则》《21世纪议程》第11章以及政府间森林问题小组/政府间森林问题论坛的行动建议,根据一项多年工作方案开展工作;

联合国森林问题论坛与可持续发展委员会保持密切联系,共同召开联合主席团会议,确保其活动与可持续发展委员会所执行的更广泛的可持续发展议程相一致;

联合国森林问题论坛可根据联合国既定规则和做法在联合国总部以外场所举行会议;

联合国森林问题论坛每年举行会议,会期可长达两周,并根据需要举行两至三天的高级别部长会议,高级别会议可用一天时间与参加合作伙伴关系的各组织以及与森林有关的其他国际和区域组织、机构和文书的主管进行政策对话;联合国森林问题论坛还应确保有机会了解和审议《21世纪议程》确定的各主要团体代表的意见,特别是安排多方利益相关者对话;

联合国森林问题论坛酌情建议召开由发达国家和发展中国家的专家参加、会期较短的特设专家组会议,以听取科学技术咨询意见,审议无害环境技术筹资和转让的机制和战略;鼓励各国开展主动行动,如召开国际专家会议。

(五)世界自然保护联盟

1. 成立宗旨与愿景

世界自然保护联盟(IUCN)成立于1948年10月,总部位于瑞士格兰德,是目前世界上最大及最重要的世界性保护联盟,是政府和非政府机构都能参与合作的国际组织。世界自然保护联盟是一个民主的会员制联盟,是世界上历史最悠久的全球环保组织,拥有联合国大会官方观察员席位。

世界自然保护联盟的主要使命是影响、鼓励和帮助全世界的科学家和社团去保护自然资源的完整性和多样性,包括拯救濒危的植物和动物物种,建立国家公园和自然保护地,评估物种和生态系统的保护现状等，确保任何自然资源的使用都是平衡的、在生态学意义上可持续的。世界自然保护联盟的工作重心是保护生物多样性以及保障生物资源利用的可持续性，为森林、湿地、海岸及海洋资源的保护与管理制定出各种策略及方案。

2. 组织结构

世界自然保护联盟在全世界45个国家设有办事处，雇佣共计1 000多名职员。世界自然保护联盟的内设机构主要由世界自然保护大会、理事会、专家委员会、联盟成员的国家委员会和地区委员会、秘书处5部分构成(图12-3)。

世界自然保护大会每4年召开一次，由世界自然保护联盟全体成员参加，是联盟的最高层管理机构。大会制定整个联盟的政策，审议和批准联盟的工作计划，并选举联盟主席以及理事会成员。

理事会是世界自然保护联盟的行政管理机构，在世界自然保护大会的官方授权下，负责IUCN所有事务的日常管理，指导秘书处贯彻落实世界自然保护大会通过的各项政策和计划，并且在大会休会期间代表联盟全体成员每年举行1次或2次理事会会议。理事会由理事长、财务总监、8个法定地区(非洲、中南美洲、北美洲和加勒比海地区、东亚和南亚、西亚、大洋洲、东欧和中北亚、西欧)每区3名计24名理事、IUCN所在国即瑞士联邦代表1名、IUCN6个委员会的主席以及理事会根据不同资历与特长任命的另外4名理事构成。

理事会下设秘书处，负责贯彻落实联盟的各项政策和项目，为联盟全体成员服务。秘书处由地区办公室、全球项目组、全球战略组、全球业务组和项目和活动组5个部门构成，对理事会负责，由秘书长领导。其中，地区办公室负责在相应地区实施项目；全球项目组在全世界推动联盟工作项目的落实；全球战略组统筹管理自然保护资金和捐赠，协调成员关系和成员的管理，以及负责交流和出版的相关事项；全球业务组负责行政、财政、人力资源、信息技术管理和法律咨询；项目和活动组负责所有的项目和活动，这些实际是由伙伴组织、委员会和秘书处中的多个组织和个人共同参与执行的。

世界自然保护联盟专家委员会由6个分委员会组成：①物种存续委员会(SSC)，为物种保育工作提供技术咨询，推行濒危物种的保育工作以及负责制定IUCN濒危物种红色名录；②世界保护区委员会(WCPA)，在全球范围推动陆地和海域保护区建立行之有效的管理方案；③环境法律委员会(CEL)，推行环境法，开发新的法律机制和框架，提高国家执法能力；④教育及宣导委员会(CEC)，透过策略性宣导及教育，引导利益相关者能可持续性地使用自然资源；⑤环境经济社会政策委员会(CEESP)，就生物多样性保护工作的经济及社会因素问题提供专业知识及政策建议；⑥生态系统管理委员会(CEM)，在自然或人工生态系统管理方面提供专业指导。10 000名来自不同领域的专家服务于专家委员会，负责评估世界自然资源，在世界自然保护联盟制定保育措施时提供咨询服务。

政府成员及非政府成员在得到IUCN理事会认可之后，在国家或者地区成立委员会。这些国家及地区委员会在确定各个项目的优先顺序、协调各项规划和成员关系、执行各项计划方面，发挥着越来越大的作用。根据2012年世界自然保护联盟的报告统计，世界自然保护联盟到2012年共拥有属于160多个成员国家的1 258个会员，其中包括200多个政府组织会员和超过1 000个非政府组织会员。世界自然保护联盟在全世界45个国家设有办事处。其中，分布最多最广的是在非洲，共18个办事处；其次是亚洲12个国家、美洲7

个国家、欧洲 6 个国家以及大洋洲 1 个国家。

世界自然保护联盟的合作伙伴有 6 类：①框架合作伙伴，即通过协议捐款为世界自然保护联盟项目实施提供主要经费来源的政府合作伙伴，目前共有 8 个，分别是丹麦外交部、芬兰外交部、荷兰外交事务部、法国开发署、挪威开发合作署、瑞典国家开发合作署、瑞士开发合作署、阿拉伯联合酋长国环境署。②14 个项目合作伙伴，包括奥地利发展署、加拿大国际发展署、法国外交事务部、美国国务院、法国外交部、美国国际发展规划署等政府机构。③政府和多边组织，如奥地利欧洲与国际事务部、德国经济合作与发展部、约旦环境部、美国国务院、美国国际开发署、亚洲开发银行、全球环境基金、联合国开发计划署、联合国环境规划署等。④非政府组织，如国际鸟类联盟、天主教救济组织、世界自然基金会等。⑤基金，如克林顿基金会、克里斯坦森基金、Oak 基金会、经团联基金会等。⑥私营企业，如雀巢、诺基亚、壳牌、力拓集团等。

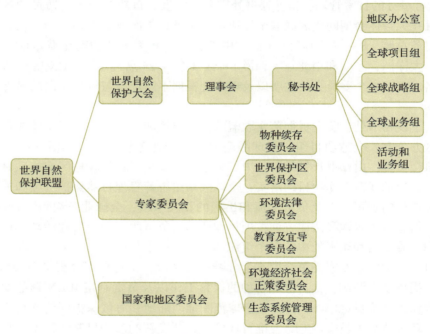

图 12-3　世界自然保护联盟机构设置

3. 主要活动领域

世界自然保护联盟致力于为充满环境压力和发展挑战的世界寻找务实的解决方案，在以下传统领域处于领先地位：拯救濒危动植物种、建立国家公园和保护区、评估物种及生态系统的保护并帮助其恢复。

世界自然保护联盟在传统领域之外也有所发展。在地球上的许多地方，联盟认为自然资源的可持续利用是保护自然的良好方式，这种方式使得为满足其基本需求而利用自然资源的那些人成为保护自然资源的卫士。

联盟所保护的环境包括陆地环境与海洋环境。联盟集中精力为森林、湿地、海岸及海洋资源的保护与管理制定出各种策略及方案，在促进生物多样性概念的完善方面所起的先锋作用，并在推动各国乃至全球实施生物多样性公约中扮演重要角色。

联盟在拯救濒危动植物种、建立国家公园和保护区、评估物种及生态系统的保护及恢复等自然保护的传统领域处于领先地位。在自然保护技术和传统知识的提供方面做了大量工作，出版的《濒危物种红色名录和行动计划》是全球动植物物种保护现状最全面的名录，是生物多样性保护领域的权威文件，被许多组织和决策人员广泛使用。

依据"可持续发展"这一富有先见之明的理念，不断在世界各国蓬勃发展，建立了一个由志愿科学家为主体，可提供技术支持的人才库；为各国提供本土化的建议和保育自然服务；扩展委员会成员组织、国家以及咨询机构。

联盟未来重点关注三大优先领域：推动自然及其服务功能的价值评估，并促进其保护；建立针对自然的最佳治理，确保有效及公平地利用自然；探讨以自然为本的解决方案，以更好地应对气候变化、粮食安全和发展等全球性挑战。

4. 活动开展方式及影响

通过在全世界范围支持科学研究、开展实地项目，世界自然保护联盟将联合国机构、各国各级政府、NGO 和企业邀请到一起，制定政策、法规，寻找最佳实践；联合会员及其他利益相关团体，为环境和发展中遇到的挑战共同协商和寻求解决办法；为国家、政府机构、各种规模的非盈利性机构、经济发展机构、科学和学术界以及私营部门和公民社会的代表提供了专业而中立的论坛平台；支持科学研究，并协调管理全球范围内政府、非政府组织、联合国机构、公司以及地方社群间各项合作计划，共同推行政策、法规和最佳的实际行动。

该联盟的各个项目由其使命及各成员的愿望和需要所推动。各个国家或者地区的成员定期聚会以便开展并促进这些项目的实施，联盟从不试图从外部横加干涉。相反，联盟与有关人员一同工作，帮助他们明白症结所在并找出解决办法。

当前，该组织是世界上规模最大、历史最悠久的全球性环保组织，也是自然环境保护与可持续发展领域唯一作为联合国大会永久观察员的国际组织。

（六）联合国湿地公约

1. 成立宗旨与愿景

1971 年 2 月 2 日，来自 18 个国家的代表在伊朗南部海滨小城拉姆萨尔签署了一个保护和合理利用全球湿地的公约——《关于特别是作为水禽栖息地的国际重要湿地公约》（简称《湿地公约》）。该公约于 1975 年 12 月 21 日正式生效。该公约旨在通过各成员国之间的合作加强对世界湿地资源的保护及合理利用，以实现生态系统的持续发展。

为了完成这一使命，非常重要的一点是充分认识、维护、恢复和合理利用湿地为人类和自然提供了重要生态系统功能和生态系统服务。缔约国应根据公约的要求，努力实现湿地的合理利用，并将合适的湿地指定为国际重要湿地加以管理与保护，此外针对跨境湿地、共享湿地系统及共享物种开展国际合作。

2. 组织结构

《湿地公约》是由缔约方（Contracting Parties）、缔约方大会（Meetings of Contracting Parties，COPs）、常务委员会（Standing Committee）、科技审议小组（Scientific & Technical Review Panel）及湿地公约局/秘书处（Ramsar Bureau/Secretariat）来共同运作的。此外，通过制定《湿地公约手册》（The Ramsar Convention Manual），指导各缔约方合理履行《湿地公

约》。

缔约方负责在本国履行《湿地公约》，设立专门部门作为主管部门负责履约事宜，同时指定国家联络员协调组织履约活动。此外，还针对共享湿地开展合作。缔约方每3年派代表参加缔约方大会，对下一个3年的工作计划和预算安排开展讨论，通过相关决议。同时，针对一系列当前或潜在的环境问题和合理利用问题制定技术指导文件，更新湿地公约的相关概念。此外，大会还邀请非成员国、政府间机构和非政府组织的代表作为非投票观察员，参加大会及相关会议。

在缔约方大会休会期间，常务委员会根据大会的决议框架，代表缔约方大会负责相关事务的管理，跟进决议的实施。常务委员会在1987年第三届缔约方大会（加拿大瑞吉纳）上成立，每3年在缔约方大会上选举产生，新当选的委员会成员应选出主席、副主席和各小组成员，并确定第一次全体会议的日期。一般而言，每年召开一次会议，且在每届缔约方大会召开之前举办一次会议。在缔约方大会期间，常务委员会则被称为会议委员会。

科技审议小组和宣传、教育、参与和意识提高监管小组是公约的咨询机构，主要负责制定技术指导文件，帮助常务委员会和缔约方大会制定湿地相关的政策和战略。科技审议小组于1993年根据第五届缔约方大会5.5号决议成立，每3年须根据常务委员会批准的优先任务制定工作计划，为缔约方大会、常务委员会和公约秘书处提供科学技术方面的指导。

以上机构的所有活动都会得到公约秘书处和国家组织合作伙伴的支持。公约秘书处设在世界自然保护联盟，负责日常的协调工作，保证大会批准的战略计划及相关工作计划的推进。秘书处的职责主要包括：①维护《国际重要湿地名录》并跟踪名录及国际重要湿地数据库中的任何变化情况；②协助发展新的缔约国；③协助组织召开缔约方大会和大会前召开的区域性会议以及常务委员会与科技审议小组的会议；④出版缔约方大会和常务委员会的决议、决定和建议；⑤为科技审议小组提供行政和宣传方面的支持；⑥为缔约方提供行政、科学和技术支持，特别在公约战略计划实施方面；⑦应缔约方的要求组织《湿地公约》咨询团活动，并在之后的咨询团报告撰写方面提供帮助；⑧与其他公约、政府间组织和非政府组织开展合作；⑨管理资金，寻求外部捐赠以支持公约的履约活动，评估相关项目建议书，监管项目支出情况；⑩向缔约方和公众通报公约的相关进展情况。

3. 主要活动领域

《湿地公约》作为政府间协定，为湿地及其资源的保护与合理利用提供了国家行动和国际合作框架，旨在湿地保护及合理利用、野生动、植物保护以及生态系统可持续发展。其中湿地保护主要范畴是天然原生湿地保护和对退化湿地进行示范性的生态恢复，在考虑公众利益的前提下减少天然湿地的进一步丧失和退化。为实现此目标，湿地公约在湿地保护和合理利用、能力建设、意识提高等方面开展了多项活动。

在湿地保护和合理利用方面，一是鼓励各国选择适当的湿地列入国际重要湿地名录，并创建国际重要湿地数据库，监测湿地生态特征的变化，加强湿地的管理与保护。二是利用各国际组织、非政府组织和各国专家的力量，制定技术指导文件，提供湿地保护和合理利用的指导。三是确定湿地公约咨询团机制，当国际重要湿地的生态特征发生变化，受到威胁时，缔约国可要求通过该机制，寻求国际专家的帮助，解决威胁湿地生态特征的问题。从1998年到2015年，共有79处国际重要湿地通过此机制解决相关问题。四是启动3

个资金援助项目,开展湿地保护和合理利用的项目,包括小额资助基金、长尾湿地基金和瑞士非洲资助基金。其中小额资助基金是通过直接提供资助或寻求外部资源,在全球范围资助湿地保护项目,通常资助金额不多。五是鼓励和支持同一区域或亚区域的缔约国成立区域性倡议,加强湿地相关问题的合作和能力建设。

当地社区的参与及湿地保护知识是《湿地公约》关注的一个重要方面,为此湿地公约建立和实施宣传、能力建设、教育和意识提高项目。各国湿地公约履约机构是该项目的主要实施机构,同时鼓励非政府组织、区域性倡议和其他社团组织及湿地游客参与此项目,采用系统的规划方法,符合当地的湿地情况、文化特点和传统方式,以保护利益相关方和湿地保护受益者的利益。湿地公约还成立了湿地公约文化网络,联合 120 个相关人员和组织,与联合国教科文世界遗产中心合作,保护湿地提供的文化价值,改善湿地生计,保证当地居民和社区参与湿地管理的权利。

4. 活动开展方式及影响

《湿地公约》在内部通过缔约方大会和常委会等形式,确定公约的战略目标和工作计划,并提供资金支持。例如,缔约国第十二届缔约方大会经讨论通过了 2016—2024 年战略计划,提出战略目标和具体实施目标,确定未来湿地公约及其缔约方努力的方向。

《湿地公约》通过国际湿地日和湿地公约奖,提高公众对湿地保护和合理利用的意识。1996 年 10 月第 19 次常委会决定将每年 2 月 2 日定为世界湿地日,每年确定一个主题。利用这一天,政府机构、组织和公民可以采取各类活动来提高公众对湿地价值和效益的认识。

同时,《湿地公约》一直努力编纂指导丛书,对湿地保护和合理利用的相关方面指供指导。1999 年 5 月在哥斯达黎加召开的第 7 届缔约方大会上,就工具书的编纂做出决议,并正式确认国际鸟类组织、世界自然保护联盟、湿地国际和世界自然基金会为公约的伙伴组织。

随着《湿地公约》通过各类活动的开展,在全球范围内促进了湿地的保护和利用,在一定程度上减少了湿地的丧失与退化,并将湿地保护与水、能源、矿业、农业、旅游、城市发展、基础设施、工业、林业、水产养殖、渔业等行业的国家/地方政策战略和计划相结合,推广综合治理的理念,提高了湿地保护与利用的技术和能力建设,提高了各国及公众对湿地保护和合理利用的认识,也促进了各国恢复、保护和合理利用湿地。2008 年 10 月 8 日至 11 月 4 日在韩国釜山召开的第十届湿地公约缔约方大会,共有来自五大洲的 100 多个国家和地区以及几十个国际自然资源保护组织的 1 000 多名政府和非政府组织代表参加了会议,这已说明了《湿地公约》的影响。

(七)联合国气候变化框架公约

1. 成立宗旨与愿景

《联合国气候变化框架公约》(简称《框架公约》),是 1992 年 5 月 9 日联合国政府间谈判委员会就气候变化问题达成的公约,于 1992 年 6 月 4 日在巴西里约热内卢举行的联合国环发大会(地球首脑会议)上通过,并于 1994 年 3 月 21 日正式生效。其宗旨是减少温室气体排放,减少人为活动对气候系统的危害,减缓气候变化,增强生态系统对气候变化的适应性,确保粮食生产和经济可持续发展。在实现这一目标的过程中,必须留有充足的时间让生态系统自然地调整到能适应气候变化，确保食物生产不受威胁，并使经济以可持续的姿态向前发展。

2. 组织结构

位于德国波恩的气候变化秘书处同时是《联合国气候变化框架公约》和《京都议定书》的秘书处。2016年，来自墨西哥的帕特里西亚·埃斯皮诺萨担任秘书长一职，主要负责秘书处内部管理及履约与气候变化部（包括气候适应，资金、技术和能力建设，缓解、数据和分析及可持续发展机制5个处）的管理。里查德·肯利担任副秘书长，负责协助秘书长管理秘书处的运行，同时负责政府间事务部，包括法律事务及会议服务。秘书处在政府间气候变化专门委员会（IPCC）的襄助下，通过会议推动各缔约方对各项战略进行讨论并取得共识。

此外，还设有常设委员会，协助缔约方大会的召开。在委员会下，还成立了两个董事会。一个是履约董事会，负责向缔约方大会针对政策和履约相关事务提出建议，并在被要求时，向其他机构给予相关建议；另一个是科技咨询董事会，负责向缔约方大会报告政府间气候变化专门委员会等机构或专家提供的信息和评价结果，其主要任务是制定政策。

3. 主要活动领域

公约的主要目标是控制并减少温室气体排放以及应对气候变化所带来的问题。为此，公约从适应、缓解方面开展工作，并提供资金、技术支持，开展能力建设，以实现此目标。

公约对发达国家提出减排要求，要求采取措施向发展中国家就减排方面提供资金与技术支持。为此，公约为应对未来数十年的气候变化设定了减排进程。

建立清洁发展机制。通过此机制，发展中国家的减排计划可获得核证减排量信用额，核证减排量可在市场上进行交易和买卖，核证减排量收入的2%作为税款上缴"适应基金"。借此，工业化国家可完成一部分《京都议定书》批准的减排目标。该机制促进可持续发展和废气减排，同时允许工业化国家灵活地完成减排目标。

建立长效机制，强制要求气候变化公约的各签约国定期递交报告，通过气候变化国家信息通报形式汇报本国气候变化相关政策、各自温室气体排放和气候变化情况。相关信息将定期分析、检查，以追踪公约的执行进度。这些报告提供了国家气候政策的总貌，并显示出与能源政策的密切联系。根据公约要求，能源方面政策的主要目标包括保护环境，促进经济高效能源供应和使用，并加强能源供应的安全性。

此外，发达国家按要求推动资金和技术转让，帮助发展中国家应对气候变化。该组织还承诺采取相关措施，争取2000年温室气体排放量维持在1990年的水平。

4. 活动开展方式及影响

公约的主要活动是召开会议，协商并讨论气候变化相关的条款，并为应对未来数十年的气候变化设定减排进程。公约对作为温室气体排放大户的发达国家制定并提出减排的具体措施，向发展中国家提供资金以支付他们履行公约义务所需的费用。发展中国家只需承担提供温室气体源与温室气体汇的国家清单的义务，制订并执行含有关于温室气体源与汇方面措施的方案，不承担有法律约束力的限控义务。公约建立了一个向发展中国家提供资金和技术，使其能够履行公约义务的资金机制。

作为世界上第一个为全面控制二氧化碳等温室气体排放、应对全球气候变暖给人类经济和社会带来不利影响的国际公约，在应对全球气候变化问题上为国际合作设定了一个基本框架。目前已有197个国家加入了公约，192个国家成为了《京都议定书》的签约国。

（八）联合国防治荒漠化公约

1. 成立宗旨与愿景

该公约的全称为《联合国关于在发生严重干旱和/或沙漠化的国家特别是在非洲防治沙漠化的公约》，1994年6月7日在巴黎通过，并于1996年12月正式生效。目前公约共有191个缔约方。该公约旨在在发生严重干旱和/或荒漠化的国家，尤其是在非洲，防治荒漠化，缓解干旱影响，以期协助受影响的国家和地区实现可持续发展。

2. 组织结构

为了保证公约的履约工作，设立了以下机构，推动相关工作的开展：

（1）缔约方大会。为公约的最高决策机构，负责决议的讨论和审批，确定发展战略和工作计划。

（2）科学技术委员会。为缔约方大会提供科学技术方面的建议和信息，并在必要时为其他机构提供相关建议。

（3）履约审查委员会。2001年公约第五次缔约方大会决定设立，负责审查、督促缔约国履行公约。

（4）公约常设秘书处。作为缔约方大会的执行机构，负责安排会议、准备会议文件、协调公约内外机构的关系。常设秘书处作为总部设在德国波恩。

3. 主要活动领域

公约的主要关注领域是预防、治理荒漠化以及缓解干旱影响，包括防止和减少土地退化、恢复部分退化的土地、垦复已荒漠化的土地，对发生严重干旱和/或荒漠化的国家制定并采取有效措施以治理荒漠化，在受影响地区重点提高土地生产力，恢复、保护并以可持续的方式管理土地和水资源，从而改善特别是社区一级的生活条件。

在公约的推动下，受荒漠化影响的缔约方主要致力于以下几个方面的工作：

（1）适当优先注意防治荒漠化和缓解干旱影响，按其情况和能力拨出适足的资源；

（2）在可持续发展计划和/或政策框架内制订防治荒漠化和缓解干旱影响的战略和优先顺序；

（3）解决造成荒漠化的根本原因，并特别注意导致荒漠化的社会经济因素；

（4）在防治荒漠化和缓解干旱影响的工作中，在非政府组织的支持下，提高当地群众尤其是妇女和青年的认识，并为他们的参与提供便利；

（5）适时加强相关的现有法律，如若没有这种法律，则颁布新的法律并制定长期政策和行动方案，对荒漠化防治提供支持。

4. 活动开展方式及影响

《联合国防治荒漠化公约》是联合国环境与发展大会框架下的三大环境公约之一，目前共有191个缔约方，影响广泛。为推动公约的履约活动，要求由各国政府共同制定国家级、次区域级和区域级行动方案，并与捐助方、地方社区和非政府组织合作，以应对荒漠化的挑战。

（1）在区域执行附件框架内的受影响发展中国家缔约方，或以书面通知常设秘书处计划制定国家行动方案的任何其他受影响国家缔约方应尽可能利用现有的、相关的、成功的计划和方案,并在其基础上,酌情制订、公布和实施国家行动方案,并制订、公布和实施分区域和区域行动方案,将它们作为防治荒漠化战略的中心内容。这些方案应借鉴实地行动经验教训和研究成果,并在持续实施中加以更新。国家行动方案的制订应与国家可持续发展政策制订的其他努力密切结合起来。

(2)发达国家缔约方在提供不同形式的援助时,应在受援国同意的基础上直接或通过有关多边组织优先支持受影响发展中国家缔约方,特别是非洲国家缔约方,帮助制定分区域或区域行动方案。

(3)缔约方应鼓励联合国系统的各机构、基金和倡议组织以及有能力参与合作的其他有关政府间组织、学术机构、科学界和非政府组织根据其职权范围和能力,支持行动方案的拟订、实施及其后续工作。

然而,在履约过程中,存在着履约资金匮乏、资金运作机制不畅等问题,成为一直困扰《联合国防治荒漠化公约》发展的难题。

(九)亚太森林恢复与可持续管理网络组织

1. 成立宗旨与愿景

亚太森林恢复与可持续管理网络组织,简称亚太森林组织(APFNet),是由中国倡议和发起的亚太森林组织,于2015年4月8日在北京成立。现已拥有31个经济体和国际组织成员,是区域内比较活跃的国际组织。其宗旨是通过能力建设、信息共享、区域政策对话和开展试点项目等手段,促进和提高亚太地区的森林恢复与可持续管理水平。其愿景是促进亚太区域森林面积的增加,提高森林生态系统质量,以多功能林业减缓气候变化,满足区域内不断变化的社会、经济和环境需求。

2. 组织结构

董事会是网络决策机构,理事会提供咨询意见,秘书长和秘书处提供行政服务,项目评审小组筛选和评估项目。

作为亚太森林组织的决策机构,董事会肩负着亚太森林组织未来发展的战略定位、指导组织各机构的规范运行、实现组织发展资金来源的多样化、推动实现亚太森林组织宗旨与目标等重大职责。首届董事会董事由来自澳大利亚、中国、柬埔寨、马来西亚、菲律宾和联合国粮农组织、国际热带木材组织以及大自然保护协会的12名代表组成。

此外,还成立了指导委员会,作为顾问机构,为组织战略发展和运行模式提供技术支持,协助组织对以下事务的临时决策:网络成员发展和拓展合作伙伴、网络年度工作报告和预算、网络活动的重点领域、秘书处执行董事的工作重点。

3. 主要活动领域

亚太森林恢复与可持续管理网络主要包括4方面内容,即搭建亚太经合组织成员在森林恢复和可持续管理方面的信息交流平台、增强成员国的森林恢复和可持续经营能力、形成技术支撑和加强林业领域的合作。

(1)推动信息共享。通过建立共享数据库,分享传播森林可持续恢复和经营方面的技术和经验。

(2)促进协调配合。推进试点,着眼于对现存技术规范,如森林可持续恢复和经营的标准和指标进行试验示范；促进在可持续森林恢复和经营中充分综合市场机制和当地社区，进一步促进政府、私人企业和社区建立有效伙伴合作关系。

（3）提供政策建议。征求专家和利益相关者对可持续森林恢复和经营技术和政策的意见，通过开展对现有森林恢复和经营的评估活动，推进可持续森林恢复和经营工作。

（4）增强能力建设。围绕可持续森林恢复和经营的技术和政策方面，包括对人工林和次生林的经营管理等，举办相关研讨会和培训活动。筛选并推广良好做法，以帮助各成员就可持续森林恢复和经营领域形成全面综合的实施计划。

4. 活动开展方式及影响

"亚太森林恢复与可持续管理网络"通过试点项目和能力建设两个支点，积极开展活动，以实现其宗旨、愿景和目标。

试点项目作为网络的一项重要手段，旨在帮助亚太地区发展中经济体加强能力建设，促进政策对话，实现信息共享，同时通过试点项目可示范森林恢复和可持续管理的经验，最终对环境保护和经济与社会的可持续发展作出贡献。试点项目拟达到的目标包括：促进区域内森林恢复，开展造林和再造林，为实现"2020年之前达到APEC区域内各种类型森林面积增长 2 000 万 hm^2"的目标做出贡献；加强区域内森林可持续管理，提高森林质量，包括减缓和应对气候变化，增加碳吸收；提高区域内森林生态系统的生产能力和社会经济效益，加强生物多样性保护。

一个制约亚太地区森林可持续经营的主要问题是部分地区缺乏相应的森林管理能力。为此，网络通过多种方式推进和增强能力建设，如向来华学习的外籍林业工作者特别是政府林业部门管理人员提供奖学金、开展主题培训以及其他相关的研讨会和培训班。同时，基于能力建设项目，网络与其他组织和研究机构开展密切合作，实现成功经验和最新信息的交流，从而提高森林管理水平，造福林区百姓。此外，还为分享区域森林可持续经营的理论、经验和做法提供交流平台。目前网络针对林业与乡村发展和森林资源管理开展了主题培训。

"亚太森林恢复与可持续管理网络"以区域合作机制形式，经过 2~3 年的运行，推动"网络"向可持续性的、具有强大吸引力和生命力的国际性组织发展。其对非亚太经合组织成员国及联合国森林问题论坛、联合国粮农组织、世界银行、全球环境基金、世界自然保护基金会和大自然保护协会等国际组织开放，在合作的过程中取得了共赢。

（十）全球环境基金

1. 成立宗旨与愿景

全球环境基金（GEF）是联合国发起建立的国际环境金融机构，1990年建立，1991年正式开始运作。开始运作时基金总额为15亿美元，存续期为3年。基金由联合国开发计划署、联合国环境规划署和世界银行管理。其宗旨是以提供资金援助和转让无害技术等方式帮助发展中国家实施防止气候变化、保护生物物种、保护水资源、减少对臭氧层的破坏等保护全球环境的项目。截止到2002年6月30日，全球环境基金已资助了160多个国家的1 000多个项目，赠款总额40多亿美元。其中约39%为生物多样性领域项目，约36%为气候变化领域项目，约18%为国际水域和臭氧层损耗领域项目，其余为综合领域项目。

2. 组织结构

（1）全球环境基金成员国大会。由全体成员国的代表组成，每4年召开一次。成员国大会负责审议批准基金的总体政策，根据理事会提交的报告审议并评估基金的运作，审定基金成员资格，对通则进行修正。

（2）全球环境基金理事会。由32位理事组成（16位来自发展中国家，2位来自经济转型国家，14位来自发达国家），他们所代表选区的组成和分布应考虑所有成员国代表性均衡和平等的要求，并充分考虑捐款国的出资状况。全球环境基金理事会决定基金规划的指导方针。理事会在华盛顿特区每半年召开一次会议或根据需要随时召开。理事会对非政府组织和社会团体代表的开放政策使其在国际金融机构中独树一帜。

（3）全球环境基金秘书处。为全球环境基金的常设机构，负责检查资金提供的计划，制定提供资金的政策，执行理事会和公约秘书处的决议。它与各机构密切合作，制定协同融资的整体规划。秘书处发挥着关键作用，对提交批准的项目有否决权。秘书处位于美国华盛顿特区，约有40名工作人员。

（4）全球环境基金执行机构和实施机构。全球环境基金现有执行机构为世界银行、联合国开发计划署和联合国环境规划署。世界银行执行的全球环境基金项目通常作为它常规贷款项目的补充。UNDP制定执行它在世界130多个国家促进人类可持续发展的全球环境基金项目。UNEP执行增强环境意识、促进减轻环境退化和多样性消失活动的全球环境基金项目。除了这3个执行机构，全球环境基金1999年第13次理事会上通过文件《为实施机构扩展参与机会》，并陆续批准4个区域银行（亚洲开发银行、非洲开发银行、欧洲复兴开发银行和泛美开发银行）、联合国粮农组织、联合国工业发展组织、国际农业发展基金参与准备实施全球环境基金项目和获取B档准备金。

（5）科学技术咨询小组。于1995年6月经全球环境基金理事会大会批准成立，是全球环境基金重要的技术咨询机构。由15位杰出的科学家组成，为全球环境基金制定政策规划提供科学性和技术性的建议。咨询小组可调动世界各国数百位科学家为执行机构就项目建议书的科学性和适当性提供建议。

3. 主要活动领域

全球环境基金的4个重点资助领域是生物多样性、气候变化、国际水域及臭氧层。解决土地退化问题的活动也可获得全球环境基金资助。

（1）生物多样性。保持和可持续利用地球生物多样性的项目占了全球环境基金所有项目的近一半。在资金使用的政策、战略、优先项目及标准方面，全球环境基金接受《生物多样性公约》成员国大会的指导，在生物多样性领域的业务规划（OP）包括OP1（干旱和半干旱生态系统）、OP2（海岸、海洋和淡水生态系统）、OP3（森林生态系统）、OP4（山地生态系统）、OP13（保护和可持续利用对农业至关重要的生物多样性）。

（2）气候变化。全球环境基金资助的第2大类项目是针对气候变化的。作为《联合国气候变化框架公约》的资金机制，全球环境基金接受公约成员国大会对其资金使用的指导。气候变化项目旨在减少全球气候变化的危险，同时为可持续发展提供能源。全球环境基金关于气候变化的业务规划包括OP5（消除提高能效和节能的障碍）、OP6（通过消除障碍和降低实施成本促进使用可再生能源）、OP7（降低低温室气体排放能源技术的长期成本）、OP11（可持续交通）。

（3）国际水域。全球环境基金改变国际水域退化状况的项目受一系列区域和国际条约的指导并帮助实现这些条约的目标。这些项目使各国更多地认识并了解它们共同面临的有关水域的挑战、寻找合作的方法并进行重要的国内改革。全球环境基金关于国际水域的业务规划包括OP8(基于水体的业务规划)、OP9(陆地和水域跨重点领域业务规划)、OP10(基于污染物的业务规划)。作为《维也纳臭氧层损耗物质公约蒙特利尔议定书》多边基金的重要补充，全球环境基金主要向经济转型国家提供资助。经过十多年的国际合作，大气中一些损耗臭氧层化学品的浓度已经开始下降。

（4）土地退化。由于土地退化与全球环境变化有着密切关系，全球环境基金也资助预防和控制土地退化的活动。森林的破坏和水资源的退化威胁到生物多样性、引发气候变化、扰乱水循环系统。考虑到《联合国防治荒漠化公约》的目标，全球环境基金在2002年成员国大会上修改通则，将土地退化作为其新的重点资助领域。全球环境基金被指定为《斯德哥尔摩持久性有机污染物公约》的临时资金机制，并已开展了一些相关工作。全球环境基金在2002年成员国大会上修改通则，将持久性有机污染物作为其新的重点资助领域。同时全球环境基金于2000年通过了新的业务规划，即OP12(支持综合生态系统管理)。

4. 活动开展方式及影响

全球环境基金通过多种项目类型来开展活动，如全额项目、中型项目、基础活动、规划型项目、气候变化适应项目以及小额赠款计划等。截止到2014年，全球环境基金向141个中国项目提供了约10.62亿美元的赠款支持。此外，中国还参与了41个区域和全球项目。

（1）全额项目。全球环境基金的执行机构与各受援国的业务联络员一起，开发既符合国家规划及优先性，又符合全球环境基金业务战略和规划的项目。区域和全球规划及项目可以在所有支持该规划或项目的国家中开展。全额项目通常的开发准备期为12~18个月，需要得到理事会的批准。项目的执行期不固定，但通常为3~6年。

（2）中型项目。赠款不超过100万美元的项目被定义为中型项目。鉴于各国政府和非政府组织越来越支持加快较小项目的实施，全球环境基金理事会在1996年10月的会议上批准了受理和资助中型项目建议的简化程序，通过快速批准程序，加快中型项目处理和实施的过程。这些中型赠款项目增加了全球环境基金在配置资源上的灵活性，并鼓励更广泛的团体和个人提交致力于全球环境基金重点领域的较小项目。

（3）基础活动。基础活动是全球环境基金向各国提供援助的一个基本部分。它们可以为完成对公约必要的信息通报提供一种手段，或为政策和战略决策提供必要和基本的信息，也可为国家内部确定优先活动提供规划支持。经过能力加强的国家就能够制订和指导部门和整个经济的计划，以便在国家可持续发展的努力范围内通过成本有效的方法来解决全球问题。基础活动如果直接与全球环境效益相关并符合公约的指导，一般可以获得全额资助。基础活动包括制订履行有关公约承诺的计划、战略或项目规划，以及准备各国递交有关公约的信息通报。

（4）小额赠款规划。UNDP管理这类资金，为符合标准的项目提供最多50 000美元的赠款，资助社区团体和非政府组织开展的与全球环境基金重点领域有关的当地活动。该项目开始于1992年，已经为非洲、北美和中东、亚太、欧洲、拉丁美洲和加勒比地区的1 300多个项目提供了资助。目前50多个国家实施了小额赠款规划项目。

（5）中小型企业规划。与世界银行分支机构国际金融公司(IFC)合作，中小型企业规划为具有积极环境影响和基本经济可行性，从而可以促进发展中国家私营部门投资的项目提供资助。

(十一)国际热带木材组织

1. 成立宗旨与愿景

国际热带木材组织(ITTO)成立于1985年,总部设在日本的横滨。其宗旨是促进热带森林保护、热带木材可持续生产和贸易。成员国既包括美国、欧盟、日本等以消费热带木材及木制品为主的发达国家,也包括以提供热带木材为主的马来西亚、印度尼西亚、巴西、喀麦隆、加蓬等木材生产国,共有69个成员国。其成员国拥有全球80%的热带林,其木材贸易占全球热带木材贸易的90%。

2. 组织结构

国际热带木材组织的最高管理机构是国际热带木材理事会,所有成员国均为理事会成员。国际热带木材组织有2类成员,即生产国和消费国。年费和投票权都在2类成员中平等分配,根据热带木材贸易和热带森林的面积(主要是生产国)进行计算。理事会下设4个常设委员会,其中3个负责主要活动领域的工作,即经济信息与市场情报委员会、造林与森林经营委员会、森林工业委员会,为理事会提供相关方面的建议与支持。另一个则是财务与行政管理委员会,为理事会提供预算、资金和行政事务相关的建议,为组织的管理提供支持。常设委员会主席经选举产生,任期2年,其他成员的位置则为成员国和观察员开放。国际木材组织的理事会和常设委员会的基本任务是制定有关森林的重建和管理政策,搜集整理森林工业的经济信息和市场情报,实施相关项目并为热带木材方面的研究与开发项目争取财政支持。

非成员利益相关方建立了2个咨询专家组,即贸易咨询专家组和民间社团咨询专家组,推动利益相关方参加理事会,在理事会决策过程中献言献策。

组织的秘书处规模很小,只有35名职员。执行官是秘书处的负责人,根据理事会的决议推进行政管理和运营,并向理事会进行汇报。此外,还在拉丁美洲和非洲成立了区域办公室,协助开展项目进展监测,并负责其他事务。

3. 主要活动领域

(1)森林可持续发展。支持成员国管理和保护热带森林资源,以可持续出产热带木材,鼓励采用森林可持续经营原则,加强规划,减少采伐影响,发展社区林业,加强林火管理,提高生物多样性,并增进跨界保护;同时还针对森林可持续经营、森林恢复、人工林、森林执法和红树林生态系统的可持续利用和保护制定了标准与指标。

(2)经济信息和市场情报。关注生产国和消费国之前的热带木材流向,帮助成员国了解热带木材及其他热带森林产品与服务的市场情况。主要关注点包括木材贸易和市场数据、市场进入、森林认证、生态系统服务、森林执法及热带木材与非木质产品的市场等。

(3)产业发展。支持成员国发展高效、高附加值的林产工业,提高林业就业率及出口,主要包括高附加值木材加工与利用以及低影响采伐及市场营销。

(4)能力建设。提高政府部门、私营部门、非政府组织和当地机构经营森林、管理森林资源的能力。不少项目直接是针对当地机构及科研教学单位的能力建设而设定的,以为当地社区提供培训。

4. 活动开展方式及影响

制定了促进森林可持续经营和森林保护的相关政策文件,得到国际社会的赞同,并支持热带成员国根据当地情况修改这些政策,通过项目实施实际应用政策工具。此外,收集、分析和发布热带木材的生产和贸易数据,资助一系列项目和其他活动,鼓励社区发展产业,并提高产业规模。

成员国可向理事会提交项目建议书,经批准后可根据项目周期争取资金支持。这些项目包括试点和示范项目、人力资源发展项目、研究和发展项目。所有项目的资金支持都是成员国(多数为消费国)在自愿原则下提供的。自1987年以来,组织已为1 000多个项目、预项目和相关活动提供了支持,总资金量超过3亿美元。

国际热带木材组织的贸易咨询专家组由国际热带木材项目各成员国(中国、美国、欧盟、日本以及热带木材生产国)的木材产业和贸易方面的协会代表、专家、学者等组成。专家组成员在国际热带木材项目一年一度的理事会期间召开市场讨论会议,就过去一年的市场变化和未来趋势以及木材产品市场的一些政策调整对各国木材及产品市场的影响等进行研讨,并形成报告,提交给各国主管木材及其产品贸易的相关政府部门。通过国际热带木材项目各成员国的协会、产业专家之间的市场和政策信息交流,促进了热带木材和木材产品的信息沟通和透明,旨在推动全球热带森林和木材产品的可持续经营。

(十二)国际竹藤组织

1. 成立宗旨与愿景

国际竹藤组织(INBAR)成立于1997年11月6日,是根据中国、加拿大、孟加拉国、印度尼西亚、缅甸、尼泊尔、菲律宾、秘鲁和坦桑尼亚等9国共同发起并签署的《国际竹藤组织成立协定》而成立的非营利性组织。总部设在北京,是第一个总部落户中国的国际组织。竹藤组织的使命是,在保持竹藤资源的可持续发展的前提下,通过联合、协调和支持竹藤的战略性及适应性研究与开发,提高竹藤生产者和消费者的福利。其宗旨是依成员国国家计划及与竹藤组织有协作关系的其他组织和和机构确定的优先顺序,确定、协调和支持竹藤研究;提高国家一级竹藤研究开发机构及服务组织的能力和技术水平;加强竹藤领域的国家、区域及国际间的协调与合作。

国际竹藤组织通过开创新的竹藤应用,在环境和生态保护、扶贫与促进全球公平贸易方面发挥着独特的作用。截止到2017年9月,成员国数量达到42个,广泛分布在全球各地。其全球合作伙伴网络把政府部门、私有部门和非政府组织联合起来,共同制定和实施竹藤促进包容性绿色发展的全球战略。

2. 组织结构

国际竹藤组织的组织机构共分为3级,即理事会、董事会和以总干事为首之秘书处。

理事会由国际竹藤组织成员国代表组成,每一成员有一投票权。理事会针对国际竹藤组织的总体政策方向及战略目的向董事会提供指导。其他相关职权包括接纳新成员;批准董事会任免总干事的决定;审查批准国际竹藤组织的年度报告,包括国际竹藤组织的财务审计报告;批准董事会所作关于国际竹藤组织的内部章程、财务规则、人事政策及年度工作计划和预算的决定等。

董事会由8~16名董事组成:1名由东道国政府任命的董事;不少于6名非当然董事,其中3名来自竹藤生产国,3名由科学家及管理专家担任和一名总干事。董事会的职责是确保国际竹藤组织之目标、项目及计划与其使命和宗旨一致,总干事以有效方式并依议定的国际竹藤组织的目标、计划及预算以及法律、法规之要求管理国际竹藤组织，避免竹藤组织的财政资源、工作人员或其信用遭受不慎风险而使国际竹藤组织的长远利益受到损害。具体负责定期制订国际竹藤组织的多年期计划和战略；批准国际竹藤组织的计划、目标、优先项目以及运作计划，并监督其实施；批准国际竹藤组织的工作计划和预算，年度报告及财务状况报告，并将其通知理事会；拟订国际竹藤组织的内部章程、行政和人事政策以及财务条例；对竹藤组织的计划、政策及运作进行定期评估或审查，并适当考虑评估或审查的意见和建议等。

总干事是国际竹藤组织的首席执行官和秘书处负责人，其任免由董事会决定，报理事会批准，首届任期为不超过 4 年之确定期间，可连任一届。具体职责包括：确保竹藤组的计划实施符合最高的业务标准；与理事会和董事会配合，为竹藤组织募集资金；确定竹藤组织与之进行合作的组织；协助理事会和董事会履行其职责，特别是向他们提供所需的各种信息，准备各种会议文件；根据国际竹藤组织的人事政策，招聘最具才干的秘书处职员，并监督其工作；履行董事会授予的其他职能。

国际竹藤组织还在中国、厄瓜多尔、埃塞俄比亚、印度和加纳设立了国家和区域办事处负责具体实施相关项目，拥有一支涉及竹藤、林业及自然资源管理、生态系统服务、社会经济学、能力建设和知识共享等领域的国际专业人员和专家队伍。

3. 主要活动领域

国际竹藤组织主要工作领域为环境保护与动物保护，重点为提高竹藤资源的社会、经济及环境效益，联合、协调和支持竹藤的战略性及适应性研究与开发，宣传利用竹藤消除贫困的应用知识以及自然资源可持续发展管理的基本知识，通过贸易政策、数据统计、标准制定以及以社区为单位的直接帮助以协助成功发展。

《2015—2030 年战略计划》明确了国际竹藤组织的工作重点，即推广竹藤资源带来的实用和经济利益，为竹藤生产者和消费者提供可持续解决方案。

为此，国际竹藤组织确立了在以下 4 个重点领域向各国提供的支持和取得的成果：①制定政策。推进在国家、区域和国际层面将竹藤资源纳入社会经济和环境发展政策。②代表和宣传。协调不断壮大的全球网络成员和合作伙伴之间与竹藤相关的事务，在全球政策制定领域代表成员的需求。③知识共享和学习。广泛开展经验交流和培训活动，以及提高公众对竹藤作为全球、区域和国家的战略资源和商品的认识。④加强研究和国家支持。通过推广试点成功经验，促进适应性研究和实地创新，支持更多的国际竹藤组织成员国以及其他国家借鉴成功经验并积极创新。

4. 活动开展方式及影响

国际竹藤组织是唯一一家针对竹和藤这两种非木质材产品的国际发展机构。该组织由捐增人和发展合作机构资助。这些资金全部用于实现国际竹藤组织的工作目标，展开其2015—2030 年战略规划，包括政策制定、倡导代言、知识学习与共享、动态研究和针对成员国的具体支持。

国际竹藤组织以项目形式和使成员国与其区域办公室建立伙伴关系的方式向成员国提供专业和政策支持。伙伴关系会促成竹藤领域工具方法的创新和落实，例如价值链、企业模型、自然资源管理方法和新技术等。随着这些新进展被进一步测试，国际竹藤组织会将它们打包并向其合作方和全球推广。

同时，注重数据库和网络的建设。自 1997 年在北京成立以来，国际竹藤组织建立了全球竹藤资源数据库、贸易数据库和市场开发网络，并于 2000 年成为国际商品共同基金的"竹藤商品机构"；在厄瓜多尔、印度、埃塞俄比亚和加纳设立了区域办事处，通过其全球网络和示范项目在可持续发展、扶贫和促进贸易与合作方面作出了独特的贡献。

国际竹藤组织的工作全部是与成员国及发展伙伴合作完成的，并支持各成员国及发展伙伴开发竹藤资源，在保持竹藤资源可持续发展的前提下，通过联合、协调和支持竹藤的战略性及适应性研究与开发，提高竹藤生产者和消费者的生活水平。目前，在 4 个方面已经取得成效，即改善了农村地区及社区人们生计，改善了农村地区及社区人们生计，推动了环境安全，使竹藤成为适应和缓解气候变化的有力工具。

二、国际林业信贷机构

（一）世界银行

1. 成立宗旨与愿景

世界银行是世界银行集团的简称，国际复兴开发银行的通称，是联合国经营国际金融业务的专门机构，同时也是联合国的一个下属机构。成立于 1945 年，1946 年 6 月开始营业。由国际复兴开发银行、国际开发协会、国际金融公司、多边投资担保机构和国际投资争端解决中心 5 个成员机构组成。世界银行集团有 189 个成员国，员工来自 170 多个国家，在 130 多个地方设有办事处，是一个独特的全球性合作伙伴。

作为面向发展中国家的世界最大的资金和知识来源，世界银行的愿景是致力于减少贫困，推动共同繁荣，促进可持续发展。在发展中国家减少贫困和建立共享繁荣的可持续之道。其使命是消除极端贫困，到 2030 年将极端贫困人口占全球人口比例降低到 3%；促进共同繁荣，提高各国占人口 40% 的最贫困人群的收入水平。

2. 组织结构

世界银行的最高权力机构是理事会，由每一会员国选派理事和副理事各一人组成任期 5 年，可以连任。副理事在理事缺席时才有投票权。理事会的主要职权包括批准接纳新会员国、增加或减少银行资本、停止会员国资格、决定银行净收入的分配以及其他重大问题。理事会每年举行一次会议，一般与国际货币基金组织的理事会联合举行。

世界银行负责组织日常业务的机构是执行董事会，行使由理事会授予的职权。按照世界银行章程规定，执行董事会由 21 名执行董事组成，其中 5 人由持有股金最多的美国、日本、英国、德国和法国委派。另外 16 人由其他会员国的理事按地区分组选举。近年来，新增 3 个席位，中国、俄罗斯、沙特阿拉伯 3 个国家可单独选派一名执行董事，世界银行执行董事人数达到 24 人。

世界银行行政管理机构由行长、若干副行长、局长、处长、工作人员组成。行长由执行董事会选举产生，是银行行政管理机构的首脑，他在执行董事会的有关方针政策指导下，负责银行的日常行政管理工作，任免银行高级职员和工作人员。行长同时兼任执行董事会主席，但没有投票权；只有在执行董事会表决中双方的票数相等时，可以投关键性的一票。

3. 主要活动领域

世界银行的工作遍及各个主要发展领域，通过提供各种金融产品和技术援助，帮助各国分享和应用创新知识和解决方案，应对面临的挑战。其主要关注和活动领域包括：

(1) 发展项目。自 1944 年以来，世界银行通过传统贷款、无息信贷和赠款，为逾 1.2 万个发展项目提供资金，包括国际复兴开发银行(IBRD)向中等收入国家政府和信誉良好的低收入国家政府提供的贷款项目，国际开发协会(IDA)通过信托基金和赠款提供的援助项目，国际金融公司(IFC)调动私营部门投资提供的咨询服务项目，多边投资担保机构(MIGA)提供的政治风险保险(担保)项目等。

(2) 发展知识。2010—2013 年，世行实施"现代化议程"，使其更加注重成果导向，更加负责任，更加公开透明。世界银行公开了 20 多万份文件，以增进民众对发展政策和项目的了解。这些报告、工作论文和文件，以及作为依据的原始数据，都可以在网上免费查阅。

(3) 提供产品与服务。包括融资产品、咨询产品和成果分享。通过政策咨询、研究分析和技术援助，为发展中国家提供支持。其分析研究工作通常为世行贷款提供依据，同时也为发展中国家自主投资提供参考。

4. 活动开展方式及影响

(1) 通过对生产事业的投资，协助成员国经济的复兴与建设，鼓励不发达国家加强资源可持续开发。

(2) 通过担保或参加私人贷款及其他私人投资的方式，促进私人投资。当成员国不能在合理条件下获得私人资本时，可运用该行自有资本或筹集的资金来补充私人投资的不足。

(3) 鼓励国际投资，协助成员国提高生产能力，促进成员国国际贸易的平衡发展和国际收支状况的改善。

(4) 在提供贷款保证时，应与其他方面的国际贷款配合。

近年来世界银行影响力日渐式微。导致影响力下降的原因包括：

(1) 从某种程度上说，世界银行是一个贷款机构。但是世界银行最大的借款国是快速发展的发展中国家。而有争议的一点是，这些国家可以从它们本国的私人投资者那里借到大量的资金。

(2) 世界银行还是一个援助机构，向世界最贫困的一些国家提供援助。但是这些援助款只占发达国家、盖茨基金会等私人团体以及其他机构所提供的援助资金的一小部分。

(3) 世界银行也是一个投资者，投资到新兴经济体的私有公司中。但是这些投资与现在能够便捷地流往曾经被视作是贫穷或危险的地方的大量资金相比，犹如沧海一粟。

(二) 亚洲开发银行

1. 成立宗旨与愿景

亚洲开发银行创建于 1966 年 11 月 24 日，总部位于菲律宾首都马尼拉。截至 2013 年 12 月底，亚洲开发银行有 67 个成员，其中 48 个来自亚太地区，19 个来自其他地区。自 1999 年以来，亚洲开发银行特别强调扶贫为其首要战略目标。它不是联合国下属机构，但它是联合国亚洲及太平洋经济社会委员会赞助建立的机构，同联合国及其区域和专门机构有密切的联系。

亚洲开发银行是一个致力于促进亚洲及太平洋地区发展中成员经济和社会发展的区域性政府间金融开发机构，其宗旨是通过发展援助帮助亚太地区发展中成员消除贫困，促进亚太地区的经济和社会发展。

2. 组织结构

亚洲开发银行的组织机构主要有理事会和董事会。由所有成员代表组成的理事会是亚洲开发银行最高权力和决策机构，负责接纳新成员、变动股本、选举董事和行长、修改章程等，通常每年举行一次会议，由亚洲开发银行各成员派一名理事参加。行长是该行的合法代表，由理事会选举产生，任期5年，可连任。

亚洲开发银行最高的决策机构是理事会，一般由各成员国财长或中央银行行长组成，每个成员在亚洲开发银行有正、副理事各一名。亚洲开发银行理事会每年召开一次会议，通称年会。理事会的主要职责是接纳新会员、改变注册资本、选举董事或行长、修改章程。

亚洲开发银行67个成员分成12个选区，每个选区各派出1个董事和副董事。董事会由12个董事和12个副董事组成。67个成员中，日本、美国和中国三大股东国是单独选区，各自派出自己的董事和副董事；其他成员组成9个多国选区，董事和副董事一职由选区内不同成员根据股份大小分别派出或轮流排出。

3. 主要活动领域

亚洲开发银行以促进亚洲及太平洋地区发展中成员经济和社会发展的区域性政府间金融开发，并以扶贫为其首要战略目标。亚洲开发银行对发展中成员的援助主要采取4种形式：贷款、股本投资、技术援助、联合融资相担保，以实现"没有贫困的亚太地区"这一终极目标。其具体活动领域包括：

（1）为亚太地区发展中会员国或地区成员的经济发展筹集与提供资金；

（2）促进公、私资本对亚太地区各会员国投资；

（3）帮助亚太地区各会员国或地区成员协调经济发展政策，以更好地利用自己的资源在经济上取长补短，并促进其对外贸易的发展；

（4）对会员国或地区成员拟定和执行发展项目与规划提供技术援助；

（5）以亚洲开发银行认为合适的方式，与联合国及其附属机构，向亚太地区发展基金投资的国际公益组织，以及其他国际机构、各国公营和私营实体进行合作，并向他们展示投资与援助的机会；

（5）发展符合亚洲开发银行宗旨的其他活动与服务。

4. 活动开展方式及影响

亚洲开发银行主要通过开展政策对话、提供贷款、担保、技术援助和赠款等方式支持其成员在基础设施、能源、环保、教育和卫生等领域的发展。

（1）贷款。亚洲开发银行所在地发放的贷款按条件划分有硬贷款、软贷款和赠款3类。硬贷款的贷款利率为浮动利率，每半年调整一次，贷款期限为10~30年（2~7年宽限期）；软贷款也就是优惠贷款，只提供给人均国民收入低于670美元（1983年的美元）且还款能力有限的会员国或地区成员，贷款期限为40年（10年宽限期），没有利息，仅有1%的手续费；赠款用于技术援助，资金由技术援助特别基金提供，赠款额没有限制。

（2）股本投资。股本投资是针对私营部门开展的一项业务，也不要政府担保。除亚洲开发银行直接经营的股本投资外,还通过发展中成员的金融机构进行小额的股本投资。自 1983 年开展对私营部门的投资业务以来,亚洲开发银行已对 12 个国家约 92 个企业进行了股本投资,总金额达 2.822 亿美元。此外,亚洲开发银行还对 15 个区域性机构或基金进行了总额约 1.85 亿美元的投资。

(3)技术援助。技术援助可分为项目准备技术援助、项目执行援助、咨询技术援助和区域活动技术援助。技术援助项目由亚洲开发银行董事会批准,如果金融不超过 35 万美元,行长也有权批准,但须通报董事会。

(三)欧洲复兴开发银行

1. 成立宗旨与愿景

欧洲复兴开发银行成立于 1991 年,由法国总统密特朗于 1989 年 10 月首先提出,并于 1991 年 4 月 14 日正式开业,总部设在伦敦,在 25 个受惠国设有 29 个办公室。主要任务是帮助欧洲战后重建和复兴。该行的作用是帮助和支持东欧、中欧国家向市场经济转化。其宗旨为在考虑加强民主、尊重人权、保护环境等因素下,帮助和支持东欧、中欧国家向市场经济转化,以调动上述国家中个人及企业的积极性,促使他们向民主政体和市场经济过渡。

2. 组织结构

理事会为最高权力机构,由每个成员国委派正副理事各一名,每年举行年会一次。董事会代理事会行使权力,由 23 名成员组成,董事任期 3 年。董事会负责指导银行的日常业务工作,且董事会主席任银行行长,行长任期 4 年。

理事会负责制订政策、决定计划案及审核预算。总裁则由董事会推选,每任 4 年;副总裁则由总裁推荐而由理事会任命。

欧洲复兴开发银行其他部门包括金融、人事、行政、计划评估、作业支持暨核能安全、秘书处、法律室、首席经济家、内部审计、通讯等。

3. 主要活动领域

欧洲复兴开发银行依据其受惠国在不同阶段的特殊需求,协助受惠国进行结构及产业性经济改革,提升竞争力、私有化及企业精神,并借由投资增进受惠国私人产业活动、强化金融机构及法制、发展基础建设及振兴私人产业。主要活动领域包括:

(1)提供必要的技术援助和人员培训;

(2)帮助受援国政府制订政策及措施,推动其经济改革,帮助其实施非垄断化、非中央集权化及非国有化;

(3)为基本建设项目筹集资金;

(4)参加筹建金融机构及金融体系,其中包括银行体系及资本市场体系;

(5)帮助支持筹建工业体系,尤其注意扶持中小型企业的发展。

欧洲复兴开发银行的经营方针是"发展银行业务及商业投资银行的业务兼顾"。

4. 活动开展方式及影响

为促进变革,欧洲复兴开发银行鼓励公私部门共同融资及外国直接投资,协助筹集国内资金,并提供相关领域的技术合作。欧洲复兴开发银行与国际金融机构及其他国际或国家组织密切合作,并提倡合乎环保之永续发展。

欧洲复兴开发银行的基本操作模式是：通过代理行来放贷，该行只在基准利率上加1~2个百分点，代理行可以收取剩下的6~8个百分点，几乎是基准利率的3倍，代理行对此业务单独考核、单独记账，加强管理，及时撇除坏账。

从1994年在俄罗斯开办中小企业贷款业务至2005年，已扩展到22个国家，共发放53.5万笔小额贷款，合计40亿美元，累计贷款回收率达99.5%，逾期30天以上回收贷款的比率仅占0.63%，是目前国际上进行中小企业贷款比较成功的银行之一。

1998年，欧洲复兴开发银行在哈萨克斯坦启动了小企业计划（KSBP项目），帮助当地商业银行开展针对微小型企业的规模化贷款业务。经过6年的发展，已成为中亚地区最成功的金融项目之一。迄今为止，KSBP项目累计发放贷款10万笔，总额5亿美元，创造了20.5万个就业机会；贷款余额从1998年的580万美元发展到目前的1.715亿美元；资产质量良好，逾期一天以上的贷款比率在6年里保持在1%以内。

在KSBP项目的带动下，欧洲复兴开发银行的信贷理念和技术随着信贷员的流动广泛传播，其合作银行也开始运用自己的资金提供微小企业贷款，甚至有些合作银行在该领域的自身贷款组合已经超过了KSBP项目下的资产。

三、国际非政府组织

（一）世界自然基金会

1. 成立宗旨与愿景

世界自然基金会（WWF）成立于1961年4月29日，同年9月11日在瑞士莫尔日注册为慈善机构。世界自然基金会总部现位于瑞士格兰德，是全球享有盛誉的最大的独立性非政府环境保护组织之一。世界自然基金会在全球6大洲67个国家设立了国家办公室，在4个国家成立了协会组织，成立14个地区办公室，并在布鲁塞尔和华盛顿特区两地设立专门办公室。在100多个国家开展项目，拥有5 000名全职员工，志愿者超过500万名。

世界自然基金会使命是遏止地球自然环境的恶化，创造人类与自然和谐相处的美好未来。宗旨是保护全球生物多样性，确保可再生自然资源的可持续利用，推动降低污染和减少浪费性消费。该组织与国际多边组织、各国政府、企业、社区合作，共同努力，促使人类与自然环境的共同发展，在物种保护、减缓气候变化、保护生物多样性、森林、海洋、河流和湿地、保护地、生态足迹、人类福祉和健康、公众教育和宣传等领域开展了大量活动。自成立至今50余年以来，投资超过13 000个项目，涉及资金约有100亿美元。每时每刻都有近1 300个项目在运转。

2. 组织结构

世界自然基金会按照独立基金会的要求由董事会管理，下设秘书处，即世界自然基金会国际部，其职责是领导和协调全球各地世界自然基金会办公室网络，通过制定政策和研究确定优先活动领域，促进全球合作，推动国际活动进程，提供支持帮助全球合作顺利开展。下设地区和国家办公室、专门办公室和协会（图12-4）。

世界自然基金会在全球设立的各类办公室必须承担起向世界自然基金会提供专业知识和招募相关专家的工作，实施保护项目，开展科学研究，为当地或国家政府环境政策的制定建言，推动环境教育，提高人们对环境问题的意识和认识。从职责和功能上讲，可分为2类：第1类需要筹集资金，并独立开展工作，多为国家和地区办公室；第2类必须在独立的世界自然基金会办公室指导下开展工作，主要是在国家办公室下设的项目办公室。此外，第1类办公室还要承担起为世界自然基金会全球保护计划筹集资金的工作。世界自然基金会国家办公室是独立的法人实体，对自己的董事会和捐赠人负责，在筹集到资金后，要向世界自然基金会国际秘书处上缴2/3，其余的则由国家办公室捐赠给选定的保护项目。

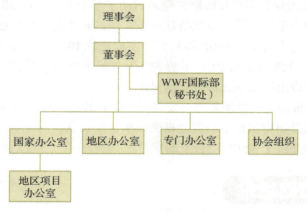

图 12-4　WWF 机构设置

WWF 在欧洲和北美设立了 2 个专门办公室。欧洲专门办公室设立在布鲁塞尔，主要职责是通过游说影响欧盟政策制定和活动实施；北美专门办公室位于华盛顿特区，主要工作是对世界银行等在全球经济领域举足轻重的国际性机构施加影响。

在阿根廷、厄瓜多尔、委内瑞拉和尼日利亚 4 个国家没有办公室，只有协会组织，这些协会组织是非政府组织，与世界自然基金会紧密合作。从职能上看，协会组织属于第 1 类办公室，在所在国推动实现自然保护的共同目标，但不必为世界自然基金会全球保护计划网络筹集资金。

世界自然基金会与世界上各国政府、金融机构、研究机构、大学、基金会等组织机构建立了广泛而深入的合作伙伴关系。许多世界自然基金会项目得到了这些合作伙伴的大力支持。

3. 主要活动领域

世界自然基金会为提高全球对环境和自然保护的意识和重视，在全球层面促进了自然保护战略的制定和实施，并促使各国承诺减缓气候变化，保护自然环境。具体而言，世界自然基金会在森林、野生动物、海洋生物、濒危动植物、促进资源的可持续利用方面开展和实施了大量的工作和项目，对全球各地独具特色的物种的保护和恢复发挥了重要作用。

进入 21 世纪后，世界自然基金会以更积极的姿态广泛参与全球环境保护活动，无论组织规模还是国际影响力日益扩大，并且以更成熟平和的方式对待和纠正其经历的错误和曲折。世界自然基金会已摆脱了成立之初专注于区域性物种保护的局限，而将视野扩展到全球范围，在全球、地区和国家各层面对自然开展综合性的保护活动。目前，世界自然基金会的目标更为清晰，以减缓气候变化、减少环境中有毒物质、保护海洋和淡水、停止毁林和保护物种为主要工作，让人们充分意识到自然的重要性。

为了更好利用自有资源，发挥在自然保护方面的优势，加强自身发展，世界自然基金会于2008年制定公布《全球计划框架（2008—2020年）》。这是世界自然基金会的战略性指导文件，指导世界自然基金会通过一系列项目计划，保护全球热点区域和重要物种，开展人类环境足迹相关工作，应对全球环境破坏的挑战。《全球计划框架》针对生物多样性和生态足迹两方面制定中期（2020年）和远期（2050年）目标。生物多样性中期目标为促进全球最具代表性的自然保护地的保护，保护全球最具生态性、经济性和文化性的物种的生长；远期目标为保护全球最具代表性的自然保护地的完整性，促进物种更健康、更可持续地发展；生态足迹中期目标为确保碳足迹、商品足迹和水足迹在全球呈下降趋；远期目标是确保全球人类生态足迹应在地球维系人类生活的能力范围内，促进自然资源的公平利用。

4. 活动开展方式及影响

世界自然基金会在发展过程中紧紧抓住时代发展的步伐，加强与其他组织机构的合作，不断扩展其工作领域，从最初的生物多样性保护拓展到现在涵盖自然保护的方方面面。通过与国际组织和各国政府的合作，建立良好关系，在自然保护领域不断创新发展，世界自然基金会在全球自然保护领域拥有重要的影响力和话语权。

首先，建立全球性网络，与各国政府、国际机构、企业等建立了广泛而密切的联系。不但活跃在全球环境保护领域，对全球自然保护理念的培育和行动的实施起着领头羊的作用，而且在地区和国家层面针对当地特有物种和环境与政府开展合作，有力推动了环境和自然的保护。在全球范围提倡和实践自然保护新理念和新方法，对全球和地区性环境政策的制定和实施具有较大的影响力。

其次，世界自然基金会重视知识和专家的储备和培养，通过实践在相关领域积累大量的经验，为全球、地区和国家合作提供智力支持和经验，有效地推动了相关自然保护项目的开展，不但取得了项目的成功，也增进了各地对世界自然基金会的信任和好感。其全球保护网络和知识也不容忽视。

最后，世界自然基金会重视与政府和国际机构的合作，强调政府在自然保护中的重要作用，与政府部门保持着较和谐的合作关系，这对世界自然基金会的成长起到了至关重要的作用。

世界自然基金会因其黑白两色的大熊猫标识而广为人知，是一个以解决问题为目标的环保组织。其以科学为基础，通过科学方法和对话等方式与联合国机构、各国政府、国际性机构及其他非政府组织及项目执行地的当地民众通力合作，达到自然保护的目标。同时，还根据成立之初的原则和政策，一直加强对世界自然保护联盟、国际鸟类组织等国际知名组织的支持和合作，依据最新的科学知识来提供援助活动，不断扩大其全球影响力。世界自然基金会在国际社会中塑了一个联合国机构与各国政府愿意与之合作的民间团体的形象，这表明该组织在政府各项政策的制定和修改中所施加的影响和力量恰如其分。与此同时，世界自然基金会还塑造了一个主要环保项目筹集者、一个值得信赖的资金掌管者、一个高效的经营者的形象。

（二）湿地国际

1. 成立宗旨与愿景

湿地国际创建于1995年，由亚洲湿地局（AWB）、国际水禽和湿地研究局（IWRB）和美洲湿地组织(WA)3个国际组织合并组成，是一个独立的、非营利性的全球组织，在全球、区域和国家各个层面致力于湿地保护、合理利用和可持续发展。湿地国际总部位于荷兰瓦格宁根，在非洲、南美洲、南亚、东亚和北亚以及中欧、东欧和大洋洲设有16个办事处和协调机构；项目活动分布于六大洲14个地区，其中全球和地区性项目得到120多个政府机构、非政府组织、基金会、开发机构和私人机构提供的支持。

湿地国际的使命是保护和管理湿地和水资源的全方位价值与服务以利于生物多样性和造福人类。其宗旨是维持和恢复湿地，保护湿地资源和生物多样性，造福子孙后代。为实现其宗旨，湿地国际与当地政府、非政府组织、企业和科研机构建立长期伙伴关系，开发实施多部门以及全球、区域和国家项目。这种方式成为自然资源保护和管理的重要基础。目前已有2 000多人参与、支持湿地国际的项目，有21个专家组为其提供科学建议。

2. 组织结构

湿地国际董事会负责指导实施湿地国际的政策、监测和评价战略，由50多个成员国及有关国际组织的代表和湿地专家组成。董事会也负责资金的筹集。

理事会由每个成员国的2名国家代表、合作伙伴、专家组协调员和名誉顾问组成。理事会会议每3年开一次，是湿地国际最高决策机构。在会议上，商定湿地国际战略，审议工作计划，批准会费额度，决定预算和任命董事会成员。理事会批准的全球战略由湿地国际各个办事处贯彻执行，首席执行官与全球管理小组和各办事处合作负责监督实施全球战略。

管理委员会负责日常管理和战略的实施，和湿地国际总部一起进行办公。监督理事会对管理委员会成员进行任命。

监督理事会负责监督湿地国际总体事务的运行，并且监督政策和战略的执行，负责任命首席执行官和首席运营官。董事会成员同时也监督理事会成员。

湿地国际在各国设立的办公室大多都是在当地进行登记的法人实体，并拥有自己的管理规章制度。

3. 主要活动领域

湿地国际具有无与伦比的专业技术优势，拥有世界湿地保护和合理利用最先进的技术，并提供湿地信息、技术和项目服务，可在湿地的评价、调查与监测、制定和执行湿地物种保护行动计划和湿地管理计划、湿地资源合理利用、湿地环境和土地利用的综合规划等方面提供技术服务。

湿地国际在现代信息技术、计算机网络、"3S"技术等专业技术使用方面具有较强的优势，这些技术使湿地国际代表了世界湿地保护和合理利用先进技术的最高水平，并提供诸多服务。

湿地国际通过传播信息资料、提高公众意识、开展培训活动和进行湿地管理社区协调项目的方式，支持和促进了地区、国家和当地制定湿地综合发展保护和湿地资源持续利用的行动计划。

凭借科学分析以及相关项目执行中取得的经验，在影响湿地的关键问题和湿地保护与合理利用优先行动方面，提供信息支持；通过能力建设、伙伴关系、跨区域合作和多部门的实地项目把湿地国际和其他组织的能力结合在一起，为湿地管理提供创新的解决方案。

4. 活动开展方式及影响

湿地国际通过开发工具、提供信息来协助政府制定和执行相关的政策、公约和条约，以满足湿地保护的需求。目前，与世界自然基金会、国际鸟类组织和世界自然保护联盟（IUCN）等《湿地公约》的国际伙伴组织（IOP）密切合作，与《湿地公约》《生物多样性公约》和《迁徙物种公约》签署了正式的伙伴协议，还与英国自然保护联合委员会、中国国家林业局等机构组织签订了谅解备忘录和合作计划以支持湿地的保护与合理利用。湿地国际以正确的科学为活动基础，在120多个国家开展活动；建立了完善的专家网络，与许多重要的组织建立了伙伴关系，使湿地国际拥有全球湿地保护的重要工具。

湿地国际在全球建立了广泛的工作网络，在许多国家设有项目办事处或协调机构。其全球和地区项目得到120多个政府机构、非政府组织、基金会、开发机构和私人机构的支持，项目活动分布于五大洲14个地区。湿地国际注重公众教育，通过传播信息资料、开展培训活动和进行湿地管理社区协调项目的方式提高公众对湿地保护和利用的意识，自下而上地促进各地区制定湿地保护和湿地资源持续利用的行动计划。

湿地国际在湿地保护和可持续管理方面开展了40多年的工作，在湿地保护和湿地资源可持续利用方面积累大量的工作经验，促进了《湿地公约》的制定和实施，加强与政府和当地社区的合作以促进湿地保护利用技术的应用，在世界范围内推动湿地的保护和可持续利用。

（三）世界资源研究所

1. 成立宗旨与愿景

世界资源研究所（WRI）成立于1982年，总部位于美国华盛顿特区，2008年始在中国北京设立第一个长期国别办公室。它是一个全球性环境与发展智库，其宗旨是改善人类社会生存方式，保护环境以满足世代所需。其研究活动致力于环境与社会经济的共同发展。世界资源研究所将研究成果转化为实际行动，在全球范围内与政府、企业和公民社会合作，共同为保护地球和改善民生提供革新性的解决方案。

2. 组织机构

世界资源研究所的工作覆盖50多个国家，并在美国、中国、印度、巴西、欧洲、印度尼西亚和墨西哥均设有办公室。

董事会是世界资源研究所的重要机构，由来自金融、政府、国际关系、能源等相关部门的具有一定声望的人士组成，主要作为研究所的形象大使，为研究所的领导提供建设与意见，帮助提高研究所在业界的名气，为研究所争取有利的资源，并提高研究所各项工作的效率。

此外，还成立了全球咨询委员会，汇集了商业、慈善和民间人士，共同努力实现研究所的使命，在推动人类活动发展的同时，保护地球环境，增进地球满足现世及后代需求的能力。

3. 主要活动领域

世界资源研究所围绕着未来10年必须达到的六大关键目标开展工作，致力于创建可持续发展的未来。

（1）气候。保护人类社会和自然生态系统免受温室气体排放的危害，加速全球低碳经济转型，从而为民众创造机遇。

（2）能源。在全球推广清洁、廉价的电力系统，实现可持续社会经济发展。

（3）粮食。减少世界粮食生产对环境的影响，增加经济机遇，到2050年为96亿人口提供可持续的粮食保障。

（4）森林。减少森林流失并恢复退化、毁林土地的生产力，从而减少贫困、提高粮食安全、保护生物多样性、遏制气候变化。

（5）水。绘制、测量、减少全球水风险以实现水安全未来。

（6）可持续城市。通过制定并推广环境、社会、经济可持续的城市和交通解决方案，提升城市居民的生活质量。

世界资源研究所通过3个中心，分析上述六大关键目标并制定相应的解决方案。治理中心：赋权于民，支持各机构进行社会公平和环保型决策。商业中心：利用私营部门激励行动、创新和雄心，支持可持续发展。世界资源研究所将研究分析和工具开发相结合，直接与企业合作，制定解决方案，推动环境可持续发展并提升价值。金融中心：鼓励公共和私营部门投资于可持续发展领域，尤其是在发展中国家。

4. 活动开展方式及影响

世界资源研究所在中国主要活动的开展方式为：

（1）气候方面。世界资源研究所中国办公室与政府部门、企业和研究机构开展合作，共同探索应对气候变化的可持续的低碳发展路径。

世界资源研究所通过研究提出方法，推进中国在国家、地方、行业层面的低碳转型。实施"达峰之路"项目，推动中国各地区尽早确定针对2030年达峰目标的实现路径；开展"碳捕集、利用与封存"的相关研究，促进国际清洁化石能源的技术与政策交流，助力中国在2020年实现二氧化碳捕集、利用与封存的商业化示范。

（2）能源方面。世界资源研究所中国办公室与决策者、研究机构、企业和民间社会共同合作，推动中国走向低碳发展道路。目标是支持中国实现能源转型，尤其希望助力在城市推广清洁、可再生的能源的使用。

通过客观和高质量的分析，世界资源研究所致力于支持国家、省级和地方层面的政策制定和机制建立，并提供工具组合，支持能力建设，在城市开展清洁能源转型试点项目，进而在更大范围内推广成功的解决方案。

（3）水资源方面。世界资源研究所与政府、企业和民间社会共同努力，实现一个"水安全"的未来。其中国水团队与全球团队和合作伙伴一起利用"水道全球水风险地图"和中国的最新数据为中国量身定制水压力地图，为决策者识别水资源风险提供更加科学可靠的依据。同时，开展水资源—能源关联分析，探讨城市水系统的低碳解决方案以及能源行业中的水资源可持续管理创新策略，为政策制定者提供解决方案，降低中国面临的水资源压力，实现各行业水资源可持续开发利用。

（4）可持续城市。世界资源研究所中国办公室研究解决方案，开展示范项目，推进中国城市实现绿色城镇化发展，同时，制定低碳蓝图和指南、开发工具和关键绩效指标，支持中国城市的发展决策。通过与政府、企业、学界和公众密切合作，为中国发展清洁、安全和健康的城市提供政策建议和技术支持。同时，通过中国交通项目，致力于推广可持续交通方案。

(四)保护国际基金会

1. 成立宗旨与愿景

保护国际基金会(Conservation International,CI)成立于1987年,总部设在美国华盛顿特区附近的阿灵顿,是一个国际性的非营利环保组织。在南美洲、非洲、亚洲及太平洋地区等四大洲的30多个国家设立了办公室,在45个国家成立项目实施区,有1 000多个合作伙伴。在阿灵顿总部有400位工作人员,在全球办公室、中心和项目执行地还有600位工作人员,共计1 000人。CI是成立于美国但是主要活动区域在其他发展中国家的非政府组织。

该组织在全球生物多样性保护需求最迫切的地区工作,包括生物多样性热点地区、关键的海洋生态系统区,以及生物多样性丰富的荒野地区地等,持续采用创新技术保护生物多样性和解决可持续发展问题。其使命是通过科学、合作和野外示范等方式使全社会能够为了人类福祉而负责任地、持久地关爱自然。在意识到"自上而下"理性地推动环境与发展政策的有效性的同时,秉承"基于科学、倡导合作、造福人类"这3个原则,加强与政府、公民社会、科研机构和企业的合作与沟通,支持野外示范项目;针对重要保护地区生物多样性保护面临的威胁、机遇和能力,设计和开展了一系列创新、实用和有广泛示范意义的项目,保护地球上尚存的自然遗产和全球生物多样性,并以此证明人类社会和自然是可以和谐相处的。

2. 组织结构

保护国际基金会是一个国际性组织,在全球30多个国家设立了办公室,在45个国家开展项目。

董事会是基金会的权力机构,来自不同行业的、具有专业素养的专业人士供职于此,帮助制定领导原则,提出其使命和发展战略。总而言之,董事会是该基金会最人才济济、最受尊敬的机构。

理事会作为其倡导者、大使和顾问是负责战略实施、项目开展的具体部门。

该基金会总部理事会的组织机构包括:主席办公室,负责董事会主席、首席运营官和主席的日常工作安排和处理;首席法律顾问,负责处理法律事务的处理;财务部,负责组织财务工作;项目部,负责项目的开展和实施,包括非洲和马达加斯加分部、美洲分部、亚洲和太平洋分部;发展部,负责资金的筹集、公共关系等事务;全球运营部,负责全球信息处理、全球政策尤其亚洲和欧洲政策的制定和实施、公共资金的管理和使用等;美国政府政策部,负责美国政府政策的游说和人事管理;生态系统资助和市场部,负责与企业建立联系,争取企业的资助,资助资金的管理和使用等;新闻宣传部,负责组织的日常宣传,与各媒体保持关系;市场营销与品牌宣传部,负责基金会的形象宣传;贝蒂与高登科学+海洋中心,负责具体的科学研究和支持(图12-5)。

在全球范围,分别成立了非洲和马达加斯加区、北美和中美洲区、亚洲和太平洋区、南美区和欧洲区办事处,在各国设立办公室。从国家办公室的分布来看,在亚洲和太平洋区设立的国家办公室最多,包括中国、日本、澳大利亚、印度尼西亚、新加坡、巴布亚新几内亚、斐济、柬埔寨、东帝汶、菲律宾、新喀里多尼亚11个国家。

主要合作伙伴包括美国、日本、欧盟国家等的政府部门以及金融机构、企业、基金会

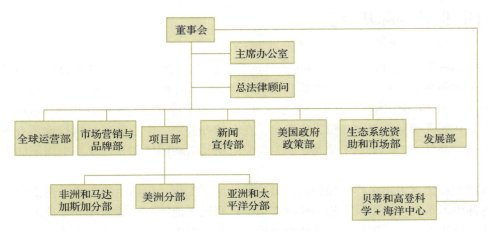

图 12-5　保护国际基金会机构设置

和国际组织等。

3. 主要活动领域

其工作领域集中于海洋和土地方面的问题，包括减缓气候变化、保护淡水资源、保障人类食物来源、环境与人类健康、自然与人类文化的关系，以及探寻其他尚未发现的自然能给予人类的资源和价值。

保护国际基金会领导层相信其生物多样性保护工作不足以保护自然及依赖自然资源生活的人。2008年其工作重心转移到人类福祉与自然生态系统的关联方面。目前，该机构的环保工作主要关注人类福祉，包括气候变化、淡水安全、健康、食品安全、生物多样性和文化服务等领域。希望将自然保护作为经济发展的基石，造福于每一个人。

同时，根据自然保护发展趋势逐步扩大工作领域，从单一的热带生物多样性保护向自然保护的所有热点领域扩展，如气候变化、生物多样性保护等。同时强调自然和人类的关系，将维护大自然为人类持续提供食物的能力、将自然压力对人类健康的不利影响降到最低、珍视自然所赋予人类的文化意义等作为今后发展的重点。

4. 活动开展方式及影响

保护国际基金会开展保护活动有许多创新之处。

首先，推动自然保护模式的创新。创立了债务换自然保护的模式，以全新的理念推动自然保护的开展；建立自然保护工作模式，确定生物多样性热点地区并实施保护。

其次，实现了工作理念的创新。其工作原则是科学、合作伙伴关系和野外示范，在世界各地依靠当地合作伙伴开展项目，并广泛吸纳科学家、政策制定者和其他自然保护人士参加保护国际基金会保护工作；在野外项目中注重人类与自然共赢，如设立禁渔区等项目；希望将自然保护变成全球经济发展决策的主要因素。该基金会在全球各地的工作都很注重吸纳科学家的参与，在组织内部也注重科学家的招募和培养，为组织的发展和工作的开展提供了坚实的基础。

最后，建立了广泛的合作伙伴网络，与各国政府(特别是发达国家政府)部门、慈善基金会、各类非政府组织、企业等建立了广泛的联系和合作，成为保护国际基金会开展工作的有力保障。该基金会还重视名人效应和媒体宣传，游说各国政要和各界名人参与其工作，如电影明星哈里·福特、前国务卿希拉里等先后作为其董事会副主席推动自然保护工作。董事会主席经常出现在媒体及高层社交活动中，宣传基金会的使命和活动。这些极大地提高了知名度，有力地推动了其发展。同时，重视与企业的合作，提高企业对自然保护的意识和贡献。在成立最初几年，该基金会就与麦当劳合作，在中美洲启动可持续农业和保护项目。2000年在福特汽车公司的支持下建立企业环境领导中心，扩大与商界的合作。

自成立以来，保护国际基金会保护了2.6亿余英亩土地和海洋，包括世界上最大的UNESCO世界遗产遗址凤凰岛保护区。该基金会在成立之初立志保护热带生物多样性，现在已成长为一个在政府、科学家、慈善基金会和企业中极具影响力的国际非政府组织。在项目活动中，强调合作伙伴关系的建立，在当地依靠合作伙伴开展工作，具有组织上的灵活性。

（五）大自然保护协会

1. 成立宗旨与愿景

大自然保护协会（The Nature Conservancy，TNC）成立于1951年，总部在美国弗吉尼亚州阿灵顿市，是国际上最大的非营利性自然环境保护组织之一，一直致力于在全球保护具有重要生态价值的陆地和水域，维护自然环境，提升人类福祉。项目遍及35个国家，拥有100多万会员、700余名科学家以及3 500多名员工，保护着全球超过50万km^2的1 600多个自然保护区、8 000 km长的河流以及100多个海洋生态区。

大自然保护协会的使命是通过保护代表地球生物多样性的动物、植物和自然群落赖以生存的陆地和水域，来实现对这些动物、植物和自然群落的保护。气候变化、海洋、淡水以及保护地是大自然保护协会最为关注的4个方面。坚持多方协作，坚持以科学为基础的保护方法和标准化分析方法，是大自然保护协会进行所有保护工作的前提。在这样的前提下，可以甄选出有必须得到保护的生物多样性及优先保护的区域，制定保护方案，并衡量保护成效。这套保护方法及标准化的分析方法构成了"自然保护系统工程"（Conservation by Design，CbD）的核心内容。

2. 组织结构

董事会和位于美国阿林顿的全球办公室是大自然保护协会的管理机构。由于大自然保护协会不是本地的独立法律实体，董事会是它的最终责任机构，负责协会的运行。董事会提出战略建议，协助设定目标，对主要工作进行监管，对美国地区的项目提出建议并予以援助。董事会在35个国家和地区设立了办事处。国家办事处负责本地区的项目运行和实施，包括实现协会使命和宗旨的年度计划和预算支持，并通过年度报告的形式将工作成果递交给董事会审议。

但是，董事会不能制定政策和进行责任托管。对此，董事会委托首席执行官和首席运营官负责协会的整体运作，并对日常事物负责，对协会整个高管团队负责。委托人在大自然保护协会扮演着很重要的角色，他们是协会主要的资金来源之一，他们的帮助和指导使协会保护世界上超过1.17亿hm^2土地和5 000mi（英里）河流成为可能。

大自然保护协会的主要合作伙伴是社会团体、企业、政府机构、多边机构、个人和世界各地的非营利组织等。在美国，与美国环境保护署（EPA）、美国农业部（USDA）、美国国际开发署（USAID）、美国内政部（DOI）、国家公园管理局（NPS）和国防部（DOD）等联邦政府机构以及州和地方政府机构合作。认识到私人部门对于推进环境保护方面发挥着重大作用，同世界上大中小型的公司开展合作，帮助改变商业实践和政策，提高人们对环境保护的认识，筹集资金支持重要的新型科技环保项目。

大自然保护协会还和志同道合的组织进行合作，如保护国家基金会（Conservation International）、世界自然基金会（WWF）、公益自然（NatureServe）等大型非营利组织，并注重与当地社团组织的合作，如当地土地信托组织、当地利益相关者、私人土地所有者、当地社区和居民等，开展良好的生态管理，支持当地的经济发展。

3. 主要活动领域

大自然保护协会致力于关注危害世界的社区、经济和自然的森林砍伐和退化，在全球开展林业工作，与企业、政府、当地社会进行合作，保护、恢复和管理世界的森林资源。开展创新和可持续的森林管理方式，从全球到当地，维护人与自然的利益。所开展的工作有打击非法采伐和推进负责任的森林贸易，开发林业市场和金融的激励措施，提高森林管理能力，保护、恢复和管理森林资源，倡导公共政策对林业的支持。

自然中的一切前沿和热点问题都成为协会所关注的焦点，设计的方面广泛和专业，从气候变化、海洋、淡水到陆地、森林、保护区，大自然保护协会涵盖一些地球上最热门的问题。协会的合作伙伴和支持者，以及一切热爱自然和地球的人共同赋予大自然协会以生命，大自然保护协会的会员现如今已超过100万。

4. 活动开展方式及影响

大自然保护协会注重实地保护，遵循以科学为基础的保护理念。在全球围绕气候变化、淡水保护、海洋保护以及保护地4大保护领域，运用"自然保护系统工程"（Conservation by Design，CbD）的方法甄选出优先保护区域，因地制宜地在当地实行系统保护。

协会重视与政府的合作伙伴关系。作为成立在美国的一个非营利组织，大自然协会与美国联邦、州和地方保持了良好的合作关系，得到各级政府机构的支持，并参与美国联邦政府在生态保护和利用方面的工作，如湿地恢复、沿海林保护等项目，为政府提供信息和服务持续。

大自然保护协会在美国50个州和世界上35个国家和地区，保护着所有生命赖以生存的陆地、淡水和海洋，与当地政府、社区及相关组织分享以科学为基础的保护方法，以此确保无论是从自然保护还是人类发展的角度，不同团体的需求都能得到最大限度地满足。

（六）国际野生生物保护协会

1. 成立宗旨与愿景

国际野生生物保护协会（The Wildlife Conservation Society，WCS）成立于1895年4月26日，总部设在美国纽约，是一个综合性比较强的非营利自然保护组织，致力于在全球范围内开展长期的野生生物及自然栖息地保护工作。截止到2013年在亚洲、非洲、拉丁美洲及北美洲的64个国家开展有500多项野外项目，在全世界有3 000多名员工。

国际野生生物保护协会的宗旨是崇尚和热爱生命的多样性，与野生动物持续共存，维持自然界的完整性。其使命是通过了解关键问题、制定科学解决方案、采取有利于大自然和人类的保护行动，拯救野生生物和自然栖息地。他们的目标是到2016年，将保护一批标志性的濒危物种和全球仅存的60个最好的荒野栖息地，作为承载全球1/4野生生物的避难所。

国际野生生物保护协会的主要任务是通过科学研究和教育以及对世界上最大城市野生动物公园系统的管理来保护野生动物以及野生自然环境。希望通过这些行动来提高人们对野生生物及其自然栖息地的认识，改善人们对自然的态度，促进人与自然和谐共处。国际野生生物保护协会的工作重点包括：在全球范围内进行长期、深入的野外研究，为保护野生生物种群提供技术支持；培训当地的自然保护专业人员，提高其自身的保护管理水平；通过形式多样的宣传教育活动来提高公众对野生动物的保护意识。

2. 组织结构

国际野生生物保护协会总部划分为全球保护部门和动物园体系管理2个部门。全球保护部门主要负责监督和支持在57个国家开展的大约300个保护项目。保护项目的管理根据地理空间分布分为5大区域（非洲、亚洲、拉丁美洲、大洋洲和北美洲），并设置区域负责人，管理和支持区域内的保护项目，协助制定保护项目的策略，并支持项目筹资。每一个区域还根据国家或项目特点设立国家项目，对保护项目直接管理。动物园体系管理着纽约的5个公园，即布朗克斯动物园、纽约水族馆、中央公园动物园、展望公园动物园和皇后动物园。总部与各部门互相监督、协助配合开展工作。机构设置图如图12-7。

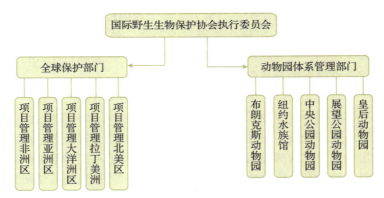

图 12-7　国际野生生物保护协会机构设置

国际野生生物保护协会执行委员会由执行委员会主席负责，执行副主席以及高级副总裁等主要负责人分管财务、公共事务、全球资源、保护和科学、全球保护项目、法律咨询、商业服务、人力资源、动物园和水族馆管理等事务。

为了促进野生生物的保护事业在全球的发展，在美洲、亚洲、非洲、大洋洲开展并经营国家项目，国际野生生物保护协会在全世界33个国家设置了联络办公室。其中美洲11个国家、亚洲11个国家、非洲9个国家、大洋洲2个国家。

国际野生生物保护协会和很多企业建立了密切的合作伙伴关系，如 Amarula、Coca·Cola、Empire、Hess、YoYo 等。其企业会员计划为企业支持环境保护提供了有利的途径。企业加入计划后，国际野生生物保护协会对其员工进行自然保护教育，同时予以企业员工免收纽约市5大自然公园门票的福利。

3. 主要活动领域

国际野生生物保护协会成立之初，致力修建一流动物园。以此为目标，与政府部门保持合作关系，创建了美国最大的城市动物园——纽约布朗克斯动物园，并将总部办公地点设在此动物园。动物园于1899年11月8日起开始接待游客,在纽约公众文化中的地位可以与美国自然历史博物馆相提并论。此外,纽约市政府将中央公园动物园、景观公园动物园、皇后区动物园及纽约水族馆交由国际野生生物保护协会负责管理。国际野生生物保护协会鼓励游客了解野生动物的世界,关心自然界的未来。这种合作关系已持续100多年。

除动物园管理之外,国际野生生物保护协会自成立之日起致力于野生生物及其自然栖息地的先锋性保护研究。19世纪末,国际野生生物保护协会开展了一次美国野生动物生存状况调查,公布了鸟类与哺乳类数量逐年下降的报告,从而推动了美国各州出台动物保护法律,规范动物保护行动。自1905年开始,利用政府资助在全美实施了美洲野牛拯救计划,建立避难所保护和拯救濒临灭绝的独特物种。这也是世界野生动物保护史上最伟大的成就之一。

自20世纪50年代末开始,在肯尼亚、坦噶尼喀(今坦桑尼亚)、乌干达、埃塞俄比亚、苏丹、缅甸、马来半岛等地开展了一系列野生动物调查研究项目,其中最为瞩目的成就是乔治·夏勒博士在国际野生生物保护协会资助下对刚果山地大猩猩进行的先锋性研究。目前,国际野生生物保护协会在全球64个国家开展保护工作。

4. 活动开展方式及影响

自成立以来,国际野生生物保护协会努力完善全球的自然保护工作,不但致力于研究工作,还身体力行,通过在纽约市建立5所自然公园,包括布朗克斯动物园、纽约水族馆、纽约中央公园动物园、远景动物园以及皇后动物园,用实际行动践行其成立宗旨和使命,成为国际上综合性最强的自然保护组织。

为了实现其工作目标,国际野生生物保护协会重视两个方面的工作。一是重视带头人的重要价值。搞好学会的野生生物保护必须首先拥有一批有远见和社会责任感的带头人,这些人或者出于对人类未来命运的关注,或者出于学者的社会责任感,或者出于对现代文明的反思,或者出于宗教性的博爱精神,总之,他们选择了不能够给他们自身带来经济效益的事业,毫无怨言地为野生生物的保护事业提供服务。二是强调科学研究和公众教育的重要性。充分利用自身在野生动物保护方面的资源,利用纽约市5所自然公园,每年向约400万游客普及和宣传自然保护相关知识,同时免费为纽约市数百万的小学生提供自然保护和自然科学方面的教育。为保护野生生物种群提供技术支持,合理使用分配在国际野生生物保护协会工作的200多名科学家,对全球约120亿亩的保护地实施管理。培训当地自然保护专业人员,提高他们的保护管理水平。

100多年前至今,国际野生生物保护协会已经对世界各地多种地标性生物实施过保护措施,例如刚果黑猩猩、印度虎、北极熊以及鲸鱼等,其先锋性研究对全球野生动物的保护起到了引领和推动作用。

(七)国际爱护动物基金会

1. 成立宗旨与愿景

国际爱护动物基金会(IFAW)1969年在加拿大新不伦瑞克省成宣告立,总部设在美国的马萨诸塞州。在16个国家设立办公室,动物保护项目遍及40多个国家。共有15个国家或区域的地区代表,包括中东地区、南非地区、美国华盛顿特区、日本、亚洲、东非、英国、大洋洲、印度、法国、德国、荷兰、俄罗斯、加拿大以及欧盟。

国际爱护动物基金会全球项目主要集中于 3 个领域：减少商业利用和野生动物交易、救助陷于危机和苦难中的动物和保护动物栖息地。其宗旨是通过减少对动物的商业剥削和贸易、保护野生动物的栖息地以及救助危难中的动物，来提高野生动物和伴侣动物的福利，积极倡导人与动物和谐共处的爱护动物理念，宣传教育动员公众，防止虐待动物，通过开展实际的救助工作和与政府合作来保护野生和伴侣动物。

2. 组织结构

国际爱护动物基金会的办事处分布在 5 大洲 15 个地区，包括 5 个欧洲国家（法国、德国、荷兰、英国和俄罗斯）、2 个北美国家（美国和加拿大）、3 个亚洲国家（中国、印度和日本）、非洲的南非和东非地区，以及中东地区和大洋洲。

从目前能够获得国际爱护动物基金会的领导结构资料来看，该机构设置如图 12-9 所示。

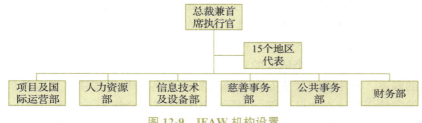

图 12-9　IFAW 机构设置

15 个地区代表为中东地区代表、南非地区总代表、大象保护项目主任、美国华盛顿特区代表、日本国家代表、亚洲地区总代表、东非地区总代表、英国国家代表、大洋洲地区总代表、国际爱护动物基金会合作伙伴-印度野生动物基金会代表、法国国家代表、德国国家代表、荷兰国家代表、俄罗斯国家代表、加拿大国家代表以及欧盟地区总代表，负责各地区办事处的具体工作，推动各类项目的开展和实施。

3. 主要活动领域

20 世纪 70 年代至 80 年代初，国际爱护动物基金会首先关注在大西洋海域受到残害、面临生存困境的海洋哺乳动物。在美国推行了禁止进口海豹制品的《海洋哺乳动物保护法案》和《濒危物种法案》；在欧洲积极发起和参与禁止进口海豹制品的活动，2007 年比利时成为欧盟国家中首个禁止进口所有海豹制品的国家。

80 年代末，国际爱护动物基金会加入了乌干达伊丽莎白女王国家公园内大象、河马以及其他野生动物的保护工作，使其免受盗猎的威胁，自此野生动物保护工作在非洲大陆展开。90 年代初，国际爱护动物基金会在拓展动物保护领域如鲸类动物保护与阻止欧共体（现在的欧盟）大量使用动物进行化妆品实验的同时，开始在贫困地区开展伴侣动物的收益照护工作。至 2000 年，国际爱护动物基金会伴侣动物项目在全球范围扩大，业务从加拿大北部扩展到印度尼西亚。2000 年至今，该组织在印度推行禁止沙图什制品、为大象购买迁徙走廊，分别于 2008 年、2010 年和 2011 年在中国、日本、海地发生地震等自然灾害时开展动物照护活动。由此，在国际爱护动物基金会的业务和各国联系增多的同时，保护的濒危物种种类也在逐渐增多。

4. 活动开展方式及影响

国际爱护动物基金会是一个坚持理念、务实高效的组织。其拥有全球观和统一的工作标准及原则，但同时拥有尊重差异并制定符合各地实际状况的实操性强的解决方案的能力。

从成立之日起，通过大力宣传、积极与政府沟通、制定动物保护法案，逐渐从为捍卫海洋哺乳动物生命的单一使命扩展到对上千种动物的保护，为全球范围内受到威胁的动物撑起了有力的保护伞。与此同时，组织规模在全球活动脉络铺开的同时也在逐步扩大，发展成足迹遍布五大洲的全球化组织。

与各国政府、研究机构、院校等进一步加强合作关系，参与各国动物保护进程和行动之中，增加与各地区动物保护组织的合作项目，汇集动物保护领域的各方专业人才，分享和应用研究成果。

在全世界世界五大洲16个国家设立了办事处，通过广泛联系全球爱动物人士，组成了现在这个庞大的为动物代言的团体，通过无私的关爱和不懈的实际行动为保护地球的健康生态做着宝贵的贡献。与一些更为有针对性的动物保护组织加强合作，加强动物保护的国际力量，同时提高自身在各个地区的影响力。与政府以及大批慈善基金会、非政府组织建立了密切的联系，从中获得了充足的资金支持；在各国与媒体建立了有效的合作关系，保障了必要的宣传工作。在团队内部，国际爱护动物基金会作为一个覆盖面广泛的无国界组织，利用其知名度与国际化的特殊角色，搭建知识与技术的传播媒介，在各国合作伙伴之间搭建更有效的交流与沟通平台。

作为由各国当地专家和领导团队构成的国际组织，国际爱护动物基金会通过强有力的国际协调活动与逐步推进的区域活动项目，逐渐扩大在全球的影响力。其全球动物保护工作越来越得到公众的认可，并逐渐成长为全球最有影响力的动物福利组织之一。

四、国际林业研究机构

（一）国际林业研究中心

1. 成立宗旨与愿景

国际林业研究中心（CIFOR）是国际农业研究磋商小组系统（CGAIR）下属的16个研究机构之一，成立于1993年。其宗旨为确保森林与林地平衡管理提供科学基础，为持续利用、管理林产品、制定政策与技术服务，研究能支持与优化森林与林地利用的新技术。

2. 组织结构

国际林业研究中心总部设在印度尼西亚茂物，在肯尼亚、喀麦隆、秘鲁都设有研究所。目前超过50个国家在承担其6个专题研究领域工作。

国际林业研究中心理事会是一个重要机构，主要负责中心发展的战略方向。理事会成员必须遵守行为准则，且不同委员会的成员必须为中心实际运营和工作进程提供帮助和支持。

在国际林业研究中心的实际运营方面，专门成立了一个管理团队，包括总干事和副总干事，干事负责全面工作，2名副总干事分别负责研究工作和运营工作。另设有一名宣传推广主任。根据此结构，分别设立了研究组、运营组和宣传组。

3. 主要活动领域

面临着发展与环境问题，国际林业研究中心制定了2016—2025年发展战略，以应对挑战，解决问题，提出了变化理论、价值观、愿景、使命和主要活动领域。根据战略的规划，国际林业研究中心将专注于以下活动领域：

（1）森林与人类福利。旨在为决策提供所需要的证据，促进发挥森林在促进人类福利、提高人类生计方面的作用，利用森林及其多种服务与产品减少贫困。

（2）可持续景观与食品。提供广泛的视角和景观尺度的比较分析，增进对森林及混农体系对健康且多样食品作用的认识与了解。

（3）平等机会、性别平等、公平与权属。评估林权下放如何影响森林及其保育、生计和当地治理，为决策者提供相关信息。同时寻求推进性别平等，提高妇女和女孩的权力。

（4）气候变化、能源与低碳发展。通过研究，旨在从技术上提高对气候变化及其与森林和景观的相互影响的认识，同时了解气候变化的社会影响，促进在决策中充分反映农村土地使用者的利益。

（5）价值链、资金和投资。提供各类治理模式，以实现可持续发展，同时促进包容商业模式，以提高效益共享，升级小业主支持体系，支持负责任资助。

（6）森林经营与恢复。主要针对两个议题开展研究，即发展中国家的农村人口如何获得森林资源及如何实现森林资源的经营，在实现多功能目标的同时提高森林的产量。

4. 活动开展方式及影响

国际林业研究中心在森林保护、恢复和可持续利用等方面开展研究工作，关注全球社会、环境、经济衰退的后果及森林减少相关问题，致力于发展中国家的可持续发展，特别是在热带地区国家。通过森林系统与林业合作计划与应用研究及有关行动，促进新技术的转让和社会组织的重新分配。

国际林业研究中心针对其主要关注领域开展相关研究。为此，从全球招聘大量研究人员，一方面开展科学研究，另一方面也加强与国际学术界、政府部门、大学、企业等机构的联系，旨在利用研究成果，促进政策的发展和修订，使研究成果能真正贡献于人类生计提高、环境保护、社会公平等。

出于扩大影响这一目标，国际林业研究中心非常重视宣传和推广工作，利用其网站收集其主要活动领域的最新研究成果、出版物、相关作者的联系方式和其他具体情况。在研究项目结题后，这些相关信息也会保存起来，作为今后研究的参考。此外，国际林业研究中心还发行相关刊物，传播有关的项目，交流与标准标签有关的信息，刊登短文、技术报道、即将举行的会议通告及各种评论等。

此外，还与很多研究机构和研究成果使用方开展多种合作，以实现提高人类福利、环境保育、影响政策制定等目标。

（二）国际林业研究组织联盟

1. 成立宗旨与愿景

国际林业研究组织联盟（IUFRO）是以世界林业科学研究机构作为会员的国际性林业科学研究组织，简称"国际林联"，创建于1890—1892年，有113个国家的747个林业科学研究机构为其会员。

宗旨是促进研究技术的合理化、测量系统的标准化、推动林业科学技术的国际合作。其愿景是作为林业研究的全球网络组织，服务于所有林业研究人员和决策者的需求。其使命是推动研究工作和知识分享，针对森林相关问题促进科学解决方案的制定和实施，以达到保护森林、提高人民福利的目标。

根据其2015—2019年战略，国际林联为自己提出了三大目标，即开展高质量的研究并与其他研究力量形成合力，建立合作网络以增进交流，提高联盟知名度和加强推广，提供分析结果和解决方案以提高对政策制定的影响力。

2. 组织结构

国际行政会是其事务管理的最高决策机构，执行委员会是其执行机构，此外在维也纳还有常设的秘书处。国际林联下设6个学部：即森林环境与育林，生理、遗传与森林保护，森林采运与技术，调查、生长、收获、数量化和经营科学，森林产品，社会、经济、信息和政策科学。学部下设课题组，课题组再下设研讨工作组。各组可自行开展科研交流活动，在大会期间，参与分组活动。大会为国际林联最高权力机构，选举产生新的执行委员会，即领导机构，由主席、副主席、前任主席、秘书长、学部主任（又称协调员）和9~11名地区性代表组成。

同时，国际林联在非洲、拉丁美洲、亚太地区和东北亚四个地区支持建立了区域性及次区域性的研究网络，并与各研究网络开展合作，支持并加强林业研究，促进森林资源的保育和可持续利用。

3. 主要活动领域

国际林联为各国研究人员交流有关林业经营管理和林产利用的思路、方法、数据等提供方便，鼓励成员组织及其科学家们保持联系，在研究实践中建立共同的纲领计划，以及经常与其他国际和国家组织保持合作关系等。

在2015—2019年战略中，国际林联关注了5大研究主题及相关的重点领域，希望指导国际林联通过其全球网络开展科学合作。这五大研究主题包括：

（1）森林与人类。重点领域包括森林与生计，关注可持续农村发展、社区福利、森林对全球变化的响应；森林与生活质量，强调人类，特别是儿童、青少年和老人的健康、福利和生活质量；森林的社会价值，强调森林的文化服务、公众对森林及其用途的认识、森林休憩对健康的促进作用和森林教育等；森林治理，强调通过森林可持续经营减少农村贫困，并为日益增长的城市人口提供更多服务。

（2）森林与气候变化。重点领域包括气候变化对森林生态系统和依赖森林而生的人口的影响，研究气候变化与森林病虫害、森林健康的影响及其对森林人口的影响；气候、土地覆盖、森林干扰和能源与水供应之间的反馈机制，研究森林对污染、病虫害、洪涝干旱、土壤侵蚀和林火的反应，保证森林可持续生长；生物多样性和入侵物种，研究如何停止或扭转物种入侵带来的威胁和物种灭绝；缓解与适应战略，促进将科学的适应手段转化到实际应用中。

（3）能实现绿色未来的森林及林产品。重点领域包括新的林产品与服务、森林资源与和材料的使用、森林及生态系统服务的估值。

（4）生物多样性、生态系统服务和生物入侵。重点领域包括生物多样性的趋势、原因和影响，生物多样性保育和可持续利用的景观战略，生物多样性服务，恢复手段对生物多样性和生态系统服务保育和可持续利用的促进作用，威胁生物多样性和生态系统服务的生物入侵。

（5）森林、土壤和水的相互影响。重点领域包括宏观土地管理及对水循环的影响，气候变化适应和缓解及其与水量水质、养分和土壤资源的相互影响，森林生态系统与水源保育，森林生态系统及其自然灾害预防。

4. 活动开展方式及影响

国际林联主要以学术活动为主，划分了营林学，森林生理与遗传育种，森林作业工程与管理，森林评价、建模和经营，林产品，森林与林业的社会价值，森林健康，森林环境和森林政策与经济学共9个学部。各学部组织每年组织各种学术会议、工作会议和科学考察，编辑发表会议报告和论文集。

同时，国际林联还建立各类专业组开展相关学术活动，包括会议、考察等。专业组不是固定的，而是每5年成立，其目的是促进林业研究领域的多学科合作，同时促进多个学部的合作。主要关注对林业及其他部门的政策制定者具有重要意义的问题，促进国际进程和活动。自1991年以来，共成立了30个专业组，将科学家、政策制定者和其他利益相关者，在多个议题中开展了创新性活动。

国际林联还建立了全球森林信息服务网络，每月发布电子简讯，提供新闻、会议信息及出版物，通过其网络让更多利益相关者了解林业研究动向。通过这种方式，开发了通用信息交流标准，加强了能力建设，建立了信息提供者和使用者之间的伙伴关系。

（三）国际农用林研究中心

1. 成立宗旨与愿景

国际农用林研究中心（ICRAF）创建于1977年，设立于肯尼亚首都内罗毕。在喀麦隆、中国、印度、印度尼西亚、肯尼亚、秘鲁分设6个办事处。该中心是一个集研究、培洲、推广和信息服务于一身的国际组织，是一个独立的、非营利的研究机构。其愿景是创造一个公平的世界，让所有人通过健康和富有生产力的活动，切实可行地提高生计水平。其使命是在各种层级利用森林多种效益，促进农业和生计发展，提高自然恢复力，保护我们的地球。

为此，制定了三大运营原则：①人民：促进合作和伙伴关系，加强学习及人才培养；②科学：开展高质量的科学研究，加强学术交流，提高影响，验证发展方案；③进程：追求效率、有效性和可靠性，通过权力下放进程，实现平权。由此，实现减贫，提高食品安全，改善自然资源体系和环境服务。

2. 组织结构

国际农用林研究中心的最高管理机构是理事会。理事会对中心的工作负有全面责任，其成员均是来自混农林学、自然资源管理、审计、财务与风险管理、政策与治理等领域的专业人员。其主要任务是开展全面监管，保证中心按照最高标准履行其职责，进而实现其使命。

理事会共下设6大委员会，即执行委员会、研究委员会、运行委员会、财务与资源调动委员会、审计与风险管理委员会及任命与治理委员会。

理事会的具体职责主要包括：指定任命总干事，作为中心的首席执行官；制定中心的战略、计划及年度工作和预算方案；监测中心工作进度以保证实现其目标；保证财务资料的完整性和可靠性；监管投资及主要资产的处置；批准人事政策和其他政策；监测中心活动的法律影响；指定外部审计员；监测理事会及其成员的工作绩效。

为保证中心的正常运行，理事会授权总干事负责中心的日常管理，并指命高级领导小组予以协助。高级领导小组包括一名常务副总干事、2名副总干事及一名执行经理。在整个管理团队中，还设立了两个处对具体业务进行管理：①研究管理处。主要对4大研究主题进行计划与管理，即树木生产力和多样性、农用林树种的驯化、土地健康决策及生态系统适应系统；同时也资助一些实验设计、计算机服务、化学分析和电子及刀耕火种计划项目。②区域协调处。在南亚、东非与南非、西非与中非、拉丁美洲、东亚与中亚和东南亚设立了协调员，促进研究与传播行动，加强学习并使其制度化。

为保证研究工作的进行，中心还设立了研究办公室，负责监管四大研究主题相关科研工作的开展，管理地区办公室，并管理全球支持单位，包括地理科学实验室、知识管理组和研究方法组。同时，还负责大型项目的监管。

3. 主要活动领域

国际农用林研究中心主要任务是研究与农林业、农业系统用树（Trees in Farming System）以及景观学有直接或者间接关系的基础科学知识，并对这些知识进行传播，同时制定改善环境的相关政策。为了实现这一目标，在科学研究、研究质量保证和研究影响三个方面都开展了大量工作。

在科学研究方面，重点关注四大领域：

(1) 景观。提高人工林景观的治理，同时发展绿色经济，减缓气候变化，实现可持续环境服务。

(2) 土壤。土地健康评价，恢复和投资决策。

(3) 体系。混农体系的自然恢复力、生产力和盈利力。

(4) 树木。树木生产力与多样性，以实现树木基因资源的经济与生态价值。

在科研质量方面，设立了科研质量平台，获得和记录相关方法和最佳实践，促使研究进程更为透明，并促进学科之间的联系，以此促进高质量的科研工作，取得高质量的科研成果，为中心的科学家及其合作方提供指导与支持。为此，设立了3个组：①地理空间组。利用开放源软件，将地理科学实际运用到决策进程中，如气候变化缓解与适应、气候和土地覆盖变化的水文效果、土壤与土地利用数字制图等。②知识管理组。提供知识服务，帮助提高中心的科学质量，促进研究成果的利用，提高应用影响。③研究方法组。在总部和区域办公室设立跨学科小组，负责管理监测项目开发、研究设计、数据管理、数据分析和研究成果出版，并提供技术支持。

在影响监测方面，设立了影响平台，支持和促进研究成果为政策制定者、私营部门、非政府组织和农民所用，并证明研究成果已有效地在发展进程中起到一定作用。

4. 活动开展方式及影响

国际农用林研究中心利用多种方式，加强研究，提高研究质量，增强研究应用及其效果。一个重要的方式是大范围地与相关组织机构建立伙伴关系，实现共同发展，促进发展中国家采用甚至大规模应用混农林研究的重大成果。除了14个姊妹机构之外，中心还通过长期的项目与规划合作，与约 100 个组织机构开展了实质性的合作。同时通过区域和国家办公室，与很多国家政府、非政府组织、私营部门及其他政策、研究和发展组织建立了紧密的联系。此外，国际农用林研究中心还从国家政府、国际农用林研究中心的合作方与管理局获得捐赠，开展其全球研究；在国际农业研究咨询组（CGIAR）的指导下，向贫困地区提供安全食品，以较低的环境成本和社会成本换取高粮食生产率，并为对象国提供气候变化及其他突发状况的应对方案。

中心还重视知识的分享，提供发行物、图书及文件服务项目，支持分配计划的开发及向捐助者提交报告、组织参观等。中心建立了一个在线交互性空间数据存储和可视化平台，可以进行空间信息和数据的存储、搜索和提取，并利用可视技术展现空间数据和地图。另外，还建立了多个数据库，包括树木功能特性和生态数据库、木材密度数据库、树木多样性分析数据库、种子供应商目录等。

世界农用林研究中心通过在用户及用户群中积极推广和宣传，使研究成果得以实际运用，并在知识进步、增进理解、市场战略、能力发展、科学技术发展等方面发挥了作用。中心将其研究成果分为不同层级，针对不同利益相关方进行推广应用，对农民与当地社区的行动、价值链各方的行为、景观治理与环境、机构行为与能力、政策推动等方面生产了积极的影响。

（四）国际木材科学院

1. 成立宗旨与愿景

国际木材科学院（IAWS）于 1966 年 2 月在维也纳成立，是非营利性机构。其宗旨是推动世界木材科学的发展，促进世界林产品加工技术的科技进步，实现林业可持续经营，为人类造福。其任务是促进高水平的木材研究和技术发展，在科学院及其他机构的国际或国内会议报告木材研究和科学发展进展，关注木材研究和科学对政府、议会、产业界、协会和媒体的重要性，促进科学院院士发表其研究成果。

2. 组织结构

国际木材科学院的管理机构包括执行委员会和科学院董事会，全面负责科学院的管理。执行委员会包括院长、副院长、秘书、司库各一位和上一任主席，由院士选举产生，3 年一届，不得连任。院长的职责是主持科学院会议及履行其他相关职责，在院士选举时出现票数相同的情况下可投下决定性的一票，至少每年向院士提供信息并在任期内发布 3 年报告。

科学院董事会有权解释科学院章程和细则，并对执行委员会进行指导。董事会由 12 名经选举的院士组成，其中 1 名应推选为主席，任期不超过 3 年。其他成员的任期不得超过 6 年，每 2 年都要有 4 名董事退出，再补充进新的 4 名董事。董事在第一任结束后的 4 年之后可再次参选。

截至 2017 年 9 月，国际木材科学院院士共 472 人，分布于世界上木材科学发达和比较发达的 42 个国家中。新院士由院士推荐，由全体院士书面审议和无记名投票选举产生，每年增选一次，每次 5 人左右。

3. 主要活动领域

国际木材科学研究院的目标是促进国际木材科学的共同发展，主要涉及木材科学与技术所有相关领域，其中包含生物、化学、木质材料的物理科学以及各种木质品。

为实现此目标，国际木材科学研究院致力于：

（1）将有卓越贡献的科学家评选为院士；

（2）表彰在木材科学研究方面的杰出人士；

（3）推动高标准的研究及成果产出；

（4）定期出版国际木材科学院相关杂志。

4. 活动开展方式及影响

国际木材科学院是世界上木材科学的最高学术组织，而国际木材科学院院士是世界上木材科学领域最高荣誉学术称号。国际木材科学院每年在有院士的国家召开一次院士会议，进行学术交流和院务讨论。2002年召开的院士大会是这一组织首次在中国召开的院士会议，会议为期5天，主要就木材材性、木材防腐、木材利用等问题进行了学术交流。当时共有来自美国、英国、德国、法国、加拿大、澳大利亚、瑞典、丹麦、日本、中国等国家的近30名国际木材科学院院士及40多位中国木材科技专家参加了会议。

国际木材科学院主办有《木材科学与技术》杂志，在德国以英文出版。该杂志是世界上木材科学领域的顶尖学术杂志，被SCI收录，以传播来自各国院士的学术成果。

（五）欧洲森林研究所

1. 成立宗旨与愿景

欧洲林业研究所（EFI）成立于1993年，总部设立于芬兰尤恩苏，是一个由欧洲各国共同组建的国际组织。目前，欧洲林业研究所共有25个成员国，并在36个国家拥有130余个成员或关联组织。

欧洲林业研究所的使命是开展森林研究、提高林业专业技术，利用应用型、综合性的科学方法解决在欧洲及其国家和不同地区在森林及其管理方面的政策需求；同时，汇集各国专业知识、积极促成林业对话，保证森林与社会的可持续发展。

2. 组织结构

欧洲林业研究所目前有130个成员组织，来自35个国家。成为欧洲林业研究所的成员组织可享受以下权利：拥有重要的投票权，加入欧洲林业研究所网络分享讯息、获得欧洲森林研究相关的一手资讯，登陆欧洲林业研究所内部网站，第一时间获得欧洲林业研究所的出版物和在欧洲林业研究所新闻版面免费发布公告等。任何组织都可以根据自己的自身需求申请成为成员组织。入会申请由欧洲林业研究所董事会审核批准。

如图12-10所示，欧洲林业研究所设立了以下机构负责机构的运行和业务的开展：

（1）理事会。为欧洲林业研究所最高决策机构，由各成员国代表组成，每3年举行一次会议。所有成员国代表共同参加会议，探讨研究欧洲林业研究所的发展战略。

（2）年会组织。每年举行一次年会，所有成员组织共同参加，共同参与欧洲林业研究所的决策、审议工作报告、审议批准下一年工作计划和预算等。

（3）董事会。下设秘书处，负责战略决策的制定，研究机构的设立与监管。董事会成员共有8名，其中4名由欧洲林业研究所理事会内部推选，另4名来自欧洲林业研究所成员组织。

（4）科学顾问委员会。为董事会、管理层与科技人员提供研究、战略制定等专业咨询。

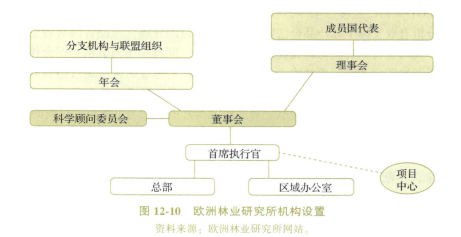

图 12-10　欧洲林业研究所机构设置
资料来源：欧洲林业研究所网站。

（5）项目中心。成立于2013年1月，是各类关系网的关键点，各类项目集结了欧洲林业研究所成员和其他相关合作伙伴。各项目中心以欧洲林业研究所的名义开展研究，并直接由欧洲林业研究所资助，每笔资助都有一定限期。

除上述单位之外，欧洲林业研究所共有5个大区办事处，在各个大区发挥着重要的作用。分别是：①地中海区域办事处，是欧洲林业研究所第一个大区办事处，关注地中海地区特别重要的森林问题，包括非木质林产品；②中欧区域办事处与欧洲森林监测中心，分布在德国、法国和瑞士，主要促进和支持各国的、各界和泛欧洲的合作研究和信息共享，加强欧洲中部地区的交流；③大西洋欧洲区域办事处，活动覆盖欧洲大西洋沿岸地区的森林可持续经营及人工林资源的竞争力；④欧洲中东—东南大区办事处，设在奥地利的维也纳和克罗地亚的萨格勒布，活动涵盖了从波罗的海向东南欧地区延伸的所有国家；⑤北欧区域办事处，位于丹麦哥本哈根，涵盖北欧国家和波罗的海地区及北大西洋地区国家。生物质生产和生态系统服务是该办事处的两个工作专题。

3. 主要活动领域

自成立以来，该研究所举办的各类业务主要面向欧洲，由研究院总部与各地设立的办事处筹备开展业务工作。主要工作领域包括森林相关问题的研究、促进欧洲林业机构之间的广泛交流、传播林业政策信息、倡导科学合理的发展模式，同时为决策者提供政策建议。1993年，在欧洲林业研究所成立之初，建立了3个领域的智囊团队（自然资源智囊团、森林政策智囊团和森林生态与环境智囊团），共聚欧洲林业研究所约恩苏总部，并确定了欧洲林业研究所的3个研究方向：森林资源、森林政策、森林生态和管理。

欧洲林业研究所通过其研究将林业与各国社会经济等相结合，为欧盟成员国提供重要的林业决策支持；帮助林业不发达的国家解决实际问题，提高管理水平，发展可信赖的验证体系；对木材生产国家开展以法律、法规为焦点的政策改革，并以此使所有利益相关方都可以参与对话交流；实施FLEGT行动计划，加强木材生产国和消费国之间的信息透明和交流，包括对独立的森林进行监测管理支持；对生产国提供能力建设和培训，为管理机构提供新的管理程序，提高执法能力；为社区森林管理提供支持，使当地居民能够参与到打击非法采伐的行动中去。

结合欧盟的现实需要，开展研究项目，帮助实现欧盟林业发展目标。例如，在欧盟支持下开展的 FLEGT 项目已经覆盖全球，并建立起了全球性的林产品贸易数据库，其全面的数据与客观的分析有效支撑了林产品合法贸易与管理项目的开展，帮助各国有效监管、控制林产品的流动，同时也为木材贸易研究提供了数据支撑。同时，还与数据公司合作，建立起欧洲森林树种资源地图，为欧洲森林建立了查询机制。欧洲林业研究所通过协调欧洲各国的林业部门，把数据库、最先进的分析工具和预测模型等主要研究资源整合起来，通过界面友好的检索入口为用户提供服务。这也是欧洲林业研究所开展欧洲与世界森林研究的重要优势。

4. 活动开展方式及影响

欧洲林业研究所由芬兰、德国等林业技术先进的国家牵头，并获得了有力的资金扶持。成立以来，不断通过研究与决策两方面的服务取得学界与政界的信任与支持，也逐渐扩大了影响力与知名度。

欧洲林业研究所专注于研究活动，并与其相关成员共同合作开展，为成员国及欧盟、国际进程和组织、林业部门的利益相关者以及学界提供研究服务。欧洲林业研究所的研究工作侧重于 3 个领域，即气候变化、林业政策支持和社会林业。此外，还设立了科学顾问委员会，在专业问题上提供决策及研究参考，监控研发活动并规划未来的研究方向。

此外，欧洲林业研究所还为决策者和政策制定者提供有力的支持。运用所掌握的专业知识，解读战略性和跨部门的森林政策问题；帮助欧洲决策者、利益相关者、政策机构与研究机构促进相关政策研究，追踪新政策等林业相关信息；在设计、起草、监管与评估森林相关政策以及其他国家发展战略或计划的过程中，促进学界与政界的对话；促进与经济、社会和环境合作伙伴以及公共事务伙伴在林业政策方面的合作；主持欧盟森林执法施政贸易项目等，帮助发展中国家促进贸易管理行动计划的实施。

五大区域中心的成立是欧洲林业研究所的特色。欧洲林业研究所的良好运作离不开五大区域中心的有力支持，每个中心有其研究特色，通过汇集各地区几十家合作单位，行之有效地针对区域森林问题开展研究，为当地林业发展与社会、经济、政治发展相适应协调提供决策支持，并长期支持欧盟与各国政府的学术研究，在欧洲框架之下有效地与各国林业界进行广泛、深入的合作与知识共享。这种组织机制使得欧洲林业研究所能够细致把握欧洲林业的脉搏，随时跟踪各区域林业热点问题的研究进程与发展态势。

欧洲林业研究所成立以来迅速成长，由从芬兰发源的小团队，到至今多达 140 多人的大团队以及众多紧密联系的合作组织，在其完善的组织管理架构之下开展行之有效的研究项目，其管理方式值得借鉴。